Bausteine des Chaos - *Fraktale*

Heinz-Otto Peitgen
Hartmut Jürgens
Dietmar Saupe

Bausteine des Chaos
Fraktale

Aus dem Amerikanischen übersetzt
von Ernst F. Gucker
in Zusammenarbeit mit Thomas Eberhardt

Mit 289 Abbildungen
und 25 Farbtafeln

Springer-Verlag
Klett-Cotta

Heinz-Otto Peitgen
Zentrum für komplexe Systeme
und Visualisierung
Universität Bremen
W-2800 Bremen 33 und
Department of Mathematics
Florida Atlantic University
Boca Raton, FL 33432, USA

Hartmut Jürgens
Dietmar Saupe
Zentrum für komplexe Systeme
und Visualisierung
Universität Bremen
W-2800 Bremen 33

ISBN 3-540-55781-4 Springer-Verlag Berlin Heidelberg New York
ISBN 3-608-95888-6 Klett-Cotta Stuttgart

Die Deutsche Bibliothek - CIP-Einheitsaufnahme
Peitgen, Heinz-Otto: Bausteine des Chaos: Fraktale / H.-O. Peitgen; H. Jürgens; D. Saupe. - Berlin; Heidelberg; New York: Springer; Stuttgart: Klett-Cotta, 1992
Engl. Ausg. u.d.T.: Peitgen, Heinz-Otto: Fractals for the classroom; Pt. 1
ISBN 3-540-55781-4 (Springer)
ISBN 3-608-95888-6 (Klett-Cotta)
NE: Jürgens, Hartmut:; Saupe, Dietmar:

Die Originalausgabe erschien 1992 unter dem Titel „Fractals for the Classroom“ Part 1 im Springer-Verlag, New York

Printed in Germany 1992

Umschlag: Klett-Cotta Design
Satz: Reproduktionsfertige Vorlage vom Autor
Druck: Druckhaus Beltz, Hemsbach
Bindearbeiten: J. Schäffer, Grünstadt
08/3140-5 4 3 2 1 - Gedruckt auf säurefreiem Werkdruckpapier

Unseren lieben Eltern

Herta Karoline und Walter Peitgen
Edith und Albert Jürgens
Ruth und Günther Saupe

Einleitung

Die Realität ist vielleicht das reinste Chaos.

Georg Christoph Lichtenberg

1953 erkannte ich, daß die gerade Linie zum Untergang der Menschheit führt.

Aber die gerade Linie ist zur absoluten Tyrannei geworden.

Die gerade Linie ist der Fluch unserer Zivilisation.

Heute erleben wir den Triumph der rationalen Technik, und währenddessen befinden wir uns gleichzeitig vor dem Nichts.

Friedensreich Hundertwasser

Dieses Buch ist weder ein typisches Mathematikbuch noch ein übliches populärwissenschaftliches Buch. Vielmehr war beabsichtigt, eine Art Lesebuch vorzulegen, das es auch Laien erlaubt, ohne den Ballast zu vieler technisch-mathematischer Notationen, einen soliden Einblick in die Welt der aktuellen Chaostheorie und der fraktalen Geometrie zu gewinnen. Dieser erste Band konzentriert sich dabei mehr auf geometrische Phänomene, während der zweite Band *Chaos — Bausteine der Ordnung* sich vor allem auf dynamische Phänomene stützt.

Seit Ende der siebziger Jahre läuft eine Welle durch Mathematik und Naturwissenschaften, die in ihrer Kraft, Kreativität und Weiträumigkeit längst ein interdisziplinäres Ereignis ersten Ranges geworden ist: Chaos und Fraktale. Dies ist umso bemerkenswerter, als sich die Chaostheorie und die fraktale Geometrie eigentlich in keiner Hinsicht mit den großartigen Entwürfen dieses Jahrhunderts, wie etwa der Quantentheorie oder der Relativitätstheorie, messen können.

Chaostheorie und fraktale Geometrie haben Naturwissenschaftler und Mathematiker mit einer Reihe von Überraschungen konfrontiert, deren Konsequenzen im Verhältnis zu den Angeboten einer sich oft omnipotent gebenden Wissenschaft und Technik zugleich ernüchternd und dramatisch sind:

- Zahlreiche Phänomene sind trotz strengem naturgesetzlichem Determinismus prinzipiell nicht prognostizierbar.

- Es gibt Struktur im Chaos, die sich bildlich in phantastisch komplexen Mustern — den sogenannten Fraktalen — ausdrückt.

- Meist leben Chaos und Ordnung nebeneinander, und der Übergang von der Ordnung ins Chaos folgt strengen Fahrplänen.

- Die bahnbrechenden Entdeckungen wurden erst durch Computerexperimente möglich, d.h. eine von vielen beargwöhnte Technologie zeigt uns ihre eigenen und zugleich auch unsere prinzipiellen Grenzen.

Gemeinsam ist Chaostheorie und fraktaler Geometrie auch, daß sie der Welt des *Nichtlinearen* Geltung verschaffen. Lineare Modelle kennen kein Chaos und deshalb greift das lineare Denken oft zu kurz, wenn es um die Annäherung an natürliche Komplexität geht. Dies ist heute in den Naturwissenschaften fast ein Allgemeinplatz geworden.

Die historischen Wurzeln von Chaostheorie und fraktaler Geometrie in den Wissenschaften und Künsten sind mannigfach. Zwei bemerkenswerte Spuren sollen aber schon hier hervorgehoben werden. Beide sind mit großen Göttinger Gelehrten verknüpft, mit Georg Christoph Lichtenberg und David Hilbert. Ihnen sind die Strukturen auf dem Umschlag dieses Buches gewidmet. Die Welt der Fraktale schwebt zwischen mathematischen Konstrukten und Formen natürlicher Komplexität. Die hellgraue geometrische Textur auf dem Umschlag stellt eine bestimmte Phase der Entwicklung einer Hilbert-Kurve dar, die eine der ersten mathematischen Fraktale ist. Das kleine Bild zeigt eine Computerstudie aus dem Jahre 1991 von B. B. Mandelbrot, C. J. G. Evertsz[1] und C. Kolb, die einen elektrochemischen Ablagerungsprozess simuliert. Die Struktur ist eng verwandt mit den von Lichtenberg 1777 entdeckten und nach ihm benannten Lichtenbergschen Figuren.

Georg Christoph Lichtenberg, Mathematiker und Physiker, wurde vor 250 Jahren am 1. Juli 1742 geboren. Den meisten als Schöpfer scharfsinniger Aphorismen bekannt, hat Lichtenberg praktisch die Tradition der großen physikalischen Experimentalvorlesungen in Deutschland begründet. Sein besonderes Interesse galt den Geheimnissen der Elektrizität. Blitze und elektrische Entladungen überhaupt hatten es ihm ganz besonders angetan. Als er eines Tages im Jahr 1777 mit einem Elektrophor[2] experimentiert, fällt Staub auf die Platte des Gerätes, und es zeigen sich merkwürdige Gebilde, „bisweilen unzählige kleine Sterne, ganze Milchstraßen, und größere Sonnen"; ferner sehr niedliche kleine „Ästchen, denen nicht unähnlich, welche Kälte an den Fenstern erzeugt". Indem er seine Figuren geometrisch zu beschreiben versucht — „alles ist sich gleich, ein jeder Teil repräsentiert das Ganze" nimmt er den tragenden Begriff der fraktalen Geometrie, die Selbstähnlichkeit vorweg.

Lichtenbergsche Figuren stellen die Spuren elektrostatischer Entladungen dar. Statt die Figuren zu zeichnen, erfindet Lichtenberg eine Methode sie auf Papier zu fixieren. Nach diesem Verfahren arbeiten im Prinzip die modernen Trockenkopiergeräte (Xerographie[3]). Unsere Metapher für die Analyse und die Erzeugung von Fraktalen Strukturen wird die einer Mehrfach-Verkleinerungs-Kopiermaschine sein. So schließt sich der Kreis von den Lichtenbergschen Figuren als den möglicherweise ersten bewußt wahrgenommenen natürlichen Fraktalen, über die Entdeckung der Trockenkopiermaschine bis zu unseren Gedankenexperimenten.

[1] Carl J.G. Evertsz ist Physiker am Center for Complex Systems and Visualisation an der Universität Bremen und leitet dort eine Arbeitsgruppe über medizinische Bildverarbeitung.

[2] Ein um 1762 von J. C. Wilcke erfundener einfacher Apparat zur Erzeugung größerer Elektrizitätsmengen. Er besteht aus einer Harzplatte, die auf einem Metallteller liegt. Auf der Harzscheibe liegt eine etwas kleinere Metallplatte, die mit einem isolierenden Griff versehen ist.

[3] Der Erfinder der modernen Xerographie (der Trockendruck) Chester F. Carlson würdigt in seiner History of Electrostatic Recording (in: John H. Dessauer, Harold E. Clark, *Xerographie and Related Processes*, London New York 1965, S. 15) Lichtenberg ausdrücklich als Entdecker dieses Druckverfahrens.

Auch einiges von dem, was heute unter dem Schlagwort Chaos populär wurde, sah Lichtenberg deutlich voraus. Der amerikanische Meteorologe Edward Lorenz, einer der Väter der modernen Chaostheorie, spricht vom *Schmetterlingseffekt*: kleinste Ursachen können mitunter große Wirkungen haben. Bei solchen Effekten ist die Entwicklung komplexer Systeme prinzipiell nur äußerst begrenzt vorausberechenbar. Ein einziger Flügelschlag eines Schmetterlings kann (muß aber nicht) zum Umschlag einer Großwetterlage führen. Bei Lichtenberg liest sich das so: „Den Wetterweisen muß der Mut nicht wenig bei der Betrachtung sinken, daß ein Funke eine ganze Stadt in Asche legen kann, unsere Witterungs-Begebenheiten können ja öfters eben so entstehen, wer will das alles schätzen." Auch eine holistische Auffassung der Natur „das alles in allem" war Lichtenberg wichtig, ein Aspekt, der für die Chaostheorie und fraktale Geometrie so wesentlich ist. „Wir sehen in der Natur nicht Wörter, sondern immer nur Anfangsbuchstaben von Wörtern, und wenn wir alsdann lesen wollen, so finden wir, daß die neuen sogenannten Wörter wiederum bloß Anfangsbuchstaben von anderen sind."

David Hilbert gilt als einer der bedeutensten Mathematiker des 19. und 20. Jahrhunderts. Sein Werk befruchtete fast alle Gebiete der modernen Mathematik. Als im September 1890 in Bremen am Rande der Jahresversammlung der *Gesellschaft Deutscher Naturforscher und Ärzte* die *Deutsche Mathematiker Vereinigung* gegründet wurde, hielt er einen bemerkenswerten Vortrag über ein Problem, daß auf den ersten Blick so richtig esotherisch daherkommt. Gefragt war, eine flächenfüllende Kurve zu konstruieren. Hilbert löste das Problem durch eine rekursive Konstruktion, die das Resultat zu einem Beispiel einer streng selbstähnlichen Struktur macht. Hilbert konnte nicht wissen, daß 100 Jahre später seine Konstruktion Anwendung in der Bildverarbeitung finden würde, nämlich im Zusammenhang des Problems, ein Halbtonbild auf einem Drucker wiederzugeben, der nur über schwarze Punkte verfügt[4] (dithering). So haben eben beide Bilder auf dem Umschlag neben ihrer fraktalen Struktur auch dies gemein, daß sie eine spielerische Verbindung zu Druckern herstellen. Die andere große Figur der frühen mathematischen Fraktale war Georg Cantor, der einer der Hauptinitiatoren der Gründung der *Deutschen Mathematiker Vereinigung* in Bremen war. Daß die von Hilbert und Cantor begründete Fraktal-Tradition heute in Bremen fortgeführt wird, ist natürlich eine Nebensache. Bremens Beziehung zu Lichtenberg berührt ein weiteres Interessensgebiet des großen Gelehrten. Im Jahre 1802, kurz nach Lichtenbergs Tod, bezeichnete der Bremer Astronom Johann Hieronymus Schroeter ein von ihm entdecktes „schönes Ringgebirge" auf dem Mond, zusammen mit dem angrenzenden Bergkreis „mit dem unvergeßlichen Nahmen unseres viel zu früh verewigten großen Naturforschers Lichtenberg".

In seinem *Schrei nach Lichtenberg* beschreibt Kurt Tucholsky [5] unter der Überschrift „ Ehret Eure deutschen Meister" seine persönlichen Erfahrungen mit Lichtenberg: „Wer

[4] Die Geschichte der Hilbert-Kurve und ihre Beziehung zu modernen Drucktechniken ist ein weiterer, wenn auch bescheidener Beweis dafür, daß Technologieforschung auf Dauer nicht ohne Grundlagenforschung auskommen kann. Dies ist eine Einsicht, die leider manchen Ingenieuren und Politikern abhanden gekommen ist.

[5] Kurt Tucholsky, Literaturkritik, Rowolth, Hamburg, 1972 (Original in der Vossischen Zeitung vom 25.1.1931).

die Gewohnheit hat, in Büchern etwas anzustreichen, der wird seine Freude haben, wie sein Lichtenberg nach der Lektüre aussieht. Das beste ist: er macht gleich einen einzigen dicken Strich, denn mit Ausnahme der physikalischen und lokalen Eintragungen ist das alles springlebendig wie am ersten Tag.“ Wir würden ergänzen, daß diese Liebeserklärung doch auch auf die „physikalischen Eintragungen“ erweitert werden sollte. Auch Lichtenbergs Selbstverpflichtung zur unbedingten Wahrheitsliebe, die seinen Schüler Alexander von Humboldt so tief beeindruckte, ist heute besonders aktuell, wo manche gegen besseres Wissen vor offenbaren Lügen so kläglich zurückweichen.

Lichtenbergs andauernde Aktualität ist ein Phänomen, daß wir schließlich auch noch in der Pädagogik verfolgen wollen. Seine didaktische Leitlinie war die *unmethodische Methode*, die auch Niels Bohr, der große dänische Physiker, hervorgehoben hat. Gerade heute, wo der Mathematikunterricht an unseren Schulen durch die nachhaltige Wirkung des Bourbakismus an Attraktivität verloren zu haben scheint, wäre ein guter Schuß Lichtenbergscher Frische ein guter Neuanfang. Erkundendes Lernen, häufiges querfeldein Gehen, interdisziplinäres Denken, dies waren seine Maximen. Dagegen ist das „moderne“ Mathematik-Curriculum doch so dürr und leblos und kommt mit seiner Ästhetik daher wie eine schlechte Bauhauskopie.

Abb. 1: Lichtenberg-Figuren. Links: eine Lichtenberg-Figur, die dem Originalexperiment nachgestellt wurde, ©Manfred Mahn. Rechts: Plexiglasplatte nach Elektronenstrahl-Beschuß, ©M. Kage, Institut für wissenschaftliche Fotografie.

Mathematikunterricht heute heißt fast immer vertikales Lernen, einen Stein systematisch auf den anderen setzen. Damit dem Lernenden der Geschmack ein bißchen stimuliert werde, sind dann und wann Textaufgaben eingestreut, die die Bedeutung der Mathematik aus den Anwendungen belegen sollen: „Mutter ist dreimal so alt wie Fritz und Fritz ist doppelt so alt wie Leni. Wie alt ist Fritz, wenn ..." oder „Ein Stadion besteht aus einem Rechteck und zwei Halbkreisen. Berechne den Umfang, wenn...". Gewiß, Mathematik ist heute angesichts der rapide zunehmenden Mathematisierung fast aller Wissenschaften wichtiger denn je. Hochtechnologie ist Mathematik und die Konkurrenzfähigkeit moderner Industriestaaten wird deshalb immer mehr vom Zustand ihrer Mathematikausbildung abhängen. Mathematik als Sprache der Naturwissenschaften sollte gerade deshalb auch in der Schule durch ihre Anwendungsbedeutung motiviert werden. Diese müssen aber einer intellektuellen Nachfrage von Heranwachsenden standhalten. Die Textaufgaben mancher Schulbücher wirken hier eher als Verstärker der Abschreckung vor Mathematik.

Man könnte allerdings auch den Standpunkt vertreten, daß Mathematik eigentlich keine Motivation von außen bräuchte, um als spannend und interessant zu gelten. Dazu müßte man aber deutlich über die gängigen Unterrichtsmethoden hinausgehen. Mathematik wird erst dann spannend, wenn es mehr ist als eine stupide Rechenmethode, und wenn von den Lernenden mehr erwartet wird als das gedankenlose Exerzieren von Fertigkeiten. Dazu ist ein Computer ohnehin besser geeignet. Mathematik ist die Antwort des Menschen auf die Komplexität der Welt. Mathematik ist die Ordnungsmacht im Dschungel der Phänomene. Deshalb ist Mathematik lebendig und frisch und aktuell. Deshalb gibt es zwischen einzelnen Teilgebieten und Ergebnissen der Mathematik immer wieder überraschende Querverbindungen, die oft das tiefere Verständnis erst wirklich ermöglichen. Und deshalb bietet es sich an, durch entdeckendes, explorierendes Lernen die Anziehungskraft dieser Eigenschaften der Mathematik im Unterricht zu nutzen.

Chaos und Fraktale bieten hierfür eine besondere neue Chance. Beide sind jung und aktuell und belegen so ohne weiteres, daß Mathematik lebt.[6] Für beide gilt, daß einige ihrer schrittmachenden Entdeckungen nicht ohne Hilfe von Computern möglich gewesen wären. Damit rücken faszinierende Computerexperimente natürlich in den Mittelpunkt. Beide sind hochgradig interdisziplinär. Dies heißt, daß gehaltvolle Anwendungen nicht erst mühsam konstruiert werden müssen. Beide behandeln Themen, die von sich aus wirken.

Gemeinsam ist Chaos und Fraktalen der Versuch einer mathematischen Auflösung von Komplexität. Geht es um dynamische Komplexität, d.h. Komplexität im Laufe einer zeitlichen Entwicklung, um Fragen der praktischen und prinzipiellen Berechenbarkeit und Voraussagbarkeit streng determinierter Prozesse, dann kommt die Chaostheorie zum Zuge. Sie klärt die Natur des Chaos, ihre meßbaren Eigenschaften und den Übergang von Ordnung ins Chaos. Geht es um Komplexität von Strukturen und Mustern, die Natur für jeden unmittelbar sichtbar formt oder die mehr verborgen das Zusammenspiel ihrer Gesetze in Bilder setzt, dann kommt die fraktale Geometrie zum Zuge. Fast immer zeichnet das Chaos eine fraktale Spur. Und oft steht hinter einem faszinierend schönen fraktalen Muster ein chaotischer Prozess. Fraktale Geometrie ist die Geometrie des Chaos.

[6] Als Begleitmaterial zu diesem Buch haben wir deshalb für den Schulgebrauch zwei Arbeitsbücher vorgelegt, die das erkundende Lernen am Beispiel von Chaos und Fraktalen dokumentieren: *Fraktale — Selbstähnlichkeit, Chaosspiel, Dimension* und *Chaos — Iteration, Sensitivität, Mandelbrot-Menge*. Beide Bücher sind 1992 im Klett-Schulbuch Verlag erschienen.

In diesem ersten Band lassen wir uns mehr auf die Komplexität der Muster und Strukturen ein. Der nachfolgende Band *Chaos — Bausteine der Ordnung* konzentriert sich auf die Komplexität von Prozessen. Ein besonderes Muster — das berühmte Sierpinski-Dreieck — wird uns durch das ganze Buch begleiten. Waclaw Sierpinski war ein polnischer Mathematiker, der seine Konstruktion um 1916 vorlegte und 1917 veröffentlichte. Tatsächlich gibt es eine Reihe von historischen Vorläufern dieses eigenartigen Musters, die allerdings nicht unmittelbar aus den Wissenschaften stammen. Wir stellen eine kleine Galerie von frühen Abbildungen unserer *Hauptfigur* in Abbildung 2 zusammen.

Abb. 2: Oben: Kupferstich aus dem 18. Jahrhundert; Konstruktion eines temporären Schutzwalls im Hafen von Dieppe. ©Ecole Nationale des Ponts et Chausée, Paris. Links: Fußbodenmosaik in Castel del Monte, Apulien, Italien. ©H. Götze, aus: H. Götze, *Castel del Monte,* Prestel-Verlag, München, 1991. Rechts: Fußbodenmosaik in der Kathedrale von Anagni, Italien, 12. Jahrhundert. ©Rachel Stanley, die dieses vielleicht älteste von Menschen entworfene Fraktal im Alter von 10 Jahren entdeckte und fotografierte.

Die Konstruktion des temporären Schutzwalls im Hafen von Dieppe weist auf eine Bedeutung fraktaler Strukturen hin, über die erst in allerletzter Zeit spekuliert wird. Bekanntlich haben die Konstrukteure von Sendemasten mit schwierigen dynamischen Stabilitätsproblemen zu kämpfen. Durch angreifende Winde kann ein Mast so in Schwingungen versetzt werden, daß er zusammenbricht. Würde Wind im Prinzip nur eine bestimmte Schwingung anregen können, gäbe es kein Problem. Man müßte einfach den

Mast so auslegen, daß seine Eigenfrequenz kein Vielfaches der anregenden Frequenz wäre. Leider können die Winde aber auf einem ganzen Orchester von verschiedenen Frequenzen spielen, und deshalb kann man die Eigenfrequenz des Mastes praktisch nicht sicher ausblenden. Man hilft sich dann durch geeignete Stützseile. Ein hoher Baum kann zu einem solchen Trick nicht greifen. Wie *macht* also die Natur ihre Strukturen dynamisch stabil? Eine neue Spekulation gründet sich auf der offensichtlichen fraktalen Struktur von Bäumen. Danach ist ein Baum deshalb in der Lage, praktisch alle Frequenzen zu absorbieren, mit dem ihm die Winde zu schaffen machen könnten, weil er über Struktur auf vielen Skalen verfügt, oder wie Lichtenberg gesagt hätte „alles ist sich gleich, ein jeder Teil repräsentiert das Ganze". Die Baumeister in Dieppe hatten also möglicherweise ein tiefes intuitives Wissen, das sich auch in unseren Fachwerkbauten wiederfindet. Die Verifikation dieser Spekulation stellt höchste mathematische Ansprüche und führt auf partielle Differentialgleichungen mit fraktalen Rändern, ein Gebiet, das sich gerade erst etabliert und hierzulande in Bremen beheimatet ist. Andere Implikationen gehören längst dem Bereich gesicherten Wissens an. So haben die Methoden der fraktalen Geometrie z.B. die medizinische Bildanalyse und Bildverarbeitung ganz maßgeblich bereichert.

Tatsächlich vereint dieses Buch zwei Bücher in einem. Das Hauptbuch erzählt in sieben Kapiteln voneinander weitgehend unabhängige Geschichten, die auch ohne Kenntnisse technischer Mathematik gut verständlich sein sollten. Für die Leser, die hier und da tiefer und detaillierter informiert werden wollen, gibt es in eingebauten technischeren Sektionen, die grau — welch unpassende Farbe (!) — hinterlegt sind, vielfältiges zusätzliches Material. Am Ende eines jeden Kapitels gibt es im *Programm des Kapitels* ein BASIC-Programm, das eine wichtige Konstruktion für eigene Experimente zugänglich macht. Die Programme sind bewußt kurz und einfach gehalten, damit sie auf möglichst vielen PCs laufen können. Mitunter liegen den Programmen allerdings raffinierte mathematische Ideen zu Grunde. Das Buch wird abgerundet durch einen Anhang, den Yuval Fisher freundlicherweise für uns geschrieben hat. Dieser Anhang beleuchtet die faszinierende Idee, fraktale Geometrie dazu zu verwenden, Bilder zu kodieren und zu dekodieren. Bekannlich benötigt ein hochaufgelöstes Computerbild sehr viel Platz für seine Speicherung. Es gibt viele ingenieurwissenschaftliche Methoden, Redundanz in Bildern für eine Kompression der Daten auszunutzen. Die Mathematik der Fraktale offeriert hier eine ganz neue Idee, die viel Aufsehen erregt hat, und die zu einem ganz neuartigen Verständnis von Redundanz und Informationsgehalt in Bildern führt. Auch diese Entwicklung steht erst ganz am Anfang. Wir sind stolz, die Geheimnisse dieser aufregenden Entwicklung zum ersten Male einer breiteren Öffentlichkeit darstellen zu können.

Das Vorwort stammt von Benoit B. Mandelbrot, der oft als Vater der fraktalen Geometrie bezeichnet wird. Mandelbrot ist unserer Bremer Gruppe seit 1985 eng verbunden und hat unseren Weg in die fraktale Geometrie sehr gefördert. Wir danken ihm für seine Freundschaft. Sein Vorwort wird den einen oder anderen Leser verunsichern. Mandelbrot greift eine Kontroverse auf, die sich parallel zu dem öffentlichen und wissenschaftlichen Erfolg der fraktalen Geometrie entfaltet hat. Opponenten der fraktalen Geometrie behaupten mitunter, daß die ganze Sache wissenschaftlich sehr dünn sei und bestenfalls aus einer Sammlung schöner Bilder bestehe. Mandelbrot geht dieser mitunter sehr kleinmütigen und kleinlichen Kontroverse nicht vornehm aus dem Wege, sondern nimmt sie auf und beweist, daß sie wissenschaftshistorisch eingeordnet werden muß. Der neuere Streit um die Fraktale erscheint so in einer Linie, die für eine Jahrtausende alte Auseinandersetzung in der Mathematik um den Wert oder Unwert des Bildes, d.h. der geometrischen und ganzheitlichen Anschauung kennzeichnend ist.

In dieser Hinsicht finden sich so manche Positionen in einer Front mit den Apologeten der spürbar ad absurdum geführten Moderne in Kunst und Architektur. Das Bauhaus mußte angesichts der gesellschaftlichen Brüche der Jahrhundertwende als eine befreiende Notwendigkeit empfunden werden. Aber seine faden Kopien waren zuletzt so unerträglich geworden, wie es Hundertwasser schon 1953 gesehen hatte. Die guten Argumente der Moderne waren eben nicht ehern. Sie verkamen mehr und mehr durch ihre Epigonen (wir meinen nicht die Gründer) zu einer Doktrin, deren Folgen von den Bewohnern mancher Satellitenstädte als menschenfeindlich empfunden wurden.

Ebenso erging es den Apologeten des Bourbakismus in der Mathematik, die diese von Anschauung und Bildern *reinigen*, also gewissermaßen auf eine *gerade Linie* bringen wollten. Ihr Credo war, die Mathematik auf saubere und gesunde Fundamente zu stellen. Wie widersprüchlich dieser Anspruch der Bilderstürmer in ihren eigenen Publikationen tatsächlich vertreten wurde, wird z.B. dadurch deutlich, daß *der* Mathematiker, der wie kein anderer in diesem Jahrhundert zur Klärung der Grundlagen beigetragen hatte, nämlich Kurt Gödel, in den Werken von Bourbaki[7] — man glaubt es kaum — über Jahrzehnte vollständig ignoriert wurde. So entlarvt sich der Bourbakismus — bei allen Verdiensten — doch eher als mathematisch verbrämte Doktrin, an der zuletzt die Mathematik zu erstarren drohte.

Es könnte sein, daß die heftige Reaktion so mancher gegen fraktale Geometrie und Chaostheorie mehr damit zu tun hat, daß Chaos und Fraktale Teilgebiete der Mathematik zu einem öffentlichen Ereignis machen und damit die sorgfältig etablierten Klostermauern um die behütete Mathematik einreißen. Es könnte sein, daß so manche heftige Reaktion auch damit zu tun hat, daß Chaos und Fraktale ein nachfragendes öffentliches Interesse an Mathematik fördern, das diejenigen als peinlich empfinden müssen, die ihre eigene Arbeit lieber nicht rechtfertigen möchten. Chaos und Fraktale holen Teile der Mathematik aus einem selbst gewählten Ghetto heraus und das ist eben nicht für alle Bewohner opportun. Chaos und Fraktale verwischen die Grenzen zwischen akademischer Ernsthaftigkeit und Distinguiertheit mathematischer Würdenträger und spielerischer Lust von Amateuren. Chaos und Fraktale geben den *Außermathematischen* das Gefühl, moderne Mathematik hinsichtlich ihres Inhalts und ihrer Ziele partiell zu verstehen, und das muß diejenigen, die das gängige Mathematikbild einer gänzlich unverständlichen Wissenschaft bewußt kultivieren und ausnutzen, sehr irritieren. Wie künstlich die Aufregung um die Fraktale und das Chaos bei gewissen selbsternannten Gralshütern wirklich ist, wird deutlich, wenn man — wie wir hoffentlich vorführen können — sieht, wie notwendig und natürlich die Sache aus Wurzeln wächst, die über

[7] Hinter dem Pseudonym Nicholas Bourbaki verbirgt sich eine Gruppe französischer Mathematiker, die 1935 gegründet wurde.

jeden Zweifel erhaben sind. Mandelbrots Werke hatten im übrigen daran auch keinen Zweifel gelassen.

Zum Schluß möchten wir all denen danken, die dieses Buch möglich gemacht haben. Zunächst gebührt unser herzlicher Dank unserem Freund Ernst F. Gucker (Zürich) und unserem Mitarbeiter Thomas Eberhardt, die die Übersetzung aus dem Amerikanischen besorgt haben. Oft verlieren Übersetzungen gegenüber dem Original. Wir sind überzeugt, daß die sorgfältige Übersetzung und Überarbeitung von Ernst F. Gucker das Original in manchen Punkten verbessert hat. Helen Gucker hat ihn dabei oft geduldig unterstützt. Das vorliegende Buch wurde von uns gegenüber dem Amerikanischen Original überarbeitet und wesentlich ergänzt.

Wir schulden unseren Dank vielen Studenten und Kollegen, die uns bei der Entstehung des Buches zur Seite gestanden haben. Unser Student Torsten Cordes hat die meisten Grafiken mit unendlicher Geduld und großer Meisterschaft hergestellt. In der Schlußphase mußtem ihm zwei weitere unserer Studenten, Ehler Lange und Lutz Voigt, zur Seite stehen, als die Zahl der Bilder die Kapazität einer Person weit überschritt. Unsere Kollegen Friedrich von Haeseler und Guentcho Skordev und unsere Studenten Ehler Lange und Anna Rodenhausen haben mehrere Kapitel korrekturgelesen. Wir bedanken uns auch bei unseren Freunden Eugen Allgower, Ulrich Krause, Heinrich Niederhausen und Richard F. Voss, die Teile des Manuskripts durchgesehen haben. Gisela Gründl war uns bei der Auswahl und Organisation der Fremdabbildungen behilflich. Thomas Eberhardt war für die Computererfassung der Übersetzung zuständig.

Das Buch wurde in TEX und LATEX von den Autoren produziert, wobei bis auf einige Halbtonbilder alle Figuren in die entsprechenden Files integriert wurden.

Schließlich bedanken wir uns für die ausgesprochen angenehme Zusammenarbeit mit den Mitarbeitern der Verlage Klett-Cotta (Stuttgart) und Springer (Heidelberg).

Heinz-Otto Peitgen, Hartmut Jürgens, Dietmar Saupe

Bremen, September 1992

Autoren

Heinz-Otto Peitgen. *1945 in Bruch, BRD. Dr. rer. nat. 1973, Habilitation 1976, beides an der Universität Bonn. Forschung auf den Gebieten Topologie, nichtlineare Analysis, dynamische Systeme, numerische Mathematik, Chaostherorie, Physik und fraktale Geometrie. Seit 1977 Professor für Mathematik an der Universität Bremen, von 1985 bis 1991 außerdem an der University of California in Santa Cruz und seit 1991 an der Florida Atlantic University in Boca Raton. Gastprofessuren in Belgien, Italien, Mexiko, Brasilien und USA. Autor und Herausgeber mehrerer Publikationen über Chaos und Fraktale, sowie Herausgeber verschiedener mathematischer Fachzeitschriften.

Hartmut Jürgens. *1955 in Bremen. Dr. rer. nat. 1983 an der Universität Bremen. Forschung auf den Gebieten dynamische Systeme, mathematische Methoden der Computergraphik und experimentelle Mathematik. Von 1984–85 Systemberater in der Computerindustrie, seit 1985 Direktor des Graphik-Labors Dynamische Systeme der Universität Bremen. Autor und Herausgeber von mehreren Publikationen über Chaos und Fraktale.

Dietmar Saupe. *1954 in Bremen. Dr. rer. nat. 1982 an der Universität Bremen. Hochschulassistent in Mathematik an der Universität von Kalifornien in Santa Cruz von 1985 bis 87, seit 1987 an der Universität Bremen. Forschung auf den Gebieten dynamische Systeme, mathematische Methoden der Computergraphik und experimentelle Mathematik. Autor und Herausgeber von mehreren Publikationen über Chaos und Fraktale.

Übersetzer

Ernst Felix Gucker. *1935 in Zürich. Promotion in Physik 1967 an der Universität Neuenburg. Danach Tätigkeit im gewerblichen Rechtsschutz und bei einer Lebensversicherungsgesellschaft. Seit 1971 als Hauptlehrer für Physik an der Kantonsschule (Staatliches Gymnasium) Zürich Oerlikon.

Inhaltsverzeichnis

Vorwort

Fraktale und die Wiedergeburt der Experimentellen Mathematik

Benoît B. Mandelbrot[1]

Zu einem Buch des Instituts für Dynamische Systeme der Universität Bremen beizutragen, ist ein großes Vergnügen, dem ich nicht widerstehen kann. Aber dieses Vergnügen ist notwendigerweise mit einer Herausforderung verbunden: Meine Bewunderung für ihre Anstrengungen und Leistungen ist so bekannt, daß ein bloßes neuerliches öffentliches Bekenntnis den Anschein eines Beispiels von Komplimentenaustausch unter guten Freunden erwecken könnte.

Ich bin aufgefordert worden, auf dieses Buch zu reagieren, wie ich auf zwei frühere Bücher desselben Institutes in Bremen reagiert habe. Das heißt, es gab den Wunsch, dieses Vorwort etwas weiter der Geschichte, Philosophie und auch (wenn angebracht) der Autobiographie und Kritik aktueller Ereignisse zu widmen. Bei der umfassenden Frage, die ich hier angehen will, geht es um die gegenwärtige Stellung und Wesensart der konkreten Geometrie. Allgemeiner bezieht sie sich auf die neue „experimentelle Mathematik", die sich im Moment aus der Reaktion einiger Mathematiker auf den Computer entwickelt und die Mathematik bereits (um David Mumford zu zitieren) „an einen Wendepunkt ihrer Geschichte" gebracht hat. Es gibt nun ein *Journal of Experimental Mathematics,* welches zeigt, daß das Gebiet seit kurzem kräftig wieder auflebt oder vielleicht wiedergeboren wurde. Einige Begleiterscheinungen dieser Wiedergeburt haben großes Aufsehen erregt, und dies verdienen sie bestimmt.

In einer sich schnell verändernden Welt ist es ein fragwürdiges Privileg des Alters, eine historische Sicht zu vermitteln. Die früheren bedeutenden Veränderungen in der Mathematik nahmen ihren Anfang

[1] Physics Department, IBM T. J. Watson Research Center, Yorktown Heights NY 10598, und Mathematics Department, Yale University, New Haven, CT 06520.

vor meiner Geburt, aber ich existierte bereits, als sie ihre eigenen Institutionen schufen und der gestrige Zustand sich fest etablierte. Deshalb glaube ich, daß es nützlich sein könnte, etwas von meiner Autobiographie mit einzubeziehen.

Grau und grün

Wir müssen zunächst feststellen, daß experimentelle Mathematik *nicht* das Eindringen von angewandter in reine Mathematik bedeutet. *Angewandte Mathematik* war schon immer von Naturwissenschaft durchdrungen, und somit vom Experiment. Dieses Merkmal trug viel zu ihrer ausgesprochenen Unbeliebtheit unter denjenigen bei, die glauben, daß angewandte Mathematik schlechte Mathematik sei. *Experimentelle Mathematik* bedeutet jedoch etwas ganz anderes: Sie bedeutet Wiedereinführung des Experimentes in zentrale Bereiche der Mathematik; und bedarf nicht unbedingt — zumindest zum gegenwärtigen Zeitpunkt — einer Verbindung zu den Naturwissenschaften.

Die deutlichste Auswirkung besteht möglicherweise darin, daß die absolute Notwendigkeit einer Unterscheidung, der wir wiederholt begegnen werden, zwischen mathematischer *Tatsache* und mathematischem *Beweis* unterstrichen wird. Ich bin mir bewußt, daß viele gute Mathematiker auf einer engen Festlegung ihres Gebietes bestehen, indem sie mit der Beweisführung beginnen und die Tatsachen kurz abfertigen. Dies ist vermutlich darauf zurückzuführen, daß sie mit der Gewohnheit aufgewachsen sind, neue mathematische Tatsachen fast ausschließlich so zu betrachten, daß sie durch die Beweise alter mathematischer Tatsachen veranlaßt wurden. Aber der Historiker weiß, daß sich in der Vergangenheit die Entwicklung der Mathematik auf viele andere Quellen stützte, sowohl auf Beobachtung als auch auf Experimentieren.

Die aktuelle experimentelle Mathematik verschmäht nicht einmal die Beobachtungsweise der Naturkunde, der „einfachsten" unter den empirischen Wissenschaften. Sie ist jedoch in erster Linie auf aktives Experimentieren angewiesen. Mathematische Beweisführung kann, wenn die Mathematiker es wollen, viel von ihrer Eigenart in der Form bewahren, an die sie sich in den vergangenen Jahrzehnten gewöhnt haben (und die wir hie und da diskutieren werden). Das heißt, weder wünsche noch erwarte ich — und ich habe solches auch in der Vergangenheit niemals getan, — Beweise lediglich durch Bilder *ersetzt* zu sehen. Bei allem, was jetzt geschieht, geht es um ein leistungsfähiges „front end" (Fenster) mit überraschenden Eigenschaften, das der Mathematik durch neue Forschungsmethoden für neue Tatsachen vermittelt wird, eines, das mehr umfaßt als nur die klassischen Hilfsmittel Bleistift und Papier. Auf diese Art haben Bilder schon eine erstaunliche Kraft unter Beweis gestellt, in frühen Phasen sowohl der mathematischen Beweisführung als auch der physikalischen Theorienbildung *Hilfe*stellung zu leisten; die Ausweitung dieser Hilfestellung kann leicht zu einem neuen Gleichgewicht und zu Änderungen im derzeit vorherrschenden Stil vollständiger mathematischer Beweisführung und vollständiger physikalischer Theorienbildung führen.

Mit anderen Worten könnten wir bald Zeugen dafür werden, wie eine neue aktive „Dublette" eines experimentellen und/oder theoretischen Studiums wieder auftaucht. Theoretische und Experimentalphysiker leben selten in vollkommener Eintracht, aber sie wissen, daß sie nicht nur miteinander leben, sondern aufeinander hören und anderweitig zusammenwirken *müssen*. Einige wenige auf jeder Seite möchten die anderen zerstören. In der Mathematik ist die Situation eine völlig andere: Es gab eine lange Periode von Konflikten, wie sie so treffend und schön vom Dichter der folgenden Zeilen zum Ausdruck gebracht wurde:

Grau, treuer Freund, ist alle Theorie,
Und grün des Lebens goldner Baum.

Diese Worte stammen aus Goethes (1749–1832) *Faust*, aus einer berühmten Szene, in welcher Mephisto in der Robe des alten Professor Faustus einem ehrfürchtig zuhörenden Studenten die verschiedenen wissenschaftlichen Programme beschreibt. Der Teufel verweilt bei der Medizin (welche den Vorzug hat, viele hübsche Mädchen in das Leben eines Doktors zu bringen), dann schließt er (Zeile 2038 und 2039) mit seiner großartigen Schilderung zweier Kulturen.

Über zwei Jahrhunderte hinweg hatten Gelehrte in den harten theoretischen Wissenschaften allen Grund, diese teuflische Weisheit resigniert anzuerkennen. Selbst wenn die meisten Universitäten oder Institutionen aufgehört haben, ihre Gelehrte in Uniformen und zum Zölibat zu zwingen, bleiben viele Gelehrten stolz darauf, daß Außenstehende ihre Untersuchungsgegenstände als hoffnungslos grau wahrnehmen.

Unlängst jedoch kam ein neues Werkzeug hinzu: der Computer. Für sich allein betrachtet, ist er so „grau", wie grau nur sein kann. Aber er hat den Wissenschaften zwei Geschenke gebracht. Das erste besteht in einer wesentlichen Steigerung der Rechenkapazitäten. Dies wird uns hier nicht betreffen, obwohl erwähnenswert ist, daß viel von der anfänglichen Rechtfertigung des Computers in den vierziger Jahren nicht von den Anwendern in der Wirtschaft kam, sondern von Personen, die nach neuem Verständnis der Differentialgleichungen Ausschau hielten. Einer davon war John von Neumann; in seiner Frühzeit war er ein beinahe „normaler" Mathematiker, aber seit den vierziger Jahren galt er nicht mehr als solcher, denn er war viel zu sehr mit Wettervorhersagen beschäftigt. Ein anderer Wegbereiter der Computeranwendung war Enrico Fermi, ein begnadeter Physiker, der vom Wunsch beseelt war, den Computer für das Verständnis einiger anderer Arten von nichtlinearer Mathematik[2] einzusetzen. Computerberechnungen haben schon viele Veränderungen in der Mathematik bewirkt, aber diese Veränderungen sind eher quantitativer als qualitativer Art. Betrachten Sie die Zahlentheorie; sie war bis zu den Zeiten von Gauß eine experimentelle Disziplin und wurde von Edouard Lucas als experimentell bezeichnet, so daß sich jede weitere Argumentation gegen das Experiment in dieser Disziplin erübrigt.

Die grafische Darstellung ist das zweite Geschenk, das uns der Computer beschert hat; und dies ist eine ganz und gar andere Geschichte, die eine grundlegende qualitative Veränderung gebracht hat, wenn nicht gar eine Umwälzung. Da ich persönlich alles andere als der mathematischen Hauptrichtung angehöre, wie später in diesem Vorwort noch festzustellen sein wird, habe ich die Computergrafik schon begrüßt, noch bevor sie sich richtig entwickelt hatte. Und ich hatte das Glück zeigen zu können, daß die Volksweisheit, die durch den zitierten Vers von Goethe als eine unwiderlegbare Teufelsweisheit zum Ausdruck gebracht wurde, von eher geringerem Wert ist. Ihre offensichtliche Allgemeingültigkeit stammt aus einer Zeit, als die Technik hinter dem abstrakten Denken herhinkte, gefolgt von einer Zeit, in der die Mathematiker in der Akzeptanz der neuen Technik hinterherhinkten. Computergrafik hat mir wiederholt das Privileg und die Freude bereitet, Theorien in Mathematik und Physik aufzugreifen, deren Trübseligkeit unüberwindbar schien (was in einigen Fällen durch jahrhundertelange Kommentare bestätigt worden war), und nachzuweisen, daß diese selben Theorien bei geeigneter Transformation auf ihre eigene mathematische oder physikalische Art bereichert werden. Computergrafik erzeugt auch Strukturen, die in ihrer unergründlichen Kompliziertheit leicht als Fälschungen des Lebens, der Natur und sogar der Kunst angesehen werden. Dies heißt, daß ein Teil alter Theorie nicht nur aufhört, grau zu sein, sondern so farbig wird, daß sie sogar dem Künstler Spaß macht.

Aus der Nähe betrachtet, deckt die Rolle der Computergrafik ein weites Gebiet ab. Nur allzu oft läuft sie auf *reine Visualisierung* hinaus. Dies trifft dann zu, wenn ein Wissenschaftler seine Daten einem Spezialisten überläßt, der weiß, wie man damit hübsche Bilder anfertigt — in manchen Fällen nur mit dem Ziel, einen Besucher zu beeindrucken. In gewisser Weise begann ich selbst damit in den sechziger Jahren, bevor Hilfsmittel auftauchten, die irgend jemand Computergrafik nennen würde. Mein sehr praktisches Ziel bestand

[2] E. Fermi, J. Pasta, S. Ulam, *Los Alamos document LA-1940,* 1955. Neudruck in den Collected Papers of Enrico Fermi, Vol 2, S. 978–88. Auch in S. Ulam, *Sets, Numbers and Universes,* M.I.T. Press, 1974, S. 490–501.

darin, zögernde Kollegen insofern zu beeindrucken, als gewisse meiner Zwei-Zeilen-Formeln zwar keine tiefsinnige Mathematik, aber erstaunlich gute „Fälschungen“ der tatsächlichen Abläufe an der Börse, von Sternkarten und des Wetterablaufs waren. Dabei tauchte am anderen Ende reiner Visualisierung ein noch interessanterer Sachverhalt auf. Der Gebrauch der Computergrafik bewirkt eine völlige Veränderung der Bedeutung des Auges. Die harten theoretischen Wissenschaften hatten das Auge lange Zeit verbannt, und viele Beteiligte glaubten und hoffen sogar noch, daß es für immer ausgeschaltet bliebe. Aber die Computergrafik bringt das Sehen zurück, als wesentlichen Bestandteil des Denk-, Forschungs- und Entdeckungsprozesses. Lassen Sie mich diese beiden Positionen näher erklären.

Ich muß gestehen, daß ich für den Begriff *Visualisierung* eine tiefe Abneigung empfinde. Natürlich freut es mich, daß die Einsamkeit, die ich in den sechziger und siebziger Jahren erfahren hatte, einer fast beängstigenden Menge von Personen gewichen ist, die sich heute mit dem Thema beschäftigen. Ich bin hocherfreut, wenn die Visualisierung einen Gutachterausschuß anläßlich eines Besuches beeindruckt, und ich freue mich auf die Reichtümer, die sich für uns durch die industriellen Entwicklungen, die diesen Begriff geschaffen haben, ergeben werden. Aber für mich riecht es nach den schlechten alten Zeiten, von denen wir uns vor kurzem gelöst haben. Für mich scheint *Visualisierung* ein Begriff zu sein, den sich Algebraiker ausgedacht haben. Manche Algebraiker denken zum Beispiel, daß der Begriff „Kreis“ gleichbedeutend ist mit der Gleichung $x^2 + y^2 = r^2$. Für sie existiert diese hübsche, wie der Rand des Vollmondes geformte Kurve nicht an sich, sondern nur um diese isotrope quadratische Gleichung zu visualisieren. Von Poincaré wird berichtet, daß er über seinen Lehrer geschrieben hat, „Monsieur Hermite beschwört niemals ein konkretes Bild herauf; trotzdem erkennen Sie bald, daß für ihn die abstraktesten Dinge wie Lebewesen sind.“ Dies überrascht mich, wie es Poincaré zu überraschen schien, aber ich stelle nicht in Abrede, daß es wahr sein könnte. Wenn sich Leute wie Hermite zu viel politische Macht über mathematisches Leben aneignen, kann nichts mehr überleben aus den Zeiten, bevor Descartes die Analysis in die Geometrie einführte. Vor mehr als einem Jahrhundert wurde es als selbstverständlich betrachtet (und von Felix Klein und Henri Poincaré wortgewandt zum Ausdruck gebracht), daß Geometer und Algebraiker zwei verschiedene Arten von Wissenschaftlern sind. Unglücklicherweise ist man während der akademischen Prüfungen, bei denen junge Wissenschaftler ausgewählt werden, im Verlaufe unseres Jahrhunderts dazu übergegangen, immer weniger Wert auf Fähigkeiten in Geometrie, dafür aber um so mehr Gewicht auf Fähigkeiten in Algebra zu legen. In dieser Beziehung galten die Vereinigten Staaten als Extremfall, da nie das ernsthafte, für alle europäischen Länder charakteristische Geometriestudium gefordert wurde. Dies mag teilweise erklären, warum Flüchtlinge aus Rußland und Deutschland „einheimische" US-Mathematik als streng, aber hauptsächlich rein und übermäßig algebraisch empfanden, noch bevor dies auch in Europa zur Regel wurde.

Natürlich erklärten diejenigen, die das in Ungnade Fallen der Geometrie herbeiführten, es als unvermeidlich, als einen weiteren Beweis dafür, daß es Fortschritt gibt, daß Geschichte unaufhaltsam vorwärtsschreitet, um niemals umzukehren. Aber in diesem Bereich, wie in manchen anderen, wurde der Ansicht, daß der Lauf der Dinge durch ein unausweichliches Schicksal gelenkt werde, durch kürzliche Ereignisse deutlich widersprochen. Dies heißt, es scheint nun, daß unaufhaltsame Algebraisierung nicht unvermeidlich gewesen wäre. In großem Maße zeigte sich bei allen theoretischen Wissenschaftlern, daß sie sich spontan und praktisch den Gegebenheiten anpaßten, die durch den schon erwähnten geringen Stand der Technologie gekennzeichnet waren. Es fiel schwer nicht einzugestehen, daß die alten Werkzeuge der Geometrie sich erschöpft hatten und daß neue fehlten und dementsprechend zu handeln. Aber nun schiebt der Computer diese Anpassung und die sich daraus ergebenden Notbehelfe in eine historische Rumpelkammer ab.

Lassen Sie mich für eine autobiographische Anmerkung unterbrechen: Ich habe diesen antigeometrischen Trend seit den vierziger Jahren genau beobachtet. Als eingefleischter Geometer und daher meinem Auge sehr stark verpflichtet, betrachte ich es als Gnade, daß ich die berühmt-berüchtigten französischen Prüfungen ablegte, als die Geometrie noch im Sattel saß. Im Hinblick auf die fraktale Geometrie, der ich — wie der Leser weiß — den größten Teil meiner Arbeitskraft gewidmet habe, habe ich die Entwicklung neuer Strömungen miterlebt und durch die Vergangenheit immer wieder nach Ereignissen, die zur Verbannung des Auges durch die strenge theoretische Wissenschaft führten, Ausschau gehalten. Lassen Sie mich deshalb einige alte, aber kurzweilige Geschichten erzählen, die ich gelesen habe, und mich über neueste Geschichten, in denen ich ein Hauptbeteiligter war, eine in Physik und eine in Mathematik, in Erinnerungen schwelgen.

Pluralisten und Utopisten in der griechischen Blütezeit

Diesen Geschichten ist gemeinsam, daß sie sich mit dem Konflikt beschäftigen, der während der griechischen Blütezeit losbrach, einer Zeit also, zu der Mathematik und Wissenschaft nahezu in ihrer gegenwärtigen Form geprägt und der Begriff des Beweises entwickelt wurde. Die beiden Seiten dieses Konflikts können *pluralistisch* und *utopisch* genannt werden.

Die pluralistische Betrachtungsweise kommt durch die folgenden Worte wunderschön zum Ausdruck: „Gewisse Dinge wurden mir zunächst auf rein mechanische Art klar, obwohl sie nachher geometrisch bewiesen werden mußten, da ihre Untersuchung auf die erwähnte mechanische Art keinen eigentlichen Beweis lieferte. Aber die Beweisführung, nachdem man sich gewisse Kenntnisse der Problemstellung auf diese Art angeeignet hat, ist natürlich einfacher als ohne jegliche vorherige Kenntnisse. Das ist ein Grund, weshalb z.B. für die Lehrsätze, daß die Volumina eines Kegels und einer Pyramide ein Drittel der Volumina des Zylinders bzw. Prismas mit gleichen Grundflächen und gleichen Höhen betragen, deren Beweise zuerst von Eudoxos erbracht worden sind, kein geringer Anteil des Verdienstes auf Demokrit entfallen sollte, der als erster, wenn auch ohne Beweis, das Ergebnis aufgestellt hatte." Diese Worte könnten ohne weiteres von einem unserer unmittelbaren Vorfahren stammen. Ihr Urheber war jedoch Archimedes.[3] Bitte lassen Sie sich durch all diese illustren Namen vom Weiterlesen nicht abhalten!

Der Grund, weshalb die Ansichten des Archimedes die Bezeichnung pluralistisch verdienen, besteht darin, daß er die Ausgewogenheit zwischen der Rolle des Beweises und der Rolle des Experimentes, einschließlich der Bedeutung der Sinne in angemessener Weise berücksichtigte. Er sieht keine Gefahr in der Anerkennung des Experimentes und der Sinne als Instrumente dessen, was man als Suche nach neuen *mathematischen Wirklichkeiten* beschreiben muß. Die Existenz mathematischer Wirklichkeiten erschien mir lange Zeit unbestreitbar, aber die Erfahrung lehrt, daß andere Autoren gerade dieser Auffassung jegliche Bedeutung absprechen und sie als Widerspruch in sich selbst sehen. So war nach einem Mathematikerkongress, der im Jahre 1990 in Kyoto stattgefunden hatte und auf welchem dem Physiker Edward Witten die Fields-Medaille verliehen worden war, in Mathematikerkreisen lautes Gerede zu vernehmen. Leserbriefe wurden veröffentlicht, in denen *Mathematik ohne Lehrsätze* als nichtannehmbaren Bestandteil „wahrer Mathematik" bezeichnet wurde.

Gegen Erfahrung und Sinne wettern, ist eine beliebte Praxis in unserer Kultur. Aber dies ist sicherlich nicht neu. Wäre es deshalb nicht erstrebenswert, diejenige Person ausfindig zu machen, welche diese Einstellung als erste zum Ausdruck gebracht hat? Aus dem Ton des vorstehenden Zitates zu schließen, scheint es, daß Archimedes auf eine Auffassung geantwortet hat, die von jemand anderem bereits entschieden vertreten wurde. Es muß sich um die von Platon (427–347 v. Chr.) vertretene utopische Ansicht gehandelt haben, eines Mannes also von sehr großer Macht, sowohl was den Intellekt als auch was den Einfluß betrifft. Ja, es ist nun einmal so, daß die gegen die Rückkehr des Auges in die strengen Wissenschaften ausgesprochenen

[3] Archimedes (287–212 v. Chr.), Demokrit (460–370 v. Chr.), Eudoxos (408–355 v. Chr.).

Verwünschungen, die ich heutzutage nur zu oft vernehme, nicht neu und nicht viel mehr als das Echo Platons sind. Und die Pluralisten, welche der Rückkehr des Auges positiv gegenüberstehen, sich für praktisch veranlagt und modern halten, wissen vielleicht nicht viel über Platon, obwohl sie tatsächlich dessen Schatten bekämpfen.

Die am häufigsten zitierten Gegenargumente gegen Platons Ansichten erscheinen in Plutarchs *Lebensbeschreibungen* des römischen Generals und Politikers Marcellus. Dieser befehligte die Belagerung von Syrakus, in deren Verlauf ein Soldat Archimedes tötete. Ich zitiere aus Zieglers Übersetzung: „Mit dieser hochbeliebten und vielgepriesenen Mechanik und Technik hatten sich nämlich zuerst Eudoxos und Archytas zu beschäftigen begonnen, indem sie die Mathematik interessant zu machen unternahmen und Probleme, die durch theoretische und zeichnerische Beweisführung nicht leicht lösbar waren, durch sinnfällige mechanische Apparaturen unterbauten ... Als sich aber Platon darüber entrüstete und sie heftig angriff, weil sie den Adel und die Reinheit der Mathematik zerstörten und vernichteten, wenn sie aus der unkörperlichen Sphäre des reinen Denkens ins Sinnliche hinabglitte und sich körperlicher Dinge zu bedienen begönne, die vieler niedrigen, handwerksmäßigen Verrichtungen bedürften, so wurde die Mechanik aus der Mathematik verbannt und von ihr abgetrennt, von der reinen Wissenschaft lange Zeit verschmäht, und war so zu einer bloßen militärischen Hilfswissenschaft geworden."

Da Plutarchs Anekdote über Platons herrisches Benehmen 400 Jahre nach der Begebenheit geschrieben wurde, sollte sie mit Vorsicht aufgenommen werden. Aber nach Platons eigenen Worten ist es wahr, daß Geometer „in überaus lächerlicher und kümmerlicher Weise reden ..., als ob all ihre Beweise ein praktischen Ziel hätten ... Aber zweifellos wird die ganze Untersuchung um der Erkenntnis willen fortgesetzt."

Als ich zum ersten Mal auf Platons doppelten Bann gegen die Physik und gegen das Auge, aufmerksam wurde, hatte ich mich seit Jahrzehnten mit der Aufgabe abgemüht, die zerstörten Ikonen wiederherzustellen. Ich setzte mich heftig für Eudoxos ein. Es war ein Vergnügen zu wissen, daß Eudoxos ein Wegbereiter war, nicht nur in der Mechanik und der Astronomie (wie von Plutarch angedeutet), sondern auch in der Geometrie (wie von Archimedes berichtet). Er wird von den altehrwürdigen griechischen Mathematikern oft für den kreativsten gehalten, während Euklid — er hatte seine Blütezeit um 300 v. Chr. — ein Enzyklopädist war. Wie Platon war er durchaus kein kreativer Geometer. Um Augustus de Morgan zu zitieren, „Platons Werke überzeugen keinen Mathematiker, daß dieser Autor der Geometrie stark verfallen war." Um der reinen Lehre willen wollte er die Geometrie auf den Einsatz von Lineal und Zirkel beschränken.

Platon war Ideologe und Autor von mehr als nur einer schädlichen Utopie. Tatsächlich liegen Platons Verwünschungen gegen Physik und die Sinne sehr stark auf einer Linie mit seinen politischen Idealen eines autoritären Staates, wie es in *Der Staat* nachzulesen ist.

Unter Platons Einfluß wurde die griechische Mathematik einer beachtlichen Umwandlung unterzogen — anti-empirisch und anti-visuell —, was die gegensätzlichsten Reaktionen hervorrief. Von manchen wurde dies als größte und dauerhafteste Errungenschaft Griechenlands gepriesen, von anderen eindeutig mißbilligt. So leitet de Santillana[4] daraus die Schuld für den Mißerfolg der Griechen hinsichtlich einer Parallelentwicklung von Physik und Mathematik ab, mit derart verheerenden Auswirkungen auf die griechisch-römische Technik, die vielleicht zum Teil für den Untergang Roms verantwortlich sind.

Platon (wie Hermite viele Jahrhunderte später) glaubte an die Existenz der Ideen, was bedeutet, daß mathematische Objekte und Wahrheiten entdeckt und nicht erfunden werden. (Dieser Glaube hat wenige konkrete Folgen, aber ich teile diese Meinung voll und ganz.) Platon glaubte aber auch, daß die physikalische Welt nur „relative Wirklichkeit“ besitze. Das führte ihn zur Formulierung einer Utopie, in der mathematische Wahrheiten entdeckt und untersucht werden müssen ohne Bezug auf etwas Konkretes und ohne Benutzung der „Sinne“, die bestimmt das Auge und möglicherweise die „Intuition“ einschließen. Die Utopisten, welche die Bilder aus der Mathematik vertrieben, waren ihrerseits von einer mit religiösem Fanatismus vergleichbaren Leidenschaft getrieben, so daß es angebracht ist, sie *Ikonoklasten* zu nennen, was *Bilderstürmer* bedeutet.

Für den größten Teil der Zeit zwischen Platon und der Gegenwart schenkten die meisten Mathematiker Platons Worten wenig Beachtung. Die materielle Wirklichkeit und die Sinne haben für einen spielerischen Umgang und eine strenge Beweisführung viel zu viele spannende Fakten beigesteuert.

Die beiden untrennbaren Seiten der Münze der Mathematik

Wenn wir von Platon zu unseren Tagen zurückkehren, finden wir eine völlig veränderte Lage vor, neu und fließend, und die Ansichten deutlich geteilt. Von vielen vernehmen wir Beifall, so von den jungen Leuten und ihren Lehrern, aber bestimmt nicht von allen. Damit ist eine interessante Geschichte verbunden. In meinen jüngeren Jahren, als die experimentelle Mathematik noch nicht wiedererwacht war, stand nur eine Art von Mathematik auf der Bühne der Wissenschaft. Dies war schon der Fall, als ich Mitte der vierziger Jahre in Paris studierte, zuerst kurz an der Ecole Normale Supérieure, und dann für die

[4] de Santillana, G., *The Origins of Scientific Thought,* University of Chicago Press, 1961.

üblichen zwei Jahre an der Ecole Polytechnique. Auf dem Gymnasium war ich von einem sehr schwierigen Gebiet, genannt *Geometrie*, das im Lehrplan einen breiten Raum einnahm, völlig fasziniert. Für mich zumindest handelte es sich um die Untersuchung von Objekten mit zwei Eigenschaften, die widersprüchlich hätten sein können, aber dennoch zusammenpaßten: wie Handschuh und Hand, wie die beiden Seiten einer einzelnen Münze oder (ein besseres Bild) wie Körper und Seele, die zusammengehören. Man könnte in abstraktem Stil darüber reden — vielleicht etwas trocken, aber über alle Maßen nobel in dem von Euklid vorbereiteten Stil. Aber das war nicht alles. Für mich bezog sich Mathematik auf vollkommen wirkliche Objekte; sie konnten wahrgenommen und manipuliert werden wie Zeichnungen und auch wie Gipsabdrücke von den Regalen im Dekanat der Mathematikfakultät. Als Halbwüchsigen hat es mich beeindruckt, als ich hörte, daß gewisse Zahlen, ursprünglich formal als Quadratwurzeln von negativen reellen Zahlen eingeführt (ihr Ursprung führte zu ihrer Bezeichnung „imaginär"), sich sehr bald als gleichbedeutend mit Punkten in der Ebene erwiesen hatten. Dies schien zu bestätigen, daß die ursprüngliche Art ihrer Einführung unvollständig war; niemand hat sich dafür eingesetzt — so viel ich weiß. Algebra ohne diese Interpretation zu treiben, würde es wahrhaftig verdienen, ein „komplexes" Verfahren genannt zu werden. Mir gefielen auch die euklidischen Darstellungen der nichteuklidischen Geometrien, die zum Vorschein brachten, daß eine andere Münze, die in den 1830er Jahren nur eine einzige Seite zu haben schien, tatsächlich völlig zu Recht beide Seiten aufwies. Es wurde meine unbändige aber tiefe Hoffnung, daß Ereignisse mit „abstrakt" bleibender Form lediglich Indiz eines vorübergehenden Mangels visuellen Vorstellungsvermögens auf Seiten des Geometers waren.

Im weiteren Verlauf der Geschichte läßt sich unschwer meine Freude vorstellen, als die fraktale Geometrie aufdeckte, daß viele der sogenannten „Monster der Mathematik" im wahrsten Sinne des Wortes „wirklich" waren.

Überflüssig zu sagen, daß diese Sicht meine Art, die uns aufgetragenen schweren Mathematik-Hausaufgaben zu behandeln, beeinflußt hat. Nachdem ich mit den Grundzügen eines neuen Problems vertraut geworden war, machte ich mir keine großen Gedanken über die gestellten Fragen. Statt dessen beeilte ich mich, irgendeine Art Bild zu skizzieren. Wenn das Problem geometrisch gestellt wurde, war diese Aufgabe einfach. Wenn das Problem algebraisch oder analytisch gestellt wurde, war dies der schwierigste Schritt. Wenn einmal ein Bild zur Verfügung stand, erhielt es meine ungeteilte Aufmerksamkeit; ich spielte damit und wandelte es auf alle möglichen Arten ab. Insbesondere modifizierte ich es, indem ich versuchte, es auf eine Weise reichhaltiger, attraktiver und symmetrischer zu gestalten.Irgendwann belohnte mich die „geometrische Intuition“, etwas, das wir bald diskutieren werden, mit einem plötzlichen Schwall von Wahrnehmungen. Erst dann nahm ich die uns gestellten Fragen zur Kenntnis und fand in der Regel, daß all die Antworten „intuitiv“ klar waren. Wiederum stellten die formalen Beweise dieser Annahmen unweigerlich den schnellsten und einfachsten Schritt des Verfahrens dar. Ich erinnere mich nicht, jemals in Verlegenheit geraten zu sein, aber dieser Sachverhalt hilft natürlich, die in jenen Jahren in Frankreich gelehrte Mathematik zu beschreiben. Dieselben Verhältnisse herrschten in ganz Europa vor, setzten sich aber offensichtlich in den USA niemals durch.

Geometrische Intuition ist eine sehr oft diskreditierte Fähigkeit, die einen Augenblick die Aufmerksamkeit verdient. Ich habe schon von zu vielen Menschen die Behauptung gehört, daß sie nicht existiere, ohne dabei auf den Gedanken zu kommen, daß diese Personen damit ihre eigenen Unfähigkeiten zum Ausdruck bringen könnten. Anderen wiederum bereitet es Freude, vor den Fallstricken und Unzulänglichkeiten der Intuition zu warnen. Sie begreifen nicht, daß Intuition nichts Starres ist, sondern vielmehr die Frucht vorhergehender Erfahrung; sie läßt sich leicht zerstören, doch sie kann auch geschult werden.

Wenn ich noch einmal auf meine Studentenjahre zurückkommen darf, so war für mich ein Zusammenspiel von eigenem Interesse und von Formalismus unabdingbar, damit ich Spaß an der Mathematik haben konnte. Aber sogar auf dem Gymnasium hörte ich schon Gerüchte über Probleme in meinem Paradies. Dann brachte das Ende des zweiten Weltkrieges einen Onkel, der Mathematikprofessor am berühmten Collège de France war, nach Paris zurück. Er sorgte dafür, daß ich unter den 20jährigen Mathematikstudenten in Paris derjenige mit dem besten Tutor war. Er begann, mich (freundlich, aber entschieden) darüber aufzuklären, daß die Geometrie, die ich liebte, als Gegenstand aktiver Forschung tot war. Schlimmer noch als wenn sie auf einen kleinen aber lebendigen Kern reduziert gewesen wäre, war sie schon seit fast einem Jahrhundert tot, außer in der Mathematik für Kinder. Auch er war auf dem Gymnasium ein Könner in Geometrie. Aber er meinte, daß für einen echten Beitrag zur Mathematik man über die Geometrie hinauswachsen müsse. All das hörte ich in den vierziger Jahren, aber Brooks (1989) gibt die Meinung meines Onkels wieder, wenn er meine „mathematische Sensibilität“ (damals wie heute) als „ziemlich kindlich und ein wenig schwerfällig“ bezeichnet.

Genauer ausgedrückt, wurde mir gesagt, daß *Geometrie* als Begriff sehr lebendig war, sich jedoch die letzten Spuren ihrer alten, ganz konkreten Anwendungen verloren hatten. Beispielsweise war die algebraische Geometrie von einer (hauptsächlich italienischen) Gruppe gerettet worden, die nichts richtig definierten oder bewiesen; zu einer klugen neuen Generation gehörten, wiedergeboren als rein algebraisches Unternehmen, das für eine Zukunft bestimmt war die besser als ihre Gegenwart werden sollte.

Als erste Alternative riet mir mein Onkel, in seine Fußstapfen zu treten und komplexe Analysis zu treiben, die von der aufkommenden Mode in Richtung Abstraktion am weitesten entfernt sei. Beispielsweise erzählte er mir von der Iterationstheorie von Fatou-Julia und schlug vor, daß eine glänzende neue mathematische Idee es mir ermöglichen sollte, etwas wirklich Lohnendes zu tun. Er war einer der wenigen, die sich der Theorie Fatou-Julias bewußt waren. Er bewunderte sie und war zutiefst verbittert, daß sie in den ungefähr dreißig Jahren zwischen 1917 und 1945 keine rechten Fortschritte gemacht hatte. Er gab mir die Original-Nachdrucke, die ihm die Autoren gegeben hatten. Leider zeigte mir das eingehende Studium der großartigen Arbeiten, daß dies nicht die Geometrie war, die mir gefiel. Abgesehen davon war Gaston Julia selbst noch sehr präsent (er war in den Fünfzigern, und nach dem Übertritt ans Polytechnikum wurde er mein Lehrer — in Differentialgeometrie). Dennoch schien außer meinem Onkel kaum jemand etwas von J-Mengen zu wissen (das war noch, bevor es den Begriff „Julia-Mengen“ gab, für den ich einen Teil der Verantwortung übernehme). Tatsächlich hatte außer meinem Onkel kaum jemand auch nur halbwegs ein gutes Wort für Julia übrig.

Die zweite und offensichtlichere Alternative zum Geometriestudium bestand darin, sich einer Gruppe von Mathematikern, die sich selbst „Bourbaki“ nannten, widerspruchslos anzuschließen. Daß „widerspruchslos“ der richtige Ausdruck ist, wird durch einen interessanten autobiographischen Aufsatz von E. Hewitt bestätigt.[5] „Von Stone und seinen Mathematikerkollegen in Harvard erhielt ich eine lebendige Lektion über unser wundervolles Fach:

Regel Nr. 1: Achte den Beruf.
Regel Nr. 2: Im Zweifelsfall, siehe Regel Nr. 1.“

Wer war Stone? Neben seiner Rolle als großer schöpferischer Mathematiker, war Marshall Stone dazu erzogen worden, die natürliche Autorität auszuüben, die dem Sohne eines künftigen US-amerikanischen Obersten Bundesrichters angemessen war. Und er schilderte „den Beruf“ in den folgenden wohlklingenden Tönen.[6]

---

[5] Hewitt, E., *Math. Intelligencer* 12, 4 (1990) S. 32–39.
[6] Stone, M., *American Math. Monthly* 68 (1961) S. 715-734.

„Während verschiedene wichtige Änderungen in unserer Vorstellung der Mathematik und den mit ihr zusammenhängenden Auffassungen seit 1900 stattgefunden haben, besteht diejenige, die wirklich eine grundlegende Veränderung der Auffassungen bedeutet, in der Entdeckung, daß die Mathematik von der physischen Welt völlig unabhängig ist...

Wenn wir aufhören, die heutige Mathematik mit derjenigen am Ende des neunzehnten Jahrhunderts zu vergleichen, könnten wir ganz schön erstaunt sein, zu sehen, wie schnell unsere mathematische Erkenntnis an Quantität und Komplexität zugenommen hat. Wir sollten es aber auch nicht unterlassen festzustellen, wie eng diese Entwicklung damit verknüpft war, daß die Abstraktion betont wurde und die Bedeutung der Wahrnehmung und der Untersuchung allgemeiner mathematischer Strukturen zunahm. Tatsächlich stellen wir bei eingehender Prüfung fest, daß diese neue Einstellung, die nur durch die Trennung der Mathematik von ihren Anwendungen möglich wurde, die wahre Quelle der unglaublichen Dynamik und Entwicklung der Mathematik während des gegenwärtigen Jahrhunderts war."

Die Bourbakisten benutzten die Begriffe „Struktur" und „Grundlage" bei jeder erdenklichen Gelegenheit. Für sie waren diese Ausdrücke sehr „positiv", da sie mit den vornehmen Aufgaben des Aufbaus und des Wiederaufbaus verbunden waren. Aber es war von den Bourbakisten inkonsistent, die Suche nach sicheren Grundlagen einzustellen, bevor sie bei der Logik angelangt waren. Wichtiger ist meiner Meinung nach (und ich sah niemals einen Grund, daran etwas zu ändern), daß sie sehr weit entfernt von den Mutigeren arbeiteten, die, nachdem sie durch schwierigen und unsicheren Boden Löcher gebohrt hatten, wirklich Grundlagen schufen. Sie stellten Möbel um wie die Dekorateure und nicht wie die Konstrukteure. Schlimmer noch, sie schienen sich oft engstirnig für die Aufgabe einzusetzen, zwanghaft das Haus zu reinigen und instand zu setzen sowie andere einzuschüchtern. Meine Gefühle ihnen gegenüber waren stark und einfach (wie bei vielen Mathematikern, die eine Neigung zu starken Gefühlen haben). Ihr „Formalismus à la française" war bestimmt keine unnütze Aufgabe, aber es war unangemessen, ihn die Mathematik beherrschen, ihn darüber entscheiden zu lassen, wer Mathematiker werden sollte, und seinen Einfluß auszuweiten, wo auch immer es möglich war. Deshalb verabscheute und fürchtete ich Bourbaki.

Der Tod der Geometrie und das Aufkommen der Bourbakisten waren dafür verantwortlich, daß ich die beneidete Stellung der Nummer 1 im ersten Jahr auf der vornehmen Ecole Normale aufgab. (In Mathematik und Physik zusammen wurde meine Klasse dadurch auf 14 Studenten reduziert, und zwar für ganz Frankreich.) Später verließ ich Frankreich. Wie beschrieben,[7] haben sich beide Entscheidungen als sehr weise herausgestellt, weil die Bourbaki-Gruppe wuchs und im Begriffe war, nicht nur an der Ecole Normale, sondern in weiten Teilen der französischen Wissenschaften die Macht zu ergreifen.

Schließlich starben die Bourbakisten, doch nicht ohne vorher viele jüngere Mathematiker auszubilden, die in ihrem Leben nichts anderes gekannt hatten. Es bereitet ihnen heute Mühe, die Intensität der Gefühle zu verstehen, die Bourbaki bei Freund und Feind hervorgerufen hatte. Aus diesem Grund habe ich einige Tatsachen und einige Gedanken niedergeschrieben, die Bourbaki betreffen.[8]

Auf jeden Fall wäre ich kein glücklicher Schüler der Ecole Normale geworden; und in späteren Jahren wäre ich als Mathematikprofessor in Frankreich nicht glücklich gewesen, wenn die dem herrschenden Klub angehörenden Kollegen mich als schwach und bestimmt nicht als Ehrenmann betrachtet hätten. Aber das Hinüberwechseln von der universitären Mathematik zu IBM hat mir erlaubt, die „kindliche Empfindsamkeit", die ich als Jugendlicher genoß, ständig zu bewahren. Als die Benutzung des Computers einfacher wurde und primitive Grafiken denjenigen zugänglich wurden, die bereit waren, den sehr gesalzenen Eintrittspreis an Anstrengung und Ärger zu bezahlen, nutzte ich diese nicht als Werkzeug, das nur im Bedarfsfalle gebraucht wird, sondern als ständigen und wesentlichen Teil meines Denkprozesses.

Das bringt uns zu der sehr alten, aber in diesem Zusammenhang besonders zugespitzten Frage: Was ist bei einer Entdeckung der Anteil des Werkzeuges und was der des Benutzers? Das Rätsel besteht darin, daß verschiedene Arten von Werkzeugen weiterhin unterschiedlich zu behandeln sind. Galilei schrieb ein Buch, in dem er sich bitter über diejenigen beklagte, die seine Entdeckung der Sonnenflecken mit dem Hinweis schmälerten, diese wäre nur dem Umstand zu verdanken, daß er während des Umbruchs gelebt hätte, als das Fernrohr entdeckt wurde. Fatou (ein Krüppel) und Julia (ein verwundeter Kriegsheld) werden — völlig zu Recht — für ihre Iterationstheorie gepriesen, und niemandem würde es im Traum einfallen, ihre Arbeit damit herabzuwürdigen, daß sie während des ersten Weltkrieges und zur Zeit Montels gelebt hätten.[9] Heute gibt es Leute, die auf dem Computer beruhende Arbeiten dadurch herabsetzen, daß sie sagen,

---

[7] Mandelbrot, B. B., *Math. People,* D. J. Albers und G. L. Alexanderson Hrsg., Birkhäuser, 1985, S. 205–225.

[8] Mandelbrot, B. B., *Math. Intelligencer* 11, 3 (1989) S. 10–12.

[9] Im Jahre 1912 führte Paul Montel Fatous und Julias wichtigstes Werkzeug, nämlich die *normalen Familien* von Funktionen ein, und bald danach wurde er — wie fast alle jungen Leute in den französischen Universitäten — in die Armee einberufen.

diese seien nur dem Umstand zuzuschreiben, daß deren Urheber im Computerzeitalter gelebt hätten.

Wenn dem so wäre, würden wir einem Rätsel gegenüberstehen. Warum sollte die experimentelle Mathematik so wenige Anwender für so lange Zeit angezogen haben, nachdem von Neumann und Fermi (wie zuvor in diesem Vorwort erwähnt) gezeigt hatten, auf welche Weise die Mathematik aus dem Computer Nutzen ziehen kann? Ihr Beispiel wurde ignoriert. Als ich bei IBM, wohin ich 1958 ging, neu war, wurden Gelegenheiten, Computer zu benutzen, absichtlich und systematisch von jedem bekannten Mathematiker ausgelassen. Sogar das Beispiel von S. Ulam ist interessant. Er trug zu einer (bereits erwähnten) berühmten frühen Arbeit über experimentelle Mathematik bei,[2] so daß es nahelag, in ihm den Vorreiter der neuen Richtung zu erwarten. Doch im Vorwort, das er 1963 einem Nachdruck seiner Arbeit beifügte, wird folgendes behauptet: „Mathematik ist nicht wirklich eine empirische und nicht einmal eine experimentelle Wissenschaft. Nichtsdestoweniger waren die von [Paul Stein und mir] durchgeführten Berechnungen insofern nützlich, als sie gewisse ziemlich eigenartige Tatsachen über einfache mathematische Objekte zutage förderten."

Die Ansicht, daß das Instrument alles war, worauf es ankam, ist in meinem Fall sicherlich nicht zutreffend, wurde doch Grafik für meine Arbeit bedeutsam, lange bevor das Computerzeitalter begonnen hatte; die Zeit, die ich mit dem Betrachten einer in einem berühmten Lehrbuch über Wahrscheinlichkeit gefundenen Aufzeichnung von Münzwürfen verbracht habe, ist mir noch in sehr lebhafter Erinnerung. Diese Aufzeichnung ist in meinem *Fractal Geometry of Nature* als Farbtafel 241 wiedergegeben.[10] Sie führte mich zu allen Arten von nützlichen Modellen. William Feller, der Lehrbuchautor, hat mir irgendwann einmal erzählt, ob die Zufallszahlen einer Tabelle entnommen oder mit einer natürlichen Münze erzeugt worden waren, aber ich habe seine Antwort vergessen. Bestimmt waren sie jedoch weder von einem Computer erzeugt, noch aufgezeichnet worden, und in keinem anderen Lehrbuch der Wahrscheinlichkeit hielt man eine solche Abbildung für erforderlich.

Computerunterstützte Grafik wurde für meine Arbeit zum ersten Mal in den späten sechziger Jahren entscheidend, als für eine Artikelserie, die ich mit J. R. Wallis schrieb, ein sogenannter Plotter verwendet wurde. Damit wurden nebeneinander eine Reihe echter

[10] In der deutschen Übersetzung: Benoît B. Mandelbrot, *Die fraktale Geometrie der Natur*, Birkhäuser Verlag, Basel, 1987, entspricht dies der Tafel 257. (Anm. d. Übers.)

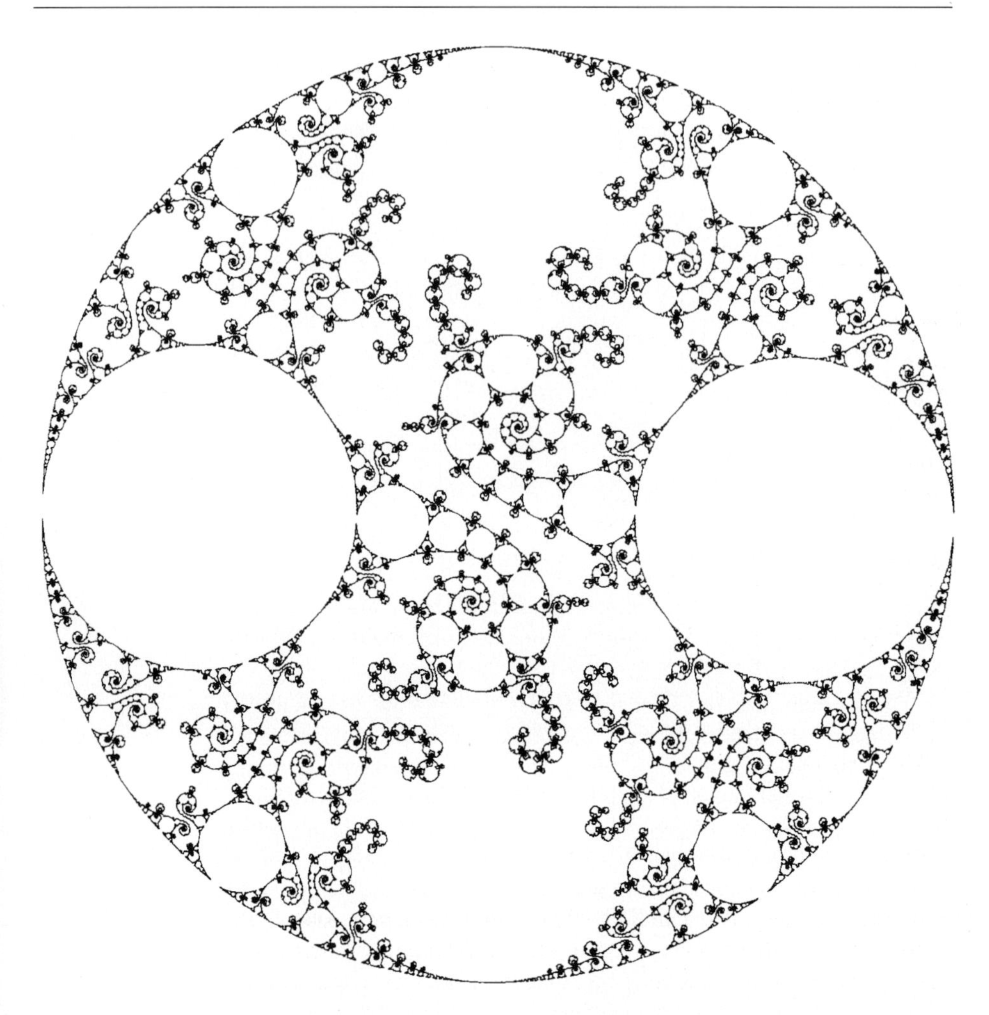

Abb. 0.1 : Grenzmenge einer Gruppe von Homographien (aus: B.B. Mandelbrot, *Die Fraktale Geometrie der Natur*, Birkhäuser Verlag, Basel, 1987).

Wetterdatensätze und solcher Datensätze aufgezeichnet, die mit unrealistischen Modellen für Wetterschwankungen erzeugt worden waren. Dies stellte sich als sehr wichtig heraus, war jedoch von Mathematik weit entfernt. Die erste ernsthafte mathematische Anwendung ergab sich anderswo, nämlich als sich die Spezialisten für harmonische Analyse, I. P. Kahane und J. Peyrière zu interessieren begannen. Heuristische Berechnungen halfen in entscheidender Weise, aber Bilder führten mich zu einer Reihe von mathematischen Vermutungen über gewisse zufallsbedingte, singuläre Maße (später als *Multifraktale* bezeichnet). Ich konnte nur spezielle Fälle beweisen, Kahane und Peyrière hingegen bewiesen die Vermutungen vollständig und führten sie durch sehr interessante Begründungen weiter.

Eine zweite ernsthafte Anwendung, die stark verspätet 1983 veröffentlicht wurde, betraf den ersten schnellen Algorithmus für die Konstruktion der Limesmengen gewisser Kleinscher Gruppen. Dazu ist eine wichtige Begebenheit zu erwähnen. Zu dieser Zeit kannte ich keinen Experten auf diesem Gebiet, aber seit langem kannte ich Wilhelm Magnus von der New York University. Er hatte ein Buch über Kleinsche Gruppen geschrieben. So stattete ich ihm 1978 oder 1979 einen Besuch ab, um mich zu erkundigen, ob mein Algorithmus ihm und anderen bekannt war. Er bejahte meine Frage, was mich außerordentlich ermutigte. Dann übergab mir Magnus eine Datei vom Computer erzeugter Limesmengen, die ihm mehrere Leute zugestellt hatten. Kein einziger der Urheber dieser Veranschaulichungen hatte bei der Suche nach neuen mathematischen Fakten davon Gebrauch gemacht! Dies kam für mich völlig überraschend und war auch eine besonders starke Ermutigung.

Nichtsdestoweniger, diese Untersuchungen waren nur Appetitanreger. Von meinem eigenen Standpunkt (und auch von einem erweiterten, von vielen Leuten eingenommenen Standpunkt) aus nahm die Mathematik in den Jahren 1979 bis 1980 eine scharfe Wende, als die Fatou-Julia-Theorie, die ich in den vierziger Jahren abgelehnt hatte, erneut ein sehr lebendiger Bestandteil der mathematischen Hauptrichtung wurde. Dazu kam es, weil der Gegenstand durch ein neues Instrument von Grund auf geändert wurde. Wie bereits erwähnt, fand die letzte grundlegende Änderung in den Jahren nach 1910 statt, als Paul Montels „normale Familien“ Fatou und Julia den Anstoß zur Arbeit gaben. Aber — zur wiederholten und bitteren Enttäuschung meines Onkels — war das neue Instrument nicht „rein mathematisch.“ Es kam nicht von innerhalb, sondern von außerhalb der Mathematik. Die Methoden der fraktalen Geometrie hatten mir bereits erlaubt, den Computer für viele Probleme der Physik einzusetzen, und ich hatte den Eindruck, daß er sich auch in der mathematischen Hauptströmung einsetzen ließe. Präziser ausgedrückt, es ist schon gesagt worden, daß die Fatou-Julia-Theorie aus der Hauptströmung ausgeschieden war. Aber sie kam auf einen Schlag dahin zurück, nachdem ich in den Jahren 1979/1980 einige Untersuchungen an einer Menge vorgenommen hatte, die pedantisch *der Locus der Bifurkation der Abbildung* $z \longrightarrow z^2 + c$ genannt wird. In meinen ursprünglichen Artikeln wurde diese Menge „μ-Karte“ genannt, weil die Physiker die Konstante c mit $-\mu$ zu bezeichnen pflegten, also für die fragliche Abbildung $z \longrightarrow z^2 - \mu$ schrieben. In denselben Artikeln wurde der Locus für die Abbildung $z \longrightarrow \lambda z(1 - z)$ „λ-Karte“ genannt.

Meine Feststellungen zu diesem Locus wurden im Mai 1980 an

Mandelbrot-Menge

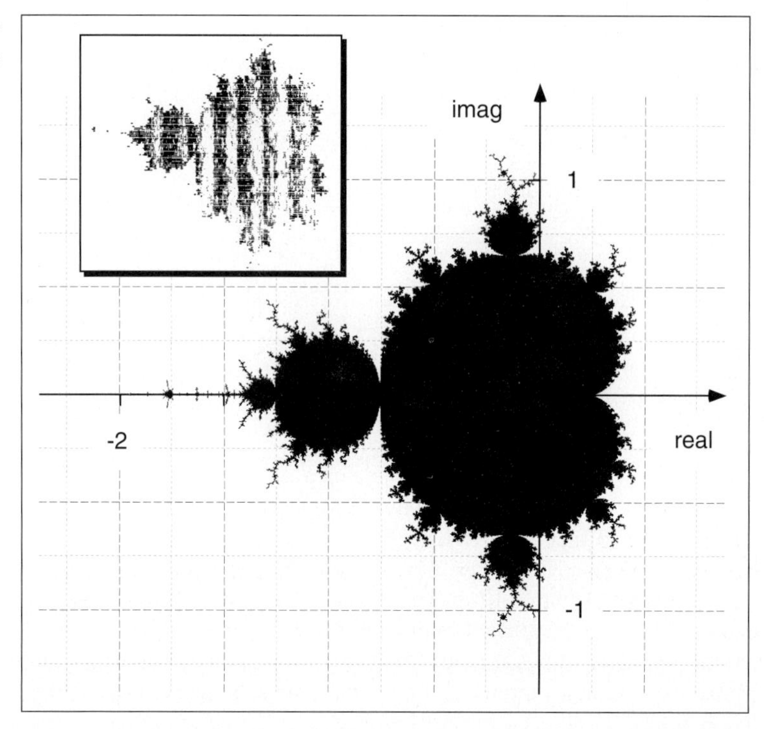

Abb. 0.2 : Aktuelle Darstellung der Mandelbrot-Menge (gerechnet mit einem modernen Algorithmus und in Laserdrucker-Qualität ausgegeben) im Vergleich mit einem der ersten Original-Experimente Mandelbrots (oben links).

einem speziellen Seminar in Harvard, dann im November 1980 an einem bei David Ruelle in Bures in der Nähe von Paris am Institut des Hautes Etudes Scientifiques abgehaltenen Seminar vorgeführt. Das Seminar in Bures hatte viele Teilnehmer, und es scheint bei dem ebenfalls anwesenden Adrien Douady einen tiefen Eindruck hinterlassen zu haben. Er und dann sein ehemaliger Student John H. Hubbard gaben ihre vorherige Arbeit auf (er war immer noch ein führende Figur bei Bourbaki!). Und sie haben sich seit 1980 vollständig dem oben genannten Locus gewidmet, den ich an jenem Seminar und anschließend an vielen privaten Veranstaltungen beschrieben hatte. Kurz darauf schlugen Douady und Hubbard vor, diesen Locus mit *Mandelbrot-Menge* zu bezeichnen und dafür den Buchstaben M zu verwenden.

Die M-Menge

Die M-Menge lenkt immer noch Aufmerksamkeit auf sich. Manche Leute halten ihren Einfluß auf die gerade entstehende neue experimentelle Mathematik (meines Erachtens mit Recht) für außerordentlich. Dies vielleicht auch deshalb, weil ihre präzisen Ursprünge außergewöhnlich viel Aufsehen erregt haben. Weniger lobenswert sind die nicht belegten Anekdoten, die darüber verbreitet wurden, sei es, um zu beweisen, daß experimentelle Mathematik eine schreckliche Verirrung ist, sei es, um zu beweisen, daß sie ein großartiger Einfall war, aber eben einer, der entweder bloß auf eine historische Notwendigkeit (zum Beispiel durch die Existenz des Computers) zurückzuführen ist oder von anderen stammt.

Der Zusammenhang von M war nur eine unter meinen zahlreichen empirischen Beobachtungen betreffend M, die zu großartigen, vollständig bewiesenen Lehrsätzen geführt haben. Darüber hinaus ist der von mir so bezeichnete hieroglyphische Charakter von M inzwischen von Tan Lei bestätigt und weiter aufgeklärt worden. Und die Tatsache, daß der Rand von M die Hausdorff-Dimension 2 besitzt, ist erst kürzlich von M. Shishikura bewiesen worden. Ich wäre nicht dazu in der Lage gewesen, auch nur einen dieser Beweise selbst zu liefern. Aber lassen Sie mich dies nochmals betonen: Trotz anders lautender Anekdoten schätze ich die Heuristik (grafische oder andere) und den Beweis in gleicher Weise. Ich verunglimpfe nicht systematisch Arbeiten, die ich nicht verstehe oder nicht selbst ausführen kann.

Traditionalisten (und sie bleiben damit ihrer Rolle treu) sollen angeblich befürchten, daß die Mathematik durch die erneute Aufnahme des Experimentes etwas von ihrer Besonderheit verlieren könnte. Es ist durchaus in Betracht zu ziehen, daß sie etwas verlieren wird, genausogut wie sie dafür etwas anderes gewinnen wird. Positiv zu werten ist, daß sie bereits die monolithische Struktur verloren hat, die sie in den fünfziger und sechziger Jahren kennzeichnete.

Es ist Zeit, diese Geschichte an ihren wesentlichen Punkt zurückzuführen, ohne den jüngsten Kontroversen übermäßige Beachtung zu schenken. Deren unangemessen persönliche Art pflegte mich in hohem Maße zu verdrießen, aber aus der Distanz sehe ich sie als neue Episoden, allerdings belanglos, in einem langen Kampf um Anhänger, der seit Platon und Archimedes getobt hat.

Kapitel 1

Die Säulen der fraktalen Geometrie: Rückkopplung und Iteration

Ich bin (deshalb) der Ansicht, daß Schüler im Mathematikunterricht möglichst früh mit der logistischen Gleichung in Berührung kommen sollten. Diese Gleichung kann zunächst mit sehr einfachen Hilfsmitteln, z.B. einem Taschenrechner untersucht werden. Die begrifflichen Voraussetzungen liegen im Rahmen der Elementarmathematik. Die Beschäftigung mit dieser Gleichung würde das Vorstellungsvermögen bezüglich nichtlinearer Systeme stark fördern. Nicht nur in der Forschung, sondern auch im politischen und wirtschaftlichen Alltag wäre es von großem Nutzen, wenn mehr Leute erkennen würden, daß einfache nichtlineare Systeme sich nicht notwendigerweise auch dynamisch einfach verhalten.

Robert M. May[1]

Leider stieß Mays eindringliche Botschaft, zumindest soweit sie den Mathematikunterricht betrifft, bisher nur auf geringes Gehör. Was sind das nun für Phänomene, um die es May geht? Und warum ist er von ihrer außerordentlichen Bedeutung so sehr überzeugt? Wir wollen seine Botschaft zuerst in einen weiteren Rahmen stellen, bevor wir uns den Ergebnissen im einzelnen zuwenden.

Wenn wir an Fraktale als Bilder, Formen und Strukturen denken, nehmen wir sie in der Regel als statische Objekte wahr. Dies ist in vielen Fällen durchaus eine erlaubte erste Sicht der Dinge, beispielsweise wenn wir es mit natürlichen Strukturen wie denjenigen der Abbildungen 1.1 und 1.2 zu tun haben.

Diese Sicht sagt aber wenig über die Entwicklung oder Erzeugung einer bestimmten Struktur aus. Oftmals, wie beispielsweise in der Botanik, möchte man sich nicht auf den komplizierten Aufbau einer ausgereiften Pflanze beschränken. In der Tat führt kein geometrisches Modell einer Pflanze sehr weit, das nicht auch den dynamischen Plan des Pflanzenwachstums einschließt.

---

[1] R. M. May, *Simple mathematical models with very complicated dynamics,* Nature 261 (1976) 459–467.

Kalifornischer Eichenbaum

Abb. 1.1 : Kalifornischer Eichenbaum, Arastradero Naturschutzgebiet, Palo Alto. Fotografie von Michael McGuire.

Dasselbe gilt für Zinkablagerungen in einem elektrolytischen Experiment oder für die Geometrie von Gebirgen, welche als Ergebnis von vergangenen tektonischen Aktivitäten sowie von Erosionsprozessen zu verstehen ist.

Fraktale und Dynamische Prozesse

Mit anderen Worten: Über Fraktale zu sprechen ohne Berücksichtigung der sie erzeugenden dynamischen Prozesse, würde der Sache nicht gerecht. Wenn wir uns aber diese Ansicht zu eigen machen, laufen wir Gefahr, aufs Glatteis zu geraten. Was sind das nun für Prozesse und was ist ihre gemeinsame mathematische Basis? Vermuten wir nicht ganz automatisch, daß die Formenvielfalt, die wir in der Natur beobachten, auf ebenso vielfältige und komplizierte Prozesse zurückzuführen ist? Das mag in vielen Fällen zutreffen. Doch das lange Zeit annerkannte Paradigma

Strukturkomplexität beruht auf komplizierten vernetzten Prozessen

ist in letzter Zeit arg ins Wanken geraten, denn wie sich herausgestellt hat, ist es weit davon entfernt, Allgemeingültigkeit beanspruchen zu können. Vielmehr besteht scheinbar — und das ist eines der verblüffenden und höchst bemerkenswerten Ergebnisse der fraktalen Geometrie und der Chaostheorie — beim Auftreten einer komplexen Struktur eine gute Chance, daß ihr ein sehr einfacher Prozeß zugrunde liegt. Andererseits sollte ein einfacher Prozeß uns nicht zum Irrtum verleiten, daß auch seine Folgen oder Wirkungen einfacher Art sind.

Farn

Abb. 1.2 : Dieser Farn stammt aus K. Rasbach, *Die Farnpflanzen Zentraleuropas,* Verlag Gustav Fischer, Stuttgart, 1968. Wiedergegeben mit freundlicher Genehmigung des Verlages.

1.1 Das Prinzip der Rückkopplung

Das wichtigste Beispiel eines einfachen Prozesses mit sehr kompliziertem Verhalten ist der durch quadratische Ausdrücke, wie z.B. $x^2 + c$, festgelegte Prozeß, wobei c als festgesetzte Konstante zu betrachten ist, oder $p + rp(1 - p)$, wobei r konstant gehalten wird. Bevor wir mit der Diskussion dieses Phänomens beginnen,[2] wollen wir uns mit einem der Hauptpunkte unserer Darstellung näher befassen.

Rückkopplungsprozesse sind in allen exakten Wissenschaften grundlegend. In der Tat wurden sie ursprünglich von Sir Isaac Newton und Gottfried W. Leibniz vor ungefähr 300 Jahren in Form von dynamischen Gesetzen eingeführt; und es gehört jetzt zu den Standard-Verfahren, natürliche Phänomene mit Hilfe solcher Gesetze zu modellieren. Damit wird beispielsweise Ort und Geschwindigkeit eines Teilchens zu einem gewissen Zeitpunkt aus den entsprechenden Werten zum vorangehenden Zeitpunkt festgelegt. Die Bewegung des Teilchens ist dann durch dieses Gesetz an den Tag gelegt. Es ist nicht von Belang, ob der Prozeß diskret — d.h. stufenweise — oder kontinuierlich voranschreitet. Physiker denken gern in unendlich

[2] Eine eingehendere Untersuchung ist in Kapitel 1 in H.-O. Peitgen, H. Jürgens, D. Saupe, *Chaos – Bausteine der Ordnung,* Klett-Cotta, Stuttgart, und Springer-Verlag, Heidelberg, 1993.

Die Rückkopplungsmaschine

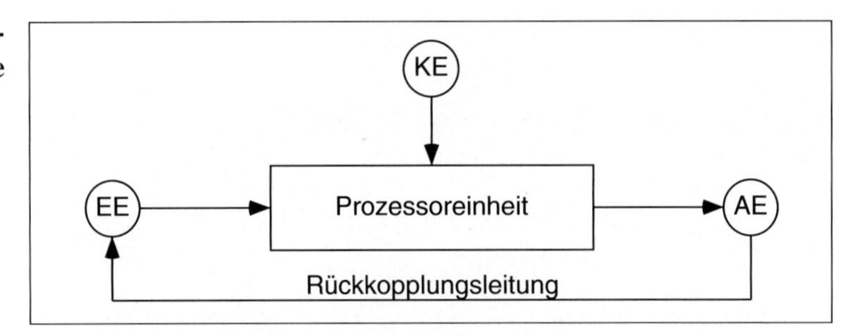

Abb. 1.3 : Die Rückkopplungsmaschine mit EE = Eingabeeinheit, AE = Ausgabeeinheit, KE = Kontrolleinheit.

kleinen Zeitschritten: *natura non facit saltus*.[3] Biologen anderseits pflegen oft Veränderungen von Jahr zu Jahr oder von Generation zu Generation ins Auge zu fassen.

Wir werden die Begriffe Iteration, Rückkopplung und dynamisches Gesetz als Synonyme gebrauchen. In Abbildung 1.3 wird die Idee erklärt. Die gleiche Operation wird wiederholt ausgeführt, wobei der Ausgabewert eines Zyklus dem nächsten als Eingabewert zugeführt wird.

Iteration, Prinzip der Rückkopplung

Die Rückkopplungsmaschine hat drei Speichereinheiten (EE = Eingabeeinheit, AE = Ausgabeeinheit, KE = Kontrolleinheit) und einen Prozessor (PE = Prozessoreinheit). Diese sind gemäß Abbildung 1.3 durch vier Übertragungslinien miteinander verbunden. Die ganze Einheit wird durch eine Uhr gesteuert, welche die Vorgänge in jeder Komponente überwacht und Zyklen zählt. Die Kontrolleinheit wirkt wie die Getriebeschaltung bei einem Motor. Das bedeutet, wir können den Iterator in einen bestimmten Zustand versetzen und die Einheit dann in Gang bringen. Es gibt Vorbereitungs-Zyklen und Arbeits-Zyklen, die beide in elementare Schritte zerlegt werden können:

Vorbereitungs-Zyklus:

1. Schritt: Eingabe von Information in EE
2. Schritt: Eingabe von Information in KE
3. Schritt: Überführung des Inhaltes von KE in PE

Arbeits-Zyklus:

1. Schritt: Überführung des Inhaltes von EE und Eingabe in PE
2. Schritt: Verarbeitung der Eingabe von EE
3. Schritt: Überführung des Ergebnisses und Eingabe in AE

[3] Die Natur macht keine Sprünge.

4. Schritt: Überführung des Inhaltes von AE und Eingabe in EE

Um den Betrieb der Maschine einzuleiten, führen wir einen Vorbereitungs-Zyklus durch. Dann beginnen wir mit den Arbeits-Zyklen, deren auszuführende Anzahl davon abhängig sein kann, wie wir die Ausgabedaten zu interpretieren haben. Die Durchführung eines Arbeits-Zyklus wird gelegentlich als eine Iteration bezeichnet.

Was ist eine Rückkopplungsmaschine?

Wenn wir Iterationen betrachten, sollten wir uns eine echte Rückkopplungsmaschine vorstellen. Das dynamische Verhalten einer solchen Maschine kann durch Festsetzung gewisser äußerer Parameter gesteuert werden, vergleichbar mit Schalthebeln bei einer Maschine. Wir wollen die Grundprinzipien anhand des einfachen Beispiels der Videorückkopplung diskutieren, die tatsächlich reale Experimente ermöglicht. Diese besondere Rückkopplungsmaschine kann aus geeigneten Geräten zusammengestellt werden. Es handelt sich dabei um eine wirkliche Maschine im ursprünglichen Sinne des Wortes. Das ist in diesem Buch eher ein Ausnahmefall. Denn üblicherweise bezieht sich der Begriff „Rückkopplungsmaschine" auf eine abstrakte Maschine, ein „Gedankenexperiment". Solch eine abstrakte Maschine kann mit Hilfe eines geeigneten Computerprogrammes, eines Taschenrechners oder lediglich mit Papier und Bleistift verwirklicht werden, um den gewünschten Rückkopplungsvorgang durchzuführen.

Videorückkopplung

Videorückkopplung ist ein Rückkopplungsexperiment im herkömmlichen Sinne des Wortes. Das Grundkonzept ist vermutlich so alt wie das Fernsehen selbst. Nichtsdestoweniger vermag das besondere Video-Rückkopplungsexperiment, welches wir nun vorstellen wollen, mit seinen überraschenden Möglichkeiten sogar Fachleute aus dem Fernsehbereich zu begeistern.[4] Abbildung 1.4 zeigt das Prinzip des Aufbaus. Eine Videokamera ist auf einen Fernsehschirm (oder Monitor) gerichtet, und was immer ins Blickfeld der Kamera gerät, wird zum Bildschirm des Fernsehgerätes geleitet. Offensichtlich gibt es nun aber einige Möglichkeiten, das Bild auf dem Fernsehschirm zu beeinflussen, so z.B. die verschiedenen Knöpfe am Fernsehgerät (Kontrast, Helligkeit usw.) und der Fernsehkamera (Brennweite, Blende usw.) sowie die Position der Kamera im Verhältnis zum Fernsehgerät. Unten geben wir einige wichtige Hinweise, die Ihnen zu einem erfolgreichen, selbst durchgeführten Video-Rückkopplungsexperiment verhelfen sollten.

[4] Es wurde in den siebziger Jahren vorgeschlagen von Ralph Abraham von der University of California at Santa Cruz. Siehe R. Abraham, *Simulation of cascades by video feedback,* in: „Structural Stability, the Theory of Catastrophes, and Applications in the Sciences", P. Hilton (ed.), Lecture Notes in Mathematics vol. 525, 1976, 10–14, Springer-Verlag, Berlin.

Video-Rückkopplungs-Anordnung

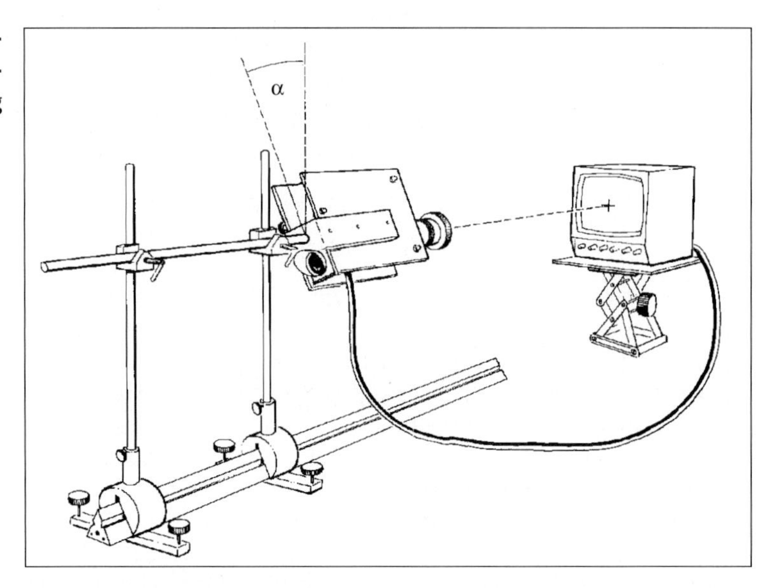

Abb. 1.4 : Aufbauprinzip der Videorückkopplung. Bearbeitete Abbildung aus A. Schuldt, *Selbstreferentielle Strukturbildung in dynamischen Systemen,* IPN-Materialien, Kiel, 1989.

Tips für das Video-Rückkopplungsexperiment

Das Experiment sollte in einem möglichst dunklen Raum durchgeführt werden. Die Entfernung zwischen Kamera und Monitor sollte so gewählt werden, daß das Abbildungsverhältnis ungefähr 1 : 1 ist. Drehen Sie den Kontrastknopf auf dem Monitor ganz auf. Drehen Sie den Helligkeitsknopf stark zurück. Das Experiment funktioniert besser, wenn der Monitor auf den Kopf gestellt wird. Die Kamera sollte mittels eines geeigneten Stativkopfes um ihre Längsachse drehbar sein. Drehen Sie die Kamera etwa 45° aus ihrer vertikalen Position heraus, wenn sie dem Monitor gegenübersteht. Verbinden Sie die Kamera mit dem Monitor. Damit ist der Grundaufbau abgeschlossen. Die Kamera sollte mit einer manuellen Blende ausgerüstet sein, die nun allmählich geöffnet wird, während das Objektiv scharf auf den Bildschirm eingestellt bleibt. Je nach Kontrast- und Helligkeitseinstellung mag es nützlich sein, vor dem Bildschirm ein Streichholz anzuzünden, um das Experiment in Gang zu bringen.

Es ist leicht zu sehen, wie wir unser Experiment in unser Schema der Abbildung 1.3 einfügen können (Eingabeeinheit = Kamera, Prozessoreinheit = Kamera- und Monitorelektronik, Ausgabeeinheit = Bildschirm, Kontrolleinheit = Scharfeinstellung, Helligkeit usw.). Die Rückkopplungsuhr läuft recht schnell, d.h. ungefähr 25 Zyklen pro Sekunde, oder wieviele Bilder pro Sekunde ihr Fernsehsystem auch

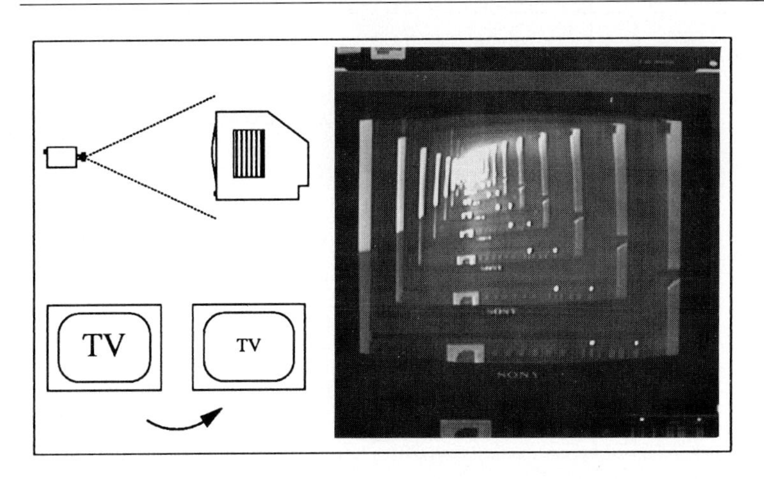

Monitor im Monitor im ...

Abb. 1.5 : Fernwirkung zwischen Kamera und Bildschirm. Aufbau- und Abbildungs-Prinzip (links), echte Rückkopplung — Monitor im Monitor (rechts).

immer erzeugt.[5]

Erhebliche Einflüsse von Steuergrößen

Jede Steuergröße hat einen Einfluß auf das Experiment, einige sogar einen recht erheblichen. In dieser Beziehung können wir unseren Aufbau als *Analog-Computer* mit Schalthebeln ansehen. Die Wirkungsweisen gewisser Arten von Steuergrößen und Variablen sind verhältnismäßig leicht, diejenigen anderer Arten schwer bis sehr schwer zu verstehen. Tatsächlich steckt man bei vielen der in diesem Zusammenhang beobachtbaren Erscheinungen mit dem Verständnis noch in den Anfängen. Vermutlich hat der Physiker James P. Crutchfield am meisten zu einem tieferen und systematischeren Verständnis dieses Prozesses beigetragen.[6]

Die einfachste Variable, die auf den Bilderzeugungsprozeß einen erheblichen Einfluß hat, ist die Position der Kamera bezüglich des Bildschirmes. Wenn die Distanz zwischen Kamera und Bildschirm groß ist, macht das Fernsehgerät oder der Monitor nur einen kleinen Teil des Blickfeldes aus. In diesem Fall wird der Monitor auf ein kleines Feld seines Schirmes reproduziert, und dies passiert immer wieder und wieder. Mit anderen Worten sehen wir einen Monitor in einem Monitor in einem Monitor usw. (Vergleiche mit Abbildung 1.5). Die Wirkung dieses Vorgangs kann als Kompression interpretiert werden, oder dynamisch, als eine Bewegung gegen das Zentrum des Bildschirms. Was für ein Bild auch immer anfänglich auf

[5] PAL ist typisch mit 25 Bildern pro Sekunde und 575 Zeilen pro Bild.

[6] J. P. Crutchfield, *Space-time dynamics in video feedback,* Physica 10D (1984) 229–245.

Zoom im Zoom im ...

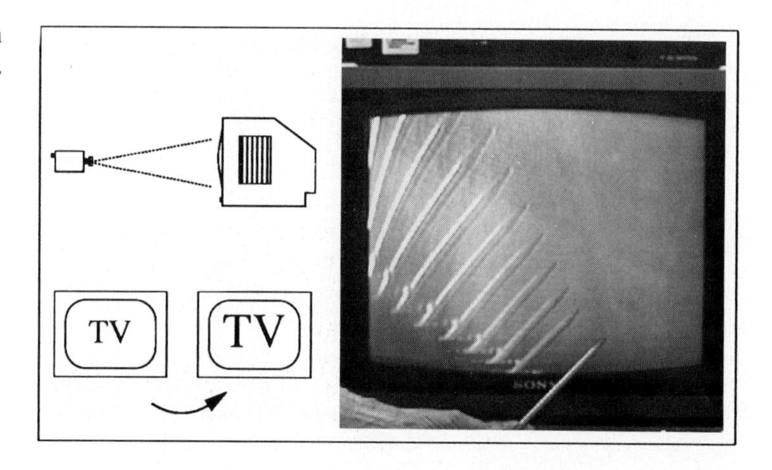

Abb. 1.6 : Nahwirkung zwischen Kamera und Bildschirm. Aufbau- und Abbildungs-Prinzip (links), echte Rückkopplung — wiederholte Vergrößerung des Bildes eines Bleistiftes (rechts).

dem Bildschirm erscheint, es wird gequetscht und auf den Bildschirm zurückübertragen, und dieses neue Bild wird wiederum gequetscht usw. Wir würden das Abbildungsverhältnis mit $1 : m$ bezeichnen, wobei $m < 1$. Dies bedeutet, daß die Einheitslänge 1 auf dem Bildschirm in einem einzelnen Rückkopplungszyklus auf die Länge m reduziert würde.

Der *Bildschirm-im-Bildschirm* Effekt ist den meisten Leuten als Videorückkopplung bekannt. Es ist fast immer möglich und in der Regel auch einfach, den Effekt mit irgendeiner Art von Ausrüstung zu erzeugen. Jedoch steckt bedeutend mehr „Leben" in diesem einfachen System, als üblicherweise bekannt ist.

Als nächstes wollen wir sehen, was am anderen Ende der Distanzskala passiert, d.h. wenn die Distanz zwischen der Kamera und dem Monitor so klein ist, daß das Blickfeld der Kamera nur einen Teil des Bildschirmes erfaßt. Dann wird dieser aufgenommene Bildschirmausschnitt auf den ganzen Bildschirm zurückübertragen, und das geschieht wieder und wieder (Vergleiche mit Abbildung 1.6). Wir würden wiederum das Abbildungsverhältnis mit $1 : m$ bezeichnen, wobei jetzt $m > 1$. Dies bedeutet, daß die Einheitslänge 1 auf dem Bildschirm in einem einzelnen Rückkopplungszyklus auf die Länge m vergrößert würde.

Nun kann die Wirkung dieses Vorganges am besten als Expansion beschrieben werden, oder dynamisch, als eine Bewegung gegen den Rand des Bildschirmes. Was für ein Bild auch immer anfänglich auf dem Bildschirm ist, ein kleiner Teil davon wird auf den ganzen Bildschirm ausgedehnt, und von diesem neuen bildschirmgroßen Bild

Abb. 1.7 : Einige Beispiele von echter Videorückkopplung. Es gibt bei diesen Bildern eine mehr oder weniger ausgeprägte Periodizität, welche vom Winkel der Fernsehkamera abhängt. Von oben links nach unten rechts können wir die folgenden Perioden sehen: 3, 5, 5, 5, 8, 8, 11, 11, >11.

wird wieder ein kleiner Teil auf Bildschirmgröße ausgedehnt usw. Da das Fernsehen sein Bild ungefähr 25 mal pro Sekunde erneuert, ist es unmöglich, die einzelnen Schritte bei diesem Vorgang zu sehen. Das Ergebnis der nahe aufgestellten Kamera kann eine eher wilde und fast turbulente Bewegung auf dem Bildschirm sein.

Entfesselung der Rückkopplung

Die uns bedeutend stärker interessierenden Effekte treten dann auf, wenn die Position der Kamera bezüglich des Monitors sorgfältig so gewählt wird, daß das Abbildungsverhältnis möglichst nahe bei 1 : 1

liegt. Der Effekt wächst außerordentlich, wenn die Kamera um ihre Längsachse gedreht ist, d.h. ein Bild auf dem Monitor wird von der Kamera gesehen, wie wenn es, kreisend, um irgendeinen Winkel gedreht wäre. So erscheint es auf dem Bildschirm (Abbildungsverhältnis 1 : 1 vorausgesetzt) im wesentlichen in selber Größe, jedoch verdreht. Von hier an versagt jede einfache Erklärung des Mechanismus für die wilden und schönen visuellen Effekte, die beobachtet werden können. Aufgrund des bisher Gesagten würden wir erwarten, in der gedrehten Lage schließlich nicht mehr als eine Folge von gedrehten Bildern zu sehen. Aber diese Annahme ist viel zu einfach. Es tritt eine ganze Menge von merkwürdigen Effekten auf, die auf viele verschiedene, der technischen Darstellung eines Fernsehbildes wesenseigene Besonderheiten zurückzuführen sind. Beispielsweise gehört der Bildabtastprozeß auf dem Schirm und in der Kamera dazu. Hier geht es darum, fortlaufend eine Serie von Linien zusammenzusetzen, um das Bild zu erzeugen. Dann gibt es die *Gedächtnis-Effekte* des Phosphors auf der Bildröhre. Des weiteren sind elektronische Zeitketten und ihre Verzögerungen, sowohl im Monitor als auch in der Kamera, und andere Faktoren zu erwähnen.

Auf jeden Fall zeigt dieses äußerst einfache Rückkopplungssystem sehr eindrücklich, wie kompliziert Strukturen als Ergebnis von sehr einfacher Rückkopplung sein können. In gewisser Weise ist dies das Thema des Buches. Mit unserer nächsten Reihe von Experimenten versuchen wir, diese Welt von aufregenden Erscheinungen etwas systematischer auszuleuchten. Das Grundprinzip ist dasselbe wie bei der Videorückkopplung: Ein anfängliches Bild wird reproduziert und dann wird die Reproduktion von derselben Maschine immer und immer wieder weiter reproduziert.

1.2 Die Mehrfach-Verkleinerungs-Kopier-Maschine

Wir befassen uns nun mit einer Reihe von Experimenten, welche uns einen sehr anschaulichen Zugang zur Sprache der fraktalen Geometrie ermöglichen. In gewissem Sinne handelt es sich um eine Fortsetzung des Video-Rückkopplungsexperimentes.

Betrachten wir zunächst eine Kopiermaschine, welche mit einer Verkleinerungsvorrichtung ausgerüstet ist. Wenn wir ein Bild nehmen, es auf die Maschine legen und einen Knopf drücken, erhalten wir eine Kopie des Bildes. Diese Kopie ist jedoch gleichmäßig verkleinert, sagen wir um 50%, d.h. mit einem Faktor 1/2. In der Sprache der Mathematik sagen wir, daß die Kopie dem Original *ähnlich* ist. Der Kopiervorgang wird *Ähnlichkeits-Transformation* genannt. Dieser Vorgang, eingebettet in die Idee der Abbildung 1.3, bildet ein

Rückkopplungssystem[7], dessen Langzeitwirkung sehr leicht vorausgesagt werden kann: Nach etwa zehn Zyklen würde jedes Anfangsbild auf nicht viel mehr als einen Punkt reduziert. Mit anderen Worten, das Gerät in dieser Weise laufen zu lassen, wäre reine Papierverschwendung (siehe Abbildung 1.8).

Einfach-Verkleinerungs-Kopier-Maschine

Abb. 1.8 : Iteration durch ein Kopiergerät mit Verkleinerung, angewendet auf ein Porträt von Carl Friedrich Gauß (1777–1855). Links das Original, daneben die Ergebnisse von sechs Durchgängen.

Wir wollen nun unsere erste Anordnung abändern. Wohlgemerkt, die Grundfunktion unserer Maschine ist die Bildverkleinerung. Solche Verkleinerungen werden natürlich mittels eines Linsen-Systems erzeugt. Als einfache Abänderung eines Serien-Kopiergerätes, stellen wir uns vor, daß unser handelsüblicher Kopierer 2, 3 oder 7 oder 14532231 oder irgendeine Anzahl Verkleinerungslinsen aufweist. Jede Linse verkleinert das aufgelegte Bild und plaziert die Verkleinerung jeweils an eine bestimmte Stelle auf dem Kopierpapier. Bei einer solchen Ausführung des Gerätes müssen noch die Anzahl der Linsen, die Verkleinerungsfaktoren (sie dürfen für die verschiedenen Linsen unterschiedlich sein) und die Lagen der verkleinerten Bilder festgelegt werden. Unser Gerät verkörpert ein besonderes Rückkopplungssystem, welches wir laufen lassen können, um zu sehen, was passiert. Wir nennen eine solche Maschine eine *Mehrfach-Verkleinerungs-Kopier-Maschine* oder abgekürzt *MVKM*.

Abbildung 1.9 zeigt ein erstes Beispiel einer MVKM, die drei Verkleinerungslinsen enthält, von denen jede auf 50%, d.h. mit einem Faktor 1/2 verkleinert.

[7] Versuchen Sie herauszufinden, welches die Eingabe-, Prozessor-, und Ausgabe-Einheit ist.

Mehrfach-Verkleinerungs-Kopier-Maschine

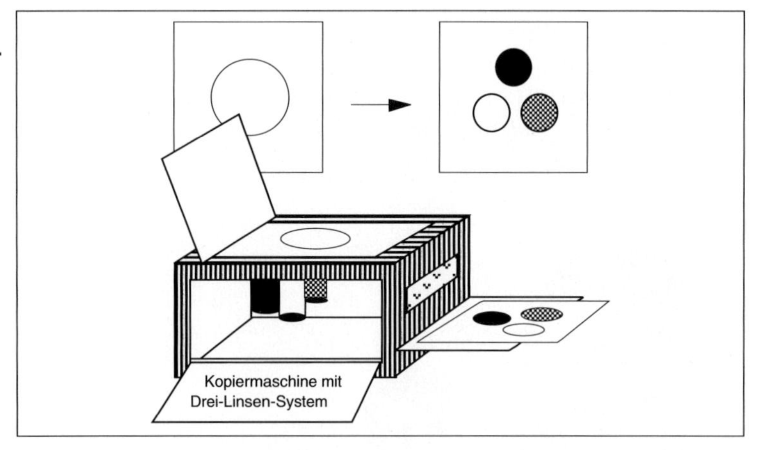

Abb. 1.9 : Die Mehrfach-Verkleinerungs-Kopier-Maschine (MVKM): Die Prozessor-Einheit ist mit einem Drei-Linsen-System ausgestattet.

Was werden aufeinanderfolgende Iterationen der laufenden Rückkopplung zum Vorschein bringen? Werden wir eine Anordnung einer kleiner und kleiner werdenden Zusammensetzung von Bildern, die einem Punkt zustrebt, sehen? Abbildung 1.10 gibt die überraschende Antwort, deren Konsequenzen möglicherweise beinahe alles revolutionieren könnten, was wir uns über Bilder in technischer Hinsicht vorgestellt haben. Starten wir mit einem Rechteck als Ausgangs-Testbild. Wir legen es auf den Mehrfach-Kopierer und färben die drei erhaltenen verkleinerten Kopien den zugehörigen Linsensystemen entsprechend.

Eine erste Hieroglyphe: Das Sierpinski-Dreieck

Dann, tatsächlich, sehen wir $3 \times 3 = 9$ kleinere Kopien, und dann $3 \times 9 = 27$ noch kleinere Kopien, dann 81, 243, 729 usw. Kopien, die in ihrer Größe schnell abnehmen. Die resultierenden zusammengesetzten Bilder jedoch streben keineswegs einem Punkt zu. Vielmehr verwandeln sie sich in ein vollkommenes *Sierpinski-Dreieck*, das wir dank entsprechender wichtiger Eigenschaften als (ein) Musterbeispiel für Fraktale im allgemeinen benutzen wollen. Im Sinne eines Sprach-Paradigmas haben wir gerade ein erstes Bildschriftzeichen in unseren neuen fraktalen Dialekt eingeführt. Aus dem bisher Gesagten wird klar, daß sich mit diesem Grundprinzip eine unendliche Mannigfaltigkeit von Bildern erzeugen läßt. Wir brauchen ja nur die Anzahl der Linsensysteme unseres Kopierers auf 4 oder 5 oder irgendeine andere Anzahl zu erhöhen, oder die Verkleinerungsfaktoren zu verändern. Weitere Einzelheiten werden wir in den Kapiteln 5 und 6 behandeln, doch gibt es zwei größere Überraschungen, die nicht sofort ersichtlich sind und die eine Vorbesprechung an dieser Stelle verdienen.

Viereck in der MVKM

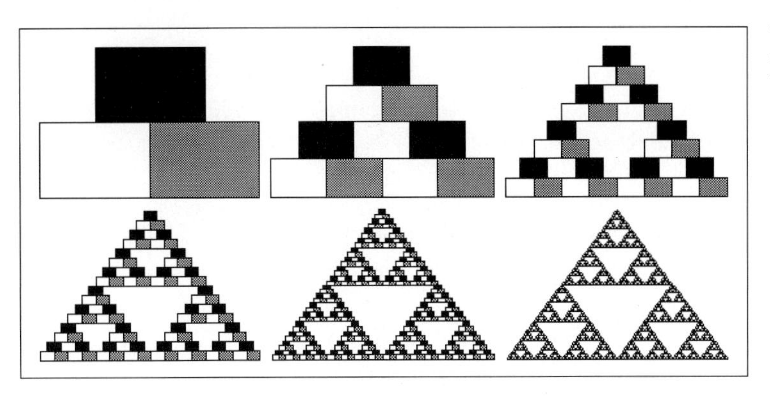

Abb. 1.10 : Ausgehend von einem Rechteck führt die Iteration zum Sierpinski-Dreieck. Gezeigt sind die ersten fünf Stufen und das Ergebnis nach einigen weiteren Iterationen (unten rechts).

MVKM angewendet auf „MVKM“ und andere Formen

Abb. 1.11 : Wir können mit einem beliebigen Bild beginnen — dieser Iterator wird immer zum Sierpinski-Dreieck führen.

Wenn wir uns nochmals die Abbildung 1.10 ansehen, könnten wir glauben, daß das Geheimnis für die Erzeugung des Sierpinski-Dreiecks in unserer Wahl der richtigen Abmessungen des Ausgangsrechtecks für den Beginn des Rückkopplungsverfahrens liegt. Um zu zeigen, daß dies nicht der Fall ist, können wir als Ausgangsbild anstelle eines Rechteckes ein Dreieck oder irgendeine beliebige andere Figur wählen, wie z.B. die Buchstaben MVKM. Die Frage ist: Was wird dann durch das Verfahren zum Vorschein kommen? Abbildung 1.11 gibt die Antwort. Wenn wir die Maschine laufen lassen, entwickelt sich eine Figur, die zur selben Endstruktur strebt. Jeder Schritt erzeugt eine Anordnung von Bildern, deren Größe rasch abnimmt. Es spielt überhaupt keine Rolle, ob diese Bilder Rechtecke, Dreiecke oder die Buchstaben MVKM sind; in jedem Fall streben die

Bilder zur selben Endfigur — nämlich zum Sierpinski-Dreieck. Mit anderen Worten, die Maschine erzeugt eine — und nur eine — Endfigur in dem Verfahren, und diese Endfigur ist völlig unabhängig vom Startbild! Dieses unglaubliche Verhalten scheint ein Wunder zu sein. Aber in mathematischen Begriffen bedeutet es lediglich, daß wir es mit einem Vorgang zu tun haben, der eine Folge von Ergebnissen erzeugt, die gegen *ein* einziges Endobjekt streben. Dieses Endobjekt ist unabhängig davon, wie wir den Vorgang auslösen. Diese Eigenschaft heißt *Stabilität*.

Die zweite Überraschung besteht darin, daß die Metapher einer Kopiermaschine nicht bloß ein Weg ist, um „mathematische Monster" wie das Sierpinski-Dreieck oder seine Verwandten (bald werden wir viele davon kennenlernen) wiederzufinden. Fragen wir, welche Bilder wir auf diese Weise erhalten können. Wie können sie aussehen? Die Antwort ist einfach unglaublich. Sogar für viele natürliche Bilder gibt es eine Kopiermaschine der beschriebenen Art, die das gewünschte Bild erzeugt. Wie konzipiert man aber die Maschine für ein gegebenes Bild? Nun, das ist ein schwieriges Problem, wie man sich vorstellen kann. Trotzdem werden wir in Kapitel 5 und im Anhang einige Konstruktionsprinzipien, die geradewegs zu den Grenzen der gegenwärtigen mathematischen Forschung führen, vorstellen.

Es ist uns hier nur wichtig, etwas von der Vielgestaltigkeit möglicher Bilder vorzustellen, die durch sehr einfache Rückkopplungsprozesse erzeugt werden können. Die Elemente sind leicht zu beeinflussen und vollständig unter unserer Kontrolle, ganz im Gegensatz zum Video-Rückkopplungsexperiment.

Von ähnlich zu affin

In unserem ersten Beispiel führt jedes Linsensystem eine Ähnlichkeitstransformation durch, d.h. ein Rechteck wird als Rechteck reproduziert, ein Dreieck mit bestimmten Winkeln wird als Dreieck mit denselben Winkeln reproduziert usw. Das einzige, was verändert wird, ist die Größe des Bildes. Wenn wir zwei beliebige Punkte aus dem Originalbild herausgreifen und ihre Abstände mit denjenigen in der Kopie vergleichen, stellen wir eine Verkleinerung um einen konstanten Faktor fest. Eine grundlegende Möglichkeit zur Erweiterung einer solchen Maschine würde darin bestehen, Linsensysteme zuzulassen, die in verschiedenen Richtungen mit verschiedenen Verkleinerungsfaktoren arbeiten. Beispielsweise könnte ein Linsensystem in horizontaler Richtung mit einem Faktor 1/2 und in vertikaler Richtung mit einem Faktor 1/3 verkleinern. Die Wirkung eines solchen Systems besteht in der Zerstörung der Ähnlichkeit: Aus einem Quadrat wird ein kleineres Rechteck; aus einem Dreieck mit bestimmten Winkeln wird ein Dreieck mit anderen Winkeln. In mathematischer Sprechweise sind dies *affine* Transformationen. Ähnlichkeiten und affine Transformationen gehören jedoch zur selben Klasse mathematischer Objekte: zu den (affin) *linearen* Transformationen, d.h. Transformationen, die eine Gerade in eine Gerade überführen. Nur wenn wir solche Erweiterungen zulassen, wird die Metapher der Kopiermaschine ihre volle Kraft entfalten (siehe Kapitel 5).

Von linear zu nichtlinear

Reale Linsensysteme sind normalerweise keine perfekten Ähnlichkeits-Transformatoren. Sie verzerren ein Bild mehr oder weniger. Ein radikales Beispiel: Eine Gerade wird durch eine Fischaugen-Linse als gekrümmte Linie abgebildet. In mathematischen Begriffen bedeutet dies: nichtlineare Effekte. Wir wollen einen solchen Effekt in einem stark vereinfachten Modell simulieren. Betrachten wir die Zahlen, die größer als 1 sind. Wenn wir solche Zahlen mit einem Faktor, z.B. 1/3, multiplizieren, haben wir vollkommene Ähnlichkeit. Wenn wir jedoch die Quadratwurzel ziehen, haben wir typischerweise einen nichtlinearen Effekt: Der Abschnitt zwischen 1 und 10 (Länge 9) wird auf den Abschnitt zwischen 1 und $\sqrt{10} \approx 3.16$ (Länge ca. 2.16) reduziert, während der Abschnitt zwischen 1 und 100 (Länge 99), der 11 mal so lang ist, auf den Abschnitt zwischen 1 und 10 reduziert wird, der aber nur ungefähr 4 mal so lang ist wie der Abschnitt zwischen 1 und $\sqrt{10}$. Der Verkleinerungsfaktor ändert sich, d.h. er ist von der Stelle abhängig, an welcher die Transformation angewendet wird. Kopiermaschinen, die mit nichtlinearen Linsensystemen ausgerüstet sind, werden zu den berühmten Julia-Mengen sowie zur Mandelbrot-Menge führen.[8] Übrigens sind die dort diskutierten Linsensysteme in einem wichtigen Punkt mit Ähnlichkeits-Transformationen verbunden: Winkel bleiben immerhin doch erhalten. Abbildung 1.12 zeigt eine typische Transformation dieser Art.

Nichtlineare Transformation

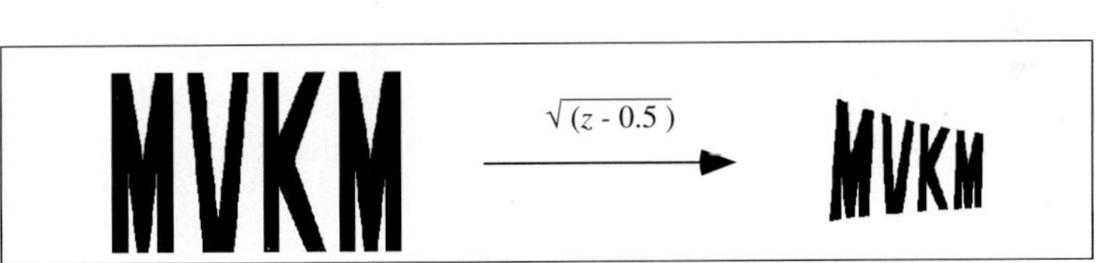

Abb. 1.12 : Die komplexe Quadratwurzel angewendet auf die Buchstaben MVKM in der Ebene. Bemerkenswert ist hier die Erhaltung der Winkel.

[8] Siehe Kapitel 4 in H.-O. Peitgen, H. Jürgens, D. Saupe, *Chaos – Bausteine der Ordnung*, Klett-Cotta, Stuttgart, und Springer-Verlag, Heidelberg, 1993.

1.3 Grundtypen von Rückkopplungsprozessen

Wir wollen uns nun Rückkopplungsmaschinen zuwenden, die Zahlen verarbeiten. Bevor wir uns jedoch mit der Diskussion spezieller Beispiele beschäftigen, wollen wir zunächst einen Überblick gewinnen.

Ein-Schritt-Maschinen

Ein-Schritt-Maschinen werden durch eine Iterationsformel $x_{n+1} = f(x_n)$ gekennzeichnet, wobei $f(x)$ irgendeine Funktion von x sein kann. Es wird eine Zahl als Eingabe benötigt, und es wird eine neue Zahl — das Ergebnis der Formel — als Ausgabe zurückgegeben (z.B. $f(x_n) = x_n^2 + 1$). Die Formel kann durch einen bestimmten Parameter gesteuert werden (z.B. $x_n^2 + c$, d.h. hier mit dem Kontrollparameter c), jedoch hängt in jedem Fall die Ausgabe nur vom Eingabe ab. Die Zahlen werden mit Indizes versehen, um die Zeit (den Zyklus) festzulegen, in der sie erzeugt worden sind.

Ein-Schritt-Rückkopplungs-Maschine

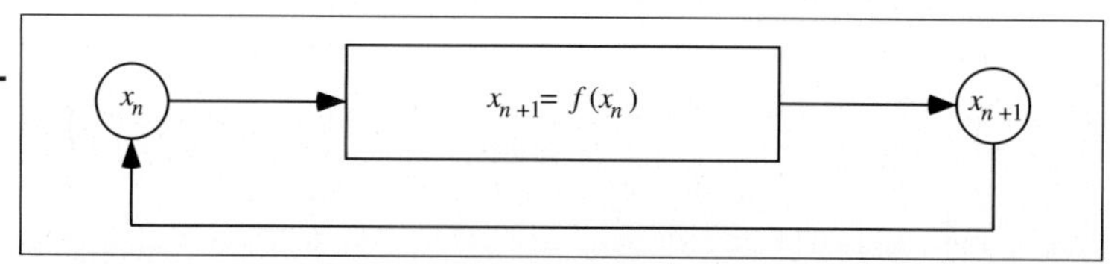

Abb. 1.13 : Prinzip der Ein-Schritt-Rückkopplungs-Maschine.

Ein-Schritt-Maschinen sind sehr nützliche mathematische Werkzeuge und wurden insbesondere für die numerische Lösung von komplexen Problemen entwickelt. Sie haben eine mathematische Tradition, die mindestens einige tausend Jahre zurückreicht.

Quadratwurzel-Berechnung aus dem Altertum

Das nachfolgende Beispiel einer Ein-Schritt-Rückkopplungs-Maschine ist ein Algorithmus, der bereits den sumerischen Mathematikern vor ungefähr 4000 Jahren bekannt war. Es ist ein wunderschönes Beispiel von Stärke und Kontinuität der Mathematik. Die Menschheit hat seit dieser Zeit viele Fortschritte, aber auch empfindliche Rückschläge erlebt, während die Kraft und Schönheit der mathematischen Gedankenwelt unverändert geblieben ist.

Gegeben sei $a > 0$. Man berechne eine Folge $x_1, x_2, x_3, \ldots$ so, daß der Grenzwert $\sqrt{a}$ ist, d.h. daß x_n mit zunehmenden n gegen $\sqrt{a}$ strebt. Gleich sehen wir, wie x_n definiert ist. Wir beginnen mit einem beliebigen Anfangswert $x_0 > 0$ und fahren fort mit

$$x_{n+1} = \frac{1}{2}\left(x_n + \frac{a}{x_n}\right), \quad n = 0, 1, 2, \ldots \tag{1.1}$$

Betrachten wir als Beispiel $\sqrt{2}$. Wir schätzen zunächst ganz grob eine Näherung für $\sqrt{2}$, z.B. $x_0 = 2$. Dann wird

$$x_1 = \frac{1}{2}\left(x_0 + \frac{2}{x_0}\right) = \frac{1}{2}\left(2 + \frac{2}{2}\right) = 1.5$$

und

$$x_2 = \frac{1}{2}\left(x_1 + \frac{2}{x_1}\right) = \frac{1}{2}\left(1.5 + \frac{2}{1.5}\right) = \frac{17}{12} = 1.41666...$$

usw.

Wir wollen eine kurze Begründung anführen, warum diese Methode funktioniert, um zu verstehen, wie gut sie funktioniert. Zu diesem Zweck führen wir den *relativen Fehler* e_n von x_n ein mit der Definitionsgleichung

$$x_n = (1 + e_n)\sqrt{a}\,. \tag{1.2}$$

Ersetzen wir in Gleichung (1.1) x_n durch die rechte Seite von Gleichung (1.2), $(1 + e_n)\sqrt{a}$, so erhalten wir

$$x_{n+1} = \sqrt{a}\left(1 + \frac{e_n^2}{2 + 2e_n}\right)\,.$$

Benutzen wir die Definition in Gleichung (1.2) nochmals, so erhalten wir einen Ausdruck für den Fehler e_{n+1}

$$e_{n+1} = \frac{e_n^2}{2 + 2e_n}\,. \tag{1.3}$$

Nun ist $x_0 > 0$ und demzufolge $e_0 > -1$ und weiter $e_n > 0$ für $n = 1, 2, 3, ...$ Dann ist aber $x_n > \sqrt{a}$ für alle $n > 0$. Schließlich können wir aus Gleichung (1.3) Abschätzungen bekommen. Wenn wir im Nenner die „2" weglassen, erhalten wir

$$e_{n+1} < \frac{e_n}{2}\,,$$

und wenn wir „$2e_n$" weglassen, ergibt sich

$$e_{n+1} < \frac{e_n^2}{2}.$$

Die erste Ungleichung und die Definition von e_n durch Gleichung (1.2) zeigen, daß

$$x_1 > x_2 > x_3 > ... > \sqrt{a}$$

und daß der Grenzwert $\sqrt{a}$ ist. Die zweite Ungleichung zeigt, daß $e_n < 10^{-n}$ zu $e_{n+1} < 10^{-2n}/2$ führt, d.h. bei jedem Schritt der Folge wird die Anzahl korrekter Ziffern annähernd verdoppelt. Dieser Algorithmus für die Berechnung der Quadratwurzel ist ein Beispiel einer allgemeineren Methode für die Lösung von nichtlinearen Gleichungen, welche etwa 4000 Jahre später entdeckt worden ist und heutzutage *Newton-Verfahren* genannt wird.

Zwei-Schritt-Rückkopplungs-Verfahren

Ein-Schritt-Rückkopplungs-Prozesse stellen nur eine besondere Klasse einer ganzen Familie von Rückkopplungsverfahren dar. Eine andere Klasse ist unter dem Namen *Zwei-Schritt-Verfahren* bekannt. Hier ist für die Berechnung der Ausgabe eine Formel typisch wie

$$x_{n+1} = g(x_n, x_{n-1}).$$

Nehmen wir beispielsweise das Gesetz für die Erzeugung der *Fibonacci-Zahlen*

$$g(x_n, x_{n-1}) = x_n + x_{n-1}.$$

Fibonacci-Zahlen und das Kaninchen-Problem

Leonardo Pisano, auch unter dem Namen Fibonacci[9] bekannt, war eine der herausragenden Persönlichkeiten der mittelalterlichen Mathematik des Abendlandes. Er reiste viel im Mittelmeerraum umher, bevor er sich in seiner Geburtsstadt Pisa niederließ. Im Jahre 1202 veröffentlichte er sein Buch mit dem Titel *Liber Abaci*, das Europa veränderte. Es machte die Europäer mit den indisch-arabischen Ziffern 0, 1, 2, ... bekannt. Sein Buch enthüllt auch das folgende Problem, welches bis heute immer wieder Leute zu inspirieren vermochte. Zur Zeit 0 wird ein Kaninchenpaar geboren. Nach einem Monat ist dieses Paar reif und bringt einen Monat später ein neues Kaninchenpaar zur Welt und fährt in dieser Weise fort (d.h. jeden Monat wird dem ursprünglichen Paar ein neues Paar geboren). Überdies reift jedes neue Kaninchenpaar nach einem Monat und beginnt einen Monat danach damit, jeden Monat ein Nachkommenspaar in die Welt zu setzen und dies ohne Ende. Man geht davon aus, daß die Kaninchen unsterblich sind. Wie groß ist die Anzahl der Paare nach n Monaten?

Wir wollen Vorsicht walten lassen und der Entwicklung der Kaninchen Schritt für Schritt folgen. Wir wollen in unserer Kaninchen-Population zwischen erwachsenen und jungen Kaninchenpaaren unterscheiden. Ein neugeborenes Paar ist natürlich jung und wird nach einem Zeitschritt erwachsen. Es seien J_n und E_n die Zahlen der jungen und erwachsenen Paare nach n Monaten. Ursprünglich zur Zeit $n = 0$ ist nur ein junges Paar vorhanden ($J_0 = 1$, $E_0 = 0$). Nach einem Monat ist das junge Paar erwachsen ($J_1 = 0$, $E_1 = 1$). Nach zwei Monaten wird dem erwachsenen Paar ein junges Paar geboren ($J_2 = 1$, $E_2 = 1$). Dann wiederum nach dem nächsten Monat. Außerdem wird das junge Paar erwachsen ($J_3 = 1$, $E_3 = 2$). Die allgemeinen Regeln ergeben sich nun sofort daraus, daß einerseits die Anzahl neugeborener Paare J_{n+1} gleich der vorhergehenden Anzahl erwachsener Paare E_n ist und andererseits die erwachsene Bevölkerung um die Anzahl unreifer Paare J_n des Vormonats wächst. Demnach beschreiben die folgenden beiden Formeln die Populationsdynamik vollständig

$$\begin{aligned} J_{n+1} &= E_n, \\ E_{n+1} &= E_n + J_n. \end{aligned} \tag{1.4}$$

[9] Filius (= Sohn) von Bonacci

Als Anfangswerte nehmen wir $J_0 = 1$ und $E_0 = 0$. Aus der ersten obenstehenden Gleichung folgt $J_n = E_{n-1}$. Dies eingesetzt in die zweite Gleichung ergibt

$$E_{n+1} = E_n + E_{n-1}$$

mit $E_0 = 0$ und $E_1 = 1$. Dies ist eine einzige Gleichung für das ganze Kaninchen-Problem. Damit läßt sich die Anzahl der Paare in aufeinanderfolgenden Generationen sehr einfach berechnen:

$$0, 1, 1, 2, 3, 5, 8, 13, 21, 34, 55, 89, 144, 233, \ldots$$

Jede Zahl in dieser Folge ist gerade die Summe ihrer beiden Vorgängerinnen. Diese Folge wird *Fibonacci-Folge* genannt.

Wir haben nun hier ein anderes Rückkopplungssystem aufgebaut, das sich allerdings von den früheren Systemen etwas unterscheidet. In allen diesen bisherigen Rückkopplungsschleifen war der Zustand zur Zeit n immer nur durch den vorhergehenden Zustand zur Zeit $n - 1$ festgelegt worden. Solche Systeme werden Ein-Schritt-Schleifen genannt. In der Fibonacci-Folge verlangt der Zustand zur Zeit $n+1$ Informationen von den Zuständen n und $n - 1$. Solche Systeme werden Zwei-Schritt-Schleifen genannt. Die einfach und harmlos scheinende Fibonacci-Folge weist eine ganze Reihe von interessanten Eigenschaften auf. Tausende von Artikeln sind darüber veröffentlicht worden, und es gibt sogar eine *Fibonacci-Gesellschaft* mir ihrer eigenen Zeitschrift, *Fibonacci-Quarterly*, in der über den niemals abbrechenden Strom neuer Ergebnisse berichtet wird. Eine schon seit langem bekannte Eigenschaft mit wundervollen Anwendungen in Architektur und Kunst seit Jahrhunderten führte erst kürzlich zu höchst erstaunlichen Untersuchungen in der Biologie.

Offensichtlich kann die Fibonacci-Folge über alle Grenzen wachsen. Unsere Kaninchen erfahren somit eine Art Bevölkerungsexplosion. Wir können jedoch fragen, wie die Population sich von Generation zu Generation entwickelt. Zu diesem Zweck betrachten wir nochmals die Fibonacci-Zahlen und berechnen die Verhältnisse aufeinanderfolgender Generationen (auf sechs Dezimalen gerundet).

n	E_n	E_{n+1}/E_n	in Dezimalen
0	1	1/1	1.0
1	1	2/1	2.0
2	2	3/2	1.5
3	3	5/3	1.666666
4	5	8/5	1.6
5	8	13/8	1.625
6	13	21/13	1.615385
7	21	34/21	1.619048
8	34	55/34	1.617647
9	55	89/55	1.618182
10	89	144/89	1.617978
11	144	233/144	1.618056
12	233	377/233	1.618026

Offensichtlich nähern wir uns sukzessive, wenn auch nicht gerade schnell, einer bestimmten Zahl. Haben Sie diese rätselhafte Zahl

$$1.6180339887498948820...$$

schon einmal gesehen? Lüften wir den Vorhang.

$$1.61803398... = \frac{1+\sqrt{5}}{2},$$

welches der berühmte *goldene Schnitt* ist oder, wie er im Mittelalter genannt wurde, *proportio divina*.[10] Diese Zahl hat, wie kaum eine andere in der Mathematikgeschichte, Mathematiker, Astronomen und Philosophen inspiriert.

Auf den ersten Blick scheint es, daß Vorgänge, die zu einem Zwei-Schritt-Verfahren gehören, nicht unter das Konzept einer Rückkopplungsmaschine fallen, soweit wir es bis jetzt diskutiert haben. Tatsächlich hängt die Ausgabe x_{n+1} nicht nur vom letzten Schritt x_n, sondern auch noch vom vorletzten Schritt x_{n-1} ab. Es erscheint zunächst natürlich, das Design unserer Rückkopplungsmaschinen so zu erweitern, daß das Konzept ein gewisses Gedächtnis umfaßt, das Informationen der letzten Zyklen festhält.

Rückkopplungsmaschinen mit Gedächtnis

Maschinen mit einem Gedächtnis sind typisch für unser Computer-Zeitalter. Während eine Maschine ohne Gedächtnis immer in derselben Weise auf ihre Eingabedaten reagiert, verhält sich eine Maschine mit Gedächtnis unterschiedlich, wenn sie ihren eigenen Zustand oder Gedächtnisinhalt mitberücksichtigt. Als Beispiel betrachten wir einen Getränkeautomaten. Wir werden nicht erfolgreich sein und ein Getränk erhalten, wenn wir nur auf einen Knopf drücken. Zuerst muß der Automat mit dem richtigen Geldbetrag gefüttert werden, um ihn in den geeigneten Zustand zu versetzen, in dem er unseren Befehl annimmt.

Nun wollen wir das Konzept der Rückkopplungsmaschine erweitern, indem wir die Prozessor-Einheit mit einer internen Gedächtnis-Einheit ausstatten. Dann kann die Iteration eines Zwei-Schritt-Verfahrens $x_{n+1} = g(x_n, x_{n-1})$ wie folgt ausgeführt werden. Zu beachten ist, daß für den Start der Rückkopplungsmaschine zwei Anfangswerte x_0 und x_1 erforderlich sind.

Vorbereitung: Man führe der Gedächtniseinheit x_0 und der Eingabeseinheit x_1 zu.

Iteration: Man berechne $x_{n+1} = g(x_n, x_{n-1})$, wobei sich x_n in der Eingabe- und x_{n-1} in der Gedächtniseinheit befinden. Dann bringe man die Gedächtniseinheit mit x_n auf den neusten Stand.

[10] Göttliche Proportion (Latein).

Irgendwie scheint es, als ob Rückkopplungsmaschinen mit Gedächtnis im Modellieren verschiedener Phänomene flexibler sein sollten. Dies ist aber gar nicht der Fall. Eine Maschine mit Gedächtnis kann vielmehr einer Ein-Schritt-Maschine als gleichwertig betrachtet werden, die jedoch mit *Vektoren* für die Eingabe- und Ausgabe-Information arbeitet. Eingabe und Ausgabe werden als Zahlen-Paare, -Tripel oder -Quadrupel usw. gegeben. Mit anderen Worten, ein Paar Eingabevariable (x_n, x_{n-1}) erzeugt ein Paar Ausgabevariable (x_{n+1}, x_n).

Ein-Schritt-Maschinen mit zwei Variablen

Wir führen nun formal eine neue Variable, $y_n = x_{n-1}$, ein und schreiben die Formel $x_{n+1} = g(x_n, x_{n-1})$ auf das äquivalente Formel-Paar um:

$$x_{n+1} = g(x_n, y_n) ,$$
$$y_{n+1} = x_n .$$

Zwei-Schritt-Schleife

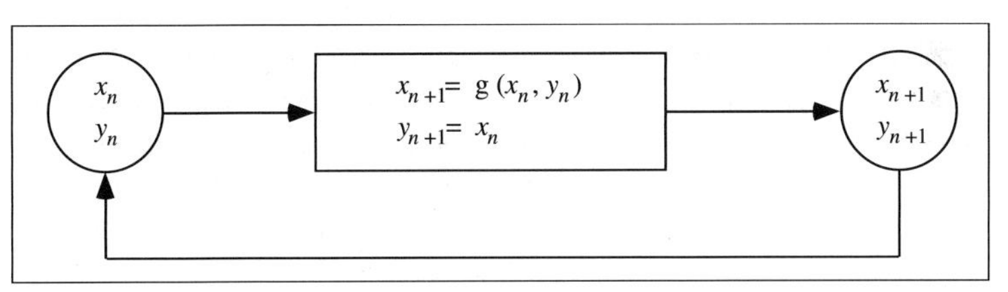

Abb. 1.14 : Zwei-Schritt-Schleifen sind ein Spezialfall von Ein-Schritt-Rückkopplungs-Maschinen mit zwei Variablen.

Dieser einfache Trick kann leicht verallgemeinert werden. Nehmen wir z.B. an, daß die Formel, welche die Rückkopplung festlegt, von k vorangehenden Iterationen abhängig ist. Dann kann diese einzige Formel durch ein Ein-Schritt-Verfahren mit einem Satz von k Formeln ersetzt werden, wenn man k unabhängige Variablen einführt. Üblicherweise werden die unabhängigen Variablen zu einem Variablen-Vektor zusammengefaßt. Das Paar (x_n, y_n) kann beispielsweise symbolisch als eine einzelne neue Variable Z_n geschrieben werden. Außerdem können wir dann den Formel-Satz $x_{n+1} = g(x_n, y_n)$, $y_{n+1} = x_n$ durch eine einzige Formel ausdrücken: $Z_{n+1} = G(Z_n)$. Mit anderen Worten, wir können uns die Mühe sparen, für das Zwei-Schritt-Verfahren eine spezielle Maschine zu entwickeln. Zwei-Schritt-Verfahren können mit Ein-Schritt-Maschinen problemlos bewältigt werden.

Das Kaninchen-Problem als Ein-Schritt-Maschine

Wir wollen als Beispiel die Fibonacci-Zahlen betrachten. Diese sind durch das Zwei-Schritt-Verfahren

$$E_{n+1} = g(E_n, E_{n-1}) = E_n + E_{n-1}$$

mit $E_0 = 0$ und $E_1 = 1$ definiert. Die äquivalenten Gleichungen für ein Ein-Schritt-Verfahren, das auf Paare (x_n, y_n) wirkt, sind

$$x_{n+1} = x_n + y_n \ ,$$
$$y_{n+1} = x_n \ ,$$

mit Anfangswerten $x_0 = 0$ und $y_0 = 1$. Das ist aber genau dasselbe, wie wenn wir in der Herleitung (Seite 38 ff.) $x_n = E_n$ und $y_n = J_n$ setzen.

Ein-Schritt-Maschinen auf der Grundlage von zusammengesetzten Formeln

Der Gebrauch der kompakten Schreibweise $G(X_n)$ für einen ganzen Satz von Formeln in der Prozessoreinheit vereinfacht die Beschreibung von scheinbar komplizierten Rückkopplungsprozessen beträchtlich. Das nachstehende Beispiel wird in Kapitel 2 von Bedeutung sein:

$$x_{n+1} = \begin{cases} ax_n & \text{wenn } x \leq 0.5 \\ a(1 - x_n) & \text{wenn } x > 0.5 \ . \end{cases}$$

Hier bezeichnet a einen Parameter, z.B. $a = 2$ oder $a = 3$. Anstatt eine Rückkopplungsmaschine mit zwei Formeln und einem zusätzlichen Schalter einzuführen, wollen wir das obige Gleichungssystem als Ein-Schritt-Verfahren von der Form $x_{n+1} = f(x_n)$ schreiben. Dabei ist f die Transformation, deren Diagramm — bekannt als *Zelt-Transformation* — in Abbildung 1.15 dargestellt ist.

Die Zelt-Transformation

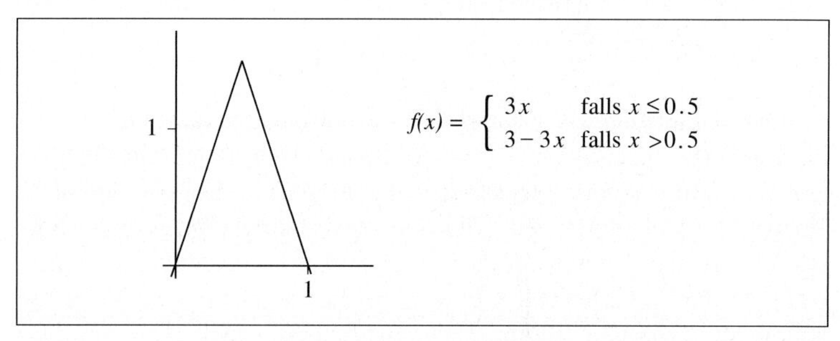

Abb. 1.15 : Die Zelt-Transformation ist gegeben durch $f(x) = ax$ für $x \leq 0.5$ und $f(x) = -ax + a$ für $x > 0.5$. Hier wurde der Parameter $a = 3$ gewählt.

Das $(3A + 1)$-Problem

Bei dem folgenden Algorithmus, der bis heute noch nicht vollständig verstanden worden ist, wird eine Folge von ganzen Zahlen auf höchst einfache Weise erzeugt. Hier ist die ursprüngliche Formulierung, welche von Lothar Collatz stammt:

Schritt 1: Man wähle eine beliebige positive ganze Zahl A.
Schritt 2: Falls $A = 1$, dann STOP.

Schritt 3: Falls A gerade ist, dann ersetze man A durch $A/2$ und gehe zu Schritt 2.

Schritt 4: Falls A ungerade ist, dann ersetze man A durch $3A + 1$ und gehe zu Schritt 2.

Probieren wir einige Fälle für A aus:

- 3, 10, 5, 16, 8, 4, 2, 1, STOP
- 34, 17, 52, 26, 13, 40, 20, 10, 5, 16, 8, 4, 2, 1, STOP
- 75, 226, 113, 340, 170, 85, 256, 128, 64, 32, 16, 8, 4, 2, 1, STOP

Die scheinbar augenfällige Vermutung ist: Der Algorithmus kommt stets zum Stillstand unabhängig vom Anfangswert A. Im weiteren scheint die Anzahl der Schritte, die wir bis zum Erreichen von 1 zu durchlaufen haben, um so größer zu sein, je größer der Anfangswert A ist. Versuchen wir es mit $A = 27$, um diese Vermutung zu bestätigen.

- 27, 82, 41, 124, 62, 31, 94, 47, 142, 71, 214, 107, 322, 161, 484, 242, 121, 364, 182, 91, 274, 137, 412, 206, 103, 310, 155, 466, 233, 700, 350, 175, 526, 263, 790, 395, 1186, 593, 1780, 890, 445, 1336, 668, 334, 167, 502, 251, 754, 377, 1132, 566, 283, 850, 425, 1276, 638, 319, 958, 479, 1438, 719, 2158, 1079, 3238, 1619, 4858, 2429, 7288, 3644, 1822, 911, 2734, 1367, 4102, 2051, 6154, 3077, 9232, 4616, 2308, 1154, 577, 1732, 866, 433, 1300, 650, 325, 976, 488, 244, 122, 61, 184, 92, 46, 23, 70, 35, 106, 53, 160, 80, 40, 20, 10, 5, 16, 8, 4, 2, 1, STOP

Offensichtlich war unsere Vermutung falsch. Außerdem läßt uns dieses Beispiel tatsächlich daran zweifeln, ob alle Folgen letztendlich abbrechen. Soweit uns bekannt, ist dieses Problem noch ungelöst. Immerhin wurde die Vermutung des Abbruchs mit Hilfe von Computern bis mindestens $A = 10^9$ nachgeprüft. Eine solche Untersuchung ist nicht so einfach, wie man zunächst anzunehmen geneigt ist, weil im Laufe der Rechnung die Folge die größtmögliche Zahl, welche der Computer noch genau darzustellen vermag, überschreiten kann. Für diesen Fall müssen im Programm geeignete Maßnahmen getroffen werden, um den Darstellungsbereich des Computers für Zahlen zu erweitern.

Der Algorithmus kann leicht auf negative ganze Zahlen ausgedehnt werden. Hier sind einige Beispiele:

- -1, -2, -1, -2, ...ZYKLUS der Länge 2
- -3, -8, -4, -2, -1, ...läuft in den ZYKLUS der Länge 2
- -5, -14, -7, -20, -10, -5, -14, ...ZYKLUS der Länge 5
- -6, -3, -8, -4, -2, -1, ...läuft in den ZYKLUS der Länge 2
- -9, -26, -13, -38, -19, -56, -28, -14, -7, -20, ...läuft in den ZYKLUS der Länge 5
- -11, -32, -16, -8, -4, -2, -1, ...läuft in den ZYKLUS der Länge 2

Gibt es andere Zyklen? Ja, in der Tat:

- -17, -50, -25, -74, -37, -110, -55, -164, -82, -41, -122, -61, -182, -91, -272, -136, -68, -34, -17, ... ZYKLUS der Länge 18

Wenn wir unseren Algorithmus abändern, indem wir den STOP in Schritt 1 entfernen, bekommen wir auch einen Zyklus für $A = 1$:

- 1, 4, 2, 1, ... ZYKLUS der Länge 3

und wenn wir auch $A = 0$ zulassen:

- 0, 0, ... ZYKLUS der Länge 1.

Schließlich können wir jetzt den Algorithmus in Form eines Rückkopplungssystems notieren:

$$x_{n+1} = \begin{cases} x_n/2 & \text{falls } x_n \text{ gerade und ganz} \\ 3x_n + 1 & \text{falls } x_n \text{ ungerade und ganz .} \end{cases}$$

So lautet die allgemeine Frage: Welches sind die möglichen Zyklen des Rückkopplungssystems? Das scheint eine bescheidene Frage zu sein, die aus der riesigen Substanz der Mathematik bereits beantwortet sein müßte — oder zumindest auf eine Beantwortung ohne große Schwierigkeit vorbereitet sein müßte. Leider ist dies nicht der Fall, was zunächst zeigt, daß in der Mathematik immer noch viel zu tun übrigbleibt, und überdies, daß einfach scheinende Probleme ziemlich schwer zu lösen sein können. Eine wirklich wichtige Lektion für das Leben!

MVKM als Ein-Schritt-Maschine

Einen raffinierteren Fall mit Überraschungen bilden unsere MVKM-Maschinen des letzten Abschnittes. Auch sie können als Ein-Schritt-Maschinen gedeutet werden, welche mathematisch durch eine einzige Formel von der Art $X_{n+1} = F(X_n)$ beschrieben werden. Übrigens wird in diesem Fall F als *Hutchinson-Operator* bezeichnet. Einzelheiten werden in Kapitel 5 behandelt.

Glücksrad-Maschinen

Während alle bisherigen Maschinen streng deterministisch sind, wird in unserer letzten Klasse von Maschinen Determinismus mit Zufall kombiniert. Ähnlich wie bei den vorstehenden Beispielen gibt es in der Prozessoreinheit einen Vorrat an verschiedenen Formeln. Hinzu kommt ein Glücksrad, dessen Aufgabe es ist, eine der Formeln zufällig auszuwählen. Die Eingabe ist eine einzelne Zahl (oder ein Zahlen-Paar), und die Ausgabe ist eine neue Zahl (oder ein Zahlen-Paar), das Ergebnis einer Formel mit Werten, die durch die Eingabe bestimmt sind. Die Formel wird für jeden Schritt des Rückkopplungsverfahrens zufallsbedingt aus einem Vorrat ausgewählt. Mit anderen Worten, die Ausgabe hängt nicht nur von der Eingabe ab, sehr ähnlich wie beim Fall der Maschinen mit Gedächtnis. Leider gibt es jedoch keinen mustergültigen Trick, das Verfahren auf eine (deterministische) Ein-Schritt-Maschine umzuschreiben. Das Glücksrad hat so viele Segmente, wie Formeln vorliegen, d.h. für jede Formel ein Segment. Die Größen der einzelnen Segmente können unterschiedlich sein, um verschiedenen Wahrscheinlichkeiten beim Zufalls-Auswahlmechanismus Rechnung zu tragen. Zufalls-Maschinen dieser

Glücksrad-Maschine

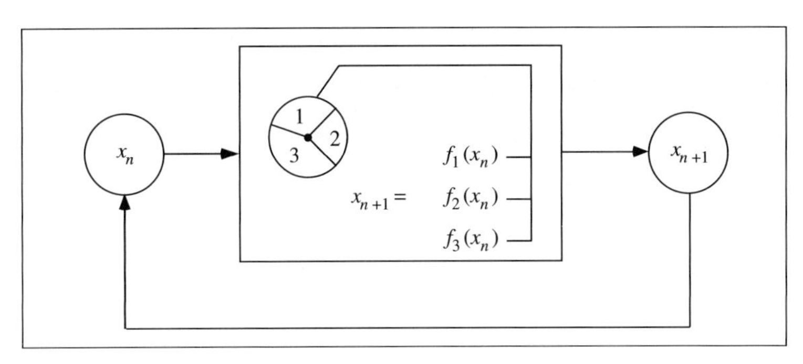

Abb. 1.16 : Rückkopplungsmaschine mit Glücksrad.

Art liefern höchst leistungsfähige Entschlüsselungs-Schemata (Algorithmen) für Bilder, die mit Hilfe der Metapher einer Kopier-Maschine verschlüsselt worden sind. Dies wird Gegenstand von Kapitel 6 sein.

Das Chaos-Spiel

Wir wollen uns mit einer weiteren aufregenden Erklärung dessen, was wir bei der Mehrfach-Verkleinerungs-Kopier-Maschine gelernt haben, befassen. Dies zeigt einen anderen unglaublichen Zusammenhang zwischen Chaos und Fraktalen.

Das nachfolgende „Spiel" wurde von Michael F. Barnsley *Chaos-Spiel* genannt. Auf den ersten Blick würde man jedoch nicht den geringsten Zusammenhang zwischen Chaos und Fraktalen vermuten. Wir wollen die Spielregeln anführen. Nun, tatsächlich handelt es sich nicht um ein einziges Spiel; es gibt unendlich viele Varianten. Aber sie folgen alle demselben Muster. Wir haben einen Würfel und einige einfache Auswahlregeln. Hier ist eines der Spiele:

Vorbereitungen: Man nehme ein Blatt Papier und einen Schreibstift, markiere drei Punkte auf dem Blatt[11], bezeichne sie mit 1, 2 und 3, und nenne sie *Bezugspunkte*. Man nehme einen Würfel, mit welchem die Zahlen 1, 2 und 3 zufällig herausgegriffen werden können. Es ist offensichtlich, wie ein solcher Würfel zu handhaben ist. Die Augenzahlen 1, 2 und 3 eines gewöhnlichen Würfels sind den Bezugspunkten schon richtig zugeordnet. Es bleiben also noch die Zuordnungen etwa der Augenzahl 6 zu Bezugspunkt 1, 5 zu 2 und 4 zu 3.

Regeln: Man beginne das Spiel an einem beliebigen Punkt auf dem Blatt, der markiert wird. Man nenne ihn *Spielpunkt*. Nun würfle man. Wenn z.B. die Zahl 2 erscheint, so folge

[11] Am schönsten wird es, wenn die drei Punkte Eckpunkte eines gleichseitigen Dreiecks bilden.

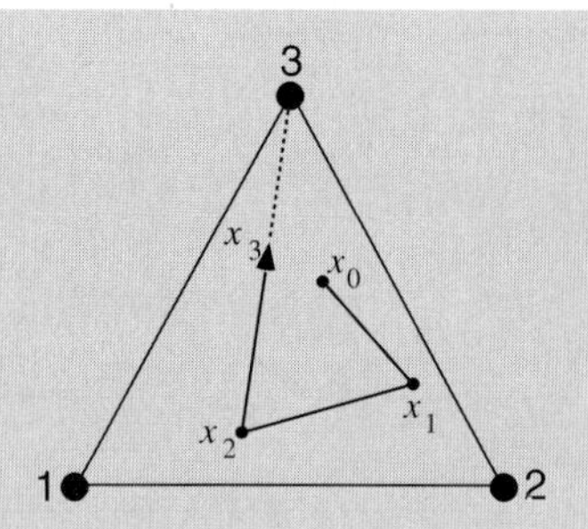

Abb. 1.17 : Die drei Bezugspunkte (Ecken eines Dreiecks) und einige Iterationen des Spielpunktes.

man der geradlinigen Verbindung zwischen dem Spielpunkt und dem Bezugspunkt 2 und setze einen Punkt genau in die Mitte zwischen Spielpunkt und Bezugspunkt 2. Dieser Punkt ist nun der neue Spielpunkt, und wir haben die erste Spielrunde abgeschlossen. Nun würfle man erneut, um wiederum die Zahl 1, 2 oder 3 zufallsbedingt auszuwählen und markiere, dem Ergebnis entsprechend, den Punkt in der Mitte zwischen dem letzten Spielpunkt und dem durch Zufall ermittelten Bezugspunkt.

Abbildung 1.17 zeigt die ersten Ergebnisse des Spiels, in welchem wir die Spielpunkte in der Reihenfolge ihres Auftretens mit $x_0, x_1, x_2, \ldots$ bezeichnet haben. Wir haben damit ein sehr einfaches Schema zur Erzeugung einer zufälligen Punkt-Folge in der Ebene erklärt. Aus diesem Blickwinkel erscheint das Spiel eher langweilig. Aber dieser erste Eindruck wird sich schlagartig ändern, wenn wir sehen, was in diesem einfachen Rückkopplungssystem zum Vorschein kommt.

Was ist als Ergebnis nach einer großen Anzahl von Spielrunden zu vermuten, d.h. was für ein Bild ergibt sich aus den Punkten $x_0, x_1, \ldots, x_{1000}$? Man beachte, daß der Spielpunkt für immer im Dreieck, das durch die drei Bezugspunkte festgelegt wird, gefangen bleibt, sobald er einmal in dieses Dreieck hineingewandert ist. Überdies ist es offensichtlich, daß der Spielpunkt früher oder später im Inneren dieses Dreiecks landen wird, auch wenn das Spiel außerhalb begonnen wurde. Deshalb würden wir wegen der zufälligen Erzeugung der Spielpunkte rein intuitiv erwarten, daß sich eine zufällige Verteilung von Punkten irgendwelcher Art im Bereich zwischen den drei Bezugspunkten 1, 2 und 3 einstellen wird. Ja, tatsächlich, die Verteilung wird rein zufällig sein, jedoch nicht die Figur oder das Bild, welches von den Punkten hervorgerufen wird (siehe Abbildung 1.18). Es ist keineswegs zufällig. Wir sehen das Sierpinski-Dreieck sehr klar auftauchen; und das ist eine höchst geordnete Struktur — gerade das Gegenteil einer Zufalls-Struktur.

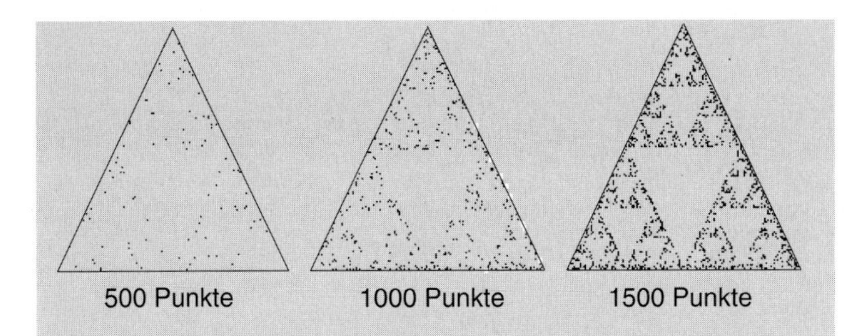

Abb. 1.18 : 500, 1000 und 1500 durch das Chaos-Spiel erzeugte Punkte.

Bis hierher scheint dieses Phänomen entweder ein kleines Wunder oder ein seltsames Zusammentreffen zu sein. Das ist es aber nicht. Jedes Bild, das mit der Mehrfach-Verkleinerungs-Kopier-Maschine hergestellt werden kann, läßt sich auch mit Hilfe eines passend zugeschnittenen Chaos-Spiels erzeugen. Tatsächlich kann auf diese Weise die Bilderzeugung im allgemeinen beschleunigt werden. Überdies ist das Chaos-Spiel der Schlüssel für die Erweiterung der Idee der Bild-Kodierung, welche wir für die Mehrfach-Verkleinerungs-Kopier-Maschine diskutiert haben, auf Grauton- oder sogar Farbbilder. Das wird in Kapitel 6 zur Sprache kommen, das eine elementare Lektion in Wahrscheinlichkeitstheorie bereithält — die allerdings mit wunderschönen Überraschungen gefüllt ist.

1.4 Die Parabel der Parabel — Oder: Man traue seinem Computer nicht

Wir wollen nun zu quadratischen Iteratoren übergehen. Zuerst bauen wir den Ausdruck $x^2 + c$ in einen Iterator ein. Hier sind x und c nichts anderes als Zahlen, jedoch mit unterschiedlichen Bedeutungen. Die Formel für einen bestimmten (Kontroll-)Wert c zu iterieren heißt folgendes: Man beginne mit irgendeiner Zahl x, berechne den Ausdruck, notiere das Ergebnis und verwende diesen Wert als neues x, berechne wieder den Ausdruck usw. Betrachten wir ein Beispiel:

Vorbereitung: Man wähle eine Zahl für c, sagen wir $c = -2$. Dann wähle man eine Zahl x, z.B. $x = 0.5$.

Iteration: Man berechne den Ausdruck für x, also $0.5^2 - 2 = -1.75$. Nun wiederhole man den Vorgang, d.h. man berechne den Ausdruck mit dem neuen $x = -1.75$, dem Resultat der ersten Rechnung, was 1.0625 ergibt usw.

Der quadratische Iterator

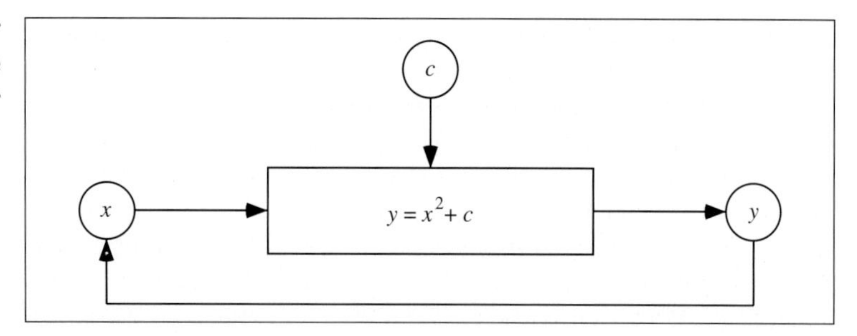

Abb. 1.19 : Der quadratische Iterator als Rückkopplungsmaschine; die Prozessor-Einheit ist für die Berechnung von $x^2 + c$ gebaut, wenn x und c gegeben sind.

In der Tabelle sind die Ergebnisse für die ersten vier Iterationen zusammengefaßt:

x	$x^2 + c$
0.5	−1.75
−1.75	1.0625
1.0625	−0.87109375
−0.87109375	−1.2411956787109375

Bereits nach vier Zyklen zeigt sich ein Problem. Wegen der Quadratbildung verdoppelt sich im wesentlichen die Anzahl der Dezimalstellen, die nötig sind, um aufeinanderfolgende Ausgabezahlen zu erfassen. Daher sind exakte Ergebnisse schon nach wenigen Iterationen nicht mehr erreichbar, denn Computern und Taschenrechnern steht nur eine beschränkte Anzahl Dezimalstellen zur Verfügung.[12]

Sind kleine Differenzen von Bedeutung?

Dies ist natürlich ein alltägliches Problem der Rechner- oder Computer-Arithmetik. Aber normalerweise machen wir uns deswegen keine speziellen Sorgen. In der Tat verführt uns die Allmacht der Computer zum Glauben, daß diese geringfügigen Differenzen unbedeutend sind. Zum Beispiel kümmern wir uns bei der Berechnung von $2 * (1/3)$ üblicherweise nicht um die Tatsache, daß die Zahl 1/3 von unserem Rechner nicht exakt dargestellt werden kann. Wir akzeptieren die Antwort 0.6666666667, die natürlich vom exakten Wert 2/3 abweicht. Auch bei komplizierteren und langwierigen Rechnungen neigen wir normalerweise zur selben Haltung, und manche schenken dem Rechner oder Computer blindes Vertrauen

[12] Z.B. beschränkt sich die Genauigkeit beim CASIO *fx*–7000G auf 10, beim HP-28S auf 12 dezimale Ziffern.

in der unbewußten Annahme, daß diese winzigen Differenzen wohl nicht zu einem beträchtlichen Fehler anwachsen werden.

Naturwissenschaftler wissen (oder sollten wir sagen wußten) sehr genau, daß diese Einstellung äußerst gefährlich sein kann. Sie entwickelten Methoden, die auf Ideen von Carl Friedrich Gauß (1777–1855, siehe Abbildung 1.8) zurückgehen, um die Fehlerfortpflanzung in ihren Berechnungen abzuschätzen. Mit dem Aufkommen moderner Rechenmethoden hat diese Vorgehensweise in gewissem Sinne an Boden verloren. Mindestens zwei Gründe scheinen für diese Entwicklung vorzuliegen.

Das Problem der Fehlerfortpflanzung

Moderne Rechentechnik erlaubt den Naturwissenschaftlern, Berechnungen von außerordentlicher Komplexität durchzuführen, deren Umfang noch vor einem halben Jahrhundert für völlig undenkbar gehalten wurde. In großangelegten Berechnungen passiert es oft, daß eine ausführliche und ehrliche Fehlerfortpflanzungs-Analyse jenseits gegenwärtiger Möglichkeiten liegt. Und dies hat zu einer sehr gefährlichen Entwicklung geführt. Viele Wissenschaftler zeigen eine zunehmende Tendenz zu blindem Vertrauen in die Macht und Genauigkeit von Computern.

Wenn wir weiter so verfahren, laufen wir Gefahr, bedeutende wissenschaftliche Vorkämpfer und deren unglaubliche Anstrengung für Genauigkeit in Messung und Berechnung zu vergessen. Rufen wir uns die verblüffende Geschichte von Johannes Keplers Modell des Sonnensystems in Erinnerung. Kepler (1571–1630) ersann eine komplizierte geheimnisvolle Theorie, in der die sechs bekannten Planeten Merkur, Venus, Erde, Mars, Jupiter und Saturn[13] zu den fünf Platonischen Körpern in Beziehung standen (siehe Abbildung 1.21).

Kleine Abweichungen mit Folgen

Beim Versuch, seine mystische Theorie der Sphärenharmonie aufzustellen, mußte er die zur damaligen Zeit verfügbaren astronomischen Daten benutzen. Er erkannte, daß der Aufbau jeder Theorie präzisere Daten erfordern würde. Diese Daten, so wußte er, waren im Besitz des dänischen Astronomen Tycho Brahe (1546–1601), der 20 Jahre darauf verwendet hatte, äußerst genaue Aufzeichnungen der Planetenpositionen herzustellen. Kepler wurde im Februar 1600 Brahes Mathematikassistent und mit einem speziellen Problem betraut: Berechnung einer Planetenbahn, welche die Lage des Mars beschreiben sollte. Er erhielt diese besondere Aufgabe gerade deshalb, weil diese Planetenbahn für eine Vorhersage die schwierigste zu sein schien.

[13] Diese Planeten waren in alten Zeiten vor der Erfindung des Fernrohres bekannt. Uranus, der siebente Planet, wurde 1781 vom Amateur-Astronomen Friedrich Wilhelm Herschel und Neptun erst 1846 von Johann Gottfried Galle am Observatorium in Berlin entdeckt. Der neunte und am weitesten entfernte Planet Pluto wurde schließlich 1930 von Clyde William Tombaugh am Lowell Observatorium in Flagstaff, Arizona, gefunden.

Brahe und Kepler

Abb. 1.20 : Tycho Brahe, 1546–1601 (links) und Johannes Kepler, 1571–1630 (rechts).

Kepler prahlte, daß er die Lösung in acht Tagen haben werde. Sowohl nach der Kopernikanischen als auch nach der Ptolemäischen Theorie sollte die Planetenbahn kreisförmig sein, vielleicht mit geringfügigen Abweichungen. Daher suchte Kepler die passenden Kreisbahnen für Erde und Mars. Natürlich mußte zuerst die Bahnkurve der Erde, von welcher aus alle Beobachtungen erfolgten, festgelegt werden, bevor die Daten für die Lagen der Planeten befriedigend zum Einsatz gelangen konnten. Nach Jahren fand Kepler eine Lösung, die zu Brahes Beobachtungen zu passen schien. Brahe war in der Zwischenzeit gestorben. Kepler fand jedoch bei der Überprüfung seiner Bahnkurven — er sagte die Lage des Mars voraus und verglich sie mit weiteren Daten Brahes —, daß eine seiner Vorhersagen um mindestens 8 Winkelminuten abwich, was ungefähr einem Viertel des Winkeldurchmessers des Mondes entspricht. Es wäre sehr natürlich gewesen, diese Unstimmigkeit einem Beobachtungsfehler Brahes anzulasten, um so mehr als er Jahre in diese Berechnungen investiert hatte. Aber da er Tycho Brahe von der Zusammenarbeit her sehr gut gekannt hatte, war er von der Richtigkeit der Tabellen Brahes zutiefst überzeugt, und deshalb setzte er seine Bemühungen um eine Lösung fort. Dies führte ihn nach weiteren sechs Jahren schwieriger Berechnungen, die mehr als 900 Seiten füllten, zu seinem revolutionären neuen Modell der elliptischen Planetenbahnen, welche die Kreisbahnen ablösten. Im Jahre 1609 veröffentlichte er sein berühmtes Werk *Astronomica Nova*, in dem er zwei seiner drei großartigen Gesetze bekanntgab (siehe Abbildung 1.22). Das dritte Gesetz[14] wurde später publiziert und half Sir Isaac Newton sein Gravitationsgesetz zu formulieren.

[14] Drittes Gesetz: Die Quadrate der Umlaufzeiten zweier Planeten um die Sonne verhalten sich wie die Kuben ihrer großen Bahnhalbachsen.

Keplers Modell des Sonnensystems

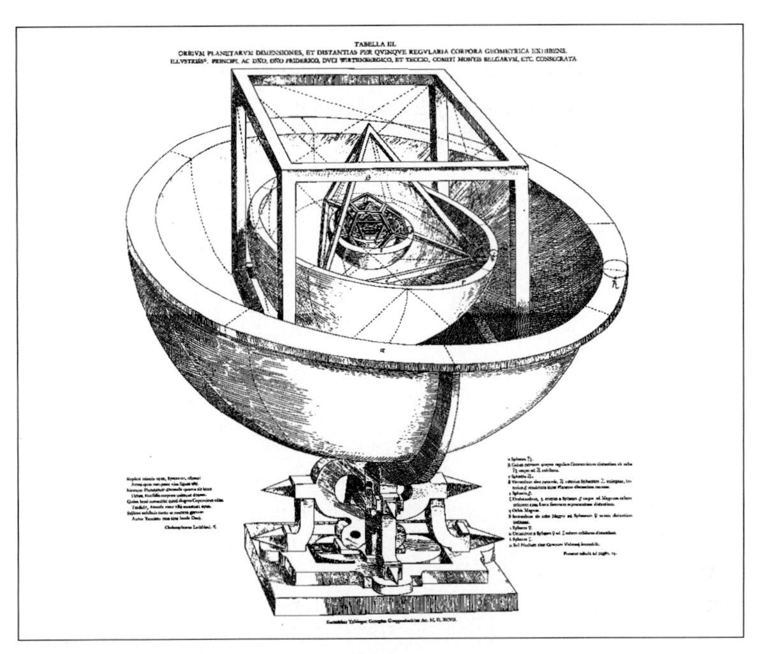

Abb. 1.21 : Zu jedem Planeten gibt es eine Kugel, die seine Bahnkurve enthält. Zwischen je zwei aufeinanderfolgenden Kugeln zeichnete Kepler ein reguläres Polyeder ein und zwar so, daß dessen Ecken auf die äußere Kugel zu liegen kamen und dessen Flächen die innere Kugel berührten. So entstanden das Oktaeder zwischen Merkur und Venus, das Ikosaeder zwischen Venus und Erde, das Dodekaeder zwischen Erde und Mars, das Tetraeder zwischen Mars und Jupiter und der Würfel zwischen Jupiter und Saturn.

Keplers Erstes und Zweites Gesetz

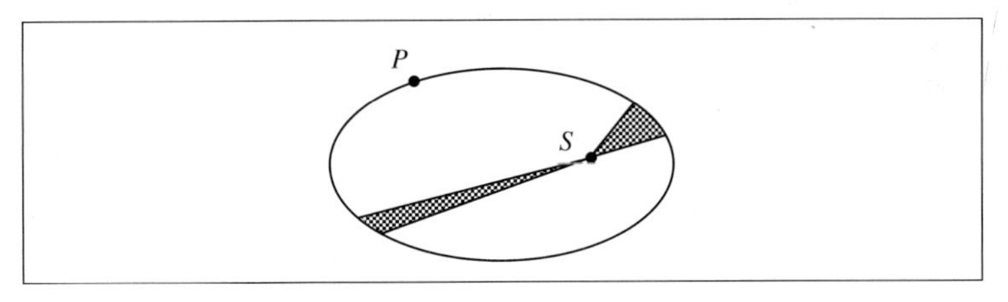

Abb. 1.22 : Keplers Erstes und Zweites Gesetz: (1) Gesetz der elliptischen Bahn. Die Bahnkurve jedes Planeten ist eine Ellipse mit der Sonne in einem Brennpunkt. (2) Flächensatz. Der Radiusvektor von der Sonne zum Planeten überstreicht in gleichen Zeiten gleiche Flächen.

Elis Strömgrens Berechnungen

Um die gewaltigen Sprünge, die wir mit Hilfe der Computer gemacht haben, zu veranschaulichen, stellen wir das folgende lehrreiche Beispiel vor. Abbildung 1.23 zeigt das Ergebnis von Berechnungen, die von 56 Wissenschaftlern unter Elis Strömgren am Observatorium von Kopenhagen (Dänemark) in einer Zeitspanne von 15 (!) Jahren ausgeführt worden sind. Die Berechnungen zeigen spezielle Lösungen des sogenannten beschränkten Drei-Körper-Problems (Bahnkurven eines Mondes unter dem Einfluß zweier Planeten) und wurden im Jahre 1925 publiziert.

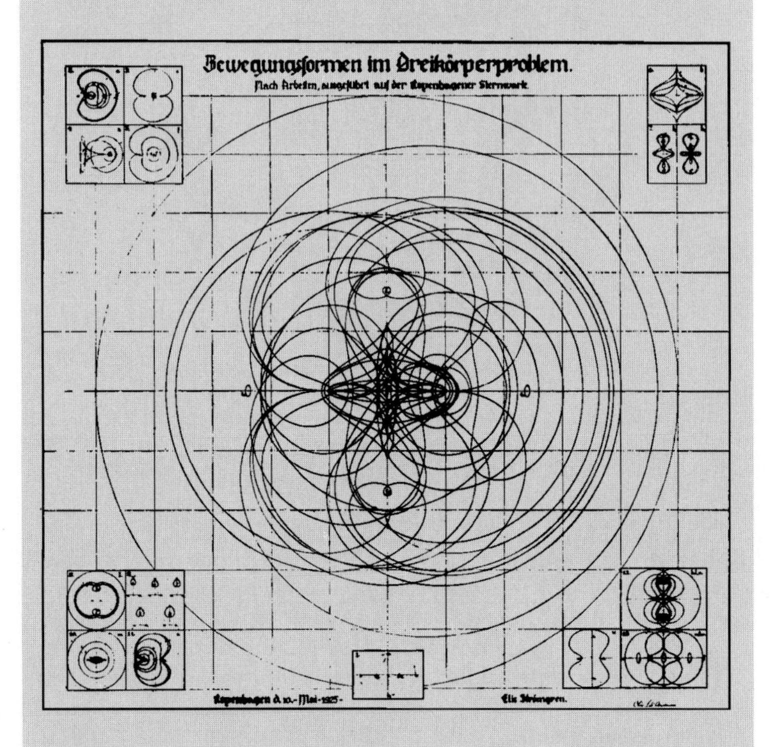

Abb. 1.23 : Bahnkurven des beschränkten Drei-Körper-Problems.

Berechnungen von diesem Ausmaß und Schwierigkeitsgrad würden einen gewöhnlichen PC nur während einiger Tage beschäftigen, wenn überhaupt so lang. Diese Gegenüberstellung belegt nachdrücklich, was heute oft als wissenschaftliche und technologische Revolution bezeichnet wird. Die Revolution nämlich, welche durch die Mittel und Macht moderner wissenschaftlicher Rechentechnik ausgelöst wurde.

Das Problem der Black-Box-Software

Immer häufiger werden Berechnungen heutzutage mit Hilfe von Black-Box-Software Paketen ausgeführt, deren genaue Funktionsweisen verborgen bleiben. Diese Pakete werden manchmal von renommierten wissenschaftlichen Zentren entwickelt und scheinen deshalb sehr zuverlässig zu sein. In der Tat sind sie es auch. Das schließt aber nicht aus, daß die hochwertigste Software manchmal völligen Unsinn produziert, und es ist eine Kunst für sich, zu verstehen und vorauszusagen, wann und weshalb dies geschieht. Außerdem haben die Benutzer oftmals keine Möglichkeit, eine Fehleranalyse durchzuführen, einfach deshalb, weil sie keinen Zugang zum Black-Box-Algorithmus haben. Immer mehr Entscheidungen in der Entwicklung von Wissenschaft und Technik, aber auch in Wirtschaft und Politik werden auf sehr umfangreichen Berechnungen und Simulationen abgestützt. Leider können wir nicht immer voraussetzen, daß eine seriöse Fehlerfortpflanzungs-Analyse durchgeführt wurde, um die Resultate zu beurteilen. Computer-Hersteller befinden sich in einem Wettlauf, schnellere und immer schnellere Maschinen zu bauen, und scheinen der wichtigen Frage der *Qualitätskontrolle wissenschaftlicher Berechnungen* verhältnismäßig geringes Augenmerk zu schenken.

Ein Zitat nach James Gleick

Um die Bedeutung solcher Betrachtungen zu unterstreichen, wollen wir aus James Gleicks *Chaos - die Ordnung des Universums* zitieren.[15]

„Moderne Wettermodelle arbeiten mit einem Netzwerk von Punkten im maßstabsverkleinerten Abstand von sechzig Meilen; doch selbst dann noch müssen mehrere Ausgangsdaten als Schätzwerte eingesetzt werden, denn Bodenstationen und Satelliten können nicht alles erfassen. Aber nehmen wir einmal an, die Erdoberfläche sei mit Sensoren bedeckt, die etwa einen halben Meter voneinander entfernt lägen und in diesem Abstand bis in die höchsten Lagen der Erdatmosphäre reichten. Nehmen wir ferner an, jeder dieser Sensoren liefere absolut präzise Daten bezüglich Temperatur, Luftdruck, Luftfeuchtigkeit und jedes anderen Wetterfaktors, den ein Meteorologe sich nur wünschen kann. Nun sollten genau zur Mittagszeit all diese Daten in einen unbegrenzt leistungsfähigen Computer eingespeichert werden, und dieser würde dann berechnen, was an jedem Punkt der Welt um 12.01, dann um 12.02, danach um 12.03 geschehen würde... Selbst dieser Computer wäre nicht imstande, eine Voraussage darüber zu treffen, ob es in Princetown/New Jersey an irgendeinem Tag einen Monat später regnen oder ob die Sonne scheinen würde. Bereits am Mittag würden die Zwischenräume der Sensoren Schwankungen verdecken, die der Computer nicht vorausberechnen konnte: geringfügige Abweichungen von den Durchschnittswerten. Um 12.01 hätten diese Abweichungen bei dem einen halben Meter weiter entfernten Sensor bereits zu geringfügigen Berechnungsfehler geführt. Bald aber würden diese Fehler sich in der Größenordnung von fünf Metern vervielfältigt haben und schließlich zu Weltmaßstäben anwachsen."

[15] J. Gleick, *Chaos - die Ordnung des Universums*, Droemer Knaur, München, 1988 (deutsche Übersetzung von J. Gleick, *Chaos, Making a New Science,* Viking, New York, 1987).

Schmetterlingseffekt und Wetter

Dieses Phänomen wurde als *Schmetterlingseffekt* bekannt, nach dem Titel eines Aufsatzes von Edward N. Lorenz *„Kann der Flügelschlag eines Schmetterlings in Brasilien einen Tornado in Texas hervorrufen?"* Fortschrittliche Rechenqualitätskontrolle beim Wetterbericht bedeutet, beurteilen zu können, ob sich die Mechanismen im Kern der Wetterbildung augenblicklich in einem stabilen oder instabilen Zustand befinden. Früher oder später wird der Meteorologe im Fernsehen sagen: „Guten Abend; ich bin Egon Wetterbring. Wegen des Schmetterlingseffektes gibt es heute abend keinen Wetterbericht. Die Atmosphäre befindet sich in einem instabilen Zustand, der ausreichend genaue Messungen für unsere Computer-Modelle unmöglich macht. Wir erwarten jedoch, daß in wenigen Tagen eine Stabilisierung eintreten wird. Dann werden wir Ihnen für das Wochenende eine Vorhersage anbieten können."

Logistischer Rückkopplungsiterator

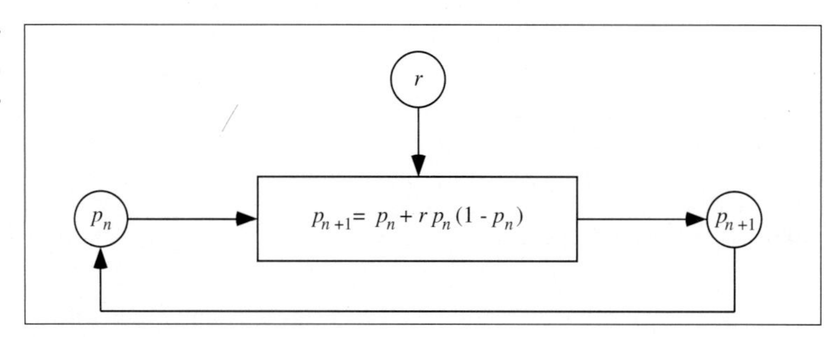

Abb. 1.24 : Rückkopplungsmaschine für die logistische Gleichung. Die Prozessoreinheit ist dazu bestimmt $p + rp(1 - p)$ zu berechnen, wenn p und r gegeben sind.

Zurück zur quadratischen Iteration

Wir wollen nun zur Iteration von quadratischen Ausdrücken zurückkehren und den Ausdruck

$$p + rp(1 - p)$$

betrachten. Zunächst läßt sich dieser Ausdruck ebensoleicht in einen Iterator einbauen, wie wir das mit $x^2 + c$ gemacht haben.

Der quadratische Ausdruck $p + rp(1 - p)$ hat eine sehr interessante Deutung und Geschichte in der Biologie. Er dient als Kern eines Modells für Populationsdynamik, das gedanklich auf den belgischen Mathematiker Pierre François Verhulst[16] und sein Werk um 1845 zurückgeht und das May zu seinem ausgezeichneten Artikel in *Nature* inspiriert hat (siehe Seite 21).

[16] Zwei ausführliche wissenschaftliche Untersuchungen erschienen in den *Mémoires de l'Académie Royale de Belgique*, 1844 und 1847.

Ein Modell für Populationsdynamik

Was ist ein Modell für Populationsdynamik? Es ist ganz einfach ein Gesetz, das uns für eine gegebene biologische Spezies erlaubt, deren Populationsentwicklung in Abhängigkeit der Zeit vorauszusagen. Die Zeit wird in Einheiten $n = 0, 1, 2, ...$ (Minuten, Stunden, Tage, Jahre, was auch immer angemessen ist) gemessen. Die Größe der Population zur Zeit n wird durch die entsprechende Individuenzahl P_n in der Spezies gemessen. Abbildung 1.25 zeigt eine typische Entwicklung.

Zeitreihe einer Population

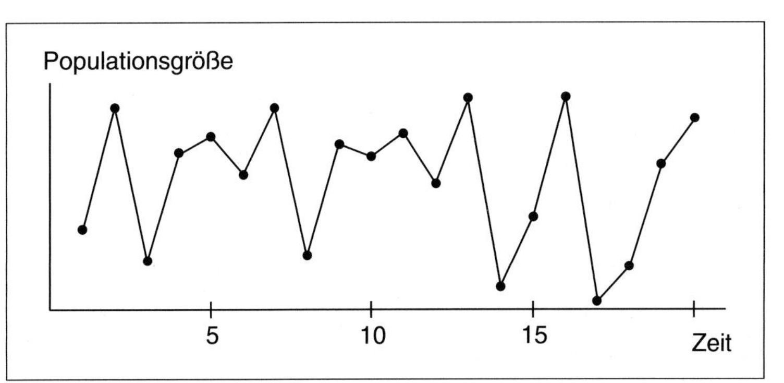

Abb. 1.25 : Zeitreihe einer Population — eine typische Entwicklung. Aufeinanderfolgende Meßpunkte sind durch Strecken miteinander verbunden.

Natürlich kann die Größe einer Population von vielen Parametern wie Umgebungsbedingungen (z.B. Nahrungszufuhr, Lebensraum, Klima), Wechselwirkung mit anderen Spezies (z.B. Jäger-Beute-Beziehung), aber auch Altersstruktur, Fruchtbarkeit usw. abhängen. Die Komplexität von Einflüssen, die eine gegebene Population in ihrem Wachstumsverhalten festlegen, wird durch die folgende (chauvinistische) mittelalterliche Parabel erläutert.

Von Mäusen und alten Jungfern

Dieses Jahr gibt es viele Mäuse auf den Feldern. Der Bauer ist wegen der geringen Kornernte sehr besorgt. Daraus resultiert eine Periode recht bescheidener Mitgift mit der Folge, daß es entschieden mehr alte Jungfern geben wird. Sie mögen gewöhnlich gerne Katzen, was die Katzenmenge dramatisch erhöht. Das wiederum ist schlecht für die Mäusepopulation. Sie nimmt sehr schnell ab. Dies erhöht den Ertrag und deshalb die Reichhaltigkeit der Mitgift. Die Anzahl alter Jungfern und damit die Anzahl Katzen nehmen drastisch ab, und deshalb ist die Vermehrung der Mäuse wieder an der Reihe. Und in dieser Weise setzt sich die Sache immer weiter fort.

Auch wenn wir dieses absurde Beispiel nicht allzu ernst nehmen sollten, weist es doch auf die mögliche Komplexität der Populationsdynamik hin. Es zeigt auch, daß Populationen zyklisches Verhalten aufweisen können.

Das Petrischalen-Szenarium

Soll man ein Modell aufstellen, wird man zunächst versuchen, so viele Populationsparameter wie möglich konstant zu halten. Nehmen wir beispielsweise eine Spezies von Zellen an, die in einer gleichbleibenden Umgebung lebt, z.B. eine Petrischale mit konstanter Nahrungszufuhr und Temperatur. Unter solchen Bedingungen erwarten wir das Vorhandensein einer maximal möglichen Populationsgröße N, die durch die vorhandenen Lebensraumbedingungen aufrechterhalten wird. Wenn die tatsächliche Population P zur Zeit n, welche wir mit P_n bezeichnen, kleiner ist als N, erwarten wir Wachstum der Population. Wenn jedoch P_n größer ist als N, muß die Population sich verringern.

Nun wollen wir ein konkretes Modell einführen. So wie die *Geschwindigkeit* eines der wesentlichen Merkmale der Bewegung eines Körpers ist, so ist die *Wachstumsrate* das wesentliche Kennzeichen der Populationsdynamik. Die Wachstumsrate wird durch die Größe

$$\frac{P_{n+1} - P_n}{P_n} \tag{1.5}$$

gemessen. Mit anderen Worten, die Wachstumsrate r zur Zeit n mißt die Zunahme in einem Zeitschritt bezogen auf die Populationsgröße zur Zeit n.

Populationswachstum und Zins

Wenn das Populationsmodell von der Annahme einer konstanter Wachstumsrate r ausgeht, dann gilt für eine geeignete Zahl r unabhängig von der Zeit n

$$\frac{P_{n+1} - P_n}{P_n} = r. \tag{1.6}$$

Auflösung nach P_{n+1} ergibt das Wachstumsgesetz für die Population[17]

$$P_{n+1} = P_n + rP_n = (1+r)P_n \ .$$

In einem solchen Modell wächst die Population in jedem Zeitintervall mit einem Faktor $1 + r$. In der Tat ist die Formel äquivalent zu

$$P_n = (1+r)^n P_0 \ , \tag{1.7}$$

wobei P_0 die Ausgangspopulation bedeutet, mit der wir unsere Beobachtungen zur Zeit 0 beginnen. Mit anderen Worten, r zu kennen und P_0 zu messen, würde genügen, um die Populationsgröße P_n für irgendeinen Zeitpunkt vorauszusagen, ohne eine Rückkopplungsschleife durchlaufen zu müssen. Tatsächlich ist uns Gleichung (1.7) von der Zinseszinsrechnung her vertraut, wenn es darum geht, das Kapitalwachstum mit dem Zinssatz r zu berechnen.

---

[17] Zu beachten ist, daß die Wachstumsrate nicht von N abhängt, d.h. bei Benutzung einer normierten Anzahl $p_n = P_n/N$ fällt N in der zur Gleichung (1.6) äquivalenten Beziehung $r = (p_{n+1} - p_n)/p_n$ heraus.

Das Populations-Modell von Verhulst

Das einfachste Populationsmodell würde von einer konstanten Wachstumsrate ausgehen. Das würde aber zu unbegrenztem Wachstum führen, was nicht realistisch ist. In unserem Modell wollen wir annehmen, daß die Population durch einen begrenzten Lebensraum eingeschränkt ist. Diese Voraussetzung erfordert jedoch eine Abänderung des Wachstumsgesetzes. Nun hängt die Wachstumsrate von der momentanen Populationsgröße bezogen auf deren Höchstwert ab. Verhulst verlangte, daß die Wachstumsrate zur Zeit n der Differenz zwischen der aktuellen und der maximalen Populationsgröße proportional sein sollte. Diese Differenz ist ein geeignetes Maß für denjenigen Anteil des Lebensraumes, der von der Population zum Zeitpunkt n noch nicht ausgeschöpft worden ist. Diese Annahme führt zum Populationsmodell von Verhulst

$$p_{n+1} = p_n + rp_n(1 - p_n), \tag{1.8}$$

wobei p_n die relative Populationszahl $p_n = P_n/N$ mißt und N die maximale Populationsgröße ist, die von dem Lebensraum aufrechterhalten werden kann. Das ist aber gerade eine knappe Beschreibung für unsere Rückkopplungsschleife. Die ganzzahligen Indizes kennzeichnen verschiedene diskreten Zeitpunkte (p_n für die Eingabe, p_{n+1} für die Ausgabe).

Ableitung des Verhulst-Modells

Dieses Populationsmodell geht von der Annahme aus, daß die Wachstumsrate von der momentanen Populationsgröße abhängig ist. Zuerst normieren wir die Populationszahl durch Einführung von $p = P/N$. Auf diese Weise können wir z.B. $p = 0.06$ als Populationsgröße deuten, die 6% von ihrem Sättigungswert N beträgt. Wiederum versehen wir p mit dem Index n, d.h. wir schreiben p_n, um den Bezug zu den Zeitpunkten $n = 0, 1, 2, 3, ...$ herzustellen. Nun wird die Wachstumsrate durch die bereits angegebene Größe entsprechend dem Ausdruck (1.5) gemessen:

$$\frac{p_{n+1} - p_n}{p_n}.$$

Verhulst verlangte, daß die Wachstumsrate zur Zeit n proportional zu $1 - p_n$ (dem Lebensraum, der von der Population zum Zeitpunkt n noch nicht ausgeschöpft worden ist) sein sollte. Unter der Voraussetzung, daß die Population durch einen begrenzten Lebensraum eingeschränkt ist, sollte sich das Wachstum nach der folgenden Tabelle ändern.

Population	Wachstumsrate
klein	positiv, groß
ungefähr 1	klein
kleiner als 1	positiv
größer als 1	negativ

Mit anderen Worten[18],

$$\frac{p_{n+1} - p_n}{p_n} \propto 1 - p_n,$$

oder nach Einführung einer geeigneten Konstanten r

$$\frac{p_{n+1} - p_n}{p_n} = r(1 - p_n).$$

Auflösung dieser letzten Gleichung ergibt Gleichung (1.8) des Populations-Modells

$$p_{n+1} = p_n + rp_n(1 - p_n).$$

Das logistische Modell

Nach Verhulst wird dieses durch Gleichung (1.8) gegebene Modell in der Literatur das *logistische* Modell[19] genannt. Dazu gibt es verschiedene interessante Bemerkungen zu machen. Erstens stellen wir fest, daß das Modell mit der im obenstehenden technischen Abschnitt angeführten Tabelle der Wachstumsraten übereinstimmt. Zweitens scheint wieder ein Gesetz vorzuliegen, welches die Berechnung (d.h. Voraussage) der Populationsgröße für irgendeinen Zeitpunkt erlaubt, genau wie im Falle einer konstanten Wachstumsrate. Es gibt aber doch einen grundsätzlichen Unterschied. Für die meisten Werte von r existiert keine explizite Lösung wie Gleichung (1.7) sie für Gleichung (1.6) darstellt. Das bedeutet, p_n kann nicht als Formel von r und p_0 aufgeschrieben werden, wie dies dort möglich war. Mit anderen Worten kommt man nicht darum herum, den Iterator in Abbildung 1.24 n-mal laufen zu lassen, wenn man p_n ausgehend von p_0 berechnen will. Wir wollen unsere Experimente damit beginnen, daß wir $r = 3$[20] setzen. Die untenstehende Tabelle führt die ersten drei Ergebnisse für $p_0 = 0.01$ auf, d.h. die anfängliche Population beträgt 1% des Höchstwertes N.

p	$p + rp(1-p)$
0.01	0.0397
0.0397	0.15407173
0.15407173	0.545072626044...

Aus denselben Gründen, wie wir sie bei der Iteration von $x^2 + c$ feststellten, beobachten wir auch hier, daß fortgesetzte Iteration immer

[18] Das Zeichen $\propto$ bedeutet „proportional zu". Die Größe auf der linken Seite ist ein Vielfaches des Ausdrucks auf der rechten Seite.

[19] von *logis* (französisch) = Haus, Wohnung, Unterkunft

[20] Es stellt sich heraus, daß $r = 3$ zu den wenigen sehr speziellen Werten gehört, für die eine explizite Lösung für p_n in Abhängigkeit von r und p_0 existiert (siehe Kapitel 1 in H.-O. Peitgen, H. Jürgens, D. Saupe, *Chaos – Bausteine der Ordnung,* Klett-Cotta, Stuttgart, und Springer-Verlag, Heidelberg, 1993).

größere Rechengenauigkeit erfordert, wenn wir auf exakten Resultaten bestehen. Das scheint aber in unserem Modell der Populationsdynamik überflüssig zu sein, denn wir wollen ja nur eine Vorstellung davon bekommen, wie sich die Population entwickelt. Sollten wir uns nicht mit einer Antwort zufrieden geben, die bis auf drei oder vier Ziffern verläßlich ist? Nach alledem beeinflußt die dritte Dezimalstelle in unserem Modell nur einige Zehntelprozent. So scheint es, daß keine Veranlassung besteht, einem Computer oder Rechner nicht zu trauen. Das ist aber definitiv als allgemeine Regel nicht richtig — denn rechnerisch ermittelte Voraussagen in unserem Modell können völlig falsch sein.

Der Mangel an Vorhersagbarkeit

Das trifft den Kern dessen, was Naturwissenschaftler heutzutage Chaos in deterministischen Rückkopplungen nennen. Einer der ersten, welcher sich der Bedeutung dieser Effekte bewußt wurde, war in den späten fünfziger Jahren der Meteorologe Lorenz[21] am Massachusetts Institute of Technology (MIT). Er entdeckte diesen Effekt — den Mangel an langfristiger Vorhersagbarkeit in deterministischen Systemen — bei mathematischen Systemen, die dazu bestimmt waren und oft auch dafür gebraucht wurden, Langzeit-Wettervorhersagen zu testen.

Das Lorenz-Experiment

Wie es so oft bei neuen Entdeckungen der Fall ist, stieß Lorenz rein zufällig auf den Effekt. In seinen eigenen Worten[22] hört sich der wesentliche Teil der Ereignisse wie folgt an.

„Nun, all dies nahm seinen Anfang um 1956, als gewisse [...] Methoden der [Wetter-] Vorhersage als die besten verfügbaren Methoden angepriesen worden waren, was ich in Frage stellte. Ich beschloß, ein unscheinbares Gleichungssystem für die Simulation der Atmosphäre aufzustellen und es mit damals gerade zum Einsatz gelangenden Computern zu lösen. Die dann als Output erscheinenden Rechenergebnisse wollte ich wie wirkliche atmosphärische Beobachtungsdaten behandeln und dabei feststellen, ob die darauf angewandte vorgeschlagene Methode funktionieren würde. Die Schwierigkeit der vorliegenden Aufgabe bestand darin, eine Gleichungssystem zu finden, dessen Lösung sich für die Erprobung der Methode eignen würde. Denn es stellte sich bald heraus, daß die vorgeschlagene Methode im Falle von Gleichungen mit periodischer Lösung trivial sein würde; sie würde einwandfrei funktionieren. So mußten wir nach einem System von Gleichungen mit nichtperiodischen Lösungen Ausschau halten,

[21] Lorenz, E., *Deterministic non-periodic flow,* J. Atmos. Sci. 20 (1963) 130–41.

[22] In: H.-O. Peitgen, H. Jürgens, D. Saupe, C. Zahlten, *Fraktale in Filmen und Gesprächen,* Spektrum der Wissenschaften Videothek, Heidelberg, 1990. Auch auf Englisch erschienen als *Fractals — An Animated Discussion,* Video Film, Freeman, New York, 1990.

Das Lorenz-Experiment im Original

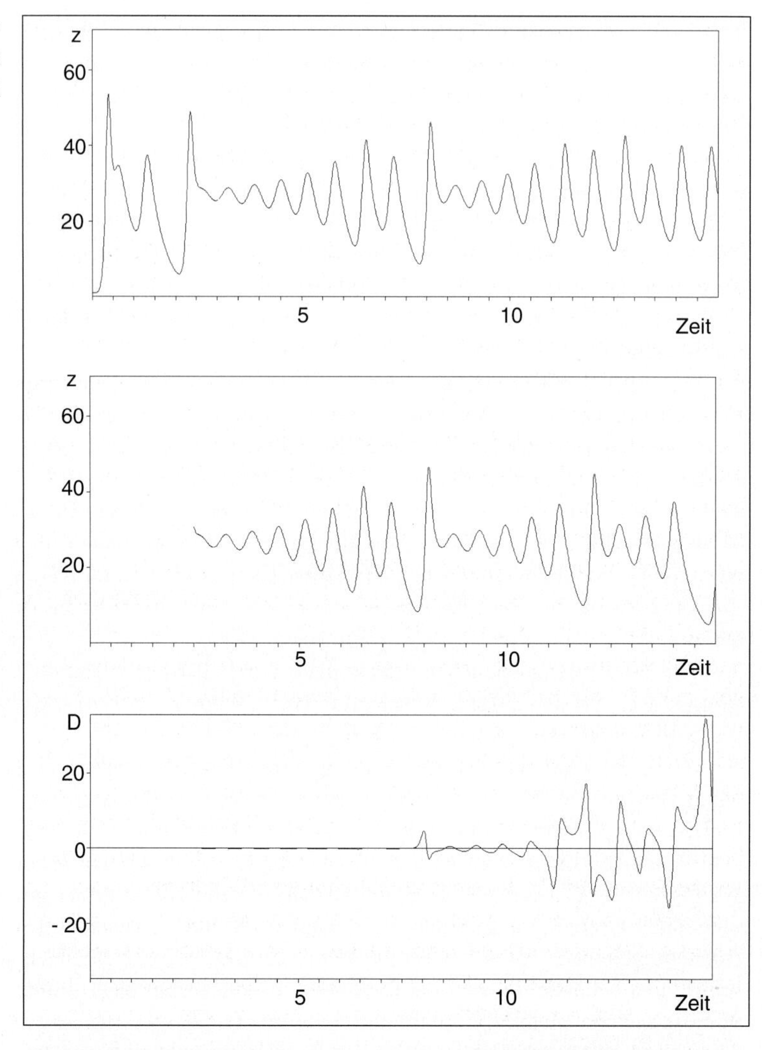

Abb. 1.26 : Numerische Integration der Lorenz-Gleichung (oben). Neuberechnung mit Start bei $t = 2.5$ und einem Anfangswert, der jedoch einen kleinen Fehler aufweist, aus der ersten Integration (Mitte). Der Fehler wächst im Verlaufe der Integration. Die Differenz zwischen den beiden berechneten Ergebnissen (Signalen) wird so groß wie das Signal selbst (unten).

die sich nicht wiederholen, sondern ungesetzmäßig und unbestimmt fortsetzen würden. Schließlich fand ich ein System von zwölf Gleichungen, das diese Anforderungen erfüllte. Dabei stellte sich heraus, daß die darauf angewandte vorgeschlagene Methode nicht sonderlich gut funktionierte, jedoch erwachte im Verlaufe dieser Arbeit in mir der Wunsch, gewisse Ergebnisse einer näheren Prüfung zu unterziehen. Ich hatte damals einen kleineren Computer in meinem Büro stehen, dem ich nun einige Zwischenergebnisse, die er ausgedruckt hatte, als neue Anfangsbedingungen wieder eingab, um eine weitere Berechnung zu veranlassen. Dann überließ ich den Computer eine Zeitlang sich selbst. Nach meiner Rückkehr mußte ich feststellen, daß die neue Lösung von der alten abwich; der Computer hatte sein Verhalten geändert. Zuerst tippte ich auf einen Computerfehler, aber bald merkte ich, daß der Grund ein anderer war. Die Zahlen, die ich eingegeben hatte, waren von den ursprünglichen verschieden. Jene [früheren Zahlen] waren abgerundet worden, und der geringfügige Unterschied zwischen sechs festgehaltenen Dezimalstellen und auf drei Ziffern abgerundeten Stellenzahl hatte sich im Verlaufe der Wettersimulation für zwei Monate so weit verstärkt, bis es seinerseits Signalgröße erreichte. Für mich bedeutete dies, daß wir ganz einfach nicht in der Lage sein würden, Vorhersagen auf zwei Monate hinaus zu machen, falls die wirkliche Atmosphäre sich wie in diesem Modell verhalten würde, denn solch geringfügige Beobachtungsungenauigkeiten würden sich viel zu sehr verstärken.“

Sensitive Abhängigkeit von den Anfangsbedingungen

Mit anderen Worten, auch wenn die gebräuchlichen Wettermodelle als Modelle für die physikalische Entwicklung des Wetters absolut genau und fehlerfrei wären, könnte man damit keine Langzeitvorhersagen machen. Dieser Effekt wird heutzutage *sensitive Abhängigkeit von den Anfangsbedingungen* genannt. Er ist einer der Hauptbestandteile des deterministischen Chaos.[23] Als nächstes wollen wir das historische Lorenz-Experiment auf die einfachst mögliche Weise nachahmen. Er hat bedeutend kompliziertere Rückkopplungssysteme benutzt, bestehend aus zwölf gewöhnlichen Differentialgleichungen; wir benutzen nur die logistische Gleichung.[24] Wir iterieren den quadratischen Ausdruck $p + rp(1 - p)$ für die Konstante $r = 3$ und den Anfangswert $p_0 = 0.01$ (siehe Tabelle 1.27). In der linken Spalte lassen wir die Iteration ohne Unterbrechung laufen, während in der rechten Spalte nach zehn Iterationen angehalten wird. Vom Ergebnis 0.7229143012 benutzen wir nun nur die ersten drei Dezimalen, d.h. den Wert 0.722 als Eingabe für die Fortsetzung der Iteration. Das Experiment wurde auf einem CASIO *fx*–7000G Taschenrechner ausgeführt.

So zuverlässig wie gewürfelt

Nun stimmen natürlich die 10. Iterierten der beiden Verfahren nur in 3 Dezimalstellen miteinander überein, so daß es nicht überrascht, wenn auch bei den 15. Iterierten ein Unterschied vorhanden ist. Eine

[23] Der Begriff „Chaos“ wurde 1975 in T. Y. Lis und J. A. Yorkes Aufsatz *Period 3 Implies Chaos,* American Mathematical Monthly 82 (1975) 985–992, geprägt.

[24] Tatsächlich hat Lorenz selbst später entdeckt, daß sein System sehr eng mit der logistischen Gleichung verbunden ist.

Der Lorenz-Effekt im Populationsmodell

Rechen-Zyklen	ohne Stop	mit Stop und Neustart
1	0.0397	0.0397
2	0.15407173	0.15407173
3	0.5450726260	0.5450726260
4	1.288978001	1.288978001
5	0.1715191421	0.1715191421
10	0.7229143012	0.7229143012
10	0.7229143012	Neustart mit 0.722
15	1.270261775	1.257214733
20	0.5965292447	1.309731023
25	1.315587846	1.089173907
30	0.3742092321	1.333105032
100	0.7355620299	1.327362739

Tab. 1.27 : Das Lorenz-Experiment für das Populationsmodell. Zwei Iterationsfolgen mit demselben Ausgangspunkt werden durchgeführt. Während des Vorgangs wird eine Ausgabe der zweiten Folge (nach der 10. Iteration) auf die ersten drei Dezimalstellen abgeschnitten und als neue Eingabe für die weitere Iteration verwendet. Bald nach diesem Eingriff verlieren die beiden Zahlenfolgen jegliche Übereinstimmung. Unterstrichen sind jeweils die in beiden Spalten miteinander übereinstimmenden ersten Ziffern.

Überraschung ist jedoch — und dies wiederum weist auf Chaos im System hin oder in Lorenz' Worten, es „zeigt Mangel an Vorhersagbarkeit" —, daß höhere Iterierte völlig unkorreliert erscheinen. Die Anlage des Experimentes legt nahe, daß die linke Spalte zuverlässiger ist. Das ist jedoch absolut irreführend, wie wir in den noch bevorstehenden Experimenten sehen werden. Früher oder später werden die Iterationen unseres Rückkopplungsverfahrens so zuverlässig, als ob sie mit einem Zufallsgenerator, einem fallenden Würfel oder geworfenen Münzen erzeugt worden wären. In der Tat entdeckte der bedeutende polnische Mathematiker Stan Ulam diese bemerkenswerte Eigenschaft, als er sich für die Herstellung von numerischen Zufallsgeneratoren für den ersten elektronischen Computer ENIAC interessierte. Das war in den späten vierziger Jahren im Zusammenhang mit groß angelegten Berechnungen für das Manhattan Projekt.

1.5 Chaos macht jeden Computer nieder

Wir sind zunächst versucht anzunehmen, daß der von uns in das Lorenz-Experiment eingeführte Fehler — Abschneiden nach 3 Dezimalstellen — möglicherweise zu groß war. Dann sollte also das seltsame Verhalten der Iteration verschwinden, wenn wir das Experiment mit viel kleineren Fehlern in den Ausgangswerten wiederholen. Wenn das der Fall wäre, hätten wir allerdings mit unserer Rechnung unnötig Zeit verschwendet. Tatsache ist aber, daß die Fehler, ganz unabhängig davon, wie klein auch immer eine Abweichung in den Ausgangswerten gewählt wird, so schnell anwachsen, daß die Voraussage des Computers nach verhältnismäßig wenigen Schritten wertlos wird. Um die Bedeutung des Phänomens vollständig zu erfassen, schlagen wir ein weiteres Experiment vor. Diesmal ändern wir nicht die Ausgangswerte für die Iteration, sondern wir benutzen Rechner, die von zwei verschiedenen Herstellern stammen. Mit anderen Worten, wir vermuten, daß die Ergebnisse der beiden Rechner früher oder später stark voneinander abweichen werden.

Was geschieht, wenn wir jetzt die Iteration mit zwei Geräten unterschiedlicher Genauigkeit ausführen? Was ist das Ergebnis nach 10 Iterationen oder 20 oder gar 50? Das scheint eine dumme Frage zu sein. Hat man nicht einfach nur 10, 20 oder 50 Rechenzyklen durchzuführen? Ja, natürlich, aber der springende Punkt ist, daß die Antwort sehr stark von der Art der Berechnung abhängig ist.

Der Computerwettlauf ins Chaos

Um zu zeigen, was wir mit der Abhängigkeit von der Art der Berechnung meinen, wollen wir die Ergebnisse von zwei verschiedenen Rechnern (hier ein CASIO *fx*–7000G sowie ein HP-28S) miteinander vergleichen. Wie im letzten Abschnitt benutzen wir für die Konstante $r = 3$ und den Anfangswert $p_0 = 0.01$. Wir beginnen mit dem ersten Rechenzyklus und sehen uns 2, 3, 4, 5, 10, 15, 20, 50 wiederholte Rückkopplungsergebnisse (= Iterationen) an (siehe dazu Tabelle 1.28 und Abbildung 1.29).

Während die erste und zweite Generation unserer Population von beiden Rechnern genau gleich vorhergesagt werden, weichen die Ergebnisse bei der 50. Generation vollständig voneinander ab. Der CASIO gibt eine Vorhersage von 0.3% des Höchstwertes, der HP sagt dagegen eine Population von ungefähr 22% des Höchstwertes voraus! Wie ist dies möglich?

Bei sorgfältiger Überprüfung unserer Programme finden wir keinen Fehler. Beide verwenden genau die gleiche Formel $p + rp(1 - p)$. Der einzige Unterschied besteht einfach darin, daß der CASIO mit einer Genauigkeit von 10 Dezimalstellen arbeitet, der HP dagegen mit 12 Stellen. Anders gesagt, keiner der beiden Rechner ist in der Lage, die 3. und höhere Iterationen genau auszuführen. In der Tat benötigt die zweite Iteration 8 Dezimalstellen, die dritte würde 16 Stellen erfordern usw. Es ergeben sich somit Rechenfehler durch unvermeidliche Stellenverluste, die sich allerdings nicht stark auszuwirken scheinen. Jedenfalls legen uns das die 4. und 5. Iteration nahe. Die Ergebnisse des CASIO und des HP stimmen in 10 Dezimalstellen überein. Allerdings stellen wir für die 10. Iteration fest, daß die Rechner sich in der 10. Dezimalstelle uneinig sind: der CASIO schlägt eine 2 vor, der HP besteht dagegen auf der 7 (siehe Tabelle 1.28). Wir sollten uns also die Iterationen 5 bis 10 genauer ansehen (Tabelle 1.31).

Tatsächlich, während beide Rechner für die 5. Iteration in der 10. Dezimalstelle übereinstimmen, weichen sie für die 6. Iteration in der 10. Dezimalstelle leicht voneinander ab. Der Unterschied von 2×10^{-11} ist

Rechenzyklen	CASIO	HP
1	0.0397	0.0397
2	0.15407173	0.15407173
3	0.5450726260	0.545072626044
4	1.288978001	1.28897800119
5	0.1715191421	0.171519142100
10	0.7229143012	0.722914301711
15	1.270261775	1.27026178116
20	0.5965292447	0.596528770927
25	1.315587846	1.31558435183
30	0.3742092321	0.374647695060
35	0.9233215064	0.908845072341
40	0.0021143643	0.143971503996
45	1.219763115	1.23060086551
50	0.0036616295	0.225758993390

Tab. 1.28 : Zwei verschiedene Rechner (CASIO *fx*–7000G und HP-28S) liefern, bei der gleichen Aufgabe und mit den selben Anfangswerten beginnend, unterschiedliche Lösungen. (Offensichtlich befolgen sie das Sprichwort: „Wenn zwei dasselbe tun...")

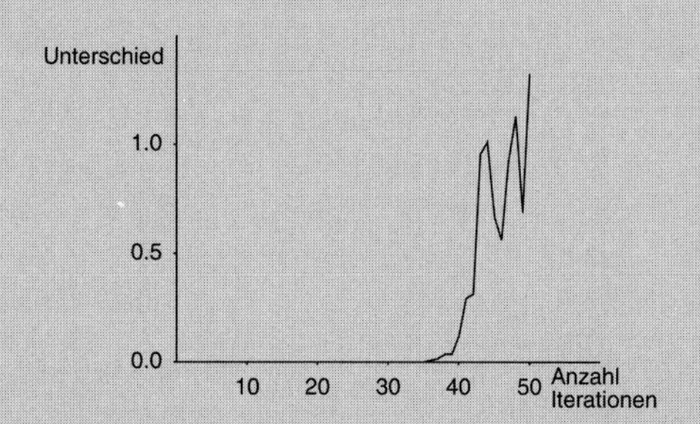

Abb. 1.29 : Darstellung der Differenz zwischen den berechneten Iterationswerten von HP und CASIO.

"P"? → P	Eingabe von P
"R"? → R	Eingabe von R
"N"? → N	Eingabe von N (Anzahl der gewünschten Iterationen)
Lbl 1	Anfang der Rückkopplungsschleife
P+R*P*(1-P) → P	Berechnen und rückkoppeln
Dsz N	Zähle Iteration (Verminderung von N um 1)
Goto 1	Ende der Rückkopplungsschleife
P△	Zeige P an, wenn N 0 erreicht hat

Tab. 1.30 : Das Programm für den CASIO Rechner, welches wir benutzten, um die Daten für die Tabellen zu erzeugen.

Rechenzyklen	CASIO	HP
5	0.1715191421	0.171519142100
6	0.5978201201	0.597820120080
7	1.319113792	1.31911379240
8	0.05627157765	0.056271577700
9	0.2155868393	0.215586839429
10	0.7229143012	0.722914301711

Tab. 1.31 : Die kritischen Iterationen, bei denen unterschiedliches Verhalten der beiden Rechner beginnt.

allerdings so gering, daß eigentlich kein Grund besteht, darüber beunruhigt zu sein. Die 10. Iteration zeigt jedoch bei näherer Betrachtung, daß diese winzige Unstimmigkeit bereits auf 5×10^{-10} angewachsen ist. Das ist aber immer noch so klein, daß man zu dessen Vernachlässigung neigt. Immerhin sollten wir uns merken, daß der Unterschied um eine Größenordnung (einen Faktor von 10) gewachsen ist.

Wenn wir nun wieder zu Tabelle 1.28 zurückkehren, und uns die 15., 20., 25. ... Iteration ansehen, scheint uns klar zu werden, wie die winzige „Infektion", die wir in der 10. Dezimalstelle der 6. Iteration bemerkt hatten, durch alle Stellen gewandert ist, d.h. nach 40 Iterationen wurde die anfänglich winzige Unstimmigkeit um einen Faktor 10^{10} vergrößert!

Warum sagen wir „scheint uns klar zu werden"? Nun, wenn wir den CASIO mit dem HP vergleichen, neigen wir dazu, dem HP wegen seiner größeren Genauigkeit (2 zusätzliche Dezimalstellen) mehr zu vertrauen. Mit anderen Worten, wir tendieren dazu, das Ergebnis des HP für die 40. Iteration zu akzeptieren und den CASIO als völlig danebenliegend zu betrachten. Aber das ist ein wenig voreilig.

Wenn der CASIO falsche Ergebnisse liefert — und muß nicht mindestens einer der beiden Rechner wirklich vollkommen falsche Ergebnisse liefern? —, können wir nicht annehmen, daß der Fehler in seiner Konstruktion liegt. Vielmehr sind wir hier auf ein grundsätzliches mathematisches Problem gestoßen. Und natürlich wird aus diesem Grund der HP von derselben „Krankheit" befallen, nur mit einer kleinen Verzögerung aufgrund seiner größeren Genauigkeit. Fest steht, daß einer der beiden Rechner völlig falsche Ergebnisse liefert, ungeachtet der Tatsache, daß ein sehr einfacher deterministischer Prozess zugrundeliegt. Allerdings ist es gut möglich, daß beide Rechner falsche Werte liefern. Diese drastischen Auswirkungen sind die unvermeidbare Konsequenz einer Arithmetik von beschränkter Genauigkeit, welche dieselben Ergebnisse und dramatischen Auswirkungen auch auf Supercomputern der obersten Preisklasse hervorrufen würde.

Die winzigen Unterschiede zwischen den beiden Rechnern, bedingt durch ihre unterschiedliche Genauigkeit, wachsen dermaßen schnell an, daß die Vorhersagekraft der Rechner (Computer) rapide nachläßt. Aber, ob wir es glauben wollen oder nicht, diese Geschichte

$p + rp(1-p)$
gegen
$(1+r)p - rp^2$

Rechenzyklen	$p + rp(1-p)$	$(1+r)p - rp^2$
1	0.0397	0.0397
2	0.15407173	0.15407173
3	0.5450726260	0.5450726260
4	1.288978001	1.288978001
5	0.1715191421	0.1715191421
10	0.7229143012	0.7229143012
11	1.323841944	1.323841944
12	0.03769529734	0.03769529724
13	0.146518383	0.1465183826
14	0.5216706225	0.5216706212
15	1.270261775	1.270261774
20	0.5965292447	0.5965293261
25	1.315587846	1.315588447
30	0.3742092321	0.3741338572
35	0.9233215064	0.9257966719
40	0.0021143643	0.0144387553
45	1.219763115	0.0497855318

Tab. 1.32 : Zwei unterschiedliche Berechnungsarten desselben quadratischen Ausdrucks auf demselben Rechner sind nicht gleichwertig.

ist noch nicht zu Ende. Es soll noch wahnwitziger werden als bisher.

Und zwar wollen wir nun unser Beispiel des quadratischen dynamischen Gesetzes, $p + rp(1-p)$, mit $r = 3$ und der Anfangsbedingung $p_0 = 0.01$ (wie vorher) auf einem unserer Rechner (CASIO) in zwei vergleichenden Experimenten laufen lassen. Aber worin besteht nun dabei der Unterschied? Wenn alle Daten gleich sind, und wir beide Male denselben Rechner benutzen, bleibt vermutlich nur noch übrig, den Progammkode für den Algorithmus aus Tabelle 1.30 zu ändern. Und dort können wir eigentlich nur die Art und Weise der Berechnung des quadratischen Ausdrucks verändern. Aber sogar diese beinahe lächerlich kleine Änderung hat ihre Auswirkungen, wie in Tabelle 1.32 gezeigt wird.

Zwei unterschiedliche Berechnungsarten des quadratischen Ausdrucks

Bisher haben wir $p + rp(1-p)$ berechnet, was mathematisch dasselbe ist wie $(1+r)p - rp^2$. Nach Durchführung der beiden Berechnungsarten (Austausch von „P + R*P*(1-P)“ gegen „(1+R)*P - R*P*P“ im Algorithmus gemäß Tabelle 1.30) sind wir gespannt darauf, ob diese geradezu lächerlich kleine Änderung etwas bewirkt. Wir vergleichen die Ergebnisse: bis zur 11. Iteration vollständige Übereinstimmung; dann in der 12. Iteration ein geringfügiger Unterschied — man vergleiche die letzten drei Stellen — 734 gegenüber 724.

Zunächst traut man seinen Augen kaum. Betrachten wir die 12. Iteration: Es ist wahr. Hier hat es sich eingeschlichen; das Virus der Unvorhersagbarkeit schlägt erneut zu. Danach sind wir kaum mehr überrascht zu sehen, daß unsere Vorhersagen vollkommen unzuverlässig werden.

Früher oder später bricht die Vorhersagbarkeit zusammen

Wenn uns diese ersten Experimente vielleicht noch nicht davon zu überzeugen vermochten, daß das Chaos unbezwingbar ist, dann sollte uns das letzte Experiment diesbezüglich eine Lektion gewesen sein. Beim Rechnen mit beschränkter Genauigkeit kann man den zerstörerischen Auswirkungen des Chaos nicht entgehen. Vorhersagbarkeit bricht früher oder später zusammen.

Nun könnte man einwenden, daß solche Phänomene sehr selten vorkommen oder einfach zu erkennen oder vorauszusehen sind. Falsch! Seitdem das Chaos (= Zusammenbruch der Vorhersagbarkeit) in der Wissenschaft salonfähig geworden ist, gibt es eine wahre Flut von Arbeiten, die aufzeigen, daß Chaos in der Natur eher die Regel ist, während Ordnung (= Vorhersagbarkeit) eher die Ausnahme darstellt. Aber widerspricht dies nicht den großartigen Erfolgen in der Raumfahrt, z.B. der Sonde Voyager II, die unser Planetensystem nach 12jähriger Reise verließ, nachdem sie Neptun nur um ein paar Kilometer neben dem vorhergesagten Kurs passierte? Nein, tut es nicht. Es gibt überzeugende Hinweise, daß sogar die Bewegung von Himmelskörpern denselben Phänomenen unterliegt — früher oder später ... Abgesehen davon gibt es bemerkenswerte Fortschritte im tieferen Verständnis von vielen Phänomenen, seit das Chaos die wissenschaftliche Bühne betreten hat. Dazu zählen so unterschiedliche Gebiete wie Turbulenz, Herzkammerflimmern, Laserinstabilitäten, Wachstumsdynamik, klimatische Unregelmäßigkeiten, Gehirnfunktionsstörungen usw. Ungeachtet der erstaunlichen historischen Wurzeln im Werk von Henri Poincaré um die Wende des letzten Jahrhunderts, sind diese Errungenschaften der Wissenschaft im Grunde genommen erst durch die neuen Fähigkeiten der Computer ermöglicht worden.

Chaos wird sich einem tieferen Verständnis nicht widersetzen können

Übrigens, — und dies ist wirklich fazinierend und gibt zu großen Hoffnungen Anlaß, daß Chaos sich einem tieferen Verständnis nicht für immer wird widersetzen können — hat sich in letzter Zeit herauskristallisiert, daß Chaos gewissen sehr regelmäßigen Mustern folgt. Dies wurde wiederum, und das ist eher merkwürdig, mit Hilfe von Computern entdeckt, die ansonsten für das Chaos so anfällig zu sein scheinen. Dieses Verhalten ist das Hauptthema von Kapitel 2 in *Chaos – Bausteine der Ordnung*, wo wir die bahnbrechenden Arbeiten von Mitchell Feigenbaum, Siegfried Großmann und Stefan Thomae, Edward Lorenz sowie Robert May besprechen werden, die allesamt Ordnung im Chaos wie auch Wege von der Ordnung ins Chaos gefunden haben.

Das quadratische Gesetz $p + rp(1-p)$, das wir bisher untersucht haben, ist nur eines in einem Universum von sich sehr kompliziert verhaltenden Rückkopplungssystemen. Der Ausdruck $x^2 + c$ ist ein weiteres Beispiel, allerdings nur in einem sehr trivalen Sinne. Bei der Durchführung von Experimenten anolog zu denen in Tabelle 1.28 für $c = -2$, würden wir genau dasselbe Verhalten beobachten. Der Grund liegt einfach darin, daß sich die beiden quadratischen Ausdrücke mittels Koordinatentransformation ineinander überführen lassen, d.h. sie sind in Wirklichkeit äquivalent.

Äquivalenz von $x^2 + c$ und $p + rp(1+p)$

Unter Benutzung von Indizes zur Kennzeichnung von Iterationen zu verschiedenen Zeitpunkten (Index n für die Eingabe, Index $n+1$ für die Ausgabe), können wir die beiden quadratischen Gesetze in den Formen

$$p_{n+1} = p_n + rp_n(1-p_n), \quad n = 0, 1, 2, 3, ... \tag{1.9}$$

und

$$x_{n+1} = x_n^2 + c, \quad n = 0, 1, 2, 3, ... \tag{1.10}$$

schreiben. Wir überprüfen nun durch Setzen von

$$c = \frac{1-r^2}{4} \quad \text{und} \quad x_n = \frac{1+r}{2} - rp_n, \tag{1.11}$$

daß die Formeln (1.9) und (1.10) eng verwandt sind. Genauer gesagt werden wir zeigen, daß wenn wir die Beziehung

$$x_0 = \frac{1+r}{2} - rp_0 \tag{1.12}$$

für die Anfangsbedingungen x_0 und p_0 voraussetzen, die Formel

$$x_n = \frac{1+r}{2} - rp_n \tag{1.13}$$

auch für $n = 1, 2, 3, ...$ gilt. Mit anderen Worten, die Iteration des Populationsmodells (1.9) und die des quadratischen Ausdrucks (1.11) mit $c = (1-r^2)/4$, gestartet bei x_0 aus Gleichung (1.12), beschreiben *denselben dynamischen Vorgang,* mit dem einzigen Unterschied, daß die x-Werte in einer anderen Skala als die p-Werte zu interpretieren sind (gegeben durch Gleichung (1.13)). Es ist wie wenn zwei Physiker in demselben Experiment die Temperatur messen, der eine in Grad Celsius und der andere in Grad Fahrenheit. Die Zahlen, die sie ermitteln, sind zwar verschieden, stehen jedoch in einem einfachen Zusammenhang. Eine Temperatur von p Grad Fahrenheit entspricht nämlich gerade

$$x = \frac{5}{9}(p - 32)$$

Grad Celsius. Dies ist die zu Gleichung (1.13) völlig analoge Beziehung.

Wir wollen nun untersuchen, ob sich p_{n+1} aus Gleichung (1.9) unter Benutzung der beiden Gleichungen (1.11) in x_{n+1} der Gleichung (1.10)

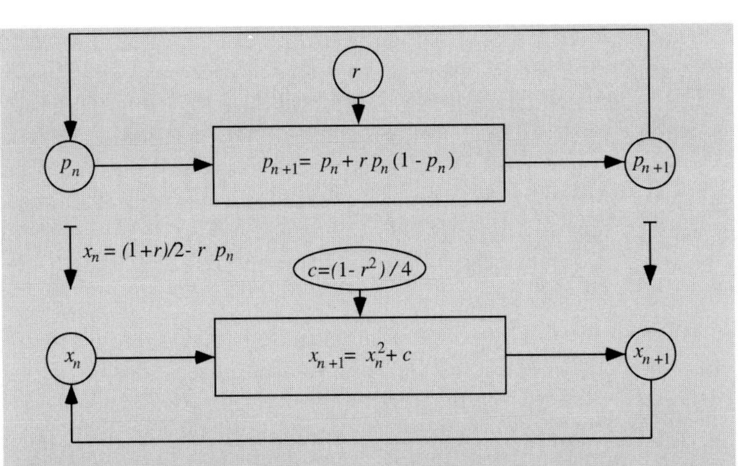

Abb. 1.33 : Die zwei quadratischen Iteratoren, die hier im Takt laufen, sind durch die angegebenen Transformationen eng miteinander verbunden.

transformieren läßt. Formal handelt es sich hierbei um einen Beweis durch vollständige Induktion. Wenn wir die zweite der Gleichungen (1.11) auf p_{n+1} anwenden, erhalten wir

$$x_{n+1} = \frac{1+r}{2} - rp_{n+1}$$

und mit Gleichung (1.9) für p_{n+1}

$$x_{n+1} = \frac{1+r}{2} - rp_n - r^2 p_n(1-p_n).$$

Andererseits ergibt Gleichung (1.10) mit x_n und c gemäß den Gleichungen (1.11)

$$x_{n+1} = \left(\frac{1+r}{2} - rp_n\right)^2 + \frac{1-r^2}{4}.$$

Wenn wir die rechten Seiten der beiden Gleichungen umformen, zeigt sich, daß sie tatsächlich übereinstimmen; beide ergeben nämlich

$$r^2 p_n^2 - r(1+r)p_n + \frac{1+r}{2}\ .$$

Man beachte: $r = 3$ entspricht $c = -2$. Dies erklärt in der Tat, warum wir von beiden Verfahren genau dasselbe Verhalten erwarten können. Wir wollen die Äquivalenz der beiden Verfahren anhand einiger Beispiele überprüfen. Wenn $r = 3$ und $p_0 = 0.01$, dann ist laut den Gleichungen (1.11), $c = -2$ und $x_0 = 1.97$. Die Berechnung von x_n für $n = 10$ ergibt auf einem CASIO $x_{10} = -0.1687429036$. Nach der Transformation von x_{10} gemäß den Gleichungen (1.11) erhalten wir $p_{10} = 0.7229143012$, was genau dem Wert für die 10. Iteration in Tabelle 1.28 entspricht.

Wenn wir jedoch dasselbe Vorgehen für 50 anstatt für 10 Iterationen wiederholen, erhalten wir (wieder aus den Gleichungen (1.11)) $x_{50} = 0.2310122906$ und $p_{50} = 0.2550655142$, was nun aber vollständig vom Wert der 50. Iteration in Tabelle 1.28 abweicht. Dies widerlegt nun aber nicht die (mathematische) Äquivalenz der beiden Verfahren. Vielmehr bestätigt es unsere frühere Erkenntnis, daß eben auch zwei unterschiedliche Methoden der numerischen Auswertung schließlich zu nicht übereinstimmenden Ergebnissen führen, d.h. das Chaos hat erneut zugeschlagen.

Warum verschiedene quadratische Iteratoren untersuchen?

Warum sollten wir uns mit $x^2 + c$ beschäftigen, wenn die Iteratordynamik für diese Formel gleich ist (bis auf eine gewisse Koordinatentransformation) wie die von $p + rp(1-p)$? Es gibt viele verschiedene Probleme, die sich mit Hilfe von quadratischen Iterationen lösen lassen, und es ist im Prinzip unerheblich, welche quadratische Formel man wählt, da sie alle gleichwertig sind. Aber die mathematische Formulierung dieser Probleme und deren Lösungen werden übersichtlicher (oder gar einfacher), je nach der speziellen quadratischen Formel, die wir wählen. Deshalb können wir zu jedem anfallenden Problem die am besten passende quadratische Formel benutzen.

Kehren wir einen Moment zurück zu der Frage, ob es eine einfache Antwort darauf gibt, weshalb wir chaotisches Verhalten beobachten. Es scheint einleuchtend zu sein, daß der Fehler infolge einer Ungenauigkeit im Rückkopplungsverfahren verstärkt wird, d.h. die Fehlerfortpflanzung steigt aufgrund der quadratischen Natur der Ausdrücke rasend schnell an. Mit anderen Worten, man könnte vermuten, daß die Quadrierung das Problem verursacht. Das ist auch tatsächlich der Fall; allerdings in einer viel subtileren Art, als man denken würde.[25] Aber überzeugen wir uns zunächst davon, daß das Quadrieren allein noch nicht alles erklärt! Betrachten wir zur Veranschaulichung der Schwierigkeiten zwei weitere einfache Experimente.

Ein wilder Iterator wird sehr zahm

In unserem letzten Experiment mit dem quadratischen Iterator $x_{n+1} = x_n^2 + c$ setzten wir $c = -2$ und begannen mit $x_0 = 1.97$. Wie wäre es z.B. mit $x_0 = 1$? Iterieren liefert nun: $1, -1, -1, -1, \ldots$ Oder mit $x_0 = 2$ bekommen wir: $2, 2, 2, \ldots$ Mit anderen Worten haben wir hier Anfangswerte für x_0 gefunden, bei denen sich derselbe wilde Iterator plötzlich völlig zahm verhält. Wir können allerdings zeigen, daß dies die Ausnahme ist, d.h. für fast alle x_0 aus $[-2, +2]$ beobachten wir chaotisches Verhalten. Wenn wir z.B. mit $x_0 = 1.999999999$ beginnen, also mit einer winzigen Abweichung von $x_0 = 2$, erhalten wir bei einer genügend großen Anzahl von Iterationen wieder das

[25] Für die vollständige Darstellung verweisen wir auf Kapitel 1 in H.-O. Peitgen, H. Jürgens, D. Saupe, *Chaos – Bausteine der Ordnung,* Klett-Cotta, Stuttgart, und Springer-Verlag, Heidelberg, 1993.

Siebzehn Iterationen von $x^2 - 1$

Rechenzyklen	x	$x^2 - 1$
1	0.5	-0.75
2	-0.75	-0.4375
3	-0.4375	-0.80859375
4	-0.80859375	-0.3461761475
5	-0.3461761475	-0.8801620749
6	-0.8801620749	-0.2253147219
7	-0.2253147219	-0.9492332761
8	-0.9492332761	-0.0989561875
9	-0.0989561875	-0.9902076730
10	-0.9902076730	-0.0194887644
11	-0.0194887644	-0.9996201881
12	-0.9996201881	-0.0007594796
13	-0.0007594796	-0.9999994232
14	-0.9999994232	-0.0000011536
15	-0.0000011536	-1.0000000000
16	-1.0000000000	-0.0000000000
17	-0.0000000000	-1.0000000000

Tab. 1.34 : Die siebzehn ersten Iterationen für den Anfangswert $x_0 = 0.5$.

bekannte „vertrackte“ Verhalten. Hier zeigt sich bereits, daß wir es bei der Fehleranalyse mit keinem einfach zu lösenden Problem zu tun haben, und unser nächstes Experiment wird dies noch deutlicher machen.

Schalten wir nun in den nächsten „Gang“ unseres Iterators, indem wir den Kontrollparameter von $c = -2$ auf $c = -1$ setzen. Wenn lediglich das Quadrieren der Schlüssel dafür wäre, daß wir keine Vorhersagen machen können, sollten wir wiederum sehr ähnliche Beobachtungen machen. Iterieren wir nun mit dem Anfangswert $x_0 = 0.5$ (siehe Tabelle 1.34).

Nun beobachten wir, wie sich der Vorgang nach einer Anzahl von Iterationen auf das Hin- und Herspringen zwischen den zwei Werten 0 und -1 einpendelt. Bei Wiederholung der Iteration mit anderen Anfangswerten, z.B. $x_0 = 1$ oder $x_0 = 0.75$ oder $x_0 = 0.25$, ergibt sich immer dasselbe Resultat. Das Rückkopplungsverfahren ist nun in einem völlig stabilen Zustand.

Stabiler Zyklus im logistischen Iterator

Dieselbe Stabilität sollte sich auch bei der Iteration der logistischen Gleichung ergeben, wenn wir den Parameter r und die Anfangspopulation p_0 entsprechend wählen. Auflösung der Gleichungen (1.11) nach r und p mit $c = -1$ ergibt

$$r = \sqrt{1-4c} = \sqrt{5}\ ,$$
$$p = \frac{1+r}{2r} - \frac{x}{r} = \frac{1-2x+\sqrt{1-4c}}{2\sqrt{1-4c}} = \frac{1-2x+\sqrt{5}}{2\sqrt{5}}\ .$$

Demnach gibt es für diese Parameterwahl einen stabilen Zyklus von zwei sich immerfort abwechselnden Punkten, welche $x = 0$ bzw. $x = -1$ entsprechen, nämlich

$$p = \frac{1+\sqrt{5}}{2\sqrt{5}} = 0.723606797...$$

und

$$p = \frac{3+\sqrt{5}}{2\sqrt{5}} = 1.17082039...$$

Wir sind dieser Art Verhalten schon in unserer Diskussion der MVKM begegnet, wo wir, unabhängig vom Ausgangsbild, immer dasselbe Endbild erhalten haben. Diese Eigenschaft nennt man Stabilität. Sie ist in vielen Fällen sehr erwünscht. Dann ist nämlich ein Vorgang vorhersagbar, und kleine Fehler im Verlauf der Berechnung verschwinden oder werden bedeutungslos, d.h. sie können vernachlässigt werden. Mit anderen Worten sind dies Vorgänge, für die ein Computer mit einer Arithmetik von beschränkter Genauigkeit ein perfektes, unfehlbares Werkzeug ist.

Bisher waren wir in der Lage, den stabilen oder instabilen Zustand einer Iteration durch sorgfältige Überwachung der numerischen Werte vergleichbarer Zyklen des Rückkopplungsverfahrens zu erkennen. Für die besondere Klasse der quadratischen Vorgänge gibt es allerdings noch eine andere, wesentlich anschaulichere und unmittelbarere Methode, um die verschiedenen Verhaltensweisen aufzudecken.

Grafische Iteration von Rückkopplungsverfahren

Wir beschränken uns hier auf die Iteration

$$x_{n+1} = ax_n(1 - x_n).$$

Man beachte: Wenn wir die grafische Darstellung der Funktion $y = ax(1 - x)$ auftragen, erhalten wir eine einfache Parabel, die, unabhängig von der Wahl des Parameters a, durch die Punkte $(0, 0)$ und $(1, 0)$ verläuft. Der Scheitelpunkt der Parabel, welcher immer bei $x = 0.5$ liegt, hat die Höhe $a/4$. Diese quadratische Iteration ist wiederum der logistischen Gleichung oder $x_{n+1} = x_n^2 + c$ gleichwertig. Wir benutzen sie hier, weil sie Iterationen erzeugt, die immer im Bereich von 0 bis 1 liegen, vorausgesetzt, daß der Anfangswert x_0 auch in diesem Bereich liegt. Es gibt eine einfache und schnelle Methode, die Folge $x_0, x_1, x_2, ...$ mit Hilfe der Parabelkurve und einem Lineal zu konstruieren. Diese Methode, die *grafische Iteration* genannt wird, führt unmittelbar zu einer zeichnerischen Veranschaulichung der Iteration.

Um die Iteration zu beschreiben, zeichnen wir den Graphen von $y = ax(1 - x)$ und die Winkelhalbierende (Diagonale) (siehe Abbildung 1.35). Wir beginnen, indem wir x_0 auf der x-Achse markieren. Nun zeichnen wir eine Vertikale von x_0 bis zur Kurve. Von diesem

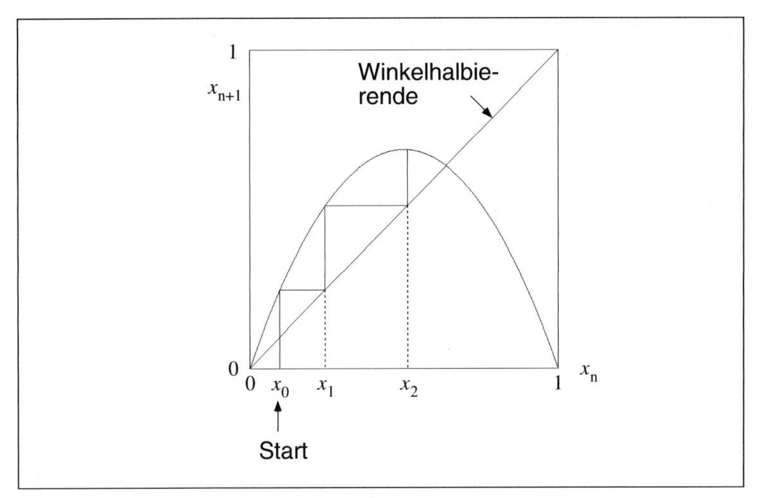

Prinzip der grafischen Iteration

Abb. 1.35 : Die ersten Schritte der grafischen Iteration von $x_{n+1} = ax_n(1 - x_n)$.

Schnittpunkt aus zeichnen wir eine Horizontale bis zur Winkelhalbierenden. Von dort aus wieder eine Vertikale bis zur Kurve usw.

Warum funktioniert dieses Vorgehen? Ganz einfach, weil Punkte auf der Winkelhalbierenden von beiden Achsen denselben Abstand haben. Mit Hilfe dieser Methode kann man förmlich sehen, ob sich die Iterationen im stabilen oder instabilen Zustand befinden. Abbildung 1.36 zeigt die grafische Iterationsmethode für drei unterschiedliche Werte von a im stabilen Bereich des Verfahrens. Für $a = 1.45$ ist zu erkennen, daß die Iteration eine Treppe bildet, welche auf den Schnittpunkt zwischen der Kurve und der Winkelhalbierenden zuläuft. Für $a = 2.75$ bildet die Iteration eine Spirale, die dem Schnittpunkt zwischen der Kurve und der Winkelhalbierenden zustrebt. Für $a = 3.2$ erkennen wir, wie die Iteration zyklisches Verhalten entwickelt.

Mischen

Abbildung 1.37 zeigt die Iteration für $a = 4$ und einen Anfangswert x_0, allerdings mit unterschiedlichen Schrittzahlen der Iteration. Von links nach rechts zeigen wir die Iteration nach 10, 50 und 100 Schritten. Offensichtlich kommt das Verfahren nicht zur Ruhe. Vielmehr beansprucht es den gesamten verfügbaren Raum. Diese Erscheinung, genannt „Mischen“, ist ein Anzeichen für den instabilen Zustand des Systems. Allerdings muß eine strenge Analyse zu sehr viel subtileren Mitteln greifen, um zwischen einer echten Instabilität und einem Zyklus von sehr hoher Ordnung zu unterscheiden. Was ist z.B. der Unterschied zwischen den Spinnweben in Abbildung 1.36 ($a = 3.2$) und Abbildung 1.37 ($a = 4$)?

Stabiles Verhalten

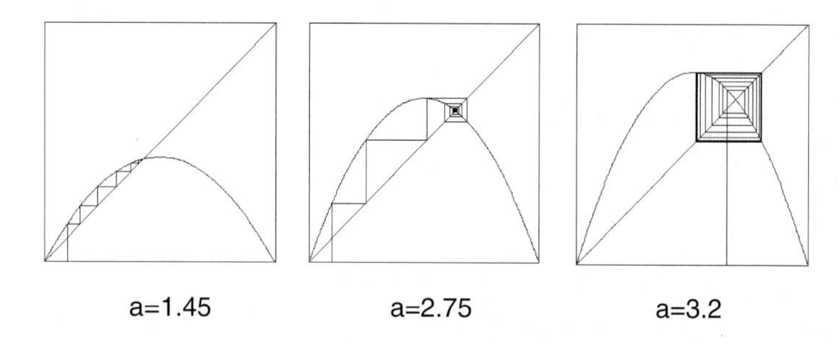

Abb. 1.36 : Grafische Iteration für drei Parameterwerte, die zu stabilem Verhalten führen.

Instabiles Verhalten

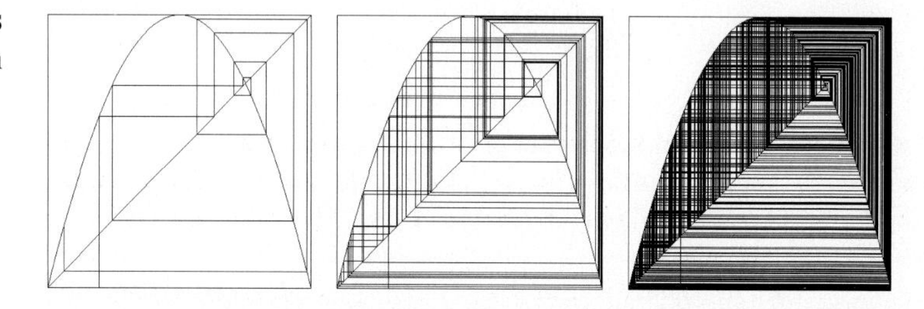

Abb. 1.37 : Instabiles Verhalten für $a = 4$. Derselbe Anfangswert wird für unterschiedliche Anzahlen von Iterationen benutzt.

Die Äquivalenz von $ax(1-x)$ mit dem Populationsmodell

Wir haben bereits gezeigt, daß das Iterationsverfahren für die logistische Gleichung der Iteration von $x^2 + c$ gleichwertig ist (siehe Seite 68). Hier zeigen wir nun die Äquivalenz mit der bei der grafischen Methode benutzten Iteration von $ax(1-x)$. Erinnern wir uns, daß

$$p_{n+1} = p_n + rp_n(1-p_n)\ . \tag{1.14}$$

Wir zeigen, daß dies äquivalent ist zu

$$x_{n+1} = ax_n(1-x_n) \tag{1.15}$$

wenn wir setzen

$$x_n = \frac{r}{r+1}p_n \quad \text{und} \quad a = r+1\ . \tag{1.16}$$

Nun berechnen wir x_{n+1} einerseits unter Benutzung der Gleichungen (1.16) und der logistischen Iteration, anderseits mit den Gleichungen (1.15) und (1.16) und vergleichen die Ergebnisse. Wir haben demnach

$$\begin{aligned}
x_{n+1} &= \frac{r}{r+1}p_{n+1} \\
&= \frac{r}{r+1}(p_n + rp_n(1-p_n)) \\
&= rp_n - \frac{r^2}{r+1}p_n^2
\end{aligned}$$

und andererseits

$$\begin{aligned} x_{n+1} &= a x_n (1 - x_n) \\ &= (r+1)\frac{r}{r+1} p_n \left(1 - \frac{r}{r+1} p_n\right) \\ &= r p_n - \frac{r^2}{r+1} p_n^2 \,. \end{aligned}$$

Somit finden wir bestätigt, daß wirklich kein Unterschied besteht, ob wir $p_{n+1} = p_n + r p_n (1 - p_n)$ oder $x_{n+1} = a x_n (1 - x_n)$ iterieren. Tatsächlich kann man zeigen, daß die Iteration jedes quadratischen Polynoms der Iteration der logistischen Gleichung (entsprechend gewählte Parameter vorausgesetzt) gleichwertig ist. Der Beweis dieser Behauptung ist ähnlich wie der eben durchgeführte.

Die Analyse des Chaos ist schwierig

Die Analyse des quadratischen Rückkopplungsverfahrens ist so schwierig, weil die stabilen und instabilen Zustände miteinander in einem sehr komplizierten Muster verflochten sind. Ob sich das Rückkopplungsverfahren zahm oder wild gebärdet, hängt nur vom Wert des Kontrollparameters ab.

Dies ist bei den Systemen, die zur Wettervorhersage benutzt werden, sehr ähnlich. Dort gibt es Zustände, in denen Vorhersagen sehr zuverlässig sind (wie die Hochdruckgebiete über den Wüsten Utahs); und dann gibt es Situationen, in denen jede Vorhersage scheitert und hochentwickelte millionenteure Ausrüstung und die hellsten Köpfe in ihren Vorhersagen genauso erfolgreich sind wie irgendein Laie, der voraussagen würde, daß das Wetter morgen so sein wird wie heute. Anders gesagt kann sich ein und dasselbe System grundsätzlich auf beide Arten verhalten, und es gibt Übergänge von der einen in die andere Art. Dies ist der Kern der Mathematik oder der Wissenschaft des Chaos. Die Tatsache, daß dieses Thema auch eng mit Fraktalen verbunden ist, ist Gegenstand der Kapitel 1 und 2 in *Chaos – Bausteine der Ordnung*. Am besten kann dieser Zusammenhang dadurch ausgedrückt werden, daß die fraktale Geometrie die Geometrie des Chaos ist.

1.6 Programm des Kapitels: Grafische Iteration

Jedem Kapitel dieses Buches ist ein Computerprogramm beigefügt, das wir *Programm des Kapitels* nennen. In diesem Programm kommt ein wichtiger Gegenstand des betreffenden Kapitels zur Sprache. Diese Programme sind bewußt sehr kurz und einfach gehalten. Das erleichtert einerseits ihre Eingabe in den Computer und — was noch wichtiger ist — es macht sie leichter verständlich. Wir haben die Programme in BASIC geschrieben. Ja, das haben wir getan —

und wir können schon die Klagen darüber hören, wie man nur auf den Gedanken kommen konnte, diese veraltete, unzulängliche und unstrukturierte Sprache zu benutzen, die bekannt dafür ist, daß sie das Schreiben von guten Programmen verhindert. Weshalb also haben wir sie trotzdem gewählt?

Zunächst ist BASIC eine Sprache, die allen Programmierern leicht zugänglich sein sollte. Sie ist in vielen Computern bereits enthalten oder wird mitgeliefert; auf jeden Fall ist es kein Problem, sie zu sehr geringen Kosten zu erhalten. Außerdem glauben wir, daß BASIC — oder was wir davon verwenden — so einfach ist, daß sogar jemand, der nicht mit der Programmierung vertraut ist, in der Lage sein sollte, die Programme zu verstehen. Somit sollte es nur einer kleinen Anstrengung bedürfen, den Umgang mit den Programmen zu erlernen oder gar Änderungen auszuprobieren. Schließlich sollte es für all die Liebhaber höher entwickelter Computersprachen kein Problem sein, diese Programme in ihren Lieblingsdialekt zu übertragen und dann in die Maschine einzugeben.

Alle Programme wurden auf einem Apple Macintosh Computer mit Microsoft BASIC entwickelt. Wir haben zusätzlich die Programme auch auf einem IBM-kompatiblen Personal Computer ausprobiert (spezielle Hinweise für PC-Benutzer am Ende des Abschnittes). Mit anderen Worten sollten sie ohne große Probleme auch auf dem eigenen Computer laufen. Alle Programme erzeugen hauptsächlich grafische Ausgaben. Sie benutzen für diesen Zweck einen quadratischen Bereich auf dem Bildschirm. Dieser Bereich beginnt in der oberen linken Ecke bei `(links,links)` und ist `w` Bildpunkte breit. Die Parameter sind auf `links = 30` und `w = 300` eingestellt, können aber, zwecks besserer Anpassung an die jeweilige Größe des Computerbildschirms, leicht geändert werden. Wir benutzen für die Grafiken nur zwei sehr gebräuchliche BASIC Anweisungen: `LINE` und `PSET`. Die Anweisung

```
LINE (x1,y1) - (x2,y2)
```

bewirkt das Zeichnen einer Linie vom Punkt `(x1,y1)` zum Punkt `(x2,y2)`.[26] Die andere Anweisung

```
PSET (x1,y1)
```

zeichnet einen Punkt bei `(x1,y1)`. Kommen wir nun zum ersten Programm.

[26] Wenn der erste Punkt nicht angegeben wird, beginnt die Aufzeichnung der Linie mit dem aktuellen Punkt, der dem Endpunkt der letzten `LINE` oder `PSET` Anweisung entspricht.

Grafische Iteration

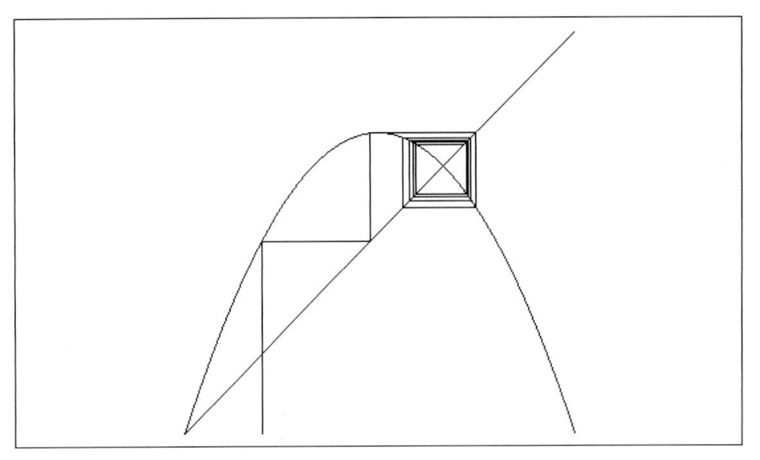

Abb. 1.38 : Bildschirmausgabe des Programms „Grafische Iteration".

Grafische Iteration ist eine instruktive Methode, um die Dynamik eines Iterators bildlich darzustellen. Wir wollen als Beispiel den quadratischen Iterator

$$x_{n+1} = f_a(x_n), \quad f_a(x) = ax(1-x), \quad 0 \leq a \leq 4.$$

betrachten.[27] Das Programm erlaubt es, die grafische Iteration von f_a für verschiedene Parameterwerte a und Startwerte x_0 zu untersuchen. Vor dem Beginn der Berechnung gibt der Benutzer (bei der `INPUT` Anweisung) die Zahlen a und x_0 ein.

Als erstes bewirkt das Programm die Aufzeichnung des Graphen der Funktion f_a (genauer, deren m-ten Iteration f_a^m, wobei $m \geq 1$) und der Winkelhalbierenden des Koordinatensystems. Der Zahlenwert von `m` kann direkt im Programm geändert werden. Im abgedruckten Programm ist `m = 1` gesetzt.

Die grafische Iteration beginnt mit dem Anfangswert `x0`. Danach werden die folgenden Schritte wiederholt:

- Der Wert `xn` der Funktion f_a (oder die m-te Iterierte f_a^m) wird berechnet,
- eine Vertikale wird aufwärts (oder abwärts) zum Graphen (d.h. zum Wert `xn`) gezeichnet,
- von dort aus wird eine Horizontale bis zur Winkelhalbierenden gezeichnet.

[27] Es ist ein leichtes, diesen Iterator durch einen anderen zu ersetzen. Dies erfordert lediglich die Änderung von zwei Programmzeilen.

BASIC Programm **Grafische Iteration**
Titel Experimente für den quadratischen Iterator

```
INPUT "Parameter a, Anfangswert x0",a,x0
links = 30
w = 300
m = 1
imax = 10

REM ZEICHNE WINKELHALBIERENDE UND FUNKTION
LINE (links+w,links) - (links,links+w)
FOR i = 1 TO w
    xn = i/w
    FOR k = 1 TO m
        xn= a*xn*(1-xn)
    NEXT k
    LINE - (i+links,links+w*(1-xn))
NEXT i

REM BEGINNE BEI x0
xn = x0
PSET (links+w*xn,links+w)
FOR i = 1 TO imax
    REM BERECHNE DIE FUNKTION
    FOR k = 1 TO m
        xn= a*xn*(1-xn)
    NEXT k
    REM ZEICHNE VERTIKALE UND HORIZONTALE LINIE
    LINE - (links+w*x0,links+w*(1-xn))
    LINE - (links+w*xn,links+w*(1-xn))
    x0 = xn
NEXT i
END
```

Nach `imax` (anfänglich auf 10 gesetzt) Wiederholungen dieser Schritte endet das Programm. Wenn die Anzeige von mehr oder weniger Iterationen erwünscht ist, muß nur der Zahlenwert von `imax` entsprechend verändert werden.

Beim Experimentieren mit dem Programm sollten verschiedene Anfangswerte zwischen 0 und 1 für jede Wahl des Parameters a ausprobiert werden. Für den verwendeten quadratischen Iterator sollte der Parameter zwischen 0 und 4 gewählt werden. Als Vorschlag empfehlen wir folgende Parameterwerte: 1.75, 2.0, 2.75, 3.1, 3.5, 3.6, 3.83 und 4.0.

Hinweise für PC Benutzer

Die Benutzer eines IBM-kompatiblen PCs kennen sicher die Unannehmlichkeiten, die der Herstellung von Grafik vorausgehen. Als erstes benötigt man einen geeigneten Grafikadapter, und dann muß der richtige Grafikmodus eingegeben werden. Die dafür nötigen Anweisungen sind von der Hardware des verwendeten Computers abhängig. Der Umstand, daß wir nur Schwarzweiß-Grafik benutzen, bedeutet zumindest eine gewisse Erleichterung.

Die BASIC-Anweisung `SCREEN` (nicht die Funktion) erlaubt, auf verschiedene Grafikmodi umzuschalten. Z.B. gibt `SCREEN 1` Grafikmöglichkeiten mit einer Auflösung von 320×200 Bildpunkten. `SCREEN 2` gibt in x-Richtung sogar eine höhere Auflösung (640 Bildpunkte). Dies führt jedoch zu einem unerwünschten Seitenverhältnis. `SCREEN 9` sollte eine Auflösung von 640×350 Bildpunkten geben. Einzelheiten sind im Benutzerhandbuch zu finden. Die Programme sind so beschaffen, daß quadratische Bilder von ungefähr 300 Bildpunkten Seitenlänge gezeichnet werden. Dies kann aber geändert werden, indem der in fast allen unseren Programmen auftretenden Variablen `w` ein anderer Wert zugeordnet wird. Wenn man einen Grafikadapter besitzt, der auf 200 Zeilen beschränkt ist, kann man `w = 200` setzen. Eine höhere Auflösung wäre jedoch von Vorteil.

Es ist bestimmt schon aufgefallen, daß wir nicht alle unsere BASIC Anweisungen mit Zeilennummern versehen haben. Falls der verwendete BASIC-Dialekt immer noch Zeilennummern für jede Programmzeile verwendet, muß man diese beim Eingeben der Programme selber hinzufügen. Die Programme in den folgenden Kapiteln werden mit einigen wenigen Marken auskommen. Man achte bei der Wahl der eigenen zusätzlichen Zeilennummern darauf, daß sie mit diesen Marken nicht in Konflikt geraten. Wenn z.B. unsere erste Marke 100 ist, dann stehen für die vorhergehenden Zeilen die Nummern von 1 bis 99 zur Verfügung. Wenn unsere nächste Marke 200 ist, kann man 101 bis 199 für die Numerierung der dazwischenliegenden Zeilen verwenden usw.

Kapitel 2

Klassische Fraktale und Selbstähnlichkeit

In der Mathematik ist die Kunst des Fragens oft von größerer Bedeutung als die Kunst der Problemlösung.

Georg Cantor

Mandelbrot wird oft als Vater der fraktalen Geometrie bezeichnet. Es gibt jedoch Leute, die viele Fraktale und deren Beschreibung auf die klassische Mathematik und altehrwürdige Mathematiker, wie Georg Cantor (1872), Giuseppe Peano (1890), David Hilbert (1891), Helge von Koch (1904), Waclaw Sierpinski (1916), Gaston Julia (1918) oder Felix Hausdorff (1919), um nur einige zu nennen, zurückführen. Tatsächlich ist es so, daß die Werke dieser Mathematiker in Mandelbrots Konzept einer neuen Geometrie eine Schlüsselrolle gespielt haben. Natürlich hatte man zur damaligen Zeit noch keine Vorstellung davon, daß diese Entdeckungen einen ersten Schritt in Richtung auf eine neue Auffassung oder eine neue Geometrie der Natur bedeuten könnten. Vielmehr wurden die uns heute so vertrauten Dinge wie die Cantor-Menge, die Koch-Kurve, die Peano-Kurve, die Hilbert-Kurve und das Sierpinski-Dreieck, als außergewöhnliche Objekte, als Gegenbeispiele, als „mathematische Monster" angesehen. Das ist vielleicht etwas übertrieben. Immerhin entstanden viele der frühen Fraktale beim Versuch, den mathematischen Gehalt und die Grenzen von grundlegenden Begriffen (z.B. „Stetigkeit" oder „Krümmung") vollständig zu erforschen. Die Cantor-Menge, der Sierpinski-Teppich und der Menger-Schwamm stechen hier wegen ihrer tiefen Wurzeln und wesentlichen Rolle in der Entwicklung der frühen Topologie besonders hervor.

Ungewöhnliche Monster oder typische Natur?

Aber sogar in mathematischen Kreisen geriet die tiefgründige Bedeutung dieser Gebilde etwas in Vergessenheit. Sie wurden als Formen angesehen, die eher zur Demonstration der Abweichung vom Vertrauten als zur Versinnbildlichung des Normalen dienten. Dann aber zeigte Mandelbrot, daß diese frühen mathematischen Fraktale in der Tat viele Eigenschaften mit natürlichen Formen gemeinsam haben, daher der Titel seines 1982 erschienenen Buches, *The Fractal*

Selbstähnlichkeit des Blumenkohls

Abb. 2.1 : Die Selbstähnlichkeit des gewöhnlichen Blumenkohls wird durch Zerlegung und zwei aufeinanderfolgende Vergrößerungen gezeigt (unten). Die kleinen Teile sehen ähnlich aus wie der ganze Blumenkohlkopf.

Geometry of Nature.[1] Mit anderen Worten könnte man sagen, daß Mandelbrot die vorherrschende mathematische Deutung und Wertung dieser phantastischen Erfindungen auf den Kopf gestellt hat. Aber er hat tatsächlich viel mehr getan. Die beste Art, seinen Beitrag zu beschreiben, geht von der Feststellung aus, daß einige „Buchstaben", wie z.B. die Cantor-Menge, schon vorhanden waren, daß er aber weiterging und hieraus eine Sprache entwickelte. Mit anderen Worten bemerkte er, daß das scheinbar Außergewöhnliche eher die Regel ist, und er entwickelte eine systematische Sprache mit Wörtern, Sätzen und einer Grammatik. Laut Mandelbrot selbst, folgte er keinem bestimmten großartigen Plan, als er dieses Programm durchführte; sondern vielmehr faßte er in gewisser Hinsicht seine komplexen — man

[1] Freeman, 1982. Auch auf deutsch erschienen als, Benoît B. Mandelbrot, *Die fraktale Geometrie der Natur*, Birkhäuser Verlag, Basel, 1987.

ist versucht zu sagen, nomadischen — wissenschaftlichen Erfahrungen aus Mathematik, Linguistik, Wirtschaft, Physik, Medizin und Kommunikationsnetzwerken zusammen, um nur einige der Gebiete zu nennen, in denen er aktiv war.

Selbstähnlichkeit

Bevor wir unsere Galerie der klassischen Fraktale öffnen und einige dieser frühen Meisterstücke eingehender diskutieren, wollen wir den Begriff der Selbstähnlichkeit einführen. Es wird ein grundlegendes Thema für alle Fraktale sein, allerdings mit unterschiedlicher Ausprägung je nach Art des betrachteten Fraktals. In gewisser Hinsicht bedarf das Wort Selbstähnlichkeit keiner Erklärung, und an dieser Stelle erwähnen wir lediglich ein Beispiel für eine natürliche Struktur, die diese Eigenschaft besitzt: den Blumenkohl. Er ist zwar kein klassisches mathematisches Fraktal, aber hier gibt sich die Bedeutung der Selbstähnlichkeit unmittelbar ohne jede Mathematik zu erkennen. Der Blumenkohlkopf enthält Teile, die man auch als Röschen bezeichnet. Ein Vergleich zeigt, daß diese Röschen, abgesehen von ihrer Größe, dem ganzen Kopf sehr ähnlich sehen. Diese Röschen lassen sich wiederum in kleinere Röschen zerlegen, wobei auch hier wieder große Ähnlichkeit sowohl zum ganzen Kopf als auch zur ersten Röschen-Generation festgestellt werden kann. Diese Selbstähnlichkeit kann durch etwa drei bis vier Stufen hindurch verfolgt werden. Danach sind die Strukturen für eine weitere Zerlegung zu klein. In mathematischer Idealisierung kann sich die Eigenschaft der Selbstähnlichkeit eines Fraktals durch unendlich viele Stufen fortsetzen. Dies führt zu neuen Begriffen, wie der fraktalen Dimension. Sie erweisen sich auch für natürliche Strukturen als nützlich, die nicht über unendlich viele Details verfügen.

Selbstähnlichkeit im Dezimalsystem

Obwohl der Begriff der Selbstähnlichkeit erst an die 20 Jahre alt ist, gibt es viele historische Errungenschaften, die von der Kernidee wesentlichen Gebrauch machen. In dieser Beziehung vermutlich die älteste und wichtigste Errungenschaft ist das uns vertraute Dezimalzahlensystem.[2] Es läßt sich nicht sagen, wo Mathematik und Naturwissenschaften heute ohne diese geniale Erfindung stehen würden. Das Dezimalzahlensystem ist für uns eine solche Selbstverständlichkeit, daß wir uns des langen wissenschaftlichen und kulturellen Ringens nicht bewußt sind, das mit seiner Entwicklung einherging. Es ist Voraussetzung des metrischen (Maß-) Systems (für Länge, Fläche,

[2] Leonardo von Pisa, auch bekannt als Leonardo Fibonacci, war an der Einführung der hindu-arabischen Ziffern, 0, 1, 2, 3, 4, 5, 6, 7, 8 und 9 in die Mathematik beteiligt. Sein bekanntestes Werk, das *Liber abaci* (1202; „Buch vom Abakus"), verwendet die ersten sieben Kapitel darauf, den Stellenwert, bei welchem die Position einer Ziffer bestimmt, ob es sich um einen Einer, Zehner, Hunderter usw. handelt, zu erklären, und den Gebrauch der Zahlen bei arithmetischen Operationen vorzuführen.

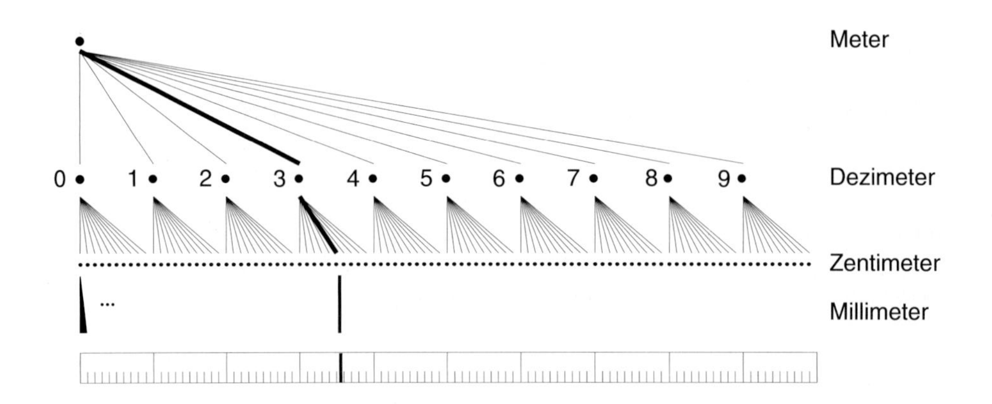

Abb. 2.2 : Die Äste des Dezimalbaums, die zu 357 führen, sind hervorgehoben.

Volumen, Gewicht usw.) und steht in sehr enger Beziehung zu den Grundlagen der Fraktale.

Betrachten wir ein Metermaß,[3] das unterteilt ist durch Marken für Dezimeter (zehn bilden einen Meter), Zentimeter (zehn bilden einen Dezimeter; hundert einen Meter) und Millimeter (zehn bilden einen Zentimeter; tausend einen Meter). In gewissem Sinne sieht ein Dezimeter zusammen mit seiner Unterteilung wie ein Meter mit dessen Unterteilung aus, natürlich um einen Faktor 10 verkleinert. Dies ist kein Zufall, sondern steht in völliger Übereinstimmung mit dem Dezimalsystem. Wenn wir z.B. 357 mm sagen, meinen wir 3 Dezimeter, 5 Zentimeter und 7 Millimeter. Mit anderen Worten bestimmt der Platz einer Ziffer deren Stellenwert, genau wie im Dezimalzahlensystem. Ein Meter hat tausend Millimeter, und wenn wir die Position 357 aufsuchen müßten, wäre es unsinning, von links nach rechts von 1 bis 357 zu zählen. Statt dessen würden wir zur 3 Dezimetermarke gehen, von da zur nächsten 5 Zentimetermarke und dann zur nächsten

[3] Das metrische System wird heute international von Wissenschaftlern und fast allen Nationen verwendet. Es wurde zwischen 1791 und 1795 von der französischen Nationalversammlung eingeführt. Die Verbreitung des Systems erfolgte langsam doch kontinuierlich, und in den frühen 70er Jahren war das metrische System nur in einigen wenigen Ländern, vor allem in den Vereinigten Staaten, noch nicht allgemein eingeführt. Seit dem 20. Oktober 1983 lautet die in Paris von der „Conférence générale des poids et mesures“ beschlossene aktualisierte Meterdefinition: Der Meter ist die Länge der Strecke, die das Licht im Vakuum während der Dauer von 1/299 792 458 Sekunde durchläuft. In den 1790er Jahren war 1 m als $1/10\,000\,000$ des Erdmeridianquadranten von Paris (Meridianlänge vom Nordpol bis zum Äquator) festgesetzt.

7 Millimetermarke. Für die meisten ist dieses hochentwickelte Vorgehen eine Selbstverständlichkeit. Aber jemand, der Meilen, Yards und Zoll umzuwandeln hat, weiß die Eleganz dieses Systems erst richtig zu schätzen. Eigentlich entspricht das Aufsuchen einer Position auf dem Metermaß einem Gang entlang den Ästen eines Baumes, des Dezimalbaumes (siehe Abbildung 2.2). Die Baumstruktur bringt die Selbstähnlichkeit des Dezimalsystems sehr treffend zum Ausdruck. Ähnliche Bäume spiegeln die Selbstähnlichkeit vieler fraktaler Strukturen wider, die in diesem Kapitel behandelt werden.

2.1 Die Cantor-Menge

Cantor war ein deutscher Mathematiker an der Universität von Halle. Dort führte er seine fundamentalen Arbeiten betreffend die Grundlagen der Mathematik durch, die wir heute *Mengenlehre* nennen.

Georg Cantor

Abb. 2.3 : Georg Cantor, 1845–1918.

Die Cantor-Menge wurde erstmals 1883 veröffentlicht[4] und trat als Beispiel für gewisse außergewöhnliche Mengen[5] in Erscheinung.

[4] G. Cantor, *Über unendliche, lineare Punktmannigfaltigkeiten V*, Mathematische Annalen 21 (1883) 545–591.

[5] Die Cantor-Menge ist ein Beispiel für eine perfekte, nirgends dichte Untermenge.

Die Cantor-Menge

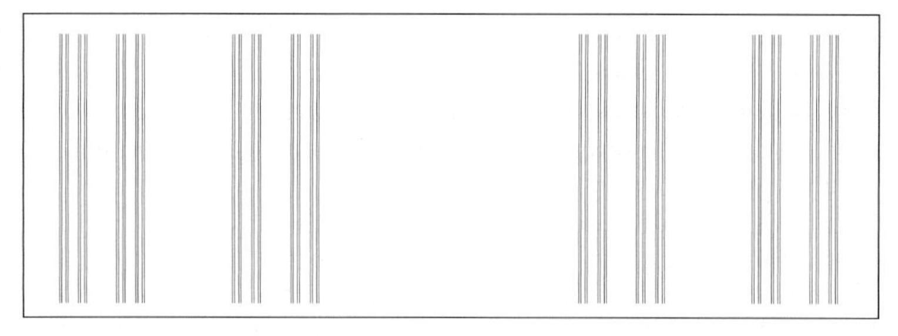

Abb. 2.4 : Die Cantor-Menge, dargestellt durch vertikale Linien, deren Fußpunkte genau mit all den verschiedenen zur Menge gehörenden Punkten zusammenfallen.

Es bestehen wohl keine Zweifel, daß im Zoo der mathematischen Monster — oder frühen Fraktale – die Cantor-Menge das bei weitem wichtigste Objekt ist, obwohl es bildlich weniger ansprechend und von einer unmittelbaren natürlichen Interpretation weiter entfernt ist als manches andere. Heute weiß man, daß die Cantor-Menge in vielen Zweigen der Mathematik eine Rolle spielt, in chaotischen dynamischen Systemen übrigens in einem sehr tiefen Sinne (wir werden diese Eigenschaft mindestens leicht streifen). Außerdem ist sie in gewissem Sinn als wesentliches Gerüst oder Modell hinter vielen anderen Fraktalen (z.B. Julia-Mengen) verborgen.

Die klassische Cantor-Menge ist eine unendliche Menge von Punkten im Einheitsintervall $[0, 1]$. Das heißt, sie kann als eine Menge von bestimmten Zahlen, z.B. 0, 1, 1/3, 2/3, 1/9, 2/9, 7/9, 8/9, 1/27, 2/27, ..., interpretiert werden. Die Aufzeichnung dieser und aller anderen Punkte (angenommen sie wären uns bekannt), würde kein sehr aussagekräftiges Bild ergeben. Deshalb benutzen wir einen gebräuchlichen Kunstgriff. Anstatt nur Punkte aufzutragen, zeichnen wir vertikale Linien von ein und derselben Länge, deren Fußpunkte genau mit all den verschiedenen zur Cantor-Menge gehörenden Punkten zusammenfallen. Dadurch wird die Verteilung dieser Punkte etwas besser sichtbar. Abbildung 2.4 gibt einen ersten Eindruck. Vermutlich wichtiger, als die Cantor-Menge wirklich zu sehen, ist es, sich an ihren klassischen Aufbau zu erinnern.

Erzeugung der Cantor-Menge

Wir beginnen mit dem Intervall $[0, 1]$. Nun entfernen wir das (offene) Intervall $(1/3, 2/3)$, d.h., das mittlere Drittel von $[0, 1]$ ohne die Zahlen $1/3$ und $2/3$. Dabei bleiben die beiden Intervalle $[0, 1/3]$ und $[2/3, 1]$ je der Länge $1/3$ zurück, womit der erste Grundschritt der Konstruktion beendet ist. Nun wiederholen wir dieses Verfahren, entfernen also von den übriggebliebenen Intervallen $[0, 1/3]$ und $[2/3, 1]$ die mittleren Drittel, was zu vier Intervallen je der Länge $1/9$ führt. Wir fahren in dieser Weise fort. Mit anderen Worten, es liegt ein

Rückkopplungs-Verfahren vor, mit dem eine Folge von (geschlossenen) Intervallen erzeugt wird — zwei nach dem ersten Schritt, vier nach dem zweiten Schritt, acht nach dem dritten Schritt usw. (d.h. 2^n Intervalle je der Länge $1/3^n$ nach dem n-ten Schritt). Abbildung 2.5 veranschaulicht die Konstruktion.

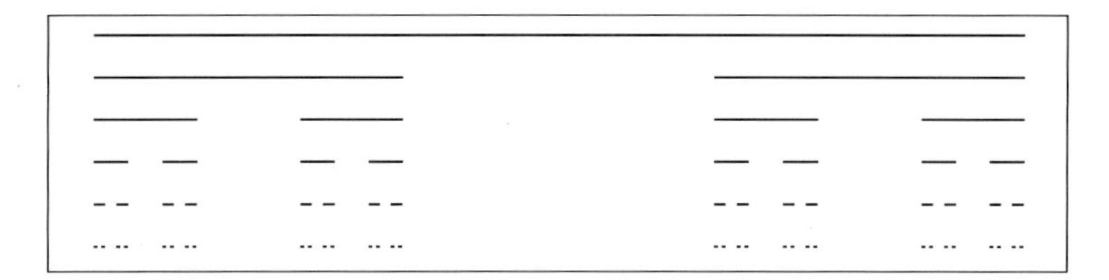

Abb. 2.5 : Einige anfängliche Schritte der Konstruktion.

Intervall-Endpunkte gehören zur Cantor-Menge ...

Was ist die Cantor-Menge? Es ist die Menge der Punkte, die nach unendlich vielen Wiederholungen der *Entfernungsschritte* übrigbleiben. Wie erklären wir *unendlich viele Wiederholungen*? Versuchen wir es. Ein Punkt, nennen wir ihn x, gehört zur Cantor-Menge, wenn wir nachweisen können, daß der Punkt x unabhängig von der Anzahl durchgeführter Entfernungsschritte unberührt bleibt. Offensichtlich sind 0, 1, 1/3, 2/3, 1/9, 2/9, 7/9, 8/9, 1/27, 2/27, ... Beispiele von solchen Punkten, da sie als Endpunkte der in den einzelnen Schritten erzeugten Intervalle zurückbleiben müssen. Alle diese Punkte haben eines gemeinsam, nämlich ihre Beziehung zu Potenzen von 3 — oder vielmehr zu Potenzen von 1/3. Das ist eine wichtige Beobachtung, die wir später nutzen werden, um die Cantor-Menge zu verstehen. Man ist versucht zu glauben, daß jeder Punkt der Cantor-Menge von dieser Art ist, d.h. ein Endpunkt eines der in dem Verfahren erzeugten kleinen Intervalle. Diese Schlußfolgerung ist grundsätzlich falsch. Wir wollen wenigstens bis zu einem gewissen Grad auf diese Tatsache eingehen, ohne eine vollständige Beweisführung zu geben.

... aber das ist nicht alles

Wenn die Cantor-Menge nur aus den Endpunkten der Intervalle bestehen würde, die durch das Verfahren erzeugt wurden, könnten wir sie leicht aufzählen, wie in Abbildung 2.6 gezeigt.

Dies würde bedeuten, daß die Cantor-Menge eine abzählbare Menge wäre. Sie ist aber als unabzählbar bekannt.[6] Es gibt also keinen Weg, die Punkte der Cantor-Menge abzuzählen. Somit muß es erheblich mehr Punkte geben, die keine Endpunkte sind. Können wir dafür Beispiele angeben? Um solche Punkte zu spezifizieren, werden wir eine einfache, aber weitreichende Charakterisierung der Cantor-Menge, nämlich mit Hilfe von triadischen Zahlen, benutzen.

[6] Siehe weiter unten, Seite 94.

Endpunkte der Intervalle

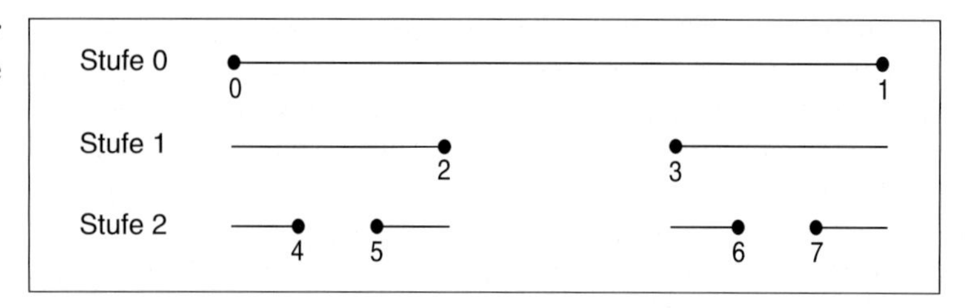

Abb. 2.6 : Abzählen der Endpunkte von Intervallen, die bei der Erzeugung der Cantor-Menge entstehen. In Stufe $k, k > 0$, des Erzeugungsverfahrens werden 2^k neue Punkte, wie gezeigt, hinzugefügt und numeriert.

Eine Variante unter Verwendung von Dezimalzahlen

Aber zuerst wollen wir sehen, was sich mit den gebräuchlicheren Dezimalzahlen machen läßt. Erinnern wir uns an unsere Diskussion des Metermaßes. Entfernen wir nun Teile des Maßes in mehreren Schritten (siehe Abbildung 2.7). Beginnen wir mit dem Meter und entfernen im 1. Schritt Dezimeter Nr. 5. Von den dabei verbleibenden 9 Dezimetern entfernen wir im 2. Schritt je Zentimeter Nr. 5. Als nächstes betrachten wir die übriggebliebenen 81 Zentimeter und entfernen im 3. Schritt von jedem Millimeter Nr. 5. Dann setzen wir das Verfahren mit den Zehntelmillimetern fort usw. Dies ist offensichtlich der Erzeugung der klassischen Cantor-Menge sehr ähnlich. Tatsächlich ist die Menge der Punkte, die alle Erzeugungsschritte überleben, d.h. die niemals entfernt werden, ein Fraktal, das auch als eine Cantor-Menge bezeichnet wird.

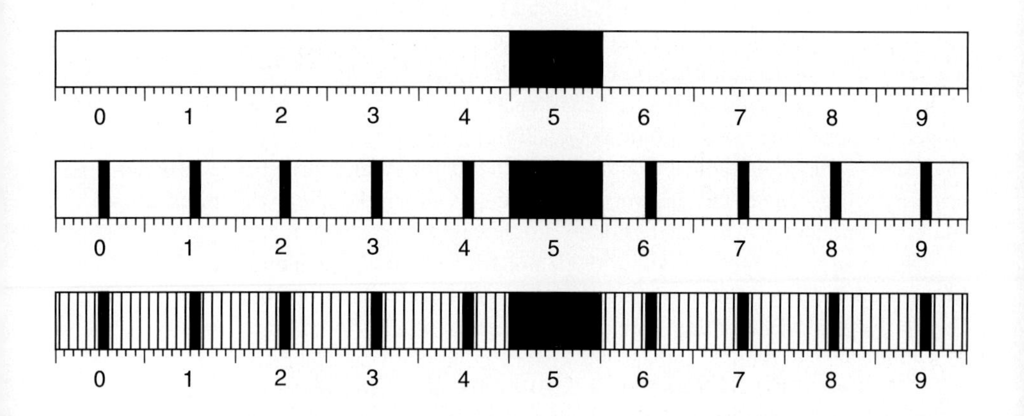

Abb. 2.7 : Aus diesem Metermaß wurden der fünfte Dezimeter (1. Stufe), die fünften Zentimeter (2. Stufe) und die fünften Millimeter (3. Stufe) entfernt. Dies ergibt die ersten drei Stufen einer modifizierten Cantor-Mengen-Erzeugung.

Es ist aufschlußreich, diese veränderte Cantor-Mengen-Konstruktion mit dem Dezimalbaum aus Abbildung 2.2 in Verbindung zu bringen. Die Entfernung eines Abschnittes aus dem Metermaß entspricht dem Wegschneiden eines Astes aus dem Baum. In der 1. Stufe ist der Hauptast mit der Marke 5 herausgeschnitten. In den nachfolgenden Stufen sind alle Äste mit den Marken 5 herausgetrennt. Mit anderen Worten werden nur solche Dezimalzahlen beibehalten, die keine Ziffern 5 enthalten. Natürlich ist unser Vorgehen, alle fünften Dezimeter, Zentimeter usw. zu entfernen, recht willkürlich. Wir hätten ebensogut alle Zahlen mit einer 6 in ihrer Dezimaldarstellung oder gar Zahlen mit den Ziffern 3, 4, 5 und 6 entfernen können. Für jeden Fall bekommen wir eine andere Cantor-Menge. Allerdings werden wir mit dieser Methode niemals die klassische Cantor-Menge erhalten; dafür sind *triadische* Zahlen erforderlich.

Triadische Zahlen sind Zahlen, die mit Bezug auf die Basis 3 dargestellt werden. Dies bedeutet, daß man nur die Ziffern 0, 1 und 2 verwendet. In der folgenden Tabelle sind einige Beispiele aufgeführt.

Dezimal	in Potenzen von 3	Triadisch
4	$1 \cdot 3^1 + 1 \cdot 3^0$	11
17	$1 \cdot 3^2 + 2 \cdot 3^1 + 2 \cdot 3^0$	122
0.333...	$1 \cdot 3^{-1}$	0.1
0.5	$1 \cdot 3^{-1} + 1 \cdot 3^{-2} + 1 \cdot 3^{-3} + \cdots$	0.111...

Tab. 2.8 : Umwandlung von vier Dezimalzahlen in die triadische Darstellung.

Triadische Zahlen

Erinnern wir uns an das Wesen unseres gebräuchlichen Zahlensystems, des Dezimalsystems, und dessen Darstellung. Wenn wir 0.32573 aufschreiben, meinen wir damit

$$3 \cdot 10^{-1} + 2 \cdot 10^{-2} + 5 \cdot 10^{-3} + 7 \cdot 10^{-4} + 3 \cdot 10^{-5}.$$

Mit anderen Worten, jede Zahl x aus $[0, 1]$ kann geschrieben werden als

$$x = a_1 \cdot 10^{-1} + a_2 \cdot 10^{-2} + a_3 \cdot 10^{-3} + ..., \tag{2.1}$$

wobei $a_1, a_2, a_3, ...$ Zahlen aus $\{0, 1, 2, ..., 9\}$, also Dezimalziffern sind. Dies nennt man die *Dezimaldarstellung* von x, und diese kann unendlich (z.B. $x = 1/3$) oder endlich (z.B. $x = 1/4$) sein. Wenn wir sagen, die Darstellung sei endlich, meinen wir damit eigentlich, daß sie mit einer unendlichen (überflüssigen) Folge von Nullen endet.

Bekanntlich sind digitale Computer auf dem *Binärsystem* mit 2 als Basis aufgebaut. Zum Beispiel ist 0.11001

$$1 \cdot 2^{-1} + 1 \cdot 2^{-2} + 0 \cdot 2^{-3} + 0 \cdot 2^{-4} + 1 \cdot 2^{-5}.$$

Diese Darstellungen sind nicht ganz eindeutig. Beispielsweise können wir $2/10$ auf die beiden Arten $0.1999\overline{9}$... oder $0.2000\overline{0}$... schreiben, oder im Binärsystem läßt sich z.B. $1/4$ als $0.0011\overline{1}$ oder $0.0100\overline{0}$ darstellen, wobei die Überstreichung Wiederholung der betreffenden Ziffer (oder Ziffern) ad infinitum bedeutet.

Nun können wir die Cantor-Menge durch triadische Darstellung der Zahlen aus $[0, 1]$ vollständig beschreiben, d.h. wir wechseln zur Darstellung von x mit Bezug auf die Basis 3 wie in Gleichung (2.2).

$$x = a_1 \cdot 3^{-1} + a_2 \cdot 3^{-2} + a_3 \cdot 3^{-3} + a_4 \cdot 3^{-4} + ... \tag{2.2}$$

Hier sind die $a_1, a_2, a_3, ...$ Zahlen aus $\{0, 1, 2\}$.

Charakterisierung der Cantor-Menge

Schreiben wir nun einige Punkte der Cantor-Menge als triadische Zahlen: 1/3 ist 0.1 im triadischen System, 2/3 ist 0.2, 1/9 ist 0.01 und 2/9 ist 0.02. Allgemein können wir jeden Punkt der Cantor-Menge wie folgt charakterisieren.

Fakt. *Die Cantor-Menge C ist die Menge der Punkte in $[0, 1]$, für die es eine triadische Darstellung ohne die Ziffer „1" gibt.*

Diese zahlentheoretische Charakterisierung beantwortet die Frage, was wir aus der geometrischen Konstruktion der Cantor-Menge erhalten.

Die obigen Beispiele 2/3 und 2/9 sind Punkte in der Cantor-Menge, da ihre triadischen Darstellungen 0.2 und 0.02 keine Ziffer „1" enthalten. Die anderen beiden Beispiele, 1/3 und 1/9, scheinen der Regel allerdings zu widersprechen, da ihre Darstellungen 0.1 und 0.01 eindeutig Ziffern „1" aufweisen. Ja, das stimmt; aber erinnern wir uns, daß aufgrund der Zweideutigkeiten in unserer Darstellung, auf die wir hingewiesen haben, 1/3 auch als $0.0222\overline{2}$ geschrieben werden kann. Also gehören sie doch zur Menge. Aber wie steht es dann mit $1/3 + 1/9$? Das ist eine Zahl aus dem mittleren Drittel des Intervalls, das beim ersten Erzeugungsschritt der Cantor-Menge ausscheidet. Die triadische Darstellung dieser Zahl lautet 0.11. Können wir dies nicht auch in einer anderen Form schreiben und somit Probleme bekommen? Ja sicher, $1/3 + 1/9 = 0.1022\overline{2}$; aber wie man sieht, erscheint auch hier eine Ziffer „1". Wie auch immer wir die triadische Darstellung wählen, werden wir die Ziffer „1" nicht los. Somit scheidet diese Zahl aus, und wir haben keine Probleme mit unserer Beschreibung.

Unterscheidung zwischen Endpunkten und Nicht-Endpunkten

Überdies können wir jetzt zwischen Punkten in C, die Endpunkte von irgendwelchen beim geometrischen Erzeugungsverfahren entstehenden kleinen Intervallen sind, und solchen Punkten unterscheiden, die es zweifelsfrei nicht sind. In der Tat entsprechen Endpunkte in diesem Sinne genau Zahlen mit einer triadischen Darstellung, die mit unendlich vielen aufeinanderfolgenden Ziffern 2 oder 0 endet. Alle

Binärer Baum

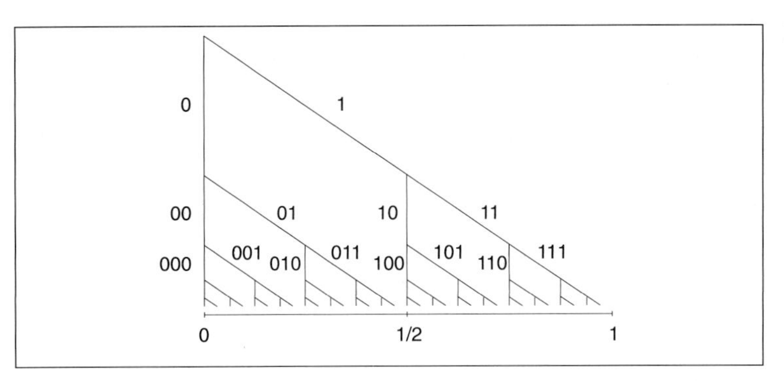

Abb. 2.9 : Veranschaulichung von Binärdarstellungen mit Hilfe eines Baumes. Im Gegensatz zu wirklichen Bäumen zeichnen wir Adreßbäume immer mit der Wurzel oben. Jede Zahl im Intervall $[0, 1]$ am unteren Ende des Baumes kann von der Wurzel aus entlang einzelner Äste erreicht werden. Durch Bezeichnung der Äste (0 für den linken und 1 für den rechten Ast) in entsprechender Reihenfolge erhalten wir für eine bestimmte Zahl des Intervalls deren Binärdarstellung. Der Baum ist offensichtlich selbstähnlich: jeder Zweig ist eine verkleinerte Kopie des ganzen Baumes.

Triadischer Baum

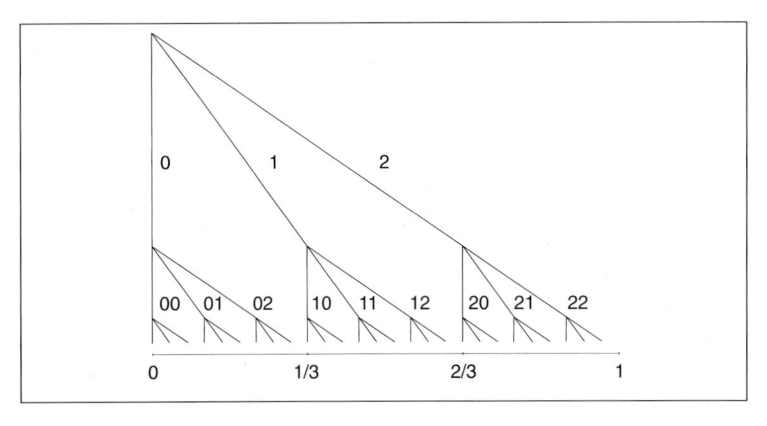

Abb. 2.10 : Ein Baum mit 3 Zweigen veranschaulicht die triadische Darstellung von Zahlen aus dem Einheitsintervall. Der erste Hauptzweig überdeckt alle Zahlen zwischen 0 und 1/3. Zum Auffinden der triadischen Darstellung einer Zahl im Intervall $[0, 1]$ folgt man den entsprechenden Ästen hinunter bis zur anvisierten Zahl und notiert jeweils 0 für linke, 1 für mittlere und 2 für rechte Äste.

anderen Möglichkeiten, wie z.B.

$$0.020022000222000022220000022222\ldots$$

oder eine Zahl, für die wir die Ziffern 0 und 2 durch Zufall bestimmen, gehören zur Cantor-Menge, entsprechen aber keinen Endpunkten und sind in der Tat für die Cantor-Menge typischer. Mit anderen Worten, wenn jemand eine Zahl aus C zufällig herausgreift, dann entspricht sie fast sicher keinem Endpunkt. Mit dieser Charakterisierung der Cantor-Menge ist es verständlich, daß jeder Punkt in C durch andere Punkte aus C beliebig genau angenähert werden kann, und dennoch ist C selbst ein Staub aus Punkten. Mit anderen Worten, so etwas wie ein Intervall in C gibt es nicht (was in Anbetracht der geometrischen Konstruktion, nämlich der Entfernung von Intervallen, offensichtlich ist).

Adressen und die Cantor-Menge

Kehren wir kurz zur anschaulichen geometrischen Erzeugung der Cantor-Menge durch schrittweises Entfernen von Intervallen aus dem Einheitsintervall $[0, 1]$ zurück. Nach dem ersten Schritt haben wir zwei Teile, einen links, einen rechts. Beim zweiten Schritt spaltet sich jeder von ihnen wiederum in zwei Teile, einen linken und einen rechten, auf usw. Nun entwerfen wir eine zweckmäßige Bezeichnungsweise für die in den einzelnen Schritten erzeugten Teile. Die beiden Teile nach dem ersten Schritt werden mit L für links und R für rechts gekennzeichnet. Die vier Teile nach dem zweiten Schritt erhalten die Bezeichnungen LL, LR, RL, RR, d.h. der Teil L aus dem ersten Schritt wird in einen weiteren Teil L und einen Teil R zerlegt, was LL und LR ergibt, und analog wird mit dem Teil R verfahren. Abbildung 2.11 faßt die ersten drei Schritte zusammen.

Wir sind nun in der Lage, aus einer Bezeichnung mit 8 Buchstaben, wie beispielsweise $LLRLRRRL$, aus 2^8 Teilen der Länge $1/3^8$ genau den gewünschten herauszulesen. Beim Lesen solcher Adressen ist es jedoch wichtig, die Interpretationsregel von links nach rechts zu beachten, d.h. die Buchstaben haben entsprechend ihrer Position innerhalb eines Wortes einen Stellenwert, vergleichbar mit demjenigen von Ziffern im Dezimalsystem.

Intervall-Adressen gegen Punkt-Adressen

Adressen aus endlichen Buchstabenfolgen, wie $LLRLRRRL$, kennzeichnen kleine Intervalle bei der Erzeugung der Cantor-Menge. Je länger die Adresse ist, desto höher ist die Stufe der Erzeugung, und um so kleiner wird das Intervall. Solche Adressen genügen of-

Adressen der Cantor-Menge

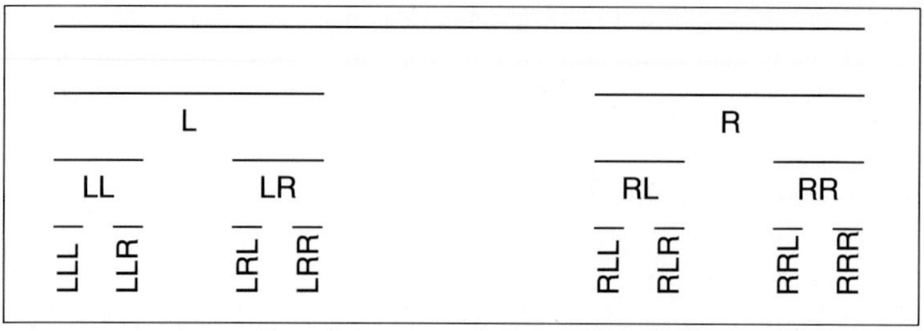

Abb. 2.11 : Adressen für die Cantor-Menge.

fensichtlich nicht, Punkte in der Cantor-Menge zu kennzeichnen, da es in jedem solchen Intervall, ungeachtet seiner Kleinheit, immer noch unendlich viele Punkte aus der Cantor-Menge gibt. Deshalb brauchen wir Adressen aus unendlich langen Buchstabenfolgen, um die Lage eines Punktes der Cantor-Menge präzise anzugeben. Betrachten wir zwei Beispiele. Das erste ist der Punkt 1/3. Er liegt im linken Intervall der ersten Stufe, dem die Adresse L zugeordnet ist. In diesem befindet er sich im rechten Intervall der zweiten Stufe. Das ist $[2/9, 1/3]$ mit der Adresse LR. Hier liegt der Punkt wiederum im rechten Teilintervall mit der Adresse LRR usw. Um also die Position des Punktes exakt zu kennzeichnen, notieren wir die Folge der Intervalle aus fortlaufenden Stufen, welchen der Punkt angehört: LR, LRR, $LRRR$, $LRRRR$ usw. Mit anderen Worten können wir die Adresse dieses Punktes als unendliche Buchstabenfolge $LRRRR...$ oder mit Hilfe eines Querstriches zur Anzeige periodischer Wiederholung als $L\overline{R}$ schreiben. Der Punkt 2/3 liegt im rechten Intervall der ersten Stufe. Darin und bei allen weiteren Stufen befindet er sich immer im linken Teilintervall. Also lautet seine Adresse $RLLL...$ oder $R\overline{L}$.

Binärer Baum für die Cantor-Menge

Eine weitere interessante Sichtweise, die durch die systematische Kennzeichnung entstanden ist, kommt in Abbildung 2.12 zum Ausdruck. Der dargestellte unendliche binäre Baum verzweigt sich wiederholt von oben nach unten in je zwei Äste. Welcher Zusammenhang besteht zwischen dem Baum und der Cantor-Menge? Nun, der Baum umfaßt Verzweigungspunkte und Äste. Jede Verzweigungsstufe des Baumes entspricht einem bestimmten Schritt in der Erzeugung der Cantor-Menge; und in dieser Sicht verkörpert er so etwas wie einen Stammbaum. Mit anderen Worten können wir die Situa-

Adreßbaum

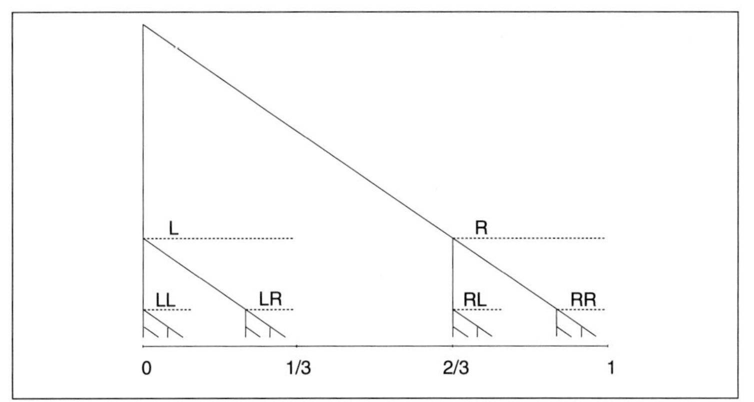

Abb. 2.12 : Adressen für Punkte der Cantor-Menge erzeugen einen binären Baum.

tion mit einem Zellteilungsprozess vergleichen. Der Baum sagt uns nämlich genau, von wo eine einzelne Zelle einer zukünftigen Generation abstammt. Aber es steckt noch viel mehr in dieser einfachen Idee. Beispielsweise können wir das Alphabet $\{L, R\}$ durch ein anderes Zweizeichenalphabet ersetzen und einen systematischen Austausch der Symbole vornehmen. Warum nehmen wir nicht ein Alphabet mit 0 und 2 als Zeichen und ersetzen jedes L durch eine 0 und jedes R durch eine 2? Auf diese Weise erhalten wir Ziffernfolgen wie 022020002 anstatt $LRRLRLLLR$. Es ist sicherlich schon deutlich geworden, worauf wir hinauswollen. Diese Ziffernfolge läßt sich nämlich als triadische Zahl deuten, wenn wir ein Dezimalkomma davor setzen, d.h. 0.022020002 schreiben. Damit haben wir die Beziehung zwischen der triadischen Darstellung der Cantor-Menge und dem Adressierungssystem aufgezeigt. Dies liefert uns eine Bestätigung für die Stichhaltigkeit der triadischen Charakterisierung. Mit anderen Worten, wenn wir uns für die Lage einer bestimmten Zahl in der Cantor-Menge interessieren — bis zu einem bestimmten Genauigkeitsgrad, brauchen wir nur in der triadischen Darstellung jede Ziffer 0 als L und jede Ziffer 2 als R zu interpretieren. Dann können wir mit Hilfe der resultierenden Adresse den Teil des binären Baumes auffinden, in dem die Zahl liegen muß.

L und R sind nicht 0 und 1

Die Beziehung von (L, R)-Adressen zu triadischen Zahlen könnte dazu verleiten, einen Schritt weiterzugehen, nämlich L und R mit 0 und 1, d.h. mit binären Zahlen, gleichzusetzen. Das ist allerdings gefährlich. Betrachten wir als Beispiel wiederum den Punkt 1/3. Er wird durch die Adresszeichenfolge $L\overline{R}$ dargestellt. Dies würde der Binärzahl $0.0\overline{1}$ entsprechen, was mit der Binärzahl 0.1 identisch ist. Aber 0.1 zurückübersetzt entspricht $R\overline{L}$ (wegen $0.1 = 0.1000... = 0.1\overline{0}$), was in der Cantor-Menge der Adresse des Punktes 2/3 entspricht! Natürlich ergibt diese Gleichsetzung einen Widerspruch. Nicht binäre Zahlen, sondern triadische Zahlen entsprechen eben dem Wesen der Cantor-Menge. Oder anders ausgedrückt: Obwohl unendliche Zweibuchstaben-Folgen dem Wesen der Cantor-Menge entsprechen, können sie nicht mit binären Zahlen gleichgesetzt werden, ungeachtet der Tatsache, daß diese Folgen aus zwei Buchstaben/Ziffern gebildet werden.

Die Mächtigkeit der Cantor-Menge

Wir können nun erkennen, daß die Mächtigkeit der Cantor-Menge dieselbe sein muß wie die Mächtigkeit des Einheitsintervalles $[0, 1]$. Dazu müssen wir zeigen, daß jeder Punkt im Intervall $[0, 1]$ einem Punkt in der Cantor-Menge entspricht.

- Jeder Punkt im Intervall hat eine *binäre* Darstellung.
- Jede Binärdarstellung entspricht einem Pfad im Binärbaum für Binärzahlen.
- Jeder solche Pfad hat einen entsprechenden Pfad im *triadischen* Baum

für die Cantor-Menge.

- Jeder Pfad im triadischen Baum der Cantor-Menge kennzeichnet mittels einer Adresse in triadischer Darstellung eindeutig einen Punkt in der Cantor-Menge.

Somit gibt es für jede Zahl im Intervall $[0, 1]$ einen entsprechenden Punkt in der Cantor-Menge. Für unterschiedliche Zahlen gibt es unterschiedliche Punkte. Also muß die Mächtigkeit der Cantor-Menge einerseits mindestens so groß sein wie die Mächtigkeit des Intervalls, andererseits kann sie aber nicht größer sein, da die Cantor-Menge eine Teilmenge des Intervalls ist. Demzufolge müssen beide Mächtigkeiten gleich sein.

Selbstähnlichkeit

Die Cantor-Menge ist wirklich kompliziert, aber ist sie auch selbstähnlich? Ja, das ist sie. Wenn man z.B. den Teil von C herausgreift, der im Intervall $[0, 1/3]$ liegt, können wir diesen Teil als verkleinerte Version der gesamten Menge betrachten. Wie können wir das einsehen? Gemäß Definition vereinigt die Cantor-Menge alle Punkte aus $[0, 1]$ mit einer triadischen Darstellung ohne die Ziffer 1. Nun finden wir für jeden Punkt

$$\xi = \alpha_1 \times 3^{-1} + \alpha_2 \times 3^{-2} + \alpha_3 \times 3^{-3} + \alpha_4 \times 3^{-4} + \ldots ,$$

(wobei $\alpha_i \in \{0, 2\}$) aus der Cantor-Menge einen entsprechenden Punkt in $[0, 1/3]$, indem wir ξ durch 3 teilen, d.h.

$$\frac{\xi}{3} = 0 \times 3^{-1} + \alpha_1 \times 3^{-2} + \alpha_2 \times 3^{-3} + \alpha_3 \times 3^{-4} + \ldots$$

Wenn wir z.B. $x = 0.200220...$ mit $1/3 = 0.1$ multiplizieren, bedeutet das, daß wir einfach das Komma um eine Stelle nach links verschieben, d.h. wir erhalten 0.0200220..., was wiederum in C liegt. Somit ist der Teil der Cantor-Menge, der sich in $[0, 1/3]$ befindet, eine genaue, mit einem Faktor $1/3$ verkleinerte Kopie der gesamten Cantor-Menge (siehe Abbildung 2.13). Für den Teil von C, der im Intervall $[2/3, 1]$ liegt, können wir im wesentlichen dieselbe Rechnung durchführen (wir müssen nur die Addition von $2/3 = 0.2$ einbeziehen). Auf dieselbe Weise enthält jedes Teilintervall der geometrischen Konstruktion der Cantor-Menge die gesamte Cantor-Menge, jedoch um einen entsprechenden Faktor von $1/3^k$ verkleinert. Mit anderen Worten kann die Cantor-Menge als eine Vereinigung von beliebig kleinen Teilen angesehen werden, von denen jeder eine exakte verkleinerte Kopie der gesamten Cantor-Menge ist. Genau das meinen wir mit Selbstähnlichkeit der Cantor-Menge. Somit tritt Selbstähnlichkeit, aufgefaßt als anschauliche Eigenschaft, hier in höchster Vollendung auf und zwar für einen unbegrenzten Bereich. Man beachte, daß wir in unserer Diskussion der Selbstähnlichkeit das geometrische Modell der Cantor-Menge sorgfältig vermieden haben. Statt dessen haben wir die zahlentheoretische Darstellung verwendet.

Selbstähnlichkeit der Cantor-Menge

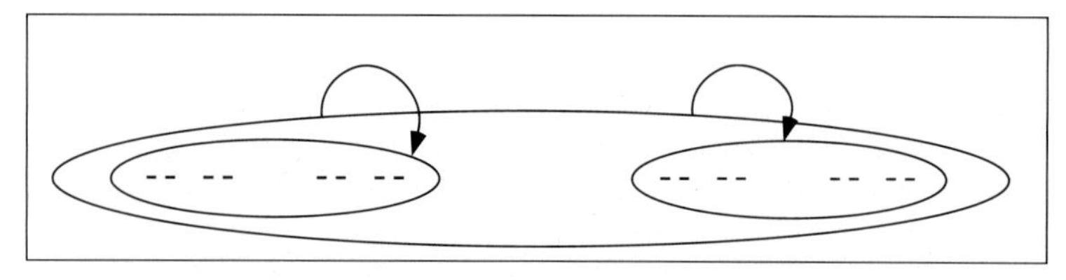

Abb. 2.13 : Die Cantor-Menge ist eine Vereinigung von zwei exakten Kopien der gesamten Cantor-Menge, verkleinert um einen Faktor $1/3$.

Die Verkleinerungs- oder Skalierungseigenschaft der Cantor-Menge entspricht der folgenden Invarianzeigenschaft: Man nehme einen Punkt aus C und multipliziere ihn mit $1/3$. Das Ergebnis liegt wiederum in C. Dasselbe gilt, wenn wir erst mit $1/3$ multiplizieren und dann $2/3$ addieren. Dies ergibt sich aus der triadischen Beschreibung und wird in Kapitel 5 eine Schlüsselrolle spielen.

Bevor wir unsere Einführung in klassische Fraktale mit einigen anderen Beispielen fortsetzen, wollen wir eine weitere Eigenschaft der Cantor-Menge erwähnen, die eine wichtige dynamische Interpretation und eine verblüffende Verbindung zum Chaos enthüllt.

Die Cantor-Menge als Gefangenen-Menge

Betrachten wir ein mathematisches Rückkopplungssystem, das in folgender Weise definiert ist. Wenn x die Eingabe ist, dann wird die Ausgabe durch folgende Bedingung (2.3) bestimmt.

$$x \to \begin{cases} 3x & \text{wenn } x \leq 0.5 \\ -3x+3 & \text{wenn } x > 0.5 \end{cases} . \tag{2.3}$$

Mit anderen Worten, die Ausgabe wird berechnet mit $3x$, wenn $x \leq 0.5$ ist, und mit $-3x+3$, wenn $x > 0.5$ ist.

Ausgehend von einem Anfangspunkt x_0, definiert das Rückkopplungsverfahren (d.h., die Ausgabe wird zur Eingabe des jeweils nächsten Schrittes) eine Folge

$$x_0, x_1, x_2, x_3, \ldots$$

Die interessante Frage lautet nun: Wie ist das Langzeitverhalten solcher Folgen? Für viele Anfangspunkte x_0 läßt sich die Antwort sehr leicht ableiten. Nehmen wir z.B. eine Zahl $x_0 < 0$. Dann ist $x_1 = 3x_0$ und $x_1 < 0$. Durch Induktion folgt, daß alle Zahlen x_k dieser Folge negativ sind und damit

$$x_k = 3^k x_0 .$$

Diese Folge wächst unbeschränkt negativ an, sie strebt gegen minus unendlich, $-\infty$. Wir nennen eine Folge mit einem derartigen Langzeitverhalten eine *Fluchtfolge*, und den Anfangspunkt x_0 einen *Fluchtpunkt*.

Nehmen wir nun $x_0 > 1$. Dann ist $x_1 = -3x_0 + 3 < 0$, und wiederum entweicht diese Folge nach $-\infty$. Aber nicht alle Punkte sind Fluchtpunkte. So sind z.B. für $x_0 = 0$ alle weiteren Zahlen in der Folge auch null. Wir schließen daraus, daß jeder Anfangspunkt x_0, der bei irgendeiner Stufe null wird, für immer dort bleiben wird und somit kein Fluchtpunkt ist. Solche Punkte nennen wir *Gefangene*. So weit steht fest, daß alle Gefangenenpunkte innerhalb des Einheitsintervalles $[0, 1]$ liegen müssen. Dies führt zur nächsten interessanten Frage: Welche Punkte im Einheitsintervall werden zurückbleiben und welche werden entweichen? Betrachten wir einige Beispiele.

x_0	x_1	x_2	x_3	x_4	...	G/E
0	0	0	0	0		Gefangener
1/3	1	0	0	0		Gefangener
1/9	1/3	1	0	0		Gefangener
1/2	3/2	−3/2	−9/2	−27/2		Entwichener
1/5	3/5	6/5	−3/5	−9/5		Entwichener

Gewiß entweicht das gesamte (offene) Intervall $(1/3, 2/3)$, denn für $1/3 < x_0 < 2/3$ folgen $x_1 > 1$ und $x_2 < 0$. Aber dann wird jeder Punkt, der schließlich in diesem Intervall landet, bei weiterer Iteration auch entweichen. Abbildung 2.14 zeigt, wie sich die Cantor-Menge aus den zurückbleibenden Punkten ergibt.

Fakt. *Die Gefangenenmenge G für das durch die Gleichungen (2.3) gegebene Rückkopplungssystem ist die Cantor-Menge, während alle außerhalb der Cantor-Menge liegenden Punkte in $[0, 1]$ zur Fluchtmenge E gehören.*

Dies ist ein bemerkenswertes Ergebnis, und es zeigt, daß die Untersuchung der Dynamik von Rückkopplungssystemen eine Interpretation für die Cantor-Menge liefert.

Flucht-Intervalle

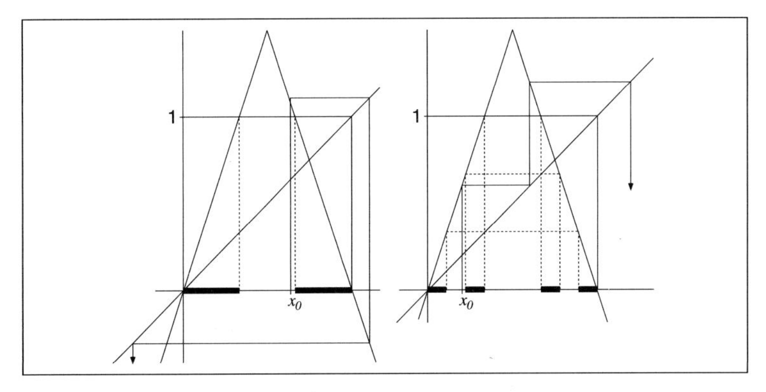

Abb. 2.14 : Mechanismus für entweichende Punkte.

2.2 Sierpinski-Dreieck und -Teppich

Unser nächstes klassisches Fraktal ist etwa 40 Jahre jünger als die Cantor-Menge und wurde 1916 vom großen polnischen Mathematiker Waclaw Sierpinski (1882-1969) vorgestellt.[7]

Waclaw Sierpinski

Abb. 2.15 : Waclaw Sierpinski, 1882–1969.

Sierpinski war Professor in Lemberg[8] und Warschau. Er war in Polen einer der einflußreichsten Mathematiker seiner Zeit und genoß weltweites Ansehen. Ein Mondkrater ist nach ihm benannt.

Die geometrische Konstruktion des Sierpinski-Dreiecks wird gewöhnlich wie folgt ausgeführt: Man beginnt mit einem Dreieck in

[7] W. Sierpinski, C. R. Acad. Paris 160 (1915) 302, und W. Sierpinski, *Sur une courbe cantorienne qui content une image biunivoquet et continue detoute courbe donneé* C. R. Acad. Paris 162 (1916) 629–632.

[8] Lemberg, ukrainisch Lviv, polnisch Lwów, Stadt und Verwaltungszentrum in der Ukraine. Gegründet 1256, war Lemberg schon immer das Zentrum von Galizien. Zwischen 1340 und 1772 gehörte Lemberg zu Polen und wurde bei der ersten Teilung Österreich zuerkannt. 1919 ging es wieder an Polen zurück und wurde eine weltbekannte Universitätsstadt, die in den zwanziger und dreißiger Jahren eine der einflußreichsten mathematischen Schulen beherbergte. Als Folge des Hitler-Stalin Paktes wurde es 1939 von den Sowjets annektiert, und die vorher florierende polnische mathematische Schule brach zusammen. Später wurden einige ihrer großen Wissenschaftler Opfer des national-sozialistischen Deutschland.

Sierpinski-Dreieck

Abb. 2.16 : Die Konstruktions-Grundschritte des Sierpinski-Dreiecks.

Sierpinski-Muster

Abb. 2.17 : Eschers Studien über Muster von der Art von Sierpinski-Dreiecken an der aus dem zwölften Jahrhundert stammenden Kanzel der Ravello-Kathedrale, entworfen von Nicola di Bartolomeo aus Foggia. Aquarell, Tusche, 278 × 201 mm. ©1923 M. C. Escher / Cordon Art – Baarn – Holland.

der Ebene und wendet darauf ein Rückkopplungsverfahren an (wenn wir hier von einem Dreieck sprechen, meinen wir ein geschwärztes, „gefülltes“ Dreieck). Wir verbinden die Mittelpunkte seiner drei

LRTT

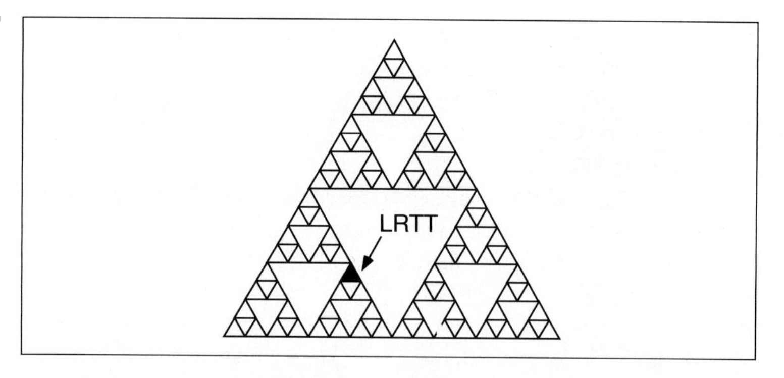

Abb. 2.18 : $LRTT$ bezeichnet ein Teildreieck im Sierpinski-Dreieck, welches aus der Aufeinanderfolge der Teildreiecke links, rechts, oben und nochmals oben gefunden werden kann.

Spinnweb-artiger Baum

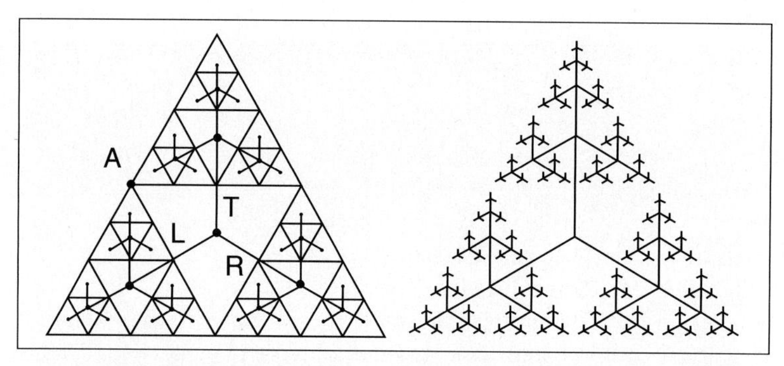

Abb. 2.19 : Dieser Baum stellt nicht nur die Struktur des Sierpinski-Dreiecks, sondern auch seine Geometrie dar.

Seiten. Zusammen mit den Eckpunkten des ursprünglichen Dreiecks bilden diese Mittelpunkte vier kongruente Dreiecke, von denen wir das im Zentrum liegende entfernen. Dies ist bereits der Grundschritt der Konstruktion. Wir haben also nach dem ersten Schritt drei kongruente Dreiecke mit genau der halben Seitenlänge des Ausgangsdreiecks. Diese Dreiecke berühren sich in drei Punkten, die gemeinsame Eckpunkte von zwei aneinandergrenzenden Dreiecken sind. Nun wenden wir denselben Grundschritt auf die drei erhaltenen Dreiecke an und wiederholen die Rückkopplung beliebig oft. Das heißt, man beginnt mit einem Dreieck und erzeugt daraus 3, 9, 27, 81, 243, ... Dreiecke, von denen jedes eine exakte verkleinerte Kopie der Dreiecke des vorangegangenen Schrittes ist. Abbildung 2.16 zeigt einige Schritte des Verfahrens.

Das Sierpinski-Dreieck[9] ist die Menge der Punkte in der Ebene, welche übrigbleiben, nachdem das Verfahren unendlich oft wiederholt worden ist. Es ist einfach, einige Punkte, die sicher zum Sierpinski-Dreieck gehören, aufzuzählen, nämlich die Seiten aller beim Verfahren erzeugten Dreiecke.

Das Merkmal der Selbstähnlichkeit ist bereits erkennbar. Es fehlen aber noch die Voraussetzungen für eine genaue Diskussion. Die Selbstähnlichkeit ist im Konstruktionsverfahren verankert, d.h. jeder der 3 Teile des k-ten Schrittes ist eine verkleinerte Kopie — um einen Faktor 2 — der gesamten Struktur des vorhergehenden Schrittes. Selbstähnlichkeit ist allerdings eine Eigenschaft des Grenzwertes des geometrischen Konstruktionsverfahrens, und diese wird uns erst in Kapitel 5 zur Verfügung stehen.[10]

Adressen für das Sierpinski-Dreieck

Ähnlich wie bei unserer früheren Diskussion der Cantor-Menge, können wir ein Adressierungssystem für die Teildreiecke (oder Punkte) des Sierpinski-Dreiecks einführen. Hier sind drei Symbole zur Errichtung eines Adressen-Systems erforderlich. Wenn wir z.B. L (links), R (rechts) und T (top, d.h. oben) nehmen, erhalten wir Folgen wie $LRTT$ oder $TRLLLTLR$. Diese lesen wir zur Kennzeichnung von Teildreiecken im jeweiligen Konstruktionsschritt des Sierpinski-Dreiecks von links nach rechts. Beispielsweise bezieht sich $LRTT$ auf ein Dreieck des 4. Schrittes, das auf folgende Weise aufgefunden wird. Man greife aus der ersten Stufe das linke Dreieck heraus, dann aus diesem das rechte, daraus das obere und schließlich aus diesem wiederum das obere (siehe Abbildung 2.18). Wir werden die Bedeutung von Adressen für das Sierpinski-Dreieck in Kapitel 6 diskutieren. Sie sind der Schlüssel für das Verständnis des Chaos-Spieles aus Kapitel 1. Wir sollten übrigens unsere symbolischen Adressen nicht mit den triadischen Zahlen in Verbindung und durcheinander bringen.

Es gibt mehrere Möglichkeiten, Bäume mit symbolischen Adressen in Verbindung zu bringen. Eine besondere beruht auf den Dreiecken, die beim Konstruktionsverfahren entfernt werden. Die Verzweigungspunkte des Baumes sind die Mittelpunkte dieser Dreiecke. Die Äste des Baumes wachsen von Generation zu Generation, wie in Abbildung 2.19 gezeigt. Es ist bemerkenswert, daß sich gewisse Äste nach unendlich vielen Schritten berühren. So berühren sich z.B. die Äste, die $LTTT...$ und $TLLL...$ entsprechen, im Punkt A.

---

[9] Das Sierpinksi-Dreieck wird in der Literatur manchmal auch Sierpinski-Dichtung genannt.

[10] In Kapitel 7 von *Chaos – Bausteine der Ordnung* werden wir ausführlich eine zahlentheoretische Beschreibung des Sierpinski-Dreiecks erklären, aus der die Selbstähnlichkeit genauso einfach folgt wie wir dies für die Cantor-Menge gesehen haben.

Sierpinski-Teppich

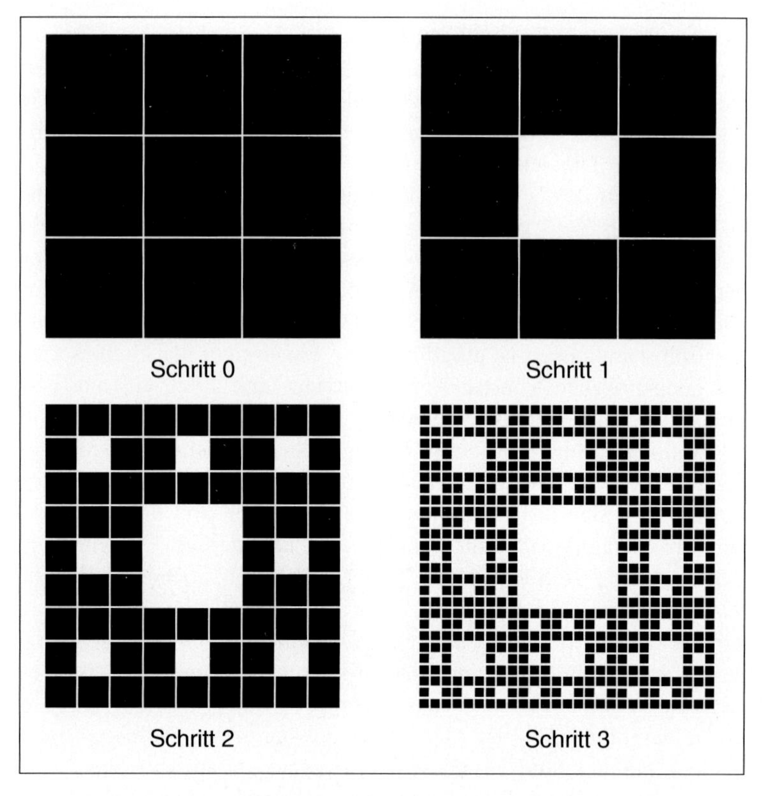

Abb. 2.20 : Die Konstruktions-Grundschritte des Sierpinski-Teppichs.

Der Sierpinski-Teppich

Sierpinski hat die Galerie der klassischen Fraktale um ein weiteres Objekt bereichert, den Sierpinski-Teppich, der auf den ersten Blick nur wie eine Variation des bekannten Themas aussieht (siehe Abbildung 2.20). Wir beginnen mit einem Quadrat in der Ebene, unterteilen es in neun kleine kongruente Quadrate und entfernen davon dasjenige, das im Zentrum liegt, usw. Das nach einer unendlichen Anzahl von Wiederholungen dieses Verfahrens sich ergebende, übrigbleibende Objekt kann als Verallgemeinerung der Cantor-Menge angesehen werden. Wenn wir nämlich zur Grundlinie des Ausgangsquadrates eine Parallele durch dessen Zentrum legen, erkennen wir in der Unterteilung, wie sich auf dieser Parallele zeigt, deutlich die Konstruktion der Cantor-Menge.

Wie wir in Abschnitt 2.7 feststellen werden, scheinen Teppich und Dreieck nur auf den ersten Blick von der gleichen Komplexität zu sein. In Wahrheit ist der Unterschied immens.

2.3 Das Pascalsche Dreieck

Blaise Pascal (1623–1662) war ein großer französischer Mathematiker und Wissenschaftler. Mit nur 20 Jahren baute er etwa zehn mechanische Maschinen für die Addition von ganzen Zahlen, Vorläufer der modernen Computer. Was als arithmetisches Dreieck oder *Pascalsches Dreieck* bekannt ist, war allerdings nicht seine Entdeckung. Die erste in Europa veröffentlichte Darstellung des arithmetischen Dreiecks stammt aus dem Jahre 1527. Eine chinesische Version des Pascalschen Dreiecks wurde bereits 1303 veröffentlicht (siehe Abbildung 2.24). Pascal benutzte das arithmetische Dreieck zur Lösung von Problemen im Zusammenhang mit Gewinnchancen beim Glücksspiel, die er 1654 mit Pierre de Fermat erörtert hatte. Diese Forschungsarbeit wurde später Grundlage der Wahrscheinlichkeitstheorie.

Blaise Pascal

Abb. 2.21 : Blaise Pascal, 1623–1662.

Das arithmetische Dreieck

Das arithmetische Dreieck ist ein dreieckiges Feld von Zahlen, die aus den Koeffizienten der Entwicklung des Polynoms $(x+1)^n$ gebildet werden. Hierbei bezeichnet n die Zeile, beginnend mit $n = 0$. Die Zeile n hat $n + 1$ Einträge. Beispielsweise ist für $n = 3$ das Polynom

$$(1+x)^3 = 1 + 3x + 3x^2 + x^3 \; .$$

Somit lautet Zeile Nummer 3: $1, 3, 3, 1$ (siehe Abbildung 2.22).

Es gibt mehrere Möglichkeiten die Koeffizienten zu berechnen. Eine besteht in der induktiven Berechnung einer Zeile mit Hilfe der Einträge der unmittelbar vorhergehenden Zeile. Nehmen wir an, die Koeffizienten $a_0, ..., a_n$ in Zeile n seien gegeben:

$$(1+x)^n = a_0 + a_1 x + \cdots + a_n x^n \; ,$$

Pascalsches Dreieck

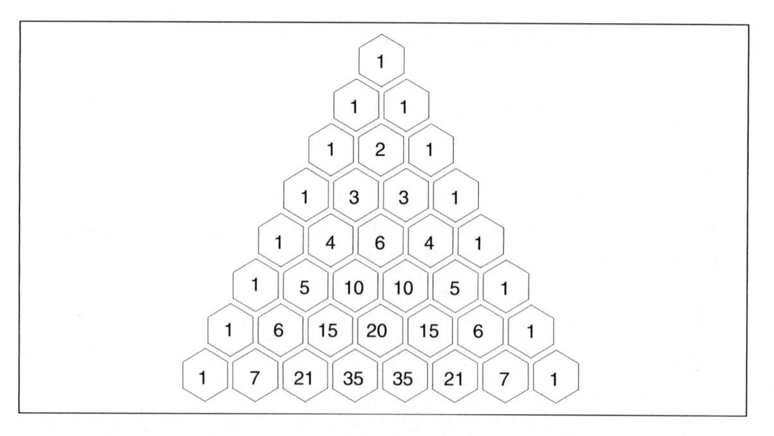

Abb. 2.22 : Die ersten acht Zeilen des Pascalschen Dreiecks in einem Netz mit sechseckigen Maschen.

Pascalsches Dreieck, acht Zeilen

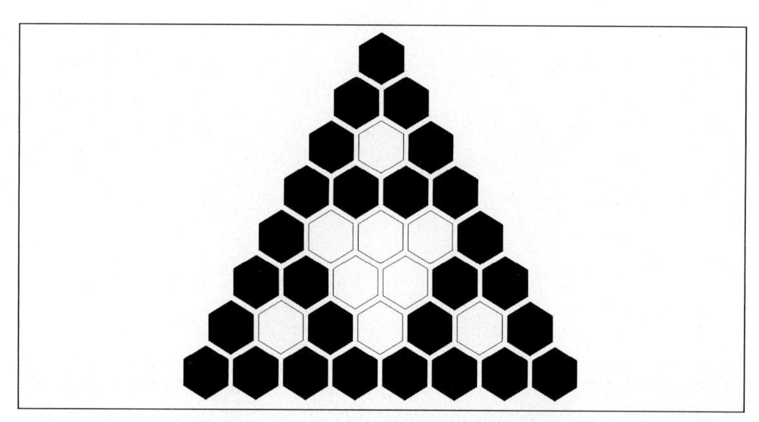

Abb. 2.23 : Farbkodierung von geraden (weiß) und ungeraden (schwarz) Einträgen im Pascalschen Dreieck mit acht Zeilen.

die Koeffizienten $b_0, ..., b_{n+1}$ der nachfolgenden Zeile seien gesucht:

$$(1+x)^{n+1} = b_0 + b_1 x + \cdots + b_{n+1} x^{n+1} .$$

Diese stehen in direkter Beziehung zu den bekannten Koeffizienten $a_0, ..., a_n$:

$$\begin{aligned}(1+x)^{n+1} &= (1+x)^n (1+x) \\ &= (a_0 + a_1 x + \cdots + a_n x^n)(1+x) \\ &= a_0 + a_1 x + \cdots + a_n x^n \\ &\quad + a_0 x + a_1 x^2 + \cdots + a_n x^{n+1} \\ &= a_0 + (a_0 + a_1) x + \cdots + (a_{n-1} + a_n) x^n + a_n x^{n+1} .\end{aligned}$$

Durch Vergleich der Koeffizienten erhalten wir das Ergebnis

$$\begin{aligned} b_0 &= a_0, \\ b_k &= a_k + a_{k-1} \quad \text{für } k = 1, ..., n, \\ b_{n+1} &= a_n \; . \end{aligned}$$

Das Verfahren für die Berechnung der Koeffizienten einer Zeile ist somit sehr einfach. Die erste und letzte Zahl werden aus der darüberliegenden Zeile übernommen. Diese sind immer gleich 1. Die anderen Koeffizienten entsprechen gerade der Summe der beiden benachbarten, in der darüberliegenden Zeile stehenden Zahlen. Für dieses Schema ist es am zweckmäßigsten, das Pascalsche Dreieck in der in Abbildung 2.22 dargestellten Form aufzuzeichnen.

Für die Berechnung einer kleineren Anzahl von Zeilen des Pascalschen Dreiecks ist die geschilderte induktive Methode völlig ausreichend. Manchmal hingegen ist ein direkterer Weg vorzuziehen. Einen solchen liefert der binomische Satz

$$(x+y)^n = \sum_{k=0}^{n} \frac{n!}{k!(n-k)!} x^{n-k} y^k \; ,$$

wobei die Schreibweise $n!$ „Fakultät von n“ bedeutet und als

$$n! = 1 \cdot 2 \cdots (n-1) \cdot n$$

für positive ganze Zahlen n sowie $0! = 1$ definiert ist. Für $y = 1$ erhalten wir mit

$$b_k = \frac{n!}{k!(n-k)!} = \frac{n(n-1) \cdots (n-k+1)}{1 \cdot 2 \cdots k}$$

sofort den k-ten Koeffizienten b_k (k läuft von 0 bis n) der Zeile Nummer n des Pascalschen Dreiecks. Zum Beispiel ist der Koeffizient für $k = 3$ in Zeile $n = 7$

$$b_3 = \frac{7 \cdot 6 \cdot 5}{2 \cdot 3} = 35 \; .$$

Dies stimmt mit dem vierten Eintrag in der letzten Zeile der Abbildung 2.22 überein.

Eine weitere Beziehung ist leicht herzuleiten: Die Summe aller Koeffizienten in Zeile n des Pascalschen Dreiecks ist gleich 2^n. Dies ergibt sich für $x = y = 1$ aus der binomischen Formel.

Um eine gewisse Ordnung herzustellen, haben wir die ersten acht Zeilen eines Pascalschen Dreiecks in ein Netz aus Sechsecken eingebettet (siehe Abbildung 2.22). Nun wollen wir Eigenschaften der Zahlen im Dreieck mit Farben kodieren. Zum Beispiel schwärzen wir jedes Sechseck, das von einer ungeraden Zahl besetzt ist und lassen diejenigen mit geraden Zahlen weiß. Abbildung 2.23 zeigt das Ergebnis.

Chinesisches arithmetisches Dreieck

Abb. 2.24 : Bereits 1303 erschien in China ein arithmetisches Dreieck auf der Vorderseite von Chu Shih-Chiehs *Ssu Yuan Yü Chien*, auf dem die Binomialkoeffizienten bis zur achten Potenz tabellarisch aufgeführt waren.

Es lohnt sich, dieses Vorgehen mit immer mehr Zeilen zu wiederholen (siehe Abbildung 2.26). Das letzte Bild sieht einem Sierpinski-Dreieck schon sehr ähnlich. Ist es eines? Wir müssen mit dieser Frage sehr behutsam umgehen. In Kapitel 3 werden wir darauf eine erste Antwort geben. Dieses zahlentheoretische Muster bildet nur eine Variation eines Themas mit unendlich vielen Variationen. Gerade/ungerade bedeutet ja auch einfach Teilbarkeit/Nichtteilbarkeit durch 2. Wie sehen nun die Muster aus, wenn wir Teilbarkeit durch 3, 5, 7, 9 usw. mit schwarzen und Nichtteilbarkeit mit weißen Sechsecken kodieren? Abbildung 2.27 gibt einen ersten Eindruck.

Jedes dieser Muster weist schöne regelmäßige Strukturen und Selbstähnlichkeiten auf, die elementare zahlentheoretische Eigenschaften des Pascalschen Dreiecks beschreiben. Viele dieser Eigenschaften werden seit Jahrhunderten festgestellt und untersucht.

Das Pascalsche Dreieck in Japan

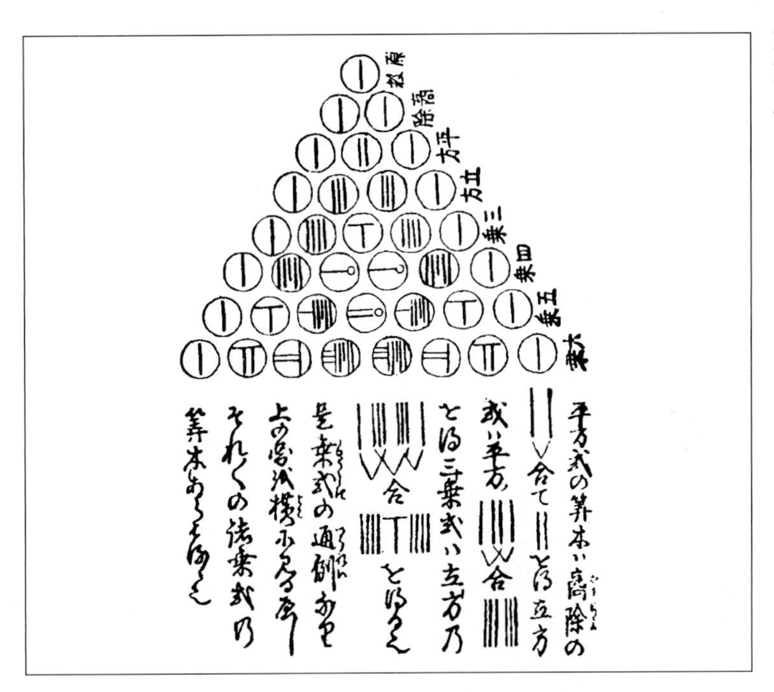

Abb. 2.25 : Erschienen 1781 in Murai Chūzens *Sampō Dōshi-mon.*

Allein in dem Buch von B. Bondarenko[11] sind 406 Arbeiten von Berufs- und Amateur-Mathematikern aus den letzten dreihundert Jahren aufgeführt.[12]

2.4 Die Koch-Kurve

Helge von Koch war ein schwedischer Mathematiker, der 1904 die heute nach ihm benannte *Koch-Kurve* einführte.[13] Durch Zusammenfügen von drei in geeigneter Weise gedrehten Exemplaren der Koch-Kurve entsteht eine Figur, die aus ersichtlichen Gründen die *Schneeflocken-Kurve* genannt wird (Abbildungen 2.29 und 2.30).

---

[11] B. Bondarenko, *Generalized Triangles and Pyramids of Pascal, Their Fractals, Graphs and Applications,* Tashkent, Fan, 1990, in russisch.

[12] In Kapitel 7 von *Chaos – Bausteine der Ordnung* werden wir zeigen, wie die fraktalen Muster und Selbstähnlichkeitsmerkmale mit den in Kapitel 5 zu besprechenden Werkzeugen dechiffriert werden können.

[13] H. von Koch, *Sur une courbe continue sans tangente, obtenue par une construction géometrique élémentaire,* Arkiv för Matematik 1 (1904) 681–704; und H. von Koch, *Une méthode géométrique élémentaire pour l'étude de certaines questions de la théorie des courbes planes,* Acta Mathematica 30 (1906) 145-174.

Abb. 2.26 : Farbkodierung der geraden und ungeraden Einträge im Pascalschen Dreieck mit 16, 32 und 64 Zeilen.

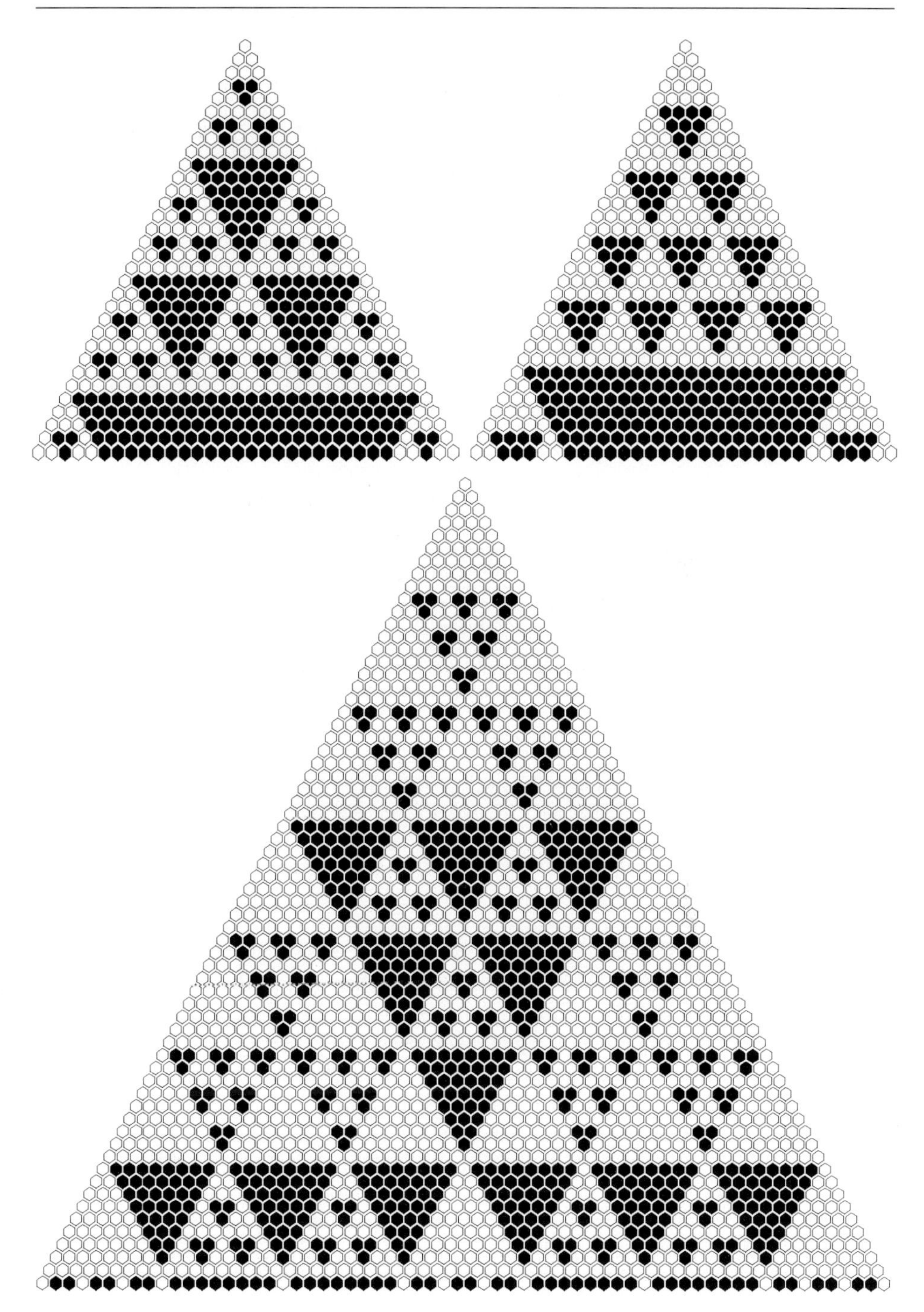

Abb. 2.27 : Farbkodierung des Pascalschen Dreiecks. Schwarze Sechsecke kennzeichnen Teilbarkeit durch 3 (oben links), durch 5 (oben rechts) und durch 9 (unten).

Kochs ursprüngliche Konstruktion

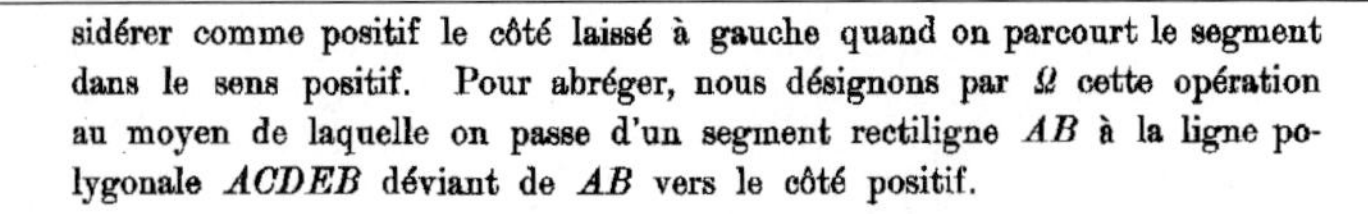
sidérer comme positif le côté laissé à gauche quand on parcourt le segment dans le sens positif. Pour abréger, nous désignons par Ω cette opération au moyen de laquelle on passe d'un segment rectiligne AB à la ligne polygonale $ACDEB$ déviant de AB vers le côté positif.

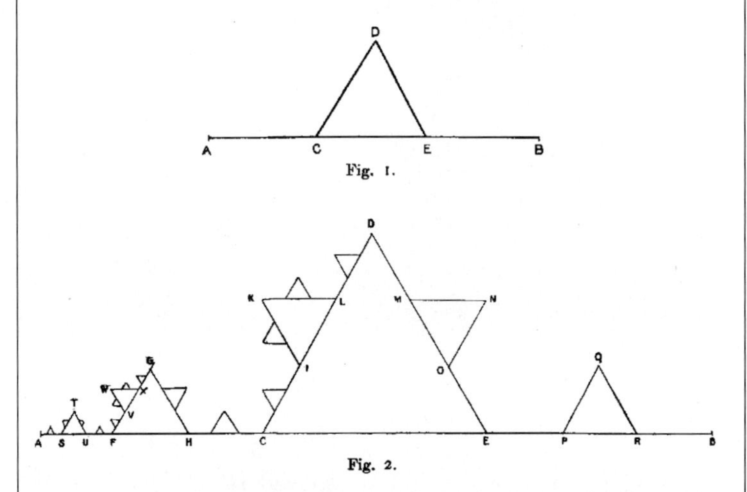

2. Partons maintenant d'une ligne droite déterminée AB, le sens de A vers B étant considéré comme positif (fig. 2). Par l'opération Ω, AB est remplacée par la ligne brisée $ACDEB$, les segments AC, CD, DE, EB étant égaux entre eux et leur sens positif étant respectivement celui de A vers C, de C vers D, de D vers E, de E vers B.

Effectuons l'opération Ω sur chacun de ces segments; la ligne $ACDEB$ sera remplacée par la ligne brisée $AFGHCIKLDMNOEPQRB$ composée de 16 segments égaux AF, FG etc.

Abb. 2.28 : Auszug aus Kochs Originalartikel von 1906.

Es ist wenig über von Koch bekannt, und seine mathematischen Beiträge gehören sicherlich nicht zur selben Klasse wie diejenigen der Berühmtheiten Cantor, Peano, Hilbert, Sierpinski oder Hausdorff. Aber in diesem Kapitel über klassische Fraktale muß seine Konstruktion ihren Platz haben, einfach deshalb, weil sie einerseits zu vielen interessanten Verallgemeinerungen führt und andererseits Mandelbrot gewaltig inspiriert haben muß. Die Koch-Kurve ist genauso schwer zu verstehen wie die Cantor-Menge oder das Sierpinski-Dreieck. Allerdings sind die Probleme mit ihr von anderer Art. Erstens ist sie — in der wahren Bedeutung ihres Names — eine Kurve, obwohl dies aus der Konstruktion nicht ohne weiteres ersichtlich ist. Zweitens enthält diese Kurve keine geraden Linien oder Abschnitte, die in dem Sinne glatt sind, daß wir sie als eine sorgfältig gekrümmte Linie ansehen könnten. Vielmehr hat diese Kurve viel von der Kompliziertheit, die wir in einer natürlichen Küstenlinie sehen, also Buchten und

Die Koch-Schneeflocke

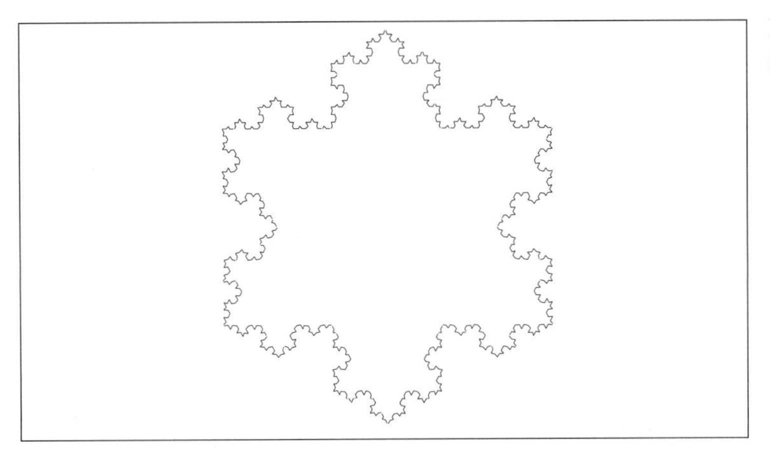

Abb. 2.29 : Der Umriß der Koch-Schneeflocke ist aus drei kongruenten Teilen zusammengesetzt, von denen jeder eine Koch-Kurve darstellt, wie aus den Abbildungen 2.31 und 2.33 hervorgeht.

Einige natürliche Flocken

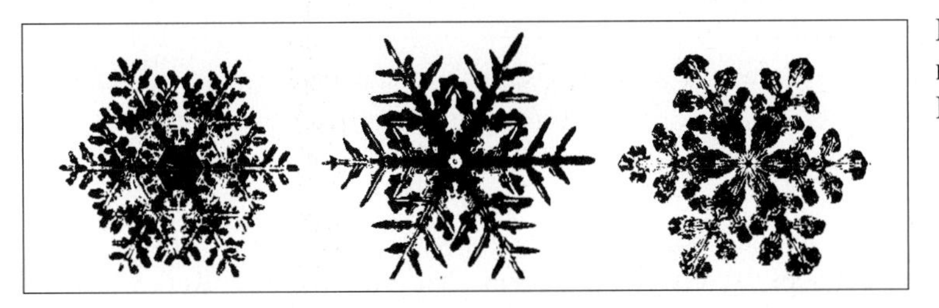

Abb. 2.30 : Die Koch-Schneeflocke hat offensichtlich gewisse Ähnlichkeit mit echten Flocken, von denen hier einige abgebildet sind.

Halbinseln mit kleineren Buchten und Halbinseln mit noch kleineren usw.

Geometrische Konstruktion

Hier ist die Anleitung für die einfache geometrische Konstruktion der Koch-Kurve. Man beginnt mit einer geraden Linie. Dieses Ausgangsobjekt wird auch als *Initiator* bezeichnet. Diesen zerlegen wir in drei gleiche Teile, ersetzen das mittlere Drittel durch ein gleichseitiges Dreieck und entfernen dessen Grundlinie. Dies ist bereits der Grundschritt der Konstruktion. Eine Verkleinerung dieser aus vier Teilen bestehenden Figur — man nennt sie *Generator* — wird in den folgenden Schritten wiederverwendet. Im nächsten Schritt der Konstruktion zerlegen wir also jede verbleibende Strecke in drei gleiche Teile usw. (siehe Abbildung 2.31). Selbstähnlichkeit ist im Konstruktionsverfahren verankert, d.h. jeder der 4 Teile des k-ten Schrittes ist wiederum eine verkleinerte Kopie — um einen Faktor 3 — der gesamten Kurve des vorhergehenden $(k-1)$-ten Schrittes.

Konstruktion der Koch-Kurve

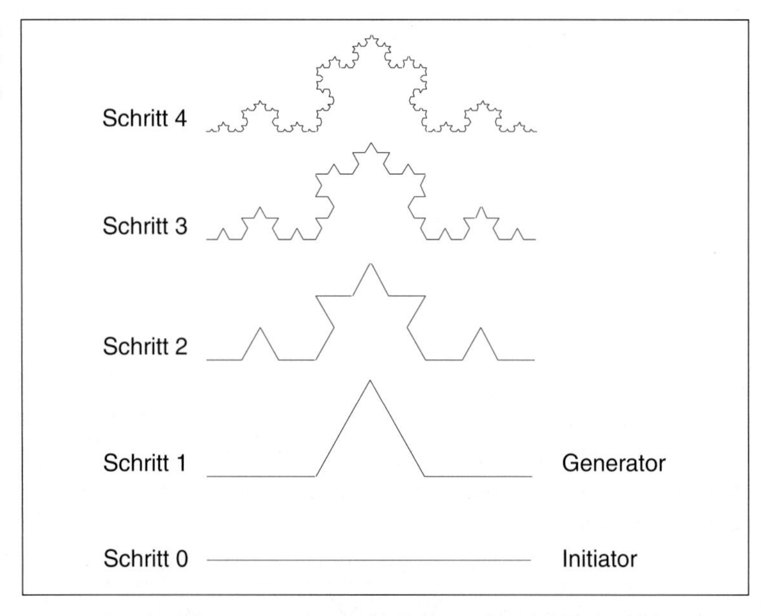

Abb. 2.31 : Die Konstruktion der Koch-Kurve schreitet in Stufen voran. In jeder Stufe erhöht sich die Anzahl der Strecken um einen Faktor 4.

Eigentlich wollte Koch für ein weiteres Beispiel einer Entdeckung sorgen, die zuerst von dem deutschen Mathematiker Karl Weierstraß gemacht wurde. Dieser hatte 1872 in der Mathematik eine kleinere Krise ausgelöst. Er hatte eine Kurve beschrieben, die sich nicht differenzieren ließ, d.h. eine Kurve, die an keinem ihrer Punkte eine Tangente zuließ. Differenzieren zu können (d.h., die Steigung einer Kurve in einem Punkt berechnen zu können) ist ein Hauptmerkmal der Infinitesimalrechnung, die Newton und Leibniz unabhängig voneinander 200 Jahre vor Weierstraß entwickelt haben. Die Idee von der Steigung ist recht intuitiv und geht Hand in Hand mit dem Begriff

Tangenten von Kurven

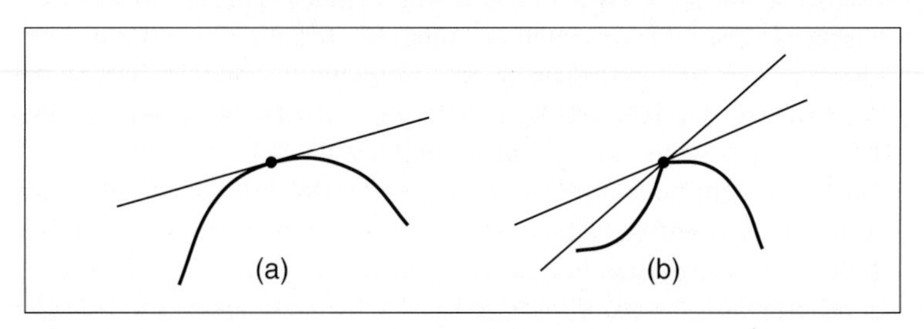

Abb. 2.32 : An Ecken ist die Tangente an eine Kurve nicht eindeutig definiert.

Vergleich von Koch-Kurven-Konstruktionsschritten

Abb. 2.33 : Konstruktionsverfahren der Koch-Kurve, Schritt 5 (oben) und Schritt 20 (unten).

der Tangente (siehe Abbildung 2.32).

Bei Kurven, die Ecken aufweisen, gibt es ein Problem. In einem Eckpunkt läßt sich nämlich nicht in eindeutiger Weise eine Tangente an die Kurve anlegen. Die Koch-Kurve ist ein Beispiel einer Kurve, die in gewissem Sinne ausschließlich aus Ecken besteht, so daß an keinen ihrer Punkte eine Tangente angelegt werden kann.

Verallgemeinerte Koch-Konstruktionen

Es ist geradezu offensichtlich, wie man die Konstruktion verallgemeinern kann, um ein ganzes Universum von selbstähnlichen Strukturen zu erhalten. Eine solche Koch-Konstruktion ist definiert durch einen Initiator, der eine Kollektion von Liniensegmenten sein kann, und durch einen Generator, der eine, aus einer Anzahl von miteinander verbundenen Liniensegmenten zusammengesetzte, polygonale Linie ist. Man beginnt mit dem Initiator und ersetzt jedes Liniensegment durch eine entsprechend verkleinerte Kopie der Generator-Kurve. Hierbei muß man beachten, daß die Endpunkte des Generators und diejenigen der ersetzten Liniensegmente sorgfältig in Übereinstimmung gebracht werden. Dieses Verfahren wird unendlich oft wiederholt. In der Praxis wird man natürlich abbrechen, sobald das längste Liniensegment des Graphen die Auflösung des Grafikgerätes unterschreitet. Ob die Koch-Konstruktion eine konvergierende Folge von Figuren oder gar Kurven ergibt oder nicht, hängt von der Wahl des Initiators und des Generators ab. Abbildung 2.34 zeigt ein Beispiel.

Die Länge der Koch-Kurve

Wir kehren zur ursprünglichen Koch-Kurve zurück und diskutieren ihre Länge. Auf jeder Stufe der Konstruktion erhalten wir eine Kurve. Nach dem ersten Schritt haben wir eine Kurve, die aus vier

Eine weitere Koch-Konstruktion

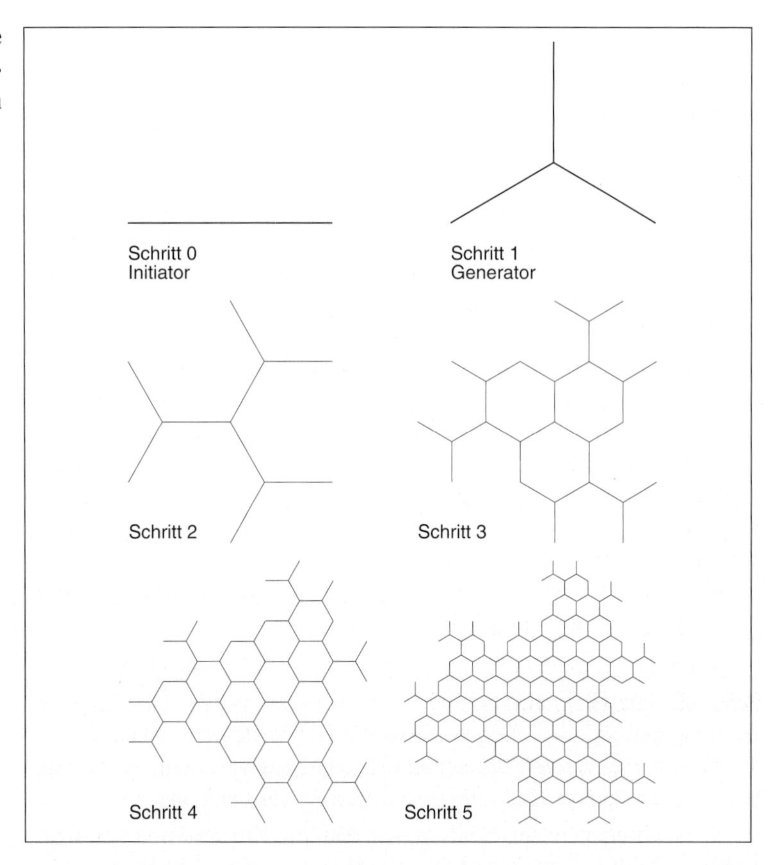

Abb. 2.34 : Mit einem anderen Initiator und Generator erzeugtes Fraktal mit Selbstähnlichkeiten.

Liniensegmenten derselben Länge besteht, nach dem zweiten haben wir 4×4 und dann nach dem dritten Schritt $4 \times 4 \times 4$ Liniensegmente usw. Ausgehend von einer ursprünglichen Linie der Länge L, finden wir nach dem ersten Schritt Liniensegmente der Länge $L \times 1/3$, nach dem zweiten Schritt solche von $L \times 1/3^2$, dann $L \times 1/3^3$ usw. Da jeder Schritt eine Kurve bestehend aus Liniensegmenten ergibt, ist die Bestimmung der jeweiligen Kurvenlängen kein Problem. Nach dem ersten Schritt beträgt sie $4 \times L \times 1/3$, dann $4^2 \times L \times 1/3^2$ usw, nach dem k-ten Schritt somit $L \times 4^k/3^k$. Wir beobachten, daß die Längen der Kurven von Schritt zu Schritt um den Faktor 4/3 anwachsen.

Nun gibt es gewisse Probleme. Zunächst einmal ist die Koch-Kurve das resultierende Objekt, wenn man die Konstruktionsschritte unendlich oft wiederholt. Aber was bedeutet das? Auch wenn wir diese Frage beantworten könnten, stellt sich als nächste Frage sofort: Warum kommt dabei eine Kurve heraus? Oder warum überschneiden sich die Kurven verschiedener Stufen nicht selbst?

In Abbildung 2.33 sehen wir zwei Kurven, die wir kaum auseinanderhalten können. Sie sind jedoch verschieden. Die obere Kurve zeigt das Ergebnis der Konstruktion nach 5 Schritten, die untere dagegen nach 20 Schritten. Mit anderen Worten, da die Länge der einzelnen Liniensegmente $1/3^k$ ist, wobei k die Anzahl der Schritte bezeichnet, ist es klar, daß irgendwelche durch die Konstruktion verursachte Änderungen schon bald die Sichtbarkeitsgrenze unterschreiten. Man müßte unter einem Mikroskop arbeiten, um sie noch zu sehen. Somit ist man für praktische Zwecke versucht, sich mit ungefähr 10 Verfahrensschritten zu begnügen, was ausreichend sein dürfte, um das Auge zu täuschen. Aber ein solches Objekt ist nicht wirklich die Koch-Kurve. Es würde eine endliche Länge aufweisen und bei hinlänglicher Vergrößerung immer noch sein Konstruktionsmerkmal von Geradenabschnitten zeigen. Es ist von entscheidender Bedeutung, die Objekte einzelner Konstruktionsschritte und das Endobjekt auseinanderzuhalten. Wir werden diese Schwierigkeit, die natürlich auch bei den vorhergehenden klassischen Fraktalen auftritt, in den nachfolgenden Kapiteln wieder aufgreifen.

2.5 Raumfüllende Kurven

Wenn wir über den Dimensionsbegriff intuitiv sprechen, empfinden wir Linien als typisch für eindimensionale und Ebenen als typisch für zweidimensionale Objekte. Im Jahre 1890 diskutierten Giuseppe Peano[14] (1858–1932) und unmittelbar darauf im Jahr 1891 David Hilbert[15] (1862–1943) Kurven, die in der Ebene auftreten und sehr eindrücklich aufzeigen, wie beschränkt unsere naive Vorstellung von Kurven ist.[16] Sie diskutierten Kurven, die eine Ebene „füllen", d.h. jeden Punkt eines vorgegebenen Bereiches der Ebene treffen. Abbildung 2.37 zeigt die ersten Schritte der iterativen Konstruktion der ursprünglichen Peano-Kurve.

In der Natur ist die Bildung von raumfüllenden Strukturen ein Grundprinzip beim Aufbau von Lebewesen. Ein Organismus muß mit den lebensnotwendigen Substanzen wie Wasser und Sauerstoff versorgt werden. In vielen Fällen werden Nährstoffe durch ein Gefäßsy-

[14] G. Peano, *Sur une courbe, qui remplit toute une aire plane*, Mathematische Annalen 36 (1890) 157–160.

[15] D. Hilbert, *Über die stetige Abbildung einer Linie auf ein Flächenstück*, Mathematische Annalen 38 (1891) 459–460.

[16] Hilbert führte sein Beispiel in Bremen beim jährlichen Treffen der *Dt. Gesellschaft für Naturforscher u. Ärzte* vor. Bei diesem Treffen waren er und Cantor maßgeblich an der Gründung der *Dt. Mathematiker Vereinigung* beteiligt.

Hilberts Arbeit – Seite 1

Ueber die stetige Abbildung einer Linie auf ein Flächenstück.*)

Von

DAVID HILBERT in Königsberg i. Pr.

Peano hat kürzlich in den Mathematischen Annalen**) durch eine arithmetische Betrachtung gezeigt, wie die Punkte einer Linie stetig auf die Punkte eines Flächenstückes abgebildet werden können. Die für eine solche Abbildung erforderlichen Functionen lassen sich in übersichtlicherer Weise herstellen, wenn man sich der folgenden geometrischen Anschauung bedient. Die abzubildende Linie — etwa eine Gerade von der Länge 1 — theilen wir zunächst in 4 gleiche Theile 1, 2, 3, 4 und das Flächenstück, welches wir in der Gestalt eines Quadrates von der Seitenlänge 1 annehmen, theilen wir durch zwei zu einander senkrechte Gerade in 4 gleiche Quadrate 1, 2, 3, 4 (Fig. 1). Zweitens theilen wir jede der Theilstrecken 1, 2, 3, 4 wiederum in 4 gleiche Theile, so dass wir auf der Geraden die 16 Theilstrecken 1, 2, 3, . . ., 16 erhalten; gleichzeitig werde jedes der 4 Quadrate 1, 2, 3, 4 in 4 gleiche Quadrate getheilt und den so entstehenden 16 Quadraten

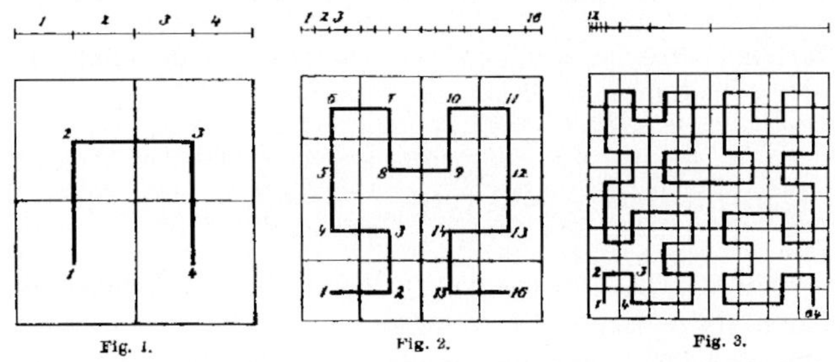

werden dann die Zahlen 1, 2 . . . 16 eingeschrieben, wobei jedoch die Reihenfolge der Quadrate so zu wählen ist, dass jedes folgende Quadrat sich mit einer Seite an das vorhergehende anlehnt (Fig. 2). Denken wir uns dieses Verfahren fortgesetzt — Fig. 3 veranschaulicht den

*) Vergl. eine Mittheilung über denselben Gegenstand in den Verhandlungen der Gesellschaft deutscher Naturforscher und Aerzte. Bremen 1890.

**) Bd. 36, S. 157.

30*

Abb. 2.35 : Die erste Seite des Originals von Hilberts zweiseitiger, aus dem Jahre 1890 stammenden Arbeit. Diese zeigt die erste bildliche Darstellung eines Fraktals, seine flächenfüllende Kurve.

stem transportiert, das jeden Ort im Volumen des Organismus erreichen muß. Zum Beispiel ist die Niere ein Organ, in dem drei miteinander verwachsene baumartige Gefäßsysteme, das arterielle, das venöse und das Harn-System, untergebracht sind (siehe den Farbteil Abbildung 2). Jedes von ihnen hat Zugang zu jedem Teil der Niere. Fraktale lösen das Problem der Organisation einer solch komplizierten Struktur auf wirksame Art und Weise. Natürlich ist dies nicht das, woran Peano und Hilbert vor fast 100 Jahren interessiert waren. Erst

Hilberts Arbeit – Seite 2

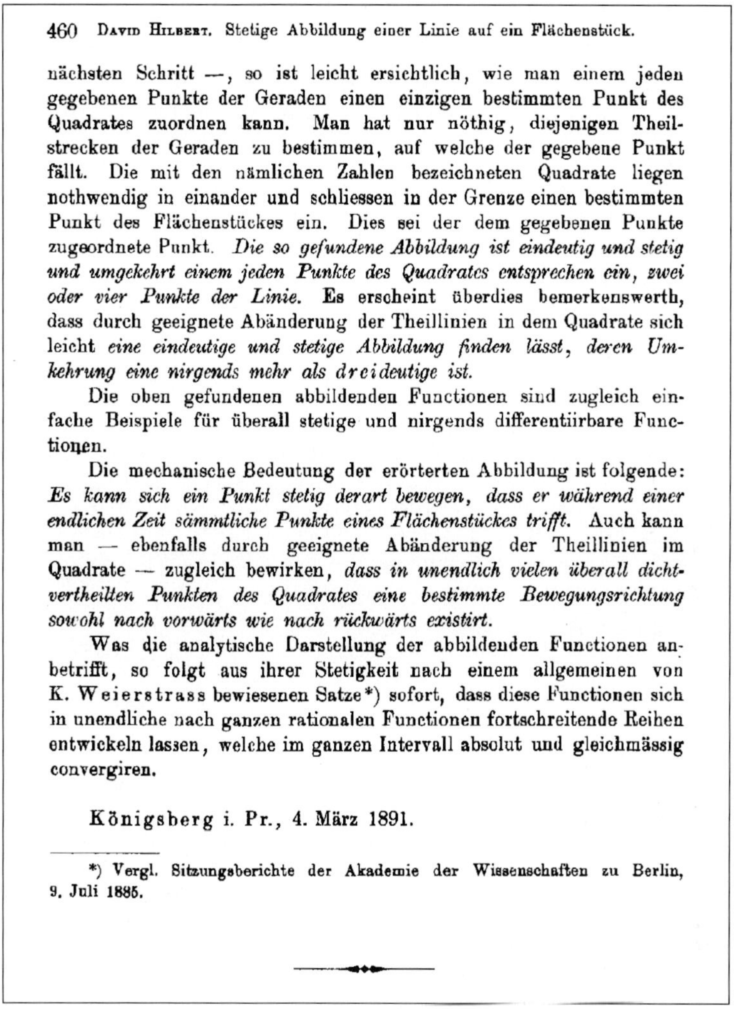

460 David Hilbert. Stetige Abbildung einer Linie auf ein Flächenstück.

nächsten Schritt —, so ist leicht ersichtlich, wie man einem jeden gegebenen Punkte der Geraden einen einzigen bestimmten Punkt des Quadrates zuordnen kann. Man hat nur nöthig, diejenigen Theilstrecken der Geraden zu bestimmen, auf welche der gegebene Punkt fällt. Die mit den nämlichen Zahlen bezeichneten Quadrate liegen nothwendig in einander und schliessen in der Grenze einen bestimmten Punkt des Flächenstückes ein. Dies sei der dem gegebenen Punkte zugeordnete Punkt. *Die so gefundene Abbildung ist eindeutig und stetig und umgekehrt einem jeden Punkte des Quadrates entsprechen ein, zwei oder vier Punkte der Linie.* Es erscheint überdies bemerkenswerth, dass durch geeignete Abänderung der Theillinien in dem Quadrate sich leicht *eine eindeutige und stetige Abbildung finden lässt, deren Umkehrung eine nirgends mehr als dreideutige ist.*

Die oben gefundenen abbildenden Functionen sind zugleich einfache Beispiele für überall stetige und nirgends differentiirbare Functionen.

Die mechanische Bedeutung der erörterten Abbildung ist folgende: *Es kann sich ein Punkt stetig derart bewegen, dass er während einer endlichen Zeit sämmtliche Punkte eines Flächenstückes trifft.* Auch kann man — ebenfalls durch geeignete Abänderung der Theillinien im Quadrate — zugleich bewirken, *dass in unendlich vielen überall dichtvertheilten Punkten des Quadrates eine bestimmte Bewegungsrichtung sowohl nach vorwärts wie nach rückwärts existirt.*

Was die analytische Darstellung der abbildenden Functionen anbetrifft, so folgt aus ihrer Stetigkeit nach einem allgemeinen von K. Weierstrass bewiesenen Satze*) sofort, dass diese Functionen sich in unendliche nach ganzen rationalen Functionen fortschreitende Reihen entwickeln lassen, welche im ganzen Intervall absolut und gleichmässig convergiren.

Königsberg i. Pr., 4. März 1891.

*) Vergl. Sitzungsberichte der Akademie der Wissenschaften zu Berlin, 9. Juli 1885.

Abb. 2.36 : Die zweite Seite von Hilberts Schriftstück.

jetzt, durch Mandelbrots Werk, wird die Allgegenwart von Fraktalen ersichtlich.

Konstruktion mit Initiator und Generator

Die Peano-Kurve erhält man als Spielart der Koch-Konstruktion. Man beginnt mit einem einzelnen Liniensegment, dem Initiator, und ersetzt dann dieses Segment durch die Generatorkurve, wie in Abbildung 2.37 gezeigt. Es ist nicht zu übersehen, daß der Generator etwas wie zwei Kreuzungspunkte besitzt. Genauer gesagt, die Kurve trifft sich in zwei Punkten selbst. Die Generatorkurve paßt genau in das Quadrat, das durch punktierte Linien angedeutet wird. Es sind

Konstruktion der Peano-Kurve

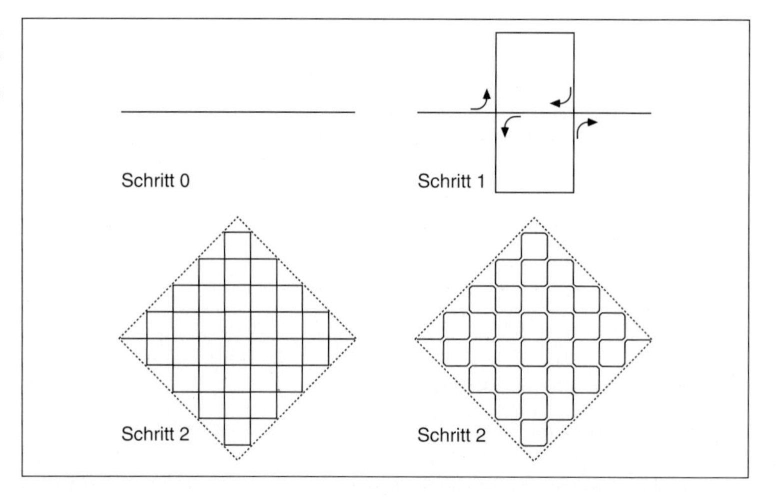

Abb. 2.37 : Konstruktion mittels Initiator und Generator einer die Ebene füllenden Kurve. In jedem Schritt wird ein Liniensegment durch 9, mit einem Faktor 3 verkleinerte, Liniensegmente ersetzt. Um den Kurvenverlauf sichtbar zu machen, wurden in der unteren Figur rechts die Ecken in den Kreuzungspunkten der polygonalen Linien leicht abgerundet.

gerade die Punkte dieses Quadrates, die von der Peano-Kurve erreicht werden.

Beschreiben wir sorgfältig den nächsten Schritt. Jeder Geradenabschnitt der Kurve der ersten Stufe wird durch den passend verkleinerten Generator ersetzt. Der Verkleinerungsfaktor ist offensichtlich 3. Auf diese Weise ergibt sich Stufe 2 der Konstruktion. Diese neue Kurve enthält insgesamt 32 Kreuzungspunkte. Nun wiederholen wir das Vorgehen ad infinitum. In jedem Schritt werden die Liniensegmente durch einen Faktor 3 verkleinert. Somit hat ein Liniensegment im k-ten Schritt die Länge $1/3^k$, eine sehr schnell abnehmende Zahl. Da jedes Liniensegment durch 9 Liniensegmente von 1/3 der Länge des vorhergehenden Liniensegmentes ersetzt wird, können wir die Länge der Kurve nach jedem Schritt leicht berechnen. Geben wir dem ursprünglichen, den Initiator bildenden Liniensegment die Länge 1, dann erhalten wir in Stufe 1 die Kurvenlänge: $9 \times 1/3 = 3$ und in Stufe 2: $9 \times 9 \times 1/3^2 = 9$. Als allgemeine Regel ausgedrückt, wächst die Länge der sich ergebenden Kurve bei jedem Schritt der Konstruktion mit einem Faktor 3. In Stufe k ist die Länge somit 3^k.

Selbstähnlichkeit

Die Konstruktion der Peano-Kurve, obwohl so einfach oder so schwierig wie die Konstruktion der Koch-Kurve, bringt einige Schwierigkeiten mit sich, die bei der letzteren (Konstruktion) gar nicht oder nur versteckt auftreten. Werfen wir z.B. einen Blick auf das intuitive Konzept der Selbstähnlichkeit. Bei der Konstruktion der Koch-Kurve schien es, daß wir sagen könnten, die Endkurve (d.h. die Kurve, welche nach vielen Schritten auf dem Grafikbildschirm erscheint) habe Ähnlichkeit mit jedem vorangehenden Schritt. Wenn man die Peano-Kurve auf dieselbe intuitive Art betrachtet, hat jeder Schritt Ähnlichkeit mit den vorangehenden Schritten; faßt man aber die Endkurve (d.h. die Kurve, die sich nach vielen Schritten auf dem Grafikbildschirm ergibt) ins Auge, so sieht man im wesentlichen ein „gefülltes" Quadrat, welches mit den ersten Schritten der Konstruktion überhaupt keine Ähnlichkeiten aufweist. Mit anderen Worten, entweder ist die Peano-Kurve nicht selbstähnlich, oder wir müssen mit der Bedeutung des Begriffs „Selbstähnlichkeit" sehr viel sorgfältiger umgehen. In Kapitel 6 von *Chaos — Bausteine der Ordnung* werden wir feststellen — dies mag jetzt vielleicht Überraschung auslösen —, daß die Peano-Kurve vollkommen selbstähnlich ist. Das Problem besteht nämlich darin, das Endobjekt als *Kurve* zu „sehen", und nicht als ein Stück der Ebene, wie es von jeder grafischen Darstellung suggeriert wird.

Parametrisierung eines Quadrates durch die Peano-Kurve

Treiben wir die Untersuchung der flächenfüllenden Eigenschaft noch etwas weiter (Abbildung 2.38). Betrachtet man die abgebildeten Stufen der Entwicklung der Kurve, so fällt auf, daß ungefähr das erste Neuntel der Kurve im linken Teilquadrat liegt und nur diese Fläche auszufüllen scheint. Entsprechende Feststellungen gelten auch für die anderen Teilquadrate. Man bemerkt außerdem, daß sich jedes Teilquadrat in 9 Teil-Teilquadrate unterteilen läßt, wovon jedes im Vergleich zum Ganzen auf 1/9 verkleinert ist. Die Kurve durchläuft zuerst alle Teile eines Teilquadrates, bevor sie in das nächste Teilquadrat eindringt. Dieser Ablauf geht immer weiter durch alle Stufen der Kurven hindurch.

Als Folgerung hieraus ergibt sich: Wenn wir eine Stufe der Peano-Kurve bis zu einem gewissen Bruchteil, sagen wir bis 10/27 ihrer Gesamtlänge, d.h. ungefähr 37%, auftragen, so endet die Kurve an einem bestimmten Punkt im Quadrat. Nun gehen wir zur nächsten Stufe und tragen wieder 37% der neuen, längeren Kurve auf (siehe Abbildung 2.38). Wiederum gelangen wir an einen Punkt im Quadrat, der ganz in der Nähe des ersten Punktes liegt. Die Wiederholung dieser Vorgehensweise für die folgenden Stufen führt zu einer Folge von Punkten. Diese Punkte konvergieren gegen einen einzelnen Punkt im Quadrat, den man als Punkt mit der Adresse 10/27 bezeichnen kann. Auf diese Weise können wir für alle Bruchteile oder Prozentsätze — für alle Zahlen zwischen 0.0 und 1.0 — einen Punkt im Quadrat festlegen. Diese Punkte bilden eine Kurve, die durch jeden Punkt des Quadrates läuft! Mathematisch ausgedrückt sagen wir, „das Quadrat kann durch das Einheitsintervall parametrisiert werden". Somit kann eine Kurve, die von Natur aus etwas Eindimensionales ist, etwas Zweidimensionales ausfüllen. Der intuitive Umgang mit dem Dimensionsbegriff scheint hier recht zweifelhaft zu sein.

Um die Ausführungen zu präzisieren, müßte man ein Adressierungssystem einführen, das im Falle der Peano-Kurve auf Zeichenfolgen, gebildet

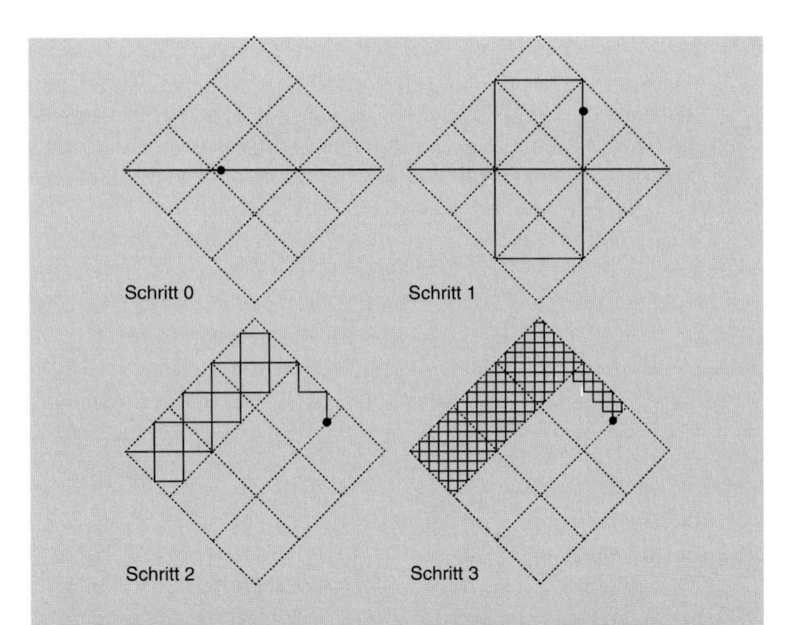

Abb. 2.38 : Die Peano-Kurven der ersten vier Stufen sind bis zu $1/3 + 1/27 = 10/27$ ihrer Gesamtlänge aufgezeichnet. Der Rest der Kurve fehlt bei den beiden unteren Figuren. Der Parameter $10/27$ bezeichnet einen in jedem Graphen markierten Punkt. Bei steigender Anzahl von Schritten konvergieren diese Punkte gegen einen bestimmten Punkt im Quadrat.

aus 9 Symbolen oder Ziffern, beruhen würde. Für jeden Punkt im Quadrat gibt es eine, aus einer unendlichen Zeichenfolge bestehende Adresse. Diese Folge kennzeichnet außerdem Punkte aus jeder Stufe der Konstruktion der Peano-Kurve. Diese Folge von Punkten (ein Punkt aus jeder Stufe) konvergiert gegen den ursprünglichen Punkt im Quadrat.

Gibt es eine bessere Methode, ein Quadrat mit einer Kurve zu füllen?

Es ist zweifellos sehr umständlich, die raumfüllende Peano-Kurve oder vielmehr jede endliche Stufe ihrer Konstruktion von Hand oder mit einem computergesteuerten Gerät zu zeichnen. Die Anzahl kleiner Geradenabschnitte, die gezeichnet werden müssen, um das Quadrat auszufüllen, ist einfach riesengroß. Außerdem erfolgt nach jedem Segment eine 90°-Drehung. Deshalb ist es zweckmäßig zu fragen, ob es keine einfachere Methode gibt, ein Quadrat mit einer Linie auszufüllen. Wenn man darüber nachdenkt wie man dieses Problem mit einem Stift in der Hand angehen würde, so scheint der einfachste Weg das Zeichnen einer Zickzacklinie von einer Seite des Quadrates zur anderen zu sein. Dabei wäre sicherzustellen, daß die Kehren eng genug sind, um weiße Streifen auf dem Papier zu vermeiden.

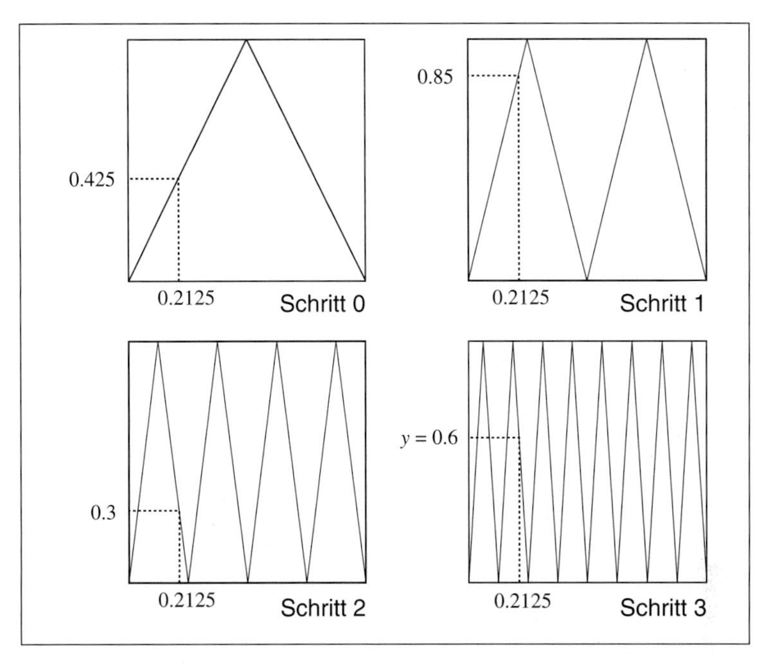

Füllen eines Quadrates auf dem naiven Weg

Abb. 2.39 : Die ersten vier Stufen in einem Versuch, eine weitere raumfüllende Kurve mittels Zickzacklinien zu konstruieren.

Die naive Konstruktion ...

Bringen wir dieses Vorgehen in eine mathematischere Form, analog zu den Stufen bei der Konstruktion der Peano-Kurve. Stufe 0 ist eine einfache Linie von der unteren linken Ecke zur Mitte der oberen Seite des Quadrates und zurück zur Grundlinie in der unteren rechten Ecke. Für die nächste Stufe verdoppeln wir die Auflösung in dem Sinne, daß eine horizontale Linie irgendwo in der Mitte des Quadrates die nächste Kurve an doppelt sovielen Punkten schneidet. Dies ist leicht mit zwei Zickzacklinien je halber Breite zu erreichen (siehe Abbildung 2.39).

Es ist nun offensichtlich, wie die Konstruktion fortzusetzen ist. Für jede Stufe verdoppeln wir einfach die Anzahl der Zickzacklinien. Für jede vorgegebene Auflösung $\varepsilon > 0$ können wir sicherlich eine Stufe finden, in der die erzeugte Kurve bei jedem Punkt des Quadrates in einem Abstand kleiner als ε vorbeiläuft, und wir könnten sagen, daß die Aufgabe damit erledigt sei. Wir könnten für uns sogar in Anspruch nehmen, eine raumfüllende Kurve gefunden zu haben, die in gewissem Sinne selbstähnlich ist, da sie in jeder Stufe aus zwei, in horizontaler Richtung richtig verkleinerten[17] Kopien der Kurve der

[17] Für solche Fälle, bei denen der Skalierungsfaktor für verschiedene Richtungen

vorangehenden Stufe zusammengesetzt ist. Jedes Kind fabriziert in frühen Jahren irgendwann einmal etwas Derartiges. Sicherlich war dies auch den brillanten Köpfen Peano und Hilbert bekannt. Was also hat sie dazu getrieben, sich derart komplizierte Konstruktionen auszudenken, die dann sogar von den renommiertesten mathematischen Zeitschriften für die Veröffentlichung aufgenommen wurden?

... führt zu nichts

Die Antwort scheint kontraintuitiv, aber nach einiger Überlegung doch logisch. Was bei der Konstruktion der Peano-Kurve im Endeffekt herauskommt, ist eine Kurve, wie im technischen Abschnitt Seite 119 ff. genauer ausgeführt. Diese Kurve ist unendlich lang, selbstähnlich und erreicht jeden Punkt des Quadrates. Im Gegensatz dazu führt unsere obige naive Konstruktion *nicht* zu einer Kurve, obwohl jede Stufe von ihr eine Kurve ist! Untersuchen wir diese erstaunliche Tatsache. Wir bezeichnen die horizontalen und vertikalen Achsen des Quadrates mit x und y. Beide erstrecken sich über den Bereich von 0 bis 1. Die Kurve irgendeiner Stufe der Konstruktion, sagen wir der n-ten Stufe, ist dann durch einen Graphen einer Zickzackfunktion gegeben, die wir y_n nennen. Wir halten nun die Koordinate x irgendwo zwischen 0 und 1 fest und betrachten die entsprechenden Werte $y_n(x)$ bei zunehmender Stufe n. Wenn die Konstruktion wirklich zu einer einwandfrei definierten Endkurve führen sollte, müßte man erwarten, daß die Folge der Punkte $y_1(x), y_2(x), \ldots$ konvergiert, und zwar gegen den y-Wert der Endkurve an der Stelle x. In der Tat trifft das für alle Punkte x zu, die eine endliche Binärdarstellung zulassen, wie 1/4 oder 139/256. Dies deshalb, weil bei solchen Punkten alle Kurven konstruktionsbedingt einen y-Wert von 0 erhalten, sofern wir Kurven genügend hoher Stufe betrachten. Aber dann gibt es andere Punkte, welche die entscheidende Konvergenzeigenschaft eindeutig verletzen. Bei $x = 1/7$ zum Beispiel sind die y-Werte der Kurve 2/7, 4/7, 6/7, 2/7, 4/7, 6/7, ... usw. periodisch. Somit gibt es kein Grenzobjekt, keine raumfüllende Kurve und keine neue Einsicht. Auf diese naive Art ein Quadrat zu füllen, ist im Grunde genommen dasselbe, wie ein endliches Feld von Pixeln (Rasterbildpunkten) durch Zuweisung von „Schwarz" zu jedem Pixel zu füllen. Nach einer bestimmten Anzahl von Schritten sind wir fertig, und es wäre nicht sinnvoll, im Hinblick auf höhere Auflösungen fortzufahren. Es gibt keine Selbstähnlichkeit, und sicherlich steckt kein Fraktal hinter dem Bild. So bleibt es also bei der wahren Genialität von Peano und Hilbert — sie schufen ein „Monster" mit unerwarteten Eigenschaften, die niemals vorher für möglich gehalten wurden.

---

unterschiedlich ist, eignet sich besser der Begriff *selbstaffin*. Affine Transformationen werden in den Kapiteln 5 und 6 weiterdiskutiert.

Analyse des naiven Raumfüllversuches

Es ist nicht schwierig, die Kurvenfolge aus der naiven Raumfüllkonstruktion zu analysieren. Zu diesem Zweck führen wir die periodisch erweiterte Zelttransformation

$$h(x) = \begin{cases} 2\text{frak}(x) & \text{falls } \text{frak}(x) \leq 0.5 \\ 2(1 - \text{frak}(x)) & \text{falls } \text{frak}(x) > 0.5 \end{cases}$$

ein, wobei $\text{frak}(x)$ den gebrochenen Teil von x bezeichnet, d.h.

$$\text{frak}(x) = x - \max\{k \mid k \leq x, k \text{ ganzzahlig}\} .$$

Mit dieser Bezeichnungsweise können wir für die Kurven im Konstruktionverfahren einfach

$$\begin{aligned} y_0(x) &= h(x), \\ y_1(x) &= h(2x), \\ y_2(x) &= h(4x), \\ &\vdots \\ y_n(x) &= h(2^n x), \\ &\vdots \end{aligned}$$

schreiben, wobei x in allen Fällen zwischen 0 und 1 liegt. Wir erkennen, daß allein die gebrochenen Anteile von $x, 2x, 4x, ..., 2^n x, ...$ die y-Werte der Kurven an der Stelle x bestimmen. Betrachten wir das Beispiel $x = 1/7$ aus dem Text, so sehen wir, daß

$$\begin{aligned} \text{frak}(1/7) &= 1/7 \\ \text{frak}(2/7) &= 2/7 \\ \text{frak}(4/7) &= 4/7 \\ \text{frak}(8/7) &= 1/7 . \end{aligned}$$

Also ist der gebrochene Anteil von $16/7$ wiederum $2/7$ usw. in periodischer Weise. Anwendung der Zelttransformation auf diese gebrochenen Anteile $1/7, 2/7, 4/7, 1/7, ...$ ergibt schließlich die Folge von Werten $2/7, 4/7, 6/7, 2/7, 4/7, 6/7, ...$, wie im Text behauptet. Damit existiert der Grenzwert

$$\lim_{n \to \infty} y_n(1/7)$$

nicht, und die Folge von Kurven $y_0, y_1, ...$ kann keine Grenzkurve haben.

Zum Abschluß fragen wir, ob unsere Wahl von $x = 1/7$ für den Konvergenztest ein eher atypischer und damit seltener Fall ist. Die Antwort lautet nein. Tatsächlich trifft es zu, daß an fast allen Stellen x die Folge $y_0(x), y_1(x), ...$ keinen Grenzwert hat. Nehmen wir das kurz unter die Lupe. Die gebrochenen Anteile von $2^n x$ lassen sich meist sehr einfach bestimmen, wenn die Stelle x in Binärdarstellung gegeben ist. Das Beispiel $x = 1/7$ aus dem Text hat die Binärdarstellung 0.001001...:

$$x = \frac{1}{8} + \frac{1}{64} + \frac{1}{512} + \cdots = \frac{\frac{1}{8}}{1 - \frac{1}{8}} = \frac{1}{7} .$$

Multiplizieren einer Binärzahl mit 2 ist gleichbedeutend mit dem Verschieben aller binären Ziffern um eine Stelle nach links. Den gebrochenen Anteil des Ergebnisses bekommt man durch Weglassen aller Ziffern vor dem Komma. Das wiederholte Verschieben der Binärdarstellung von beispielsweise $1/7$ ergibt 0.010010..., 0.100100... und 0.001001..., was wiederum gleich $1/7$ ist. Der ganze Vorgang ist auch als *binärer Shift* bekannt, der, nebenbei bemerkt, bei der Untersuchung des Chaos eine zentrale Rolle spielen wird. Die wiederholte Anwendung des binären Shifts auf eine Zahl ist also dasselbe, wie die Betrachtung dieser an entsprechender Stelle auf einem unendlich genauen Lineal plazierten Zahl durch ein Mikroskop, wobei man den Vergrößerungsfaktor ständig verdoppelt. Die Anwendung des binären Shifts auf eine Zufallszahl zwischen 0 und 1 mit Zufalls-Binärziffern erzeugt eine Folge von Zufallszahlen, die natürlich niemals einem Grenzwert zustreben werden. Da die „meisten" Zahlen quasi aus Zufallsziffern bestehen, ist das Fehlen der Konvergenz bei unserer naiven Kurvenkonstruktion typisch und keine Ausnahme.

Eine Anwendung von raumfüllenden Kurven

Es mag den Eindruck erwecken, als ob es sich bei raumfüllenden Kurven — anfänglich als „Monster" betrachtet — hauptsächlich um eine akademische Kuriosität handeln würde. Sie wurden jedoch wichtige Elemente in Mandelbrots Entwicklung von Fraktalen als Modelle der Natur. Darüber hinaus — und dies mag als echte Überraschung erscheinen — eignen sich diese frühen, 100 Jahre alten Monster vorzüglich für nüchterne technische Anwendungen. Beschreiben wir kurz eine Bildverarbeitungsanwendung, die auf der SIGGRAPH[18] Jahrestagung 1991 der Öffentlichkeit zugänglich wurde. Es handelt sich dabei um eine neuartige digitale Halbtontechnik für die Wiedergabe von Grautonbildern mit Schwarzweiß-Grafikgeräten, wie z.B. einem Laserdrucker.[19] Das Problem besteht darin, daß ein Drucker eine „Bitmap" wiedergibt, d.h. ein Feld von schwarzen und weißen Pixeln, während Grautöne auf der Pixelstufe nicht dargestellt werden können. Um mit dieser Schwierigkeit fertig zu werden, sind verschiedene, sogenannte „Dithering"-Techniken benutzt worden. Sie beruhen auf dem Abtasten eines vorliegenden Grautonbildes, entweder Zeile um Zeile oder in kleinen Quadratblöcken. Eine Schwarzweiß-Näherung des Bildes wird mit dem Ziel erzeugt den Gesamtfehlers zu minimieren. Normalerweise bleiben im Ergebnis Artefakte zurück, die einem sofort zeigen, daß ein „Dithering"-Verfahren angewendet wurde. Wie können raumfüllende Kurven hier Abhilfe schaffen? Man stelle sich eine Hilbert-Kurve vor, die durch

[18] SIGGRAPH ist die „Special Interest Group Graphics of the Association for Computing Machinery (ACM)". Ihre jährlichen Versammlugen ziehen mitunter 30 000 Fachleute aus dem Gebiet der Computergrafik an.

[19] L. Velho, J. de Miranda Gomes, *Digital Halftoning with Space-Filling Curves,* Computer Graphics 25,4 (1991) 81–90.

Zwei „Dithering"-Methoden

Abb. 2.40 : „Dithering" mit der Hilbert-Kurve (oben rechts) gegenüber herkömmlichem „Dithering"(oben links). Die Methoden sind für die Reproduktion eines kontinuierlich von weiß (untere linke Ecke) bis schwarz (obere rechte Ecke) eingefärbten Quadrates angewandt worden. Die unteren Bilder demonstrieren den Effekt für das Testbild „Lenna". Das Original (links) und „Dithering" mit der Hilber-Kurve (rechts).

alle Pixel eines gegebenen Grautonbildes läuft. Die Kurve stellt eine Alternative zum zeilenweisen Abtasten des Bildes dar, nämlich das pixelweise Abstasten entlang der Hilbert-Kurve. Nun kann eine Folge von aufeinanderfolgenden Pixeln entlang dieses gewundenen Pfades durch eine Schwarzweiß-Näherung ersetzt werden. Der Vorteil der Bildabtastung entlang der Hilbert-Kurve besteht im Entfallen jeglicher Richtungsmerkmale, ganz im Gegensatz zu den herkömmlichen Methoden.[20] Es werden dabei unregelmäßige Muster von Punkten erzeugt, die wahrnehmungsfreundlich sind und als Merkmal ähnliche Körnungsstrukturen wie Fotografien aufweisen. In Abbildung 2.40

[20] R. J. Stevens, A. F. Lehar, F. H. Preston, *Manipulation and Presentation of Multidimensional Image Data Using the Peano Scan,* IEEE Transactions on Pattern Analysis and Machine Intelligence 5 (1983) 520–526.

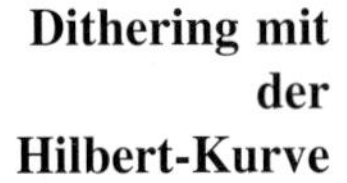

Dithering mit der Hilbert-Kurve

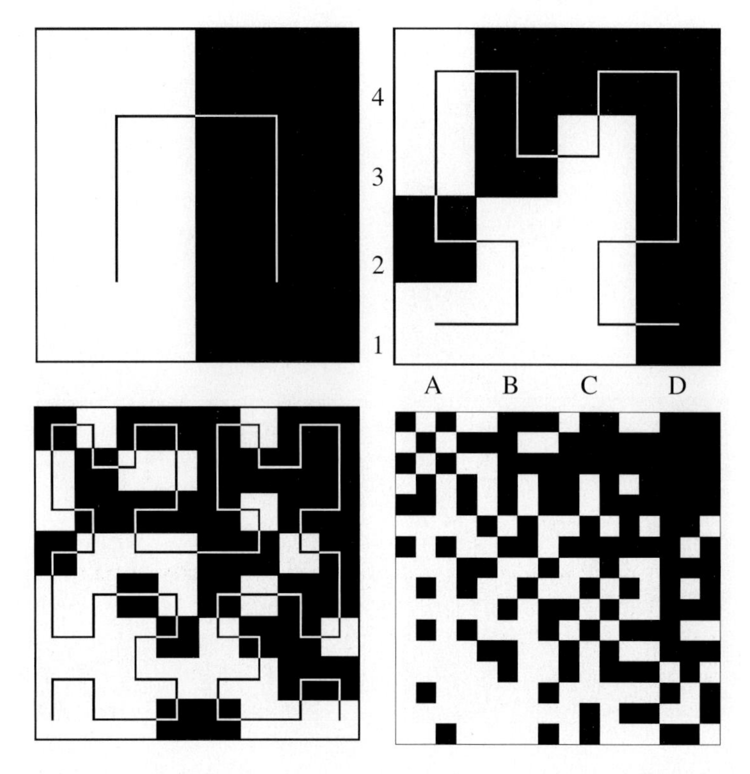

Abb. 2.41 : Das Prinzip des „Dithering“-Algorithmus, veranschaulicht an vier aufeinanderfolgenden Stufen der Hilbert-Abtastung eines Bildes. Es wird dasselbe getönte Quadrat wie in Abbildung 2.40 benutzt.

werden die herkömmliche Methode, genannt „clustered-dot ordered dither“ und die neue Methode einander gegenübergestellt. Neben diesem „Dithering“-Algorithmus gibt es in der Bildverarbeitung noch andere erste Anwendungen von raumfüllenden Kurven.

Dithering-Algorithmus mit Hilbert-Kurve

Wir wollen die Einzelheiten einer vereinfachten Version des „Dithering“-Algorithmus mit der Hilbert-Kurve beschreiben. Zu diesem Zweck betrachten wir ein quadratisches Bild mit sich kontinuierlich verändernden Grautönen, welches durch ein nur schwarze und weiße Pixel enthaltendes Bild angenähert werden muß. Die Auflösung des Bildes soll eine Potenz von 2 sein. Wir betrachten z.B. die Bilder mit je 2, 4, 8 und 16 Pixeln pro Zeile und Spalte in Abbildung 2.41. Wie für die ersten paar Fälle gezeigt, können wir eine entsprechende Hilbert-Kurve einer solchen Aufteilung des Bildes genau anpassen. Auf diese Weise ergibt sich eine Ordnung der Pixel. Für das Beispiel mit 4×4 Pixeln (Spalten mit den Buchstaben A, B, C und D und Zeilen mit 1, 2, 3 und 4 bezeichnet) sind die Pixel wie folgt geordnet

$$A1, B1, B2, A2, ..., D2, C2, C1, D1 \ .$$

Wir bezeichnen die Intensitätswerte der entsprechenden Pixel des ursprünglichen Halbtonbildes (von 0 für Schwarz bis 1 für Weiß) mit

$$I_1, I_2, ..., I_n .$$

Hierbei ist n, die Gesamtzahl der Pixel des Bildes, eine Potenz von 2. Für die Definition des Näherungsbildes müssen wir entsprechende Intensitätswerte

$$O_1, O_2, ..., O_n \in \{0, 1\}$$

berechnen. Zu Beginn setzen wir

$$O_1 = \begin{cases} 0 \text{ falls } I_1 \leq 0.5 \\ 1 \text{ falls } I_1 > 0.5 \end{cases} .$$

Diese Annäherung ist mit einem Fehler

$$E_1 = I_1 - O_1$$

behaftet. Anstatt diesen Fehler unbeachtet zu lassen, können wir ihn zum nächsten Pixel der Folge weiterschieben. Genauer gesagt setzen wir

$$O_k = \begin{cases} 0 \text{ falls } I_k + E_{k-1} \leq 0.5 \\ 1 \text{ falls } I_k + E_{k-1} > 0.5 \end{cases} ,$$
$$E_k = I_k - O_k \ .$$

Mit anderen Worten breitet sich der Fehler über die aufeinanderfolgenden Pixel aus. Das mit dieser Fehlerausbreitung anvisierte Ziel besteht in der Minimierung des Gesamtfehlers in den über unterschiedlich große Gebiete des Bildes gemittelten Intensitäten. Zum Beispiel ergeben sich die über das ganze Bild aufsummierten Fehler zu

$$\sum_{k=1}^{n} E_k = E_n \ ,$$

was erwartungsgemäß verhältnismäßig klein sein dürfte. Entscheidend beim Algorithmus ist nun der Umstand, daß sich der Fehler entlang der Hilbert-Kurve ausbreitet, welche das Bild in einer Weise aufzeichnet, die von unserem Wahrnehmungssystem als sehr unregelmäßig aufgenommen wird. Wenn wir die Hilbert-Kurve beispielsweise durch eine das Bild Zeile für Zeile abtastende Kurve ersetzen, erzeugt die regelmäßige Fehlerausbreitung störende Nebenwirkungen. Der von Velho und Gomes bei der SIGGRAPH vorgeschlagene Algorithmus ist eine Verallgemeinerung dieser Methode. Dabei werden anstatt einzelner Pixel Blöcke von aufeinanderfolgenden Pixeln der Hilbert-Abstastung gemeinsam betrachtet.[21]

[21] Die hier gezeigte vereinfachte Version wurde erstmals in I. H. Witten und M. Neal, *Using Peano curves for bilevel display of continuous tone images,* IEEE Computer Graphics and Applications, May 1982, 47–52, veröffentlicht.

Schlußfolgerung

Zusammengefaßt haben wir gezeigt, daß der Begriff der Selbstähnlichkeit in seinem strenge Sinne eine Diskussion des Endobjektes erfordert, das sich aus den Konstruktionen des zugrundeliegenden Rückkopplungssystemes nach unendlich vielen Schritten ergibt; und es kann gefährlich sein, den Begriff ohne Vorsicht zu verwenden. Es ist sorgfältig zwischen einer endlichen Konstruktionsstufe und dem Fraktal selbst zu unterscheiden. Aber wenn dem wirklich so ist, wie können wir dann die Formen und Muster in der Natur, wie z.B. den Blumenkohl, von diesem Standpunkt aus diskutieren?

Der Blumenkohl zeigt dieselben Formen — Röschen sind aus kleineren Röschen von im wesentlichen derselben Gestalt zusammengesetzt — über einen Bereich von mehreren, sagen wir fünf oder sechs Vergrößerungsstufen. Dies legt nahe, daß der Blumenkohl im Rahmen der fraktalen Geometrie diskutiert werden sollte, ähnlich wie unsere Planeten für viele Zwecke als vollkommene Kugeln im Rahmen der Euklidischen Geometrie erfolgreich diskutiert werden. Aber ein Planet ist keine vollkommene Kugel und der Blumenkohl ist nicht vollkommen selbstähnlich. Erstens gibt es Mängel in der Selbstähnlichkeit: Ein kleines Röschen ist keine genaue Verkleinerung eines größeren Röschens. Aber was noch wichtiger ist, der Vergrößerungsbereich, in dem wir ähnliche Formen sehen, ist begrenzt. Deshalb können Fraktale nur als Modelle für natürliche Formen betrachtet werden, und man muß sich der beschränkten Gültigkeit stets bewußt sein.

2.6 Fraktale und das Problem der Dimension

Die Entdeckung von raumfüllenden Kurven war ein wesentliches Ereignis in der Entwicklung des Dimensionsbegriffes. Da solche Kurven die Ebene (d.h. ein Objekt, das als zwei-dimensional betrachtet wird) ausfüllen, stellen sie die intuitive Auffassung von Kurven als eindimensionale Objekte in Frage. Diese Unstimmigkeit war Teil einer Diskussion, die sich zu Beginn dieses Jahrhunderts abspielte und einige Jahrzehnte andauerte. Wenn wir über Fraktale sprechen, denken wir gewöhnlich an fraktale Dimension, Hausdorff-Dimension oder Box-Dimension (wir werden dies in Kapitel 4 im einzelnen diskutieren). Die ursprünglichen Konzepte gehen jedoch auf das Frühstadium der Entwicklung der Topologie zurück.

Eine Welt, die sich wie Gummi verhält

Die Topologie ist ein Zweig der Mathematik, der sich im wesentlichen in diesem Jahrhundert entwickelt hat. Sie befaßt sich mit Fragen von Form und Gestalt von einem qualitativen Standpunkt aus. Zwei ihrer Grundbegriffe sind „Dimension“ und „Homöomorphismus“. Die Topologie beschäftigt sich mit den Möglichkeiten, wie Figuren in ei-

Kreis, Quadrat und Koch-Insel

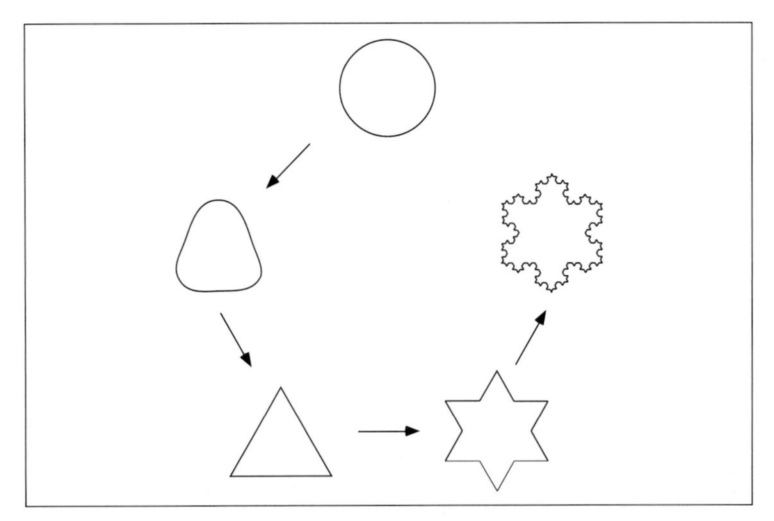

Abb. 2.42 : Ein Kreis kann stetig in ein Dreieck verformt werden. Ein Dreieck kann zu einer Koch-Insel verformt werden. Topologisch sind alle diese Figuren äquivalent.

nem Raum, der sich ähnlich wie Gummi verhält, verformt und verzerrt werden können.

In der Topologie können Geraden zu Kurven gebogen, Kreise zu Dreiecken zusammengedrückt oder zu Quadraten auseinandergezogen werden. Zum Beispiel können vom Standpunkt der Topologie aus eine gerade Linie und eine Koch-Kurve nicht voneinander unterschieden werden. Oder die Küstenlinie einer Koch-Insel ist dasselbe wie ein Kreis. Oder ein glattes Blatt Papier ist äquivalent zu einem beliebig zerknüllten. Jedoch ist nicht alles topologisch veränderbar. Schnittpunkte von Linien bleiben beispielsweise immer Schnittpunkte. In der Sprache der Mathematiker ist ein Schnittpunkt invariant; er kann weder zum Verschwinden gebracht noch können neue Schnittpunkte erzeugt werden, gleichgültig wie stark die Linien gestreckt, verbogen oder verzerrt werden. Ebenso ist die Anzahl der Löcher in einem Objekt topologisch invariant, was bedeutet, daß eine Kugeloberfläche zwar in die Oberfläche eines Hufeisens verformt werden kann, aber niemals in einen Reifenschlauch oder Torus. Die erlaubten Transformationen werden Homöomorphismen genannt.[22] Sie dürfen bei der Anwendung keine der invarianten Eigenschaften des Objektes verändern. Somit sind eine Kugeloberfläche und die Oberfläche eines

[22] Zwei Objekte X und Y (topologische Räume) sind homöomorph, wenn es einen Homöomorphismus $h : X \to Y$ gibt (d.h., eine stetige eineindeutige (injektive) und surjektive Abbildung, die eine stetige Umkehrung h^{-1} hat).

Würfels homöomorph, Kugeloberfläche und Torus sind es hingegen nicht.

Topologische Äquivalenz

Wir haben bereits erwähnt, daß eine gerade Linie und die Koch-Kurve topologisch gleichwertig sind. Überdies ist eine gerade Linie der Inbegriff eines Objektes der Dimension eins. Somit würden wir, wenn der Dimensionsbegriff einer topologischen Auffassung entspricht, für die Koch-Kurve auch die topologische Dimension eins erwarten. Dies ist allerdings eine recht heikle Angelegenheit, welche den Mathematikern um die Jahrhundertwende viel Kopfzerbrechen bereitet hat.

Die Geschichte der verschiedenen Dimensionsbegriffe schließt die größten Mathematiker jener Zeit mit ein: Beispielsweise H. Poincaré, H. Lebesgue, L. E. J. Brouwer, G. Cantor, K. Menger, W. Hurewicz, P. Alexandroff, L. Pontrjagin, G. Peano, P. Urysohn, E. Čech und D. Hilbert. Sie ist sehr eng mit den ersten Fraktalen verbunden. Hausdorff erkannte, daß das Problem der Festlegung des richtigen Dimensionsbegriffes sehr kompliziert ist. Man hatte eine intuitive Vorstellung von der Dimension: Die Dimension eines Objektes, sagen wir X, schien der Anzahl der unabhängigen Parameter (Koordinaten) zu entsprechen, die für die eindeutige Beschreibung der Punkte des Objekts erforderlich sind.

Poincarés Vorstellung war induktiver Art und begann mit einem Punkt. Ein Punkt hat die Dimension 0. Dann hat eine Linie die Dimension 1, weil sie durch einen Punkt (mit der Dimension 0) in zwei Teile zerlegt werden kann. Und ein Quadrat hat die Dimension 2, weil es durch eine Linie (mit der Dimension 1) in zwei Teile zerlegt werden kann. Ein Würfel hat die Dimension 3, weil er durch ein Quadrat (mit der Dimension 2) in zwei Teile zerlegt werden kann.

Topologische Dimension

Bei der Entwicklung der Topologie suchten die Mathematiker qualitative Eigenschaften, die sich bei geeigneter Transformation (technisch durch einen Homöomorphismus) der Objekte nicht ändern. Die (topologische) Dimension eines Objektes sollte zweifellos erhalten bleiben. Aber es zeigten sich große Schwierigkeiten bei der Suche nach einem geeigneten und genauen Dimensionsbegriff, der sich so verhalten würde. Zum Beispiel fand Cantor 1878 eine Transformation f vom Einheitsintervall $[0, 1]$ zum Einheitsquadrat $[0, 1] \times [0, 1]$ die eineindeutig und surjektiv[23] war. Es hatte also den Anschein, als ob wir nur einen Parameter für die Beschreibung der Punkte eines Quadrates benötigen würden. Aber Cantors Transformation ist

[23] Der Begriff „surjektiv“ bedeutet hier, daß es für jeden Punkt z des Einheitsquadrates einen Punkt x im Einheitsintervall gibt, welcher auf $z = f(x)$ abgebildet wird.

kein Homöomorphismus. Sie ist nicht stetig, d.h. sie liefert keine raumfüllende *Kurve*!

Aber dann lieferten die ebenenfüllenden Konstruktionen von Peano und später von Hilbert Transformationen g vom Einheitsintervall $[0, 1]$ zum Einheitsquadrat $[0, 1] \times [0, 1]$, die sogar stetig waren. Aber sie waren leider nicht eineindeutig (d.h. es gibt Punkte, sagen wir x_1 und x_2, $x_1 \neq x_2$, im Einheitsintervall, die auf denselben Punkt des Quadrates $y = g(x_1) = g(x_2)$ abgebildet werden).

Dies führte zur Frage — welche bis zu diesem Zeitpunkt eine klare Antwort zu haben schien —, ob es eine eineindeutige und surjektive Transformation zwischen $I = [0, 1]$ und $I^2 = [0, 1] \times [0, 1]$ gibt, die in beiden Richtungen stetig ist? Oder allgemeiner, ist der n-dimensionale Einheitswürfel $I^n = [0, 1]^n$ homöomorph zum m-dimensionalen $I^m = [0, 1]^m$, auch für $n \neq m$? Falls es eine solche Transformation geben sollte, fühlten sich die Mathematiker in Schwierigkeiten: Ein eindimensionales Objekt wäre homöomorph zu einem zweidimensionalen. Damit wäre die Vorstellung von der topologischen Invarianz falsch.

Linie und Quadrat sind nicht äquivalent

Zwischen 1890 und 1910 erschienen mehrere „Beweise", die zeigten, daß I^n und I^m nicht homöomorph sind, wenn $n \neq m$, aber die Beweisführungen waren alle nicht vollständig. Erst dem niederländischen Mathematiker Brouwer gelang es, diese Krise 1911 mit einem eleganten Beweis zu beenden, der die Entwicklung der Topologie außerordentlich bereicherte. Aber das Ringen um einen geeigneten Dimensionsbegriff und um einen Beweis, daß einfache Objekte — wie I^n — ihre offensichtliche Dimension haben, zog sich noch über zwei weitere Jahrzehnte dahin. Die Arbeit des deutschen Mathematikers Hausdorff (die schließlich zur fraktalen Dimension führte) fällt auch in diese Zeitspanne.

Im Laufe dieses Jahrhunderts erfanden die Mathematiker viele verschiedene Dimensionsbegriffe (kleine induktive Dimension, große induktive Dimension, Überdeckungsdimension, homologische Dimension).[24] Mehrere von ihnen sind topologischer Art; ihre Werte sind immer natürliche Zahlen (oder 0 für Punkte) und ändern sich nicht für topologisch äquivalente Objekte. Als ein Beispiel für diese Begriffe wollen wir die Überdeckungsdimension behandeln. Andere Dimensionsbegriffe zielen auf Eigenschaften ab, die keineswegs topologisch invariant sind. Die bekannteste von diesen ist die Hausdorff-Dimension. Für eine gerade Linie ist sie 1, für die Koch-Kurve dagegen $\log 4/\log 3$. Mit anderen Worten berücksichtigt die Hausdorff-Dimension nicht, daß Koch-Kurve und gerade Linie

[24] C. Kuratowski, *Topologie II*, PWN, 1961. R. Engelking, *Dimension Theory*, North Holland, 1978.

Konstruktion des Menger-Schwamms

Abb. 2.43 : Ein Objekt, das in enger Beziehung zum Sierpinski-Teppich steht, ist der Menger-Schwamm nach Karl Menger (1926). Man nimmt einen Würfel, unterteilt seine Flächen in neun kongruente Quadrate und bohrt Löcher, wie gezeigt, von jedem mittleren Quadrat zum gegenüberliegenden mittleren Quadrat (die Querschnitte der Löcher müssen quadratisch sein). Dann unterteilt man die übriggebliebenen acht kleinen Quadrate auf jeder Fläche in neun kleinere Quadrate und bohrt wiederum Löcher von jedem mittleren kleinen Quadrat zum gegenüberliegenden usw.

topologisch äquivalent sind. Überdies ist $\log 4/\log 3 = 1.2619...$ keine ganze Zahl. Vielmehr ist sie eine gebrochene Zahl, was für fraktale Objekte typisch ist. Weitere Beispiele für Fraktale mit (Überdeckungs-)Dimension 1 sind die Küste der Koch-Insel, das Sierpinski-Dreieck und auch der Sierpinski-Teppich. Sogar der Menger-Schwamm, dessen Konstruktionsschritte in Abbildung 2.43 angegeben sind, hat die (Überdeckungs-)Dimension 1. Grob gesagt, haben das Dreieck, der Teppich und der Schwamm die Dimension 1, weil sie Linienelemente, jedoch keine Flächen- oder Volumenelemente enthalten. Die Cantor-Menge hat die Dimension 0, weil sie aus unzusammenhängenden Punkten besteht und keinerlei Linienabschnitte enthält.

Überdeckung einer Kurve

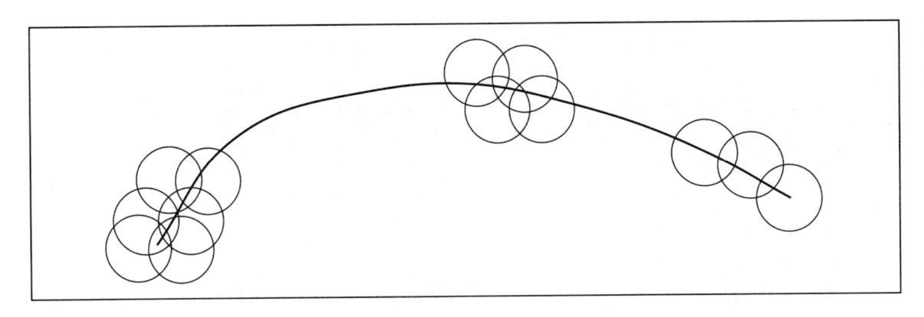

Abb. 2.44 : Drei unterschiedliche Überdeckungen einer Kurve durch Kreisscheiben.

Überdeckung einer Ebene

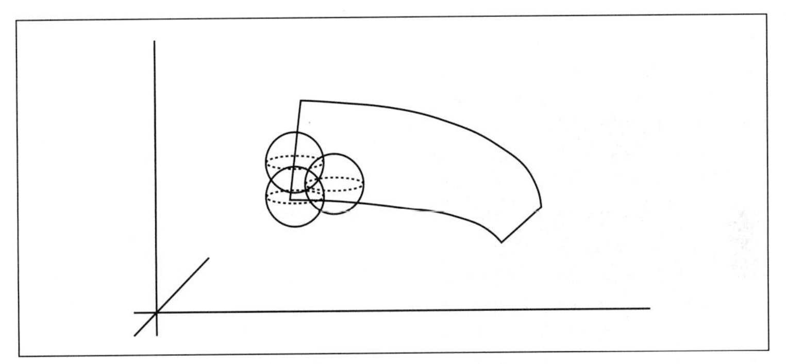

Abb. 2.45 : Die Überdeckung einer Ebene mit Kugeln.

Die Überdeckungsdimension

Untersuchen wir nun die topologisch invariante Überdeckungsdimension. Die Idee hinter diesem Begriff — man kann sie Lebesgue zuschreiben — stützt sich auf folgende Beobachtung: Wir versuchen eine Kurve in der Ebene (siehe Abbildung 2.44) mit Kreisscheiben von kleinem Radius zu überdecken. Die Anordnung der Kreisscheiben auf dem linken Teil der Kurve ist sehr verschieden von derjenigen in der Mitte, welche ihrerseits sehr verschieden von derjenigen auf dem rechten Teil der Kurve ist. Was ist der Unterschied? Im rechten Teil können wir nur Paare von Kreisscheiben finden, die sich überschneiden, oder mathematischer ausgedrückt, mit nichtleeren Durchschnittsmengen. Der mittlere Teil weist Dreiergruppen und der linke Teil sogar eine Vierergruppe von Kreisscheiben mit nichtleerem Durchschnitt auf.

Das ist die entscheidende Beobachtung, die zu einer Definition führt. Wir ordnen der Kurve die Überdeckungsdimension 1 zu, weil wir die Kurve mit kleinen Kreisscheiben so überdecken können, daß es keine Dreier- oder Vierergruppen, sondern nur Paare von Kreisscheiben mit nichtleeren Durchschnittsmengen gibt. Außerdem ist es nicht möglich die Kurve mit hinreichend kleinen Kreisscheiben so abzudecken, daß es nur Paare mit lerren Durchschnitten gibt.

Diese Feststellungen lassen sich auf Objekte im Raum verallgemeinern (ja sogar auch auf Objekte in höheren Dimensionen). Zum Beispiel hat eine Fläche im Raum (siehe Abbildung 2.45) die Überdeckungsdimension 2, weil wir die Fläche mit kleinen Kugeln so überdecken können, daß es keine Vierer-, sondern nur Dreiergruppen von Bällen mit nichtleeren Durchschnittsmengen gibt, und es nicht möglich ist, die Fläche mit hinreichend kleinen Kugeln so zu überdecken, daß nur Paare mit nichtleeren Durchschnitten auftreten.

Verfeinerung von Überdeckungen und Überdeckungs-dimension

Wir sind es gewohnt die Dimension 1 mit einer Kurve, die Dimension 2 mit einem Quadrat oder die Dimension 3 mit einem Würfel zu verknüpfen. Der Begriff der Überdeckungsdimension — einer von mehreren Begriffen im Bereich der topologischen Dimensionen — bietet eine Möglichkeit, diese intuitive Vorstellung zu präzisieren. Diskutieren wir zunächst die Überdeckungsdimension anhand von zwei Beispielen, einer Kurve in der Ebene und einem Flächenstück im Raum, Abbildungen 2.44 und 2.45.

Wir sehen eine mit kleinen Kreisscheiben überdeckte Kurve und richten unser Augenmerk auf die Maximalzahl von Kreisscheiben mit gemeinsamer nichtleerer Durchschnittsmenge. Diese Zahl wird die Ordnung der Überdeckung genannt. Somit ist am linken Ende der Abbildung 2.44 die Ordnung der Überdeckung des Kurvenstücks 4, während sie in der Mitte 3 und am rechten Ende 2 ist. In Abbildung 2.45 sehen wir ein mit Kugeln überdecktes Flächenstück im Raum, wobei die Ordnung der Überdeckung 3 ist.

Wir sind schon fast bei der Definition der Überdeckungsdeckungsdimension angelangt. Dazu führen wir den Begriff der Verfeinerung einer Überdeckung ein. Für uns bedeutet eine (offene) Überdeckung A eines Objektes (Punktemenge) X in der Ebene (oder im Raum) nichts weiter als eine Kollektion von offenen[25] Kreisscheiben oder Kugeln $S_1, S_2, \dots$ von irgendeinem Radius, also $A = \{S_1, S_2, \dots\}$, so daß ihre Vereinigungsmenge $S_1 \cup S_2 \cup \dots$ das Objekt X überdeckt.[26] Eine endliche Überdeckung A ist eine Kollektion von endlich vielen offenen Mengen $S_1, \dots, S_l$, so daß X in der Vereinigung $S_1 \cup \dots \cup S_l$ enthalten ist. Die Ordnung einer offenen Überdeckung A ist die größte ganze Zahl k, für die es voneinander verschiedene Indizes $i_1, \dots, i_k$ mit $S_{i_1} \cap \cdots \cap S_{i_k} \neq \emptyset$ gibt. Für eine Überdeckung ohne Überschneidungen, d.h. mit ausschließlich leeren Durchschnittsmengen, ist die Ordnung 1. Hat eine Überdeckung also die Ordnung k, so ist der Durchschnitt von je $k+1$ ihrer Elemente leer.

Eine offene Überdeckung $B = \{T_1, \dots, T_r\}$ wird eine Verfeinerung von $A = \{S_1, \dots, S_l\}, r \geq l$, genannt, falls es für jedes $T_i \in B$ ein $S_j \in A$ gibt so, daß $T_i \subset S_j$.

[25] „Offen" bedeutet, daß wir Kreisscheiben (bzw. Kugeln) ohne den Begrenzungskreis (bzw. die Oberfläche der Kugel) oder allgemeiner Vereinigungen von solchen Kreisscheiben (bzw. Kugeln) betrachten.

[26] Genauer gesagt nehmen wir an, das ein kompakter metrischer Raum X vorliegt (vergleiche Abschnitt 5.6).

Abb. 2.46 : Die Überdeckung an einem Verzweigungspunkt und eine Verfeinerung.

Wir wollen jetzt die *Überdeckungsdimension* von X, in Zeichen $\dim X$, definieren. Zunächst definieren wir $\dim X \leq n$, falls es für jede endliche offene Überdeckung von X eine endliche offene Verfeinerung der Ordnung $\leq n+1$ gibt. Schließlich definieren wir $\dim X = n$, falls $\dim X \leq n$ aber nicht $\dim X \leq n-1$. Letzteres heißt, daß es eine endliche offene Überdeckung von X gibt, so daß jede endliche offene Verfeinerung eine Ordnung $\geq n+1$ hat.

Abbildung 2.46 veranschaulicht, daß der Begriff der Verfeinerung wirklich entscheidend ist. Die große Überdeckung (punktierte Kreise) bedeckt das y-förmige Objekt so, daß in einem Fall 3 Kreisscheiben sich überschneiden. Aber es gibt eine Verfeinerung mit kleineren Kreisscheiben (ausgezogene Kreise, jede kleinere offene Kreisscheibe ist in einer großen offenen Kreisscheibe enthalten), so daß sich höchstens 2 Kreisscheiben überschneiden.

Intuitiv ist klar: Eine endliche Anzahl von Punkten kann so überdeckt werden, daß keine Überschneidungen auftreten, d.h. mit einer offenen Überdeckung der Ordnung 1. Kurven können so überdeckt werden, daß die Ordnung der Überdeckung 2 ist, wobei es keine Überdeckung mit hinreichend kleinen Kreisscheiben oder Kugeln der Ordnung 1 gibt. Flächen können so überdeckt werden, daß die Ordnung der Überdeckung 3 ist, wobei es keine Überdeckung mit hinreichend kleinen Kreisscheiben oder Kugeln der Ordnung 2 gibt. Somit ist die Überdeckungsdimension von Punkten 0, diejenige von Kurven 1 und diejenige von Flächen 2.

Dieselben Überlegungen lassen sich auf höhere Dimensionen verallgemeinern. Überdies ist es nicht von Belang, ob wir eine Kurve betrachten, die in die Ebene oder in den Raum eingebettet ist, und ob wir für ihre Überdeckung Kreisscheiben oder Kugeln verwenden.[27]

[27] Für weitere Einzelheiten über Dimensionen verweisen wir auf Gerald E. Edgar, *Measure, Topology and Fractal Geometry,* Springer-Verlag, New York, 1990.

2.7 Die Universalität des Sierpinski-Teppichs

Wir haben versucht, ein Gefühl dafür zu bekommen, was der topologische Begriff der Dimension ist, und haben gelernt, daß von diesem Standpunkt aus nicht nur eine gerade Linie, sondern z.B. auch die Koch-Kurve zu den eindimensionalen Objekten gehört. Aus topologischer Sicht ist die Menge eindimensionaler Objekte sehr reichhaltig und groß und geht weit über naheliegende Gebilde von der Art des in Abbildung 2.47 dargestellten hinaus.

Ein harmloses eindimensionales Gebilde

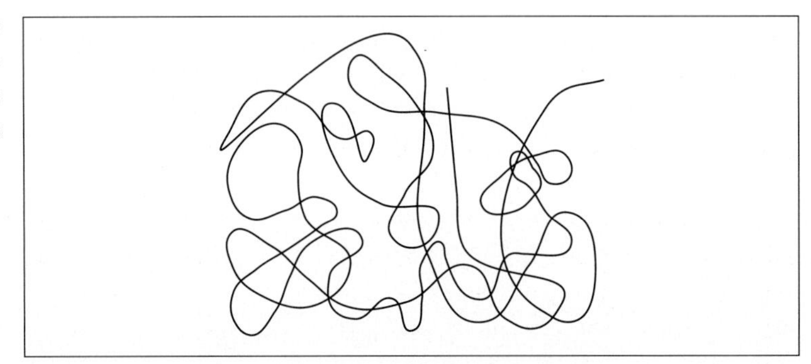

Abb. 2.47 : Diese wild aussehende Kurve ist tatsächlich weit von einem wirklich komplizierten eindimensionalen Objekt entfernt.

Das Heim der eindimensionalen Objekte

Wir sind nun soweit vorbereitet, eine gewisse Vorstellung von dem zu gewinnen, was Sierpinski zu erreichen versuchte, als er den Teppich ersann. Wir wollen für alle eindimensionalen Objekte ein Heim oder eine Herberge errichten. Dieses Heim wird eine Art *Super*-Objekt sein, das in topologischem Sinn alle eindimensionalen Objekte beherbergt. Dies bedeutet, daß ein gegebenes Objekt in dem Superobjekt verborgen sein mag, nicht unbedingt genau in seiner eigenen Erscheinungsform, sondern vielmehr als eine seiner topologisch äquivalenten Varianten. Dazu braucht man sich nur vorzustellen, daß das Objekt aus Gummi besteht und seine Form so verändern kann, daß es in das Superobjekt paßt. Zum Beispiel können die fünfarmigen Spinnen aus Abbildung 2.48 in entsprechender äquivalenter Form im Superobjekt erscheinen.

In welcher besonderen Form eine Spinne mit fünf Armen im Superobjekt verborgen ist, spielt in topologischer Hinsicht keine Rolle. Mit anderen Worten, wenn einer der Arme so eigenwillig wie die Koch-Kurve wäre, so wäre auch dies zulässig.

Sierpinskis erstaunliches Ergebnis von 1916 bringt zum Ausdruck, daß der Teppich ein solches Superobjekt ist. In ihm können wir jedes beliebige eindimensionale Objekt verstecken. Mit anderen Worten

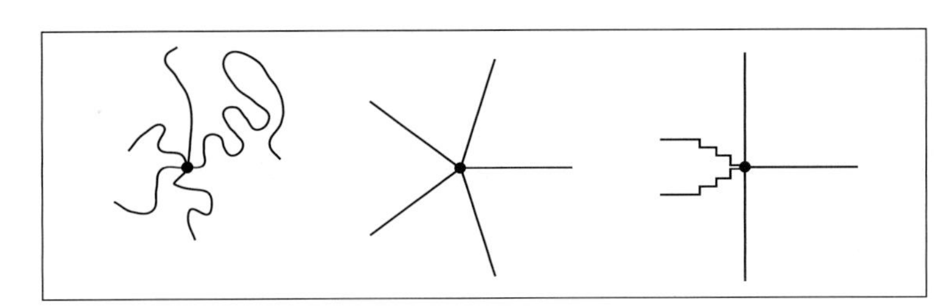

Topologisch äquivalente Spinnen

Abb. 2.48 : Alle diese Spinnen mit fünf Armen sind topologisch äquivalent.

muß jeder Grad an (topologischer) Komplexität, den ein eindimensionales Objekt haben kann, im Sierpinski-Teppich vorhanden sein. Das genaue Ergebnis von Sierpinskis Arbeit lautet:[28]

Fakt. *Der Sierpinski-Teppich ist universell für alle kompakten*[29] *eindimensionalen Objekte in der Ebene.*

Wir wollen uns eine erste Vorstellung von der Bedeutung der obenstehenden Aussagen verschaffen. Man zeichne auf ein Blatt Papier eine Kurve (d.h. ein typisches eindimensionales Objekt), die auf dem Papier Platz hat (dies macht es kompakt). Man versuche eine wirklich komplizierte Kurve zu zeichnen, so kompliziert, wie man sich ausdenken kann, mit beliebig vielen Schnittpunkten. Man zeichne auch ruhig mehrere Kurven übereinander. Was man sich auch immer an Kompliziertheit ausdenkt, der Sierpinski-Teppich hat stets einen Vorsprung. Das heißt, jede Komplikation in der Kurve ist auch in einem Teil (mathematisch Teilmenge) des Sierpinski-Teppichs enthalten. Genauer ausgedrückt: Im Sierpinski-Teppich läßt sich eine Teilmenge finden, die topologisch der Figur, welche man auf das Papier gezeichnet hat, gleichwertig ist. Der Sierpinski-Teppich ist wirklich ein Superobjekt. Er sieht so regelmäßig und harmlos aus, aber seine wahre Natur geht weit über das unmittelbar Sichtbare hinaus. Mit anderen Worten, was wir mit unserem physischen und was wir mit unserem geistigen Auge sehen können, klafft völlig auseinander. Wir könnten den Sierpinski-Teppich als Heim interpretieren, das

[28] W. Sierpinski, *Sur une courbe cantorienne qui content une image biunivoquet et continue detoute courbe donneé,* C. R. Acad. Paris 162 (1916) 629–632.

[29] Kompaktheit ist eine technische Voraussetzung, die für alle Zeichnungen auf einem Blatt Papier als erfüllt angenommen werden kann. Zum Beispiel wäre eine Kreisscheibe in der Ebene ohne ihren Rand nicht kompakt, ebenso wäre eine Linie, die ins Unendliche läuft, nicht kompakt. Technisch bedeutet Kompaktheit einer Menge X in der Ebene (oder im Raum), daß sie beschränkt ist, d.h. sie liegt vollständig innerhalb einer genügend großen Kreisscheibe in der Ebene (oder Kugel im Raum), und daß jede konvergente Folge von Punkten aus der Menge X ihren Grenzwert in der Menge X hat.

alle möglichen (eindimensionalen, kompakten) im Flachland lebenden Arten beherbergt. Aber nicht alles kann im Flachland leben.

Planare und nichtplanare Kurven

Wir können Kurven in der Ebene oder im Raum zeichnen. Aber können wir alle Kurven, die wir im Raum zeichnen können, auch in der Ebene zeichnen? Auf den ersten Blick ja, aber es gibt da ein Problem. Betrachten wir z.B. die achtförmige Figur (a) in der Ebene in Abbildung 2.49.

Ist es eine Ziffer Acht (mit einem Schnittpunkt) oder sieht es nur so aus wie eine Acht, weil es sich um eine Projektion eines verdrehten Kreises handelt, der im Raum liegt wie in (b)? Ohne weitere Erklärung könnte es beides sein. Allerdings ist die Acht in qualitativer Hinsicht sehr verschieden von einem Kreis, weil sie einen Selbstschnittpunkt aufweist und die Ebene in drei Bereiche aufteilt, im Gegensatz zu nur zwei Bereichen beim Kreis. Topologisch müssen wir sie also auseinanderhalten. Die Kurve in (b) ist aus topologischer Sicht ein Kreis und kann gerade gedreht ohne Selbstschnittpunkte leicht in die Ebene eingebettet werden.

Damit erhebt sich die Frage, ob jede räumliche Kurve in eine Ebene eingebettet werden kann, ohne ihren topologischen Charakter zu verändern. Die Antwort lautet nein. Dazu eine einfache Veranschaulichung, das WGE-Beispiel in Abbildung 2.50. Man stelle sich vor, drei Häuser A, B und C müssen mit Wasser, Gas und Elektrizität von W, G und E aus versorgt werden, ohne daß sich die Versorgungsleitungen (wenn in einer Ebene gezeichnet) überschneiden. In dem Beispiel gibt es keine Möglichkeit, ohne Kreuzung von E nach A eine Leitung zu legen. Der einzige Weg, eine Kreuzung zu vermeiden, besteht darin, in den Raum auszuweichen (d.h. die Versorgungsleitungen auf verschiedene Ebenen zu versetzen).

Wenn wir also daran interessiert sind, den topologischen Charakter von eindimensionalen Objekten zu bewahren, kann es nötig sein, in den Raum auszuweichen. Denn jedes eindimensionale Objekt kann in den dreidimensionalen Raum eingebettet werden. Verallgemeinerungen dieser

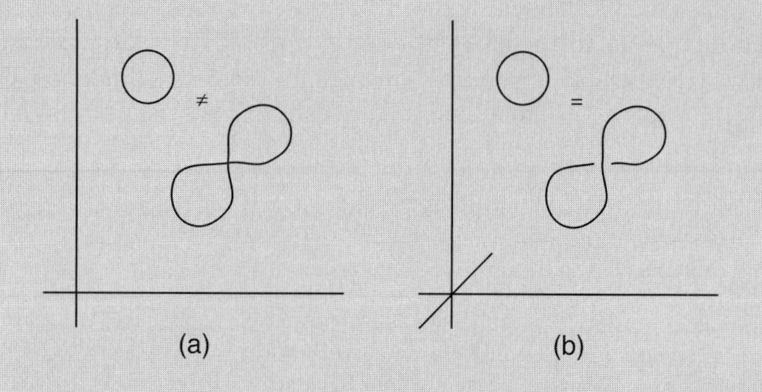

Abb. 2.49 : Die Ziffer Acht ist nicht äquivalent zum Kreis (a). Der verdrehte Kreis (im Raum) ist äquivalent zu einem Kreis (b).

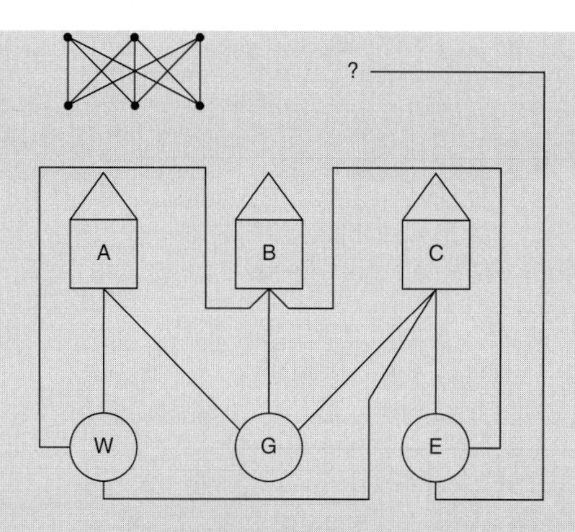

Abb. 2.50 : Ein schwieriges Problem: Können Wasser, Gas und Elektrizität zu allen drei Häusern ohne jede Überschneidung von Leitungen gebracht werden? Der vollständige Graph (mit Überschneidungen!) ist in der linken oberen Ecke der Abbildung gezeigt.

Frage gehören zum Kern der Topologie. Dieses Zweiggebiet geht durch Bereitstellung von sehr ausgeklügelten Methoden, die eine Verallgemeinerung auf höhere Dimensionen ermöglichen, über das intuitive Verständnis solcher Fragen hinaus, warum das Leitungssystem in Abbildung 2.50 nicht in die Ebene eingebettet werden kann. Zum Beispiel kann jedes zweidimensionale Objekt in einen fünfdimensionalen Raum eingebettet werden, und die fünf Dimensionen sind auch wirklich erforderlich, um mit Selbstschnitten vergleichbare Effekte zu vermeiden, die den topologischen Charakter verändern würden.

Man beachte, daß der Graph von Abbildung 2.50 in der Ebene nicht ohne Selbstschnitt gezeichnet werden kann. Somit kann dieses im Raum ohne Selbstschnitt existierende eindimensionale Objekt nicht im Sierpinski-Teppich dargestellt werden. Dies führt zur Frage, welches das universelle Objekt für eindimensionale Objekte im allgemeinen (d.h. in der Ebene und im Raum) ist?

Die Universalität des Menger-Schwammes

Ungefähr zehn Jahre nachdem Sierpinski zu seinem Ergebnis gekommen war, löste der österreichische Mathematiker Karl Menger dieses Problem, indem er ein Heim für alle eindimensionalen Objekte fand. Er bewies um 1926 herum folgendes.[30]

[30] K. Menger, *Allgemeine Räume und charakteristische Räume, Zweite Mitteilung: „Über umfassendste n-dimensionale Mengen"*, Proc. Acad. Amsterdam 29, (1926) 1125–1128. Siehe auch K. Menger, *Dimensionstheorie,* Leipzig 1928.

Fakt. *Der Menger-Schwamm ist universell für alle kompakten eindimensionalen Objekte.*

Grob gesagt, bedeutet dies, daß für jedes zulässige Objekt (kompakt, eindimensional) im Menger-Schwamm eine Teilmenge existiert, die zum gegebenen Objekt topologisch gleichwertig ist.[31] Das heißt, man stelle sich wiederum vor, daß das gegebene Objekt aus Gummi bestehe. Dann gibt es eine deformierte Variante des Objektes, die genau in den Menger-Schwamm hineinpaßt.

Wir können hier die Beweise von Mengers oder Sierpinskis verblüffenden Ergebnissen nicht wiedergeben; sie würden den Rahmen dieses Buches sprengen. Aber wir wollen einen Anhaltspunkt für die hier mögliche Komplexität der eindimensionalen Objekte geben. Diskutieren wir nur eine von vielen Methoden zur Messung dieser Komplexität. Insbesondere werden wir dadurch in die Lage versetzt, zwischen dem Sierpinski-Dreieck und dem Sierpinski-Teppich unterscheiden zu können. Da die Grundschritte ihrer Konstruktionen so ähnlich sind (siehe Abschnitt 2.2), könnten wir fragen, ob das Dreieck ebenfalls universell ist? Mit anderen Worten, wie kompliziert ist das Sierpinski-Dreieck? Ist es so kompliziert wie der Teppich oder weniger? Und wenn weniger, wieviel weniger kompliziert ist es?

Die Antwort ist höchst überraschend: Das Sierpinski-Dreieck ist geradezu brav im Vergleich zum Teppich, obwohl es rein optisch keine großen Unterschiede zu geben scheint. Das Sierpinski-Dreieck ist ein Heim, das nur einige wenige (eindimensionale, kompakte) sehr einfache Arten aus dem Flachland beherbergen kann. Somit liegen tatsächlich Welten zwischen diesen beiden Fraktalen. Betrachten wir Objekte wie diejenigen in Abbildung 2.51.

Ordnung von Spinnen

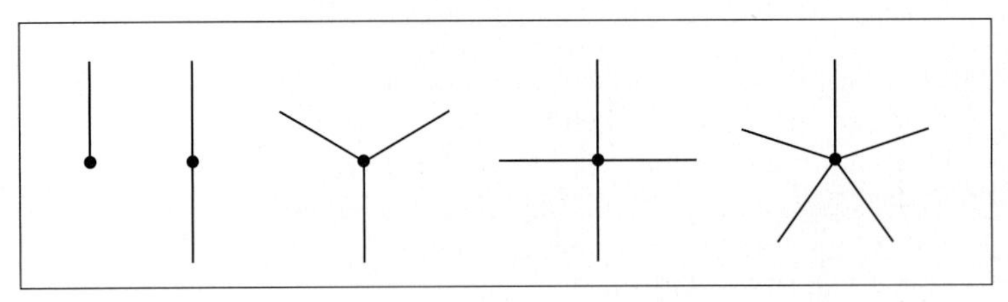

Abb. 2.51 : Spinnen mit zunehmender Verzweigung.

Wir sehen Liniensegmente mit Kreuzungen. Oder wir könnten sagen, daß wir einen zentralen Punkt mit unterschiedlich vielen angebrachten Armen sehen. Wir wollen die Anzahl der Arme mit einer

[31] Formal, zu jeder kompakten eindimensionalen Menge A gibt es eine kompakte Untermenge B des Menger-Schwammes, welche homöomorph zu A ist.

Größe zählen, welche wir die Verzweigungsordnung eines Punktes nennen. Dabei handelt es sich um eine topologische Invariante. Das heißt, diese Zahl ändert sich nicht, wenn wir von einem Objekt zu einem topologisch äquivalenten übergehen. Es ist einfach, eindimensionale Objekte von jeder vorgeschriebenen Verzweigungsordnung vorzulegen.

Verzweigungsordnung

Es gibt eine sehr lehrreiche Methode einen Gesichtspunkt von vielen unterschiedlichen (topologischen) Komplexitätsmerkmalen für eindimensionale Objekte hervorzuheben. Es handelt sich dabei um die Verzweigungseigenschaft, welche durch die Verzweigungsordnung[32] gemessen wird. Abbildung 2.52 zeigt einige unterschiedliche Beispiele von Objekten mit Verzweigungen.

Die Verzweigungsordnung ist ein lokaler Begriff. Sie mißt die Anzahl der Zweige, die in einem Punkt zusammentreffen. So zählen wir für einen Punkt auf einer Linie zwei Zweige, während wir für einen Endpunkt nur einen Zweig zählen. In Beispiel (d) von Abbildung 2.52 haben wir einen Punkt — bezeichnet mit ∞ —, von dem unendlich (abzählbar) viele Liniensegmente ausgehen. Somit hätte dieser Punkt die Verzweigungsordnung ∞, während Punkte auf den einzelnen Linienabschnitten (abgesehen von der Grenzlinie) nach wie vor die Verzweigungsordnung 2 aufweisen würden. Man nennt die Objekte in Abbildung 2.52 oft auch Spinnen. Dann ist (a) eine Spinne mit 2, (b) mit 3, (c) mit 6 und (d) mit ∞ vielen Beinen.

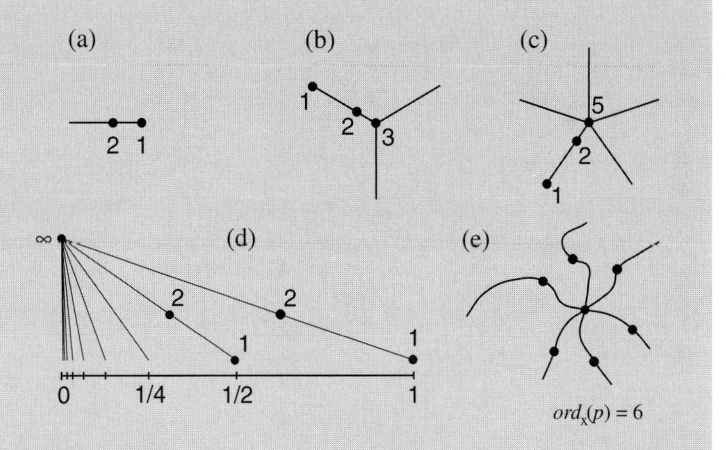

Abb. 2.52 : Mehrere Beispiele von endlicher und (abzählbar) unendlicher Verzweigungsordnung. Die Zahlen bezeichnen die Verzweigungsordnung der entsprechenden Punkte.

[32] Siehe A. S. Parchomenko, *Was ist eine Kurve,* VEB Verlag, 1957.

Sei X eine Menge[33] und sei $p \in X$ ein Punkt. Dann definieren wir die Verzweigungsordnung von X in p als[34]

$$\mathrm{ord}_X(p) = \text{Anzahl der Zweige von } X \text{ bei } p.$$

Eine Methode, diese Zweige zu zählen, würde darin bestehen, einen genügend kleinen Kreis um den betreffenden Punkt zu legen und die Anzahl der Schnittpunkte des Randes dieses Kreises mit X zu zählen.

Konstruieren wir nun eine Monsterspinne, deren Verzweigungsordnung der Mächtigkeit des Kontinuums entspricht, d.h. sie hat so viele Beine wie es Zahlen im Einheitsintervall $[0, 1]$ gibt.

Wir beginnen mit einem einzelnen Punkt, sagen wir P, in der Ebene bei $(1/2, 1)$ (siehe Abbildung 2.53), zusammen mit der Cantor-Menge C in $[0, 1]$. Nun zeichnen wir von jedem Punkt in C einen Geradenabschnitt zu P. Wir erinnern uns daran, daß die Mächtigkeit der Cantor-Menge mit der Mächtigkeit von [0,1] übereinstimmt. Deshalb ist die Mächtigkeit der Punkte auf dem Rand eines kleinen Kreises um P wiederum diesselbe. Wir nennen diese Menge *Cantor-Besen.*

Jede bildliche Darstellung des Cantor-Besens kann ein wenig in die Irre führen. Sie mag nahelegen, daß es eine abzählbare Anzahl von Borsten gibt. Sie ist aber genauso wenig abzählbar wie die Cantor-Menge. Man kann übrigens zeigen, daß der Cantor-Besen eine Menge mit der (Überdeckungs-)Dimension 1 ist, wie natürlich jede Spinne mit einer endlichen Anzahl von Armen.

Wenden wir uns nun der Verzweigungsordnung im Sierspinki-Dreieck zu (siehe Abbildung 2.54). Welche Spinnen können im Dreieck gefunden werden? Man kann für irgendeinen Punkt p im Sierpinski-Dreieck zeigen, daß gilt

$$\mathrm{ord}_S(p) = \begin{cases} 2, \text{ falls } p \text{ Eckpunkt des Ausgangsdreiecks ist,} \\ 4, \text{ falls } p \text{ Berührungspunkt ist,} \\ 3, \text{ falls } p \text{ irgendein anderer Punkt ist.} \end{cases}$$

Wenn p ein Eckpunkt ist, führen genau zwei Arme zu diesem Punkt. Man überzeuge sich davon, daß die um den Eckpunkt geschlagenen Kreise das Sierpinski-Dreieck wirklich in zwei Punkten schneiden. Falls p ein Berührungspunkt ist, können wir 4 Arme zu diesem Punkt ausfindig machen. In diesem Fall kann man feststellen, daß die um p geschlagenen Kreise das Dreieck in genau 4 Punkten schneiden. Wenn p nun irgendein

[33] Formal muß X ein kompakter metrischer Raum sein.

[34] Eine formale Definition lautet wie folgt. Sei α eine Kardinalzahl. Dann definiert man $\mathrm{ord}_X(p) \leq \alpha$, vorausgesetzt, es existiere für jedes $\varepsilon > 0$ eine Umgebung U von p mit einem Durchmesser $\mathrm{diam}(U) < \varepsilon$ und derart, daß die Mächtigkeit des Randes ∂U von U in X nicht größer ist als α, $\mathrm{card}(\partial U) \leq \alpha$. Außerdem definiert man $\mathrm{ord}_X(p) = \alpha$, vorausgesetzt, $\mathrm{ord}_X(p) \leq \alpha$ und zusätzlich gebe es ein $\varepsilon_0 > 0$, so daß für alle Umgebungen U von x mit einem Durchmesser kleiner als ε_0 die Mächtigkeit des Randes von U größer oder gleich α ist, $\mathrm{card}(\partial U) \geq \alpha$.

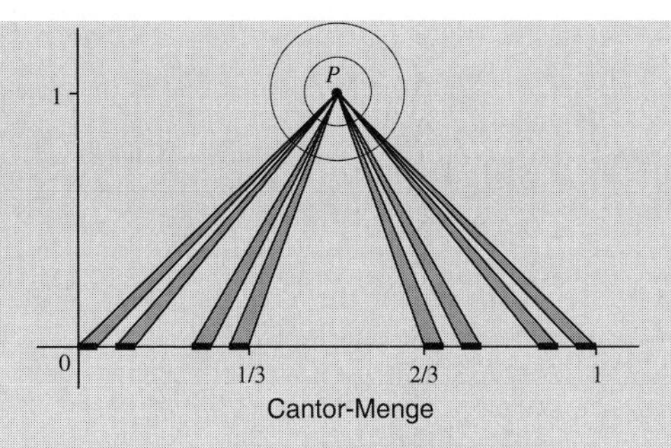

Abb. 2.53 : Ein Beispiel für eine nichtabzählbare unendliche Verzweigungsordnung, der Cantor-Besen.

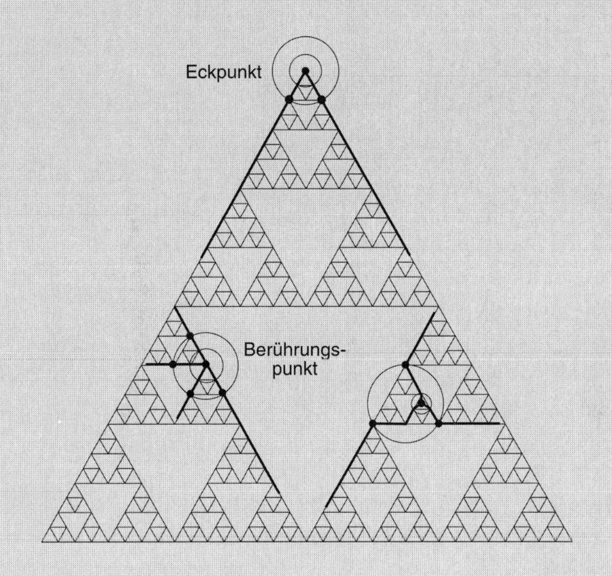

Abb. 2.54 : Das Sierpinski-Dreieck läßt nur die Verzweigungsordnungen 2, 3 und 4 zu.

anderer Punkt ist, muß er in einer unendlichen Folge von Teildreiecken liegen, und zwar stets in deren Inneren. Diese Teildreiecke sind mit dem Rest des Sierpinski-Dreiecks in gerade 3 Punkten verbunden. Wir können also immer kleinere Kreise um p herum finden, welche das Sierpinski-Dreieck in genau 3 Punkten schneiden, und wir können 3 Arme konstruieren, die durch diese Punkte hindurch zu p führen.

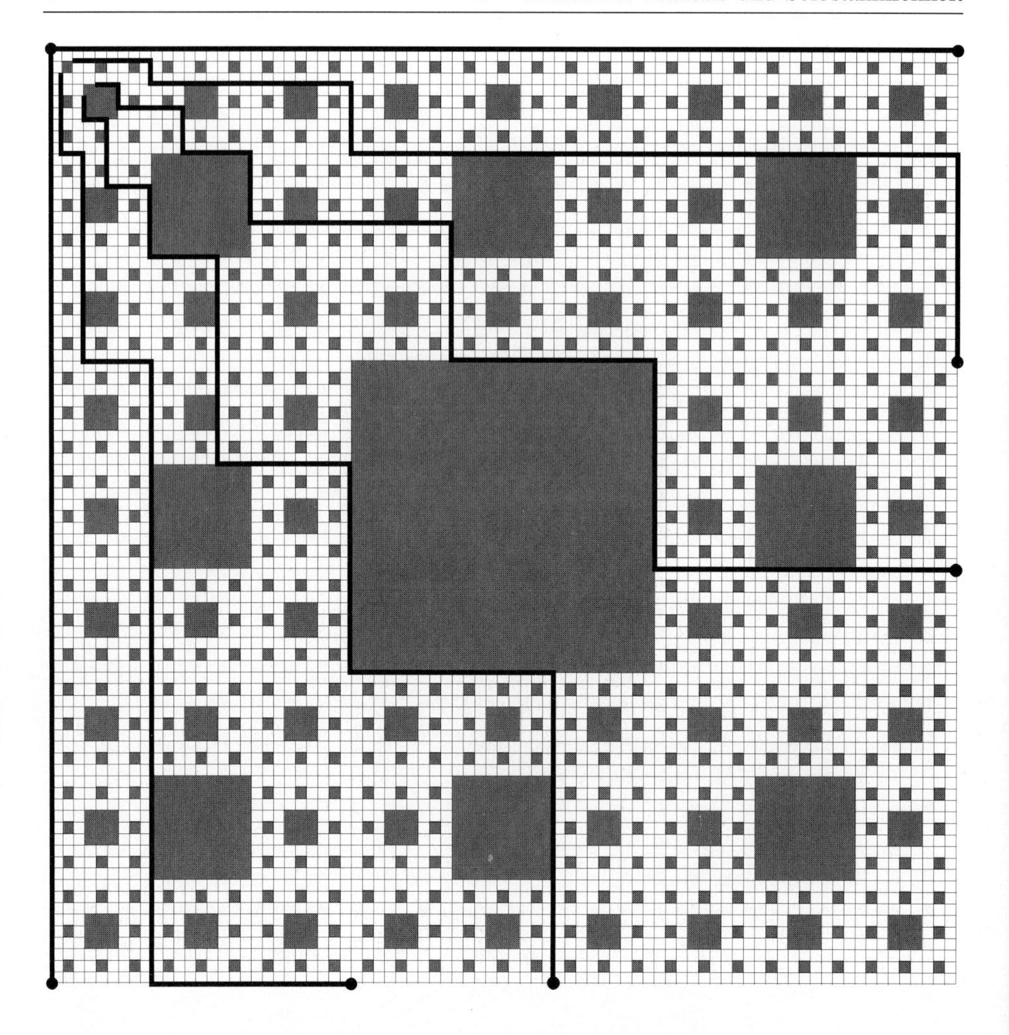

Abb. 2.55 : Konstruktion einer Spinne mit sechs Armen unter Ausnutzung von Symmetrieeigenschaften und mit Hilfe eines rekursiven Konstruktionsverfahrens.

Die Universalität des Sierpinski-Teppichs

Wir können feststellen, daß das Sierpinski-Dreieck Punkte mit den Verzweigungsordnungen 2, 3 und 4 aufweist (siehe Abbildung 2.54). Dies sind die einzigen Möglichkeiten. Mit anderen Worten im Sierpinski-Dreieck kann *keine* Spinne mit fünf (oder mehr) Armen gefunden werden![35]

[35] Dies ist eigentlich bemerkenswert, und es ist deshalb sehr instruktiv zu versuchen, eine Spinne mit fünf Armen zu konstruieren und das Hindernis dabei zu verstehen!

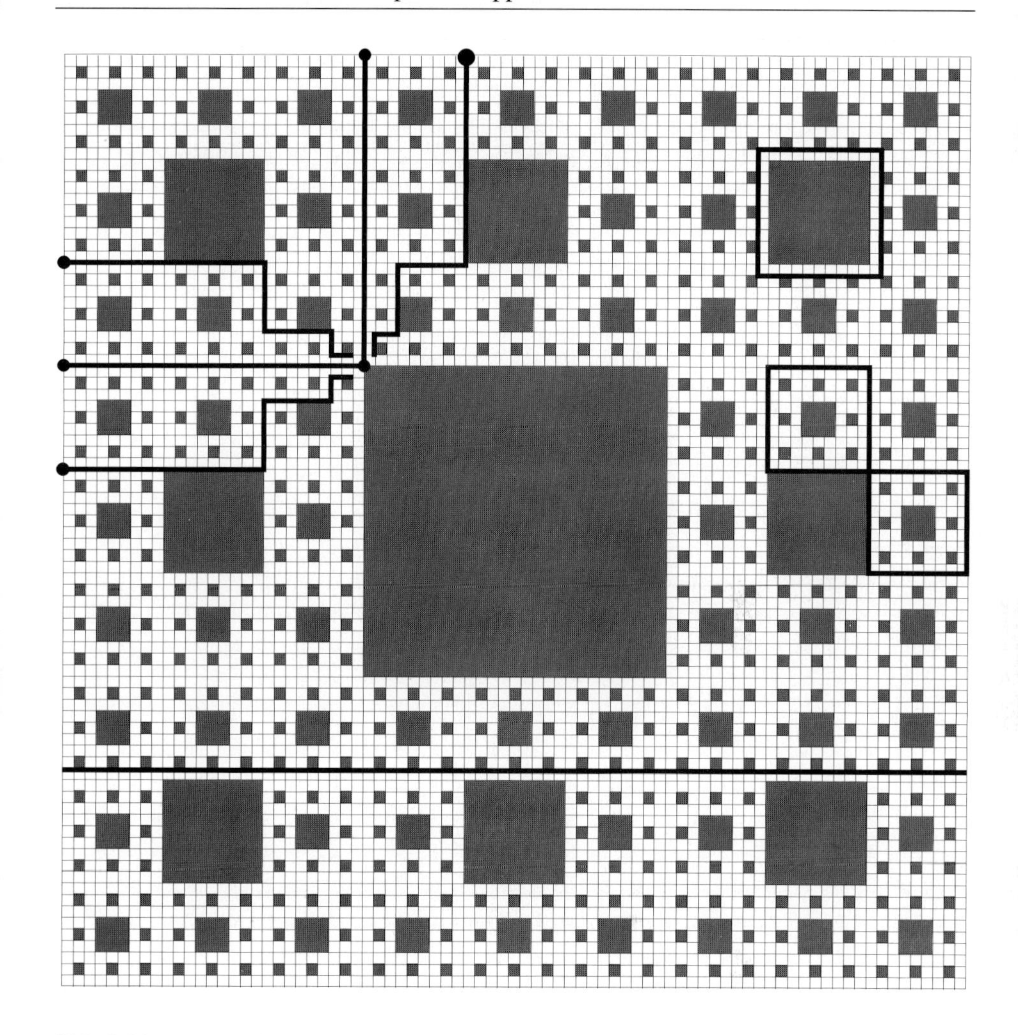

Abb. 2.56 : Der Sierpinski-Teppich beherbergt jede Art von eindimensionalen Objekten: Linien, Quadrate, Figuren wie die Acht, fünfarmige Spinnen oder sogar eine verformte Variante des Sierpinski-Dreiecks (diese geht nicht aus der Abbildung hervor — wie ist sie wohl zu konstruieren?).

Indessen ist der Sierpinski-Teppich universell. Deshalb muß er Spinnen von jeder Verzweigungsordnung beherbergen, und insbesondere muß er sogar eine (topologische) Variante des Sierpinski-Dreiecks enthalten. Versuchen wir, als sehr aufschlußreiches Beispiel, eine Spinne mit fünf oder sechs Armen im Sierpinski-Teppich zu konstruieren (siehe Abbildungen 2.55 und 2.56). Abbildung 2.57 zeigt die Spinne, die wir in dem Teppich gefunden haben (rechts), und eine topologisch äquivalente Spinne (links).

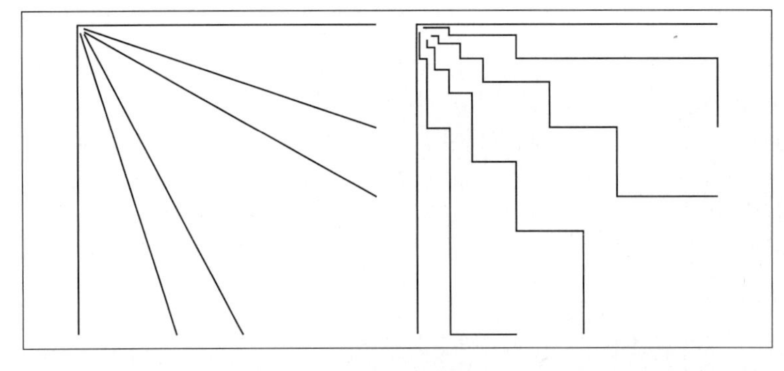

Topologisch äquivalente sechsarmige Spinnen

Abb. 2.57 : Diese zwei Spinnen sind topologisch äquivalent.

Fassen wir zusammen: Unsere Diskussion der Universalität des Sierpinski-Teppichs zeigt, daß Fraktale in der Tat sehr fest und tief in einem schönen Bereich der Mathematik verwurzelt sind, und in Abwandlung eines alten chinesischen Sprichwortes[36] könnten wir sagen, Fraktale sind mehr als hübsche und verblüffende Bilder.

2.8 Julia-Mengen

Gaston Julia (1893–1978) veröffentlichte 1918 bereits im Alter von 25 Jahren sein 199 Seiten umfassendes Meisterwerk,[37] das ihn in den mathematischen Hochburgen seiner Tage berühmt machte. Als französischer Soldat im ersten Weltkrieg wurde Julia schwer verwundet und verlor als Folge davon seine Nase. Abbildung 2.58 zeigt ihn in den zwanziger Jahren. Zwischen mehreren schmerzhaften Operationen führte er seine mathematischen Forschungen in einem Krankenhaus fort. Später wurde er ein angesehener Lehrer an der École Polytechnique in Paris.

Julias Arbeit war in den zwanziger Jahren berühmt

Obwohl Julia in den zwanziger Jahren ein weltberühmter Mathematiker war, geriet sein Werk weitgehend in Vergessenheit, bis Mandelbrot es Ende der siebziger Jahre durch seine grundlegenden Experimente wieder ans Tageslicht brachte. Mandelbrot wurde von seinem Onkel, Szolem Mandelbrojt, der in Paris Mathematikprofessor und Nachfolger von Jacques Salomon Hadamard am berühmten Collège de France war, in Julias Arbeiten eingeführt.

[36] Ein Bild sagt mehr als tausend Worte.

[37] G. Julia, Mémoire sur l'iteration des fonctions rationnelles, Journal de Math. Pure et Appl. 8 (1918) 47–245.

Gaston Julia

Abb. 2.58 : Gaston Julia, 1893–1978, einer der Stammväter der modernen Theorie dynamischer Systeme.

Mandelbrot wurde 1924 in Polen geboren. Nachdem seine Familie 1936 nach Frankreich ausgewandert war, fühlte sich sein Onkel verantwortlich für seine Bildung und Erziehung. Um 1945 versuchte dieser, ihm Julias Arbeiten als Meisterwerk und Quelle für interessante Problemstellungen nahezulegen, aber Mandelbrot gefielen sie nicht. Irgendwie gelang es ihm nicht, eine Beziehung zu Stil und Art von Mathematik herstellen, wie er sie in Julias Arbeiten fand. Er wählte seinen eigenen, davon stark abweichenden Weg, der ihn allerdings um 1977 zu Julias Arbeiten zurückführte. Dazwischen lag eine Odyssee durch viele Wissenschaften hindurch, die von verschiedenen Seiten als höchst eigenwillig oder gar rastlos bezeichnet wird. Mit Hilfe der Computergrafik zeigte uns Mandelbrot, daß Julias Werk die Quelle von einigen der schönsten heute bekannten Fraktale ist. In diesem Sinne ist sein Meisterwerk voll von klassischen Fraktalen, die nur auf den Erweckungskuß der Computer warten mußten. In der ersten Hälfte dieses Jahrhunderts war Julia wirklich weltberühmt. Um von seinen Ergebnissen zu lernen, organisierte Hubert Cremer mit dem Beistand von Erhard Schmidt und Ludwig Bieberbach 1925 ein Seminar an der Universität von Berlin. Die Liste der Teilnehmer liest sich fast wie ein Auszug aus einem „Who's Who" der Mathematik dieser Zeit. Unter ihnen waren Richard D. Brauer, Heinrich Hopf und Kurt Reidemeister. Cremer verfasste auch eine Abhandlung über das Thema, welche die erste Visualisierung einer Julia-Menge (siehe

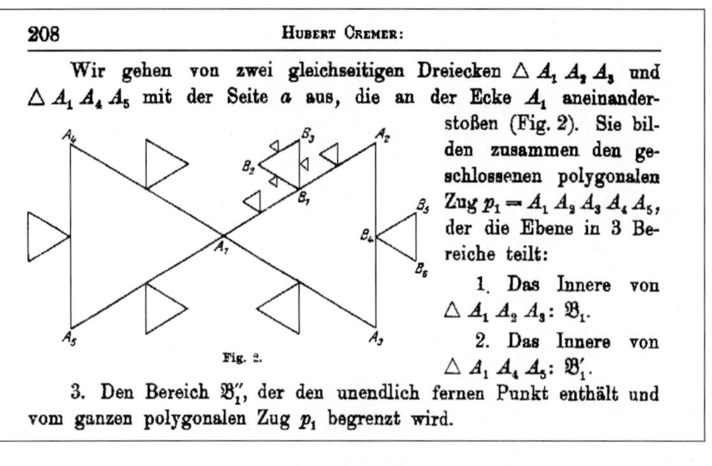

208 HUBERT CREMER:

Wir gehen von zwei gleichseitigen Dreiecken $\triangle A_1 A_2 A_3$ und $\triangle A_1 A_4 A_5$ mit der Seite a aus, die an der Ecke A_1 aneinanderstoßen (Fig. 2). Sie bilden zusammen den geschlossenen polygonalen Zug $p_1 = A_1 A_2 A_3 A_4 A_5$, der die Ebene in 3 Bereiche teilt:

1. Das Innere von $\triangle A_1 A_2 A_3$: $\mathfrak{B}_1$.

2. Das Innere von $\triangle A_1 A_4 A_5$: $\mathfrak{B}'_1$.

3. Den Bereich $\mathfrak{B}''_1$, der den unendlich fernen Punkt enthält und vom ganzen polygonalen Zug p_1 begrenzt wird.

Abb. 2.59 : Erste Zeichnung von Cremer aus dem Jahre 1925, die eine Julia-Menge veranschaulicht.

Abbildung 2.59) enthält.[38]

Das quadratische Rückkopplungssystem

Julia-Mengen sind in der komplexen Ebene beheimatet. Sie sind entscheidend für das Verständnis von Iterationen von Polynomen wie x^2+c oder x^3+c usw. Wem das Konzept der komplexen Zahlen nicht vertraut ist, dem schlagen wir vor, einstweilen nur an reelle Zahlen zu denken. Betrachten wir x^2+c als Beispiel. Iterieren bedeutet, daß wir c festlegen, einen Wert für x wählen und x^2+c erhalten. Nun setzen wir dieses Ergebnis für x ein und werten wiederum x^2+c aus usw. Mit anderen Worten, für einen beliebigen, aber festen Wert von c erzeugen wir eine Folge von komplexen Zahlen

$$x \to x^2+c \to (x^2+c)^2+c \to ((x^2+c)^2+c)^2+c \to \dots .$$

Diese Folge muß eine der beiden folgenden Eigenschaften haben:

Die Dichotomie der Julia-Mengen

- entweder entwickelt sich die Folge unbegrenzt: die Elemente der Folge verlassen jeden Kreis um den Ursprung,
- oder die Folge bleibt begrenzt: es gibt einen Kreis um den Ursprung, welcher von der Folge niemals verlassen wird.

Die Menge der Punkte, die zur ersten Verhaltensweise führen, wird die *Fluchtmenge* für c genannt, während die Menge der Punkte, die zur zweiten Verhaltensweise führen, die *Gefangenenmenge* für c genannt wird. Diese Begriffe wurden schon im Abschnitt über die Cantor-Menge benutzt. Beide Mengen sind nichtleer. Zum Beispiel

[38] H. Cremer, *Über die Iteration rationaler Funktionen,* Jahresberichte der Deutschen Mathematischen Vereinigung 33 (1925) 185–210.

Einige Beispiele von Julia-Mengen

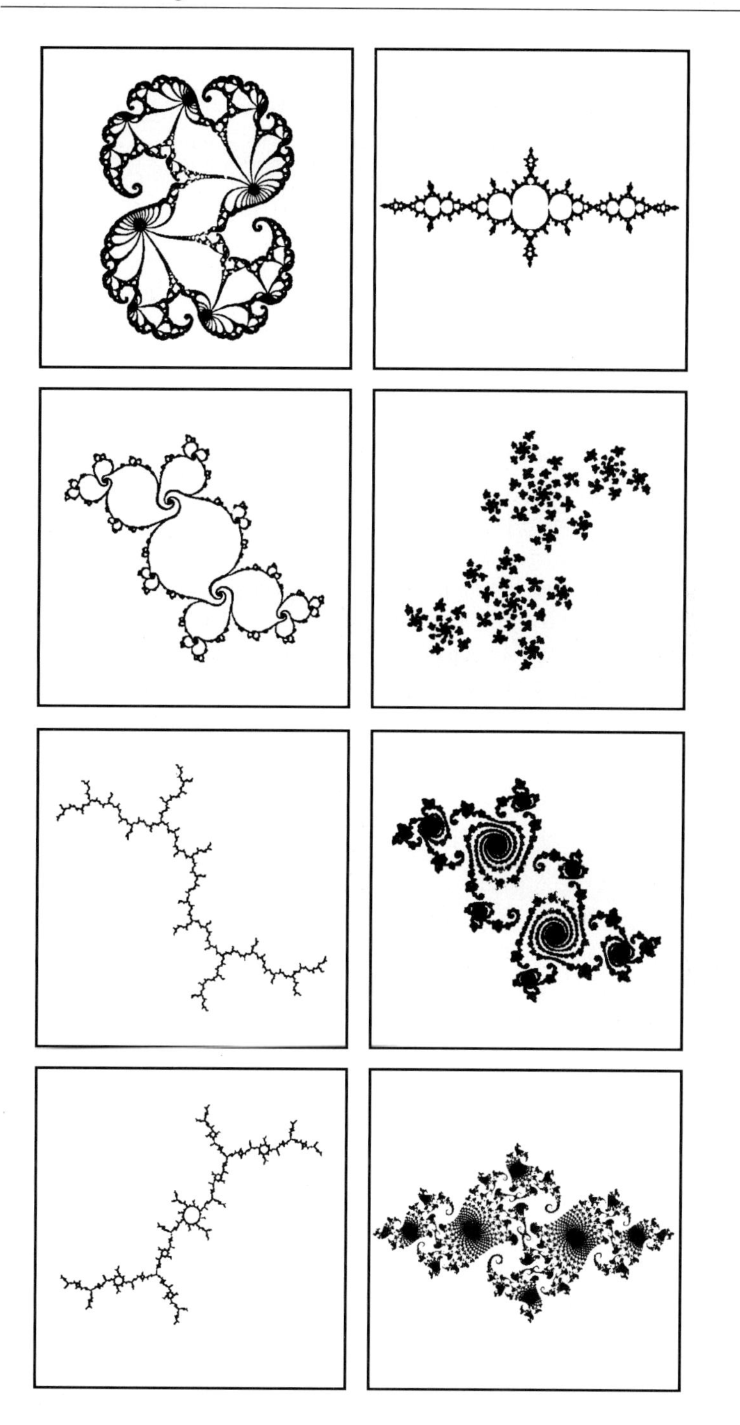

Abb. 2.60 : Eine erste Auswahl von Julia-Mengen.

ist für ein gegebenes c und für ein x ausreichender Größe x^2+c größer als x. Somit enthält die Fluchtmenge alle Punkte x, die sehr groß sind. Wenn wir auf der anderen Seite x so wählen, daß $x = x^2 + c$, dann steht die Iteration still. Beginnen wir mit solch einem x, so wird die bei der Iteration erzeugte Folge konstant $x, x, x, \ldots$ sein. Mit anderen Worten, kann auch die Gefangenenmenge nicht leer sein.

Die Julia-Menge

Beide Mengen überdecken einen Teil der komplexen Ebene und ergänzen sich gegenseitig. Damit ist die Begrenzung der Gefangenenmenge gleichzeitig die Begrenzung der Fluchtmenge, und dies ist die Julia-Menge für c (oder vielmehr $x^2 + c$). Abbildung 2.60 zeigt einige Julia-Mengen, die mit Hilfe von Computerexperimenten erzeugt wurden.

Kommt in den Julia-Mengen Selbstähnlichkeit vor? Schon aus unserem ersten groben Bild scheint hervorzugehen, daß gewisse Strukturen sich auf verschiedenen Größenstufen wiederholen. In der Tat kann jede Julia-Menge mit Kopien von sich selbst überdeckt werden, aber diese Kopien sind das Ergebnis einer *nichtlinearen* Transformation. Die Selbstähnlichkeit von Julia-Mengen ist somit von völlig anderer Art als vergleichsweise diejenige des Sierpinski-Dreiecks, das aus verkleinerten, aber ansonsten kongruenten, Kopien des ganzen Dreiecks zusammengesetzt ist.

2.9 Pythagoreische Bäume

Pythagoras, der zu Beginn des fünften Jahrhunderts v. Chr. gestorben ist, war seinen Zeitgenossen und später auch Aristoteles als Gründer einer religiösen Bruderschaft in Süditalien bekannt. Dort spielten Pythagoreer im sechsten Jahrhundert v. Chr. eine politische Rolle. Die Verbindung seines Names mit dem pythagoreischen Lehrsatz ist allerdings ziemlich neu und nebulös. Der Lehrsatz war nämlich schon lange vor der Lebenszeit von Pythagoras bekannt. Eine wichtige Entdeckung, die Pythagoras oder jedenfalls seiner Schule zugeschrieben

$a^2 + b^2 = c^2$

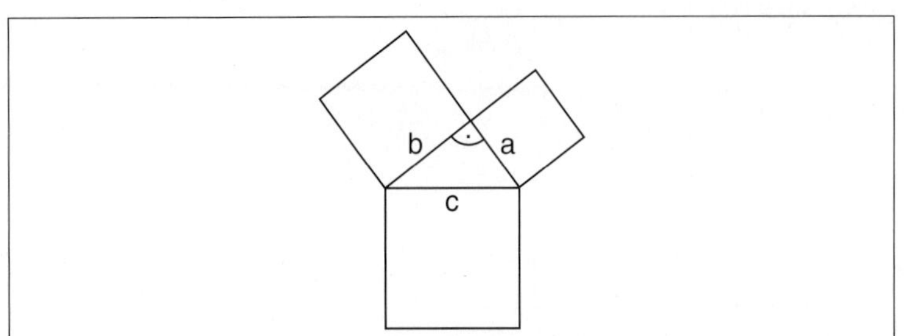

Abb. 2.61 : Der pythagoreische Lehrsatz $a^2 + b^2 = c^2$.

werden kann, ist die *Inkommensurabilität* von Seite und Diagonale des Quadrates; d.h. das Verhältnis von Diagonale und Seite des Quadrates entspricht nicht dem Verhältnis zweier ganzen Zahlen.

Die Inkommensurabilität von Seite und Diagonale des Quadrates

Die Entdeckung, daß das Verhältnis von Diagonale und Seite des Quadrates nicht dem Verhältnis zweier ganzen Zahlen entspricht, machte es notwendig, das Zahlensystem auf *irrationale Zahlen* zu erweitern. $\sqrt{2}$, die Länge der Diagonale im Einheitsquadrat, ist irrational. Führen wir den Beweis für diese Behauptung. Wir nehmen an, daß $\sqrt{2} = p/q$, wobei p und q ganze Zahlen ohne gemeinsamen Teiler seien. Dann ist $p^2 = 2q^2$, d.h. p^2 muß eine gerade Zahl sein. Das hat aber zur Folge, daß p selbst gerade sein muß, da das Quadrat einer ungeraden Zahl ungerade ist. Somit ist $p = 2r$. Aber dann bedeutet $p^2 = 2q^2$, daß $4r^2 = 2q^2$ oder $2r^2 = q^2$ sein muß. Daraus geht hervor, daß auch q gerade sein muß. Dies widerspricht jedoch der Annahme, daß p und q keinen gemeinsamen Teiler haben. Somit ist $\sqrt{2}$ irrational. Dieser Beweis findet sich im zehnten Buch des Euklid um 300 v. Chr.

Die Berechnung von Quadratwurzeln ist ein verwandtes Problem und hat Mathematiker zur Entdeckung von wundervollen geometrischen Konstruktionen inspiriert. Eine von ihnen erlaubt uns, $\sqrt{n}$ für jede ganze Zahl n zu konstruieren. Sie kann Quadratwurzelspirale genannt werden und ist eine geometrische Rückkopplungsschleife. Abbildung 2.62 erklärt die Idee.

Die Quadratwurzelspirale

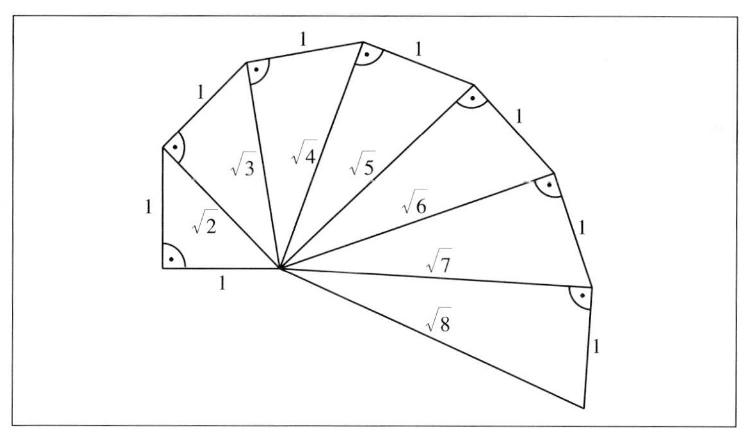

Abb. 2.62 : Konstruktion einer Quadratwurzelspirale. Wir beginnen mit einem rechtwinkligen Dreieck, wobei wir den beiden Katheten die Länge 1 zuordnen. Dann weist die Hypotenuse die Länge $\sqrt{2}$ auf. Nun fahren wir fort mit der Konstruktion eines weiteren rechtwinkligen Dreiecks, wobei die dem rechten Winkel anliegenden Seiten die Längen 1 und $\sqrt{2}$ haben. Die Hypotenuse dieses Dreiecks weist die Länge $\sqrt{3}$ auf usw.

Konstruktion von pythagoreischen Bäumen

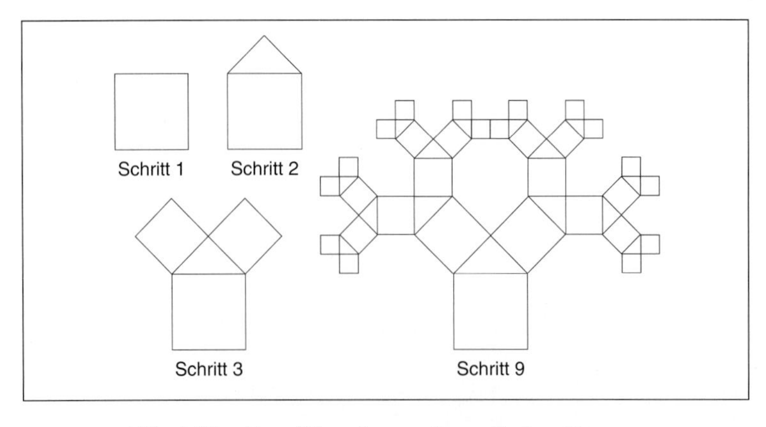

Abb. 2.63 : Grundidee eines pythagoreischen Baumes.

Die Konstruktion, die zur Familie der pythagoreischen Bäume und deren Verwandten führt, steht in sehr enger Beziehung zur Konstruktion der Quadratwurzelspirale. Die Konstruktion wird gemäß Abbildung 2.63 durch folgende Schritte ausgeführt.

Schritt 1: Zeichne ein Quadrat.
Schritt 2: Füge ein rechtwinkliges Dreieck (hier mit zwei gleich langen Katheten) mit seiner Hypotenuse an eine Seite des Quadrates.
Schritt 3: Füge zwei Quadrate an die freien Seiten des Dreiecks.
Schritt 4: Füge zwei rechtwinklige Dreiecke hinzu.
Schritt 5: Füge vier Quadrate hinzu.
Schritt 6: Füge vier rechtwinklige Dreiecke hinzu.
Schritt 7: Füge acht Quadrate hinzu.

Wenn wir einmal die Grundkonstruktion verstanden haben, können wir sie in verschiedener Weise abändern. Zum Beispiel müssen die rechtwinkligen Dreiecke, die wir im Verlaufe des Verfahrens hinzufügen, nicht gleichschenklig sein. Es kann sich um beliebige rechtwinklige Dreiecke handeln. Aber sobald wir solche Variationen zulassen, erhalten wir einen zusätzlichen Freiheitsgrad. Die rechtwinkligen Dreiecke können immer mit derselben Orientierung hinzugefügt werden, oder wir können ihre Orientierung nach jedem Schritt umklappen. Abbildung 2.64 zeigt die beiden Möglichkeiten.

Abbildung 2.65 zeigt das Ergebnis dieser Konstruktionen nach ungefähr 50 Schritten. Höchst bemerkenswert ist, daß wir einzig und allein die Orientierung der rechtwinkligen Dreiecke, nicht aber ihre Größe verändert haben. Die Ergebnisse hingegen könnten nicht verschiedenartiger aussehen. Im ersten Fall sehen wir eine Art von

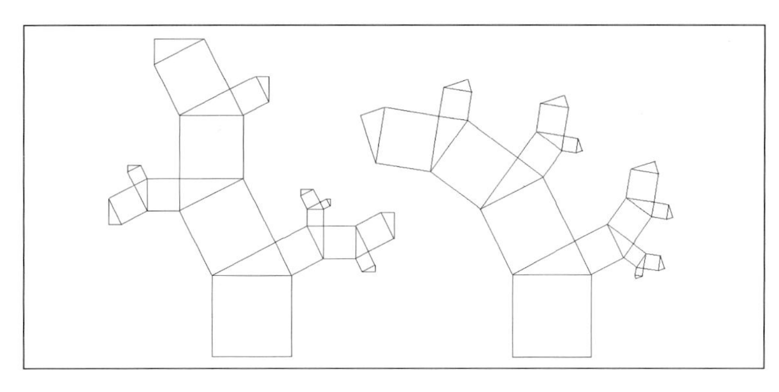

Ungleichschenklige Dreiecke

Abb. 2.64 : Zwei Konstruktionen mit ungleichschenkligen Dreiecken.

spiralförmigem Blatt, während uns der zweite an einen Farn oder eine Fichte erinnert. Man beachte, daß wir in der unteren Figur von Abbildung 2.65 einen Hauptstamm mit Zweigen sehen können, die in einem rechts-links-rechts-links-... Muster vom Stamm wegstreben. Davon scheint die andere Konstruktion völlig verschieden zu sein. Dort sehen wir einen Hauptstamm, der sich spiralförmig windet und von dem Äste nur aus einer Seite sprießen. Hätte man vermutet, daß beide „Pflanzen“ sich aus demselben Rückkopplungsprinzip ergeben? Sehen sie auf den ersten Blick nicht so aus, als würden sie zu zwei völlig verschiedenen Familien gehören? Sie sind jedoch sehr enge Verwandte, und das wird bei der Analyse der entsprechenden Konstruktionsvorgänge ersichtlich. Hier deutet sich eine Möglichkeit an, mit Hilfe von Fraktalen neue Instrumente in die Botanik einzuführen. Das Konzept der *L-Systeme*, das der Biologe Aristid Lindenmayer (1925–1989) einführte, weist in diese Richtung.[39]

Fahren wir nun fort in der Betrachtung unserer primitiven, aber überraschenden Konstruktionen, indem wir einige andere Veränderungen vornehmen. Warum nicht irgendein Dreieck verwenden? Um eine gewisse Regelmäßigkeit zu bewahren, sollten wir ähnliche Dreiecke benutzen. Dies öffnet die Pforten zu einer großen Vielfalt von faszinierenden Formen, die von pflanzenartigen Strukturen über Kachelungen bis zu wer weiß was reichen. In Abbildung 2.66 haben wir gleichseitige Dreiecke angefügt. Man beachte, daß die Konstruktion periodisch wird.

Beim Übergang von gleichseitigen zu gleichschenkligen Dreiecken mit Winkeln größer als 90° ergibt sich eine weitere Überraschung — eine Form die broccoli-ähnlich ist (siehe Abbildung 2.67).

---

[39] Wir werden diese Herangehensweise in Kapitel 6 in *Chaos — Bausteine der Ordnung* eingehender diskutieren.

Abb. 2.65 : Die beiden Figuren weisen je ungefähr 50 Konstruktionsschritte auf. Man beachte, daß die Größe der Dreiecke in beiden Fällen dieselbe ist.

Periodische Kachelung

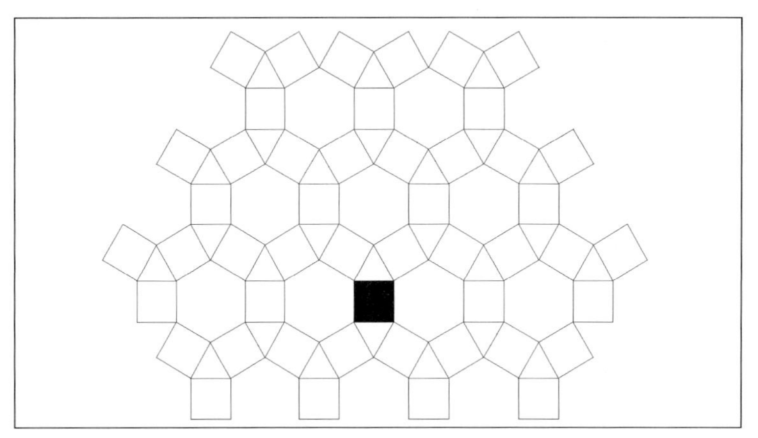

Abb. 2.66 : Periodische Kachelung.

Broccoli-ähnlicher pythagoreischer Baum

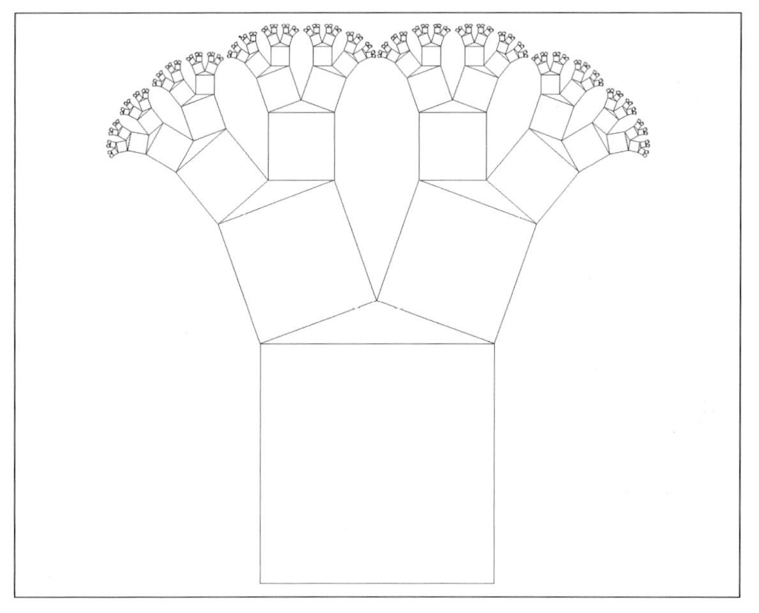

Abb. 2.67 : Konstruktion mit stumpfwinkligen gleichschenkligen Dreiecken.

Diese Konstruktionen werfen verschiedene interessante Fragen auf. Wann führt die Konstruktion zu einer Überlappung? Was für ein Gesetz bestimmt die Abnahme der Seitenlängen der Dreiecke oder Quadrate in diesem Verfahren? Überdies haben wir wunderschöne Beispiele für selbstähnliche Strukturen, d.h. jede Struktur spaltet sich während der Konstruktion in zwei Hauptäste auf, diese wieder in zwei

Hauptäste usw.; und jeder dieser Äste ist eine verkleinerte Ausgabe der gesamten Struktur.

Unsere Galerie der historischen Fraktale endet hier, obwohl wir die Beiträge von H. Poincaré, K. Weierstraß, F. Klein, L. F. Richardson oder A. S. Besicovitch nicht besprochen haben. Sie alle würden mehr Platz in Anspruch nehmen, als wir ihnen hier zur Verfügung stellen könnten. Wir verweisen den interessierten Leser deshalb auf Mandelbrots Buch.[40]

2.10 Programm des Kapitels: Sierpinski-Dreieck mit binären Adressen

Das Sierpinski-Dreieck spielt eine der Hauptrollen in diesem Buch. Es hat in mehreren Kapiteln wichtige Auftritte. Es gibt verschiedene Möglichkeiten, diese Menge zu erzeugen. Das in Kapitel 1 behandelte Chaos-Spiel stellt vielleicht den überraschendsten Algorithmus dar. Er wird in Kapitel 6 weiterdiskutiert. Hier zeigen wir eine unglaublich kurze Methode. Im wesentlichen ist die ganze dazu benötigte Information in einer einzigen Programmzeile versteckt, nämlich:

```
IF (x AND (y - x)) = 0 THEN
        PSET (x + 158 - 0.5 * y, y + 30)
```

Dies ist eine sehr spezielle Zeile. Sie läßt sich nicht ohne weiteres verstehen, und die nachfolgenden Erläuterungen erklären ihre Arbeitsweise nur grob. Das ganze Geheimnis dieses scheinbar rätselhaften Sachverhaltes, das in einer wunderbaren Beziehung zum Pascalschen Dreieck steht, wird in Kapitel 7 des Buches *Chaos — Bausteine der Ordnung* vollständig enthüllt. Dort werden auch Erweiterungen angeboten, welche die Erzeugung noch komplizierterer Muster ermöglichen.

Adreß-Prüfung

Genaugenommen berechnet dieses Programm nicht das Sierpinski-Dreieck, sondern vielmehr eine Farbkodierung des Pascalschen Dreiecks. Man mag sich vielleicht darin erinnern, daß wir das Muster des Sierpinski-Dreiecks bei der Farbkodierung der Teilbarkeit der Zahlen des Pascalschen Dreiecks gefunden haben: weiße Zellen für gerade Zahlen, schwarze Zellen für ungerade Zahlen. Will man die schwarze oder weiße Farbe einer beliebigen Zelle berechnen, so erhebt sich die Frage, ob es möglich ist, den Aufwand für die Berechnung der Zahlen aller vorangehenden Zeilen des Pascalschen Dreiecks zu vermeiden. Der Algorithmus dieses Programms gibt eine positive Antwort: Die

[40] B. Mandelbrot, *The Fractal Geometry of Nature*, Freeman, New York, 1982, bzw. B. Mandelbrot, *Die fraktale Geometrie der Natur*, Birkhäuser Verlag, Basel, 1987.

Bild des Sierpinski-Dreiecks auf dem Bildschirm

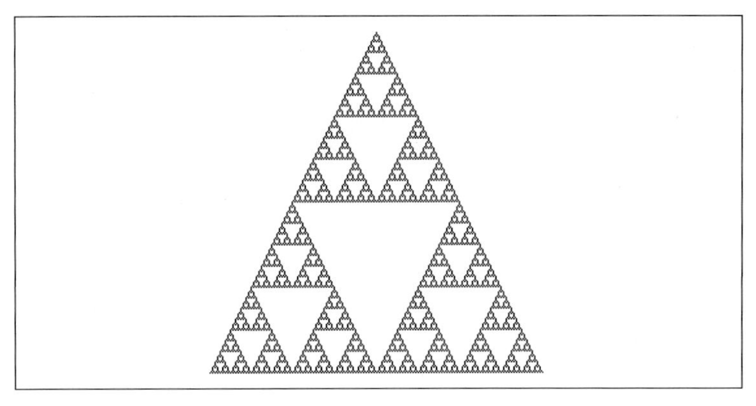

Abb. 2.68 : Ausgabe des Programms „Sierpinski-Dreieck mit binären Adressen".

Koordinatensystem für das Pascalsche Dreieck

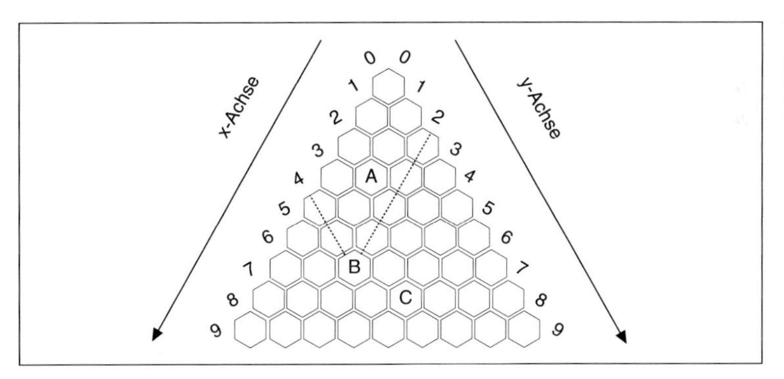

Abb. 2.69 : Adreßsystem für das Pascalsche Dreieck. Die bezeichneten Zellen haben die Koordinaten A(2,1), B(4,2) und C(3,4).

Kodierung kann direkt aus den Koordinaten der Zelle bestimmt werden. Allerdings erfordert dieser Algorithmus, der auf der binären Kodierung der Koordinaten beruht, einen gewissen mathematischen Aufwand.

Die Lage jeder Zelle ist durch ein Paar (x, y) ganzzahliger Koordinaten in einem speziellen Koordinatensystem festgelegt. Wir beginnen mit dem Ursprung $(0, 0)$ als oberstem Eintrag in einem dreieckigen Feld von Zellen. Die x-Achse verläuft schräg nach links unten, die y-Achse schräg nach rechts unten (siehe Abbildung 2.69). Dann entspricht jedes ganzzahlige Koordinatenpaar (x, y) einer bestimmten Zelle im Feld.

Um die Farbe einer gegebenen Zelle zu bestimmen, schreibt man die Binärdarstellungen ihrer Koordinaten untereinander und befolgt diese Regel: Wenn in einer der Spalten zweimal die Ziffer 1 erscheint, bleibt die Zelle weiß. Andernfalls wird sie schwarz gefärbt.

BASIC Programm	**Schiefes Sierpinski-Dreieck**
Titel	Das kürzest mögliche Programm für ein schiefes Sierpinski-Dreieck

```
DEFINT x, y
FOR y = 0 TO 255
    FOR x = 0 TO 255
        IF (x AND y) = 0 THEN PSET (x+30, y+30)
    NEXT x
NEXT y
END
```

Beispielsweise hat die mit C bezeichnete Zelle in Abbildung 2.69 die Koordinaten $(3, 4)$. In Binärdarstellung entspricht dies $(011, 100)$, und da sich entsprechende Ziffern in den zwei Koordinaten nicht beide 1 sind, muß diese Zelle im Pascalschen Dreieck schwarz gefärbt werden. Die Rechtfertigung dieses Algorithmus geht auf ein Ergebnis von Ernst Eduard Kummer (1810-1893) zurück.[41] Das Kriterium hier ist übrigens dasselbe wie in Abschnitt 5.4. Dort finden sich einige weitere Anhaltspunkte, warum wir in der Modulo-2-Färbung des Pascalschen Dreiecks das Sierpinski-Dreieck sehen.

Wie wird dies nun in unserem BASIC-Programm ausgeführt? Der Vergleich der beiden Binärdarstellungen ist einfach eine `AND` Operation. Wenn wir dies in direkter Weise tun, wie im Programm „Schiefes Sierpinski-Dreieck", erhalten wir eine schiefe Variante des bekannten Musters. Man beachte außerdem, daß im Programm das Dreieck mit einer Verschiebung von 30 in x und y gezeichnet wird. Aber wie können wir nun die gewünschte Form wie in Abbildung 2.68 erzeugen? Als erstes müssen wir x und $y - x$ miteinander vergleichen. Dies ist damit gleichwertig, daß wir über eine x- und y-Achse wie in Abbildung 2.69 verfügen. Ferner müssen wir den zu zeichnenden Punkt transformieren, `(x+158-0.5*y,y+30)`. Mit anderen Worten schieben wir die Spitze des Dreiecks ein wenig nach rechts und zentrieren sie bei $x = 158$ (man beachte, daß $158 = 128 + 30$).

Wie würde man das Bild mit vertauschten Farben erhalten (dies erfordert nur die Ersetzung eines einzelnen Zeichens)? Ist es möglich, die entscheidende Zeile des Programmes so zu verändern, daß die IF-Anweisung `x AND y` vergleicht, das sich ergebende Bild jedoch dasselbe bleibt?

---

[41] E. E. Kummer, *Über Ergänzungssätze zu den allgemeinen Reziprozitätsgesetzen,* Journal für die reine und angewandte Mathematik 44 (1852) 93–146. S. Wilson war vermutlich der erste, der eine exakte Erklärung für das im Pascalschen Dreieck erscheinende Sierpinski-Dreieck gegeben hat, allerdings ohne Benutzung von Kummers Ergebnis. Siehe S. Wilson, *Cellular automata can generate fractals,* Discrete Appl. Math. 8 (1984) 91–99.

BASIC Programm	**Sierpinski-Dreieck mit binären Adressen**
Titel	Das kürzest mögliche Programm

```
DEFINT x, y
FOR y = 0 TO 255
    FOR x = 0 TO y
        IF (x AND (y-x)) = 0 THEN PSET (x+158-.5*y,y + 30)
    NEXT x
NEXT y
END
```

Man beachte, daß dieses Programm ein Bild mit nur 256 Bildpunkten in der Breite zeichnet. Wenn man zu einer anderen Größe wechseln will, darf man nicht vergessen die Zahl 158, welche die Breite geteilt durch 2 plus 30 bedeutet, anzupassen.

Hinweise für PC-Benutzer

Falls man einen IBM-kompatiblen PC benutzt und die Auflösung des Bildschirmes nur 320 × 200 Bildpunkte beträgt, dann sieht man nur die ersten 200 Zeilen des durch das Programm erzeugten Sierpinski-Dreiecks (außerdem sollte man im Programm `y+30` in `y` abändern). Um ein „vollständiges“ Bild zu sehen, ersetze man die Zahl 255 in der zweiten Zeile des Kodes durch 127. Dies erzeugt eine kleinere Version, die ganz auf den Bildschirm paßt.

Kapitel 3

Grenzwerte und Selbstähnlichkeit

Nun, wie Mandelbrot betont, [...] hat die Natur den Mathematikern einen Streich gespielt. Den Mathematikern des 19. Jahrhunderts mag es an Phantasie gefehlt haben, der Natur jedenfalls nicht. Dieselben abstrusen Strukturen, die die Mathematiker ersonnen haben, um sich vom Naturalismus des 19. Jahrhunderts loszureißen, sind, wie sich jetzt herausstellt, den uns überall in der Natur umgebenden gewohnten Objekten eigen.

Freeman Dyson[1]

Dyson denkt dabei an Mathematiker wie G. Cantor, D. Hilbert und W. Sierpinski, denen man mit Recht hoch anrechnete, daß sie durch die Schaffung origineller abstrakter Grundlagen der modernen Mathematik mitgeholfen hatten, die Mathematik aus ihrer Krise an der Jahrhundertwende herauszuführen. Ohne Zweifel hat sich die Mathematik in diesem Jahrhundert gewandelt. Was sich feststellen läßt, ist eine ständig zunehmende Dominanz der algebraischen gegenüber den geometrischen Methoden. In ihrem Streben nach absoluter Wahrheit haben die Mathematiker neue Normen für die Überprüfung der Stichhaltigkeit von mathematischen Beweismitteln entwickelt. Im Verlaufe dieser Entwicklung wurden viele früher akzeptierte Methoden als ungeeignet zurückgewiesen. Geometrische oder anschauliche Beweisführungen wurden immer mehr verdrängt. Während in Newtons *Principia Mathematica*, die das Fundament der modernen Mathematik bilden, immer noch Anschauung und Beweis Hand in Hand gingen, scheint die *neue Objektivität* zu verlangen, sich von dieser Methode zu verabschieden. Aus dieser Sicht mutet es geradezu ironisch an, daß etliche der abstrakten Konstruktionen, die Cantor, Hilbert, Sierpinski und andere entwickelt haben, tatsächlich den Schlüssel für das Verständnis der Muster der Natur in einem anschaulichen Sinne bilden. Cantor-Menge, Hilbert-Kurve und Sierpinski-Dreieck legen alle von der Empfindlichkeit und Problematik der modernen Mengentheorie Zeugnis ab und sind gleichzeitig, wie Mandelbrot uns lehrt, makellose Modelle für die Komplexität der Natur.

[1] Freeman Dyson, *Characterizing Irregularity,* Science 200 (1978) 677–678.

Romanesco

Abb. 3.1 : Die neue Gemüsesorte Romanesco, eine Kreuzung zwischen Blumenkohl und Brokkoli, weist eindrucksvolle Selbstähnlichkeit auf.

Ein Teil der Anstrengungen für die Schaffung einer sichereren Grundlage für die moderne Mathematik bestand darin, die richtige abstrakte Formulierung für den alten Begriff des *Grenzwertes* zu finden. Wie wir wissen, gehört der Begriff des Grenzwertes zu den bestechendsten und grundlegendsten Ideen der Mathematik. Jedoch stößt er bei vielen Nichtmathematikern auf Unverständnis. Dies ist um so mehr zu bedauern, als die derzeitige Mathematik uns glaubhaft zu machen scheint, der Grenzwertbegriff sei trivial, d.h. ganz einfach und selbstverständlich. In Wahrheit hat jedoch die Schaffung des richtigen mathematischen Rahmens für das Verständnis von Grenzwerten die besten Mathematiker Jahrtausende gekostet. Es ist deshalb für uns fehl am Platz, heute die Probleme von Nichtmathematikern zu ignorieren. Denn diese Probleme weisen gelegentlich dieselbe Qualität und Tiefe auf wie jene, die den großen Mathematikern in der Vergangenheit Kopfzerbrechen bereiteten.

Selbstähnlichkeit scheint dagegen ein Konzept zu sein, das ohne jede Schwierigkeit zu verstehen ist. Der Begriff Selbstähnlichkeit bedarf wohl keiner Erklärung. Man würde vermuten, daß dieser Begriff schon vor Jahrhunderten geprägt worden ist. Aber dem ist nicht so. Er ist erst ungefähr 25 Jahre alt. Die neue Gemüsesorte Romanesco, eine Kreuzung zwischen Blumenkohl und Brokkoli, veranschaulicht den Begriff (siehe Abbildung 3.1 und die Farbtafeln). Makroskopisch sehen wir eine Form, die etwa als Cluster beschrieben werden kann. Der Cluster ist aus kleineren Clustern zusammengesetzt, die fast so aussehen wie der ganze Cluster, allerdings um einen gewissen Faktor verkleinert. Jeder dieser kleineren Cluster ist wiederum aus kleineren zusammengesetzt und diese wieder aus noch kleineren. Ohne Schwierigkeit können wir drei Generationen von Clustern auf Clustern erkennen. Die zweite, dritte und alle folgenden Generationen sind im Grunde genommen verkleinerte Ausgaben der jeweils vorhergehenden. Das ist es, allerdings in einem groben Sinne, was wir *Selbstähnlichkeit* nennen.

Wir werden bei näherer Erörterung sehen, daß der Selbstähnlichkeitsbegriff in enger Beziehung zum Grenzwertbegriff steht. Daher ist eine gewisse Sorgfalt am Platz. Die direkte Beobachtung in der Natur ist hingegen einfach und überraschend. Wenn man einmal dieses Phänomen kennengelernt hat, kann man fast nicht mehr durch Felder und Wiesen gehen, ohne ständig Pflanzen, Wolken und andere Strukturen hierauf zu untersuchen.

Fraktale fügen den Problemen im Umgang mit Grenzwerten eine neue Dimension hinzu; aber auch — und dies ist für uns ein wichtiger Punkt — eine erfrischend neue Sichtweise für das Verständnis des Grenzwertbegriffs. Auf der einen Seite können Fraktale das Grenzobjekt eines Rückkopplungsverfahrens veranschaulichen, auf der anderen Seite geben gewisse Fraktale Selbstähnlichkeit in reinster Form zu erkennen. Schließlich können viele Fraktale durch ihre Selbstähnlichkeitseigenschaften vollständig charakterisiert und beschrieben werden.

3.1 Ähnlichkeit und Skalierung

Was ist Ähnlichkeit?

Selbstähnlichkeit erweitert einen der fruchtbarsten Begriffe der elementaren Geometrie: Ähnlichkeit. Zwei Objekte sind ähnlich, wenn sie, abgesehen von ihrer Größe, dieselbe Form haben. Entsprechende

Winkel müssen jedoch gleich sein, und ebenso Verhältnisse sich entsprechender Linienabschnitte. Wenn z.B. eine Fotografie vergrößert wird, wird sie sowohl in horizontaler wie in vertikaler Richtung um den gleichen Faktor vergrößert. Selbst ein schräger, d.h. weder horizontaler noch vertikaler Linienabschnitt zwischen zwei Punkten des Originals wird um denselben Faktor vergrößert. Wir bezeichnen diesen Vergrößerungsfaktor als *Skalierungsfaktor*. Die Transformation zwischen den Objekten wird Ähnlichkeitstransformation genannt.

Ähnlichkeitstransformationen

Ähnlichkeitstransformationen sind Verknüpfungen, die Skalierungen, Rotationen und Translationen umfassen. Außerdem können Reflexionen hinzutreten, die wir jedoch in diesem Augenblick nicht weiter diskutieren. Gehen wir jetzt konkreter auf Ähnlichkeitstransformationen in der Ebene ein. Wir kennzeichnen hier Punkte P durch ihre Koordinatenpaare $P = (x, y)$. Nun wollen wir Skalierung, Rotation und Translation auf einen Punkt $P = (x, y)$ eines Bildes anwenden. Zuerst erfolgt eine Skalierungsoperation S, die zu einem neuen Punkt $P' = (x', y')$ führt. In Formeln,

$$\begin{aligned} x' &= sx \ , \\ y' &= sy \ , \end{aligned}$$

wobei $s > 0$ der Skalierungsfaktor ist. Eine Verkleinerung tritt auf, wenn $s < 1$, und eine Vergrößerung des Objektes wird bewirkt, wenn $s > 1$. Als nächstes wird auf $P' = (x', y')$ eine Rotation R angewendet, die $P'' = (x'', y'')$ ergibt.

$$\begin{aligned} x'' &= \cos\theta \cdot x' - \sin\theta \cdot y' \ , \\ y'' &= \sin\theta \cdot x' + \cos\theta \cdot y' \ . \end{aligned}$$

Dies beschreibt eine Rotation gegen den Uhrzeigersinn (mathematisch positiv) von P' um den Ursprung des Koordinatensystems um einen Winkel θ. Schließlich ist eine Translation T von P'' um Beträge (T_x, T_y) gegeben durch

$$\begin{aligned} x''' &= x'' + T_x \ , \\ y''' &= y'' + T_y \ , \end{aligned}$$

wodurch sich der Punkt $P''' = (x''', y''')$ ergibt. Zusammengefaßt können wir schreiben

$$P''' = T(P'') = T(R(P')) = T(R(S(P))) \ ,$$

oder unter Benutzung der Schreibweise

$$W(P) = T(R(S(P)))$$

erhalten wir $P''' = W(P)$. W ist die Ähnlichkeitstransformation. In Formeln

$$\begin{aligned} x''' &= s\cos\theta \cdot x - s\sin\theta \cdot y + T_x \ , \\ y''' &= s\sin\theta \cdot x + s\cos\theta \cdot y + T_y \ . \end{aligned}$$

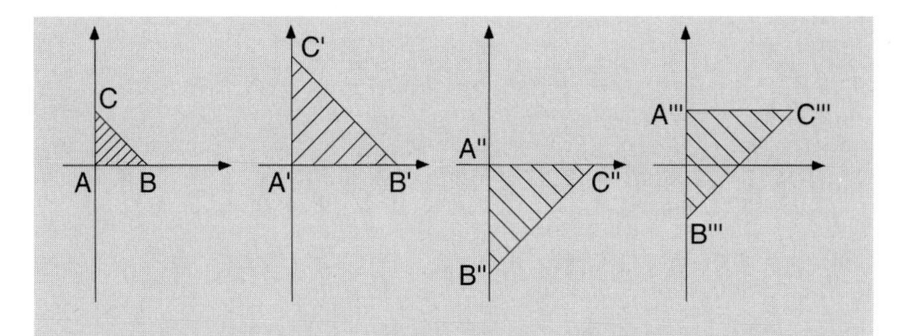

Abb. 3.2 : Eine Ähnlichkeitstransformation wird auf das Dreieck ABC angewendet. Der Skalierungsfaktor beträgt $s = 2$, die Rotation erfolgt um $270°$, und die Translation ist gegeben durch $T_x = 0$ und $T_y = 1$.

W auf alle Punkte eines Objektes in der Ebene angewendet, ergibt ein Bild, das dem Original ähnlich ist.

Die Ähnlichkeitstransformationen können auch für Objekte in anderen Dimensionen mathematisch formuliert werden, z.B. für Figuren in drei oder nur einer Dimension. Im letzteren Fall haben wir Punkte x auf der reelen Zahlengerade, und die Ähnlichkeitstransformation kann einfach als $W(x) = sx + t$, $s \neq 0$, geschrieben werden.

Betrachten wir eine Fotografie, die um einen Faktor 3 vergrößert ist. Die Fläche des sich ergebenden Bildes ist $3 \cdot 3 = 3^2 = 9$ mal so groß wie die Fläche des Originals. Allgemein, wenn ein Ausgangsobjekt mit der Fläche A und ein Skalierungsfaktor s vorliegen, beträgt die Fläche des resultierenden Objektes $s \cdot s = s^2$ mal die Fläche A des Originals. Mit anderen Worten, die Fläche des vergrößerten Objektes nimmt mit dem Quadrat des Skalierungsfaktors zu.

Vergrößerung von 3D-Objekten

Wie steht es mit der Vergrößerung oder Skalierung von dreidimensionalen Objekten? Wenn wir einen Würfel mit einem Skalierungsfaktor 3 vergrößern, wird er 3 mal so lang, 3 mal so breit und 3 mal so hoch wie das Original. Der Inhalt jeder Seitenfläche des vergrößerten Würfels ist $3^2 = 9$ mal so groß wie der Seitenflächeninhalt des Originalwürfels. Da dies für alle sechs Seitenflächen des Würfels zutrifft, ist die gesamte Oberfläche der Vergrößerung 9 mal so groß wie die des Originals. Allgemein nimmt die gesamte Oberfläche eines vergrößerten Objektes beliebiger Form mit dem Quadrat des Skalierungsfaktors zu.

Wie steht es mit dem Volumen? Der vergrößerte Würfel hat 3 Schichten, jede mit $3 \cdot 3 = 9$ kleinen Würfeln. Somit ist das Gesamtvolumen $3 \cdot 3 \cdot 3 = 3^3 = 27$ mal so groß wie das des Originalwürfels. Allgemein nimmt das Volumen eines vergrößerten Objektes mit der dritten Potenz oder dem Kubus des Skalierungsfaktors zu.

DISCORSI
E
DIMOSTRAZIONI
MATEMATICHE,
intorno à due nuoue ſcienze
Attenenti alla
MECANICA & i MOVIMENTI LOCALI;
del Signor
GALILEO GALILEI LINCEO,
Filoſofo e Matematico primario del Sereniſſimo
Grand Duca di Toſcana.
Con vna Appendice del centro di grauità d'alcuni Solidi.

IN LEIDA,
Appreſſo gli Elſevirii. M. D. C. XXXVIII.

Abb. 3.3 : Galileo Galileis *Dialoge über zwei neue Wissenschaften* aus dem Jahre 1638.

Diese elementaren Feststellungen haben bemerkenswerte Konsequenzen, die schon von Galileo Galilei (1564–1642) in seiner 1638 erschienenen Schrift *Dialoge über zwei neue Wissenschaften*[2] disku-

[2] Wir zitieren D'Arcy Thompsons Darstellung aus seinem berühmten, 1917 erschienenen, *On Growth and Form* (Neue Ausgabe, Cambridge University Press,

tiert wurden. Galilei hielt nämlich 90 Meter für die maximal mögliche Höhe eines Baumes.

Worin bestand seine Begründung? Das Gewicht eines Baumes ist proportional zu seinem Volumen. Die Vergrößerung eines Baumes um einen Faktor s bedeutet, daß sein Gewicht auf das s^3-fache zunimmt. Gleichzeitig wächst der Querschnitt seines Stammes nur um einen Faktor s^2. Somit erhöht sich der Druck innerhalb des Stammes um einen Faktor $s^3/s^2 = s$. Das bedeutet, daß die Festigkeit des Holzes nicht mehr ausreichend ist, um den entsprechenden Druck auszuhalten, wenn s über eine bestimmte Grenze hinauswächst.[3]

Dieses spannungsgeladene Verhältnis zwischen Volumen und Fläche erklärt auch, warum Berge nicht höher sind als 10 000 m oder warum unterschiedliche Lebewesen auf Fallereignisse unterschiedlich reagieren.[4] Zum Beispiel vermag eine Maus einen Sturz aus dem zehnten Stockwerk unversehrt zu überstehen, aber ein Mensch kann sich schon bei einem Sturz aus der eigenen Körperhöhe verletzen. Denn die Energie, welche absorbiert werden muß, ist proportional zum Gewicht, d.h. proportional zum Volumen des fallenden Objektes. Diese Energie kann nur über die Oberfläche des Objektes absorbiert werden. Mit wachsendem Volumen nehmen aber das Gewicht und damit die Fallenergie sehr viel schneller zu als die Oberfläche. Dann vergrößert sich das Verletzungsrisiko bei gleichbleibender Fallhöhe.

Ähnlichkeit und Wachstum von Ammoniten

In Kapitel 4 werden wir die Diskussion über Skalierungseigenschaften fortsetzen. Im besonderen werden wir Spiralen, wie z.B. die logarithmische Spirale, betrachten. Wir alle haben schon gesehen, wie eine auf eine Platte gezeichnete Spirale unaufhörlich zu wachsen scheint, wenn sie um ihr Zentrum gedreht wird. In dieser Hinsicht

---

1942, Seite 27): „[Galilei] sagte, wenn wir versuchen würden Schiffe, Paläste oder Tempel von gewaltiger Größe zu bauen, könnten Rahen, Balken und Bolzen sie nicht zusammenhalten; ebensowenig kann die Natur einen Baum oder ein Tier über eine gewisse Größe hinaus wachsen lassen, unter Beibehaltung der Proportionen und unter Verwendung desselben Materials, welches im Fall einer kleineren Struktur ausreicht. Unser Gebilde würde unter der Last seines eigenen Gewichtes zusammenbrechen, es sei denn, wir würden entweder seine relativen Proportionen ändern, was aber letztlich zur Folge hätte, daß es plump, monströs und untauglich würde, oder wir müßten neue Materialien finden, fester und stärker als die bisher benutzten. Beide Maßnahmen sind uns aus Natur und Kunst bekannt, und praktische Anwendungen, von Galilei niemals geahnt, begegnen uns auf Schritt und Tritt in diesem modernen Zeitalter von Zement und Stahl.“

[3] Von den riesenhaften Mammutbäumen, die nur in den westlichen Vereinigten Staaten wachsen und damit Galilei unbekannt gewesen sein dürften, weiß man, daß sie Höhen von 110 Metern erreichen. Galileis Überlegungen waren dennoch richtig; die höchsten Mammutbäume umgehen nämlich mit ihrer besonderen Gestalt die Grenzen seines Modells.

[4] Siehe J. B. S. Haldane, *On Being the Right Size*, 1928; dies ist eine klassische Abhandlung über das Problem der Größenverhältnisse.

Vergrößerung einer logarithmischen Spirale

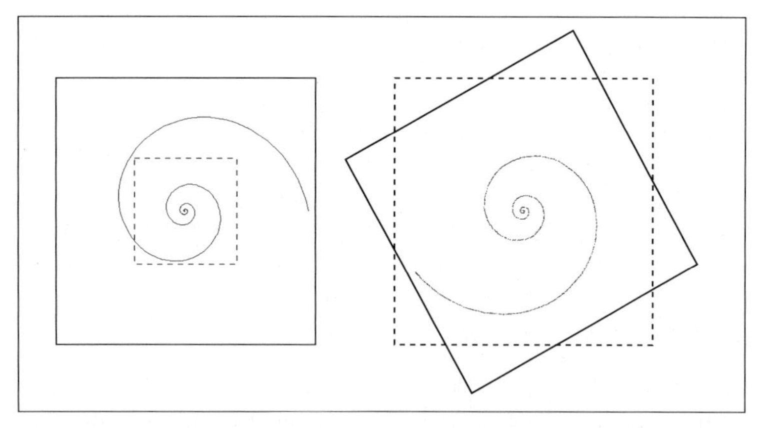

Abb. 3.4 : Die Vergrößerung einer logarithmischen Spirale um einen bestimmten Faktor zeigt dieselbe Spirale, jedoch um einen Winkel θ, hier etwa 210°, gedreht.

zeigt die logarithmische Spirale insofern ein ganz spezielles Verhalten, als bei ihr zwischen Vergrößerung und Rotation kein Unterschied besteht. Abbildung 3.4 veranschaulicht diese bemerkenswerte Erscheinung, womit wir es mit einem weiteren Beispiel einer selbstähnlichen Struktur zu tun haben. Abbildung 3.5 zeigt einen Ammoniten, der ein gutes Beispiel für eine logarithmische Spirale in der Natur liefert. Mit anderen Worten, ein Ammonit wächst nach einem Ähnlichkeitsgesetz, wobei seine Form erhalten bleibt.

Babys sind ihren Eltern nicht ähnlich

Die meisten lebenden Wesen wachsen jedoch nach einem anderen Gesetz. Ein Erwachsener ist nicht einfach ein vergrößertes Baby. Mit anderen Worten, wenn wir über die Ähnlichkeit zwischen einem Baby und seinen Eltern erstaunt sind, handelt es sich nicht um (den mathematischen Begriff von) geometrische(r) Ähnlichkeit! Während des Wachstumsprozesses vom Baby zum Erwachsenen vergrößern sich die verschiedenen Körperteile mit verschiedenen Skalierungsfaktoren. Zwei Beispiele:

- Im Verhältnis zur Körpergröße ist der Schädel eines Babys viel größer als derjenige eines Erwachsenen. Sogar die Proportionen der Gesichtszüge sind unterschiedlich: Bei einem Baby liegt die Nasenspitze ungefähr in der Mitte zwischen Kinn und Stirn; bei einem Erwachsenen hingegen liegt sie ungefähr zwei Drittel über dem Kinn. Abbildung 3.6 zeigt die Verzerrung eines quadratischen Gitters, die erforderlich ist, um die Veränderungen der Form des menschlichen Schädels von der frühen Kindheit bis zum Erwachsenenalter zu erfassen.

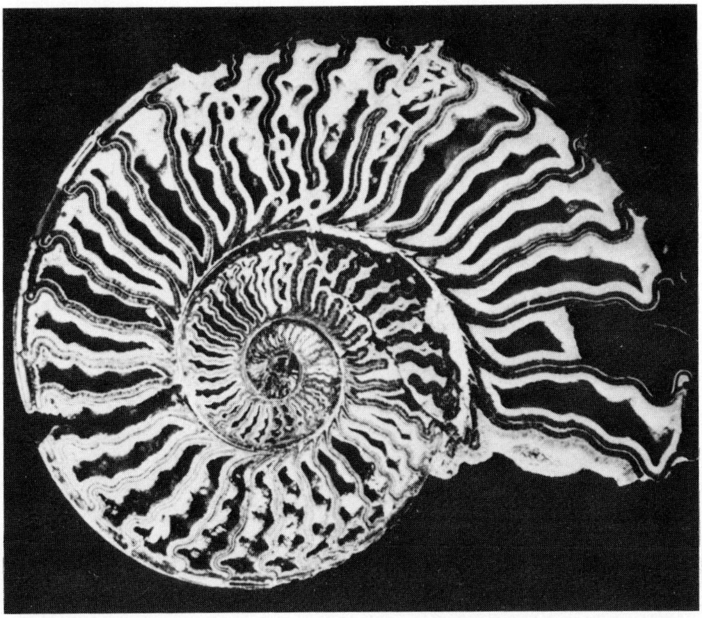

Ammonit

Abb. 3.5 : Das Wachstumsmuster eines Ammoniten folgt einer logarithmischen Spirale.

- Auch wenn wir die Armlänge oder Kopfgröße von Menschen unterschiedlichen Alters mit deren Körpergröße vergleichen, erkennen wir, daß beim Aufwachsen des Menschen die geometrische Ähnlichkeit nicht erhalten bleibt. Der Arm, der bei Geburt ein Drittel der Körperlänge mißt, liegt im Erwachsenenalter etwa bei zwei Fünfteln der Körperlänge. Abbildung 3.7 zeigt die Veränderungen der Gestalt, wenn wir die Körperlänge normieren.

Isometrisches und allometrisches Wachstum

Zusammengefaßt, das Wachstum des Menschen ist weit davon entfernt, einem Ähnlichkeitsgesetz zu unterliegen. Eine Möglichkeit, einen Einblick in das Wachstumsgesetz von z.B. der Kopfgröße in bezug auf die Körperlänge zu gewinnen, besteht darin, das Verhältnis dieser beiden Größen in Abhängigkeit vom Alter grafisch darzustellen. In Tabelle 3.8 sind diese Daten für eine bestimmte Person eingetragen.[5] Abbildung 3.9 zeigt das zugehörige Diagramm. Bei proportionalem Wachstum, wie es der Ähnlichkeit entsprechen würde, wäre das Verhältnis während der gesamten Lebensdauer der

[5] Die Daten in dieser Tabelle sind D'Arcy Thompson, *On Growth and Form*, Neue Ausgabe, Cambridge University Press, 1942, Seite 190, entnommen.

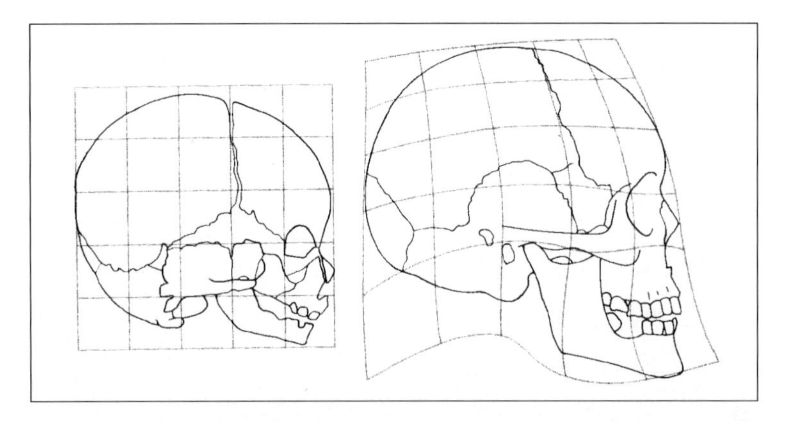

Abb. 3.6 : Die Köpfe eines Babys und eines Erwachsenen sind sich nicht ähnlich, d.h. sie lassen sich nicht mit einfacher Skalierung ineinander transformieren. Bearbeitete Abbildung aus *For All Practical Purposes,* W. H. Freeman, New York, 1988.

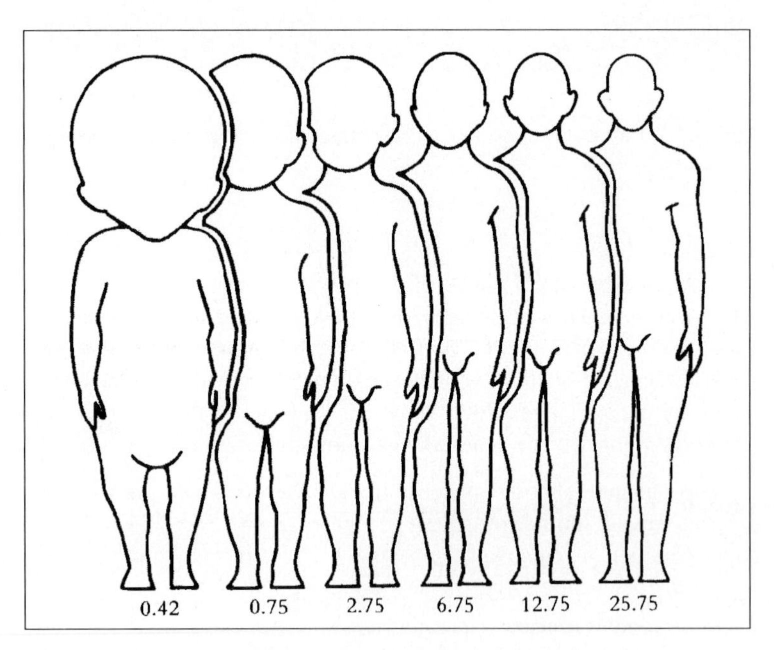

Abb. 3.7 : Veränderung der Gestalt zwischen 0.5 und 25 Jahren. Die Körperlänge ist auf 1 normiert. Bearbeitete Abbildung aus *For All Practical Purposes,* W. H. Freeman, New York, 1988.

Person konstant, und wir hätten eine gerade horizontale Linie erhalten. Mit Hilfe einer grafischen Darstellung läßt sich somit proportionales Wachstum überprüfen. In unserem Beispiel ist dies nicht der Fall.

Daten von Kopfgröße im Vergleich zur Körperlänge

Alter Jahre	Körperlänge cm	Kopfgröße cm	Verhältnis
0	50	11	0.22
1	70	15	0.21
2	79	17	0.22
3	86	18	0.21
5	99	19	0.19
10	127	21	0.17
20	151	22	0.15
25	167	23	0.14
30	169	23	0.14
40	169	23	0.14

Tab. 3.8 : Körperlänge und Kopfgröße einer Person. Die letzte Spalte gibt das Verhältnis von Kopfgröße zu Körperlänge wieder. Die ersten paar Jahre ist dieses Verhältnis nahezu konstant, während es später kleiner wird, was einen Übergang vom isometrischen zum allometrischen Wachstum anzeigt.

Grafik des Wachstums

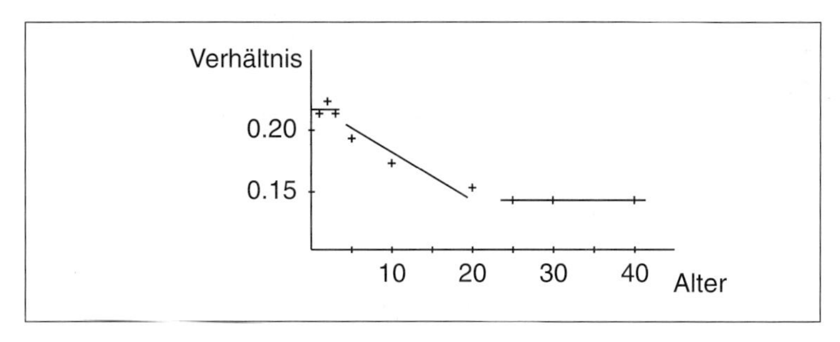

Abb. 3.9 : Wachstum des Kopfes im Verhältnis zur Körperlänge für die Daten aus Tabelle 3.8. Auf der horizontalen Achse ist das Alter aufgetragen, die vertikale Achse gibt das Verhältnis von Kopfgröße zu Körperlänge an.

Wir können zwei unterschiedliche Phasen erkennen: Die erste erstreckt sich von der frühen Entwicklung bis zum Alter von ungefähr drei Jahren, die zweite bezieht sich auf die Entwicklung nach dieser Zeit. Im ersten Zeitabschnitt haben wir proportionales Wachstum, auch *isometrisches Wachstum* genannt. Nach dem Alter von drei Jahren fällt das Verhältnis jedoch merklich ab, was darauf hindeutet, daß die Körperlänge verhältnismäßig schneller wächst als die Kopfgröße. Dies wird *allometrisches Wachstum* genannt. Ungefähr im Alter von 30 Jahren ist der Wachstumsprozeß abgeschlossen, und das Verhältnis ist wieder konstant. Eine anspruchsvollere Analyse dieser Daten, die zu mathematischen Wachstumsgesetzen führt, wird im nächsten Kapitel vorgestellt. Wie wir demnächst sehen werden, liegt die bekannte Erscheinung des oben erwähnten nichtproportionalen Wachstums im Kern der fraktalen Geometrie. Nachdem wir Ähnlichkeiten und Skalierungsarten diskutiert haben, wollen wir nun zum Hauptthema dieses Kapitels zurückkehren: Was ist Selbstähnlichkeit?

Was ist Selbstähnlichkeit?

Intuitiv scheint dies klar zu sein; das Wort selbstähnlich bedarf kaum einer Definition — es erklärt sich selbst. In präzisen mathematischen Begriffen über Selbstähnlichkeit zu sprechen, ist allerdings ein sehr viel schwierigeres Unterfangen. In allen materiell existierenden Objekten, wie z.B. dem Romanesco, kann die Selbstähnlichkeit nur über ein paar Größenordnungen bestehen. Unterhalb bestimmter Größenverhältnisse zerfällt Materie in eine Ansammlung von Molekülen, Atomen und noch etwas weiter in Elementarteilchen. Auf dieser Stufe wird es natürlich unsinnig, Miniaturen von verkleinerten Kopien eines vollständigen Objektes zu erwarten. Außerdem kann bei einer Struktur wie dem Blumenkohl ein Teil niemals exakt gleich dem Ganzen sein. Gewisse Abweichungen müssen in Kauf genommen werden. Damit erklärt sich soweit, daß es verschiedene Varianten von mathematischen Definitionen der Selbstähnlichkeit gibt. Jedenfalls betrachten wir mathematische Fraktale gerne als Objekte, die auf allen mikroskopischen Stufen wiedererkennbare Einzelheiten aufweisen — ganz im Gegensatz zu realen physikalischen Objekten. Im Fall derjenigen Fraktale, bei denen die kleinen Kopien, obwohl sie so aussehen wie das Ganze, geringe Abweichungen besitzen, handelt es sich um sogenannte *statistische Selbstähnlichkeit*, ein Thema, auf das wir in Kapitel 7 zurückkommen werden. Überdies können die Miniaturkopien auf andere Weise verzerrt sein, z.B. etwas geschert. Für diesen Fall gibt es den Begriff der *Selbstaffinität*.

Selbstähnlichkeit der Koch-Kurve

Um Selbstähnlichkeit zu erläutern, wählen wir die Koch-Kurve, welche uns schon aus dem zweiten Kapitel bekannt ist (vgl. Abbildung 3.10). Können wir Ähnlichkeitstransformationen in der Koch-Kurve finden? Die Koch-Kurve sieht so aus, als ob sie aus vier völlig gleichen Teilen bestehen würde. Fassen wir einen davon ins Auge, sagen wir den Teil ganz links außen. Wir beobachten, daß das kleine Stück bei genau dreifacher Vergrößerung der gesamten Kurve völlig gleich zu sein scheint. Jedes der kleinen Stücke läßt sich wiederum in vier völlig gleiche Stücke zerlegen, von denen jedes bei neunfacher Vergrößerung der gesamten Koch-Kurve wiederum völlig gleich zu sein scheint usw. ad infinitum. Dies ist die Selbstähnlichkeit in ihrer mathematisch reinsten Form.

Abstufungen von Selbstähnlichkeit

Aber selbst in dem Fall, in welchem auf allen Stufen exakte und in keiner Weise verzerrte Kopien des Ganzen erscheinen, sind immer noch verschiedene Grade der Selbstähnlichkeit möglich. Man betrachte zum Beispiel einen Buchdeckel, auf dem eine Hand, die gerade dieses Buch hält, abgebildet ist. Überraschenderweise führt diese harmlos klingende Beschreibung zu einem Buchdeckel mit einem ziemlich komplizierten Gebilde. Wenn wir uns immer weiter

Vergrößerung der Koch-Kurve

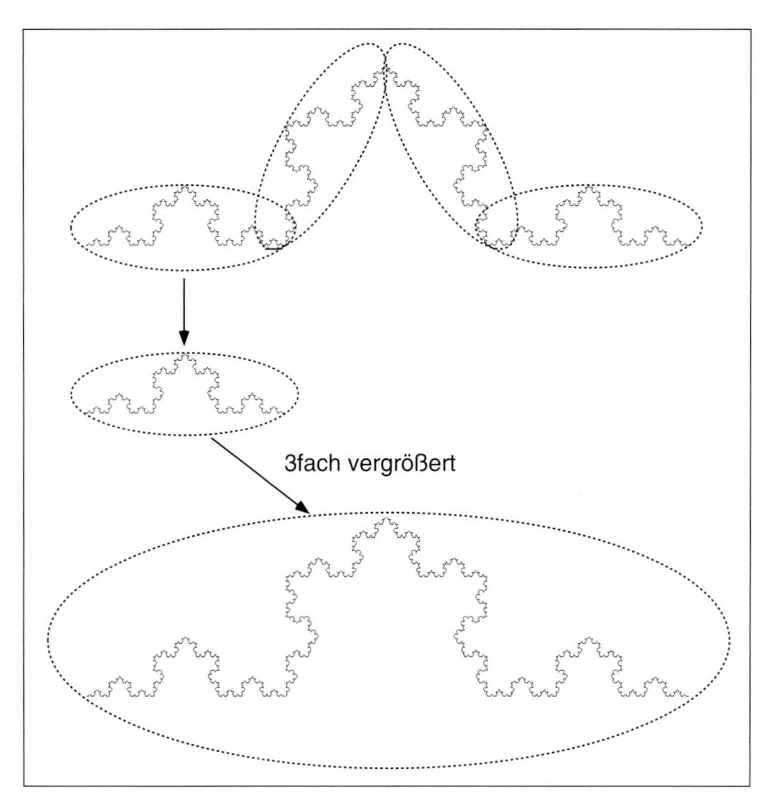

Abb. 3.10 : Ein Viertel der Koch-Kurve (oben) ist um einen Faktor 3 vergrößert. Wegen der Selbstähnlichkeit der Koch-Kurve ist das Ergebnis eine Kopie der gesamten Kurve.

in dieses Bild vertiefen, sehen wir immer weitere rechteckige Buchdeckel. Dies stellen wir in Abbildung 3.11 einer idealisierten Struktur eines Baumes mit zwei Ästen gegenüber. Des weiteren ist das selbstähnliche Sierpinski-Dreieck abgebildet. Alle drei Beispiele sind selbstähnliche Strukturen: Sie alle enthalten kleine Ebenbilder des Ganzen. Es gibt jedoch einen bedeutenden Unterschied. Wie wollen versuchen, Punkte mit der Eigenschaft zu finden, daß wir in ihrer Nachbarschaft bei jedem Vergrößerungsgrad kleine Kopien des Ganzen erkennen können.

Selbstähnlichkeit an einem Punkt

Im Fall des Buchdeckels sind die Kopien in einer verschachtelten Folge angeordnet, und die Selbstähnlichkeit kann zweifellos nur an *einem einzelnen besonderen Punkt* angetroffen werden. Dies ist der Grenzpunkt, bei dem die Größe der Kopien gegen null strebt. Der

Drei unterschiedliche selbstähnliche Strukturen

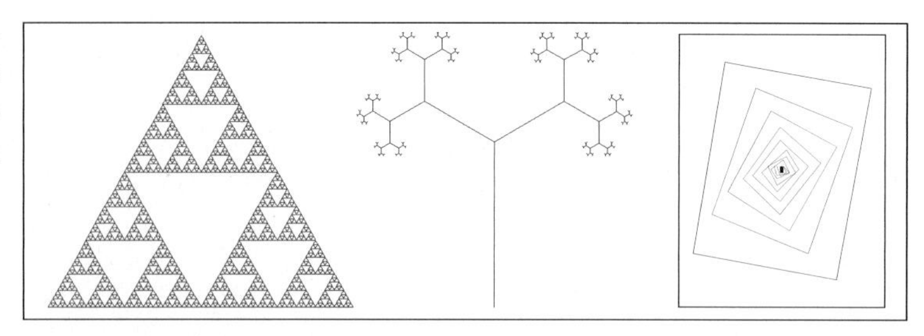

Abb. 3.11 : Die Skizze eines Bildes, das eine Abbildung seiner selbst beinhaltet, ist rechts gezeigt. Der Zweiästebaum ist an den Blättern selbstähnlich, während das Sierpinski-Dreieck überall selbstähnlich ist.

Buchdeckel ist selbstähnlich an diesem Punkt.[6]

Selbstaffinität

Ganz anders präsentiert sich die Situation beim Zweiästebaum. Der gesamte Baum ist aus dem Stamm und *zwei* verkleinerten Kopien des Ganzen aufgebaut. Somit häufen sich kleinere und kleinere Kopien in der Nähe der Blätter des Baumes. Mit anderen Worten, die Selbstähnlichkeitseigenschaft verdichtet sich in der Menge der Blätter. Der Baum als Ganzes ist nicht exakt selbstähnlich, sondern *selbstaffin*. Der Stamm ist dem ganzen Baum nicht ähnlich, aber wir können ihn als eine auf eine Linie komprimierte affine Kopie deuten.

Exakte Selbstähnlichkeit

Schließlich können wir im Sierpinski-Dreieck, ähnlich wie bei der oben erwähnten Koch-Kurve, Kopien des Ganzen in der Nähe *jedes* seiner Punkte finden, was wir schon diskutiert haben. Das Dreieck ist aus kleinen, aber exakten Kopien seiner selbst zusammengesetzt. In Anbetracht dieser Unterschiede nennen wir alle drei Objekte selbstähnlich, wobei nur das Sierpinski-Dreieck und die Koch-Kurve zusätzlich *exakt selbstähnlich* genannt werden. Auch die Menge der Blätter ohne den Stamm und alle Äste ist exakt selbstähnlich. Zu welcher dieser Kategorien würde nun der Blumenkohl gehören? Er wäre die Näherung eines selbstähnlichen, aber nicht *exakt* selbstähnlichen natürlichen Objektes von der Art des Zweiästebaumes.

3.2 Geometrische Reihen und die Koch-Kurve

Fraktale wie die Koch-Kurve, das Sierpinski-Dreieck und viele andere werden durch ein Konstruktionsverfahren erzeugt, das jedoch niemals

[6] Der Begriff der Selbstähnlichkeit an einem Punkt spielt bei der Diskussion der Selbstähnlichkeitseigenschaften der Mandelbrot-Menge eine zentrale Rolle (siehe Kapitel 5 in H.-O. Peitgen, H. Jürgens, D. Saupe, *Chaos — Bausteine der Ordnung,* Klett-Cotta, Stuttgart und Springer-Verlag, Heidelberg, 1993).

zu einem Ende gelangt. Jede Stufe des Verfahrens läßt ein Objekt erkennen, das, je nach dem Voranschreiten des Verfahrens, zwar eine Vielzahl feiner Strukturen aufweisen mag; aber in jedem Fall ist es von einem wahren Fraktal noch weit entfernt. Somit existiert das Fraktal nur als Idealisierung. Es ist das „Ergebnis" eines endlos fortgesetzten Prozesses. Mit anderen Worten sind Fraktale in Wirklichkeit Grenzobjekte, und ihre Existenz ist nicht so selbstverständlich wie es auf den ersten Blick erscheinen mag. Dies ist sehr wichtig. So ist denn die mathematische Verankerung solcher Grenzbegriffe eines der Ziele dieses und einiger weiterer Kapitel.

Grenzprobleme führen oft zu neuen Größen, Objekten oder Qualitäten; das trifft insbesondere auf Fraktale zu (wir werden hierauf später zurückkommen). Allerdings gibt es bei einer gegebenen Folge von Objekten Fälle, bei denen es nicht sofort ersichtlich ist, ob überhaupt ein Grenzobjekt existiert. So ist zum Beispiel die Summe

$$\sum_{k=1}^{\infty} \frac{1}{k} = \frac{1}{1} + \frac{1}{2} + \frac{1}{3} + \cdots$$

divergent[7] (d.h. unendlich). Dagegen konvergiert die Summe

$$\sum_{k=1}^{\infty} \frac{1}{k^2} = \frac{1}{1} + \frac{1}{4} + \frac{1}{9} + \cdots$$

gegen $\pi^2/6$, wie Euler gezeigt hat.

Erinnern wir uns für einen Augenblick an geometrische Reihen. Für eine gegebene Zahl q mit $-1 < q < 1$ erhebt sich die Frage, ob

$$\sum_{k=0}^{\infty} q^k = 1 + q + q^2 + q^3 + \cdots$$

einen Grenzwert hat und wie groß dieser Grenzwert ist? Man definiert nun für $n = 0, 1, ...$ die n-te Teilsumme

$$S_n = 1 + q + q^2 + q^3 + \cdots + q^n \ .$$

[7] Die Summe $1 + 1/2 + 1/3 + 1/4 + \cdots$ ist unendlich. Eine Beweisführung für diese Behauptung ist die Folgende. Angenommen die Summe hat einen endlichen Wert, sagen wir S. Dann ist $1/2 + 1/4 + 1/6 + \cdots = S/2$. Daraus folgt, daß $1 + 1/3 + 1/5 + \cdots = S - (1/2 + 1/4 + 1/6 + \cdots) = S/2$. Aber dann muß, da $1 > 1/2$, $1/3 > 1/4$, $1/5 > 1/6$, ..., auch $1 + 1/3 + 1/5 + \cdots > 1/2 + 1/4 + 1/6 + \cdots$ gelten. Dies führt jedoch zu einem Widerspruch, da beide Summen gleich $S/2$ sein sollten. Daher muß unsere Annahme, daß die Summe $1 + 1/2 + 1/3 + \cdots = S$ ist, falsch sein. Ein endlicher Grenzwert dieser Summe kann somit nicht existieren.

Damit ergibt sich einerseits $S_n - qS_n = 1 - q^{n+1}$ und andererseits $S_n - qS_n = S_n(1-q)$. Aus der Gleichheit der beiden rechten Seiten folgt

$$S_n = \frac{1 - q^{n+1}}{1-q} \; . \tag{3.1}$$

Je größer n wird, desto kleiner wird $|q^{n+1}|$, was bedeutet, daß S_n gegen $1/(1-q)$ konvergiert. Daraus folgt unmittelbar

$$\sum_{k=0}^{\infty} q^k = \frac{1}{1-q} \; . \tag{3.2}$$

Hier handelt es sich um eine elementare und sehr nützliche Grenzwertbetrachtung,[8] die auch dem Verständnis fraktaler Konstruktionen in einem speziellen Punkt förderlich sein wird. Theoretisch wird sich S_n, unabhängig von der Wahl von n, immer vom Grenzwert $1/(1-q)$ unterscheiden. Aber praktisch, z.B. in einem Computer, der ja mit einer gewissen endlichen Genauigkeit auskommen muß, werden die beiden Werte nicht voneinander zu unterscheiden sein, vorausgesetzt n ist genügend groß.

Das Bildungsverfahren von geometrischen Reihen

Zwischen der Bildung geometrischer Reihen und der Konstruktion elementarer Fraktale besteht eine Analogie. Es gibt ein Anfangsobjekt, hier die Zahl 1, und einen Skalierungsfaktor, hier q. Dabei ist es wichtig, daß sein Wert kleiner als 1 ist. Ferner gibt es ein Konstruktionsverfahren:

Schritt 1: Beginne mit 1.
Schritt 2: Verkleinere 1 mit dem Skalierungsfaktor q und addiere.
Schritt 3: Verkleinere 1 mit dem Skalierungsfaktor q^2 und addiere.
Schritt 4: Verkleinere 1 mit dem Skalierungsfaktor q^3 und addiere.
Schritt 5: ...

Dieser unendliche Vorgang führt zu einer bestimmten Zahl, dem Grenzwert der geometrischen Reihe, der dieses Verfahren sozusagen repräsentiert.

[8] Man erinnere sich zum Beispiel an das Problem, unendliche Dezimaldarstellungen der Form 0.154399999... zu verstehen. Wir wissen, daß dies einfach 0.1544 ist, aber warum? Nun, zunächst ist $0.1543999... = 0.1543000... + 9 \cdot 10^{-5}(1 + 10^{-1} + 10^{-2} + 10^{-3} + ...)$. Dann kann man die Gleichung (3.2) mit $q = 10^{-1}$ anwenden und erhält $1 + 10^{-1} + 10^{-2} + 10^{-3} + \cdots = 10/9$. Somit ist $9 \cdot 10^{-5}(1 + 10^{-1} + 10^{-2} + 10^{-3} + ...) = 9 \cdot 10^{-5} \cdot 10/9$, was gleich 10^{-4} ist. Schließlich ist $0.1543999... = 0.1543000 + 10^{-4} = 0.1544$.

Die Koch-Insel

Die Koch-Insel, deren Grundkonstruktion wir in Abbildung 3.12 sehen, wird auf analoge Weise erzeugt, außer daß wir, anstatt Zahlen aufzusummieren, geometrische Objekte „aufsummieren". „Summierung" ist hier natürlich als Vereinigung von Mengen zu verstehen. In jedem Schritt fügen wir eine bestimmte Anzahl von verkleinerten Exemplaren der anfänglichen Menge hinzu.

Schritt 1: Wir wählen ein gleichseitiges Dreieck D mit Seiten der Länge s.

Schritt 2: Wir verkleinern D mit dem Faktor 1/3 und fügen 3 Kopien des resultierenden kleinen Dreiecks an, wie in der Abbildung gezeigt. Die sich ergebende Insel ist durch $3 \cdot 4$ gerade Linienabschnitte, je von der Länge $s/3$, begrenzt.

Schritt 3: Wir verkleinern D mit dem Faktor $1/3 \cdot 1/3$ und fügen $3 \cdot 4$ Kopien des resultierenden kleinen Dreiecks an, wie in der Abbildung gezeigt. Die sich ergebende Insel ist durch $3 \cdot 4 \cdot 4$ gerade Linienabschnitte, je von der Länge $1/3 \cdot 1/3 \cdot s$, begrenzt.

Schritt 4: ...

Entscheidend ist hier, daß diese unendliche Konstruktion zu einem *neuen* geometrischen Objekt, der Koch-Insel, führt. Nun geht aber die Analogie zwischen dem geometrischen Konstruktionsverfahren und den geometrischen Reihen noch viel weiter. Versuchen wir, einen ersten Eindruck davon zu erhalten. Wie groß ist die Fläche der Koch-Insel, jenes geometrischen Objektes, das als Grenzobjekt des vorstehenden Verfahrens in Erscheinung tritt?

Die Fläche der Koch-Insel

Nun, versuchen wir herauszufinden, wie groß der Flächenzuwachs bei jedem Schritt ist. Die Fläche des Anfangsdreiecks D beträgt $A_1 = \sqrt{3}/4 \cdot s^2$. Bei jedem Schritt k müssen wir die Flächen von n_k kleinen gleichseitigen Dreiecken mit den Seitenlängen s_k hinzufügen. Man überzeuge sich selbst, daß $n_1 = 3$, $n_2 = 3 \cdot 4$, $n_3 = 3 \cdot 4 \cdot 4$ usw. Mit anderen Worten, $n_k = 3 \cdot 4^{k-1}$. Die Seitenlängen s_k der kleinen Dreiecke ergeben sich durch fortgesetzte Verkleinerungen des Originaldreiecks jeweils mit dem Faktor 1/3. Anders ausgedrückt, $s_k = (1/3)^k s$. Durch Zusammenfassung dieser Ergebnisse kommen wir zu

$$\begin{aligned} A_{k+1} &= A_k + n_k \cdot \frac{\sqrt{3}}{4} \cdot s_k^2 \\ &= A_k + 3 \cdot 4^{k-1} \cdot \frac{\sqrt{3}}{4} \cdot \frac{1}{3^{2k}} s^2 \\ &= A_k + \frac{\sqrt{3}}{12} \cdot \left(\frac{4^{k-1}}{9^{k-1}} \right) s^2 . \end{aligned}$$

Wenn die Terme Schritt für Schritt entwickelt werden, ergibt sich die

Konstruktion der Koch-Insel

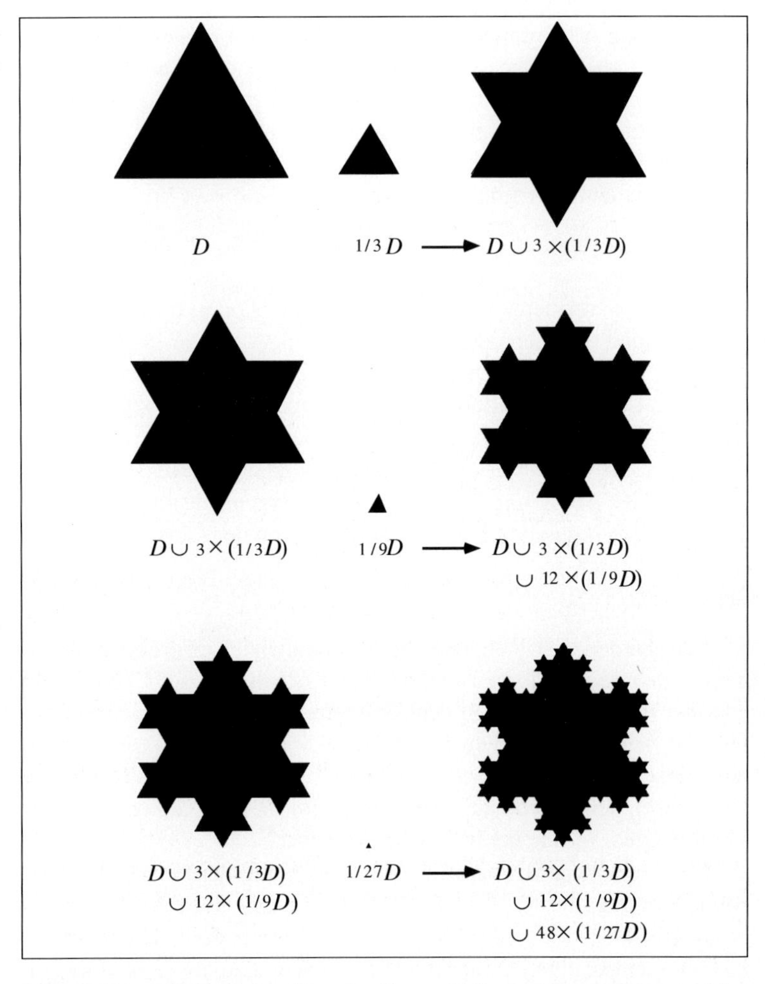

Abb. 3.12 : Die Koch-Insel ist das Grenzobjekt der Konstruktion und hat eine Fläche von $\frac{2}{5}\sqrt{3}s^2$.

Reihe

$$A_{k+1} = A_1 + \frac{\sqrt{3}}{12}\left(1 + \frac{4}{9} + \frac{4^2}{9^2} + \cdots + \frac{4^{k-1}}{9^{k-1}}\right) s^2 \ .$$

Der Klammerausdruck in dieser Formel ist eine Teilsumme der geometrischen Reihe $1 + \frac{4}{9} + \frac{4^2}{9^2} + \frac{4^3}{9^3} + \cdots$, deren Grenzwert $\frac{1}{1-4/9} = \frac{9}{5}$ beträgt. Dies bedeutet, daß die Koch-Insel, das geometrische Grenzobjekt, die Fläche

$$A = A_1 + \frac{\sqrt{3}}{12} \cdot \frac{9}{5} s^2$$

aufweist, und wegen $A_1 = \sqrt{3}/4 \cdot s^2$ lautet das Endergebnis

$$A = \frac{2}{5}\sqrt{3}s^2 \ .$$

Dies ist ein recht überzeugendes Argument für das wirkliche Vorliegen eines neuen geometrischen Objektes, das sich aus dem unendlichen Prozeß ergibt. Aber eine strenge Beweisführung würde noch einiges mehr erfordern.

Sie würde eine Sprache verlangen, die uns erlaubt, über das Verfahren des Hinzufügens neuer und kleinerer Figuren in der oben erwähnten Konstruktion in genau derselben Weise zu sprechen, wie es bei der Diskussion der Addition von immer kleiner werdenden Zahlen in einer Reihe üblich ist. Tatsächlich existiert diese Sprache bereits. Eine der großen Errungenschaften der sogenannten *Mengentheoretischen Topologie* bestand in der Ausdehnung des im Zusammenhang mit Zahlen bekannten Grenzwertbegriffes auf eine weitreichende Abstraktheit. Zusammen mit dem *Hausdorff-Abstand* genannten Begriff, der eine Verallgemeinerung des üblichen Abstandes zwischen Punkten auf den Abstand zwischen zwei *Punktmengen* darstellt, wird der richtige Rahmen geschaffen, um folgendes zu erkennen: Es gibt eine vollkommene Analogie zwischen dem unendlichen Verfahren der Addition von Zahlen in einer geometrischen Reihe und ihrem Grenzverhalten einerseits und dem unendlichen Hinzufügen von immer kleiner werdenden Dreiecken bei der Koch-Insel-Konstruktion und ihrem Grenzverhalten andererseits. In gewissem Sinne geht es hier um nichts Neues oder gar Aufregendes oder um etwas, das Verständnisschwierigkeiten bereiten würde, sondern nur um eine passende Übertragung unserer gewohnten Denkweisen über geometrische Reihen. In diesem Sinne ist die Koch-Insel eine Veranschaulichung des Grenzwertes einer geometrischen Reihe.

Grenzwerte führen zu neuen Qualitäten

Betrachten wir nun Eigenschaften des Grenzverhaltens, die bei keiner der Näherungen endlicher Stufe vorkommen. Die wichtigste Eigenschaft ist die Selbstähnlichkeit. Beispielsweise wird die Selbstähnlichkeit der Koch-Kurve dadurch zum Ausdruck gebracht, daß die Kurve aus vier völlig gleichen Teilen besteht. Können wir die Selbstähnlichkeit wirklich mit unseren Bildern auf dem Papier nachweisen? Natürlich nicht. Dafür gibt es zwei Gründe: einen technischen und einen mathematischen.

Der technische Grund ist naheliegend. Schwarze Tinte kommt in Form von kleinen Punkten auf weißes Papier, die unter einem ausreichend stark vergrößernden Mikroskop mehr oder weniger wie zufällige Flecken und sicherlich nicht wie eine Koch-Kurve aussehen. Dieser Effekt ist die Folge der begrenzten Auflösung des Papiers. Der mathematische Grund für die Unmöglichkeit, diese Experimente auf dem Papier durchführen zu können, ist ähnlich. Nur

Keine Selbstähnlichkeit auf endlicher Stufe

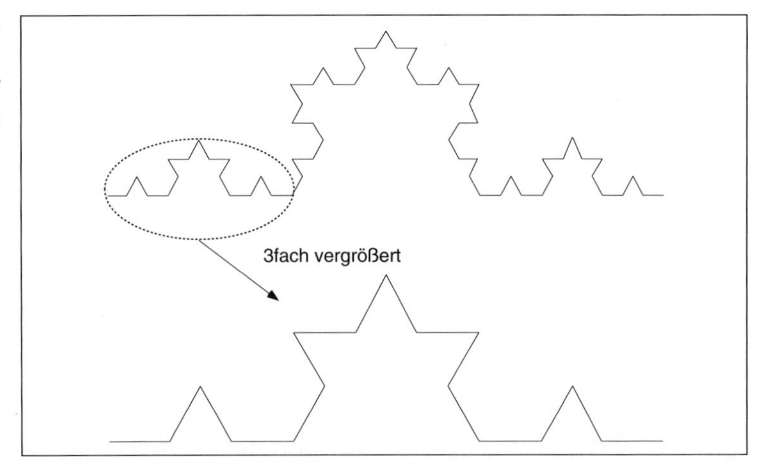

Abb. 3.13 : Kein einzelner Konstruktionsschritt der Koch-Kurve erzeugt eine selbstähnliche Kurve. Zum Beispiel ist die 3fache Vergrößerung (unten) eines Teils der Näherung von Stufe 3 (oben) nicht gleich der ganzen Kurve von Stufe 3.

die Grenzstruktur, aber keiner der Konstruktionszwischenschritte, hat die Eigenschaft der vollkommenen Selbstähnlichkeit (siehe Abbildung 3.13) und die Grenzstruktur läßt sich mit keinem noch so hochentwickelten Computer erzeugen. Dies ist völlig vergleichbar mit der Tatsache, daß kein Computer in der Lage ist, den wahren und präzisen numerischen Wert von $\sqrt{2}$ darzustellen. Dies würde unendlich viele Ziffern erfordern. Die einzigen möglichen Bilder der Koch-Kurve sind Näherungsbilder. Wenn wir z.B. die Bilder der 5. Stufe und der 10. Stufe miteinander vergleichen, sehen wir keinen Unterschied, obwohl natürlich ein beträchtlicher Unterschied bestehen muß. Die Abweichungen liegen jedoch unterhalb der Auflösung des Gerätes (Drucker oder Bildschirm). Welche Stufe für die Darstellung unserer Koch-Kurve wir auch immer wählen, sie wird vom wahren Bild der Koch-Kurve ununterscheidbar sein, vorausgesetzt, das Konstruktionsverfahren ist weit genug fortgeschritten. Aber theoretisch sind die beiden Objekte (d.h. irgendeine Stufe im Verfahren und die Koch-Kurve) stark voneinander verschieden. In jeder Stufe ist die Kurve aus kleinen geraden Linienabschnitten aufgebaut, die bei genügender Vergrößerung für das bloße Auge erkennbar werden. Mit anderen Worten, wenn wir ein Kurvenstück, sagen wir der 10. Stufe, unter dem Mikroskop betrachten, werden wir ein uns bekanntes Kurvenstück, sagen wir der 2. Stufe, sehen, während das entsprechend vergrößerte Kurvenstück der Grenzstruktur exakt wie die Koch-Kurve aussehen würde. Nun ist es jedoch so, daß die Koch-Kurve keinerlei gerade Linienabschnitte irgendeiner Länge enthält.[9]

Eine zweite neue Qualität des Grenzobjektes

Eine weitere Eigenschaft der Koch-Kurve, die bei keiner ihrer Näherungen endlicher Stufe vorkommt, betrifft ihre unendliche Länge (siehe Abschnitt 2.4). Da die Koch-Kurve ein Drittel des Randes der Koch-Insel ausmacht, ist der Rand der Koch-Insel ebenfalls unendlich lang. Im Gegensatz dazu ist die Fläche der Koch-Insel endlich und eine wohldefinierte Zahl, wie wir weiter vorn gesehen haben. Dies ist die metaphorische Botschaft Mandelbrots in seinem 1967 in der Zeitschrift *Science* erschienen Artikel mit dem Titel *How long is the Coast of Britain?*[10] Wir werden dies in Kapitel 4 eingehender diskutieren.

Selbstähnlichkeit in geometrischen Reihen

Beim erneuten Betrachten der geometrischen Reihen kann man eine bemerkenswerte Übereinstimmung mit der Selbstähnlichkeit der Koch-Kurve feststellen. Wenn wir die Reihe

$$\sum_{k=0}^{\infty} q^k = 1 + q + q^2 + q^3 + \cdots$$

formal mit dem Faktor q multiplizieren (skalieren), erhalten wir

$$q\sum_{k=0}^{\infty} q^k = q + q^2 + q^3 + q^4 + \cdots .$$

Damit ergibt sich

$$\sum_{k=0}^{\infty} q^k = 1 + q\sum_{k=0}^{\infty} q^k . \tag{3.3}$$

Dies ist die „Selbstähnlichkeit" der geometrischen Reihe. Der Wert der Summe beträgt 1 plus die „verkleinerte Version" der gesamten Reihe. Wie bei der Koch-Kurve gilt die Selbstähnlichkeit nur für den Grenzfall, aber nicht für irgendeine endliche Stufe. Zum Beispiel ist $S_2 = 1 + q + q^2$, dann folgt aber $1 + qS_2 = 1 + q + q^2 + q^3 \neq S_2$.

Zusammengefaßt haben wir die Koch-Kurve und -Insel mit den geometrischen Reihen in Verbindung gebracht, was eine Analogie aufgezeigt und zu einem überzeugenden Nachweis der Existenz dieser Fraktale geführt hat. In den nächsten beiden Abschnitten wollen wir sehen, wie wir uns von einer anderen Seite her Zugang zu diesen Objekten verschaffen können, nämlich mit Hilfe von Lösungen geeigneter Gleichungen.

---

[9] Mathematisch ist sie eine stetige Kurve, die nirgends differenzierbar ist. Sie wurde von Helge von Koch mit der Absicht ersonnen, ein Beispiel für eine solche Kurve vorzulegen, siehe H. v. Koch, *Une méthode géometrique élémentaire par l'étude de certain questions de la théorie des courbes planes,* Acta. Mat. 30 (1906) 145–174.

[10] Wie lang ist die Küste Britanniens?

3.3 Das Neue von verschiedenen Seiten her angehen: Pi und die Quadratwurzel von Zwei

Mathematische Grenzwerte von Folgen und Reihen hatten schon immer etwas Geheimnisvolles an sich, und es wäre eine große Unterlassung, dies nicht zu erwähnen. Deshalb wollen wir einen Exkurs durchführen und sehen, wie Grenzwerte nach dem Unbekannten greifen können. Grenzwerte schaffen und beschreiben neue Zahlen und Objekte. Die Untersuchung dieser Unbekannten kann als Schrittmacher in der frühen Mathematik bezeichnet werden und hat zu einigen der schönsten mathematischen Entdeckungen geführt. Als Archimedes π durch seine Näherung des Kreises mit Hilfe einer Folge von Polygonen berechnete, oder als die Sumerer $\sqrt{2}$ mit Hilfe einer unglaublich effektiven numerischen Methode annäherten, welche sehr viel später durch keinen Geringeren als Newton wiederentdeckt wurde, waren sie sich alle der Tatsache bewußt, daß π und $\sqrt{2}$ außergewöhnliche Zahlen sind. Die eindrucksvolle Beziehung zwischen der Fibonacci-Folge $1, 1, 2, 3, 5, 8, 13, 21, 34, 55, \ldots$ und dem Goldenen Schnitt $\frac{1}{2}(1 + \sqrt{5})$ hat während mehrerer Jahrhunderte Wissenschaftler und Künstler gleichermaßen zu faszinierenden Spekulationen angeregt. Es ist eigentlich recht erstaunlich, wie die neuesten Erkenntnisse aus Mathematik und Physik uns lehren, daß einige dieser Spekulationen, die unter anderen schon Kepler angeregt hatten, über die Harmonie unseres Kosmos nachzudenken, eine verblüffende Parallele in der modernen Wissenschaft haben: nämlich, daß in Szenarien, die den Zusammenbruch der Ordnung und den Übergang ins Chaos beschreiben, der Goldene Schnitt sozusagen die letzte Schranke der Ordnung darstellt, bevor das Chaos hereinbricht. Überdies tauchen die Fibonacci-Zahlen in sehr natürlicher Weise in den geometrischen Mustern auf, die hierbei auftreten können.

In diesem Abschnitt konzentrieren wir uns auf zwei Zahlen, $\pi = 3.14\ldots$ und $\sqrt{2} = 1.41\ldots$, und deren Näherungen aus verschiedenen Richtungen. Während die Geschichte von π in gewissem Sinne eine Abschweifung von den Fraktalen, dem Hauptthema dieses Buches, darstellt, wird das andere Beispiel in eine Richtung entwickelt, die parallel zur Definition und Approximation von Fraktalen verläuft, wie sie in den folgenden Abschnitten erarbeitet werden.

Archimedes' Methode zur Berechnung von π

Die Methode, die von Archimedes zur Berechnung von π benutzt wurde, beruht auf ein- und umbeschriebenen regelmäßigen Vielecken. In unserer Darstellung benutzen wir moderne mathematische Werkzeuge wie die Sinus- und Tangensfunktionen, die Archimedes natürlich nicht bekannt waren. Ausgangspunkt ist ein Sechseck, das einem Kreis vom Radius r einbeschrieben wird. Es weist $n = 6$ Seiten auf. Der Winkel über der halben Seite im Zentrum des Sechsecks beträgt $\theta = \pi/6$ (Abbildung 3.14).

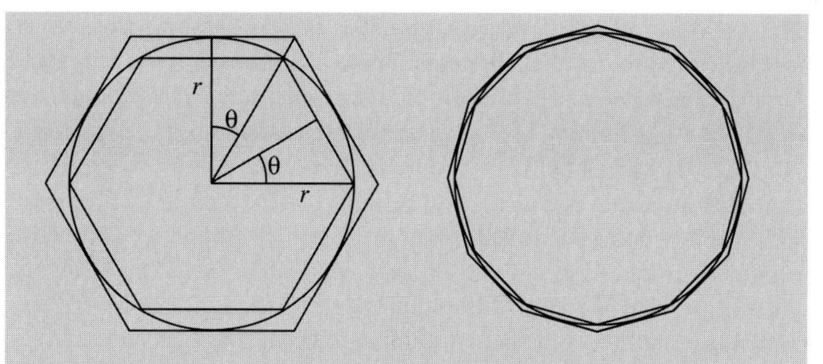

Abb. 3.14 : Ein- und umbeschriebene regelmäßige Vielecke.

Die Länge der einbeschriebenen Seite beträgt $2r \sin\theta$. Die Länge einer Seite des umbeschriebenen Sechsecks beträgt $2r \tan\theta$. Somit gilt für den Umfang $U = 2\pi r$ des Kreises

$$2rn \sin\theta < U < 2rn \tan\theta \ .$$

Division durch $2r$ ergibt eine untere und eine obere Schranke für π,

$$n \sin\theta < \pi < n \tan\theta \ .$$

In Zahlen ist dies $3 < \pi < 3.464$, kein sehr genaues Ergebnis. Aber wir können das Ergebnis leicht verbessern, indem wir einfach die Anzahl n der Seiten verdoppeln und θ durch $\theta/2$ ersetzen, was auf

$$2n \sin\frac{\theta}{2} < \pi < 2n \tan\frac{\theta}{2}$$

führt. Dies ergibt $3.106 < \pi < 3.215$. Durch weiteres Verdoppeln der Seitenzahl, d.h. durch Übergang von regelmäßigen Polygonen mit 12 Seiten zu solchen mit 24 Seiten und dann zu 48, 96 usw., erhalten wir Schätzwerte mit beliebiger Genauigkeit. Nach k solchen Verdoppelungsschritten lautet die Formel

$$2^k n \sin\frac{\theta}{2^k} < \pi < 2^k n \tan\frac{\theta}{2^k} \ .$$

Es ist nicht klar ersichtlich, mit welcher Methode Archimedes die Sinus- und Tangenswerte berechnet hat. Vermutlich benutzte er eine Iterationsmethode auf der Grundlage von Formeln von der Art

$$\sin\frac{\theta}{2} = \sqrt{\frac{1-\cos\theta}{2}} \ ,$$
$$\tan\frac{\theta}{2} = \frac{\sin\theta}{1+\cos\theta} \ .$$

π und der Umfang eines Kreises

Die Berechnung des Kreisumfangs, d.h. die Berechnung von π, ist ein Problem, das die Mathematiker des Altertums in hohem Maße herausgefordert hat. Dieses Problem hat eine lange Geschichte von mehr als 4000 Jahren. Das *Alte Testament* verwendet $\pi = 3$ (siehe 1. Kön. 7,23). Die Babylonier benutzten $\pi = 3.125$, und die Ägypter[11] (um 1700 v. Chr.) schlugen $\pi = 3.1604...$ vor. Auch in China waren Philosophen und Astronomen sehr aktiv bei der Ableitung von Näherungen von π. Eine der besten geht auf Zu Chong-Zhi (430–501) zurück, der den Wert 355/113 angab. Es ist $355/113 = 3.1415929...$, und somit hat der Wert sieben richtige Ziffern. Zu dieser Zeit wurde chinesische Seide bis nach Rom verkauft. Aber man weiß nicht, ob die grundlegende Arbeit von Archimedes auch den Chinesen bekannt war. Archimedes war der erste (um 260 v. Chr.), der eine unumstößliche Lösung des Problems bot. Er konstruierte eine Folge von regelmäßigen Näherungspolygonen, die einbeschrieben waren, und eine andere Folge von regelmäßigen Polygonen, die umbeschrieben waren. Dann führte er die Annäherung ein paar Schritte durch und erhielt den numerischen Wert 3.141031951, welcher schon vier richtige Anfangsziffern aufweist (und der unteren Schranke, gegeben durch das eingeschriebene 96eck, entspricht). Mit seiner absolut einwandfreien Methode hätte er auch zu höherer Genauigkeit gelangen können.

Eine elegantere Methode wurde von dem mittelalterlichen Gelehrten und Philosophen Nicolaus Cusanus um 1450 entdeckt. Sie ist ein weiteres Beispiel für ein Rückkopplungsverfahren und ein Vorbote der äußerst hochentwickelten Methoden, die heutzutage benutzt werden, um π mit Großcomputern auf Millionen von Stellen zu berechnen.

Cusanus' Methode der Berechnung von π

Archimedes betrachtete einen festen Kreis und näherte dessen Umfang durch eine Folge von Polygonen an. In gewisser Weise kehrte Cusanus diesen Ansatz gerade um und verwendete eine Folge von regelmäßigen Polygonen mit festem Umfang. Genauer gesagt, besitzen die regelmäßigen Polygone 2^n, $n = 2, 3, 4, ...$ Ecken und zwar so, daß ihr Umfang immer die Länge 2 aufweist! Er berechnete dann den Umfang der entsprechenden Kreise, die ein- und umbeschrieben waren (siehe Abbildung 3.15).

Mit den Bezeichnungen R_n bzw. r_n für den Radius des umbeschriebenen bzw. einbeschriebenen Kreises des n-ten Polygons gilt

$$2\pi r_n < 2 < 2\pi R_n$$

oder in entsprechender Weise

$$\frac{1}{R_n} < \pi < \frac{1}{r_n} \,. \qquad (3.4)$$

[11] Sie verwendeten einen Algorithmus für die Berechnung der Fläche eines Kreises: Man entferne $1/9$ des Durchmessers und quadriere die übrigbleibenden $8/9$ des Ergebnisses.

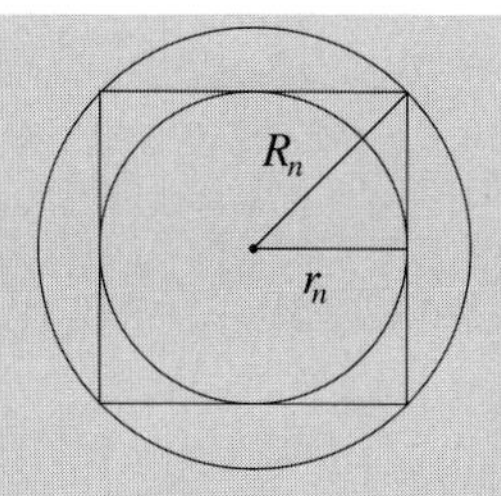

Abb. 3.15 : Anfängliches Quadrat und Kreise in Cusanus' Methode. Für ein gegebenes regelmäßiges Polygon mit 2^n Seiten, deren Längen sich zu einem Umfang von zwei Einheiten aufsummieren, werden die ein- und umbeschriebenen Kreise betrachtet.

n	r_n	R_n	p_n	Abweichung
2	0.250000	0.353553	3.313708	0.172116
3	0.301777	0.326641	3.182598	0.041005
4	0.314209	0.320364	3.151725	0.010132
5	0.317287	0.318822	3.144118	0.002526
6	0.318054	0.318438	3.142224	0.000631
7	0.318246	0.318342	3.141750	0.000158
8	0.318294	0.318318	3.141632	0.000039
9	0.318306	0.318312	3.141603	0.000010
10	0.318309	0.318310	3.141595	0.000002
11	0.318310	0.318310	3.141593	0.000001

Tab. 3.16 : Die ersten paar Schritte von Cusanus' Methode für die iterative Berechnung von π. Die Näherung p_n in der vierten Spalte wird mit $p_n = 2/(r_n + R_n)$ berechnet. Die Abweichung $p_n - \pi$ vermindert sich bei jedem Schritt um einen Faktor von ungefähr vier.

Für $n = 2$ haben wir ein Quadrat mit dem Umfang 2, siehe Abbildung 3.15, und daraus berechnen wir mit Hilfe des pythagoreischen Lehrsatzes $R_2 = \sqrt{2}/4$ und $r_2 = 1/4$. Dann fuhr Cusanus fort, die folgenden nützlichen Beziehungen aus geometrischen Überlegungen abzuleiten, die schon Archimedes, Pythagoras und anderen bekannt waren:

$$r_{n+1} = \frac{R_n + r_n}{2},$$
$$R_{n+1} = \sqrt{R_n r_{n+1}}$$

für $n = 2, 3, \ldots$ Es stellt sich heraus, daß $r_n < R_n$ für alle n, und daß mit wachsendem n r_n zu- und R_n jedoch abnimmt. Somit haben beide Folgen Grenzwerte, und diese Grenzwerte müssen dieselben sein.[12] Aber

[12] Wenn sie nicht dieselben wären, sagen wir $R_n \to R$ und $r_n \to r$ mit $r \neq R$, dann wäre $(R + r)/2 \neq r$, im Widerspruch zur ersten Rekursionsformel von Cusanus.

dann verlangt Gleichung (3.4), daß der Grenzwert $\frac{1}{\pi}$ sein muß. Cusanus' Methode liefert π mit 10 richtigen Dezimalstellen, wenn man das Rückkopplungsverfahren bis zu $n = 18$ anwendet. Tabelle 3.16 enthält die ersten elf Schritte, die entsprechenden Näherungen für π sowie deren Abweichungen.

Andere Ansätze für π

F. Vieta (1540–1603):

$$\frac{2}{\pi} = \frac{\sqrt{2}}{2} \cdot \frac{\sqrt{2+\sqrt{2}}}{2} \cdot \frac{\sqrt{2+\sqrt{2+\sqrt{2}}}}{2} \cdots$$

J. Wallis (1616–1703):

$$\frac{\pi}{2} = \frac{2 \cdot 2}{1 \cdot 3} \cdot \frac{4 \cdot 4}{3 \cdot 5} \cdot \frac{6 \cdot 6}{5 \cdot 7} \cdot \frac{8 \cdot 8}{7 \cdot 9} \cdots$$

J. Gregory (1638–1675) und G. W. Leibniz (1646–1716):

$$\frac{\pi}{4} = 1 - \frac{1}{3} + \frac{1}{5} - \frac{1}{7} + \frac{1}{9} - \frac{1}{11} + \frac{1}{13} - \cdots \tag{3.5}$$

L. Euler (1707–1783):

$$\frac{\pi^2}{6} = \frac{1}{1^2} + \frac{1}{2^2} + \frac{1}{3^2} + \frac{1}{4^2} + \frac{1}{5^2} + \cdots ,$$
$$\frac{\pi^4}{90} = \frac{1}{1^4} + \frac{1}{2^4} + \frac{1}{3^4} + \frac{1}{3^4} + \frac{1}{4^4} + \cdots$$

C. F. Gauß (1777–1855):

$$\pi = 48 \arctan \frac{1}{48} + 32 \arctan \frac{1}{57} - 20 \arctan \frac{1}{239} . \tag{3.6}$$

S. Ramanujan (1887–1920):

$$\frac{1}{\pi} = \frac{\sqrt{8}}{9801} \sum_{n=0}^{\infty} \frac{(4n!)(1103 + 26390n)}{(n!)^4 396^{4n}} .$$

J. M. Borwein und P. M. Borwein (1984):

$$x_{n+1} = \frac{1 - \sqrt{1 - x_n^2}}{1 + \sqrt{1 - x_n^2}} , \qquad x_0 = \frac{1}{\sqrt{2}} ,$$
$$y_{n+1} = (1 + x_{n+1})^2 y_n - 2^{n+1} x_{n+1} , \qquad y_0 = \frac{1}{2} .$$

In dieser Iteration konvergiert y_n quadratisch gegen $1/\pi$.

Das folgende ist eine weitere verblüffende Darstellung.[13] Eine ganze Zahl wird *quadratfrei* genannt, wenn sie nicht durch das Quadrat einer Primzahl teilbar ist. Zum Beispiel ist 15 quadratfrei ($15 = 3 \cdot 5$), aber 50 nicht ($50 = 2 \cdot 5^2$). Nun sei $h(n)$ die Anzahl und $q(n) = h(n)/n$ der Bruchteil der quadratfreien Zahlen zwischen 1 und n. Dann ist

$$\lim_{n\to\infty} q(n) = \frac{6}{\pi^2}\,.$$

Weltrekorde für π

Wie keine andere irrationale Zahl hat π die führenden Köpfe der Wissenschaft und auch Laien rund um die Welt fasziniert. Über Hunderte von Jahren hinweg wurden immer mehr Ziffern von π bestimmt, manchmal mit Hilfe von äußerst langwierigen Methoden. Dieser gewaltige Aufwand steht natürlich in keinem Verhältnis zu seinem Nutzen. Es wäre schwierig, Anwendungen in wissenschaftlichen Berechnungen zu finden, bei denen mehr als etwa 20 Stellen von π erforderlich sind. Trotzdem wurde die Anzahl der bekannten Ziffern von π immer höher getrieben, als wäre es ein Sport wie Hochsprung, bei welchem Athleten getrieben werden, den jeweils bestehenden Weltrekord zu brechen. Wenn man Bergsteiger über ihre Motivation, mühevoll einen besonders hohen Gipfel zu erklimmen, befragt, dann mögen sie sehr wohl antworten, daß sie es tun, „weil er da ist“. In diesem Sinne ist die Zahl π sogar dem Mount Everest noch überlegen, da ihre Anzahl Stellen unbegrenzt ist. Hat man einmal einen Weltrekord aufgestellt, dann bleibt immer noch die Herausforderung, auch die nächsten zehn oder hundert oder Millionen Stellen zu erobern.

Die Ludolphsche Zahl

Führen wir ein paar Beispiele an, um einen Eindruck von der Besessenheit zu vermitteln, welche die vergangenen Jahrhunderte beherrschte und dank der Möglichkeiten der Computer bis heute überlebt hat. Der niederländische Mathematiker Ludolph van Ceulen (1540–1610) widmete einen großen Teil seiner Arbeit der Berechnung von π. Im Jahre 1596 berichtete er über 20 Stellen von π, und kurz vor seinem Tod gelang ihm die Berechnung von 35 Stellen, wobei er die Methode von Archimedes auf die Spitze trieb: Er benutzte ein- und umbeschriebene Polygone mit $2^{62} \approx 10^{18}$ Ecken. Die letzten drei der berechneten Ziffern wurden in seinem Grabstein eingemeißelt, und fortan war die Zahl π auch als *Ludolphsche Zahl* bekannt.

Nach der Entdeckung der Differentialrechnung im 17. Jahrhundert wurden für die Berechnung von π neue und bessere Methoden gefunden. Diese Methoden beruhten auf Reihenentwicklungen von Arkussinus und Arkustangens. Die für Berechnungen mit Bleistift und Papier geeignetste stammt von John Machin (1680–1752).

[13] C. R. Wall, *Selected Topics in Elementary Number Theory,* University of South Carolina Press, Columbia, 1974, Seite 153.

Näherungen von π unter Verwendung von Reihen und Handrechnungen

Jahr	Name	Ziffern
1700	Sharp	72
1706	Machin	100
1717	Delaney	127
1794	Vega	140
1824	Rutherford	208
1844	Strassnitzky und Dase	200
1847	Clausen	248
1853	Rutherford	440
1855	Richter	500
1873	Shanks	707
1945	Ferguson	620

Tab. 3.17 : Unvollständige Tabelle der Weltrekorde in der Berechnung von π von 1700 an, bis Rechenmaschinen verfügbar wurden. Die Berechnung von Rutherford, obwohl durchgeführt für 208 Stellen, hatte weniger als 200 korrekte Ziffern. Desgleichen lieferte Shanks nur 526 richtige Stellen, was sich jeweils erst durch spätere Rechnungen ergab.

Machins Formel für π

Im Jahre 1706 entdeckte John Machin einen eleganten und rechnerisch gangbaren Weg für die Darstellung von π als Grenzwert. Zuvor hatte Gregory 1671 entdeckt, daß die Fläche unter der Kurve $1/(1+x^2)$ von 0 bis x den Wert $\arctan x$ beträgt. Die Arkustangensreihe

$$\arctan x = x - \frac{x^3}{3} + \frac{x^5}{5} - \frac{x^7}{7} + \cdots \tag{3.7}$$

war eine direkte Folgerung daraus. Einsetzen von $x = 1$ ergibt eine einfache Formel für $\pi/4$, (siehe Gleichung (3.5)). Allerdings konvergiert diese Reihe sehr langsam und ist damit für konkrete Berechnungen unbrauchbar. Machin ersann einen geschickten Trick, um die Gregory-Reihe zu verändern und ihre Konvergenz erheblich zu beschleunigen. Die Ableitung ist einfach. Man verwendet das trigonometrische Additionstheorem

$$\tan(\alpha \pm \beta) = \frac{\tan\alpha \pm \tan\beta}{1 \mp \tan\alpha\tan\beta} .$$

Sei β der eindeutig bestimmte Winkel kleiner als $\pi/4$ so, daß

$$\tan\beta = \frac{1}{5} .$$

Mit Benutzung der obenstehenden trigonometrischen Formel finden wir

$$\tan 2\beta = \frac{2\tan\beta}{1-\tan^2\beta} = \frac{\frac{2}{5}}{1-\frac{1}{25}} = \frac{5}{12}$$

und

$$\tan 4\beta = \frac{2\tan 2\beta}{1-\tan^2 2\beta} = \frac{\frac{5}{6}}{1-\frac{25}{144}} = \frac{120}{119} .$$

Aus dem letzten Ergebnis sehen wir, daß $\tan 4\beta \approx 1$ und deshalb $4\beta \approx \pi/4$. Nun kann der *Tangens* der Differenz zwischen diesen beiden Winkeln wiederum berechnet werden:

$$\tan(4\beta - \frac{\pi}{4}) = \frac{\tan 4\beta - 1}{1 + \tan 4\beta} = \frac{\frac{1}{119}}{\frac{239}{119}} = \frac{1}{239} \, .$$

Daraus folgt

$$4\beta - \frac{\pi}{4} = \arctan \frac{1}{239} \, ,$$

oder nach $\pi/4$ aufgelöst, erhalten wir das Endergebnis

$$\frac{\pi}{4} = 4 \arctan \frac{1}{5} - \arctan \frac{1}{239} \, .$$

Im Gegensatz zu Gregorys Formel müssen hier zwei Reihen berechnet werden, aber dieser Nachteil wird mehr als aufgewogen durch die Tatsache, daß diese Reihen, besonders die zweite, erheblich schneller konvergieren. Der Idee Machins folgend, wurden noch viele ähnliche Formeln für die Schreibweise von π als Summe von Arkustangenswerten entwickelt, darunter eine von Gauß, siehe Gleichung (3.6).

Des Zahlentüftlers Leid ...

Tabelle 3.17 zeigt die mit dem Prinzip von Machin bzw. dessen Varianten erzielten Fortschritte.[14] Solche Berechnungen nahmen üblicherweise mehrere Monate in Anspruch. Natürlich waren bei derart umfangreichen Arbeiten gewisse Fehler unvermeidlich. So entdeckte Vega einen Fehler in der 113. Stelle von Delaneys Ergebnis, als er im Jahre 1794 seine 140 Stellen berechnete. Die 200 Ziffern von Strassnitzky und Dase stimmten auch nicht mit denjenigen von Rutherford überein. Clausen zeigte schließlich, daß der Fehler in Rutherfords Rechnung lag. Auch Shanks' Ergebnis war von der 527. Stelle an falsch. In diesem Zusammenhang verdient Strassnitzky besondere Erwähnung. Die Berechnungen wurden tatsächlich von Johann Martin Zacharias Dase (1824–1861), der als Rechengenie galt, ausgeführt. Seine außergewöhnlichen Rechenkünste wurden von namhaften Mathematikern überprüft. Er multiplizierte zwei 8stellige Zahlen in 54 Sekunden, zwei 20stellige Zahlen in 6 Minuten und zwei 100stellige Zahlen in weniger als 9 Stunden, und dies alles in seinem Kopf! Solche Genies müssen mindestens zwei Fähigkeiten besitzen: blitzschnelle Ausführung von arithmetischen Operationen und etwas von der Art eines bildhaften Gedächtnisses, um die riesige Informationsmenge zu speichern. Es scheint hingegen nicht so zu sein, daß außergewöhnliche Intelligenz erforderlich ist; im Gegenteil, sie wäre von

[14] Unsere Ausführungen hier beruhen zum Teil auf dem Buch *A History of Pi* von Petr Beckmann, Zweite Auflage, The Golem Press, Boulder, 1971.

Nachteil. Dase z.B. war in dieser Hinsicht keine Ausnahme. Alle, die ihn kannten, waren sich darin einig, daß er, außer im Umgang mit Zahlen, ziemlich einfältig war. Im Alter von 20 Jahren wurde ihm von Strassnitzky eine Arkustangensformel für π ähnlich derjenigen von Machin beigebracht, was ihn dazu befähigte, in zwei Monaten 200 richtige Ziffern zu liefern. Aber das war noch nicht alles. Innerhalb dreier Jahre berechnete Dase die natürlichen Logarithmen der ersten Million ganzer Zahlen auf sieben Dezimalstellen und setzte seine Arbeit mit einer Tabelle der hyperbolischen Funktionen fort. Gauß, auf ihn aufmerksam gemacht, schlug vor, Faktorisierungen aller Zahlen von 7 000 000 bis 10 000 000 durchzuführen. Diese Arbeit von Dase wurde von der Hamburger Akademie der Wissenschaften gefördert. Allerdings starb Dase 1861, nachdem er ungefähr die Hälfte dieses Werkes vollendet hatte.

... und des Kreis-Quadrierers Freud

Im Jahre 1885 gelang F. Lindemann der Beweis eines grundlegenden Theorems über transzendente Zahlen, womit auch ein uraltes Problem gelöst wurde: π ist eine transzendente Zahl.[15] Diese bedeutet insbesondere, daß die Quadratur des Zirkels eine unlösbare Aufgabe ist. Dessen ungeachtet wurden munter weitere „Lösungen" für die Quadratur des Kreises produziert, alle mehr oder weniger undurchsichtig. Hier nur ein besonders kurioses Beispiel. Im Jahre 1897 verabschiedete das Repräsentantenhaus von Indiana, USA, ein Gesetz „für einen Erlaß, welcher eine neue mathematische Wahrheit einführt". Darin wurden zwei(!) Werte für π definiert, nämlich 3.2 und 4. Zum Glück verschob der Senat von Indiana weitere Beratungen des Gesetzes auf unbestimmte Zeit.

Annäherung von π mit neuen technischen Möglichkeiten

Im 20. Jahrhundert wurde es immer schwieriger, den Rekord für die Berechnung von π zu brechen — bis Computer auftauchten. Es ist eine verhältnismäßig einfache Aufgabe, einen Computer zu programmieren, um beispielsweise Machins Formel bis zu 1000 Ziffern auszuwerten. Natürlich wurde dies, sobald die Möglichkeit dazu bestand, unverzüglich getan. Tabelle 3.18 enthält die Rekorde dieser zweiten Phase.

Bis in die siebziger Jahre beruhten alle Berechnungen auf Arkustangensreihen, die schon von den Wegbereitern im Vor-Computerzeitalter benutzt wurden. Eine Liste der ersten 100 000 Stellen von π wurde 1962 von Shanks und Wrench veröffentlicht.[16] Im letzten Abschnitt des Artikels spekulieren die Autoren über

[15] Eine Zahl x wird algebraisch genannt, wenn sie einer algebraischen Gleichung mit rationalen Koeffizienten genügt. Eine Zahl, die nicht algebraisch ist, heißt transzendent.

[16] D. Shanks and J. W. Wrench, Jr., *Calculation of π to 100,000 Decimals,* Mathematics of Computation 16, 77 (1962) 76–99.

Jahr	Name	Computer	Ziffern
1949	Reitwiesner	ENIAC	2 037
1945	Nicholson et al.	NORC	3 089
1958	Felton	Pegasus	10 000
1958	Genuys	IBM704	10 000
1959	Unveröffentlicht	IBM704	16 167
1961	Shanks, Wrench	IBM7090	100 000
1973	Guilloud, Bouyer	CDC7600	1 000 000
1983	Kanada et al.	Hitachi S-810	16 000 000
1985	Gosper	Symbolics	17 000 000
1986	Bailey	Cray2	29 300 000
1987	Kanada	SX 2	134 000 000
1989	Kanada	HITAC S-820/80	1 073 740 000

Annäherung von π mit dem Computer

Tab. 3.18 : Weltrekorde in der Berechnung von π im Computerzeitalter. Die Berechnungszeiten liegen meistens in der Größenordnung von 5 bis 30 Stunden, die kürzeste dauerte 13 Minuten (1945) und die längste (100 Stunden) ergab den 1989er Rekord.

die Möglichkeit der Berechnung einer Million Ziffern mit dem abschließenden Wunsch „Man müßte wirklich über einen Computer verfügen, der 100 mal so schnell ist, 100 mal so zuverlässig und ausgerüstet mit einem Speicher von 10facher Kapazität. Noch existiert keine solche Maschine. [...] In 5 bis 7 Jahren wird ein solcher Computer [...] ohne Zweifel Realität werden. Dann wird die Berechnung von π auf 1 000 000 Stellen nicht schwierig sein.“ Die Autoren waren zu optimistisch; es dauerte 12 Jahre lang, bis Jean Guilloud und Martine Bouyer dieses hochgesteckte Ziel erreicht hatten.

Die Einfachheit der Methode beispielsweise mit Verwendung der Gaußschen Formel (3.6) in Verbindung mit der Arkustangensreihe (3.7) führt jeden ehrgeizigen Programmierer in Versuchung. Diese Methode ist als (fortgeschrittene) Übung für einen Programmierkursus hervorragend geeignet. Wir haben sie ausprobiert und mit Erfolg die ersten 200 000 Stellen berechnet.[17] Es zeigte sich jedoch, daß dieses Unterfangen nicht ganz so einfach war, wie ursprünglich angenommen. Im ersten Lauf waren nur die ersten 60 000 Stellen richtig. Die Ursache lag in einer ungenügenden Berücksichtigung von Überlauffehlern.

[17] Das Programm lief etwa 15 Stunden auf einem Macintosh IIfx.

Wie weit können wir gehen?

Es erhebt sich die Frage nach der möglichen Anzahl von Ziffern, deren Berechnung man sich erhoffen kann. Die auf Arkustangensentwicklungen beruhenden Algorithmen haben die Eigenschaft, daß eine Verdoppelung der Stellenzahl im Ergebnis mit einer Ver*vier*fachung der Berechnungszeit verbunden ist. Die 1973 durchgeführte Berechnung auf eine Million Dezimalstellen dauerte 23 Stunden. Um beispielsweise von einer Million zu 128 Millionen Stellen zu gelangen, muß die Stellenzahl siebenmal verdoppelt werden ($128 = 2^7$). Auf demselben Computer wäre der Zeitbedarf für die Berechnung von 23 Stunden, siebenmal vervierfacht, auf ungefähr 43 Jahre angestiegen... Obwohl Computer immer schneller werden, ist es offensichtlich, daß diese Entwicklung früher oder später ein Ende finden wird. So erschien es in den 70er Jahren möglich ein paar Millionen Stellen von π zu berechnen, aber sicherlich nicht Hunderte von Millionen Stellen. Jedenfalls hielt sich der Rekord von einer Million Dezimalstellen für 10 Jahre. Aber der Boden für eine weitere Eskalation war schon vorbereitet.

Ein weiterer Durchbruch: neue Algorithmen

Ein entscheidender Durchbruch gelang im Jahre 1976, als Brent und Salamin[18] unabhängig voneinander Algorithmen entdeckten, die ein quadratisch konvergentes Iterationsverfahren ergaben. Dies bedeutet, daß sich bei jedem Iterationsschritt dieser Methoden die Anzahl der richtigen Stellen verdoppelt. Erst kürzlich haben die Brüder Borwein eine Palette von noch leistungsfähigeren Methoden entwickelt.[19] All diese neuen Algorithmen sind effizienter als die gute alte Arkustangensreihe, allerdings nur auf Grund eines weiteren Durchbruchs auf einem anderen Gebiet — in der Arithmetik. Die Addition von zwei n-stelligen Zahlen erfordert ungefähr n Operationen (Addition aller sich entsprechenden Ziffernpaare und Aufsummierung). Die direkte, schlichte Multiplikation von zwei n-stelligen Zahlen müßte jedoch im wesentlichen in n^2 Operationen ausgeführt werden (Multiplikation jeder Ziffer mit allen anderen Ziffern und Aufsummierung). Somit ist der Unterschied zwischen Addition und Multiplikation bei einer Anzahl von Ziffern in der Größenordnung von einer Million und mehr gewaltig. Demzufolge erscheint uns die Entdeckung, daß die Zahlenmultiplikation effektiv nicht wesentlich komplizierter ist als die Zahlenaddition, geradezu unglaublich: Eine Multiplikation kann fast genauso schnell ausgeführt werden wie eine

[18] R. P. Brent, *Fast multiple-precision evaluation of elementary functions,* Journal Assoc. Comput. Mach. 23 (1976) 242–251. E. Salamin, *Computation of π Using Arithmetic-Geometric Mean,* Mathematics of Computation 30, 135 (1976) 565–570.

[19] Siehe das Buch J. M. Borwein, P. B. Borwein, *Pi and the AGM — A Study in Analytic Number Theory,* Wiley, New York, 1987.

Addition.[20] Bei praktischen Ausführungen wird von einer Form von sogenannten schnellen Fourier-Transformationstechniken Gebrauch gemacht. Die Kombination der neuen Iterationsmethoden für π und der schnellen Multiplikationsalgorithmen für sehr große Zahlen erleichterten die Berechnung von π auf Millionen von Ziffern. Der Rekord zur Zeit, als dieses Buches verfaßt wurde, stand bei einer Milliarde Stellen,[21] und es bestehen gute Aussichten, in naher Zukunft sogar auf 2 Milliarden Stellen zu kommen.[22] Selbstverständlich sind die ersten Millionen Stellen genauso nutzlos und überflüssig wie alle weiteren Stellen, die noch folgen mögen. Vielleicht spiegelt dieses Phänomen in gewisser Beziehung die Frage nach dem Sinn und Zweck des Universums wider, die sich uns immer wieder von neuem stellt.

Zwei Gründe für die Berechnung von π

Es gibt allerdings zwei neue Gründe für diese übertriebene Stellenjagd. Der erste hängt mit der alten Vermutung zusammen, daß die Ziffern in π sowie die Zifferpaare, die Zifferndrillinge usw. gleich häufig vorkommen. In mathematischer Sprache heißt das, daß π vermutlich eine normale Zahl ist. Durch eingehende Computeruntersuchungen mag man in die Lage versetzt werden, Anzeichen dafür zu finden, ob diese Vermutung richtig oder falsch ist. Mindestens bis zu den 29.3 Millionen Stellen, die Bailey berechnet hat, deuten alle statistischen Tests darauf hin, daß π tatsächlich normal ist. Natürlich ist dies noch weit von einem triftigen Beweis entfernt. Der andere Grund, der für Berechnungsprogramme von π spricht, ist deren Verwendbarkeit für wirksame Zuverlässigkeitstests von Computer-Hardware. Es wird behauptet, daß einige Computer-Hersteller tatsächlich solche Tests durchführen.[23] Selbst der geringste Fehler bei irgendeiner Operation in der Berechnung wird unweigerlich ab irgendeiner Stelle falsche

[20] Genauer gesagt, die Art und Weise wie der Rechenaufwand mit zunehmender Ziffernzahl in den Faktoren der Multiplikation wächst, ist nicht viel schlimmer als das entsprechende (lineare) Wachstum der Rechenzeit für die Addition großer Zahlen. Der interessierte Leser wird auf die Übersicht in D. Knuth, *The Art of Computer Programming, Volume Two, Seminumerical Algorithms,* Addison Wesley, 1981, Seiten 278–299, verwiesen.

[21] Neben Yasumasa Kanada von der Universität von Tokio, waren auch David und Gregory Chudnovsky von der Columbia Universität, New York, erfolgreich bei der Berechnung von einer Milliarde Stellen. Ihre Ergebnisse stimmen überein.

[22] Für den neusten Stand der Techniken und Algorithmen siehe J. M. Borwein, P. B. Borwein und D. H. Bailey: *Ramanujan, modular equations, and approximations to pi, or how to compute one billion digits of pi,* American Mathematical Monthly 96 (1989) 201–219.

[23] In der 1962 erschienenen Arbeit von Shanks und Wrench wird von einem Fall eines derartigen Hardware-Fehlers berichtet. Es wurde ein Zusatzlauf des Programmes durchgeführt, um den Fehler zu beheben. So war zumindest in der Zeit vor ungefähr 30 Jahren die Zuverlässigkeit der Arithmetik auch für den „Endbenutzer“ ein wichtiges praktisches Problem.

Ziffern verursachen, und diese Fehler sind in eindeutiger Weise feststellbar.

Steckt eine Botschaft in π?

Die fortgeschrittenen und jüngsten Anstrengungen bei der Berechnung von π mögen Carl Sagan zu einem Teil seines Romans *Contact*[24] angeregt haben. Darin spekuliert er über ein von Gott in den Ziffern von π verborgenes Muster oder eine versteckte Botschaft. In der Geschichte macht ein Supercomputer nach unzähligen Stunden des Rechnens eine Entdeckung: Die Ziffernfolge von π, sehr weit vom Anfang entfernt, im Binärsystem interpretiert und als rechteckiges Bild dargestellt, läßt eine sehr bekannte Figur erkennen — einen Kreis. Der Roman schließt folgendermaßen:

„In welcher Galaxie man sich auch befand: Wenn man den Umfang eines Kreises nahm, ihn durch seinen Durchmesser teilte und genau genug maß, entdeckte man ein Wunder — einen weiteren Kreis, der Kilometer jenseits des Dezimalkommas gezeichnet war. Noch weiter innen würden reichhaltigere Botschaften stecken. Es spielte keine Rolle, wie man aussah, woraus man bestand oder woher man kam. Solange man in diesem Universum lebte und ein bescheidenes Talent für Mathematik hatte, stieß man früher oder später auf dieses Wunder. Es war von Anfang an da. Es war in allem. Man mußte seinen Planeten nicht verlassen, um es zu finden. Im Stoff des Weltraums und im Wesen der Materie fand sich, wie in einem großen Kunstwerk, ganz klein geschrieben die Signatur des Künstlers. Über den Menschen, Göttern und Dämonen, [...] stand eine Intelligenz, die dem Universum vorausging."

Wir kehren nun wieder zu irdischeren Problemen mit Zahlen zurück. Auch wenn Grenzwerte für die numerische Berechnung von irrationalen Zahlen wie π, e oder Quadratwurzeln sehr nützlich sind, befriedigt von einem theoretischen Standpunkt aus eine direktere Definition der Zahlen mehr. Dies könnte eine implizite Definition in Form einer geeigneten Gleichung sein, die gleichzeitig eine Näherung durch ein Rückkopplungsverfahren, nämlich einfach durch Iteration der Gleichung, vorschreibt. Wir wollen uns dieser Frage für den Rest dieses Abschnittes zuwenden.

$\sqrt{2}$ und Inkommensurabilität

Wir erinnern uns an das Problem der *Inkommensurabilität* von Seite und Diagonale eines Quadrates: Das Verhältnis der Diagonale zur Seite eines Quadrates entspricht nicht dem Verhältnis zweier ganzer Zahlen.[25] Mit anderen Worten, $\sqrt{2} \neq p/q$ für beliebige ganze Zahlen p und q. Ohne Zweifel ist die Diagonale real. Aber bedeutet

[24] Carl Sagan, *Contact,* Pocket Books, Simon & Schuster, New York, 1985. Deutsche Übersetzung unter demselben Titel bei Droemersche Verlagsanstalt Th. Knaur Nachf. München, 1986.

[25] Vergleiche Kapitel 2, Seite 151.

dies, daß $\sqrt{2}$ in irgendeinem Sinn als Zahl existiert? Das war eine bedeutende Frage; und wenn es sich vom heutigen Standpunkt auch naiv anhört, war es das nicht und ist es immer noch nicht. Man frage sich nur, wie man jemanden (von der Existenz einer solchen Zahl) *überzeugen* würde. Sicherlich könnte man nicht allzu viel Hilfe von der Dezimalentwicklung erwarten, die in einer scheinbar völlig unorganisierten Art und Weise voranschreitet: Die ersten 100 Stellen der Dezimaldarstellung lauten

$$\begin{aligned}\sqrt{2} = 1.&41421\ 35623\ 73095\ 04880\ 16887\\ &24209\ 69807\ 85696\ 71875\ 37694\\ &80731\ 76679\ 73799\ 07324\ 78462\\ &10703\ 88503\ 87534\ 32764\ 15727\ldots\end{aligned}$$

Aber es gibt eine andere Möglichkeit, $\sqrt{2}$ zu entwickeln, nämlich als spezielle Art eines Grenzwertes, und dann sieht $\sqrt{2}$ fast so „natürlich" aus wie eine ganze Zahl. So wie $\sqrt{2}$ hängen einige andere meist schöne und geheimnisvolle Grenzwerte mit Kettenbruchentwicklungen zusammen.

Kettenbrüche

Beginnen wir, auf eine scheinbar seltsame Art rationale Zahlen zu schreiben. Hier ein Beispiel:

$$\frac{57}{17} = 3 + \cfrac{1}{2 + \cfrac{1}{1 + \cfrac{1}{5}}}\ .$$

Verfolgen wir die Entstehung dieser Darstellung Schritt für Schritt:

$$\begin{aligned}\frac{57}{17} &= 3 + \frac{6}{17} = 3 + \frac{1}{\frac{17}{6}} = 3 + \frac{1}{2 + \frac{5}{6}}\\ &= 3 + \cfrac{1}{2 + \cfrac{1}{\frac{6}{5}}} = 3 + \cfrac{1}{2 + \cfrac{1}{1 + \frac{1}{5}}}\ .\end{aligned}$$

Auf diese Weise kann jede rationale Zahl als *Kettenbruchentwicklung* geschrieben werden. Dabei ist der springende Punkt, daß eine rationale Zahl eine endliche Entwicklung aufweist (d.h. das Verfahren bricht nach einer bestimmten Anzahl von Schritten ab). Unser Beispiel schreiben wir abgekürzt

$$\frac{57}{17} = 3 + [2, 1, 5]\ .$$

Derselbe Algorithmus läßt sich auch auf irrationale Zahlen anwenden. Allerdings bricht er in diesem Fall niemals ab. Er erzeugt eine unendliche Kettenbruchdarstellung.

Kettenbruchentwicklung von $\sqrt{2}$

Betrachten wir eine etwas allgemeinere Situation, welche uns zu $\sqrt{2}$ zurückführt. Wir beginnen mit der Gleichung:

$$x^2 + 2x - 1 = 0 \; .$$

Man beachte, daß diese Gleichung umgeschrieben werden kann zu $x^2 + 2x = 1$ oder $x(2 + x) = 1$ oder

$$x = \frac{1}{2 + x} \; .$$

Weiter nach Ersetzen von x auf der rechten Seite durch $\frac{1}{2+x}$,

$$x = \cfrac{1}{2 + \cfrac{1}{2 + x}}$$

und dann durch Wiederholung

$$x = \cfrac{1}{2 + \cfrac{1}{2 + \cfrac{1}{2 + x}}}$$

usw. Nun nehmen wir für x die positive Lösung der Ausgangsgleichung, nämlich $x = \sqrt{2} - 1 < 1$. Somit erscheint die Zahl 2 in der Kettenbruchentwicklung von $\sqrt{2} - 1$ endlos. Dies ergibt natürlich für $\sqrt{2}$ die Entwicklung

$$x = 1 + \cfrac{1}{2 + \cfrac{1}{2 + \cfrac{1}{2 + \cfrac{1}{2 + \cdots}}}} = 1 + [2, 2, 2, 2, ...] \; .$$

Diese bemerkenswerte Übereinstimmung verbindet $\sqrt{2}$ mit der Zahlenfolge $1, 2, 2, 2, 2, ...$, den Zahlen der Kettenbruchentwicklung von $\sqrt{2}$. Wir schreiben $\sqrt{2} = 1 + [2, 2, 2, ...]$ und meinen damit, daß $1, 2, 2, 2, ...$ wie oben beschrieben in den Kettenbruch eingesetzt werden. Das heißt, $\sqrt{2}$ ist der Grenzwert der Folge 1, $1 + [2] = 1.5$, $1 + [2, 2] = 1.4$, $1 + [2, 2, 2] = 1.416...$, ... Somit hat $\sqrt{2}$ eine vollkommen regelmäßige und periodische Kettenbruchentwicklung, während beispielsweise die Darstellung als Dezimalbruch wie ein großes Durcheinander aussieht. Jene wird niemals periodisch sein, weil andernfalls $\sqrt{2}$ eine rationale Zahl wäre.

Kettenbruchentwicklung des Goldenen Schnitts

Das Verfahren, das wir im einzelnen für die Gleichung $x^2 + 2x = 1$ diskutiert haben, funktioniert genauso in dem leicht abgeänderten Fall

$$x^2 = ax + 1 ,$$

wobei a eine ganze Zahl ist. Nach Division durch x und zweimaliger Substitution von x erhalten wir

$$x = a + \frac{1}{x} = a + \cfrac{1}{a + \cfrac{1}{x}} = a + \cfrac{1}{a + \cfrac{1}{a + \cfrac{1}{x}}}$$

usw. Somit wird die Kettenbruchentwicklung

$$x = a + [a, a, a, ...] .$$

Insbesondere entspricht für $a = 1$ die positive Lösung von $x^2 - x - 1 = 0$ dem *Goldenen Schnitt* $x = (1 + \sqrt{5})/2$, und wir erhalten

$$x = \frac{1 + \sqrt{5}}{2} = 1 + [1, 1, 1, ...] = 1 + \cfrac{1}{1 + \cfrac{1}{1 + \cdots}} .$$

Der Goldene Schnitt bildet also den einfachsten aller möglichen unendlichen Kettenbrüche. Alle Lösungen von quadratischen Gleichungen mit ganzzahligen Koeffizienten haben Kettenbruchentwicklungen, die letztendlich periodisch sind, wie $[2, 2, 2, 3, 2, 3, 2, 3, ...]$ oder $[2, 1, 1, 4, 1, 1, 4, 1, 1, 4, ...]$. Rationale Zahlen lassen sich durch endliche Kettenbruchentwicklungen beschreiben.

Die Beschreibung durch Gleichungen

Fassen wir unser bisheriges Hauptanliegen bezüglich irrationaler Zahlen zusammen. Wenn es nur eine Grenzwertdarstellung wie die Dezimalbruchentwicklung von $\sqrt{2}$ gäbe, würden wir uns recht unbehaglich fühlen. Aber es besteht kein Grund zur Beunruhigung, denn es gibt ja noch einige andere Formen der Darstellung:

1. $\sqrt{2}$ hat eine einfache Kettenbruchentwicklung, 1 + [2,2,2,...].
2. $\sqrt{2}$ löst eine Gleichung, $x^2 - 2 = 0$.

Aber wir können einen noch besseren Weg beschreiten. Man betrachte die Funktion

$$N(x) = \frac{1}{2}\left(x + \frac{2}{x}\right)$$

und ihre Fixpunkte $x = N(x)$. Man berechne

$$x = \frac{1}{2}\left(x + \frac{2}{x}\right) = \frac{x}{2} + \frac{1}{x}, \quad \frac{x}{2} = \frac{1}{x}, \quad x^2 = 2 .$$

Somit sind die Fixpunkte der Funktion $N(x)$ gerade die Quadratwurzeln von zwei, und wir können $x^2 - 2 = 0$ in der oben erwähnten Aufzählung ersetzen durch

$$x = N(x) = \frac{1}{2}\left(x + \frac{2}{x}\right) .$$

Es gibt einen wichtigen Grund, diese Fixpunktformulierung der Gleichung $x^2 - 2 = 0$ vorzuziehen: Wir können $N(x)$ als Formel des Rückkopplungsverfahrens

$$x_{n+1} = N(x_n), \quad n = 0, 1, 2, ... \tag{3.8}$$

benutzen. Dieses Iterationsverfahren wird sicher gegen die positive Wurzel von zwei konvergieren, vorausgesetzt, wir beginnen mit einer positiven Anfangszahl $x_0 > 0$. Wir haben dies schon in Kapitel 1, Seite 36 diskutiert, und geben hier nur ein Beispiel mit $x_0 = 100$ (siehe Tabelle 3.19).

Näherung der Quadratwurzel von 2

n	x_n	Richtige Stellen
0	100.0000000000000000	0
1	50.0100000000000000	0
2	25.0249960007998400	0
3	12.5524580467459030	0
4	6.3558946949311400	0
5	3.3352816092804338	0
6	1.9674655622311490	1
7	1.4920008896897231	2
8	1.4162413320389438	3
9	1.4142150140500532	6
10	1.4142135623738401	13
11	1.4142135623730950	alle

Tab. 3.19 : Näherung der Quadratwurzel von 2 mit Hilfe der Iteration $x_{n+1} = (x_n + 2/x_n)/2$. Der Anfangswert beträgt $x_0 = 100$. Wenn das Verfahren einmal die Größenordnung des wahren Wertes 1.4142135623730950... erreicht hat, konvergieren die Iterationen sehr schnell, und die Anzahl der richtigen Stellen verdoppelt sich bei jedem Schritt.

Wir sehen, daß das Iterationsverfahren sehr schnell gegen $\sqrt{2}$ konvergiert, nachdem einige anfängliche Iterationsschritte die Zahl x_n in den Nahbereich der Wurzel gebracht haben. Die Anzahl der richtigen vordersten Ziffern verdoppelt sich ungefähr bei jedem Schritt. Natürlich ist dies kein Zufall, denn es handelt sich hier um das tatsächlich vorwiegend benutzte Verfahren für die Berechnung von Quadratwurzeln, genannt *Newtonsches Verfahren*. Fassen wir unsere Ergebnisse zusammen:

1. Es gibt eine wohldefinierte Näherungsmethode für $\sqrt{2}$, das schnell konvergierende Rückkopplungsverfahren

$$x_{n+1} = \frac{1}{2}\left(x_n + \frac{2}{x_n}\right) , \quad x_0 > 0 .$$

2. Es gibt eine entsprechende Fixpunktgleichung

$$x = \frac{1}{2}\left(x + \frac{2}{x}\right) ,$$

die den Grenzwert $\sqrt{2}$ beschreibt.

Unser Ziel wird es sein, Fraktalen in gleicher Weise wie irrationalen Zahlen näherzukommen, d.h. mit Hilfe eines einfachen Grenzprozesses, herrührend von einer Fixpunktgleichung, die das Fraktal durch eine Invarianzeigenschaft beschreibt.

3.4 Fraktale als Lösungen von Gleichungen

Wir wollen nun wieder zu den Fraktalen zurückkehren und herausfinden, wie sich die Methode, die wir bei der Behandlung der Quadratwurzel von 2 kennengelernt haben, auf sie übertragen lassen. Die Zusammenfassung des Wesentlichen zur Koch-Kurve ergibt, daß die Kurve der Grenzfall eines Verfahrens ist, ein Grenzfall mit besonderen Eigenschaften und ähnlicher Charakterisierung wie die von $\sqrt{2}$ durch ihre bestechende Kettenbruchentwicklung. Aber existiert die Koch-Kurve wirklich? Nun, diese Frage ist ziemlich ähnlich der Frage nach der Existenz von irrationalen Zahlen. Es sei in Erinnerung gerufen, daß wir uns in diesem Fall auf den Glauben an die Gültigkeit einer eng verwandten und charakterisierenden Methode gestützt haben. Zum Beispiel behaupten wir, daß $\sqrt{2}$ die Zahl sei, welche die Gleichung $x^2 - 2 = 0$ oder $x = (x + 2/x)/2$ löst. Oder wir erklären, daß 2π die Zahl sei, welche dem Umfang des Einheitskreises entspricht. Es ist hier zu bemerken, daß keine der beiden Zahlen als Grenzwert einer Folge in Erscheinung tritt, und dies erleichtert es uns erheblich ihre Existenz anzuerkennen! Stellen wir uns vor, daß die Zahl π *nicht* in so direkter Beziehung zum Kreis stünde. Hätte dann Euler wohl entdeckt, daß $1 + 1/2^2 + 1/3^2 + 1/4^2 + \cdots$ eine sehr spezielle Zahl $(\pi^2/6)$ ist, die zu untersuchen sich lohnen würde?

Mit anderen Worten brauchen wir einige weitere Gründe, um die Existenz der Koch-Kurve anzuerkennen, und auch Beschreibungen, die sie zu anderen Ideen und Methoden oder Prinzipien in Beziehung setzt. Dies ist ein Hauptanliegen der Mathematik. Wenn ein Objekt oder Ergebnis plötzlich von einem neuen Standpunkt aus deutbar wird, sind Mathematiker normalerweise der Ansicht, Fortschritte erzielt zu haben; dies verschafft ihnen Befriedigung.

Gibt es für die Koch-Kurve eine Invarianzeigenschaft?

Wir können fragen: Gibt es für die Koch-Kurve eine Invarianzeigenschaft? Können wir eine ähnliche Beschreibung finden wie im Falle von $\sqrt{2}$? Ein Typ von Invarianztransformation ist naheliegend. Die Koch-Kurve weist eine auffallende Spiegelsymmetrie auf. Aber dies ist nicht typisch in dem Sinne, daß es die Koch-Kurve besonders herausheben würde. Idealerweise hätten wir gerne eine Transformation oder einen Satz von Transformationen, welche die Koch-Kurve invariant lassen. Eine solche Transformation könnte dann als eine Art von Symmetrie angesehen werden. Rufen wir uns die Diskussion der Selbstähnlichkeit der Koch-Kurve am Ende von Abschnitt 3.2 in Erinnerung. Wir wollen nun aber etwas formaler und präziser sein. Abbildung 3.20 veranschaulicht die Ähnlichkeitstransformation der Koch-Kurve. Als erstes verkleinern wir die Koch-Kurve mit dem Faktor 1/3. Wir legen sie auf ein Kopiergerät mit Verkleinerungseinrichtung und stellen vier Kopien her. Dann kleben wir die vier völlig gleichen Kopien über dem gebrochenen Linienzug in Abbildung 3.20 (unten) nahtlos zusammen und erhalten eine Kurve, die genauso aussieht wie das Original. Die Koch-Kurve kann auf diese Weise als Collage der vier Kopien dargestellt werden.

Beschreibung mit einer Gleichung für die Selbstähnlichkeit

Diese collageartige Operation kann durch eine einzige mathematische Transformation beschrieben werden. Seien $w_k, k = 1, ..., 4$, die vier Ähnlichkeitstransformationen, bestehend aus einer Verkleinerung mit dem Faktor 1/3 und einer Anordnung (Rotation und Translation) des Teils k gemäß Abbildung 3.20 (unten). Dann bezeichne, wenn A ein beliebiges Bild ist, $W(A)$ die Vereinigung(smenge) aller vier transformierten Kopien

$$W(A) = w_1(A) \cup w_2(A) \cup w_3(A) \cup w_4(A) \ . \tag{3.9}$$

Dies ist eine Transformation von Bildern, oder genauer, Teilmengen der Ebene. Abbildung 3.21 zeigt das Ergebnis dieser auf ein beliebiges Bild A, z.B. den Schriftzug MVKM angewandten Transformation. Ein Vergleich der Ergebnisse in den Abbildungen 3.20 und 3.21 führt zu einer grundlegenden Feststellung. Im Falle der Anwendung der Transformation W gemäß Gleichung (3.9) auf das Bild der Koch-Kurve erhalten wir erneut die Koch-Kurve. Das heißt, wenn wir für die Koch-Kurve formal das Symbol K einführen, ergibt sich die wichtige Gleichheit

$$W(K) = K \ ,$$

welche die gewünschte Invarianz- (oder Fixpunkt-)Eigenschaft darstellt. Mit anderen Worten löst die Koch-Kurve K das Problem, für die Gleichung $W(X) = X$ eine Lösung X zu finden. Überdies zeigt diese Gleichung auch die Selbstähnlichkeit von K, da

$$K = w_1(K) \cup w_2(K) \cup w_3(K) \cup w_4(K)$$

Die Koch-Collage

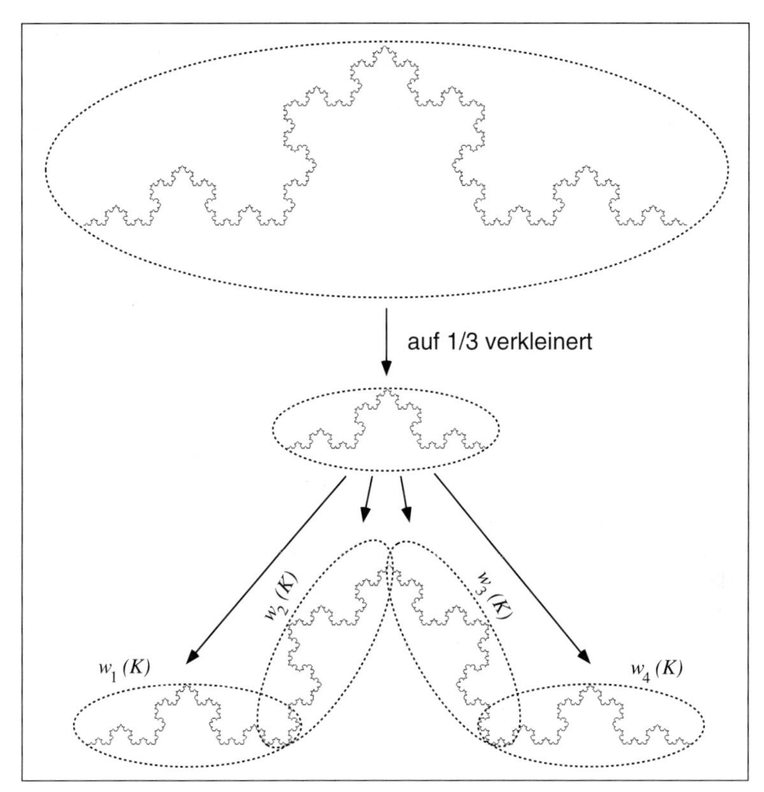

Abb. 3.20 : Die Koch-Kurve ist bezüglich der Transformationen w_1 bis w_4 invariant.

zum Ausdruck bringt, daß K aus vier ähnlichen Kopien seiner selbst zusammengesetzt ist. Mit anderen Worten haben wir K durch seine Selbstähnlichkeit beschrieben. Wenn wir des weiteren auf der rechten Seite der Gleichung jedes K durch die Vereinigung der vier Kopien ersetzen, dann wird klar, daß K aus 16 ähnlichen Kopien seiner selbst besteht usw. Wir werden auf diese Deutung der Selbstähnlichkeit später in diesem Abschnitt zurückkommen.

Wenn wir dieselbe Transformation W auf den Schriftzug MVKM anwenden (d.h. X ist das Bild „MVKM") erhalten wir etwas ganz anderes als den Schriftzug MVKM. Wir sehen eine eher seltsame Collage.

Nur die Koch-Kurve ist invariant bezüglich W

Wir kommen zu der Vermutung, daß die Koch-Kurve vielleicht das einzige Bild ist, das bezüglich der Collage-Transformation W invariant bleibt. In der Tat ist dies wahr, was weitreichende Konsequenzen hat, die wir in Kapitel 5 behandeln werden. Eine Collage-Transformation wie das vorstehend eingeführte W wird *Hutchinson-Operator* genannt, nach J. Hutchinson, der als erster dessen Eigenschaften diskutierte.[26]

Die Ähnlichkeitstransformationen der Koch-Kurve

Die folgende Tabelle enthält die Einzelheiten der in Abbildung 3.20 dargestellten Ähnlichkeitstransformationen w_1 bis w_4 der Koch-Kurve. Die Transformationen werden in der Reihenfolge Skalierung, Rotation, Translation durchgeführt (siehe Abschnitt 3.1).

Zahl k	Skalierung s	Rotation θ	Translation T_x	T_y
1	1/3	0°	0	0
2	1/3	60°	1/3	0
3	1/3	−60°	1/2	$\sqrt{3}/6$
4	1/3	0°	2/3	0

Unter Berücksichtigung von

$$\begin{aligned} \cos 60^\circ &= \cos(-60^\circ) = \tfrac{1}{2}\,, \\ \sin 60^\circ &= -\sin(-60^\circ) = \tfrac{\sqrt{3}}{2}\,, \end{aligned}$$

erhalten wir die in der nächsten Tabelle wiedergegebenen expliziten Formeln für die Transformationen.

Transformation	x-Teil	y-Teil
$w_1(x,y)$	$\frac{1}{3}x$	$\frac{1}{3}y$
$w_2(x,y)$	$\frac{1}{6}x - \frac{\sqrt{3}}{6}y + \frac{1}{3}$	$\frac{\sqrt{3}}{6}x + \frac{1}{6}y$
$w_3(x,y)$	$\frac{1}{6}x + \frac{\sqrt{3}}{6}y + \frac{1}{2}$	$-\frac{\sqrt{3}}{6}x + \frac{1}{6}y + \frac{\sqrt{3}}{6}$
$w_4(x,y)$	$\frac{1}{3}x + \frac{2}{3}$	$\frac{1}{3}y$

Die Koch-Kurve als Grenzobjekt

Nachdem wir die Koch-Kurve als Fixpunkt des Hutchinson-Operators beschrieben haben, führen wir nun die Analogie zur Berechnung von $\sqrt{2}$ (siehe Gleichung (3.8)) zu Ende. Es bleibt zu zeigen, daß bloße Iteration des Operators W, angewandt auf eine Anfangsanordnung A_0, eine Folge

$$A_{n+1} = W(A_n)\,, \quad n = 0, 1, 2, \ldots$$

ergibt, welche gegen das Grenzobjekt, die Koch-Kurve, konvergiert. Dies ist wirklich der Fall. Abbildung 3.22 veranschaulicht den Grenzprozeß und belegt die Existenz eines solchen selbstähnlichen Objektes. Fassen wir zusammen.

[26] J. Hutchinson, *Fractals and self-similarity*, Indiana University Journal of Mathematics 30 (1981) 713–747.

Die MVKM-Collage

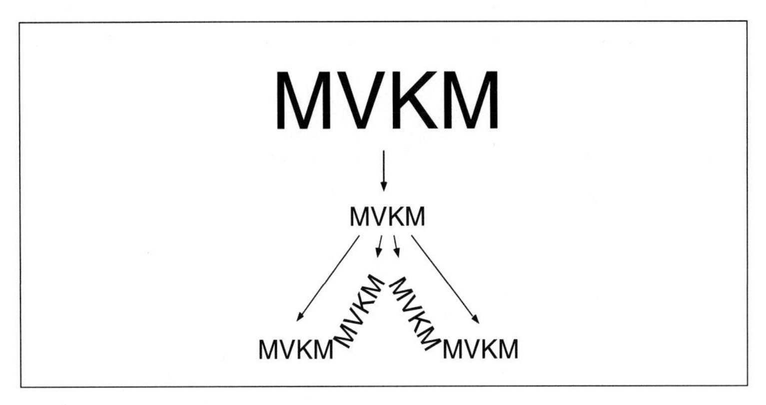

Abb. 3.21 : Der Schriftzug MVKM ist bezüglich W nicht invariant.

Grenzobjekt Koch-Kurve

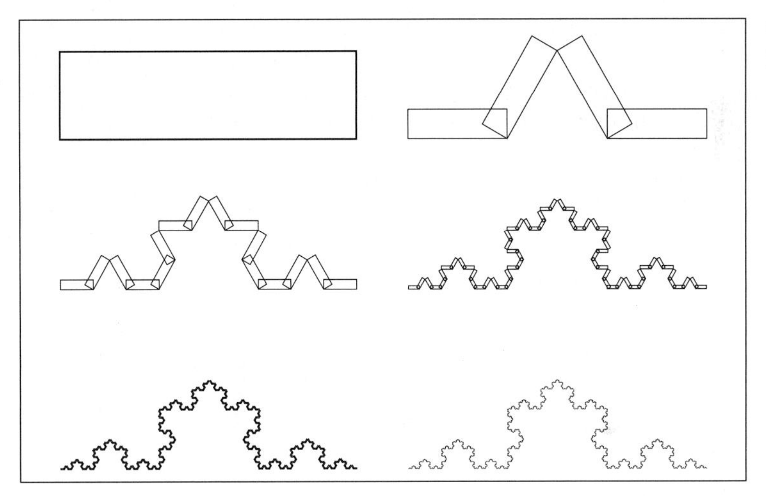

Abb. 3.22 : Mit einer beliebigen Figur beginnend, z.B. einem Rechteck, erzeugt die Iteration des Hutchinson-Operators eine Folge von Bildern, welche gegen die Koch-Kurve konvergiert.

1. Es gibt ein wohldefiniertes Näherungsverfahren für die Koch-Kurve, die Rückkopplungsmethode

$$A_{n+1} = W(A_n) \; , \quad n = 0, 1, 2, ...$$

wobei A_0 jedes beliebige Anfangsbild sein kann und W den Hutchinson-Operator

$$W(A) = w_1(A) \cup w_2(A) \cup w_3(A) \cup w_4(A)$$

für die Koch-Kurve bezeichnet.

2. Es gibt eine entsprechende Fixpunktgleichung

$$A = W(A) ,$$

welche eindeutig das Grenzobjekt, die Koch-Kurve, beschreibt.

Wie können wir sicherstellen, daß das, was wir sehen — W angewandt auf die Koch-Kurve ergibt wiederum die Koch-Kurve — tatsächlich wahr ist? Können wir uns wirklich auf ein Bild oder besser, auf ein grafisches Experiment verlassen? Die Antwort lautet, daß wir dies als unterstützenden Beleg, aber nicht als etwas Zwingendes betrachten sollten. Schließlich könnte es sein, daß in einem unsichtbar kleinen Detail ein Unterschied besteht zwischen $W(K)$ und K selbst. Mit anderen Worten müssen wir selbst zur Überzeugung kommen, daß diese bemerkenswerte Selbstähnlichkeitseigenschaft wirklich eine Tatsache und nicht nur ein experimentelles Scheinergebnis ist. Das wird unser nächstes Ziel sein. Allerdings werden wir zunächst diese Eigenschaft anhand zweier einfacherer Beispiele, der *Cantor-Menge* und des *Sierpinski-Dreiecks*, diskutieren.[27]

Die Konstruktion der Cantor-Menge

0 1/3 2/3 1

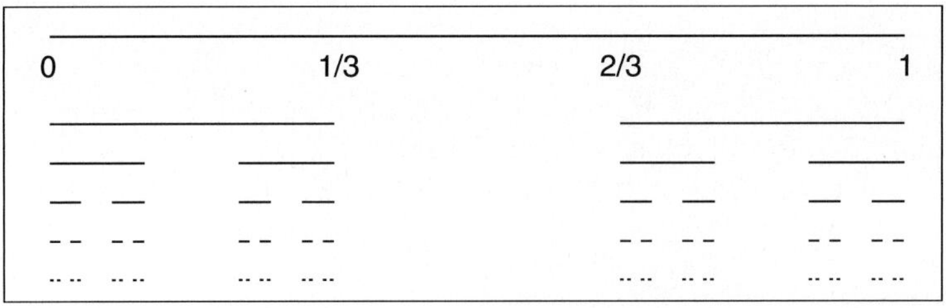

Abb. 3.23 : Die geometrische Rückkopplungskonstruktion der Cantor-Menge.

Gleichung für die Cantor-Menge

In Kapitel 2 wurde die Cantor-Menge als Grenzobjekt in einem geometrischen Rückkopplungsverfahren eingeführt (man beginne mit dem Einheitsintervall, entferne das offene Intervall der Länge 1/3 mit Mittelpunkt bei 1/2, dann entferne man die mittleren Drittel der übrigbleibenden Intervalle usw.). Überdies wurde sie als Menge der Zahlen zwischen 0 und 1 beschrieben, für die es eine triadische Darstellung ohne Auftreten der Ziffer 1 gibt. Diese letzte Charakterisierung ermöglicht uns zu überprüfen, ob die Cantor-Menge Fixpunkt

[27] Die mathematische Diskussion muß auf Kapitel 5 verschoben werden, wo wir die Konvergenz von Bildern und die Charakterisierung von Fraktalen durch Hutchinson-Operatoren im einzelnen betrachten werden.

Die Transformationen der Cantor-Menge

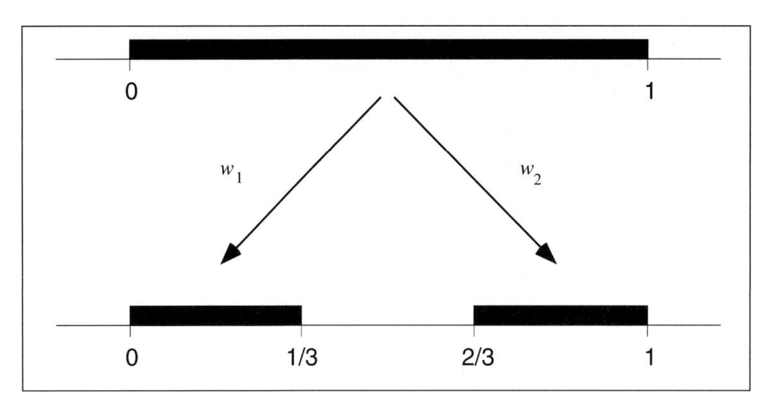

Abb. 3.24 : Die Ähnlichkeitstransformationen w_1 und w_2 für die Cantor-Menge.

des entsprechenden Hutchinson-Operators W, gegeben durch die beiden Transformationen

$$w_1(x) = \frac{x}{3} \quad \text{und} \quad w_2(x) = \frac{x}{3} + \frac{2}{3} \,,$$

ist. Somit gilt für eine gegebene Menge A die Beziehung $W(A) = w_1(A) \cup w_2(A)$. Abbildung 3.24 zeigt, wie die Transformationen, auf das Einheitsintervall angewandt, wirken.

Wir behaupten, daß die Cantor-Menge Lösung der Gleichung

$$W(X) = X$$

ist, d.h. die Cantor-Menge C ist bezüglich W invariant, und es gilt $W(C) = C$.

Die Invarianz von C bezüglich W

Cantor selbst gab eine Beschreibung der nach ihm benannten Menge in Form von Zahlen zur Basis 3, sogenannten triadischen Zahlen. Es sei daran erinnert, daß jede Zahl x, $0 \leq x \leq 1$, durch

$$x = a_1 \cdot 3^{-1} + a_2 \cdot 3^{-2} + a_3 \cdot 3^{-3} + a_4 \cdot 3^{-4} + \ldots \,,$$

dargestellt werden kann, wobei die Ziffern a_i aus $\{0, 1, 2\}$ stammen. Dann wird x in der Form $x = 0.a_1a_2a_3\ldots$ geschrieben, d.h. wir benutzen für die Koeffizienten $a_1, a_2, a_3, \ldots$ triadische Ziffern. Die Cantor-Menge ist dann bestimmt durch

$$C = \{x \mid x = 0.a_1a_2a_3\ldots, a_i \in \{0, 2\}\} \,,$$

d.h. durch alle Zahlen, die eine triadische Darstellung ohne die triadische Ziffer 1 zulassen. Mit Hilfe dieser Beschreibung können wir uns nun selbst davon überzeugen, daß die Selbstähnlichkeit charakterisierende Invarianzeigenschaft $W(C) = C$ erfüllt ist: Zuerst müssen wir verstehen, wie w_1 und w_2 auf triadische Zahlen wirken. Aber das ist wirklich einfach zu erklären: Wenn $x = 0.a_1a_2a_3...$, dann ist $w_1(x) = 0.0a_1a_2a_3...$ und $w_2(x) = 0.2a_1a_2...$ Wenn also alle Zahlen a_i entweder 0 oder 2, aber nicht 1 sind, dann haben die triadischen Ziffern von $w_1(x)$ und $w_2(x)$ auch diese Eigenschaft, d.h. $w_k(C)$, $k = 1, 2$, ist wiederum in C enthalten. Aber können wir auf diese Weise alle Punkte von C bekommen? Ja, wenn $y \in C$, d.h. $y = 0.a_1a_2a_3...$ und $a_i \in \{0, 2\}$, dann existiert ein x in C mit der Eigenschaft $w_k(x) = y$ für eine der beiden Transformationen w_k, $k = 1, 2$. Man setze einfach $x = 0.a_2a_3...$ und wähle w_1, falls $a_1 = 0$; andernfalls wähle man w_2. Dies bestätigt, daß $W(C) = C$ gilt.

Die Invarianzeigenschaft und Selbstähnlichkeit

Die Invarianzeigenschaft erklärt Selbstähnlichkeit. Wir beginnen mit

$$C = w_1(C) \cup w_2(C) \ ,$$

d.h. C ist eine Collage von zwei ähnlichen Kopien seiner selbst — verkleinert mit dem Faktor 1/3. Dann erhalten wir

$$C = w_1(w_1(C) \cup w_2(C)) \cup w_2(w_1(C) \cup w_2(C)) \ ,$$

was

$$C = w_1(w_1(C)) \cup w_1(w_2(C)) \cup w_2(w_1(C)) \cup w_2(w_2(C))$$

ergibt, d.h. C ist eine Collage von vier ähnlichen Kopien seiner selbst — verkleinert mit dem Faktor 1/9, usw. Das heißt, wir können immer kleinere Teile in C erkennen, die einfach verkleinerte Versionen von C sind.

Wir wollen nun auf ähnliche Art und Weise das Sierpinski-Dreieck diskutieren. Wiederum beginnen wir mit einer Grenzfallbeschreibung, die von Sierpinski aus dem Jahre 1916 stammt.

Das Sierpinski-Dreieck als Grenzfall

Wir beginnen mit einem Dreieck. Es kann beliebig sein, aber aus Gründen die sogleich verständlich werden, sei D ein rechtwinkliges Dreieck mit zwei gleichen Katheten der Länge 1 (siehe Abbildung 3.25). Nun verbinde man die Mittelpunkte der Seiten. Dadurch wird ein mittleres Dreieck definiert, das wir entfernen. Es bleiben drei ähnliche Dreiecke zurück, mit denen wir in gleicher Weise verfahren, d.h. wir entfernen wiederum die mittleren Dreiecke, so daß neun kleinere Dreiecke übrigbleiben usw. Außerdem ist das Sierpinski-Dreieck selbstähnlich. Um diese Eigenschaft zu erörtern, legen wir das Dreieck in eine Ebene, so daß dessen Eckpunkte die Koordinaten (0,0), (1,0) und (0,1) erhalten. Dann führen wir drei Ähnlichkeitstransformationen w_1, w_2 und w_3 ein. Jede dieser Transformationen kann als Verkleinerung mit dem Faktor 1/2 zusammen mit einer Positionierung gedeutet werden, so daß

$$\begin{aligned} w_1(0,0) &= (0,0) \\ w_2(1,0) &= (1,0) \\ w_3(0,1) &= (0,1) \ . \end{aligned}$$

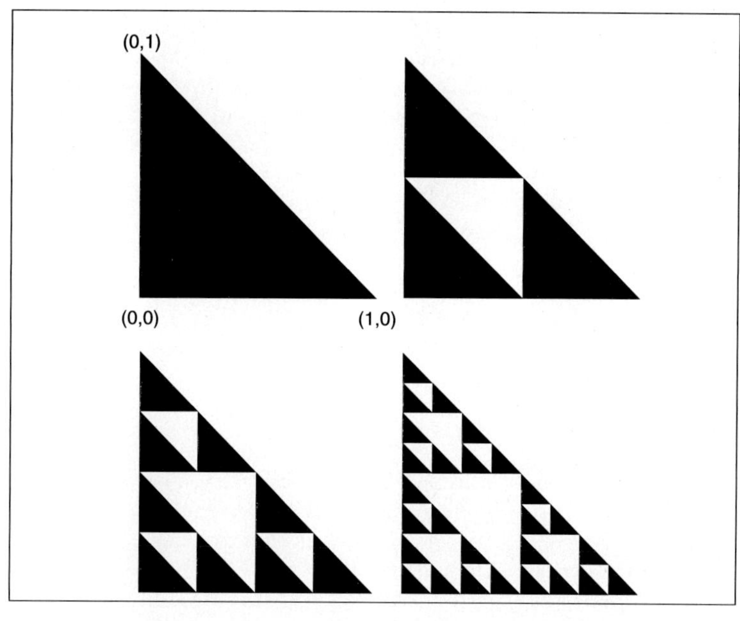

Wiedersehen mit dem Sierpinski-Dreieck

Abb. 3.25 : Konstruktion des Sierpinski-Dreiecks als Grenzfall. Die Stufen 0 bis 3 sind gezeigt.

Wir behaupten, daß mit S als Bezeichnung für das Sierpinski-Dreieck gilt

$$S = w_1(S) \cup w_2(S) \cup w_3(S) \ . \qquad (3.10)$$

Die Invarianz des Sierpinski-Dreiecks

Mit anderen Worten, wenn wir den Hutchinson-Operator

$$W(A) = w_1(A) \cup w_2(A) \cup w_3(A)$$

einführen, wobei A irgendein Bild in der Ebene ist, dann gilt

$$W(S) = S \ ,$$

d.h. das Sierpinski-Dreieck ist bezüglich W invariant, oder es löst die Gleichung $W(X) = X$.

Dies bedeutet, daß das Sierpinski-Dreieck in 3, 9, 27 (oder allgemein 3^k) Dreiecke zerlegt werden kann, die verkleinerte Versionen des gesamten Sierpinski-Dreiecks S mit dem Faktor 1/2, $(1/2)^2$, $(1/2)^3$ (oder allgemein $(1/2)^k$) sind. Wenn uns also die Beweisführung für Gleichung (3.10) gelungen ist, haben wir die Selbstähnlichkeit des Sierpinski-Dreiecks vollständig verstanden.

Die binäre Beschreibung des Sierpinski-Dreiecks und die Invarianz von S bezüglich W

Obwohl es aufgrund der geometrischen Konstruktion klar zu sein scheint, daß S der Beziehung $S = w_1(S) \cup w_2(S) \cup w_3(S)$ genügen sollte, wollen wir dafür einen stichhaltigen Beweis liefern. Das klassische Verfahren durch Entfernen von mittleren Teildreiecken wie in Abbilding 3.25 verlangt *unendlich viele* Schritte zur Generierung des Sierpinski-Dreiecks. Hier präsentieren wir nun eine (zahlentheoretische) Methode, mit der das Resultat in nur *einem einzigen* Schritt erreicht wird. Wenn (x, y) ein Punkt in der Ebene mit nicht negativen Koordinaten ist und $x + y \leq 1$, dann liegt (x, y) im Dreieck mit den Eckpunkten $(0,0), (1,0), (0,1)$. Jeder beliebige Punkt (x, y) aus dem Dreieck kann auf folgende Weise auf seine Zugehörigkeit zum Sierpinski-Dreieck überprüft werden. Man schreibe die Binärdarstellung der beiden Koordinaten auf,

$$x = 0.a_1a_2a_3..., \quad \text{wobei} \quad a_k \in \{0, 1\} \ ,$$
$$y = 0.b_1b_2b_3..., \quad \text{wobei} \quad b_k \in \{0, 1\} \ .$$

Der Punkt (x, y) gehört zum Sierpinski-Dreieck dann und nur dann, wenn an keiner Stelle einander entsprechende Ziffern a_k und b_k beide gleich 1 sind. Das heißt, $a_k = 1$ muß $b_k = 0$ implizieren, und $b_k = 1$ muß $a_k = 0$ implizieren, und dies gilt für alle $k = 1, 2, 3...$ Wir werden diese Charakterisierung in Kapitel 5, Abschnitt 5.4 herleiten.

Somit scheidet ein Punkt z aus, wenn die Binärdarstellung seiner Koordinaten x und y ein Koeffizientenpaar $a_k = 1$, $b_k = 1$ aufweist. Auf den ersten Blick scheint es bei einigen Punkten, wie z.B. $(x, y) = (0.5, 0.5)$, ein Problem zu geben. Dieser Punkt gehört zweifellos zum Sierpinski-Dreieck, obwohl es wegen der Gleichheit von x und y offensichtlich scheint, daß man immer einander entsprechende binäre Ziffern a_k und b_k von x und y finden kann, die beide gleich 1 sind. Aber es gilt zu beachten, daß 0.5 zwei verschiedene Binärdarstellungen hat, nämlich $0.5 = 0.1000...$ und $0.5 = 0.0111...$ Durch Wahl der ersten Darstellung für x und der zweiten für y sehen wir, daß der Punkt auch gemäß der binären Beschreibung des Sierpinski-Dreiecks zu S gehört.

Transformation	x-Teil	y-Teil
$w_1(x, y)$	$0.0a_1a_2a_3...$	$0.0b_1b_2b_3...$
$w_2(x, y)$	$0.1a_1a_2a_3...$	$0.0b_1b_2b_3...$
$w_3(x, y)$	$0.0a_1a_2a_3...$	$0.1b_1b_2b_3...$

Tab. 3.26 : Explizite Formeln in Binärdarstellung für die Ähnlichkeitstransformationen des Sierpinski-Dreiecks. Der Punkt $z = (x, y)$ ist hier in der Binärdarstellung, $x = 0.a_1a_2a_3...$ und $y = 0.b_1b_2b_3...$, gegeben.

Mit Hilfe der binären Beschreibung von S können wir nun behaupten, daß Hutchinsons Formel $S = w_1(S) \cup w_2(S) \cup w_3(S)$ richtig ist. Es bleibt uns noch, Verständnis dafür zu gewinnen, wie w_k auf einen Punkt (x, y) in S wirkt. Die Einzelheiten sind etwas mühsam, aber sie sind von derselben Art wie bei der ternären Beschreibung der Cantor-Menge in Kapitel 2. In Tabelle 3.26 sind die drei Punkte aufgeführt, in welche (x, y) mit w_1, w_2

und w_3 transformiert wird. Die Punkte des Sierpinski-Dreiecks können in Abhängigkeit von den ersten binären Ziffern von x und y in drei Mengen untergebracht werden. Die erste Menge vereinigt Punkte mit $a_1 = b_1 = 0$, die zweite Punkte mit $a_1 = 1$ und $b_1 = 0$, und in der dritten Menge finden wir alle Punkte mit $a_1 = 0$ und $b_1 = 1$. Es gibt nur drei Punkte, die gleichzeitig zwei dieser drei Mengen angehören, nämlich $(0.5, 0)$, $(0, 0.5)$ und $(0.5, 0.5)$. Aber dies stellt für unsere Schlußfolgerung überhaupt kein Problem dar. Mit Hilfe der oben aufgeführten Tabelle wird ersichtlich, daß $w_1(S)$ gleich der ersten Untermenge ist, $w_2(S)$ gleich der zweiten und $w_3(S)$ gleich der dritten. Somit gilt wirklich

$$W(S) = w_1(S) \cup w_2(S) \cup w_3(S) = S .$$

Bei der Diskussion von Koch-Kurve, Cantor-Menge und Sierpinski-Dreieck haben wir gelernt, daß jedes dieser elementaren Fraktale durch einen Grenzwertprozeß erzeugt werden kann. Aber gleichzeitig gibt es eine Fixpunktbeschreibung durch einen Hutchinson-Operator, der sich aus geeigneten Ähnlichkeitstransformationen zusammensetzt. Dies ist eine sehr weitreichende Einsicht. Fürs erste wird damit der Sinn der Selbstähnlichkeit erklärt. Der Hutchinson-Operator hat allerdings eine noch viel weiterreichende Bedeutung. Er eröffnet uns nämlich ein neues Verfahren, über die Existenz der Koch-Kurve, der Cantor-Menge, oder des Sierpinski-Dreiecks zu sprechen.

Eine eindeutige Erkennung von Objekten

Man kann zeigen, daß jeder der drei von uns zuvor eingeführten Hutchinson-Operatoren ein spezielles Objekt definiert, wobei der Operator das Objekt unverändert läßt. Wenn W der entsprechende Hutchinson-Operator ist, dann wird die Lösung der Gleichung $W(X) = X$ automatisch entweder die Koch-Kurve, die Cantor-Menge oder das Sierpinski-Dreieck sein. Auf diese Art haben wir für jedes dieser Fraktale eine charakteristische Gleichung. Natürlich sind diese Gleichungen nicht die einzig möglichen. Auch für $\sqrt{2}$ sind mehrere Beschreibungen durch Gleichungen möglich, und dasselbe gilt auch hier. Dies ist ein Thema mit sehr interessanten Variationen. Es gibt auch für Euklidische geometrische Objekte Beschreibungen in Form von Hutchinson-Operatoren. Betrachten wir z.B. ein Quadrat oder ein einfaches Dreieck. Die Zerlegung in Abbildung 3.27 zeigt, wie diese Objekte in selbstähnlicher Weise aufgeteilt werden können. Somit können wir Fraktale wie das Sierpinski-Dreieck in derselben Familie wie herkömmliche geometrische Objekte angesiedelt sehen, da sie dieselbe Art von Gleichungen lösen. Von diesem Standpunkt aus können Fraktale als eine Erweiterung der traditionellen Geometrie angesehen werden, ganz ähnlich wie irrationale Zahlen durch Lösen von geeigneten Gleichungen als Erweiterung von rationalen Zahlen interpretiert werden können.

Quadrat- und Dreiecksplatten

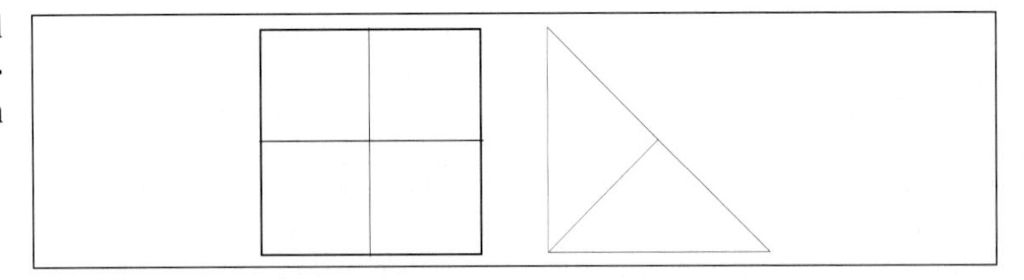

Abb. 3.27 : Zerlegung eines Quadrates in vier verkleinerte Quadrate und eines Dreieckes in zwei verkleinerte und ähnliche Dreiecke.

Selbstähnlichkeit in der Reihendarstellung von Hutchinson-Operatoren

Unter Verwendung des Hutchinson-Operators W können wir die Analogie zu den geometrischen Reihen vervollständigen. Beginnen wir zunächst mit einem Dreieck D von der Küste der Koch-Insel (siehe Abbildung 3.28).

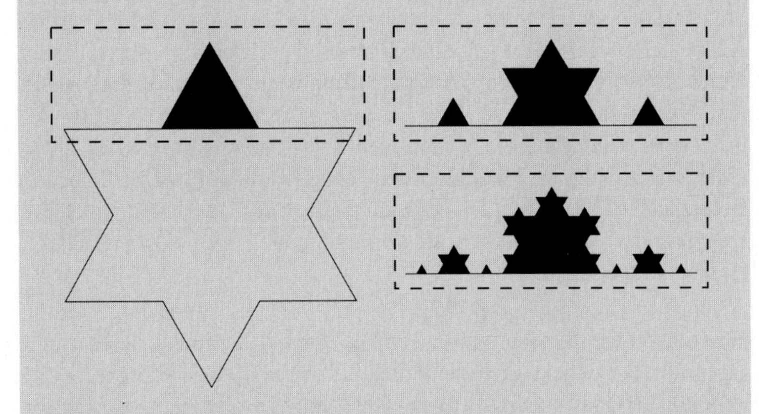

Abb. 3.28 : Das schwarze Ausgangsdreieck (links) und die ersten zwei Schritte in der Konstruktion eines Teils der Koch-Insel in Analogie zu geometrischen Reihen.

Wir wenden nun den zur Koch-Kurve gehörenden Hutchinson-Operator auf D an und fügen das Ergebnis hinzu. Entsprechend würden wir bei einer geometrischen Reihe mit der Zahl 1 beginnen, und der erste Schritt würde aus einer Multiplikation der Zahl mit einem Faktor q und nachfolgender Addition bestehen. Hier haben wir nun nach der ersten Anwendung

$$D \cup W(D) = D \cup w_1(D) \cup w_2(D) \cup w_3(D) \cup w_4(D) \, .$$

Somit haben wir vier Dreiecke hinzugefügt. Im nächsten Schritt wenden wir wiederum den Hutchinson-Operator W an und zwar auf $W(D)$ und fügen das Ergebnis hinzu:

$$D \cup W(D) \cup W^2(D) \, .$$

Hierbei bezeichnet $W^2(D)$ die wiederholte Anwendung von W, d.h. $W(W(D))$, und dies entspricht der Vereinigung von 16 Dreiecken, die gegeben sind durch

$$w_1(w_1(D)), w_1(w_2(D)), w_1(w_3(D)), ..., w_4(w_3(D)), w_4(w_4(D)) \; .$$

Der nächste Schritt ergibt

$$D \cup W(D) \cup W^2(D) \cup W^3(D) \; .$$

In Analogie zu den geometrischen Reihen können wir auch das Grenzobjekt dieser Konstruktion in der Form

$$\bigcup_{k=0}^{\infty} W^k(D)$$

schreiben, wobei $W^0(D) = D$.

3.5 Raster-Selbstähnlichkeit: Den Limes erfassen

Wie haben Fraktale als Objekte behandelt, die aus einem Approximationsverfahren hervorgehen, und wir haben gesehen, daß das Limesobjekt (aber nicht irgendein Schritt des Verfahrens) Selbstähnlichkeit aufweist. Darüber hinaus haben wir festgestellt, daß das Grenzobjekt durch seine Selbstähnlichkeitseigenschaften beschrieben werden kann. Auch wenn der Begriff Selbstähnlichkeit zunächst in gewissem Sinne intuitiv anmutet, haben wir bei genauerer Betrachtung festgestellt, daß er sehr abstrakt ist. So wollen wir nun versuchen, zum Abschluß zu einer mehr praktischen Bedeutung dieses Begriffes zu gelangen. Dies wird mit Hilfe eines Verfahrens erreicht, welches wir *Raster-Selbstähnlichkeit* nennen.

Die Raster-Selbstähnlichkeit ist keine neue oder abgeänderte Version des Selbstähnlichkeitsbegriffs, sondern vielmehr eine Methode, um die Selbstähnlichkeitseigenschaft des Grenzobjektes zu erfassen. Wir wollen dies am Beispiel des Sierpinski-Dreiecks erklären.

Die einzelnen Konstruktionsschritte des Sierpinski-Dreiecks (man betrachte z.B. Abbildung 3.25) ergeben keine selbstähnlichen Objekte. Man vergleiche dazu einfach die Anzahl der Einzelteile im ganzen Dreieck mit derjenigen in einem Ausschnitt davon. Dessen ungeachtet neigen wir bei Betrachtung eines Bildes des Sierpinski-Dreiecks zur Ansicht, daß wir ein selbstähnliches Objekt vor uns haben. Aber dem ist nicht so. Jede bildliche Darstellung des Sierpinski-Dreiecks, auf Papier gedruckt oder auf einem Computerbildschirm angezeigt, ist nur eine Approximation und kann deshalb, wenn man die exakte Bedeutung des Begriffs zugrunde legt, nicht selbstähnlich sein. Oder von der anderen Seite her betrachtet, ist das, was wir sehen, nur bis zu einer gewissen Genauigkeit selbstähnlich. Raster-Selbstähnlichkeit verwandelt diese Beobachtung in ein Konzept. Wir betrachten Objekte systematisch mit verschiedenen Auflösungen und versuchen, die Selbstähnlichkeit nur bis zur jeweiligen Auflösung zu bestimmen.

Rasterung

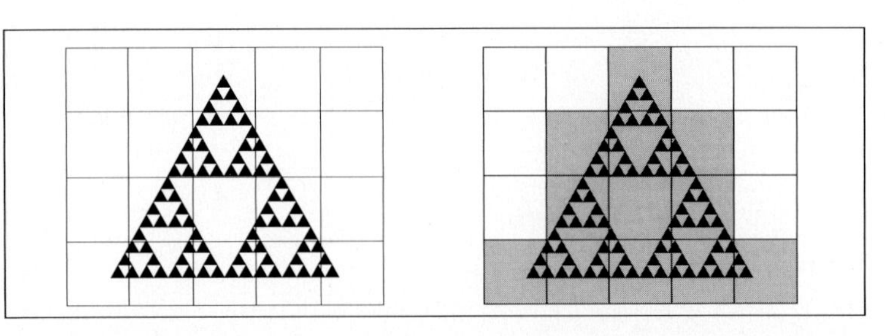

Abb. 3.29 : Darstellung des Sierpinski-Dreiecks mit endlicher Auflösung. Man stelle sich vor, daß das Gitter die Pixel eines Computerbildschirms symbolisiert. Pixel leuchten auf (grau eingefärbte Gittermaschen), wenn sie vom Dreieck getroffen werden. Die Figur rechts veranschaulicht das sich ergebende Bild, welches zur Anzeige gebracht würde.

Abbildung 3.29 zeigt das Sierpinski-Dreieck auf einem ziemlich groben Gitter. Man stelle sich vor, daß dieses Gitter die Pixel eines (sehr) schwach auflösenden Computerbildschirms symbolisiert. Das Anzeigen des Sierpinski-Dreiecks auf diesem Schirm würde durch das Aufleuchten derjenigen Pixel erfolgen, welche durch die Punkte des „wirklichen" Sierpinski-Dreiecks getroffen werden, wie in der Figur durch die grau eingefärbten Gittermaschen angedeutet. Die rechte Figur zeigt uns also, was wir auf einem Bildschirm solch geringer Auflösung vom Dreieck sehen würden. Wir nennen dies die Rasterung in bezug auf das gegebene Gitter. Es ist tatsächlich nicht einfach, das „wirkliche" Objekt zu erkennen. Aber auf diese Weise wird das Prinzip der Approximation sichtbar.

Betrachten wir nun die Rasterung der einzelnen Konstruktionsschritte des Sierpinski-Dreiecks. Abbildung 3.30 zeigt die auf Gittern unterschiedlicher Maschenweite aufgetragenen Stufen der Konstruktion. Die Rasterung dieser Objekte ist durch die grau eingefärbten Gittermaschen dargestellt. Wenden wir unsere Aufmerksamkeit zuerst dem groben Gitter zu. Der Vergleich der Näherungen der verschiedenen Stufen zeigt, daß dieses Gitter viel zu grob ist, um die Unterschiede zwischen den Konstruktionsstufen aufzudecken. Alle Rasterungen sind genau gleich.

Wenden wir uns nun dem Gitter mittlerer Größe zu. Wir können beobachten, daß dieses Gitter die Unterschiede zwischen den Stufen 1 und 2 aufdeckt (es gibt ein Pixel, das in Stufe 1 aufleuchtet, aber nicht

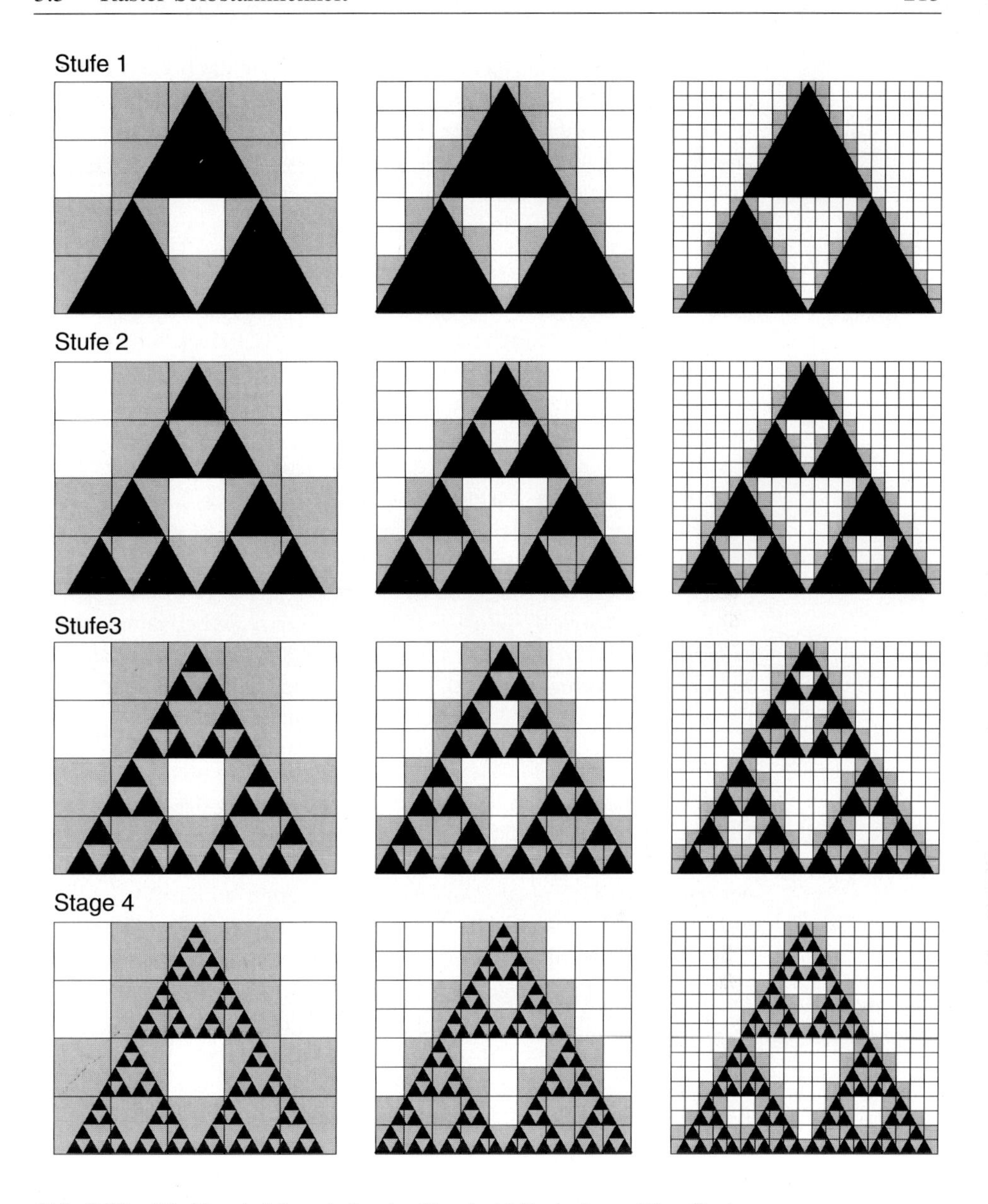

Abb. 3.30 : Die Konstruktionsstufen des Sierpinski-Dreiecks und ihre Rasterungen. Man versuche herauszufinden, wo die verschiedenen Gitter aufhören, Unterschiede zwischen den Stufen der Konstruktion aufzudecken.

in Stufe 2). Aber alle weiteren Rasterungen sehen hinsichtlich dieses Gitters gleich aus. Wenn wir schließlich das Gitter mit der stärksten Auflösung betrachten, bemerken wir, daß es in der Lage ist, Unterschiede bis und mit Stufe 3 aufzudecken. Ab Stufe 4 sind jedoch keine weiteren Unterschiede mehr erkennbar. Offensichtlich kann dies zu einer allgemeinen Regel gemacht werden: Jedes gegebene Gitter hört schließlich ab einer gewissen Stufe auf, Unterschiede aufzuzeigen. Dies ist nun genau das, was ein Grenzwertverfahren charakterisiert. Es konvergiert gegen einen Limes, wenn Gitter beliebiger Auflösung schließlich keine Unterschiede mehr wiedergeben.

Prüfen der Selbstähnlichkeit

Versuchen wir nun, die Selbstähnlichkeitsprüfung in diesem Sinne vorzunehmen. Exakte Selbstähnlichkeit des Sierpinski-Dreiecks bedeutet, daß wir wiederum exakt das Sierpinski-Dreieck sehen, wenn wir eines seiner Teildreiecke, z.B. das untere linke Hauptteildreieck, als Ausschnitt herausgreifen und es mit dem Faktor 2 vergrößern. Betrachten wir noch einmal die einzelnen Stufen des Konstruktionsverfahrens und vergleichen das ganze Dreieck mit dem zweifach vergrößerten unteren linken Ausschnitt. Abbildung 3.31 zeigt diesen Vergleich auf einem groben Gitter. Wiederum ist die Rasterung in bezug auf dieses Gitter durch die grau eingefärbten Gittermaschen gekennzeichnet. Der Vergleich der Rasterungen der ganzen Figur und des Ausschnittes von Stufe 1 läßt keinen Unterschied erkennen. Dasselbe gilt auch für alle weiteren Stufen des Konstruktionsverfahrens. Mit anderen Worten, hinsichtlich dieses groben Gitters sind das ganze Dreieck und der vergrößerte Ausschnitt völlig gleich.

Wir wiederholen dieses Experiment mit einem Gitter von stärkerer Auflösung (siehe Abbildung 3.32). Nun deckt das Gitter einen Unterschied zwischen dem ganzen Dreieck und dem Ausschnitt von Stufe 1 auf. Aber für die höheren Stufen sind die Rasterungen des ganzen Dreiecks und des Ausschnitts wiederum völlig gleich. Nun wenden wir uns einer noch stärkeren Auflösung zu (siehe Abbildung 3.33). Wie beim vorherigen Gitter stellen wir sofort einen Unterschied zwischen den Rasterungen des ganzen Dreiecks und des vergrößerten Ausschnitts von Stufe 1 fest. Darüber hinaus zeigt dieses Gitter einen Unterschied bei Stufe 2. Aber bei allen übrigen höheren Stufen sind die Rasterungen des gesamten Dreiecks und des vergrößerten Ausschnitts hinsichtlich der Auflösung dieses Gitters wiederum genau gleich.

Worin besteht nun die allgemeine Regel? Für jede einzelne Konstruktionsstufe des Sierpinski-Dreiecks sind das ganze Dreieck und die Ausschnitte verschieden voneinander, und dieser Unterschied wird in den Rasterungen sichtbar, wenn die Auflösung des Gitters nur fein genug ist. Aber andererseits wird jedes Gitter, ungeachtet der Stärke seiner Auflösung, bei einer gewissen Konstruktionsstufe aufhören, Unterschiede zwischen dem ganzen Dreieck und den vergrößerten Ausschnitten wiederzugeben: Alle höheren Konstruktionsstufen scheinen völlig gleich zu sein.

Vergleich von Konstruktionsstufen — Grob

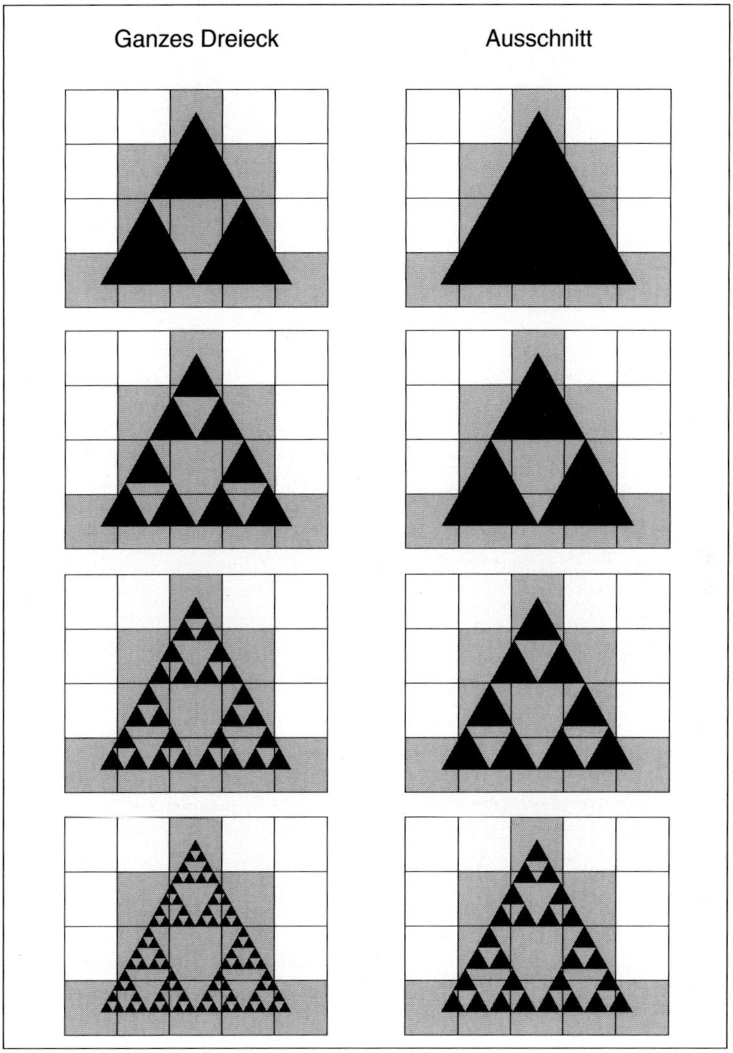

Ganzes Dreieck

Ausschnitt

Abb. 3.31 : Man vergleiche die Rasterungen der Konstruktionsstufen des Sierpinski-Dreiecks (links) und eines Ausschnittes derselben Stufe (rechts) miteinander. Hinsichtlich dieses Gitters sind sie völlig gleich.

Faßbare Beschreibung der Selbstähnlichkeit

Mit anderen Worten sind wir bei einer quasi anfaßbaren Beschreibung von exakter Selbstähnlichkeit angelangt. Wir können diese Eigenschaft in bezug auf Gitter überprüfen, die wir beliebig fein wählen können. Für ein selbstähnliches Objekt werden die Rasterungen des ganzen Objekts und der vergrößerten Ausschnitte für jedes beliebige Gitter und ausreichend hohe Stufen im Konstruktionsverfahrens des

Vergleich von Konstruktionsstufen — Mittel

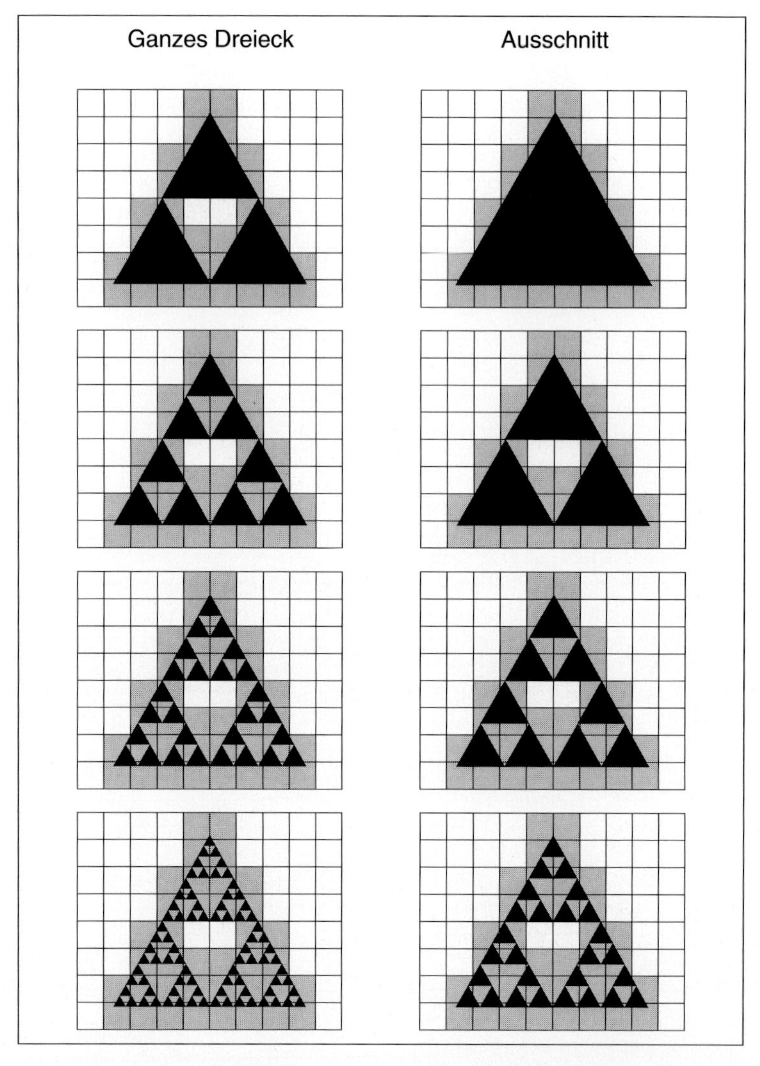

Abb. 3.32 : Man vergleiche die Rasterungen der Konstruktionsstufen des Sierpinski-Dreiecks (links) und eines Ausschnittes derselben Stufe (rechts) miteinander. Dieses Gitter zeigt bei Stufe 1 einen Unterschied.

Limesobjektes genau gleich erscheinen.

Wir wollen zum Schluß eine Bemerkung zur Wahl der Gitter in unserem Beispiel anfügen. Offensichtlich sind Gitter und Dreiecke sehr sorgfältig aufeinander ausgerichtet worden. Insbesondere sind die Vergrößerungen der Ausschnitte und das gesamte Dreieck in exakt gleicher Weise auf dem Gitter angeordnet. Man stelle sich vor, dies wäre nicht der Fall (die Figur wäre beispielsweise leicht ver-

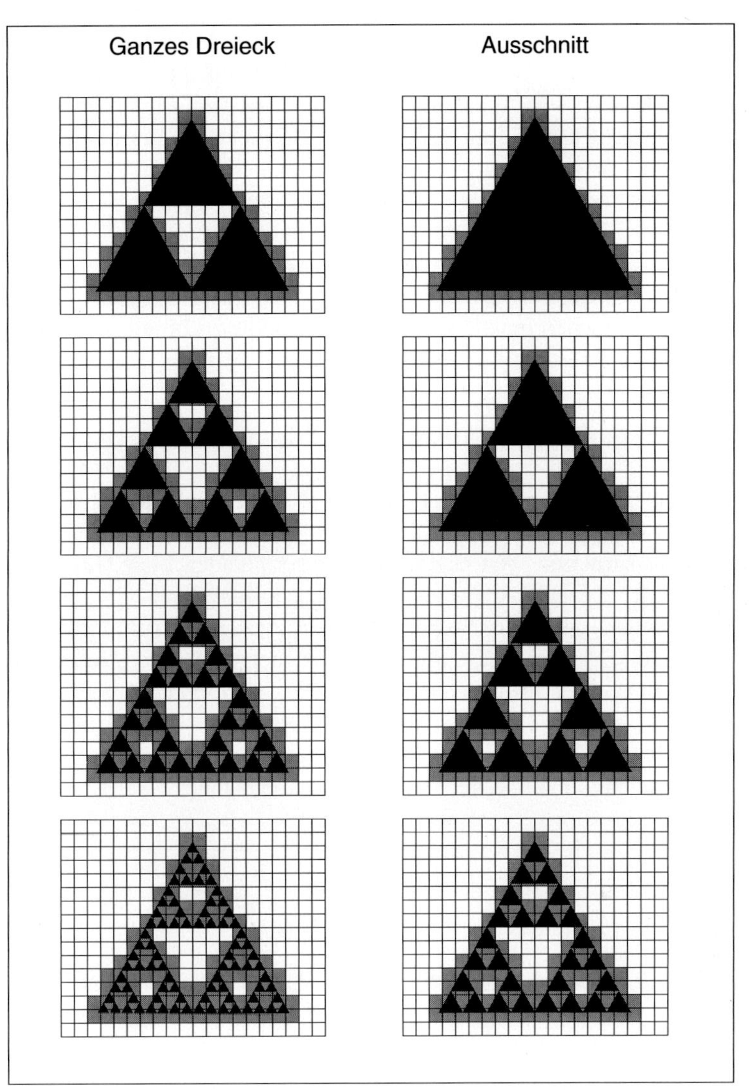

Vergleich von Konstruktionsstufen — Fein

Abb. 3.33 : Man vergleiche die Rasterungen der Konstruktionsstufen des Sierpinski-Dreiecks (links) und eines Ausschnittes derselben Stufe (rechts) miteinander. Dieses Gitter zeigt Unterschiede bei den Stufen 1 und 2.

schoben). Dann würden andere Maschen des Gitters getroffen, und die Rasterung wäre geringfügig anders. Folglich wären wir nicht in der Lage, die Rasterungen der ganzen Figur und der vergrößerten Ausschnitte direkt miteinander zu vergleichen. Mit anderen Worten, die Methode der Raster-Selbstähnlichkeit ist sehr empfindlich von der richtigen Wahl (Ausrichtung) der Gitter abhängig. Wenn alle Maßnahmen mit genügender Sorgfalt getroffen werden, dann erlaubt uns unsere Methode der Raster-Selbstähnlichkeit sehr schön, die Bedeutung der Annäherung an den Limes zu begreifen. Aber im allgemeinen (d.h., um wirklich zu bestimmen, ob ein bestimmtes Konstruktionsverfahren zu einem selbstähnlichen Objekt führt oder nicht), ist diese Methode nicht praktisch. In Kapitel 4 werden wir das Problem der Bestimmung der fraktalen Dimension eines Objektes diskutieren. Dort werden wir ein verwandtes Konzept kennenlernen, die Box-Dimension. Dieses Konzept wird sich im Gegensatz dazu als ausgesprochen praktisch erweisen und sollte nicht mit der Raster-Selbstähnlichkeit verwechselt werden.

3.6 Programm des Kapitels: Die Koch-Kurve

Wir haben in diesem Kapitel die Koch-Kurve als Hauptbeispiel diskutiert. Das Programm des Kapitels folgt der rekursiven Definition ihrer Konstruktion. Wir beginnen mit einer geraden Linie. Im ersten Schritt der Konstruktion ersetzen wir diese Linie durch vier entsprechend angeordnete Linienabschnitte. Im zweiten Schritt wird jeder dieser Abschnitte wiederum durch vier neue Abschnitte ersetzt usw. Somit haben wir in der ersten Stufe 4 Linienabschnitte, und in der zweiten sind es 16 (dann 64, 256, 1024, 4096, ...). Um nicht alle diese Linien (oder ihre Endpunkte) im Computer abspeichern zu müssen, organisieren wir die Rekursion des Verfahrens entsprechend.

Bildschirm-anzeige der Koch-Kurve

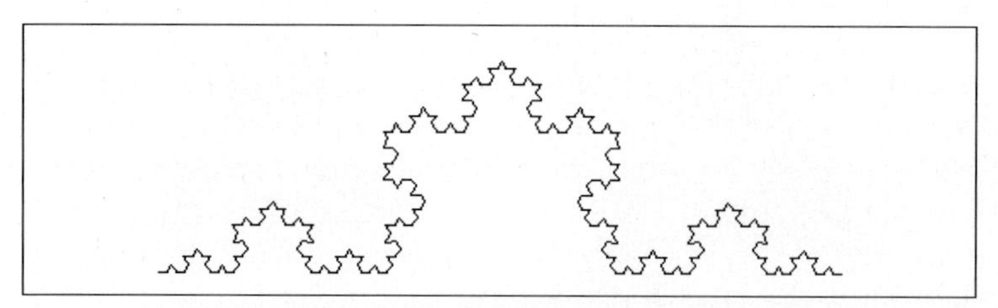

Abb. 3.34 : Ausgabe des Programmes „Koch-Kurve“.

Angenommen, wir wollen Stufe 2 des Konstruktionsverfahrens anzeigen. Bedeutet dies, daß wir zuerst alle 4 Linienabschnitte von Stufe 1 und aus diesen alle 16 Abschnitte von Stufe 2 berechnen müssen? Glücklicherweise nicht. Betrachten wir die erste Stufe des Konstruktionsverfahrens. Die vier Abschnitte, die wir aus dem ursprünglichen erhalten, werden der Reihe nach berechnet: linker, mittlerer linker, mittlerer rechter und rechter. Sobald wir nun den linken Abschnitt berechnet haben, wenden wir darauf unmittelbar wiederum das Ersetzungsverfahren an, um die Linienabschnitte der Stufe 2 zu erhalten.

Wiederum berechnen wir einen Abschnitt nach dem anderen und geben in diesem Fall sogleich den Befehl zur Aufzeichnung. Wenn diese ersten 4 Abschnitte von Stufe 2 ausgeführt sind, kehren wir zurück zum nächsten Abschnitt von Stufe 1 (mittlerer linker). Nun wird das Ersetzungsverfahren auf diesen angewandt usw. Zu beachten gilt, daß wir auf diese Weise zu einem gegebenen Zeitpunkt höchstens einen Linienabschnitt von jeder Stufe der Rekursion speichern müssen.

Wie können wir dies in BASIC tun? Wir speichern die Linienabschnitte für jede Stufe unter Benutzung eines Feldes von Punktkoordinaten, welche die Endpunkte der Linien markieren: `xlinks()`, `ylinks()` für die Koordinaten des linken Endpunktes und `xrechts()`, `yrechts()` für diejenigen des rechten. Der Index dieser Felder kennzeichnet die Stufe der Rekursion. Man beachte, daß wir, um die Vorteile eines kompakten Programmes nutzen zu können, die Stufen der Konstruktion rückwärts zählen.[28]

Betrachten wir nun das Programm im einzelnen. Bevor es mit irgendeiner Berechnung beginnt, fordert es zur Eingabe eines Parameterwerts `r` auf. Zunächst einmal sollte man 0.29 eingeben. Nun wird der anfängliche Linienabschnitt auf eine Breite von 300 Pixel gesetzt (wie in fast allen unseren Programmen gibt es eine Verschiebung um 30). Man beachte, daß wir `stufe = 5` gewählt haben. Somit werden wir die 4. Stufe der Konstruktion sehen (mit `stufe = 1` würden wir die anfängliche Linie erhalten, d.h. Stufe 0). Man kann diese Variable ändern, um andere Stufen der Koch-Konstruktion zu erhalten. Nun beginnen wir die Rekursion (wir springen zur Adresse 100).

Im rekursiven Teil überprüfen wir als erstes, ob wir bei `stufe = 1` sind. Wenn dies zutrifft, wird ein Linienabschnitt gezeichnet. Andernfalls bereiten wir eine weitere Rekursionsstufe vor (bei Adresse 200) und unterteilen den jeweiligen Linienabschnitt. Zuerst berechnen wir den linken Teil und gehen zur nächsten Rekursionsstufe über (dies wird durch die Zeile `GOSUB 100` erreicht). Dann wird der mittlere linke, der mittlere rechte und schließlich der rechte Teil berechnet und rekursiv unterteilt. Vom Ende des rekursiven Teils kehren wir zur vorhergehenden Rekursionsstufe zurück, die, wenn es sich um die anfängliche Stufe handelt, das Programm beenden wird (das `END`, welches dem ersten `GOSUB 100` folgt).

Auf Wunsch kann man versuchen, die Form der Kurve zu verändern. Die einfachste Methode besteht darin, den Eingabeparameter `r` auf andere Werte (zwischen 0 und 1) einzustellen. Dies

[28] Dies bedeutet, daß wir nicht 1, 2, 3, ... zählen und dann Stufe Nummer N anzeigen, sondern vielmehr beginnen wir bei `stufe` = N mit dem anfänglichen Linienabschnitt, zählen dann rückwärts hinunter bis `stufe = 1` und zeigen die berechneten Abschnitte an.

BASIC Programm **Koch-Kurve**
Titel Ein rekursives Programm für die Koch-Kurve

```
DIM xlinks(10), xrechts(10), ylinks(10), yrechts(10)
INPUT "Spitzenverschiebung (0.29):",r
stufe = 5
xlinks(stufe) = 30
xrechts(stufe) = 30+300
ylinks(stufe) = 190
yrechts(stufe) = 190
GOSUB 100
END
REM ZEICHNE EINE LINIE AUF DER NIEDRIGSTEN STUFE DER REKURSION
100 IF stufe > 1 GOTO 200
    LINE (xlinks(1),ylinks(1)) - (xrechts(1),yrechts(1))
    GOTO 300
REM VERZWEIGE IN NIEDRIGERE STUFE
200 stufe = stufe - 1
REM LINKER ZWEIG
    xlinks(stufe) = xlinks(stufe+1)
    ylinks(stufe) = ylinks(stufe+1)
    xrechts(stufe)= .333*xrechts(stufe+1)+.667*xlinks(stufe+1)
    yrechts(stufe)= .333*yrechts(stufe+1)+.667*ylinks(stufe+1)
    GOSUB 100
REM MITTLERER LINKER ZWEIG
    xlinks(stufe) = xrechts(stufe)
    ylinks(stufe) = yrechts(stufe)
    xrechts(stufe) = .5*xrechts(stufe+1) + .5*xlinks(stufe+1)
        -r*(ylinks(stufe+1)-yrechts(stufe+1))
    yrechts(stufe) = .5*yrechts(stufe+1) + .5*ylinks(stufe+1)
        +r*(xlinks(stufe+1)-xrechts(stufe+1))
    GOSUB 100
REM MITTLERER RECHTER ZWEIG
    xlinks(stufe) = xrechts(stufe)
    ylinks(stufe) = yrechts(stufe)
    xrechts(stufe)= .667*xrechts(stufe+1)+.333*xlinks(stufe+1)
    yrechts(stufe)= .667*yrechts(stufe+1)+.333*ylinks(stufe+1)
    GOSUB 100
REM RECHTER ZWEIG
    xlinks(stufe) = xrechts(stufe)
    ylinks(stufe) = yrechts(stufe)
    xrechts(stufe) = xrechts(stufe+1)
    yrechts(stufe) = yrechts(stufe+1)
    GOSUB 100
stufe = stufe + 1
300 RETURN
```

verschiebt den Punkt, welcher die Spitze der Kurve darstellt. Aber man kann auch die Berechnung im Programm selbst ändern. Warum sollte man nicht den Versuch wagen, die 3/2-Kurve zu berechnen? Dies erforderte das Einfügen der Berechnung von 4 zusätzlichen Linienabschnitten in dem rekursiven Teil des Programms.

Tafel 1: Stilben (ein Schmutzlöser in Waschmitteln) – Dendriten in polarisiertem Licht, © Manfred Kage, Institut für wissenschaftliche Fotografie.

Tafel 2: Ausguß des venösen und arteriellen Systems einer Kinderniere, © Manfred Kage, Institut für wissenschaftliche Fotografie.

Tafel 3: Broccoli Romanesco, eine neuere Broccoli-Züchtung.

Tafel 4: Wadi Hadramaut aufgenommen von Gemini IV, © Dr. Vehrenberg KG.

Tafel 5: Detailaufnahme des Broccoli Romanesco aus Tafel 3.

△
Tafel 6: Fraktale Computergraphik einer künstlichen Berglandschaft mit einem Himmel aus Mandelbrotmengen, © R.F. Voss.

Tafel 7: Fraktale Computergraphik einer künstlichen Berglandschaft (oben links), invertierte Berglandschaft, die Täler als Berge und Berge als Täler zeigt (unten links), Wolkendarstellung der Daten der invertierten Berglandschaft (unten rechts). Diese Wolken wurden wiederum in Tafel 6 verwendet, © R.F. Voss.

Tafel 8: Selbstähnliche fraktale Küstenlinie, 6 Vergrößerungsschritte führen zum Ausgangsbild zurück, © R.F. Voss.

Tafel 9: Fraktale Mondkrater, © R.F. Voss.

Tafel 10: „Zabriski Point", fraktale Computergraphik einer Fata Morgana,
© K. Musgrave, C. Kolb, B.B. Mandelbrot.

Tafel 11: „Carolina", fraktale Computergraphik einer Berglandschaft, © K. Musgrave

Tafel 12: Fraktale Computergraphik eines Planetenaufgangs, © K. Musgrave

Tafel 13: „Ein kleines Nachtlicht", stereographisches Bild einer fraktalen künstlichen Landschaft. Man betrachte das rechte Bild mit dem linken Auge und das linke Bild mit dem rechten Auge über Kreuz. © K. Musgrave, C. Kolb, B.B. Mandelbrot.

Tafel 14: Sonnenaufgang über dem Himalaya-Gebirge, aufgenommen von Gemini IV, © Dr. Vehrenberg KG.

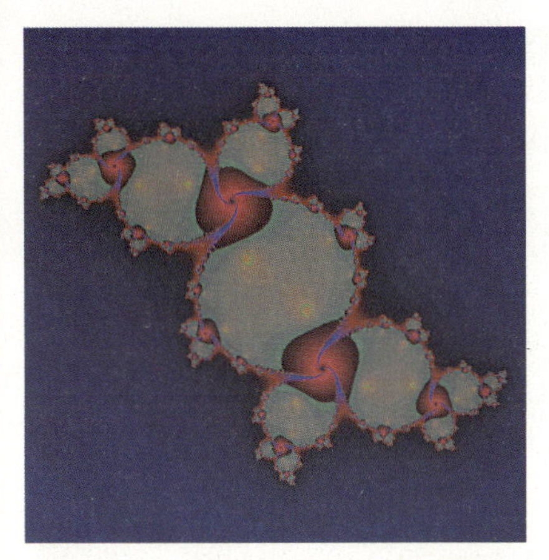

Tafel 15: Juliamenge der quadratischen Familie x^2+c für $c=-0.11+0.67i$. Dies nähert sich an den parabolischen Fall an.

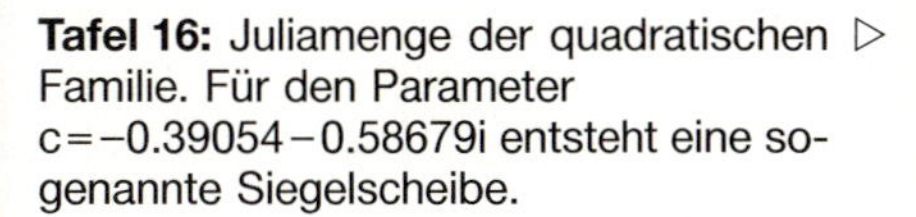

Tafel 16: Juliamenge der quadratischen Familie. Für den Parameter $c=-0.39054-0.58679i$ entsteht eine sogenannte Siegelscheibe. ▷

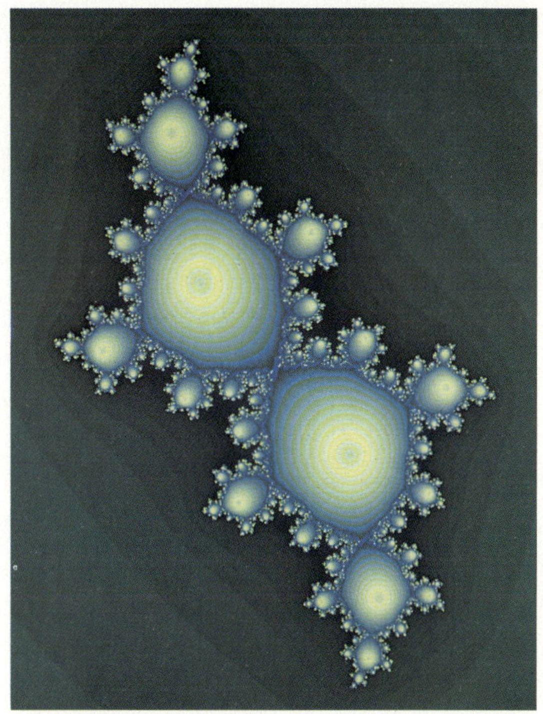

Tafel 17: 3D-Darstellung des Potentials einer zusammenhängenden Juliamenge.

Tafel 18: DLA-Cluster, bestehend aus 50000 Teilchen. Das Wachstum wurde auf einem Punkt eines Rechteckgitters gestartet.
© B.B. Mandelbrot, C.J.G. Evertsz, C. Kolb.

Tafel 19: Wachstum eines DLA-Clusters, das von einer Linie ausgeht. © B.B. Mandelbrot, C.J.G. Evertsz, C. Kolb.

Tafel 20: Kombination zweier DLA-Cluster auf verschiedenen Potentialen, dargestellt mit Feldlinien. © C.J. G. Evertsz, B.B. Mandelbrot, F. Normant.

Tafel 21: Die Grenzen zwischen den grauen und schwarzen Bändern stellen Äquipotentiallinien dar. © B.B. Mandelbrot, C.J.G. Evertsz, C. Kolb.

Tafel 22: Die gleiche Konfiguration wie in Tafel 20, jedoch in einer Darstellung mit Äquipotentiallinien, © C.J.G. Evertsz, B.B. Mandelbrot, F. Normant.

Tafel 23: Ein strikt selbstähnlicher Koch-Baum mit Äquipotential- und Feldlinien.
© C. J. G. Evertsz, B. B. Mandelbrot, F. Normant.

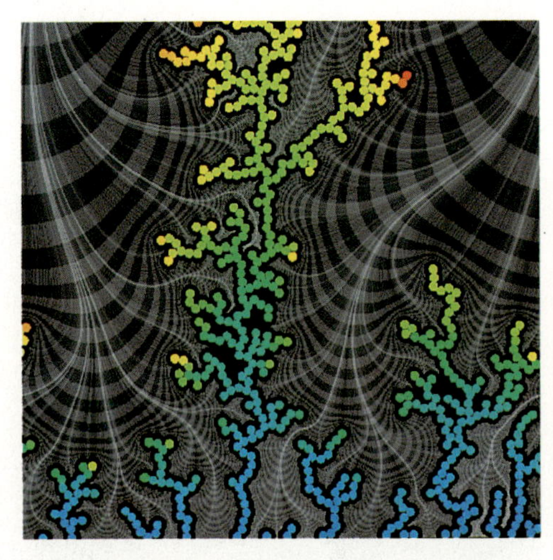

Tafel 24: DLA-Cluster – die Farbe der Teilchen entspricht dem Zeitpunkt ihrer Anlagerung.
© L. Woog, C. J. G. Evertsz, B. B. Mandelbrot.

Tafel 25: Strahlverfolgungsbilder der Konstruktion eines 3D-Sierpinski Dreiecks der Stufe 5 (links) und 7 (rechts). © R. Lichtenberger.

Kapitel 4

Fraktale Dimension: Messen von Komplexität

Die Natur zeigt nicht nur einen höheren Grad an Komplexität als die Euklidische Geometrie, sondern sie besitzt eine völlig andere Charakteristik. Natürliche Formen und Muster zeichnen sich dadurch aus, daß sie praktisch keine charakteristische Länge besitzen.

Benoît B. Mandelbrot[1]

Die Geometrie hatte schon immer zwei Seiten, die beide zusammengenommen eine außerordentlich wichtige Rolle gespielt haben. Es ging zum einen um die Analyse von Strukturen und Formen und zum anderen um deren Messung. Die Inkommensurabilität der Diagonale eines Quadrates war ursprünglich ein Problem der Längenmessung, führte aber schließlich auf das recht theoretische Konzept der irrationalen Zahlen. Versuche der Berechnung des Kreisumfanges führten zur Entdeckung der geheimnisvollen Zahl π. Die Bestimmung der zwischen zwei Kurven eingeschlossenen Fläche hat in hohem Maße die Entwicklung der Infinitesimalrechnung angeregt.

Heutzutage scheinen Messungen von Längen, Flächen oder Volumina keine Probleme darzustellen. Wenn überhaupt, dann sind es Probleme technischer Art. Eigentlich nehmen wir an, daß diese Probleme im Prinzip seit langem gelöst sind. Es entspricht unserer Denkgewohnheit, daß das, was wir sehen, auch gemessen werden kann, wenn wir es wirklich wollen. Oder wir nehmen einfach eine geeignete Tabelle zu Hilfe. Mandelbrot erzählt die Geschichte von zwei sehr unterschiedlichen Meßwerten für die Länge der Grenze zwischen Spanien und Portugal: Einem spanischen Lexikon kann man 991 km entnehmen, während ein portugiesisches Lexikon 1220 km angibt. Welche Aussage ist richtig? Wenn man die Länge der Küste von Großbritannien in verschiedenen Quellen nachschlägt, findet man

[1] Benoît B. Mandelbrot, *Die fraktale Geometrie der Natur,* Birkhäuser Verlag, Basel, 1987.

wiederum, daß die Ergebnisse irgendwo zwischen 7200 km und 8000 km liegen.[2] Wie ist das zu verstehen? Es scheint tatsächlich ein Problem vorzuliegen. Dies ist das Thema von Mandelbrots 1967 erschienenem Artikel[3] *How long is the coast of Britain?* (Wie lang ist die Küste Großbritanniens?) Im ersten Moment glauben wir vielleicht, daß jemand nachlässig gearbeitet hat. Wir alle haben diese Leute mit ihren optischen Präzisionsinstrumenten bei der Landvermessung schon gesehen. Ist es möglich, daß sie einen Fehler gemacht haben? Und wer hat den Fehler gemacht, wer hat recht und wer hat unrecht? Wie können wir das herausfinden?[4] Und haben wir heutzutage mit Satellitenvermessung und Laserpräzision zuverlässigere Ergebnisse? Die Antwort ist nein und wird auch nein bleiben.

Wir werden uns davon überzeugen, daß typischen Küstenlinien praktisch keine sinnvolle Länge zugeordnet werden kann! Diese Feststellung scheint zunächst unsinnig zu sein oder zumindest dem gesunden Menschenverstand zu widersprechen. Ein Objekt von der Art einer Insel hat natürlich einen bestimmten Flächeninhalt. Warum sollte der Rand seiner Fläche nicht auch eine bestimmte Länge haben?

Wir wissen, daß bei einer konkreten Messung des Kreisumfangs nicht der genaue Wert ermittelt werden kann, sondern das Ergebnis notwendigerweise eine Näherung sein muß. Wir wissen, daß unsere Messung fehlerbehaftet ist, was uns jedoch nicht beunruhigt, denn im Bedarfsfalle können wir ja den Genauigkeitsgrad unserer Messung erhöhen. Messungen erfordern Einheiten wie Kilometer, Meter, Zentimeter usw.: Dies alles sind idealisierte gerade Linienabschnitte. Wenn es sich um ein gekrümmtes Objekt wie beispielsweise einen Kreis handelt, dann besteht kein Zweifel, daß das Objekt eine bestimmte Länge aufweist, welche mit jeder gewünschten Genauigkeit gemessen werden kann. Irgendwie sagt uns unsere Erfahrung, daß Figuren, die wir auf ein Blatt Papier zeichnen können, auch eine bestimmte Länge haben. Diese Vorstellung ist jedoch irreführend. Wir messen normalerweise nur Längen von Objekten, für die das Ergebnis

---

[2] Die *Encyclopedia Americana*, New York, 1958 führt aus: „Großbritanniens Küsten belaufen sich auf insgesamt 4650 Meilen = 7440 km.“ *Collier's Encyclopedia*, London, 1986 führt aus: „Die gesamte Meilenlänge der Küstenlinie liegt geringfügig unter 5000 Meilen = 8000 km.“

[3] B. B. Mandelbrot, *How long is the coast of Britain? Statistical self-similarity and fractional dimension,* Science 155 (1967) 636–638.

[4] Hier sind einige Methoden, um eine Antwort zu erhalten: (1) Man frage alle Einwohner von Großbritannien und nehme den Mittelwert ihrer Antworten. (2) Man konsultiere Nachschlagewerke. (3) Man messe auf einer detaillierten Karte Großbritanniens die Küstenlinie mit Hilfe eines Zirkels aus. (4) Man lege auf einer detaillierten Karte Grossbritanniens die Küstenlinie mit einem dünnen Faden aus und messe dann die Länge des Fadens. (5) Man schreite die Küste von Großbritannien ab.

wirklich einen Sinn ergibt und von einem gewissen praktischen Wert ist. In dieser Hinsicht bilden Küstenlinien (und Fraktale) Ausnahmen, jedoch nicht die einzigen.

4.1 Spiralen endlicher und unendlicher Länge

Eine mögliche Klasse von Objekten, die sich der Längenmessung zu entziehen scheint, bilden die Spiralen. Spiralen können natürlich auf einem Blatt Papier dargestellt werden und weisen trotzdem eine unbegrenzte Länge auf. Nun, haben Spiralen wirklich eine unbegrenzte Länge? Das ist eine sehr heikle Frage. Für einige trifft dies zu, für andere jedoch nicht.

Spiralen haben Mathematiker seit eh und je fasziniert. Archimedes (287–212 v. Chr.) schrieb eine Abhandlung über Spiralen, von denen eine sogar nach ihm benannt ist. Die archimedische Spirale ist ein gutes Modell für die Rillen auf einer Schallplatte oder die Windungen eines aufgerollten Teppichs. Das Hauptmerkmal einer archimedischen Spirale besteht im konstanten Abstand zwischen ihren Windungen. Das mathematische Modell für eine solche Spirale läßt sich in Polarkoordinaten sehr einfach beschreiben: Ein Punkt P in der Ebene wird durch ein Koordinatenpaar (r, ϕ) beschrieben, wobei r den Abstand vom Ursprung eines Koordinatensystems (den Radius) bedeutet und ϕ den Winkel im Bogenmaß zwischen dem Radius und der positiven x-Halbachse bezeichnet (siehe Abbildung 4.1).

In diesem Bezugssystem kann eine archimedische Spirale (vom Mittelpunkt aus gesehen) durch die Gleichung

$$r(\phi) = q\phi$$

beschrieben werden, wobei q eine Konstante ist und ϕ die nichtnegative Zahlen durchläuft, d.h. $\phi = 2\pi$ entspricht einer Umdrehung,

Polarkoordinaten

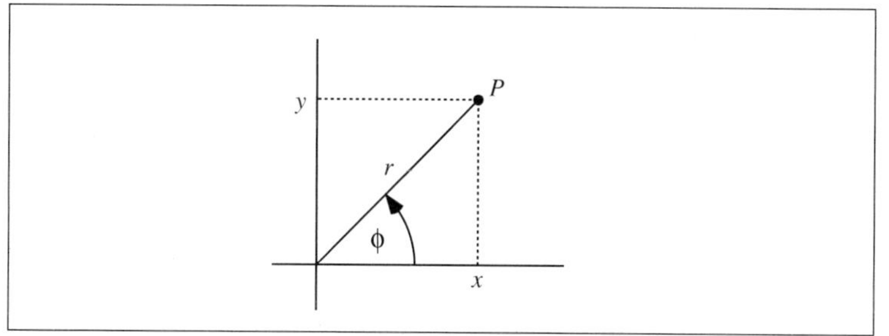

Abb. 4.1 : Die Polarkoordinaten des Punktes P mit den kartesischen Koordinaten (x, y) sind (r, ϕ), wobei $r = \sqrt{x^2 + y^2}$ den Abstand vom Ursprung und ϕ den Winkel zur positiven x-Achse bedeuten. Somit ist $x = r\cos\phi$ und $y = r\sin\phi$.

Archimedische Spirale

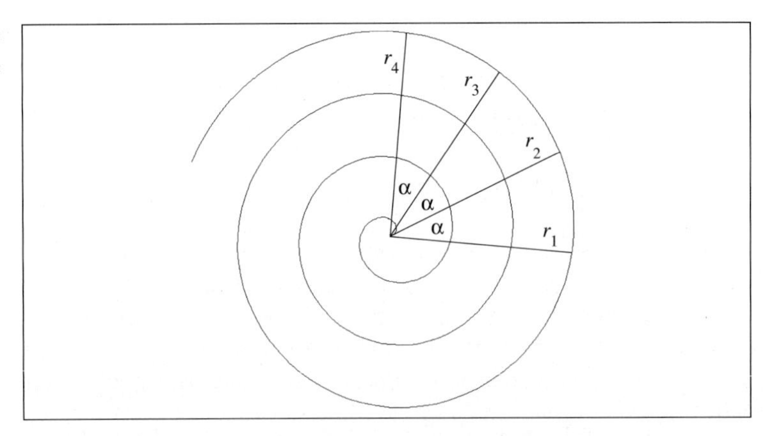

Abb. 4.2 : Archimedische Spirale. Folgt man der Spirale in Schritten eines konstanten Winkels α, so ergibt dies eine arithmetische Folge von Radien $r_1, r_2, \ldots$

Logarithmische Spirale

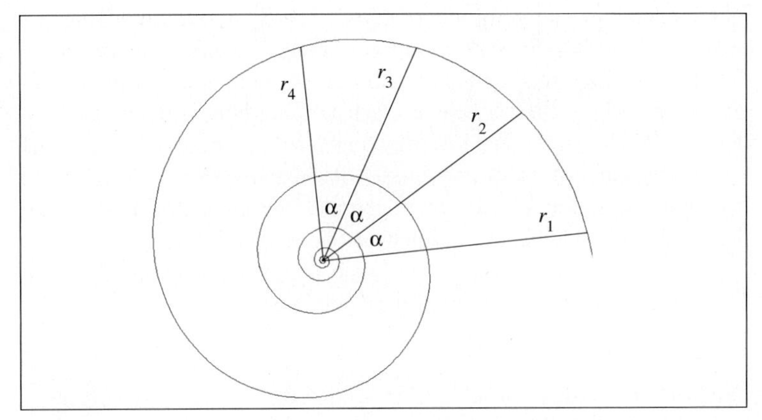

Abb. 4.3 : Logarithmische Spirale. Folgt man der Spirale in Schritten eines konstanten Winkels α, so ergibt dies eine geometrische Folge von Radien $r_1, r_2, \ldots$

$\phi = 4\pi$ zwei Umdrehungen usw. Um diese Spirale zu zeichnen, beginnen wir im Mittelpunkt. Bei einer vollständigen Umdrehung des Radiusvektors (d.h. wenn ϕ um 2π zunimmt) wächst dessen Betrag r um $2\pi q$, was dem konstanten Abstand zwischen zwei aufeinanderfolgenden Windungen entspricht.

Wenn wir $r(\phi)$ durch den natürlichen Logarithmus $\ln r(\phi)$ ersetzen, erhalten wir eine Formel für die logarithmische Spirale: $\ln r(\phi) = q\phi$ oder äquivalent dazu

$$r(\phi) = e^{q\phi} \; .$$

Spirale ja oder nein?

Abb. 4.4 : Eine „Spirale“ von Nicholas Wade. Wiedergegeben mit freundlicher Genehmigung des Künstlers. Aus: Nicholas Wade, *The Art and Science of Visual Illusions,* Routledge & Kegan Paul, London, 1982.

Wenn $q > 0$ und ϕ über alle Grenzen wächst, läuft die Spirale ins Unendliche. Für $q = 0$ erhalten wir einen Kreis. Und für $q < 0$ erhalten wir eine Spirale, die sich in den Mittelpunkt des Koordinatensystems windet, wenn ϕ nach unendlich strebt. Diese Spirale hängt mit geometrischen Folgen bzw. Reihen zusammen und hat eine bemerkenswerte Eigenschaft, die auf eine enge Beziehung zu Fraktalen hinweist. Sie ist in einer Weise selbstähnlich, die gleichermaßen Mathematiker, Wissenschaftler und Künstler inspiriert hat.

Der berühmte Schweizer Mathematiker Jakob Bernoulli (1654–1705) widmete der logarithmischen Spirale eine Abhandlung mit dem Titel *Spira Mirabilis* (Wundervolle Spirale). Er war von ihrer Selbstähnlichkeit so beeindruckt, daß er für seinen Grabstein im Basler Münster die Inschrift *Eadem Mutata Resurgo* (wenn auch verändert, erstehe ich als dieselbe wieder auf) wählte.

Spiralen, arithmetisches und geometrisches Mittel

Eine archimedische Spirale hängt in folgender Weise mit arithmetischen Folgen zusammen: Wir wählen einen beliebigen Winkel α und Punkte auf der Spirale, deren Radien $r_1, r_2, r_3, \ldots$ jeweils diesen Winkel α miteinander einschließen (siehe Abbildung 4.2). Dann bilden die Zahlen r_i eine arithmetische Folge, d.h. die Differenzen zwischen aufeinanderfolgenden Zahlen sind gleich. Somit ist $r_3 - r_2 = r_2 - r_1$ usw. Denn für $r_1 = c\phi_1$, c eine Konstante, ist $r_2 = c(\phi_1 + \alpha)$ und $r_3 = c(\phi_1 + 2\alpha)$. Mit anderen Worten, $r_2 = (r_1 + r_3)/2$. Das bedeutet, daß jeder Radius das arithmetische Mittel seiner zwei benachbarten Radien ist.

Wenn wir das arithmetische Mittel $(r_1 + r_3)/2$ durch das geometrische Mittel $\sqrt{r_1 r_3}$ ersetzen, erhalten wir die andere klassische Spirale, die berühmte logarithmische Spirale (siehe Abbildung 4.3). Wie ist das zu verstehen? Quadriert man die Gleichung für das geometrische Mittel, so ergibt sich $r_2^2 = r_1 r_3$ oder gleichbedeutend

$$\frac{r_1}{r_2} = \frac{r_2}{r_3} \; .$$

Durch Logarithmieren kann diese Beziehung auch in die folgende Form überführt werden

$$\ln r_3 - \ln r_2 = \ln r_2 - \ln r_1 \; .$$

Dies bedeutet, daß die Logarithmen von aufeinanderfolgenden Radien eine arithmetische Folge bilden. Somit erhalten wir $\ln r(\phi) = q\phi$, die Formel für die logarithmische Spirale.

Die Radien r_i der logarithmischen Spirale bilden eine geometrische Folge. Mithin ist

$$\frac{r_1}{r_2} = \frac{r_2}{r_3} = \frac{r_3}{r_4} = \frac{r_4}{r_5} = \cdots$$

eine Konstante, sagen wir a. Dann gilt für jeden Index n

$$\frac{r_n}{r_{n+1}} = a$$

und

$$r_{n+1} = \frac{r_n}{a} = \frac{r_{n-1}}{a^2} = \cdots = \frac{r_1}{a^n} \; .$$

Selbstähnlichkeit der logarithmischen Spirale

Welches ist nun die erstaunliche Eigenschaft, die Bernoulli so sehr bewundert hat? Er erkannte, daß eine Skalierung der Spirale bezüglich ihres Mittelpunktes dieselbe Wirkung hat wie eine einfache Drehung der Spirale um einen gewissen Winkel. Wenn wir nämlich die logarithmische Spirale $r(\phi) = e^{q\phi}$ um einen Winkel ψ im Uhrzeigersinn drehen, dann gilt für die neue Spirale

$$r(\phi) = e^{q(\phi+\psi)} \; .$$

Da

$$e^{q(\phi+\psi)} = e^{q\phi} \cdot e^{q\psi} \; ,$$

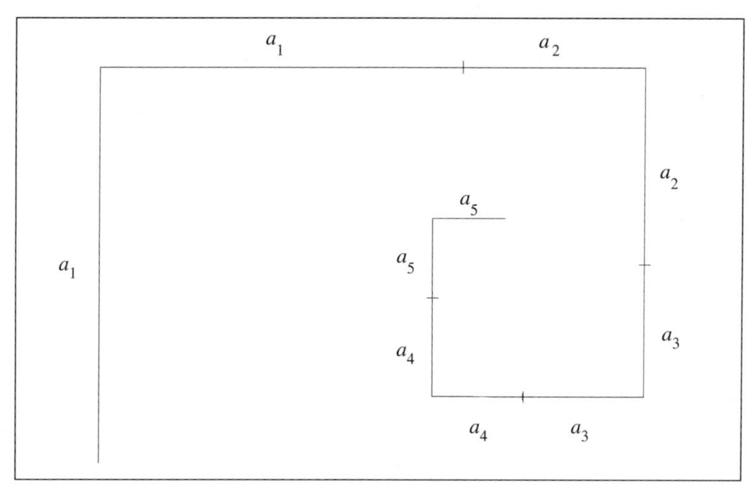

Polygonale Spirale

Abb. 4.5 : Die ersten Konstruktionsschritte einer polygonalen Spirale.

bedeutet Drehung um ψ dasselbe wie Skalierung mit $s = e^{q\psi}$.

Wie lang ist nun eine Spirale? Betrachten wir ein Beispiel einer Spirale, bei der das Konstruktionsverfahren die Berechnung einfach gestaltet. Nebenbei bemerkt, handelt es sich gerade um ein weiteres Beispiel für ein geometrisches Rückkopplungssystem.

Die Konstruktion von polygonalen Spiralen

Wir erzeugen einen Polygonzug mit unendlich vielen Kanten. Als erstes wählen wir eine abnehmende Folge $a_1, a_2, a_3, ...$ von positiven Zahlen, wobei a_1 die Länge unserer Ausgangsstrecke bedeute. Wir konstruieren den Polygonzug auf folgende Weise (siehe Abbildung 4.5): Wir zeichnen a_1 vertikal von unten nach oben. Am Ende biegen wir nach rechts ab und zeichnen a_1 nochmals (von links nach rechts). Ans Ende dieser Strecke fügen wir a_2 an (zunächst fahren wir in derselben Richtung fort, von links nach rechts). Am neuerlichen Ende biegen wir wiederum nach rechts ab und zeichnen a_2 nochmals (diesmal von oben nach unten). Ans Ende dieser Strecke fügen wir a_3 an. Nach denselben Vorschriften fahren wir fort.

Wie lang ist diese polygonale Spirale? Jeder Abschnitt a_k kommt in der Konstruktion zweimal vor, und somit ist die Länge gleich der doppelten Summe aller a_k, d.h. $2(a_1 + a_2 + a_3 + \cdots)$. Wählen wir nun spezielle Werte für a_k. Wenn wir $0 < q < 1$ und $a_k = q^{k-1}$ setzen, erhalten wir eine Gesamtlänge von $2\sum_{k=0}^{\infty} q^k$. Das entspricht einer geometrischen Reihe, dessen Grenzwert $2/(1-q)$ beträgt.[5] Somit weist diese polygonale Spirale eine endliche Länge auf.

[5] Wir erinnern daran, daß der Grenzwert der geometrischen Reihe $1 + q + q^2 + q^3 + q^4 + ...$ gleich $1/(1-q)$ ist, falls $|q| < 1$.

Unendliche und endliche polygonale Spirale

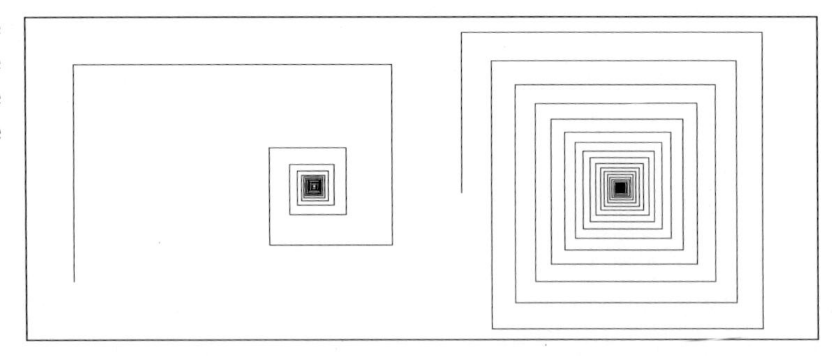

Abb. 4.6 : Unendliche und endliche polygonale Spirale. Die Spirale links gehört zu $a_k = 1/k$ (d.h. ihre Länge ist unbegrenzt). Die Spirale rechts gehört zu $a_k = q^{k-1}$ mit $q = 0.95$, einem Wert knapp unter 1 (d.h. sie hat eine begrenzte Länge).

Auf einer endlichen Fläche eine unendlich lange Spirale

Wenn wir jedoch $a_k = 1/k, k = 1, 2, ...$, setzen, erhalten wir eine Reihe, die bekanntlich keinen Grenzwert hat.[6] Somit ist die damit verbundene Spirale unendlich lang, obwohl sie auf einer endlichen Fläche Platz hat! Abbildung 4.6 zeigt beide Fälle. Ist zu *erkennen,* welche der beiden Spiralen endlich und welche unendlich lang ist?

Die vorstehenden Konstruktionen für polygonale Spiralen können gut als Ausgangspunkt für die Konstruktion glatter Spiralen benutzt werden. Wir beachten, daß die Vielecke aus rechten Winkeln mit gleichen Schenkelabschnitten a_k zusammengesetzt sind. Jeder rechte Winkel umschließt einen Kreisbogen — nämlich genau einen Viertelkreis mit dem Radius a_k. Setzt man diese Kreisbögen entsprechend zusammen, so ergibt sich eine glatte Spirale. Abbildung 4.7 zeigt die ersten zwei Schritte dieser Konstruktion.

Welches ist die Länge dieser glatten Spiralen? Es ist zu beachten, daß die Radien der Kreisbögen die Länge a_k aufweisen, während die Kreisbögen selbst dann die Länge $s_k = 2\pi a_k/4 = (\pi/2)a_k$ besitzen. Mit anderen Worten finden wir für die Gesamtlänge

$$\sum_{k=1}^{\infty} s_k = \frac{\pi}{2} \sum_{k=1}^{\infty} a_k ,$$

was für $a_k = q^{k-1}$ (wobei $0 < q < 1$) endlich, aber für $a_k = 1/k$ unendlich ist. Abbildung 4.8 zeigt beide Spiralen.

Es ist wieder einmal erstaunlich, wie wenig wir uns bei der Beurteilung einer endlichen oder unendlichen Länge auf den optischen

[6] Die Summe $1 + 1/2 + 1/3 + 1/4 + \cdots$ ist unendlich (siehe die Fußnote auf Seite 175).

Glatte polygonale Spirale

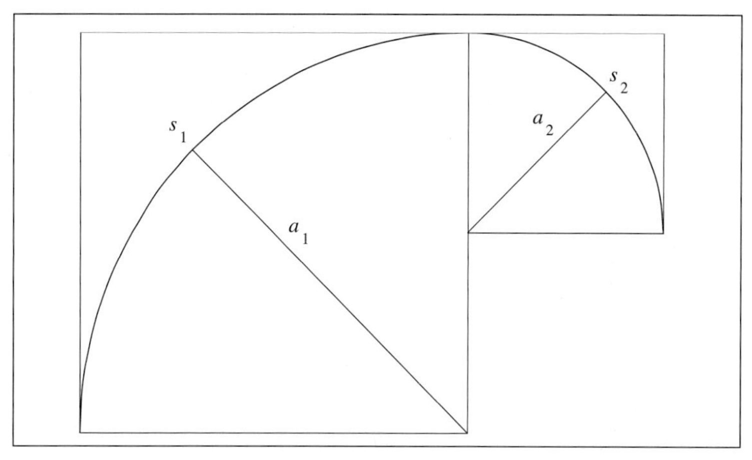

Abb. 4.7 : Konstruktion einer glatten polygonalen Spirale.

Unendliche und endliche glatte Spirale

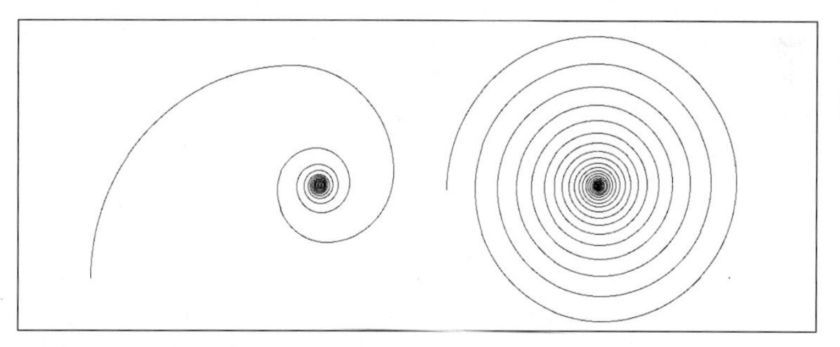

Abb. 4.8 : Die Konstruktion der glatten Spirale von Abbildung 4.7 ist hier für die polygonalen Spiralen von Abbildung 4.6 ausgeführt worden: $a_k = 1/k$ (links) und $a_k = q^{k-1}$ mit $q = 0.95$ (rechts). Wiederum ist die Länge der linken Spirale unendlich, während die Länge der rechten Spirale endlich ist.

Eindruck verlassen können. Mit anderen Worten kann allein die Tatsache, daß eine Kurve auf einem Blatt Papier Platz hat, uns noch keine Information darüber zu geben, ob die Länge der Kurve endlich ist oder nicht. Fraktale fügen diesem Problem noch eine neue Dimension hinzu.

Die Goldene Spirale

Wenn wir in unserem Konstruktionsverfahren für die polygonale Spirale $a_k = 1/g^{k-1}, k = 1, 2, \ldots$ setzen, wobei $g = (1+\sqrt{5})/2$ der Goldene Schnitt ist, erhalten wir die berühmte Goldene Spirale. Für die Länge dieser Spirale ergibt die Rechnung

$$\frac{2}{1-\frac{1}{g}} = \frac{2g}{g-1} = 2g^2 = 3 + \sqrt{5}\,.$$

Hier haben wir die Eigenschaft genutzt, daß g der Gleichung $g^2 - g - 1 = 0$

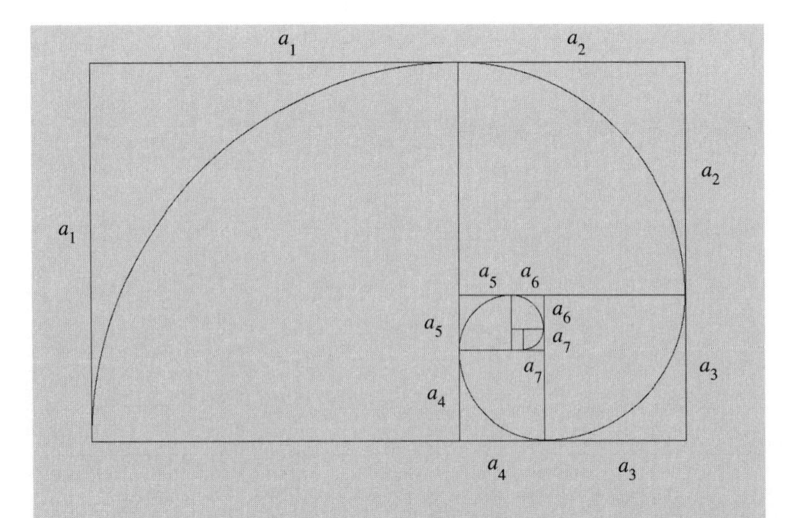

Abb. 4.9 : Die Goldene Spirale.

(d.h. $g - 1 = 1/g$) genügt.

Die Goldene Spirale kann auch durch eine weitere sehr eindrucksvolle Konstruktion erzeugt werden: Ausgangsfigur ist ein Rechteck mit den Seiten a_1 und $a_1 + a_2$, wobei $a_1 = 1$ und $a_2 = 1/g$ (d.h., $a_1/a_2 = g$). Das Rechteck läßt sich in ein Quadrat mit den Seiten a_1 und ein kleineres Rechteck mit den Seiten a_2 und a_1 zerlegen. Dieses kleinere Rechteck zerfällt wiederum in ein Quadrat mit den Seiten a_2 und ein noch kleineres Rechteck mit den Seiten a_3 und a_2 usw. (siehe Abbildung 4.9). Man findet

$$\frac{a_2}{a_3} = \frac{\frac{1}{g}}{a_1 - a_2} = \frac{\frac{1}{g}}{1 - \frac{1}{g}} = \frac{1}{g-1} = \frac{1}{\frac{1}{g}} = g \; .$$

Allgemein gilt $a_k/a_{k+1} = g$ oder, was gleichbedeutend ist, $a_k = 1/g^{k-1}$. Die Länge der einbeschriebenen glatten Spirale ist $\frac{\pi}{2}g^2 = \frac{\pi}{4}(3 + \sqrt{5})$.

4.2 Messen von fraktalen Kurven und Potenzgesetze

Will man die Länge der verschiedenen Spiralen berechnen — endlicher oder unendlicher —, so beruht dieser Vorgang auf den entsprechenden mathematischen Formeln. Das Ergebnis der unendlichen Länge der Koch-Kurve und der Küste der Koch-Insel in Kapitel 2 leitet sich aus dem exakten Konstruktionsverfahren dieser Fraktale ab. Diese beiden Verfahren für die Längenbestimmung versagen jedoch im Falle natürlicher Fraktale, wie echter Küstenlinien. Es gibt weder eine Formel noch ein feststehendes Konstrukionsverfahren für die Küstenlinie von Großbritannien. Die Form der Insel ist das Ergebnis

Annäherungen an Großbritannien

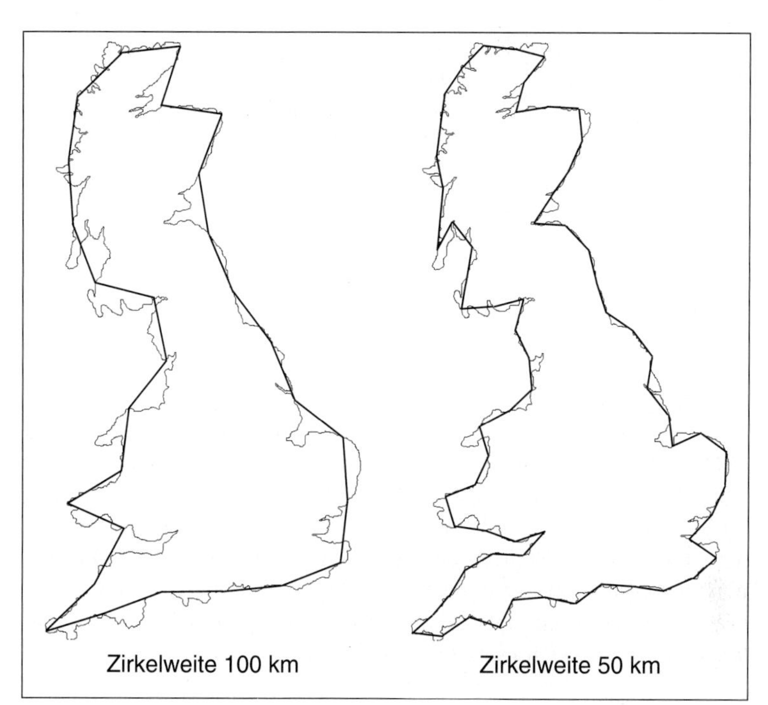

Abb. 4.10 : Annäherungen der Küste von Großbritannien durch Vielecke.

der tektonischen Aktivität der Erde während Jahrmillionen einerseits und der niemals endenden Erosions- und Sedimentationsprozesse andererseits. Als einzige Möglichkeit, die Länge der Küstenlinie zu ermitteln, bleibt deren Vermessung. In der Praxis führen wir natürlich die Vermessung der Küste auf einer geografischen Karte von Großbritannien und nicht an der Küste selbst durch. Wir verwenden einen Stechzirkel, den wir auf eine bestimmte Weite einstellen. Beispielsweise beträgt bei einem Kartenmaßstab von 1:1 000 000 und einer Zirkelweite von 5 cm die entsprechende wirkliche Strecke 5 000 000 cm oder 50 km. Nun messen wir sorgfältig die Küste mit dem Zirkel ab und zählen die Anzahl der Schritte. Abbildung 4.10 zeigt eine polygonale Darstellung der Küste von Großbritannien. Es wird vorausgesetzt, daß die Eckpunkte der Polygone auf der Küstenlinie liegen. Die geraden Linienabschnitte haben eine konstante Länge, die der Zirkelweite entspricht. Wir haben diese Vermessung mit vier verschiedenen Zirkeleinstellungen durchgeführt.[7]

[7] In: H.-O. Peitgen, H. Jürgens, D. Saupe, C. Zahlten, *Fraktale in Filmen und Gesprächen,* Spektrum der Wissenschaften Videothek, Heidelberg, 1990. Auch in

Vermessen der Küstenlinie von Großbritannien

Zirkeleinstellung km	Länge km
500	2600
100	3800
54	5770
17	8640

Tab. 4.11 : Länge der Küste von Großbritannien, gemessen auf Karten mit verschiedenen Maßstäben und mit einem Zirkel mit verschiedenen Einstellungen.

Kleinere Maßstäbe ergeben grössere Resultate

Dieses aufwendige Experiment zeigt eine Überraschung. Je geringer die Zirkelweite, desto detaillierter wird das Polygon und — das überraschende Ergebnis — um so länger die resultierende Ausmessung. Insbesondere weist die Küste in Schottland eine außerordentlich große Anzahl von Buchten recht unterschiedlicher Größe auf. Bei einer gewissen Zirkeleinstellung werden viele der kleineren Buchten noch abgeschnitten, während sie bei der nächstkleineren Einstellung erfaßt werden, wobei aber bei dieser Einstellung noch kleinere Buchten weiterhin unberücksichtigt bleiben usw.

Vermessen des Kreises

Anzahl der Seiten	Zirkeleinstellung km	Umfang km
6	500.00	3000
12	258.82	3106
24	130.53	3133
48	65.40	3139
96	32.72	3141
192	16.36	3141

Tab. 4.12 : Umfang eines Kreises vom Durchmesser 1000 km, approximiert mit einbeschriebenen regelmäßigen Polygonen. Die Ergebnisse sind mit der Formel von Archimedes berechnet worden (siehe Seite 182).

Vermessen eines Kreises

Wir wollen dieses seltsame Ergebnis mit einer experimentellen Vermessung des Umfangs eines Kreises vergleichen. Dazu benutzen wir einen Kreis mit einem Durchmesser von 1000 km, so daß die Fläche von derselben Größenordnung ist wie diejenige von Großbritannien. Natürlich brauchen wir hier das mühsame Zirkelverfahren nicht wirklich durchzuführen. Vielmehr nutzen wir die klassische

---

Englisch erschienen als *Fractals — An Animated Discussion,* Video film, Freeman, New York, 1990.

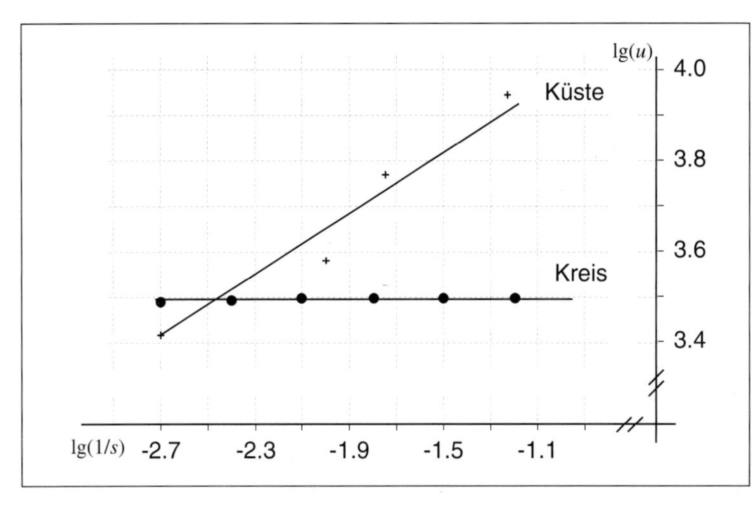

Doppeltlogarithmisches Diagramm für die Küste von Großbritannien und einen Kreis

Abb. 4.13 : Doppeltlogarithmisches Diagramm für die Vermessung der Küste von Großbritannien und eines Kreises vom Durchmesser 1000 km. u = Länge in km, s = Zirkelweite in km. Anstelle von $\lg(s)$ bevorzugen wir $\lg(1/s)$ in unserer Darstellung. Dies ist ein Maß für die Genauigkeit der Längenmessung.

Näherung von Archimedes, der bekanntlich eine Methode zur Berechnung dieser Meßergebnisse entwickelt hat (siehe Seite 182 und Tabelle 4.12). Für den Vergleich tragen wir die Ergebnisse in einer grafischen Darstellung auf. Da jedoch die Größe unserer Zirkeleinstellung über den weiten Bereich von einigen wenigen bis zu mehreren hundert Kilometern variiert, ist ein Diagramm für Länge und Zirkelweite schwierig zu zeichnen. In einem solchen Fall geht man üblicherweise zu einem doppeltlogarithmischen Diagramm über. Auf der horizontalen Achse ist der Logarithmus der inversen Zirkelweite (1/Zirkelweite) aufgetragen. Diese Größe kann als Maß für die Genauigkeit der Messung gedeutet werden. Je kleiner die Zirkelweite, desto größer die inverse Zirkelweite, und desto genauer ist die Messung. Auf der vertikalen Achse ist der Logarithmus der Länge u aufgetragen. Wir benutzen Zehnerlogarithmen, aber dies ist eigentlich nebensächlich. Ferner können wir $1/s$ als *Genauigkeitsmaß* deuten, d.h., wenn s klein ist, dann ist die Genauigkeit $1/s$ groß. Unsere doppeltlogarithmischen Diagramme zeigen jeweils, wie sich die Gesamtlänge ($\lg(u)$) mit der Erhöhung der Genauigkeit ($\lg(1/s)$) ändert. Abbildung 4.13 zeigt die Ergebnisse für die Küstenlinie von Großbritannien (Tabelle 4.11) und für den Kreis (Tabelle 4.12).

Anpassen einer Geraden an eine Serie von Punkten

Wir machen eine bemerkenswerte Beobachtung. Unsere Punkte im Diagramm fallen ungefähr auf gerade Linien. Die Festlegung einer Kurve (hier einer sogenannten Ausgleichsgeraden), welche die Punkte in einem solchen Diagramm annähert, ist Gegenstand der mathematischen Statistik. Offensichtlich können wir aufgrund der Eigenart der Messungen nicht erwarten, daß die Punkte exakt auf einer Geraden liegen. Es läßt sich jedoch ein Maß für die Abweichung der Geraden von der Punktwolke festlegen, das durch geeignete Positionierung der Geraden minimiert werden kann. Dies führt zur weitverbreiteten *Methode der kleinsten Quadrate*. In unserem Fall erhalten wir eine annähernd horizontale Gerade für den Kreis und eine Gerade mit einer gewissen Steigung von ungefähr $m \approx 0.36$ für die Küste von Großbritannien.

Nun wollen wir die gemessenen Daten für eine Prognose dafür verwenden, wie sich die Meßergebnisse für kleine Zirkelweiten s verhalten werden. Zur Beantwortung dieser Frage werden wir die Geraden einfach nach rechts extrapolieren. Dies hat im Falle des Kreises — die entsprechende Gerade verläuft annähernd horizontal — kein wesentlich anderes Ergebnis zur Folge. Dies weist darauf hin, daß der Umfang des Kreises eine endliche Länge hat. Die gemessene Länge der Küste hingegen würde bei kleineren Meßschritten ständig weiter zunehmen.

Bezeichnen wir mit b den Vertikalachsenabschnitt der Ausgleichsgeraden. Damit entspricht b dem Logarithmus der Länge, die man bei einer Zirkelweite von $s = 1$ km messen würde. Es ist interessant, hier festzuhalten, daß die für diese Zirkelweite extrapolierte Küstenlänge Großbritanniens bereits $u = 23\,260$ km beträgt (vergleiche mit Tabelle 4.11). Die Beziehung zwischen der Länge u und der Zirkelweite s kann ausgedrückt[8] werden durch

$$\log u = m \cdot \log \frac{1}{s} + b\ . \tag{4.1}$$

Gleichung (4.1) beschreibt unter der Voraussetzung, daß die Meßpunkte in einem doppeltlogarithmischen Diagramm auf eine Gerade fallen, die Veränderung der Länge in Abhängigkeit der Zirkelweite. In diesem Fall kennzeichnen die beiden Konstanten m und b das Wachstumsgesetz. Die Steigung m der Ausgleichsgeraden ist der Schlüssel zur fraktalen Dimension des zugrundeliegenden Objektes. Wir werden dies im nächsten Abschnitt diskutieren.

[8] Wir rufen uns in Erinnerung, daß eine Gerade in einem x-y-Diagramm als $y = mx + b$ geschrieben werden kann, wobei b den y-Achsenabschnitt und m die Steigung der Geraden bedeuten (d.h. $m = (y_2 - y_1)/(x_2 - x_1)$) für jedes Paar von Punkten (x_1, y_1) und (x_2, y_2) auf der Geraden).

Potenzgesetze

Wir können nicht erwarten, daß der Leser mit doppeltlogarithmischen Diagrammen vertraut ist. Um den Grundgedanken zu erläutern, betrachten wir Daten eines physikalischen Experimentes. Für die Untersuchung der Gesetze des freien Falls, könnten wir einen Gegenstand aus verschiedenen Stockwerken eines hohen Turms oder Gebäudes (natürlich mit entsprechenden Vorsichtsmaßnahmen) hinunterfallen lassen. Mit einer Stoppuhr messen wir die Zeit, die das Objekt benötigt, um den Boden zu erreichen. Bei Höhenunterschieden von 4 Metern zwischen den Stockwerken erhalten wir die folgende Datentabelle.

Höhe h m	Fallzeit t s	$\log h$	$\log t$
4	0.9	0.60	−0.05
8	1.3	0.90	0.11
12	1.6	1.08	0.20
16	1.8	1.20	0.26
20	2.0	1.30	0.30
24	2.2	1.38	0.34
28	2.4	1.45	0.38
32	2.6	1.51	0.41

Tab. 4.14 : Fallzeit bei gegebener Höhe im freien Fall. In den letzten beiden Spalten sind die Logarithmen (Basis 10) der Daten angeführt. Die Messwerte und die logarithmischen Daten sind in Abbildung 4.15 aufgetragen.

Abbildung 4.15 zeigt grafische Darstellungen der Daten. Natürlich liegen die gezeichneten Punkte nicht auf einer Geraden (obere Kurve). Somit ist die Beziehung zwischen Höhe und Fallzeit nicht linear. Eine entsprechende Darstellung auf doppeltlogarithmischem Papier (unten) legt jedoch nahe, daß es eine gesetzmäßige Beziehung zwischen Höhe und Fallzeit gibt. Dieses Gesetz ist ein *Potenzgesetz* der Form

$$t = c \cdot h^m \, . \tag{4.2}$$

Potenzgesetz wird ein solches Gesetz deshalb genannt, weil sich t wie eine Potenz von h ändert. Das Problem besteht nun in der Überprüfung dieser Vermutung und in der Bestimmung von c und m. Zunächst gehen wir davon aus, daß die Gleichung (4.2) die Beziehung zwischen t und h beschreibt. Nun bilden wir auf beiden Seiten Zehnerlogarithmen[9] und erhalten

$$\lg t = m \cdot \lg h + \lg c \, .$$

[9] Wir können natürlich auch andere Logarithmen benutzen, wenn dies zweckmäßig erscheint.

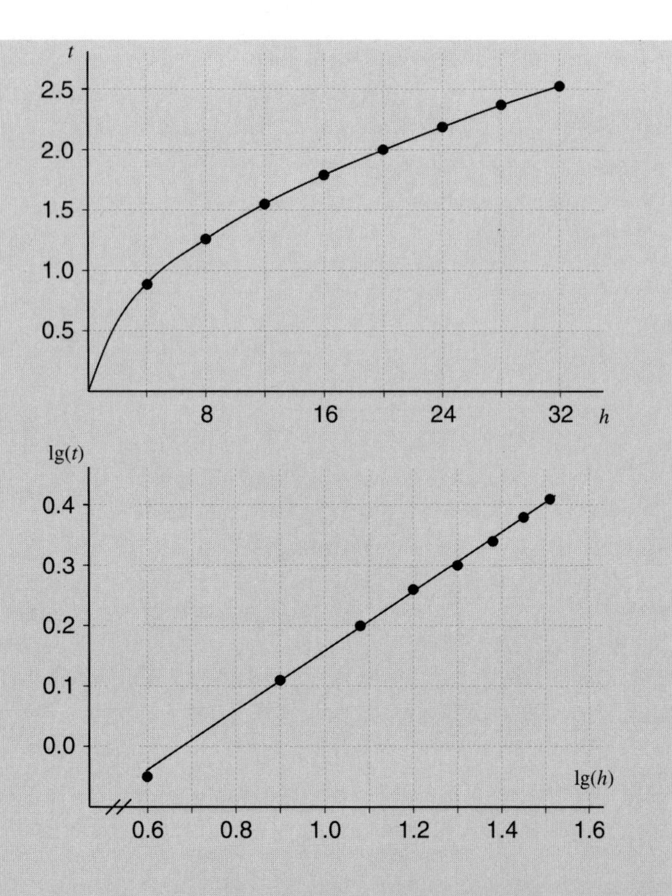

Abb. 4.15 : Die Daten aus Tabelle 4.14 zeigen grafisch die Abhängigkeit der Fallzeit von der Höhe des Falles. Die Daten sind oben unter Benutzung von linearen Maßstäben gezeigt, was eine wurzelähnliche Kurve ergibt. Unten ist eine doppelt-logarithmische Darstellung derselben Daten gegeben. Die Punkte liegen anscheinend auf einer Linie.

Mit anderen Worten, wenn man $\lg t$ gegen $\lg h$ aufträgt, anstatt t gegen h, sollte sich eine Gerade mit Steigung m und y-Achsenabschnitt $b = \lg c$ (oder $c = 10^b$) ergeben. Dies ist aus Abbildung 4.15 in der unteren Figur ersichtlich.

Wenn die Meßpunkte in einem doppeltlogarithmischen Diagramm im wesentlichen auf eine Gerade fallen, ist es angezeigt, mit einem Potenzgesetz zu arbeiten, das die Beziehung zwischen den Variablen bestimmt; und zudem erlaubt uns das doppeltlogarithmische Diagramm, den Exponenten m in diesem Potenzgesetz als Steigung der Geraden abzulesen. In unserem Beispiel können wir nun die Ausgleichsgerade in das doppeltlogarithmische Diagramm einzeichnen und die Steigung und den y-Achsenabschnitt ablesen:

$$m = 0.48$$
$$\lg c = -0.33 \,.$$

Somit ist $c = 10^{-0.33}$, und das mit Hilfe der Meßdaten ermittelte Potenzgesetz lautet

$$t = 0.47h^{0.48} \,. \tag{4.3}$$

Übrigens stimmt dies gut mit dem Newtonschen Bewegungsgesetz überein, aus dem folgt, daß die Fallstrecke proportional zum Quadrat der Fallzeit ist. Formal ausgedrückt

$$h = \frac{g}{2}t^2 \,,$$

wobei $g \approx 9.81 \mathrm{m/s}^2$ die Fallbeschleunigung bedeutet. Löst man diese Gleichung nach t auf, so ergibt sich

$$t = \sqrt{\frac{2h}{g}} \approx 0.452 \cdot h^{0.5} \,,$$

was mit unserem empirischen Ergebnis in Gleichung (4.3) zu vergleichen ist.

Potenzgesetz für allometrisches Wachstum

Bei unserer Diskussion über allometrisches Wachstum in Kapitel 3 lernten wir ein weiteres interessantes Beispiel für ein Potenzgesetz kennen. Erinnern wir uns daran, daß wir für die Entwicklung eines Säuglings zum Kind und dann zum Erwachsenen die gemessenen Kopfgrößen mit den Körperlängen verglichen haben. Wir haben gelernt, daß es dabei zwei Phasen gibt. Die erste bis zum Alter von drei Jahren und die zweite danach, bis der Wachstumsprozeß zum Stillstand kommt. Mit Hilfe des Ansatzes der Potenzgesetze und der Methode der doppeltlogarithmischen Diagramme versuchen wir nun, die allometrische Phase des Wachstums durch ein geeignetes Potenzgesetz zu erfassen. Dafür ziehen wir nochmals die ursprünglichen Daten aus Tabelle 3.8 heran und erweitern sie durch entsprechende Logarithmen (siehe Tabelle 4.17).

Das doppeltlogarithmische Diagramm in Abbildung 4.16 bestätigt erneut das Zweistufenwachstum der Versuchsperson. Wir können zwei Geraden an die Daten anpassen. Die erste reicht bis zum Alter von drei Jahren und die zweite über die restlichen Daten. Die erste Gerade hat eine Steigung von ungefähr eins. Dies entspricht gleichem Wachstum[10] von Kopfgröße und Körperlänge; die beiden Größen sind proportional zueinander, und das Wachstum wird isometrisch genannt. Die zweite Gerade weist eine bedeutend kleinere Steigung von ungefähr $1/3$ auf. Dies führt zu einem Potenzgesetz, welches besagt, daß die Kopfgröße proportional

[10] Wachstum bedeutet hier Wachstumsrate. Für eine Definition siehe Gleichung (1.5) in Abschnitt 1.4, S. 56.

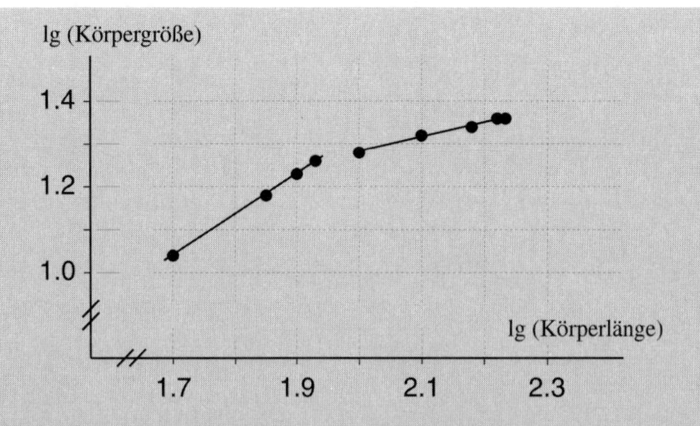

Abb. 4.16 : Doppeltlogarithmisches Diagramm von Kopfgröße in Abhängigkeit der Körperlänge.

Alter Jahre	Körperlänge cm	Kopfgröße cm	Körperlänge Logarithmus	Kopfgröße Logarithmus
0	50	11	1.70	1.04
1	70	15	1.85	1.18
2	79	17	1.90	1.23
3	86	18	1.93	1.26
5	99	19	2.00	1.28
10	127	21	2.10	1.32
20	151	22	2.18	1.34
25	167	23	2.22	1.36
30	169	23	2.23	1.36
40	169	23	2.23	1.36

Tab. 4.17 : Körperlänge und Kopfgröße einer Person sowie Logarithmen dieser Daten.

zur Kubikwurzel der Körperlänge sein sollte. Oder — umgekehrt — die Körperlänge verhält sich wie die dritte Potenz der Kopfgröße

$$\text{Körperlänge} \propto (\text{Kopfgröße})^3 \ .$$

Der Körper wächst viel schneller als der Kopf; in diesem Fall sprechen wir von allometrischem Wachstum. Nun darf unsere kleine Analyse nicht als abgesichertes Forschungsergebnis eingestuft werden. Die Messungen wurden nur an einer Person vorgenommen, und das in recht großen Zeitabständen. Zudem wurde die Testperson im 19. Jahrhundert geboren. Somit sind beim oben angeführten kubischen Wachstumsgesetz gewisse Vorbehalte hinsichtlich Genauigkeit und Repräsentativität angebracht.

Fassen wir zusammen: Wenn die x- und y-Daten eines Experimentes sich über einen sehr großen numerischen Bereich erstrecken, so ist es unter Umständen möglich, daß y in Abhängigkeit von x durch ein Potenzgesetz dargestellt werden kann. Um die Potenzgesetz-Hypothese zu überprüfen, tragen wir die Daten in einem doppeltlogarithmischen Diagramm auf. Wenn die Meßpunkte dann auf eine Gerade fallen, können wir den Exponenten des Gesetzes als Steigung dieser Geraden ablesen.

Kommen wir nochmal zurück zur Messung der Küstenlinie von Großbritannien. Die Daten im doppeltlogarithmischen Diagramm (Abbildung 4.13) liegen näherungsweise auf einer Geraden. Daher liegt die Vermutung für ein Potenzgesetz nahe (d.h., daß Gleichung (4.1) Gültigkeit hat). Oder, was gleichbedeutend ist, ($u =$ Länge, $s =$ Zirkelweite),

$$u = c \cdot \left(\frac{1}{s}\right)^m , \tag{4.4}$$

wobei $c = 10^b$. Für die Küste von Großbritannien würden wir dann finden, daß $m \approx 0.36$. Diese grafische Analyse ergibt somit, daß die gemessene Länge u der Küste proportional zur Genauigkeit $1/s$ hoch 0.36 wächst,

$$u \propto \frac{1}{s^{0.36}} .$$

Karten mit immer feineren Einzelheiten

An dieser Stelle sollten wir einige Eigenschaften der Beziehung (4.4) diskutieren. Eine unmittelbare Folge besteht darin, daß die Länge für $s \to 0$ wie $1/s^m$ gegen unendlich strebt. Aber können wir die Zirkelweite s wirklich gegen null streben lassen? Ja, natürlich, aber es liegt eine gewisse Gefahr darin. Wenn wir die Zirkelweite auf einer bestimmten Karte von Großbritannien gegen null streben lassen, dann wird das Gesetz (4.4) aufgrund der begrenzten Auflösung der Karte ungültig. Denn in diesem Fall würde die gemessene Länge unweigerlich gegen einen Grenzwert streben. Die Gültigkeit des Potenzgesetzes und seine Konsequenzen sind nur gesichert, wenn die Verfeinerung der Zirkeleinstellungen einhergeht mit der Wahl von Karten, die immer mehr Details wiedergeben. Mit anderen Worten charakterisiert das Potenzgesetz die Komplexität der Küste von Großbritannien über einige Größenbereiche dadurch, daß es ausdrückt, wie schnell die Länge zunimmt, wenn wir sie mit immer größerer Genauigkeit messen. Schließlich würde ein solches Meßverfahren nicht mehr viel Sinn ergeben, da bald die Detailgenauigkeit der Karten nicht mehr ausreichen würde und wir beginnen müßten, wirklich die Küste zu vermessen. Dabei würden wir mit all den Problemen konfrontiert, wo eine Küste anfängt und wo sie endet, wann wir messen müssen (bei Ebbe oder bei Flut), wie Flußdeltas zu behandeln sind und so weiter. Mit anderen Worten, die Aufgabenstellung verliert ihren Sinn. Aber nichtsdestoweniger können wir sagen, daß die Küste von Großbritannien in praktischer Hinsicht keine Länge hat. Das einzig Bedeutsame, was wir über ihre Länge festhalten können, besteht

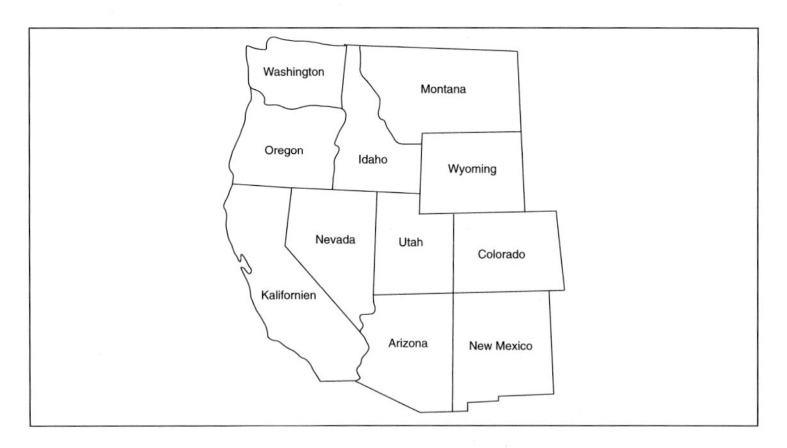

Abb. 4.18 : Die westlichen Staaten der USA.

darin, daß sie sich über einen näher zu umschreibenden Skalenbereich wie das oben erwähnte Potenzgesetz verhält und daß dieses Verhalten charakteristisch ist.

Charakteristische Potenzgesetze

Was bedeutet in diesem Zusammenhang „charakteristisch“? Nun es bedeutet, daß die Exponenten in den Potenzgesetzen voraussichtlich unterschiedlich sein werden, wenn wir die Küste von Großbritannien mit derjenigen von Norwegen oder Kalifornien vergleichen. Dasselbe würde zutreffen, wenn wir ein entsprechendes Experiment für die Länge von Grenzen durchführen würden, z.B. für die Grenze zwischen Portugal und Spanien. Nun verstehen wir, warum das portugiesische Lexikon einen größeren Wert anführt als das spanische. Da Portugal sehr klein ist im Vergleich zu Spanien, ist es ausgesprochen wahrscheinlich, daß die in Portugal benutzte Karte einen viel kleineren Maßstab hatte und für die Vermessung der gemeinsamen Grenze viel mehr Einzelheiten aufwies als die in Spanien benutzte. Dieselbe Begründung kann zur Erklärung der Unterschiede in den Ausmessungen der Küste von Großbritannien herangezogen werden.[11]

Vermessen von Utah

Betrachten wir die Grenze des Staates Utah, eines der 50 Bundesstaaten der USA. Offensichtlich (siehe Abbildung 4.18) verläuft die Grenze von Utah ausgesprochen geradlinig.[12] In Tabelle 4.20

[11] Die ersten Messungen dieser Art gehen zurück auf den britischen Wissenschaftler R. L. Richardson und seine Arbeit *The problem of contiguity: an appendix of statistics of deadly quarrels,* General Systems Yearbook 6 (1961) 139–187.

[12] Wir sind Utah aus vielen Gründen verbunden. Einer davon besteht darin, daß wir anläßlich eines Forschungsurlaubes in Salt Lake City während des Studienjahres 1982/83 in Fraktale eingeführt wurden. Und es war dort, wo wir unsere ersten computergrafischen Experimente über Fraktale in den Mathematik- und Informatikfachbereichen der Universität von Utah durchgeführt haben.

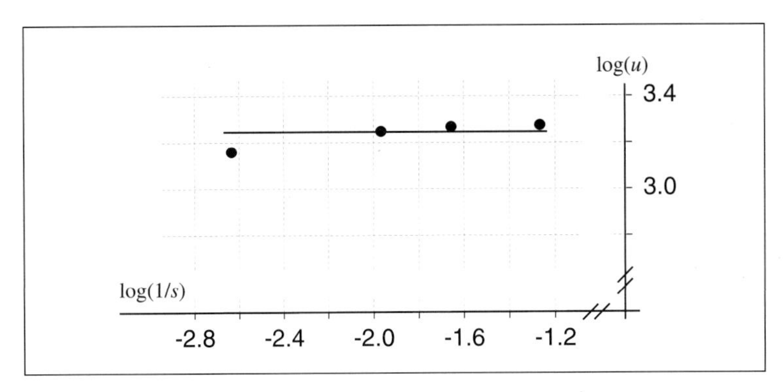

Abb. 4.19 : Doppeltlogarithmische Darstellung der Messungen der Grenze von Utah. u = Länge in km; s = Zirkelweite in km.

sind einige Meßwerte aus Karten mit unterschiedlichen Maßstäben zusammengefaßt. Wenn wir die entsprechenden Meßpunkte in einem doppeltlogarithmischen Diagramm darstellen, gewinnen wir Einblick in das Verhalten des Potenzgesetzes. Augenscheinlich läßt sich eine praktisch horizontal verlaufende Gerade am besten an die Punkte anpassen. Das heißt, das Potenzgesetz der Grenze von Utah weist einen Exponenten $m \approx 0$ auf, vergleichbar mit demjenigen unseres Kreises, und dies bedeutet, daß die Grenze für alle praktischen Zwecke eine endliche Länge besitzt.

Länge der Grenze von Utah

Einstellung km	Länge km
500	1450
100	1780
50	1860
20	1890

Tab. 4.20 : Länge der Grenze von Utah, gemessen auf Karten mit verschiedenen Maßstäben und mit einem Zirkel mit verschiedenen Einstellungen.

Vermessen der Koch-Kurve

Versuchen wir nun in einem rein mathematischen Fall zu verstehen, welchen Sinn und welche Bedeutung das Verhalten des Potenzgesetzes hat. Wir rufen uns die Koch-Insel aus Kapitel 3 in Erinnerung. Die Koch-Insel hat eine Küste, die aus drei völlig gleichen Koch-Kurven gebildet wird. Nun wissen wir, daß jede Koch-Kurve in vier selbstähnliche Teile zerlegt werden kann, die über eine Ähnlichkeitstransformation, die mit einem Faktor $1/3$ skaliert, der ganzen Kurve ähnlich sind.

Deshalb ist es angezeigt, Zirkeleinstellungen zu wählen, die Abstände der Art $1/3$, $1/3^2$, $1/3^3$, ..., $1/3^k$ überspannen. Nun

Vermessen der Koch-Kurve

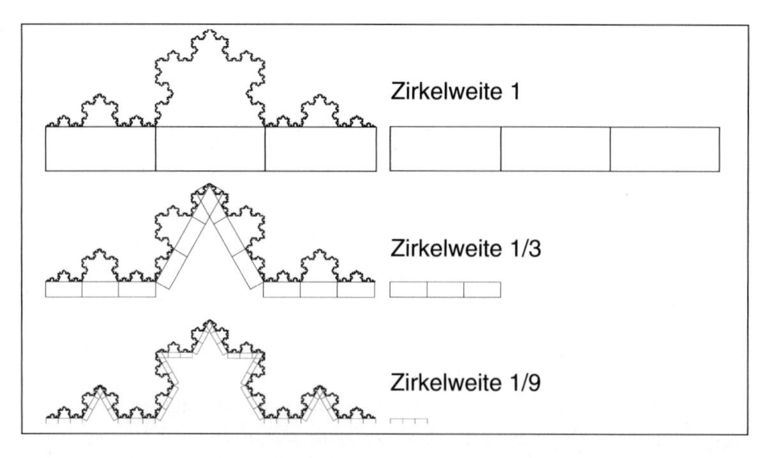

Abb. 4.21 : Ausmessen der Länge der Koch-Kurve mit unterschiedlichen Zirkelweiten.

Doppeltlogarithmisches Diagramm für die Koch-Kurve

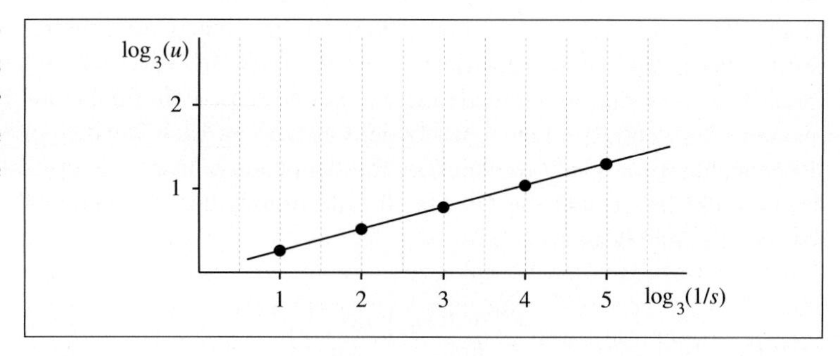

Abb. 4.22 : Doppeltlogarithmisches-Diagramm (Basis 3) für die Koch-Kurve.

gibt es zwei Methoden, mit diesen Zirkeleinstellungen zu arbeiten: eine unmögliche und eine naheliegende. Es wäre rein technisch unmöglich, einen Zirkel einzustellen genau auf, sagen wir $1/3^4 = 0.0123456790123....$ Was wir tun können, wäre, die Zirkeleinstellung konstant zu halten und verschiedene Vergrößerungen mit Faktoren 1, 3, 3^2, 3^3, ... zu betrachten. Aber sogar das wäre Zeitverschwendung, denn aus der Konstruktion der Koch-Kurve kennen wir ja die Messergebnisse genau, nämlich 4/3 für die Zirkelweite $s = 1/3$, 16/9 für $s = 1/9$, ... $(4/3)^k$ für $s = (1/3)^k$.

Stellen wir nun diese Messungen in einem doppeltlogarithmischen Diagramm (Abbildung 4.22) dar. Da uns die Wahl der Basis für die Logarithmen freigestellt ist, entscheiden wir uns für $\log_3$ (Logarithmen zur Basis 3), so daß wir für die Zirkeleinstellung $s = 1/3^k$ und die Länge $u = (4/3)^k$ erhalten:

$$\log_3 \frac{1}{s} = k \quad \text{und} \quad \log_3 u = k \log_3 \frac{4}{3} \ .$$

Die Kombination dieser beiden Gleichungen ergibt für das gewünschte Wachstumsgesetz

$$\log_3 u = m \log_3 \frac{1}{s} \ ,$$

wobei

$$m = \log_3 \frac{4}{3} \approx 0.2619 \ .$$

Diese Zahl ist kleiner als der empirische Wert $m = 0.36$, den wir für die Küstenlinie von Großbritannien gefunden haben. Aus dieser Sichtweise erscheint die Küstenlinie sogar noch zerklüfteter als die Koch-Kurve.

4.3 Fraktale Dimension

Bei unseren Versuchen, die Länge der Küste von Großbritannien zu vermessen, haben wir festgestellt, daß die Frage der Länge — und in anderen Fällen ebenso der Fläche oder des Volumens — falsch oder zumindest schlecht gestellt sein kann. Kurven, Oberflächen und Volumina können derart komplex sein, daß die üblichen Meßbegriffe ihren Sinn verlieren. Es gibt jedoch eine Möglichkeit, den Grad der Komplexität zu messen, wenn wir in Betracht ziehen, wie schnell Länge, Oberfläche oder Volumen bei immer kleineren Maßstäben zunehmen. Der Grundgedanke beruht auf der Annahme, daß die beiden Größen — Länge, Oberfläche oder Volumen einerseits, und Maßstab andererseits — nicht beliebig variieren, sondern vielmehr durch ein Gesetz miteinander verknüpft sind, das es uns erlaubt, die eine Größe aus der anderen zu berechnen. Dafür kommt, wie wir früher erklärt haben, ein Potenzgesetz der Form $y \propto x^m$ in Frage.

Der Begriff der Dimension

Ein solches Gesetz erweist sich auch als sehr nützlich für die Diskussion der *Dimension*. Dimension ist kein einfacher Begriff. Um die Jahrhundertwende bestand ein Hauptproblem der Mathematik darin, festzulegen, was Dimension bedeutet und welche Eigenschaften sie hat (siehe Kapitel 2). Und seither hat sich die Situation eher verschlimmert, da die Mathematiker etwa zehn verschiedene Dimensionsbegriffe entwickelt haben: topologische Dimension, Hausdorff-Dimension, fraktale Dimension, Selbstähnlichkeits-Dimension, Box-Dimension, Kapazitäts-Dimension, Informations-Dimension, Euklidische Dimension und mehr. Sie sind alle miteinander verwandt. Einige von ihnen sind jedoch nur in bestimmten Situationen sinnvoll, in anderen sind andere Definitionen hilfreicher. Manchmal sind alle anwendbar und bedeuten dasselbe. Manchmal sind mehrere von ihnen sinnvoll, stimmen aber nicht miteinander überein. Die Einzelheiten können sogar einen Forschungsmathematiker verwirren.[13] Wir werden uns deshalb auf die Grunddiskussion dreier dieser Dimensionen beschränken:

- Selbstähnlichkeits-Dimension
- Zirkel-Dimension[14]
- Box-Dimension

Dies sind allesamt spezielle Formen von Mandelbrots *fraktaler Dimension*,[15] die ihrerseits durch Hausdorffs[16] grundlegende Arbeit von 1919 angeregt worden war. Von diesen drei Dimensionsbegriffen wird die Box-Dimension in der Wissenschaft am häufigsten angewendet. Sie wird im nächsten Abschnitt behandelt.

Selbstähnliche Strukturen

Wir haben den Begriff der Selbstähnlichkeit im letzten Kapitel besprochen. Rufen wir uns die wesentlichen Punkte in Erinnerung. Eine Struktur wird (exakt) selbstähnlich genannt, wenn sie in beliebig kleine Teile zerlegt werden kann, von denen jeder eine kleine Kopie der ganzen Struktur ist. Hierbei ist wichtig, daß die kleinen Teile tatsächlich aus der ganzen Struktur durch eine *Ähnlichkeitstransformation* hervorgehen können. Am besten stellt man sich eine solche Transformation als das vor, was wir von einem Fotokopiergerät mit Verkleinerungsmöglichkeit erhalten. Wenn wir z.B. eine Koch-Kurve auf eine Kopiermaschine legen, die Verkleinerung auf 1/3 einstellen und vier Kopien herstellen, dann können die vier Kopien so zusammengefügt werden, daß sie wieder die Koch-Kurve ergeben. Wenn wir nun weiter jede der vier verkleinerten Kopien mit einem Verkleinerungsfaktor von 1/3 viermal kopieren (d.h. 16 Kopien herstellen, die im Vergleich zum Original um einen Faktor von 1/9 verkleinert sind), dann können diese 16 neuen Kopien ebenfalls so zusammengefügt werden, daß sie wiederum das Original ergeben. Mit einem idealen Kopiergerät könnte dieses Verfahren unendlich oft wiederholt werden. Wir betonen nocheinmal, es ist wichtig, daß diese Verkleinerungen durch eine Ähnlichkeitstransformation erhalten werden.

---

[13] Für diejenigen, welche dieses Thema weiterverfolgen wollen, sind zwei gute Quellen: K. Falconer, *Fractal Geometry, Mathematical Foundations and Applications*, Wiley, New York, 1990 und J. D. Farmer, E. Ott, J. A. Yorke, *The dimension of chaotic attractors*, Physica 7D (1983) 153–180.

[14] Im Englischen „compass dimension“ oder „divider dimension“.

[15] Fraktal ist aus dem lateinischen Wort *frangere* abgeleitet, das „zerbrechen“ bedeutet.

[16] Hausdorff (1868–1942) war Mathematiker an der Universität Bonn. Er war Jude. Er und seine Frau verübten im Februar 1942 Selbstmord, nachdem er erfahren hatte, daß seine Deportation in ein Konzentrationslager unmittelbar bevorstand.

Felix Hausdorff

Abb. 4.23 : Felix Hausdorff, 1868–1942.

Es wäre ein Irrtum zu glauben, daß jede selbstähnliche Struktur ein Fraktal ist. Betrachten wir z.B. eine Strecke, ein Quadrat oder einen Würfel. Jedes dieser Objekte kann mit Hilfe von Ähnlichkeitstransformationen in kleine Kopien zerlegt werden (siehe Abbildung 4.24). Diese Strukturen sind jedoch keine Fraktale.

Skalierungsfaktoren können entscheidend sein

Hier sehen wir, daß der Verkleinerungsfaktor 1/3 beträgt, was natürlich willkürlich ist. Wir hätten ebensogut 1/2, 1/7 oder 1/356 wählen können. Aber genau in diesem Umstand liegt der Unterschied zwischen diesen Figuren und fraktalen Strukturen. In den letzteren sind die Verkleinerungsfaktoren — wenn sie existieren — charakteristisch. Zum Beispiel läßt die Koch-Kurve nur 1/3, 1/9, 1/27 usw. zu. Allen exakt selbstähnlichen Strukturen — ob fraktal oder nicht — ist jedoch gemeinsam, daß es eine Beziehung zwischen dem Verkleinerungsfaktor (Skalierungsfaktor) und der Anzahl der verkleinerten Teile gibt, in welche die Struktur dadurch zerlegt worden ist (siehe Tabelle 4.25).

Offensichtlich gibt es für die Strecke, das Quadrat und den Würfel eine schöne Potenzgesetz-Verknüpfung zwischen der Anzahl der Teile a und dem Verkleinerungsfaktor s. Dieses Gesetz lautet

$$a = \frac{1}{s^D} , \qquad (4.5)$$

mit $D = 1$ für die Strecke, $D = 2$ für das Quadrat und $D = 3$ für den Würfel. Mit anderen Worten stimmt der Exponent im Potenzgesetz

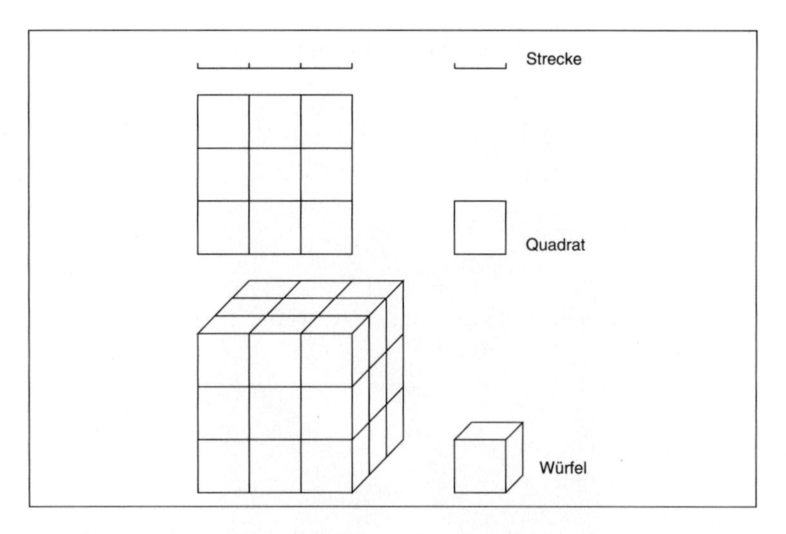

Abb. 4.24 : Selbstähnlichkeit von Strecke, Quadrat und Würfel.

Objekt	Anzahl der Teile	Verkleinerungsfaktor
Strecke	3	1/3
Strecke	6	1/6
Strecke	173	1/173
Quadrat	$9 = 3^2$	1/3
Quadrat	$36 = 6^2$	1/6
Quadrat	$29929 = 173^2$	1/173
Würfel	$27 = 3^3$	1/3
Würfel	$216 = 6^3$	1/6
Würfel	$5177717 = 173^3$	1/173
Koch-Kurve	4	1/3
Koch-Kurve	16	1/9
Koch-Kurve	4^k	$1/3^k$

Tab. 4.25 : Anzahl der Teile und Verkleinerungsfaktoren für vier Objekte.

genau mit den Zahlen überein, die uns als (topologische) Dimensionen der Strecke, des Quadrates und des Würfels bekannt sind. Wenn wir jedoch die Koch-Kurve betrachten, ist der Zusammenhang zwischen $a = 4$ und $s = 1/3$ und zwischen $a = 16$ und $s = 1/9$ nicht so offensichtlich.

Aber weil wir die Skalierungseigenschaften für die Strecke, das Quadrat und den Würfel kennen, geben wir nicht so schnell auf. Wir setzen voraus, daß Gleichung (4.5) in irgendeiner Weise gültig ist. Mit anderen Worten, wir betrachten $4 = 3^D$. Bilden wir die Logarithmen

(Basis beliebig) auf beiden Seiten, so ergibt sich

$$\log 4 = D \cdot \log 3 \ ,$$

oder äquivalent dazu

$$D = \frac{\log 4}{\log 3} \approx 1.2619 \ .$$

Aber erhalten wir dasselbe, wenn wir kleinere Teile betrachten, wie beispielsweise diejenigen mit einem Verkleinerungsfaktor von 1/9? Um dies zu überprüfen, fordern wir, daß $16 = 9^D$ oder $\log 16 = D \cdot \log 9$ oder $D = \log 16 / \log 9$, woraus wir berechnen

$$D = \frac{\log 4^2}{\log 3^2} = \frac{2 \log 4}{2 \log 3} = \frac{\log 4}{\log 3} \approx 1.2619 \ .$$

Und ganz allgemein bedeutet

$$D = \frac{\log 4^k}{\log 3^k} \ ,$$

daß $D = \log 4 / \log 3$. Folglich gibt die Potenzgesetz-Verknüpfung zwischen der Anzahl der Teile und dem Verkleinerungsfaktor dieselbe Zahl D, ungeachtet des Maßstabes, den wir für die Auswertung benutzen. Es ist diese Zahl D, eine Zahl zwischen 1 und 2, welche wir die Selbstähnlichkeits-Dimension der Koch-Kurve nennen.

Selbstähnlichkeits-Dimension

Im Sinne einer Verallgemeinerung gibt es zu einer selbstähnlichen Struktur eine Beziehung zwischen dem Verkleinerungsfaktor s und der Anzahl der Teile a, in welche die Struktur zerlegt werden kann. Und diese lautet

$$a = \frac{1}{s^D}$$

oder äquivalent dazu

$$D = \frac{\log a}{\log(1/s)} \ .$$

D wird als *Selbstähnlichkeits-Dimension* bezeichnet. In Fällen, in denen es von Bedeutung ist, benutzen wir für die Selbstähnlichkeits-Dimension das Symbol D_s. Damit sollen Verwechslungen mit den anderen Versionen der fraktalen Dimension vermieden werden. Für die Strecke, das Quadrat und den Würfel erhalten wir die erwarteten Selbstähnlichkeits-Dimensionen 1, 2 und 3. Für die Koch-Kurve ergibt sich $D \approx 1.2619$, eine Zahl, deren nicht ganzzahliger Anteil von der Vermessung der Länge der Koch-Kurve im letzten Abschnitt her bekannt ist. Dort zeigte sich, daß dieser Anteil 0.2619... gerade gleich dem Exponenten des Potenzgesetzes ist, das die gemessene Länge in Abhängigkeit der benutzten Zirkeleinstellung beschreibt! Bevor wir dies im einzelnen diskutieren, untersuchen wir ein paar weitere selbstähnliche Objekte, indem wir deren Selbstähnlichkeits-Dimensionen berechnen. Abbildung 4.27 zeigt das Sierpinski-Dreieck, den Sierpinski-Teppich und die Cantor-Menge. In Tabelle 4.26 wird die Anzahl der selbstähnlichen Teile mit den entsprechenden Verkleinerungsfaktoren verglichen.

Dimensionen einiger Fraktale

Objekt	Faktor s	Teile a	Dimension D_s
Cantor-Menge	$1/3^k$	2^k	log 2 / log 3 $\approx$ 0.6309
Sierpinski-Dreieck	$1/2^k$	3^k	log 3 / log 2 $\approx$ 1.5850
Sierpinski-Teppich	$1/3^k$	8^k	log 8 / log 3 $\approx$ 1.8928

Tab. 4.26 : Selbstähnlichkeits-Dimensionen von weiteren fraktalen Objekten.

Selbstähnlichkeits-Dimension und Längenmessung

Welcher Zusammenhang besteht zwischen (dem Potenzgesetz) der Längenmessung mit unterschiedlichen Zirkelweiten und der Selbstähnlichkeits-Dimension D_s einer fraktalen Kurve? Es stellt sich heraus, daß die sehr einfache Antwort

$$D_s = 1 + m$$

lautet, wobei m, wie früher, die Steigung der Ausgleichsgeraden im doppeltlogarithmischen Diagramm der Länge u über der reziproken Zirkelweite, d.h. $1/s$, bedeutet. Wie läßt sich dies verstehen? Am einfachsten ist es, die Überlegungen anhand einer selbstähnlichen Kurve, wie z.B. der Kochkurve, durchzuführen. In diesem Falle können wir einerseits von unseren Vorarbeiten am Ende des letzten und im vorliegenden Abschnitt profitieren, anderseits stehen uns zwei Möglichkeiten für die Berechnung der Kurvenlänge jeder Stufe k der Konstruktion zur Verfügung: erstens das Potenzgesetz in der Form $u_k = c/{s_k}^m$ (Gleichung (4.4)), zweitens das Produkt der Anzahl der Teile a_k und der Länge eines Teils l_k, d.h. $u_k = a_k \cdot l_k$. Wählen wir naheliegenderweise für die Zirkelweite s_k die Länge eines Teils l_k, also $s_k = l_k$, und normieren wir die Länge der Ausgangsstrecke der Konstruktion (Stufe $k = 0$) zu $u_0 = 1$, so folgt aus $u_0 = a_0 \cdot l_0$ mit $a_0 = 1$ sofort $l_0 = s_0 = 1$ und damit aus dem Potenzgesetz $u_0 = c/{s_0}^m$ der Faktor $c = 1$. Ferner läßt sich die Länge eines Teils l_k unschwer als Verkleinerungsfaktor in der Konstruktion der selbstähnlichen Kurve deuten, so daß wir den letzteren ebenfalls mit s_k bezeichnen können. Nun ergeben sich die beiden Ausdrücke für die Kurvenlänge einer beliebigen Stufe k zu

$$u_k = \frac{1}{{s_k}^m} \tag{4.6}$$

Drei weitere Fraktale

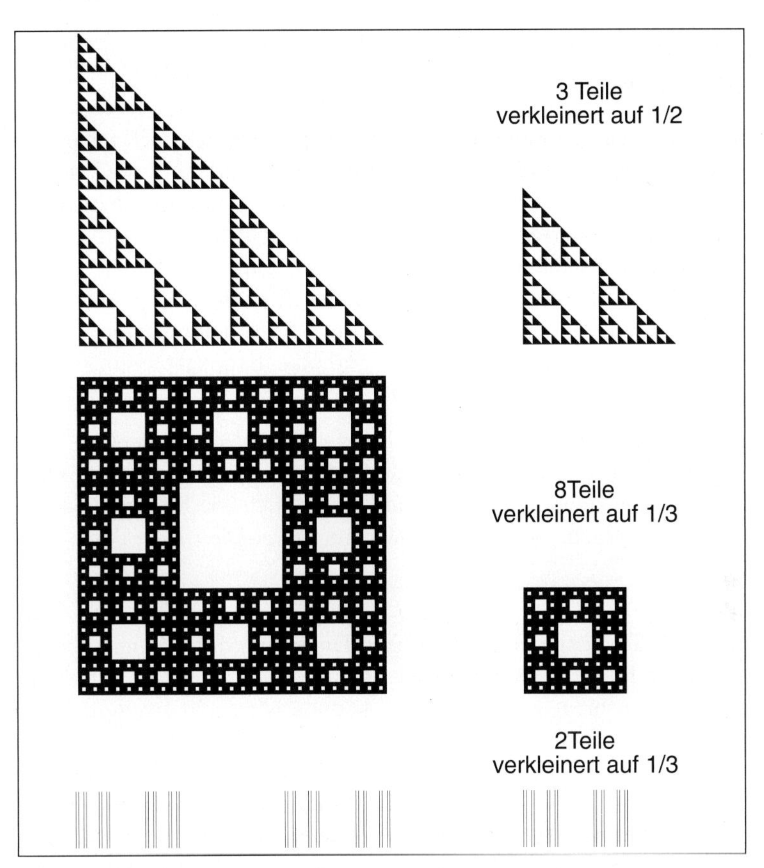

Abb. 4.27 : Dargestellt sind das Sierpinski-Dreieck, der Sierpinski-Teppich und die (wieder durch Linienelemente repräsentierte) Cantor-Menge mit ihren Bausteinen, den verkleinerten Kopien des Ganzen.

und

$$u_k = a_k \cdot s_k = \frac{1}{{s_k}^{D_s}} \cdot s_k = \frac{1}{{s_k}^{D_s - 1}} , \tag{4.7}$$

wenn wir aufgrund der Beziehung $a_k = 1/{s_k}^{D_s}$ (Gleichung (4.5)) die Anzahl Teile a_k auf den Verkleinerungsfaktor s_k und die Selbstähnlichkeits-Dimension D_s zurückführen. Gleichsetzen der rechten Seiten der Gleichungen (4.6) und (4.7) und Vergleich der Exponenten von s_k liefert

$$m = D_s - 1 ,$$

was schließlich die eingangs erwähnte Beziehung ergibt,

$$D_s = 1 + m .$$

Das Ergebnis zeigt, daß die Selbstähnlichkeits-Dimension auf zwei gleichwertigen Wegen berechnet werden kann:

- Gestützt auf die Selbstähnlichkeit geometrischer Formen finde man das Potenzgesetz, das die Anzahl der Teile a in Abhängigkeit von $1/s$ beschreibt, wobei s der Skalierungsfaktor ist, der die Teile als Kopien des Ganzen charakterisiert. Als Exponent in diesem Gesetz tritt die Selbstähnlichkeits-Dimension D_s auf.
- Man führe die Längenmessung mit der Zirkelmethode durch, finde das Potenzgesetz, das die Länge mit $1/s$ verknüpft, wobei s die Zirkelweite bedeutet. Der um 1 erhöhte Exponent m in diesem Gesetz entspricht der Selbstähnlichkeits-Dimension, $D_s = 1 + m$.

Aufgrund dieses Ergebnisses, können wir nun die Dimension, welche man mit der zweiten Methode findet, auch auf Formen verallgemeinern, die keine selbstähnlichen Kurven sind, wie Küstenlinien und ähnliche Formen. So definieren wir die *Zirkel-Dimension* durch

$$D_z = 1 + m ,$$

wobei m im doppeltlogarithmischen Diagramm die Steigung der gemessenen Länge u über der Genauigkeit $1/s$ ist. Da für die Küste von Großbritannien $m \approx 0.36$ beträgt, können wir somit sagen, daß die Küste eine fraktale (Zirkel-)Dimension von ungefähr 1.36 aufweist. Die fraktale Dimension der Staatsgrenze von Utah ist natürlich praktisch gleich 1.0, der fraktalen Dimension der geraden Linie.

Vermessen der 3/2-Kurve

Ein weiteres Beispiel für eine selbstähnliche Kurve ist die 3/2-Kurve. Das Konstruktionsverfahren beginnt mit einem Linienabschnitt der Länge 1. Im ersten Schritt ersetzen wir den Linienabschnitt durch die *Generator*-Kurve, eine polygonale Linie mit 8 Abschnitten, jeder von der Länge 1/4 (siehe Abbildung 4.28). Das heißt, der Poly-

3/2-Kurve: Zwei Schritte

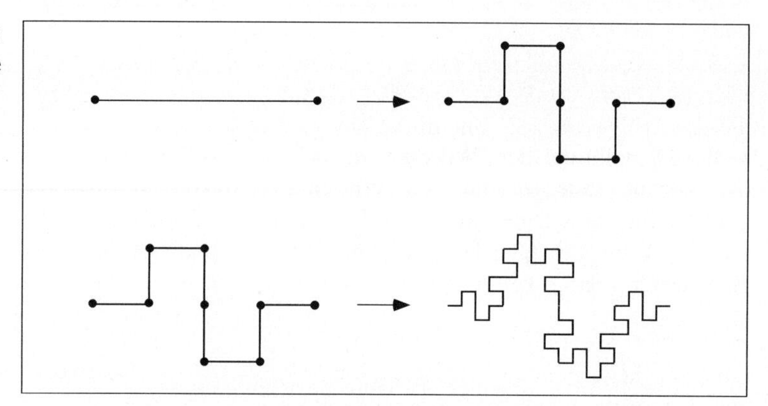

Abb. 4.28 : Die ersten zwei Konstruktionsschritte der 3/2-Kurve.

gonzug weist die Länge 8/4 auf, die Länge hat sich also verdoppelt. Im nächsten Schritt verkleinern wir den Polygonzug mit dem Faktor 1/4 und ersetzen jeden Linienabschnitt der Länge 1/4 von Stufe 1 durch diesen verkleinerten Polygonzug.

Nach dem zweiten Schritt haben wir 8^2 Linienabschnitte, jeder von der Länge $1/4^2$, so daß die Gesamtlänge nun $8^2/4^2 = 2^2$ beträgt. Im nächsten Schritt verkleinern wir den Generator mit dem Faktor $1/4^2$ und ersetzen jeden Linienabschnitt der Länge $1/4^2$ von Stufe 2 durch diesen verkleinerten Generator usw. Offensichtlich wird die Länge der sich ergebenden Kurve in jedem Schritt verdoppelt (d.h., nach dem Schritt k ist die Länge 2^k). Die Anzahl der Linienabschnitte wächst bei jedem Schritt um den Faktor 8 (d.h., nach dem k-ten Schritt haben wir 8^k Linienabschnitte der Länge $1/4^k$). Tragen wir diese Daten in ein doppeltlogarithmisches Diagramm (vorzugsweise unter Verwendung von $\log_4$) ein, so ergibt dies Abbildung 4.29.

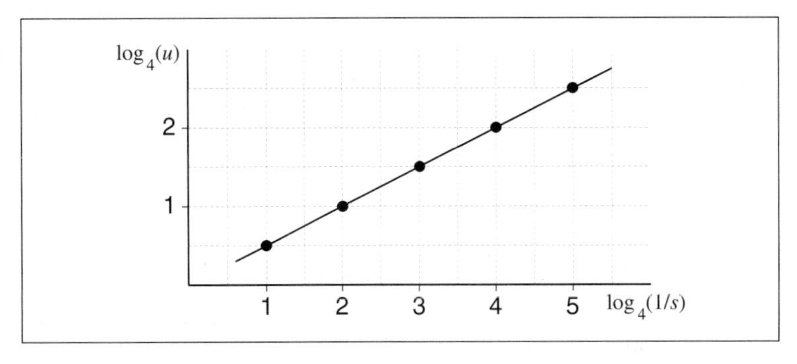

Doppeltlogarithmisches Diagramm für die 3/2-Kurve

Abb. 4.29 : Doppeltlogarithmisches Diagramm (Basis 4) für die 3/2-Kurve. Das Ergebnis zeigt eine Gerade mit der Steigung 1/2.

Die Steigung der Ausgleichsgeraden bestimmt sich zu $m = 0.5$. Dies kann auch direkt aus dem Potenzgesetz abgelesen werden, das die Kurvenlänge $u = 2^k$ und die jeweils verwendete Zirkelweite $s = 1/4^k$ in Beziehung setzt. Wir erhalten so

$$u = \sqrt{\frac{1}{s}} = \frac{1}{s^{0.5}}$$

mit dem Exponenten $m = 1/2$. Somit betragen die Zirkel-Dimension und die Selbstähnlichkeits-Dimension $D = 1 + m = 1.5$, was die Bezeichnung *3/2-Kurve* begründet.

Stoffwechselrate als Potenzgesetz

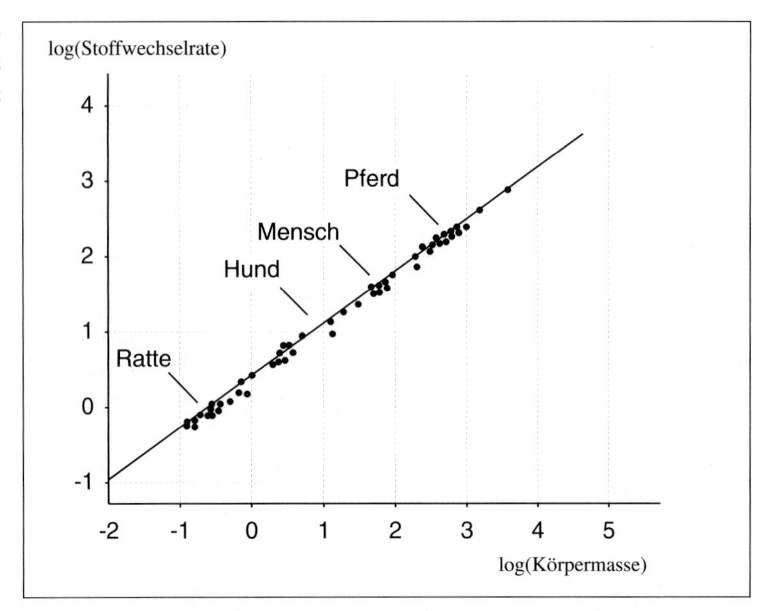

Abb. 4.30 : Das Reduktionsgesetz des Stoffwechsels, veranschaulicht in logarithmischen Koordinaten, zeigt den Grundumsatz als Potenzfunktion der Körpermasse.

Fraktale Eigenheiten von Organen

Wir beschließen diesen Abschnitt mit einigen faszinierenden Spekulationen, die auf eine Arbeit des Jahres 1985 von M. Sernetz und anderen zurückgehen[17] und die sich auf fraktale Eigenschaften von Organen beziehen. Diese Arbeit befaßt sich mit den Stoffwechselraten verschiedener Tierarten (z.B. Ratten, Hunde und Pferde) und setzt sie mit deren jeweiligen Körpermassen in Beziehung. Die Stoffwechselrate wird in Watt und die Masse in Kilogramm gemessen. Zunächst würde man vermuten, daß die Stoffwechselrate proportional zur Körpermasse sein sollte. Abbildung 4.30 zeigt jedoch, daß der Exponent im Potenzgesetz erheblich vom erwarteten Wert 1 abweicht.

Die Steigung m der Ausgleichsgeraden ist ungefähr 0.75. Mit anderen Worten, wenn p die Stoffwechselrate und M die Körpermasse bezeichnen, dann gilt

$$\log p = m \log M + \log c \ ,$$

wobei $\log c$ den Achsenabschnitt p beschreibt. Somit ist $p = cM^m$. Wenn wir für das Volumen r^3 schreiben, wobei r die Größe bezeich-

[17] Aus M. Sernetz, B. Gelléri, F. Hofman, *The Organism as a Bioreactor, Interpretation of the Reduction Law of Metabolism in terms of Heterogeneous Catalysis and Fractal Structure*, Journal Theoretical Biology 117 (1985) 209–230.

Abb. 4.31 : Arterielle und venöse Ausgüsse der Niere eines Pferdes als ein Beispiel für fraktale Strukturen in Organen. Beide Systeme passen in der Niere genau ineinander. Der verbleibende Raum zwischen den Gefässen ist von Organgewebe ausgefüllt (siehe auch Farbtafel 2).

net, und wir annehmen, daß die Masse proportional zu r^3 ist, so ergibt sich $M \propto r^{3m}$, wobei $3m \approx 2.25$.

Dies bedeutet, daß unsere Vermutung falsch ist, nach der die Stoffwechselrate proportional zur Masse bzw. zum Volumen sein sollte. Sie verändert sich vielmehr entsprechend einer fraktalen Oberfläche der Dimension 2.25. Wie kann dies erklärt werden? Die Vermutung liegt nahe, daß das erwähnte Potenzgesetz für die Stoffwechselrate in Organismen die folgende Tatsache widerspiegelt: Ein Organ verhält sich in gewissem Sinne eher wie eine stark gefaltete Oberfläche als wie ein solider Körper. Wenn wir diese Vorstellung etwas weiter entwickeln — vielleicht zu weit — könnten wir sagen, daß Tiere, einschließlich der Menschen, wie dreidimensionale Objekte aussehen, sich jedoch vielmehr wie fraktale Oberflächen verhalten. Ein Blick unter die Haut zeigt uns tatsächlich alle möglichen Arten von Systemen (z.B. die arteriellen und venösen Systeme einer Niere), die mit ihren unglaublichen Gefäßverzweigungen gute Beispiele für fraktale Oberflächen sind (siehe Farbtafel 2). Von einem physiologischen Standpunkt aus ist es fast selbstverständlich, daß die Austauschfunktionen einer Niere in enger Beziehung zur Größe der Oberflächen ihrer Harn- und Blutgefäßsysteme stehen. Es ist offensichtlich, daß das Volumen eines solchen Systems endlich ist; es läßt sich ja in der Niere unterbringen! Gleichzeitig ist die Oberfläche praktisch unbegrenzt! Und ganz ähnlich wie bei den Küstenlinien könnte man messen, wie die Oberfläche bei zunehmender Meßgenauigkeit wächst. Dies führt zur fraktalen Dimension, die einige Gesichtspunkte der Komplexität der Verzweigungsstruktur in einem solchen System beschreibt. Die numerische Auswertung der charakteristischen Eigenschaften von Gefäßsystemen kann möglicherweise ein wichtiges neues Instrument in der Physiologie und Pathologie werden. Zum Beispiel sind Fragen wie die folgenden aufgeworfen worden: Welches sind die Unterschiede zwischen den Systemen verschiedener Tiere? Gibt es eine signifikante Veränderung in der Dimension, wenn sie bei Systemen mit gewissen Funktionsstörungen gemessen wird?

4.4 Die Box-Dimension

In diesem Abschnitt diskutieren wir unsere dritte und letzte Version von Mandelbrots fraktaler Dimension: die *Box-Dimension*. Dieser Begriff ist verwandt mit der Selbstähnlichkeits-Dimension. Es gibt viele Fälle, bei denen diese beiden Dimensionen zahlenmäßig übereinstimmen, aber auch solche, bei denen dies nicht zutrifft.

Nichtselbstähnliche Strukturen

Bisher haben wir gesehen, daß wir Strukturen beschreiben können, die einige sehr spezielle Eigenschaften wie Selbstähnlichkeit aufweisen, oder Strukturen wie Küstenlinien, die wir mit Hilfe eines Zirkels mit verschiedenen Einstellungen untersuchen können. Aber was läßt sich tun, wenn eine Struktur überhaupt nicht selbstähnlich und so unregelmäßig ist wie z.B. diejenige in Abbildung 4.32?

In einem solchen Fall gibt es keine Kurve, die mit einem Zirkel vermessen werden kann; und es ist keine Selbstähnlichkeit vorhanden, obwohl man gewisse Skalierungseigenschaften beobachten kann. Zum Beispiel ähnelt die „Wolke“ in der unteren rechten Ecke ein wenig der großen „Wolke“ im oberen Teil. Die Box-Dimension ist nun ein systematisches Meßverfahren, das sich auf jede Struktur in der Ebene anwenden und sich ohne weiteres auf Strukturen im Raum ausdehnen läßt. Der Grundgedanke steht in enger Beziehung zur Meßmethode für Küstenlinien.

Wir legen die Struktur auf ein regelmäßiges Gitter mit einer Maschenweite s und zählen einfach die Gittermaschen (Boxen), welche von der Struktur getroffen werden.[18] Dies ergibt eine Zahl, die wir

[18] Eigentlich müßte man noch festlegen, ob hierbei die Box mit ihrem Rand, oder nur ihr Inneres gemeint ist. Theoretisch kommt es auf diesen Unterschied natürlich nicht an, wenn man annimmt, daß die Strichdicke der Ränder null ist. Praktisch können jedoch Unterschiede dadurch entstehen, daß auf einem Blatt Papier die

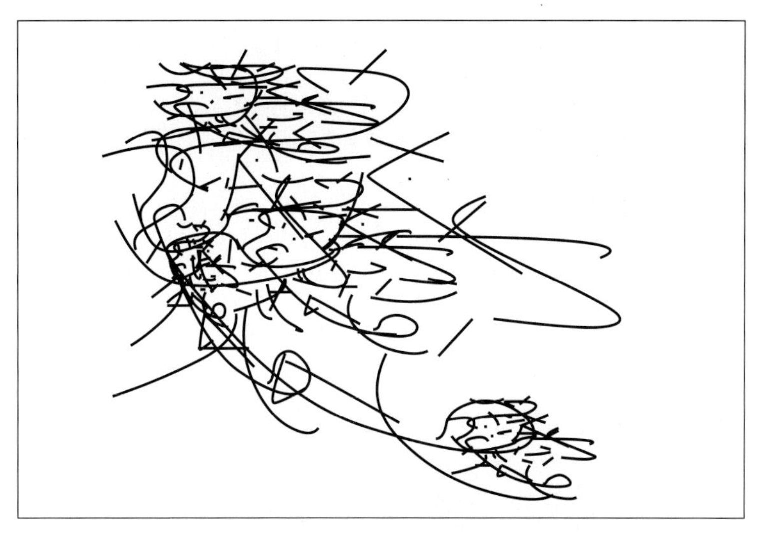

Ein unregelmäßiges Fraktal

Abb. 4.32 : Eine unregelmäßige Struktur mit gewissen Skalierungseigenschaften.

mit N bezeichnen. Natürlich wird diese Zahl von unserer Wahl von s abhängig sein. Deshalb schreiben wir $N(s)$. Nun verwenden wir Gitter mit immer kleineren Maschenweiten s und bestimmen die entsprechenden Zahlen $N(s)$. Als nächstes erstellen wir ein doppeltlogarithmisches Diagramm (genauer gesagt, wir tragen die Meßwerte in ein $\log(N(s)) - \log(1/s)$-Diagramm ein).

Die Box-Dimension

Wir versuchen dann, an die aufgetragenen Punkte des Diagramms eine Gerade anzupassen, und messen ihre Steigung D_b. Diese Zahl ist die *Box-Dimension*, eine weitere spezielle Form von Mandelbrots fraktaler Dimension. Abbildung 4.33 veranschaulicht dieses Verfahren. Wir messen eine Steigung von ungefähr $D_b = 1.45$.

In der Praxis ist es oft zweckmäßig, eine Folge von Gittern mit dem Reduktionsfaktor $1/2$ für die Maschenweite zwischen aufeinander folgenden Gittern in Betracht zu ziehen. In diesem Fall ist jede Gittermasche im nächsten Gitter in vier Maschen von je halber Weite unterteilt. Beim Auszählen der Maschen mit solchen Gittern für ein Fraktal erhalten wir eine Maschenzahlfolge $N(2^{-k}), k = 0, 1, 2, ...$ Die Steigung der Geraden zwischen zwei aufeinanderfolgenden Punkten im entsprechenden doppeltlogarithmischen Diagramm beträgt

$$\frac{\log N(2^{-(k+1)}) - \log N(2^{-k})}{\log 2^{k+1} - \log 2^{k}} = \log_2 \frac{N(2^{-(k+1)})}{N(2^{-k})} \ ,$$

Ränder der Boxen stets eine gewisse Dicke haben.

Maschenzählung

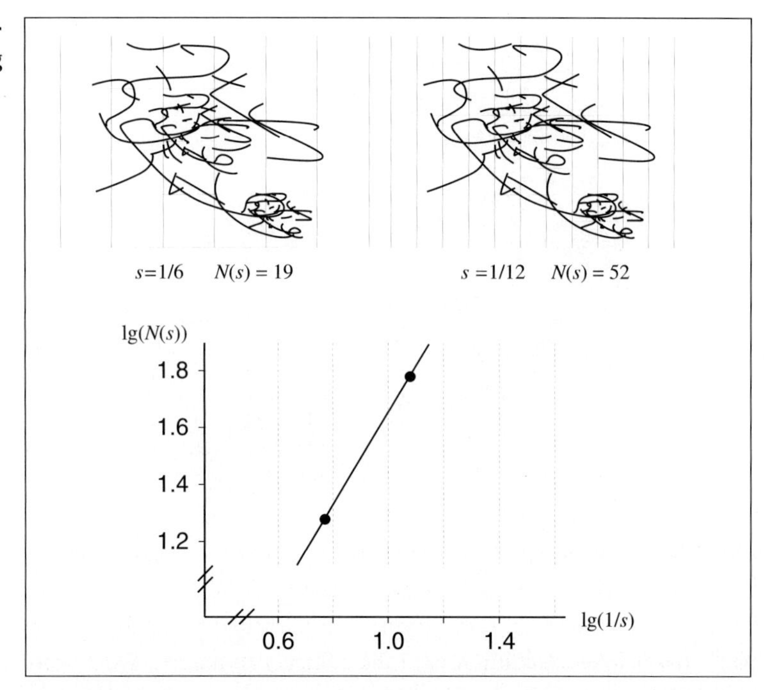

Abb. 4.33 : Die Box-Dimension einer unregelmäßigen Struktur wird bestimmt.

wobei wir beim Ausdruck rechts Logarithmen zur Basis 2 eingeführt haben (der Ausdruck links gilt für beliebige Logarithmenbasen). Das Ergebnis ist somit gleich dem Zweierlogarithmus des Maschenzahlverhältnisses zweier aufeinander folgender Gitter. Diese Steigung ist ein Näherungswert für die Box-Dimension des Fraktals. Mit anderen Worten, wenn die gezählte Maschenzahl bei Halbierung der Maschenweite um einen Faktor 2^D ansteigt, dann ist die fraktale Dimension gleich D.

Selbstähnlichkeits- und Box-Dimension sind unterschiedlich

Man könnte nun tatsächlich experimentell überprüfen, daß die Box-Dimensionen D_b der Koch-Kurve und der 3/2-Kurve mit den betreffenden Selbstähnlichkeits- und Zirkel-Dimensionen übereinstimmen. Allerdings müßte man darauf gefaßt sein, diese nummerische Übereinstimmung erst für sehr kleine Maschenweiten zu beobachten. Außerdem ist zu beachten, daß die Box-Dimension D_b in der Ebene niemals den Wert 2 überschreitet, ganz im Gegensatz zur Selbstähnlichkeits-Dimension D_s, bei der dies leicht eintreten kann. Um uns davon selbst zu überzeugen, müssen wir nur ein Beispiel konstruieren, bei dem der Verkleinerungsfaktor $s = 1/3$ beträgt und die Anzahl a der Teile in einem Ersetzungsschritt größer

Selbstüberschneidung

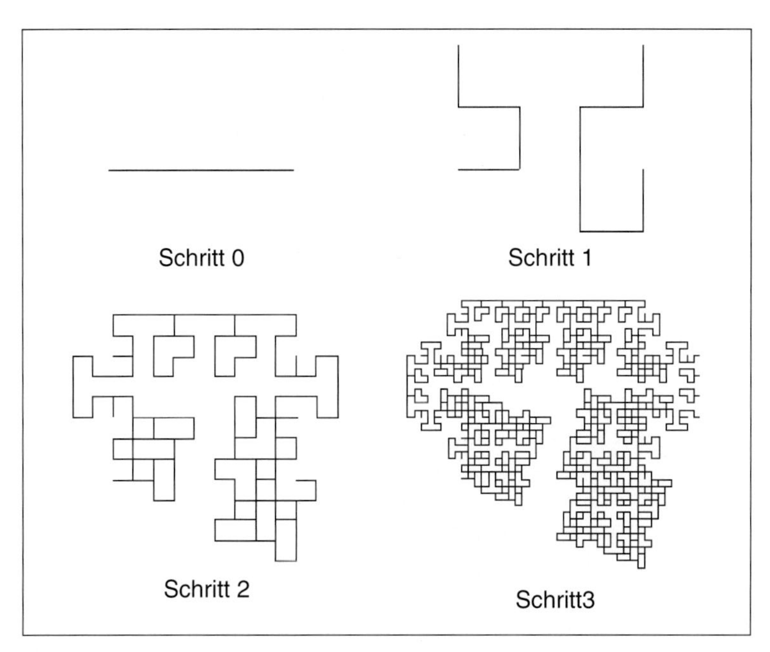

Abb. 4.34 : Die ersten Schritte der Erzeugung einer Kurve mit Selbstüberschneidungen.

als 9 ist (siehe Abbildung 4.34). Dann gilt

$$D_s = \frac{\log a}{\log(1/s)} > 2 \ .$$

Der Grund für diese Diskrepanz liegt darin, daß die in Abbildung 4.34 erzeugte Kurve sich überschneidende Teile aufweist, die von der Selbstähnlichkeits-Dimension nicht übergangen werden, jedoch von der Box-Dimension. Für diese Kurve gilt, wegen $s = 1/3$ und $a = 13$,

$$D_s = \frac{\log 13}{\log 3} \approx 2.335 \ .$$

Vorteile der Box-Dimension

Die Box-Dimension ist die Dimension, die für Messungen in den Wissenschaften am häufigsten benutzt wird. Der Grund für ihre Überlegenheit liegt in der einfachen und automatischen Berechenbarkeit durch Maschinen. Es ist einfach, Gittermaschen (Boxen) zu zählen und Statistiken zu führen, welche die Dimensionsberechnung erlauben. Die Methode kann für Formen mit und ohne Selbstähnlichkeit verwendet werden. Überdies können die Objekte in Räume höherer Dimension eingebettet sein. Wenn man z.B. Objekte im gewöhnlichen dreidimensionalen Raum betrachtet, ersetzt man die Quadrate

(Gittermaschen) durch Kuben. Genauso läßt sich die Methode auch auf Fraktale wie die Cantor-Menge anwenden, die eine Teilmenge des Einheitsintervalles ist. In diesem Falle sind die Gittermaschen kleine Intervalle.

Box-Dimension der Küste von Großbritannien

Als klassisches Beispiel betrachten wir nocheinmal die Küstenlinie von Großbritannien. Abbildung 4.35 zeigt einen Umriß der Küste mit zwei verschiedenen Gittern. Nach Normierung der Breite des Objektes sind die Gittergrößen 1/24 und 1/32. Das Auszählen der Gittermaschen, welche die Küstenlinie treffen, ergibt 194 bzw. 283 (man kann dies genau überprüfen, wenn man über die nötige Zeit verfügt). Aus diesen Daten läßt sich nun eine grobe Näherung der Box-Dimension leicht ableiten. Die Steigung der Geraden, welche die beiden den Daten entsprechenden Punkte in einem doppeltlogarithmischen Diagramm miteinander verbindet, beträgt

$$m = \frac{\log 283 - \log 194}{\log 32 - \log 24} \approx \frac{2.45 - 2.29}{1.51 - 1.38} \approx 1.31 \ .$$

Dies stimmt gut mit unserem vorherigen Ergebnis für die Zirkel-Dimension überein (Unterschied ca. 4%).

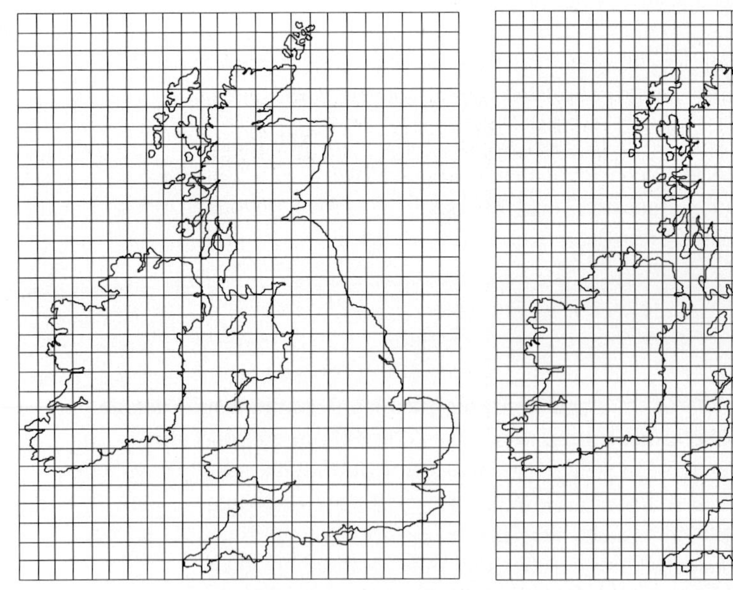
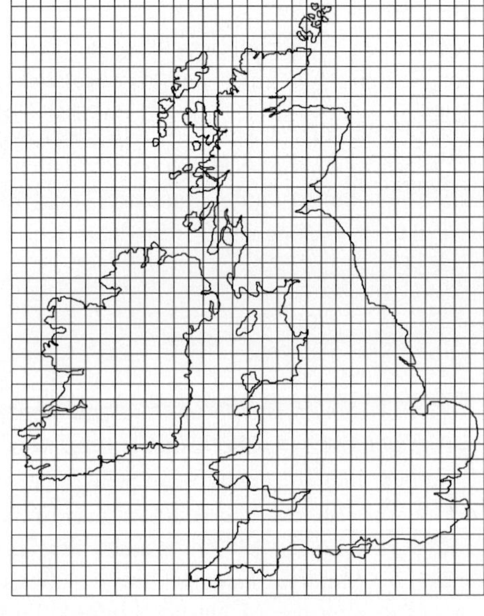

Abb. 4.35 : Man zähle alle Gittermaschen, welche Teile der Küstenlinie von Großbritannien einschließlich Irland enthalten.

Fraktale Dimensionen und ihre Grenzen

Der Begriff der fraktalen Dimension hat Wissenschaftler zu einer Fülle von interessanten neuen Arbeiten und faszinierenden Spekulationen angeregt. Eine Zeitlang schien es, als ob die fraktalen Dimensionen uns erlauben würden, in der Welt komplexer Phänomene und Strukturen eine neue Ordnung zu entdecken. Diese Hoffnung wurde jedoch wegen einiger schwerwiegender Einschränkungen gedämpft. Zunächst gibt es mehrere unterschiedliche Dimensionen, die unterschiedliche Ergebnisse hervorbringen. Darüberhinaus ist auch denkbar, daß eine Struktur aus einer Mischung verschiedener Fraktale besteht, jedes mit einem anderen Wert der Box-Dimension. In einem solchen Fall wird die Dimension der gesamten Struktur einfach derjenigen der Komponente(n) mit der größten Dimension entsprechen. Dies bedeutet, daß die sich ergebende Zahl für die Mischung nicht maßgebend sein kann. Wünschbar wäre so etwas wie ein Zahlenspektrum, das Informationen über die Verteilung der fraktalen Dimensionen in einer Struktur liefert. Dieses Forschungsprogramm wurde inzwischen mit großem Erfolg ausgeführt und unter dem Begriff *Multifraktale* bekannt.[19]

Die historischen Wurzeln fraktaler Dimensionen liegen in Hausdorffs Arbeit von 1918.[20] Seine Definition dessen, was später als Hausdorff-Dimension bekannt wurde ist allerdings in dem Sinne nicht für praktische Zwecke geeignet, als daß sie auch in elementaren Beispielen sehr schwierig zu berechnen und in Anwendungen nahezu unmöglich abzuschätzen ist. Theoretisch ist sie allerdings von großer Bedeutung. Für eine Darstellung der verschiedenen zu fraktalen Dimensionen in Beziehung stehenden Dimensionsbegriffe als auch deren Beziehungen untereinander verweisen wir auf die ausgezeichneten Bücher von Gerald A. Edgar[21] und Kenneth Falconer.[22] Wir schließen diesen Abschnitt mit der sehr technischen Definition der Hausdorff-Dimension und ihrer Beziehung zur Box-Dimension ab.

[19] Siehe B. B. Mandelbrot, *An introduction to multifractal distribution functions,* in: Fluctuations and Pattern Formation, H. E. Stanley and N. Ostrowsky (eds.), Kluwer Academic, Dordrecht, 1988.
J. Feder, *Fractals,* Plenum Press, New York, 1988.
K. Falconer, *Fractal Geometry, Mathematical Foundations and Applications*, Wiley, New York, 1990.

[20] F. Hausdorff, *Dimension und äußeres Maß,* Math. Ann. 79 (1918) 157–179.

[21] G. A. Edgar, *Measure, Topology and Fractal Geometry,* Springer-Verlag, New York, 1990.

[22] K. Falconer, *Fractal Geometry, Mathematical Foundations and Applications,* John Wiley & Sons, Chichester, 1990.

Definition der Hausdorff-Dimension

Wir beschränken uns hier auf eine Definition der Hausdorff-Dimension für Mengen A, die in dem Euklidischen Raum

$$\mathbf{R}^n = \{x \mid x = (x_1, ..., x_n), x_i \in \mathbf{R}\}$$

eingebettet sind, wobei n eine natürliche Zahl ist. Wir benötigen einige mathematische Begriffe, um zu einer Definition zu gelangen. Als erstes gibt es eine Abstandsfunktion $d(x, y)$: Der Euklidische Abstand von x und y in $\mathbf{R}^n$,

$$d(x, y) = \sqrt{\sum_{i=0}^{n}(x_i - y_i)^2} \; .$$

Zweitens gibt es das Infimum und Supremum einer Teilmenge X der reellen Zahlen,

$$\begin{aligned} \inf\{x \in X\} &= \text{größte untere Schranke von } X \\ \sup\{x \in X\} &= \text{kleinste obere Schranke von } X \; . \end{aligned}$$

Dies bedeutet, daß $a = \inf\{x \in X\}$ falls, $a \leq x$ für alle $x \in X$ und es für jedes $\varepsilon > 0$ ein $x \in X$ gibt, so daß $x - a < \varepsilon$. Ähnlich ist $b = \sup\{x \in X\}$ falls, $b \geq x$ für alle $x \in X$ und es für jedes $\varepsilon > 0$ ein $x \in X$ gibt, so daß $b - x < \varepsilon$. Mit Hilfe dieser Begriffe können wir nun den Durchmesser einer Teilmenge U von $\mathbf{R}^n$ definieren.

$$\text{diam}(U) = \sup\{d(x, y) \mid x, y \in U\} \; .$$

Der letzte Begriff ist der einer offenen Überdeckung einer Teilmenge A des $\mathbf{R}^n$. Eine Teilmenge U des $\mathbf{R}^n$ wird offen genannt vorausgesetzt, es gibt für jedes $x \in U$ eine kleine Kugel $B_\varepsilon(x) = \{y \in \mathbf{R}^n \mid d(x, y) < \varepsilon\}$ vom Radius $\varepsilon > 0$ und Mittelpunkt x, die vollständig in U liegt. Eine Familie von offenen Untermengen $\{U_1, U_2, U_3, ...\}$ wird offene (abzählbare) Überdeckung von A genannt vorausgesetzt,

$$A \subset \bigcup_{i=1}^{\infty} U_i \; .$$

Nun können wir die Hausdorff-Dimension von A definieren: Seien s und ε positive reelle Zahlen. Dann definiert man

$$h_\varepsilon^s(A) = \inf \left\{ \sum_{i=0}^{\infty} \text{diam}(U_i)^s \;\middle|\; \begin{array}{l} \{U_1, U_2, ...\} \\ \text{offene Überdeckung von } A \\ \text{mit diam}(U_i) < \varepsilon \end{array} \right\} .$$

Das Infimum wird somit auf alle offenen Überdeckungen von A erstreckt, für die die Überdeckungsmengen U_i einen Durchmesser von weniger als ε haben. Für jede solche Überdeckung nehmen wir die Durchmesser der offenen Mengen der Überdeckung, erheben sie zur s-ten Potenz und bilden die Summe. Die Summe kann endlich oder unendlich sein. Je kleiner wir ε wählen, desto kleiner wird die Klasse der erlaubten Überdeckungen von A. Deshalb vergrößert sich das Infimum und es strebt mit $\varepsilon \to 0$ gegen einen Grenzwert, der unendlich oder eine reelle Zahl sein kann. Wir schreiben

$$h^s(A) = \lim_{\varepsilon \to 0} h^s_\varepsilon(A) \, .$$

Der Grenzwert $h^s(A)$ wird das *s-dimensionale Hausdorff-Maß* von A genannt. Insbesondere folgt, daß das s-dimensionale Hausdorff-Maß der leeren Menge 0 ist und $h^s(A) \leq h^s(B)$ wenn $A \subset B$. Außerdem ist $h^1(A)$ die Länge einer glatten Kurve A; $h^2(A)$ ist die Fläche einer glatten Fläche A bis auf einen Faktor von $\pi/4$; $h^3(A)$ ist das Volumen einer glatten dreidimensionalen Mannigfaltigkeit A bis auf einen Faktor von $4\pi/3$. Eine weitere wichtige Eigenschaft ist: Wenn $f : A \to \mathbf{R}^n$ eine Hölder-Bedingung für alle Paare $x, y \in A$ erfüllt, d.h.

$$d(f(x), f(y)) \leq c(d(x,y))^\alpha$$

für bestimmte Konstanten $c > 0$ und $\alpha > 0$, dann gilt

$$h^{s/\alpha}(f(A)) \leq c^{s/\alpha} h^s(A) \, .$$

Wenn f beispielsweise eine Ähnlichkeitstransformation mit einem Kontraktionsfaktor $0 \leq c < 1$ ist, dann erfüllt f eine Hölder-Bedingung mit $\alpha = 1$ und $h^s(f(A)) \leq c^s h^s(A)$. Außerdem hat Hausdorff bewiesen, daß für jede Menge A das folgende gilt: Es gibt eine Zahl $D_H(A)$, so daß

$$h^s(A) = \begin{cases} \infty & \text{für } s < D_H(A) \\ 0 & \text{für } s > D_H(A) \end{cases}$$

Die Zahl $D_H(A)$ ist als die *Hausdorff-Dimension*

$$D_H(A) = \inf\{s \mid h^s(A) = 0\} = \sup\{s \mid h^s(A) = \infty\}$$

definiert. Wenn $s = D_H(A)$, dann kann $h^s(A)$ null, unendlich oder eine positive reelle Zahl sein. Zum Schluß fassen wir einige grundlegende Eigenschaften der Hausdorff-Dimension zusammen:

(1) Wenn $A \subset \mathbf{R}^n$, dann ist $D_H(A) \leq n$.
(2) Wenn $A \subset B$, dann ist $D_H(A) \leq D_H(B)$.
(3) Wenn A eine abzählbare Menge ist, dann ist $D_H(A) = 0$.
(4) Wenn $A \subset \mathbf{R}^n$ und $D_H(A) < 1$, dann ist A total unzusammenhängend.
(5) Sei C_∞ die Cantor-Menge. Dann ist $D_H(C\infty) = \log 2/\log 3$.

Wir wollen eine heuristische Argumentation für die Eigenschaft (5) unter der Annahme geben, daß $0 < h^s(C_\infty) < \infty$ für $s = D_H(C_\infty)$. Die Cantor-Menge C_∞ zerfällt in zwei Teile $C_L = C_\infty \cap [0, 1/3]$ und $C_R = C_\infty \cap [2/3, 1]$, die beide C_∞ ähnlich sind, allerdings um einen Faktor $c = 1/3$ verkleinert. Somit ist

$$h^s(C_\infty) = h^s(C_L) + h^s(C_R) = c^s h^s(C_\infty) + c^s h^s(C_\infty) \, .$$

Nun teilen wir durch $h^s(C_\infty) \neq 0$ und erhalten $1 = 2c^s$ oder $s = \log 2/\log 3$.

Es gibt mehrere Schwierigkeiten bei der Berechnung der Hausdorff-Dimension in einem konkreten Fall. Die Box-Dimension ist in gewissem Sinne dadurch motiviert, daß man diese Schwierigkeiten vermeiden möchte.

Unglücklicherweise stimmen die Hausdorff-Dimension und die Box-Dimension nicht immer überein.[23] Man kann z.B. zeigen, daß $D_b(A) = n$ für jede dichte Teilmenge des $\mathbf{R}^n$. Mit anderen Worten, für die Menge der rationalen Zahlen in $[0, 1]$ ist die Box-Dimension 1, die Hausdorff-Dimension für dieselbe (abzählbare) Menge aber ist 0. Ein weiteres bemerkenswertes Beispiel ist die Menge $A = \{0, 1/2, 1/3, 1/4, ...\}$. Diese Menge hat die nicht ganzzahlige Box-Dimension $D_b(A) = 1/2$. Mit anderen Worten können wir bei einem nicht ganzzahligen $D_b(A)$ nicht blind darauf schliessen, daß A fraktale Eigenschaften hat. Andererseits trifft es zu, daß die Hausdorff-Dimension und die Box-Dimension für eine große Klasse von Mengen übereinstimmen. Dies schließt die klassischen Fraktale, wie die Cantor-Menge, das Sierpinski-Dreieck und den Sierpinski-Teppich und, wie wir am Ende von Kapitel 5 berichten werden, viele andere mit ein.

Hausdorff-Dimension im Vergleich mit Box-Dimension

Die Hauptschwierigkeit bei der Berechnung der Hausdorff-Dimension liegt in den Ausdrücken $\sum_{i=0}^{\infty} \operatorname{diam}(U_i)^s$. Die *Box-Dimension* vereinfacht das Problem durch die Ersetzung der Ausdrücke $\operatorname{diam}(U_i)^s$ durch δ^s. Eine formale Definition der Box-Dimension D_b für jede beschränkte Teilmenge A des $\mathbf{R}^n$ läuft wie folgt: Sei $N_\delta(A)$ die kleinste Anzahl von Mengen mit einem Durchmesser von höchstens δ die A überdecken.[24] Dann ist

$$D_b(A) = \lim_{\delta \to 0} \frac{\log N_\delta(A)}{\log 1/\delta} ,$$

vorausgesetzt der Grenzwert existiert.

Es gibt mehrere äquivalente Definitionen für $D_b(A)$. Man betrachte z.B. eine Unterteilung des $\mathbf{R}^n$ in ein Gitter der Maschenweite δ (d.h., eine Pflasterung des $\mathbf{R}^n$ durch Würfel mit der Seitenlänge δ). Nun sei $N'_\delta(A)$ die Anzahl der Würfel die A schneiden. Nun ist es ein Fakt, daß

$$D_b(A) = \lim_{\delta \to 0} \frac{\log N'_\delta(A)}{\log 1/\delta} ,$$

vorausgesetzt der Grenzwert existiert. Grob gesprochen besagt die Definition, daß $N_\delta(A) \propto \delta^{-s}$ für kleine δ, wobei $s = D_b(A)$. Genauer besagt sie, daß

$$N_\delta(A)\delta^s \to \begin{cases} \infty & \text{für } s < D_b(A) \\ 0 & \text{für } s > D_b(A) \end{cases} .$$

[23] Für Details siehe K. Falconer, *Fractal Geometry, Mathematical Foundations and Applications,* John Wiley & Sons, Chichester, 1990.

[24] Da A beschränkt ist, können wir immer annehmen, daß die Überdeckung endlich ist.

Aber

$$N_\delta(A)\delta^s = \inf\left\{ \sum_i \delta^s \;\middle|\; \begin{array}{l} \{U_1, U_2, ...\} \\ \text{endliche Überdeckung von } A \text{ mit} \\ \text{diam}(U_i) \le \delta \end{array} \right\} .$$

Dies sollte man mit der Definition der Hausdorff-Dimension vergleichen, um zu erkennen, daß der einzige Unterschied in den Ausdrücken $\text{diam}(U_i)^s$ gegenüber dem Ausdruck δ^s liegt.

4.5 Grenzfälle von Fraktalen: Teufelstreppe und Peano-Kurve

Die in diesem Kapitel bisher diskutierten Fraktale haben eine gebrochene (nicht ganzzahlige) fraktale Dimension. Aber nicht alle Fraktale gehören diesem Typ an. In diesem Sinne wollen wir unsere Kenntnisse um zwei Beispiele faszinierender Fraktale erweitern, die außergewöhnliche Fälle darstellen: Das erste betrifft die sogenannte Teufelstreppe, eine fraktale Kurve der Dimension 1.0. Das zweite bezieht sich auf eine Peano-Kurve der Dimension 2.0.

Konstruktion der Teufelstreppe

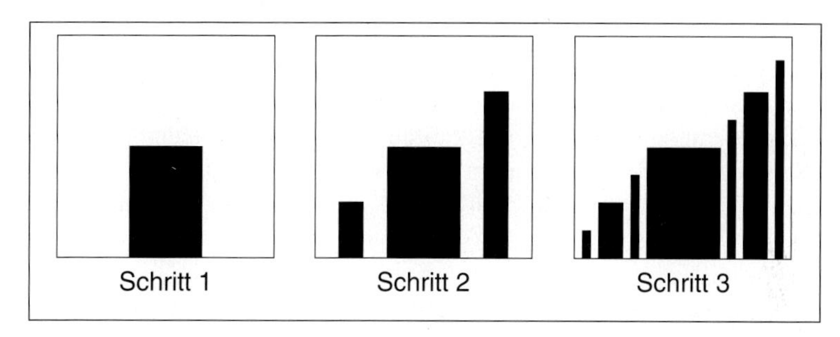

Abb. 4.36 : Die Säulenkonstruktion der Teufelstreppe.

Das erste dieser beiden Objekte, die Teufelstreppe, hängt sehr eng mit der Cantor-Menge und deren Konstruktion zusammen. Ausgangsfigur ist ein Quadrat mit der Seitenlänge 1. Auf der Grundseite beginnen wir, die Cantor-Menge zu konstruieren (d.h. wir entfernen in der üblichen Weise fortlaufend mittlere Drittel). Jedes entfernte mittlere Drittel der Länge $1/3^k$ ersetzen wir durch eine rechteckige Säule der Breite $1/3^k$ und einer bestimmten Höhe. Abbildung 4.36 zeigt das Vorgehen. Im ersten Schritt wird über dem mittleren Drittel der Grundseite des Quadrates — dem Intervall $[1/3, 2/3]$ — eine Säule der Höhe $1/2$ errichtet. Im zweiten Schritt errichten wir zwei Säulen, eine von der Höhe $1/4$ über dem Intervall $[1/9, 2/9]$ und die

Die Teufelstreppe

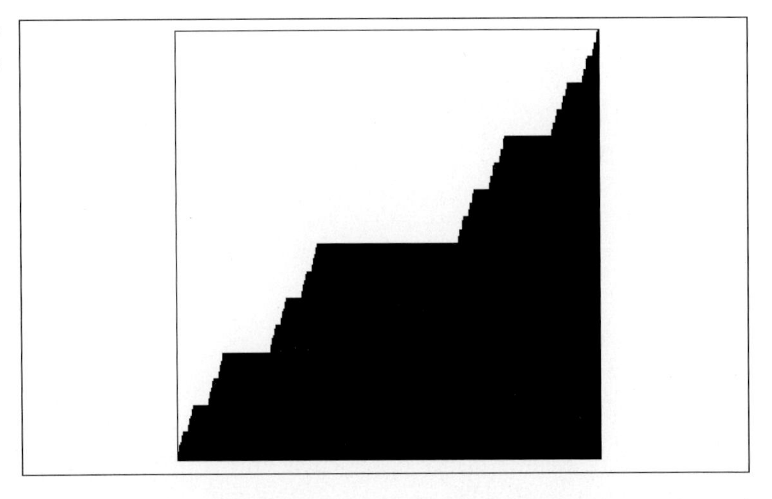

Abb. 4.37 : Die Teufelstreppe ist die Grenzlinie zwischen dem weißen und dem schwarzen Teil des Quadrats.

andere von der Höhe $3/4$ über dem Intervall $[7/9, 8/9]$. Im dritten Schritt errichten wir vier Säulen mit den Höhen $1/8, 3/8, 5/8, 7/8$, und im k-ten Schritt errichten wir 2^{k-1} Säulen mit den Höhen $1/2^k, 3/2^k, ..., (2^k - 1)/2^k$. Im Grenzfall erhalten wir eine Fläche, deren oberer Rand *Teufelstreppe* genannt wird. Abbildung 4.37 zeigt ein Computerbild. Wir sehen eine von links nach rechts ansteigende Treppe mit unendlich vielen Stufen, deren Höhen unendlich klein werden. Mit fortschreitendem Verfahren wird das Quadrat in Abbildung 4.36 einen oberen weißen und einen unteren schwarzen Teil geteilt. Im Grenzfall wird vollkommene Symmetrie herrschen. Der weiße Teil wird eine genaue Kopie des schwarzen Teils sein. Anders ausgedrückt, der weiße Teil geht aus dem schwarzen durch eine Drehung um 180° hervor. In diesem Sinne teilt die Teufelstreppe das Quadrat fraktal in zwei Hälften. Daraus folgt unmittelbar, daß der schwarze Teil im Grenzfall genau die Hälfte der Fläche des ursprünglichen Quadrates ausfüllt.

Fläche unter der Teufelstreppe

Wir betrachten nochmals die Säulen in Abbildung 4.36 und stellen fest, daß die beiden schmalen Säulen der Breite $1/9$ in Schritt 2 zusammen eine Säule der Höhe 1 bilden. Desgleichen bilden die vier Säulen der Breite 1/27 in Schritt 3 zusammen zwei Säulen der Höhe 1 usw. Mit anderen Worten, wenn wir die Säulen von der rechten Seite auf die linke hinüberschieben und die Mittelsäule der Breite 1/3 vertikal in zwei gleiche Hälften zerschneiden, die wir übereinanderlegen, erhalten wir eine Figur, welche schließlich die Hälfte des Quadrates ausfüllt (siehe Abbildung 4.38).

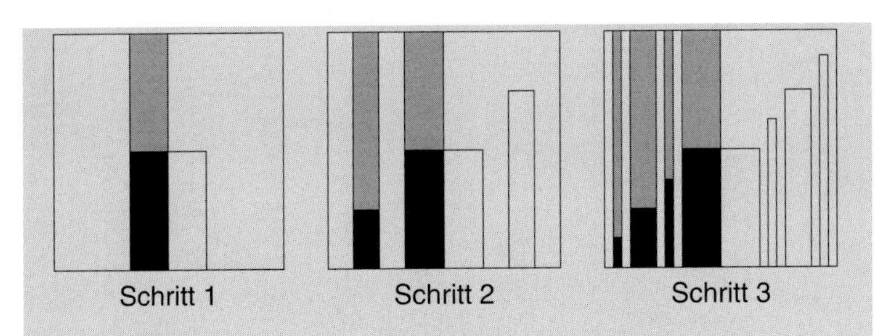

Abb. 4.38 : Die Fläche unter der Teufelstreppe ist 1/2.

Dieses Ergebnis können wir auch formal überprüfen. Wenn wir die Flächen der Säulen gemäß Abbildung 4.38 gruppieren, erhalten wir mit Hilfe einer geometrischen Reihe die Gesamtfläche A unter der Treppe wie folgt:

$$A = \frac{1}{3} \cdot \frac{1}{2} + \frac{1}{9} \cdot \left(\frac{1}{4} + \frac{3}{4}\right) + \frac{1}{27} \cdot \left(\frac{1}{8} + \frac{3}{8} + \frac{5}{8} + \frac{7}{8}\right) + \cdots$$

oder

$$A = \frac{1}{6} + \frac{1}{9} \cdot \left(1 + \frac{2}{3} + \frac{4}{9} + \cdots + \frac{2^k}{3^k} + \cdots\right) .$$

Die Summe der geometrischen Reihe in der Klammer beträgt 3. Somit lautet das Ergebnis

$$A = \frac{1}{6} + \frac{3}{9} = \frac{1}{2} .$$

Länge der Teufelstreppe

Wir gehen nun zu unserer nächsten Frage über: Wie lang ist die Teufelstreppe? Eine polygonale Näherung der Grenze der Treppe läßt erkennen, daß

- die Treppe eine lückenlose Kurve ist und
- die Länge dieser Kurve genau 2 beträgt!

Es ist für das Verständnis der polygonalen Konstruktion hilfreich, wenn man die Abbildungen 4.36 und 4.39 miteinander vergleicht. Wir konstruieren für jeden Schritt in Abbildung 4.36 einen Polygonzug, indem wir uns ausschließlich in horizontaler und vertikaler Richtung bewegen. Wir beginnen immer in der unteren linken Ecke und wandern solange in horizontaler Richtung, bis wir auf eine Säule treffen. An dieser Stelle steigen wir die Säule empor bis an ihr oberes Ende. Von dort bewegen wir uns wiederum horizontal bis zur nächsten Säule, die wir wiederum ersteigen. Von deren oberen Ende wandern wir zunächst wieder horizontal, dann vertikal, immer in derselben Weise,

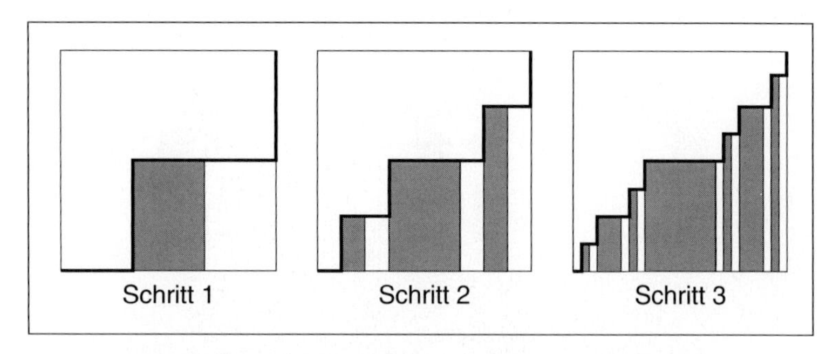

Abb. 4.39 : Polygonale Konstruktion der Teufelstreppe.

so oft wie erforderlich, bis wir die rechte obere Ecke erreichen. Die auf diese Weise konstruierten Polygonzüge weisen für jeden Schritt die Länge 2 auf, da die Summe aller horizontalen Strecken und die Summe aller vertikalen Strecken je 1 betragen.

Wir sind zu einem recht überraschenden Ergebnis gelangt. Wir haben offensichtlich eine fraktale Kurve konstruiert, die eine endliche Länge aufweist. Wenn wir die Kurve mit einem Zirkel genau vermessen würden, wie wir es für die Küste von Großbritannien getan haben, dann würde die Steigung m im doppeltlogarithmischen Diagramm der gemessenen Länge über dem reziproken Wert der Zirkelweite gerade $m = 0$ ergeben. Damit wäre die fraktale Dimension $D = 1 + m = 1$! Dieses Ergebnis ist wichtig, da es uns zeigt, daß es Kurven von begrenzter Länge gibt, die wir dennoch fraktal nennen würden. Außerdem erweckt die Teufelstreppe auf den ersten Blick den Eindruck von Selbstähnlichkeit. Aber das ist eine Täuschung. Man könnte natürlich fragen, warum werden diese Kurven überhaupt fraktal genannt? Ein unterstützendes Argument für die Bezeichnung „fraktal" für diesen Fall besteht darin, daß die Teufelstreppe die grafische Darstellung einer höchst eigenartigen Funktion ist. Diese Funktion ist überall konstant, außer in denjenigen Punkten, die zur Cantor-Menge gehören.

Selbstaffinität

Die Fläche unter der Teufelstreppe ist nicht selbstähnlich. Wie kann man das verstehen? Die Fläche kann in sechs völlig gleiche Bausteine zerlegt werden (siehe Abbildung 4.40). Baustein 1 kann aus der gesamten Fläche durch Kontraktion hervorgehen, und zwar mit einem Faktor 1/3 in horizontaler und einem Faktor 1/2 in vertikaler Richtung (d.h. mit zwei verschiedenen Faktoren). Aus diesem Grund ist das Objekt nicht selbstähnlich. Für eine Selbstähnlichkeits-Transformation müßten die zwei Faktoren gleich sein. Baustein 6 ist identisch mit Baustein 1. Schließlich kann ein Rechteck mit den Seitenlängen 1/3 und 1/2 genau zwei, allerdings um 180 Grad gegeneinander verdrehte Exemplare von Baustein 1 aufnehmen. Dies

Selbstaffinität

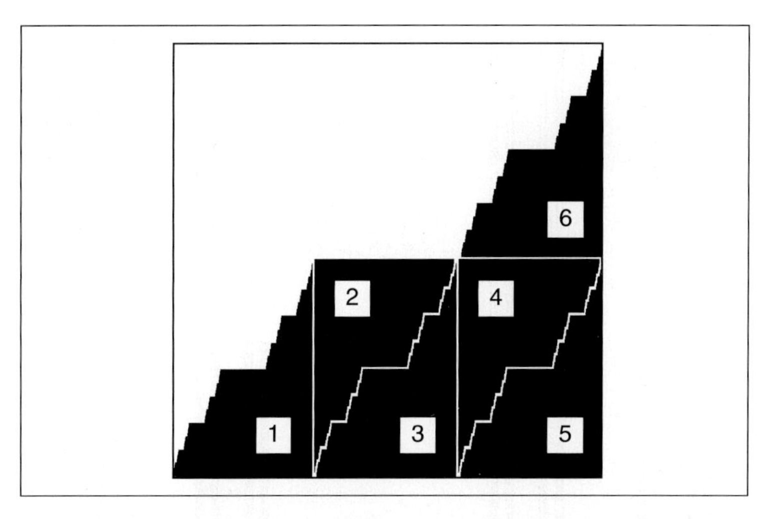

Abb. 4.40 : Die Selbstaffinität der Fläche unter der Teufelstreppe.

erklärt die Bausteine 2 und 3 bzw. 4 und 5. Eine Verkleinerung eines Bildes mit unterschiedlichen Faktoren in horizontaler und vertikaler Richtung ist ein Spezialfall einer sogenannten *affinen Transformation*. Objekte, die aus affinen Kopien des Ganzen zusammengesetzt sind, werden *selbstaffin* genannt. Die Fläche unter der Teufelstreppe ist ein Beispiel dafür.

Die Teufelstreppe mittels Verdrängung und Verdichtung

Die Teufelstreppe mag wie eine ausgefallene mathematische Erfindung aussehen. Sie ist in der Tat eine mathematische Erfindung; aber sie ist gar nicht so ausgefallen, denn sie hat große Bedeutung in der Physik.[25] Wir werden ein Problem aufgreifen — nicht eigentlich aus der Physik, obwohl es in diese Richtung weist —, bei dem die Treppe auf natürliche Weise auftritt.

Wir wollen uns mit einer Modifikation der Cantor-Menge befassen (siehe Abbildung 4.41). Anstelle eines Geradenabschnittes sei unser Ausgangsobjekt ein materieller Balken beliebiger Zusammenpreß- und Dehnbarkeit. Der Balken weise einen Querschnitt konstanter Fläche A auf. Seine Anfangslänge sei l_0, seine Dichte ρ_0 und seine Masse $m_0 = Al_0\rho_0$. Nun zerlegen wir den Balken durch einen Vertikalschnitt in zwei gleiche Teile, je von der Masse $m_1 = m_0/2$. Als nächstes hämmern wir die beiden Hälften ohne Veränderung des Querschnittes so zurecht, daß ihre Längen auf $l_1 = l_0/3$ verkürzt werden. Wegen der Massenerhaltung muß sich die Dichte der beiden Teile auf $\rho_1 = m_1/Al_1 = (3/2)\rho_0$ erhöhen. Bei Wiederholung dieses

[25] P. Bak, *The devil's staircase,* Phys. Today 39 (1986) 38–45.

Verdrängung und Verdichtung

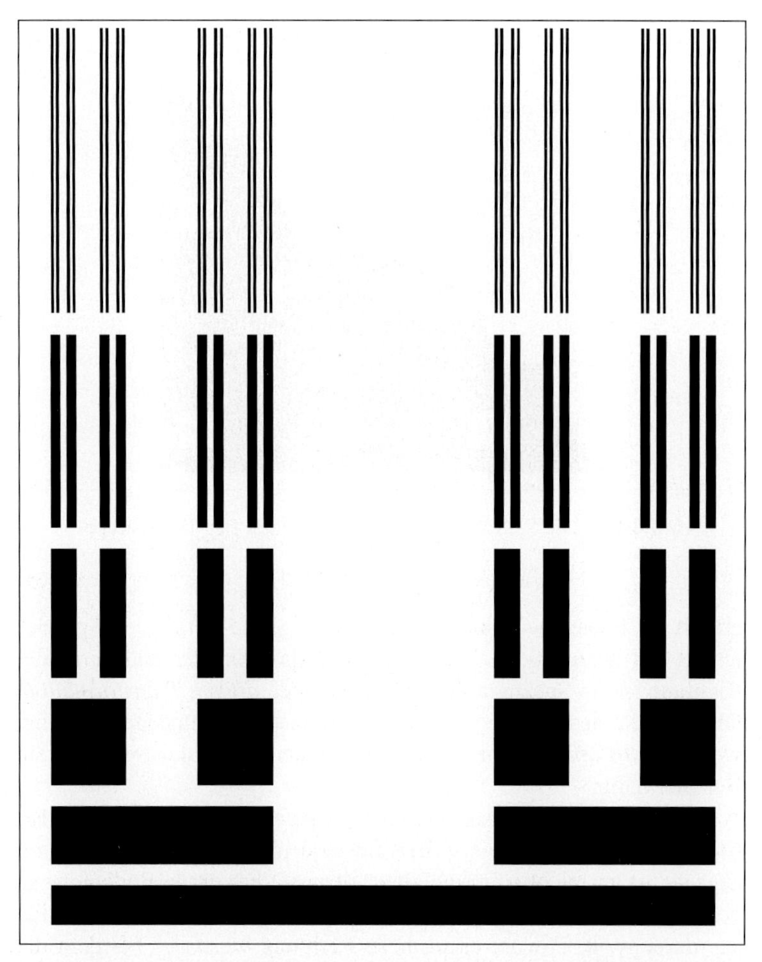

Abb. 4.41 : Sechs aufeinanderfolgende Stufen von Cantor-Balken. Die „Höhe“ der Balken bedeutet hier deren Dichte.

Verfahrens stellen wir fest, daß in der n-ten Stufe $N = 2^n$ Balken vorliegen, je von der Länge $l_n = l_0/3^n$ und der Masse $m_n = m_0/2^n$. Wir wollen diesen Vorgang *Verdrängung* und *Verdichtung* nennen, da durch dieses Verfahren eine anfänglich gleichmäßig verteilte Masse in viele kleiner Bereiche verdrängt und hoch verdichtet wird. Die Dichte in diesen kleinen Bereichen beträgt $\rho_n = m_n/Al_n = (3/2)^n \rho_0$. In Abbildung 4.41 ist für die ersten sechs Stufen die Dichte als Höhe der Balken aufgetragen.

Nun denken wir uns das Verfahren unendlich oft wiederholt und die sich daraus ergebende Struktur auf ein Intervall $[0, l_0]$ gelegt. Uns interessiert dann die Frage: Wie groß ist die Masse $m(x)$ der Struktur im Abschnitt von 0 bis x? Die Masse $m(x)$ ändert sich in den Lücken nicht, sie erhöht sich jedoch an den Punkten der Cantor-Menge in unendlich kleinen Schritten. Dabei stellt sich heraus, daß der Graph der Funktion $m(x)$ nichts anderes darstellt als die Teufelstreppe.

Die Peano-Kurve

Da die Teufelstreppe die fraktale Dimension $D = 1$ aufweist, ohne jedoch eine gewöhnliche Kurve zu sein, muß sie als Extremfall bezeichnet werden. Betrachten wir nun Extremfälle am anderen Ende des Wertebereichs, d.h. Kurven, welche die fraktale Dimension $D = 2$ aufweisen. Die erste Kurve dieser Art wurde von G. Peano im Jahre 1890 entdeckt. Sein Beispiel verursachte eine gewisse Unsicherheit hinsichtlich einer präzisen Festlegung des Begriffs von von Kurven und aus diesem Grund auch hinsichtlich der Dimension. Wir haben die Peano-Kurve schon in Kapitel 2 eingeführt (siehe Abbildung 2.37). Wir rufen uns in Erinnerung, daß bei ihrer Konstruktion Linienabschnitte durch eine Generatorkurve ersetzt werden, die aus 9 Abschnitten — jeder ein Drittel so lang — besteht.

Ausgehend vom Verkleinerungsfaktor 1/3 vermessen wir die Kurve mit Zirkelweiten $s = 1/3^k, k = 0, 1, 2, ...$ Dies ergibt Gesamtlängen von $u = (9/3)^k = 3^k$. Aus dem zugrundegelegten Potenzgesetz $u = c \cdot 1/s^m$ folgt zunächst $c = 1$, wegen $u = 1$ für $s = 1$. Im weiteren schließen wir aus der Gleichung $\log u = m \cdot \log(1/s)$, daß

$$m = \frac{\log u}{\log(1/s)} = \frac{\log 3^k}{\log 3^k} = 1 \ .$$

Mit anderen Worten, $D = 1 + m = 2$ (d.h., zur Peano-Kurve gehört die fraktale Dimension 2). Dies spiegelt die bereits in Kapitel 2 diskutierte flächenfüllende Eigenschaft der Peano-Kurve wider.

4.6 Programm des Kapitels: Die Cantor-Menge und die Teufelstreppe

Die Teufelstreppe ist ein Grenzfall eines Fraktals. Auf der einen Seite ist sie eine Kurve mit der fraktalen Dimension 1; auf der anderen Seite ist sie eng verwandt mit der Cantor-Menge. Dies wird auch aus dem folgenden Programm ersichtlich, mit dem beide berechnet werden können. Für den Wert der Variablen `teufel = 1` wird die Treppe erzeugt, und die Cantor-Menge wird gezeichnet, wenn man `teufel = 0` setzt.

Wir erinnern daran, daß die klassische Cantor-Menge mit einer ziemlich einfachen Regel erzeugt wird: Von einem gegebenen Linienabschnitt entferne man das mittlere Drittel, dann entferne man die mittleren Drittel der verbleibenden zwei Linienabschnitte usw. Bei diesem Programm kann man die jeweilige Größe des zu entfernenden Teils auswählen. Es fragt den Benutzer zu Beginn nach dem

Wert dieser Größe. Für die Eingabe 0 wird gar nichts entfernt, für 1 wird alles entfernt, und für 0.333... ergibt sich die klassische Cantor-Menge. Für die Treppenkonstruktion gibt diese Zahl die Größe des mittleren Teils an, für den die Kurve horizontal verläuft. In diesem Fall ergibt 0.333... die klassische Treppe, 0 ergibt eine Diagonale und 1 eine horizontale gerade Linie. Man sollte diese (und eigene) Werte ausprobieren.

Bildschirm-figur der Teufelstreppe

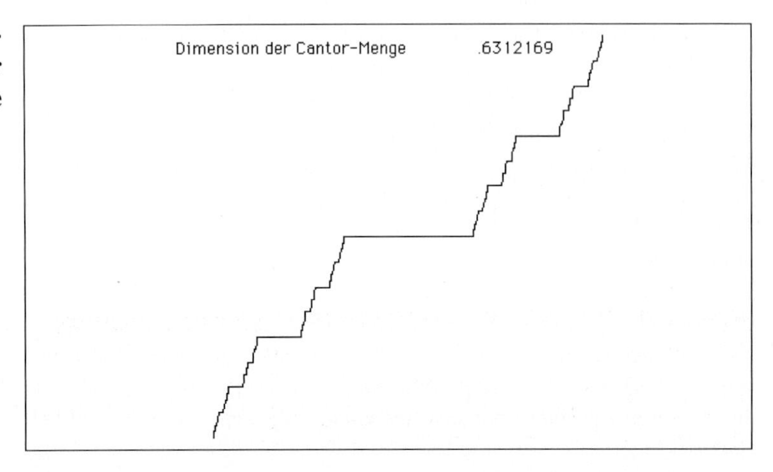

Abb. 4.42 : Ausgabe des Programmes „Cantor-Menge und Teufelstreppe".

Wenden wir uns nun dem Programm zu. Die Berechnung der verschiedenen Stufen der Cantor-Menge (oder Treppe) erfolgt sehr ähnlich wie mit dem Programm des Kapitels 3 (wir benutzen dasselbe rekursive Verfahren für die Ersetzung von Linien). Wiederum gibt die Variable `stufe` die Tiefe der Rekursion an. Wenn man den anfänglichen Wert der Variablen ändert, wird man eine andere Stufe des Konstruktionsverfahrens sehen. Nun setzen wir `teufel = 0`, um die Cantor-Menge zu berechnen. In diesem Fall startet das Programm mit dem Errichten einer horizontalen Anfangslinie. Als nächstes wird die fraktale Dimension (die Ähnlichkeits-Dimension) der Cantor-Menge berechnet und das Ergebnis angezeigt oder ausgedruckt. Dann beginnt die rekursive Linienersetzung (`GOSUB 100`).

Im rekursiven Teil überprüfen wir als erstes, ob wir uns auf der niedrigsten Stufe befinden. In diesem Fall zeichnen wir einfach eine Linie. Andernfalls berechnen wir den linken Zweig der Ersetzung und gehen zur nächsten Stufe der Rekursion über (`GOSUB 100`). Wenn wir den linken Zweig berechnet und gezeichnet haben, berechnen wir den rechten Zweig der Ersetzung. Man beachte, daß wegen `teufel = 0` alle y-Koordinaten (`ylinks` und `yrechts`) denselben Wert, nämlich `links + 0.5*w`, erhalten. Damit ergibt sich eine horizontale An-

BASIC Programm	**Cantor-Menge und Teufelstreppe**
Titel	Zeichnen der Cantor-Menge und der Teufelstreppe

```
DIM xlinks(10), ylinks(10), xrechts(10), yrechts(10)
INPUT "Zu entfernender Teil (0 - 1):",e
stufe = 7
teufel = 0
links = 30
w = 300
xlinks(stufe) = links
xrechts(stufe) = links + w
ylinks(stufe) = links + .5*(1+teufel)*w
yrechts(stufe) = links + .5*(1-teufel)*w
REM BERECHNE DIE DIMENSION
IF e < 1 THEN m = LOG(2)/LOG(2/(1-e)) ELSE m = 0
PRINT "Dimension der Cantor-Menge", m
GOSUB 100
END

REM ZEICHNE EINE LINIE AUF DER NIEDRIGSTEN STUFE DER REKURSION
100 IF stufe > 1 GOTO 200
    LINE (xlinks(1),ylinks(1)) - (xrechts(1),yrechts(1))
    GOTO 300
REM VERZWEIGE IN NIEDRIGERE STUFEN
200 stufe = stufe - 1
REM LINKER ZWEIG
    xlinks(stufe) = xlinks(stufe+1)
    ylinks(stufe) = ylinks(stufe+1)
    xrechts(stufe) = .5*((1-e)*xrechts(stufe+1)
            + (1+e)*xlinks(stufe+1))
    yrechts(stufe) = .5*(yrechts(stufe+1) + ylinks(stufe+1))
    GOSUB 100
REM RECHTER ZWEIG
    xlinks(stufe) = .5*((1+e)*xrechts(stufe+1)
            + (1-e)*xlinks(stufe+1))
    ylinks(stufe) = .5*(yrechts(stufe+1) + ylinks(stufe+1))
    IF teufel THEN LINE (xlinks(stufe),ylinks(stufe))
            - (xrechts(stufe),yrechts(stufe))
    xrechts(stufe) = xrechts(stufe+1)
    yrechts(stufe) = yrechts(stufe+1)
    GOSUB 100
stufe = stufe + 1
300 RETURN
```

ordnung von Punkten (oder Linienabschnitten), welche die Stufe der Cantor-Mengen-Konstruktion darstellen.

Nun wollen wir uns mit dem Fall `teufel = 1` beschäftigen. Hier ist der anfängliche Linienabschnitt eine diagonale Linie. Im ersten

Schritt der rekursiven Ersetzung wird diese Linie durch zwei diagonale Linienabschnitte ersetzt, die mit einem horizontalen Abschnitt verbunden sind. In den folgenden Schritten werden die kurzen diagonalen Linienabschnitte rekursiv auf dieselbe Weise ersetzt. Im Programm wird immer dann eine horizontale Verbindung gezeichnet, wenn die weiteren rekursiven Ersetzungen des rechten Zweiges beginnen (`IF teufel THEN LINE ...`). Mit anderen Worten erhalten wir im Fall der Konstruktion der Cantor-Menge für jede Stufe horizontale Linienabschnitte, die mit zunehmender Stufenzahl gegen die Cantor-Menge konvergieren. Im Falle der Teufelstreppen-Konstruktion werden die horizontalen Linienabschnitte der Cantor-Mengen-Annäherung zu diagonalen Linienabschnitten, und die Lücken werden zu horizontalen Linienabschnitten, welche die diagonalen Abschnitte miteinander verbinden. Man kann dies sichtbar machen, wenn man für tiefere Stufen (man setze `stufe = 1, 2, 3, ...`) zwischen der Berechnung der Cantor-Menge und der Treppe abwechselt.

Man beachte, daß Lage und Größe der Zeichnung wie in den vorhergehenden Programmen durch Veränderung der Variablen `links` und `w` angepaßt werden können.

Kapitel 5

IFS: Bildkodierung mit einfachen Transformationen

Die fraktale Geometrie wird ihre Sicht der Dinge grundlegend verändern. Es ist gefährlich weiterzulesen. Sie werden es riskieren, ihre kindlichen Vorstellungen von Wolken, Wäldern, Galaxien, Blättern, Federn, Blumen, Felsen, Bergen, Sturzbächen, Teppichen, Steinen und vielen anderen Dingen zu verlieren. Es wird kein Zurück zu ihrer alten Auffassung dieser Dinge mehr geben.

Michael F. Barnsley[1]

Bisher haben wir zwei extreme Seiten der fraktalen Geometrie besprochen. Wir haben fraktale Monster, wie die Cantor-Menge, die Koch-Kurve und das Sierpinski-Dreieck untersucht; und wir haben erwähnt, daß es in natürlichen Strukturen und Mustern wie Küstenlinien, Blutgefäßsystemen und Blumenkohlköpfen viele Fraktale gibt. Wir haben gemeinsame Eigenschaften wie Selbstähnlichkeit, Skaleninvarianz und fraktale Dimension dieser natürlichen Strukturen und der Monster besprochen. Aber wir haben noch nicht gesehen, wie sie in dem Sinne eng verwandt sind, daß vielleicht ein Blumenkohl einfach nur ein „Mutant" eines Sierpinski-Dreiecks und ein Farn eine „frei gelassene" Koch-Kurve ist. Oder als Frage formuliert: Gibt es ein System, in dem eine natürliche Struktur wie ein Blumenkohl und eine künstliche Struktur wie ein Sierpinski-Dreieck einfach nur Beispiele eines einheitlichen Ansatzes sind? Und wenn ja, was ist das für ein System? Ob man es glaubt oder nicht, eine solche Theorie gibt es, und dieses Kapitel ist ihr gewidmet. Sie geht zurück auf Mandelbrots Buch *The Fractal Geometry of Nature*[2] und auf eine sehr schöne Arbeit des australischen Mathematikers Hutchinson.[3] Barnsley und

---

[1] Michael F. Barnsley, *Fractals Everywhere*, Academic Press, 1988.

[2] Deutsche Übersetzung: B. B. Mandelbrot, *Die fraktale Geometrie der Natur*, Birkhäuser, Basel, 1987.

[3] J. Hutchinson, *Fractals and self-similarity,* Indiana Journal of Mathematics 30 (1981) 713–747. Einige der Vorstellungen sind schon in R. F. Williams, *Compositions of contractions,* Bol. Soc. Brasil. Mat. 2 (1971) 55–59, zu finden.

Berger haben diese Gedanken erweitert und vertreten die Ansicht, daß sie vielversprechend für die Kodierung von Bildern sind.[4] Das Problem der Kompression von Bildern wird im Anhang von Y. Fisher im Mittelpunkt des Interesses stehen.

Fraktale Geometrie als Sprache

Wir können die fraktale Geometrie als neue Sprache in der Mathematik betrachten. So wie die deutsche Sprache in Buchstaben und die chinesische Sprache in Schriftzeichen zerlegt werden können, stellt die fraktale Geometrie ein Instrument dar, Muster und Formen der Natur in einfache Elemente zu zerlegen, die dann zu „Worten" und „Sätzen" zusammengesetzt werden können, um diese Formen überzeugend zu beschreiben.

Das Wort „Farn" besteht aus vier Buchstaben und beinhaltet eine Bedeutung in sehr kompakter Form. Wir stellen uns zwei Personen vor, die miteinander telefonieren. Die eine erzählt von einem Spaziergang durch einen botanischen Garten mit bewundernswert schönen Farnen. Die Person am anderen Ende versteht dies genau. Mit dem Wort Farn wird aber eine äußerst vielschichtige Informationsmenge in sehr komprimierter Form durch die Leitung übertragen. Zu beachten ist, daß „Farn" für eine abstrakte Vorstellung eines Farns und nicht genau für den im Garten bewunderten Farn steht. Um die individuelle Pflanze genügend genau zu beschreiben, so daß die Bewunderung auf der anderen Seite geteilt werden kann, reicht ein einziges Wort nicht aus. Wir sollten uns immer bewußt sein, daß Sprache äußerst abstrakt ist. Außerdem gibt es verschiedene hierarchische Stufen von Abstraktheit, wie z.B. in der Folge: Baum, Eichenbaum, kalifornischer Eichenbaum, ...

Wir werden hier einen der Hauptdialekte der fraktalen Geometrie so behandeln, als würde es sich um eine Sprache handeln. Die Grundbegriffe dieses Dialekts sind einfache Transformationen, und die Wörter sind einfache Algorithmen. Für die Transformationen zusammen mit den Algorithmen haben wir in Abschnitt 1.2 die Me-

---

[4] M. F. Barnsley, V. Ervin, D. Hardin, und J. Lancaster, *Solution of an inverse problem for fractals and other sets,* Proceedings of the National Academy of Sciences 83 (1986) 1975–1977.
M. Berger, *Encoding images through transition probablities,* Math. Comp. Modelling 11 (1988) 575–577.
Übersichtsartikel von E. R. Vrscay, *Iterated function systems: Theory, applications and the inverse problem,* in: J. Bèlair und S. Dubuc (Hrsg.), *Fractal Geometry and Analysis,* Kluwer Academic Publishers, Dordrecht, Holland, 1991.
Ein vielversprechender Ansatz scheint in der neueren Arbeit A. E. Jacquin, *Image coding based on a fractal theory of iterated contractive image transformations,* welcher in: IEEE Transactions on Signal Processing erscheinen wird. Siehe auch das Kapitel *Fractal Image Compression* von Y. Fisher, R. D. Boss und E. W. Jacobs, das in *Data Compression,* J. Storer (Hrsg.), Kluwer Academic Publishers, Norwell, MA, erscheint.

tapher der Mehrfach-Verkleinerungs-Kopier-Maschine (MVKM) eingeführt.[5] Sie wird Hauptthema dieses Kapitels sein.

5.1 Die Metapher der Mehrfach-Verkleinerungs-Kopier-Maschine

MVKM = IFS

Wir wollen uns kurz den Grundgedanken der MVKM, der Mehrfach-Verkleinerungs-Kopier-Maschine, in Erinnerung rufen. Diese Maschine stellt eine gute Metapher für das dar, was in der Mathematik als *deterministisches iteriertes Funktionensystem* (IFS) bekannt ist. Von jetzt an werden wir die beiden Fachausdrücke als gleichbedeutend betrachten. Manchmal ist es zweckmäßiger, mit der Metapher der Maschine zu arbeiten, während in der eher mathematischen Argumentation dem Begriff IFS der Vorzug zu geben ist. Dem Leser wird an dieser Stelle empfohlen, ins erste Kapitel zurückzublättern und einen Blick auf die Abbildungen 1.8 und 1.9 zu werfen. Die Kopiermaschine erhält ein Bild als Eingabe. Sie hat mehrere voneinander unabhängige Linsensysteme, von denen jedes das Eingabebild verkleinert und es an irgendeine Stelle des Ausgabebildes setzt. Eine Montage (Collage) aller verkleinerten Kopien wird schließlich in einer bestimmten Anordnung als Ausgabe zusammengestellt. Im folgenden sind die Regler der Maschine aufgeführt:

Regler 1: Anzahl der Linsensysteme,
Regler 2: Einstellung des Verkleinerungsfaktors individuell für jedes Linsensystem,
Regler 3: Anordnung der Linsensysteme für die Collage der Kopien.

Der entscheidende Gedanke besteht nun darin, daß die Maschine in einer Rückkopplungsschleife läuft; ihre eigene Ausgabe wird ihr immer wieder als neue Eingabe zugeführt. Während das Ergebnis dieses Verfahrens bei nur einem Linsensystem ziemlich banal ist (es verbleibt nur ein Punkt, wie aus der Abbildung 1.8 hervorgeht), verwandelt sich dieses schlichte Experiment in etwas äußerst Beeindruckendes, wenn mehrere Linsensysteme zusammenwirken. Dies gilt um so mehr, wenn wir neben gewöhnlichen Verkleinerungen andere Transformationen zulassen (d.h. allgemeinere Transformationen als nur Ähnlichkeitstransformationen).

Angenommen, eine solche Maschine ist gebaut worden, und jemand möchte sich ihr Geheimnis — ihren Konstruktionsplan — unerlaubterweise aneignen. Wieviel Zeit und Anstrengung benötigt er,

[5] Eine ähnliche Metapher wurde von Barnsley bei seiner populärwissenschaftlichen Erklärung von iterierten Funktionensystemen (IFS), dem mathematischen Begriff für MVKM, benutzt.

MVKM für das Sierpinski-Dreieck

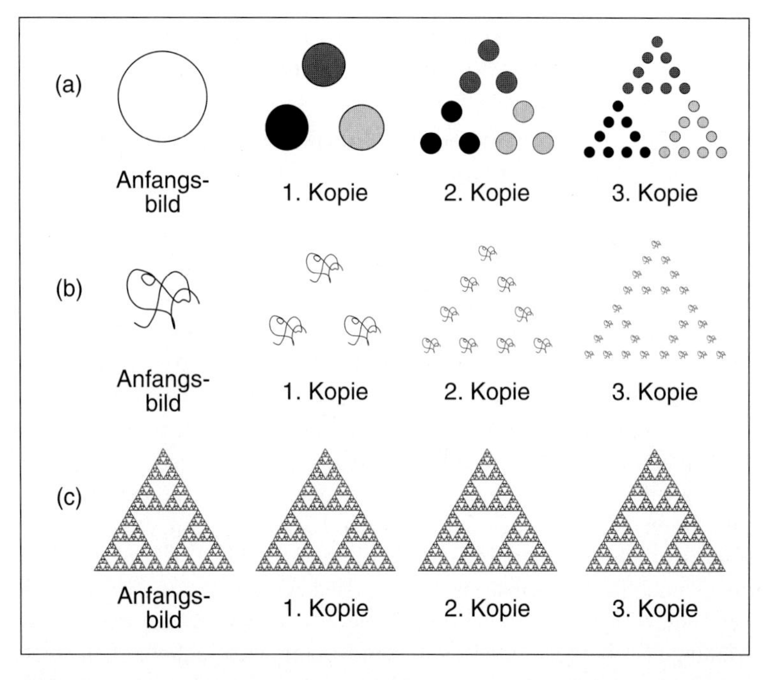

Abb. 5.1 : Drei Iterationen einer MVKM mit drei verschiedenen Anfangsbildern.

um alle erforderlichen Informationen zu erhalten? Gar nicht viel. Ein einziger Durchgang der Maschine mit einem beliebigen Bild würde unserem Spion genügen.[6] Eine einzige Kopie enthüllt alle ihre geometrischen Eigenschaften. Lassen wir nun eine solche Maschine im Rückkopplungsmodus arbeiten.

Eine MVKM für Sierpinski-Dreiecke

Wir wollen eine MVKM mit drei Linsensystemen betrachten, die allesamt auf einen Verkleinerungsfaktor 1/2 eingestellt sind. Die resultierenden Kopien werden in der Anordnung eines gleichseitigen Dreiecks zusammengesetzt. Abbildung 5.1 zeigt das Ergebnis von drei Maschinendurchgängen mit verschiedenen Anfangsbildern. In (a) verwenden wir eine Kreisscheibe. Unterschiedliche Schattierungen erlauben uns, die Wirkung der einzelnen Linsensysteme zu verfolgen. In (b) versuchen wir es mit einem wirklich „beliebigen" Bild. Schon nach wenigen Iterationen erzeugt die Maschine oder abstrakt gesagt das Verfahren Bilder, die einem Sierpinski-Dreieck immer ähnlicher werden. In (c) gehen wir von einem Sierpinski-Dreieck aus und beobachten, daß die Maschine das Bild unverändert läßt. Die Collage

---

[6] Fast jedes Bild ist für diesen Zweck geeignet. Bilder mit bestimmten Symmetrien bilden eine Ausnahme. Wir werden darauf später näher eingehen.

der verkleinerten Kopien unterscheidet sich nicht vom Anfangsbild. Der Grund dafür liegt natürlich in der Selbstähnlichkeitseigenschaft des Sierpinski-Dreiecks.

Der Attraktor der MVKM

Fassen wir unser erstes Experiment zusammen. Unabhängig davon, welches Anfangsbild wir der MVKM zuführen, erhalten wir stets eine Folge von Bildern, die ein und demselben Endbild zustrebt. Wir nennen es den *Attraktor* der Maschine oder des Verfahrens. Wenn wir die Maschine mit dem Attraktor starten, dann passiert gar nichts. Man sagt, der Attraktor bleibt *invariant* oder *fix*. Vielleicht wird dieses Ergebnis klarer, wenn wir unser Experiment mit einem physikalischen vergleichen. Wenn wir eine kleine Metallkugel vom Rand einer Schale (Abbildung 5.2 links) aus verschiedenen Anfangslagen loslassen, kommt sie immer in dem tiefsten Punkt der Schale zur Ruhe. Aber wenn wir die Kugel einfach auf diesen Ruhepunkt legen, dann passiert gar nichts.

Schalen

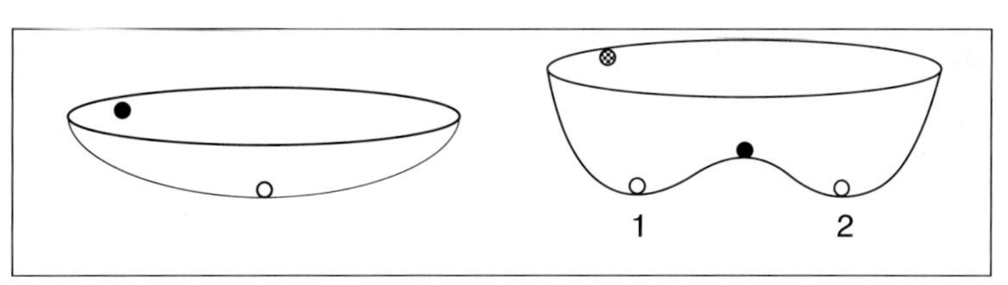

Abb. 5.2 : Schalen mit einer und zwei Vertiefungen (Attraktoren).

Die Schale entspricht hier unserer Maschine. Anfangslagen der Kugel entsprechen Anfangsbildern bei der Maschine. Die Beobachtung der Kugelbahn im Verlaufe der Zeit entspricht den wiederholten Durchgängen der Maschine, und der Ruhepunkt der Kugel entspricht dem Endbild. Der Umstand, daß die Kugel sich kontinuierlich in der Zeit bewegt, während unsere Maschine in diskreten Schritten arbeitet, ist in diesem Zusammenhang ohne Belang. Der springende Punkt liegt darin, daß die Kugel in der Schale eine Metapher für ein *dynamisches System* mit nur einem Attraktor verkörpert. Die rechte Figur in Abbildung 5.2 zeigt einen Fall mit zwei verschiedenen Attraktoren. Dort hängt die Endlage der Kugel von deren Anfangslage ab.

Verhält sich die MVKM wie eine Schale mit einer Vertiefung oder eher wie eine Schale mit zwei oder mehreren Vertiefungen? Und wie hängt die Antwort von der Einstellung der Regler ab? Mit anderen Worten: Kann es sein, daß die MVKM bei einer bestimmten Einstellung der Regler einen Attraktor hat, während es bei einer anderen Einstellung mehrere Attraktoren gibt? Dies sind typische Fragen für die moderne Mathematik, Fragen, die typisch sind für ein Gebiet, das *Theorie der dynamischen Systeme* genannt wird. Dieses Gebiet liefert den theoretischen Rahmen, um die Phänomene des Chaos zu erörtern und die Erzeugung von Fraktalen zu beschreiben.

Es gibt zwei Möglichkeiten, eine solche Frage zu beantworten. Wenn wir Glück haben, wird es uns gelingen, ein allgemeines mathematisches Prinzip zu finden, das anwendbar ist und eine Antwort gibt. Sollte dies nicht der Fall sein, können wir entweder versuchen, eine neue Theorie zu finden, oder wenn sich dies im Moment als zu schwierig herausstellt, können wir versuchen, durch sorgfältig geplante Experimente einen Einblick in die Situation zu gewinnen. Es ist völlig klar, daß Experimente allein in vielen Fällen nicht ausreichend sind. Oft wissen wir nicht, wie die Schale in unserem vorstehenden Beispiel geformt ist. Wenn wir dann z.B. herausfinden, daß wir für alle Anfangslagen, die wir ausprobieren, immer zu demselben Ruhepunkt gelangen, was können wir daraus schließen? Nicht sehr viel. Wir könnten uns immer noch in einer Situation mit mehreren Ruhepunkten befinden. Dies heißt, daß die ausprobierten Anfangslagen rein zufällig nicht genügend allgemein gewählt wurden.

Experimente benötigen theoretische Grundlegung

Mit anderen Worten ist die Erkenntnis, daß unsere MVKM scheinbar immer auf dasselbe Endbild zusteuert, eine wunderbare experimentelle Entdeckung. Aber sie benötigt eine theoretische Grundlegung. Es stellt sich heraus, daß wir unter Verwendung einiger allgemeiner mathematischer Prinzipien und mit von Felix Hausdorff und Stefan Banach entwickelten Ergebnissen tatsächlich zeigen können, daß jede MVKM immer ein eindeutiges Endbild als Attraktor hat, und daß dieses Endbild von der entsprechenden MVKM exakt reproduziert wird. Dies ist Hutchinsons wundervoller und grundlegender Beitrag zur Fraktaltheorie. Wenn wir hier sagen „jede MVKM", dann meinen wir, daß sich Anzahl und Anordnung der Linsensysteme in der MVKM ändern können. Die einzige Eigenschaft, die erfüllt sein muß, um zu Hutchinsons Ergebnis zu gelangen, besteht darin, daß jedes Linsensystem Bilder kontrahiert.

5.2 Zusammensetzung einfacher Transformationen

Die Mehrfach-Verkleinerungs-Kopier-Maschine beruht auf einer bestimmten Anzahl von Kontraktionen. Der Begriff Kontraktion bedeutet, grob gesagt, daß bei deren Ausführung Punkte näher zusammenrücken. Natürlich sind Ähnlichkeitstransformationen, die Verkleinerungen mittels Linsen beschreiben, Kontraktionen (siehe Abschnitt 3.1). Wir können auch Transformationen benutzen, die in verschiedenen Richtungen mit unterschiedlichen Faktoren verkleinern. Beispielsweise ist auch eine Transformation zulässig, die mit einem gewissen Faktor, sagen wir 1/3, in horizontaler Richtung und mit einem anderen Faktor, sagen wir 1/2, in vertikaler Richtung verkleinert (siehe

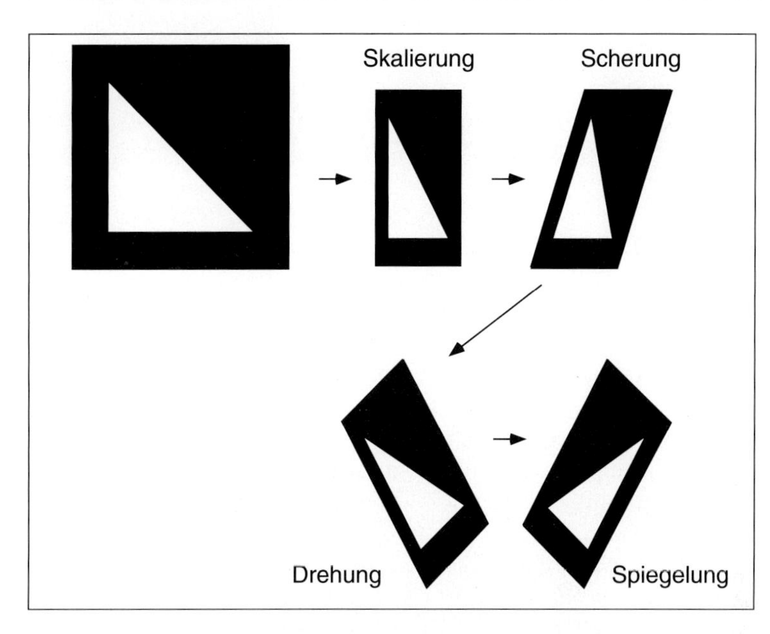

Zulässige Transformationen

Abb. 5.3 : In einer MVKM sind Transformationen mit Skalierung, Scherung, Drehung, Spiegelung und Verschiebung (nicht gezeigt) zulässig.

z.B. die Teufelstreppe in Abschnitt 4.5). Zu beachten ist, daß eine *Ähnlichkeitstransformation* Winkel unverändert läßt, während dies bei allgemeineren Kontraktionen nicht unbedingt der Fall sein muß.

Transformationen der MVKM

Wir können solche Transformationen auch kombiniert mit einer Scherung und/oder Drehung und/oder Spiegelung durchführen. Abbildung 5.3 zeigt einige zulässige „Linsensysteme" für unsere MVKM. Mathematisch werden sie als *affin-lineare Transformationen* (kurz: affine Transformationen) der Ebene bezeichnet.

Affin-lineare Transformationen

Die Linsensysteme unserer MVKM können durch *affin-lineare Transformationen* der Ebene beschrieben werden. Über eine Ebene zu sprechen bedeutet, daß wir ein Koordinatensystem mit einer x-Achse und einer y-Achse festlegen. In diesem Koordinatensystem kann jeder Punkt P in der Ebene durch ein Koordinatenpaar (x, y) beschrieben werden. So schreiben wir $P = (x, y)$. Auf die folgende Weise können Punkte addiert oder mit einer reellen Zahl multipliziert werden: Wenn $P_1 = (x_1, y_1)$ und $P_2 = (x_2, y_2)$, dann gilt

$$P_1 + P_2 = (x_1 + x_2, y_1 + y_2)$$

und

$$sP = (sx, sy) .$$

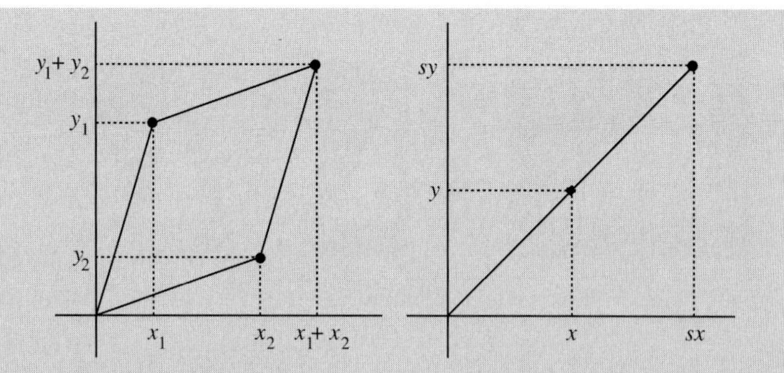

Abb. 5.4 : Addition und Multiplikation mit einem Skalar. (Links) Zwei Punkte (x_1, y_1) und (x_2, y_2) werden addiert: $(x_1, y_1) + (x_2, y_2) = (x_1 + x_2, y_1 + y_2)$. (Rechts) Ein Punkt wird mit einer Zahl multipliziert: $s \cdot (x, y) = (sx, sy)$.

Eine *lineare Abbildung* F ist eine Transformation, die jedem Punkt P in der Ebene einen Punkt $F(P)$ so zuordnet, daß

$$F(P_1 + P_2) = F(P_1) + F(P_2)$$

für alle Punkte P_1 und P_2 und

$$F(sP) = sF(P)$$

für jede reelle Zahl s und alle Punkte P. Eine lineare Transformation F kann in bezug auf das gegebene Koordinatensystem durch eine Matrix

$$\begin{pmatrix} a & b \\ c & d \end{pmatrix}$$

dargestellt werden, wobei für $P = (x, y)$ und $F(P) = (u, v)$ gilt

$$u = ax + by \; ,$$
$$v = cx + dy \; .$$

Mit anderen Worten, eine lineare Transformation wird durch die vier Koeffizienten a, b, c und d bestimmt. Es gibt besondere Darstellungen, die uns helfen, Kontraktionen bequemer zu behandeln. Zu diesem Zweck schreiben wir für die vier *Koeffizienten* in unserer Matrix

$$\begin{pmatrix} r\cos\phi & -s\sin\psi \\ r\sin\phi & s\cos\psi \end{pmatrix}.$$

Eine solche Darstellung ist immer möglich. Man setze, um r und ϕ zu erhalten, einfach

$$r = \sqrt{a^2 + c^2}$$

und

$$\phi = \arccos \frac{a}{\sqrt{a^2 + c^2}}.$$

Entsprechende Formeln gelten für s und ψ. Auf diese Weise ist es einfacher, Verkleinerungen, Drehungen und Spiegelungen zu behandeln. Zum Beispiel:

- $s = r$, $0 \leq r < 1$ und $\psi = \phi$ legt eine Abbildung fest, die mit einem Faktor r verkleinert und gleichzeitig um einen Winkel ϕ im gegen den Uhrzeigersinn dreht.
- $s = r$, $0 \leq r < 1$, $\phi = \pi$ und $\psi = 0$ legt eine Abbildung fest, die mit einem Faktor r verkleinert und gleichzeitig an der y-Achse spiegelt.
- $r = a$ und $s = b$, $0 \leq a < 1$, $0 \leq b < 1$ und $\phi = \psi = 0$ legt eine Abbildung fest, die in x-Richtung mit einem Faktor a und in y-Richtung mit einem Faktor b verkleinert.
- $s = r > 0$ und $\psi = \phi$ definiert eine Ähnlichkeitstransformation, gegeben durch eine Drehung um einen Winkel ϕ und eine Skalierung mit einem Faktor r.

Affin-lineare Abbildungen bestehen einfach aus der Zusammensetzung einer linearen Abbildung mit einer Verschiebung. Mit anderen Worten, wenn F linear und Q ein Punkt ist, dann nennt man die neue Abbildung $w(P) = F(P) + Q$ affin-linear, wobei P irgendein Punkt in der Ebene ist. Affin-lineare Abbildungen ermöglichen es uns, Kontraktionen zu beschreiben, die eine Lagebestimmung in der Ebene umfassen (d.h. eine Verschiebung um Q). Da F als Matrix und Q als Koordinatenpaar, sagen wir (e, f), darstellbar sind, ist eine affin-lineare Abbildung w durch sechs Zahlen,

$$\left(\begin{array}{cc|c} a & b & e \\ c & d & f \end{array}\right)$$

gegeben, und wenn $P = (x, y)$ und $w(P) = (u, v)$, dann folgt

$$u = ax + by + e\ ,$$
$$v = cx + dy + f\ .$$

Manchmal wird in diesem Buch noch eine weitere Schreibweise für dieselben Gleichungen benutzt,

$$w(x, y) = (ax + by + e, cx + dy + f)\ .$$

Bei der Diskussion von iterierten Funktionensystemen ist es von entscheidender Bedeutung, die Objekte zu studieren, welche unter Iteration eines IFS invariant sind. Bei einer gegebenen affin-linearen Abbildung w kann man also fragen: Welche Punkte sind unter w invariant? Dies führt auf ein lineares Gleichungssystem, denn $w(P) = P$ bedeutet

$$x = ax + by + e\ ,$$
$$y = cx + dy + f\ .$$

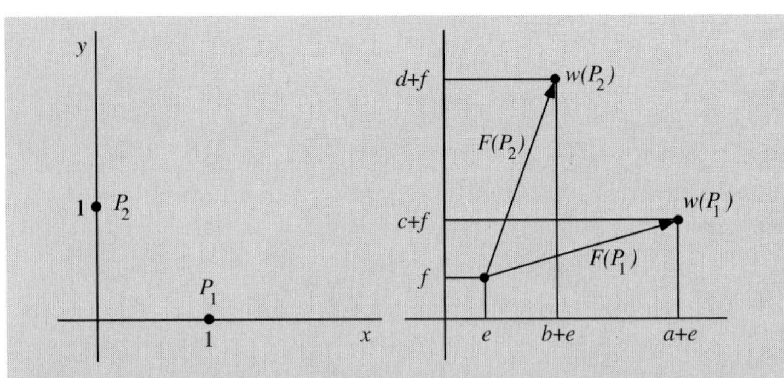

Abb. 5.5 : Affine Transformation. Die durch die sechs Zahlen a, b, c, d, e, f beschriebene affine Transformation wird auf zwei Punkte $P_1 = (1, 0)$ und $P_2 = (0, 1)$ angewendet.

Die Auflösung dieses Gleichungssystems führt in dem Fall, daß die Determinante $(a-1)(d-1)-bc$ ungleich null ist, zu genau einer Lösung. Dieser Punkt $P = (x, y)$ wird Fixpunkt von w genannt. Seine Koordinaten lauten

$$x = \frac{-e(d-1)+bf}{(a-1)(d-1)-bc}, \quad y = \frac{-f(a-1)+ce}{(a-1)(d-1)-bc} .$$

Der erste Schritt: Bauplan der MVKM

Bereits die erste Anwendung der MVKM auf ein gegebenes Bild wird normalerweise deren interne affin-lineare Kontraktionen zu erkennen geben. Dies könnte man den *Bauplan* der Maschine nennen. Es ist allerdings zu beachten, daß für die eindeutige Bestimmung der Transformationen die Wahl eines Anfangsbildes mit ausreichender Struktur unerläßlich ist. Andernfalls lassen sich gewisse Drehungen und Spiegelungen nicht mit Sicherheit erkennen. Abbildung 5.6 veranschaulicht dieses Problem mit drei Transformationen. Die ersten beiden Bilder sind offensichtlich für die vollständige Enthüllung des Bauplans der Maschine ungeeignet. In den nachfolgenden Bildern dieses Kapitels werden wir zur Kennzeichnung des Bauplans als typisches Anfangsbild ein Einheitsquadrat $[0,1] \times [0,1]$ mit einem in der oberen linken Ecke eingetragenen Buchstaben „L" benutzen.

Die Linsensysteme einer MVKM werden durch eine Anzahl von affinen Transformationen $w_1, w_2, ..., w_N$ beschrieben. Von einem gegebenen Anfangsbild A werden kleine affine Kopien $w_1(A), w_2(A), ..., w_N(A)$ erzeugt. Schließlich stellt die Maschine alle diese Kopien zu einem neuen Bild zusammen. So entsteht die Ausgabe $W(A)$ der Maschine:

$$W(A) = w_1(A) \cup w_2(A) \cup \cdots \cup w_N(A) .$$

Enthüllung des Bauplans

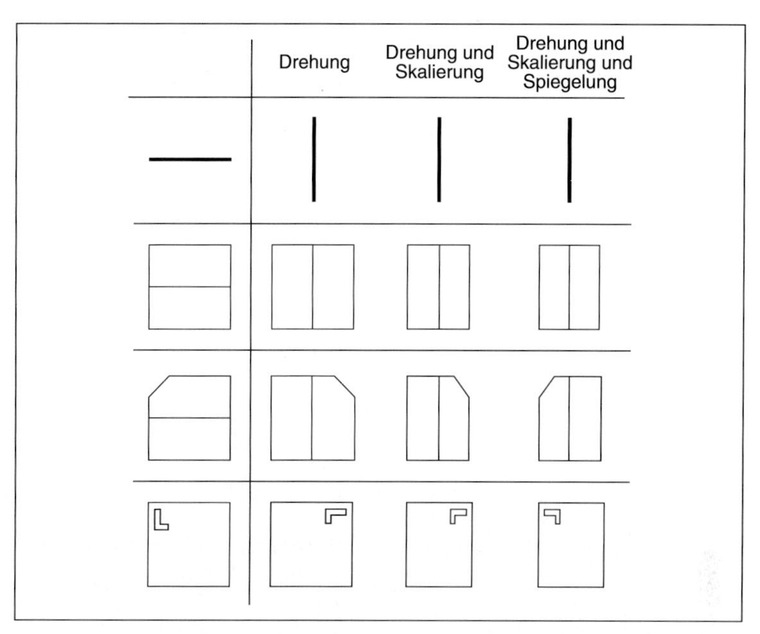

Abb. 5.6 : Wir betrachten drei Transformationen (siehe Spaltenüberschriften) und vier Anfangsbilder (linke Spalte). Die ersten beiden Bilder erlauben keine vollständige Bestimmung des Bauplans der Maschine.

Iteriertes Funktionensystem

W wird *Hutchinson-Operator* genannt. Der Betrieb der MVKM im Rückkopplungsmodus entspricht somit der Iteration des Operators W. Das ist der Kerngedanke eines deterministischen iterierten Funktionensystems (IFS). Beginnend mit irgendeinem Anfangsbild A_0 erhalten wir $A_1 = W(A_0)$ und $A_2 = W(A_1)$ usw. Die Abbildungen 5.7 und 5.8 fassen dies zusammen. Dargestellt sind die MVKM als Rückkopplungssystem und der durch drei Transformationen beschriebene Bauplan der Maschine für das Sierpinski-Dreieck.

MVKM-Rückkopplung

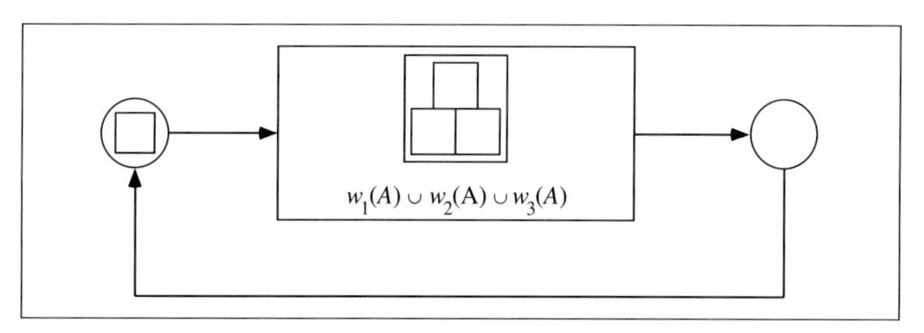

Abb. 5.7 : Die Arbeitsweise einer MVKM als Rückkopplungssystem.

Erster Bauplan einer MVKM

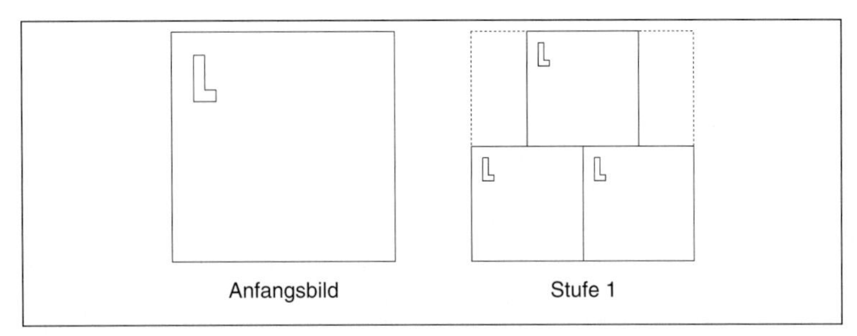

Abb. 5.8 : Bauplan einer MVKM: Anfangsbild und erste Iteration. Anfangsbild ist ein Einheitsquadrat bei dem in der oberen linken Ecke der Buchstabe „L" eingetragen ist. Bei der ersten Iteration ist der Umriß des Anfangsbildes wiedergegeben, um die Position der Bilder eindeutig sichtbar zu machen.

IFS und der Hutchinson-Operator

Mit $w_1, w_2, ...w_N$ seien N Kontraktionen[7] der Ebene bezeichnet. Nun definieren wir eine neue Abbildung — den Hutchinson-Operator: A sei eine beliebige Teilmenge der Ebene.[8] Hier denken wir uns A als Bild. Dann drückt die Collagenabbildung (Hutchinson-Operator)

$$W(A) = w_1(A) \cup w_2(A) \cup ... \cup w_N(A) \tag{5.1}$$

die Zusammensetzung der Ergebnisse aus, die man bei der Anwendung der N Kontraktionen auf A erhält. Der Hutchinson-Operator verwandelt die wiederholte Anwendung der MVKM in ein dynamisches System, ein IFS. Sei A_0 eine Anfangsmenge (Bild). Dann erhalten wir durch wiederholte Anwendung von W eine Folge von Mengen (Bildern)

$$A_{k+1} = W(A_k), k = 0, 1, 2, ...$$

Ein IFS erzeugt eine Folge, die gegen ein Grenzbild (oder Endbild) A_∞ strebt, das wir den Attraktor des IFS (oder der MVKM) nennen und das von dem IFS invariant gelassen wird. Hinsichtlich W bedeutet dies, daß

$$W(A_\infty) = A_\infty \ .$$

Wir sagen, A_∞ sei ein Fixpunkt von W. Wie drücken wir nun aus, daß A_n gegen A_∞ strebt? Wie können wir den Begriff Kontraktion präzisieren? Ist A_∞ ein eindeutiger Attraktor? Antworten zu diesen Fragen werden wir in diesem Kapitel finden.

---

[7] Wir werden diesen Begriff später sorgfältig besprechen.

[8] Im mathematisch-technischen Sinne lassen wir für A eine beliebige kompakte Menge in der Ebene zu. Kompaktheit bedeutet, daß A beschränkt und abgeschlossen ist. Eine Teilmenge A heißt beschränkt, wenn es ein $r > 0$ gibt, so daß A in der Kreisscheibe mit Radius r liegt. Eine Teilmenge A heißt abgeschlossen, wenn für jede Folge $\{x_n\}$ mit Elementen aus A und Grenzwert a der Grenzwert selbst auch zu A gehört. Der offene Einheitskreis aller Punkte mit einem Abstand kleiner als 1 vom Ursprung ist keine kompakte Menge, aber der abgeschlossene Einheitskreis (Punkte mit Abstand kleiner oder gleich 1) ist kompakt.

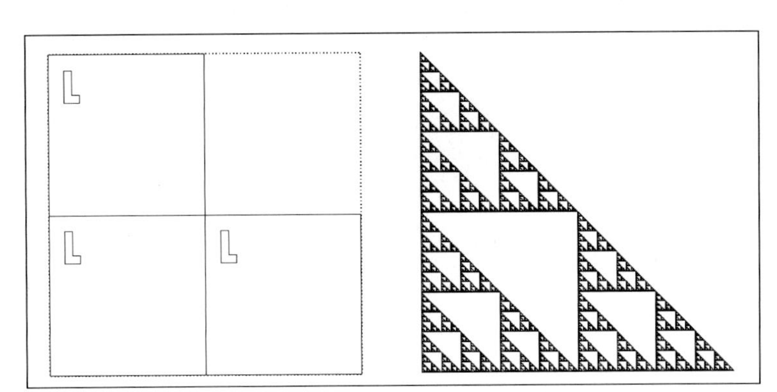

Variante des Sierpinski-Dreiecks

Abb. 5.9 : IFS mit drei Ähnlichkeitstransformationen mit Verkleinerungsfaktor 1/2.

Was geschieht, wenn wir die Transformationen verändern, oder mit anderen Worten, wenn wir mit den Reglern der Maschine spielen (d.h., wenn wir die Anzahl der Linsen oder deren Kontraktionseigenschaften verändern oder die einzeln kontrahierten Bilder in anderer Anordnung zusammensetzen)? In den folgenden Abbildungen zeigen wir die Ergebnisse einiger IFS mit unterschiedlichen Einstellungen: den Bauplan und den Attraktor. Der Bauplan wird durch eine einzelne Figur dargestellt: Das punktierte Quadrat entspricht dem Anfangsbild, und die ausgezogenen Figuren stellen die Kontraktionen dar.

In Tabelle 5.60 auf Seite 350 sind die Parameter für die entsprechenden affinen Transformationen zusammengestellt. Sie können dazu benutzt werden, die hier dargestellten Abbildungen mit dem Programm dieses Kapitels (siehe Abschnitt 5.10) zu reproduzieren.

Unser erstes Beispiel bezieht sich auf eine kleine Umstellung des IFS für das Sierpinski-Dreieck (siehe Abbildung 5.9). Es besteht aus drei Transformationen, die je mit einem Faktor 1/2 verkleinern. Die jeweiligen Verschiebungen ergeben sich aus dem Bauplan.

Die Vermutung ist naheliegend, daß alle IFS mit drei Transformationen, die mit dem Faktor 1/2 verkleinern, etwas erzeugen, das dem Sierpinski-Dreieck sehr ähnlich ist. Aber dies ist keineswegs der Fall. In Abbildung 5.10 untersuchen wir ein weiteres solches IFS, das sich von dem ursprünglichen für das Sierpinski-Dreieck nur durch zusätzliche Drehungen unterscheidet. Die Transformation unten rechts dreht um 90 Grad im Uhrzeigersinn, während diejenige unten links um 90 Grad gegen den Uhrzeigersinn dreht. Das Ergebnis, genannt *Zwillingsweihnachtsbaum*, unterscheidet sich offensichtlich vom Sierpinski-Dreieck.

Nun beginnen wir, auch die Verkleinerungsfaktoren der Transformationen zu ändern. In Abbildung 5.11 haben wir für alle drei

Der Zwillingsweihnachtsbaum

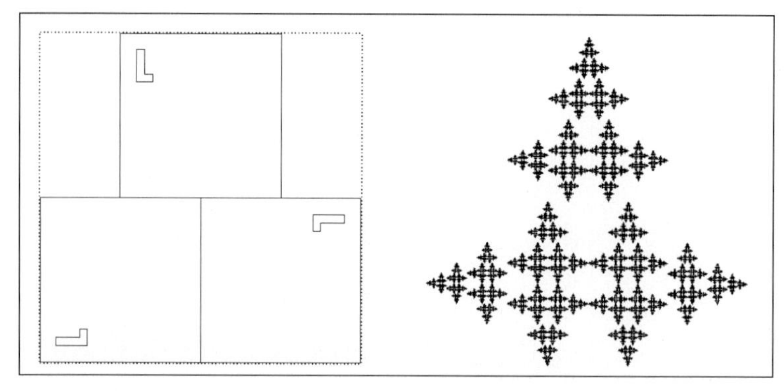

Abb. 5.10 : Ein weiteres IFS mit drei Ähnlichkeitstransformationen mit Verkleinerungsfaktor 1/2.

Ein Drache mit dreifacher Symmetrie

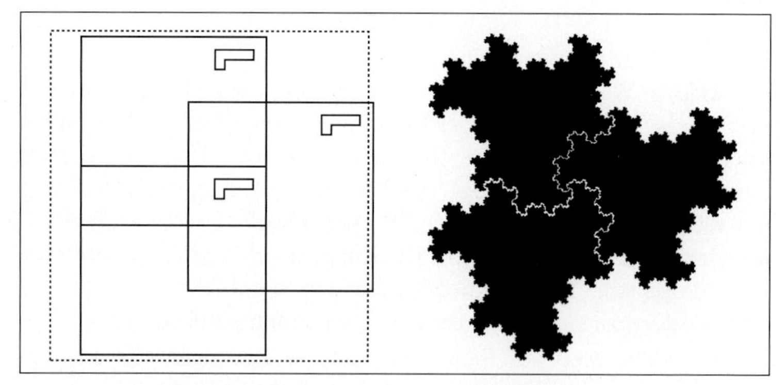

Abb. 5.11 : Ein IFS mit drei Ähnlichkeitstransformationen. Die weißen Linien sind nur eingefügt, um zu zeigen, daß die ganze Figur aus drei selbstähnlichen Teilen besteht.

Transformationen den Faktor $s = 1/\sqrt{3}$ gewählt. Außerdem ist in jeder Transformation noch eine Drehung um 90 Grad im Uhrzeigersinn enthalten. Das Ergebnis besteht aus einem zweidimensionalen Objekt mit fraktalem Rand: eine Art Drachen mit dreifacher Symmetrie. Er ist unter einer Drehung um 120 Grad invariant. Es wäre an dieser Stelle eine gute Übung, mit Hilfe der Methoden des letzten Kapitels die Selbstähnlichkeitsdimension des Attraktors zu berechnen.

Bis jetzt haben wir ausschließlich Ähnlichkeitstransformationen benutzt. In Abbildung 5.12 gibt es nur eine Ähnlichkeitstransformation, die um 1/3 verkleinert, und zwei andere Transformationen, die Drehungen um 90 Grad gegen den Uhrzeigersinn bewirken, gefolgt von einer Verkleinerung in horizontaler Richtung um 1/3 und einer Spiegelung im Falle der Transformation rechts. Das Ergebnis ist eine Art Irrgarten, für den es einen guten Grund gibt, den Na-

Der Cantor-Irrgarten

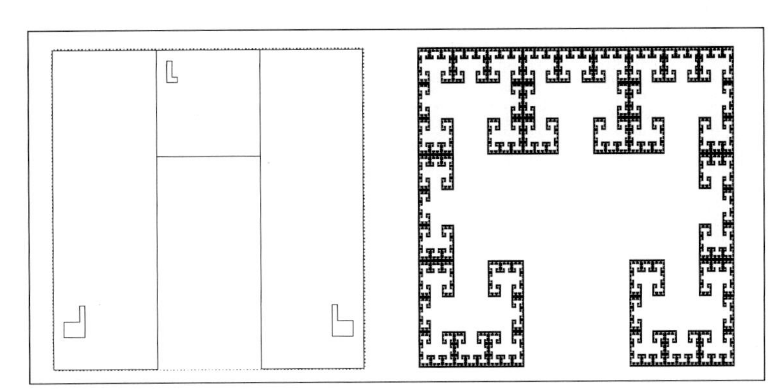

Abb. 5.12 : IFS mit drei Transformationen, wovon nur eine eine Ähnlichkeitstransformation ist. Der Attraktor steht in enger Beziehung zur Cantor-Menge.

IFS für einen Zweig

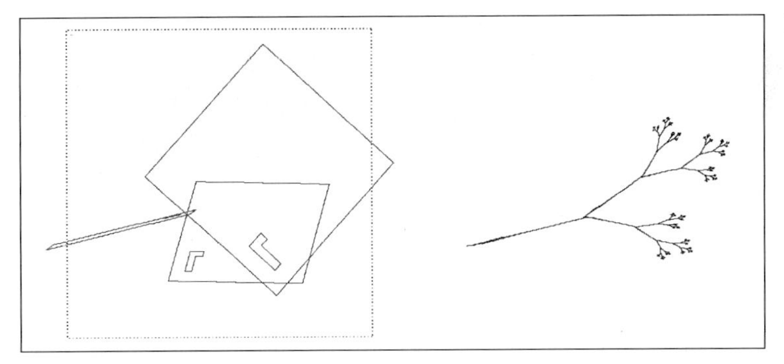

Abb. 5.13 : IFS mit drei affinen Transformationen, wovon nur eine eine Ähnlichkeitstransformation ist.

men *Cantor-Irrgarten* einzuführen. Die Cantor-Menge ist nämlich in systematischer Weise in die Konstruktion eingewoben.

Nun kommen wir zu unserem letzten Beispiel einer MVKM mit nur drei Transformationen (siehe Abbildung 5.13). Die Transformationen schließen Rotationen mit ein und eine sogar eine Scherung, zwei weisen unterschiedliche horizontale und vertikale Verkleinerungsfaktoren auf. Das Ergebnis ist uns sehr vertraut: ein Zweig.

Wir setzen unsere Reihe mit zwei Beispielen fort, die mehr als drei Transformationen aufweisen (Abbildungen 5.14 und 5.15). Es handelt sich dabei ausschließlich um Ähnlichkeitstransformationen, wobei mit der Ausnahme einer zusätzlichen Drehung in Abbildung 5.14 nur Verkleinerungen und Verschiebungen vorkommen. Diese verblüffend einfachen Konstruktionen enthüllen bereits sehr vielfältige und schöne Strukturen, die Erinnerungen an Eiskristalle wachrufen.

Kristall mit vier Transformationen

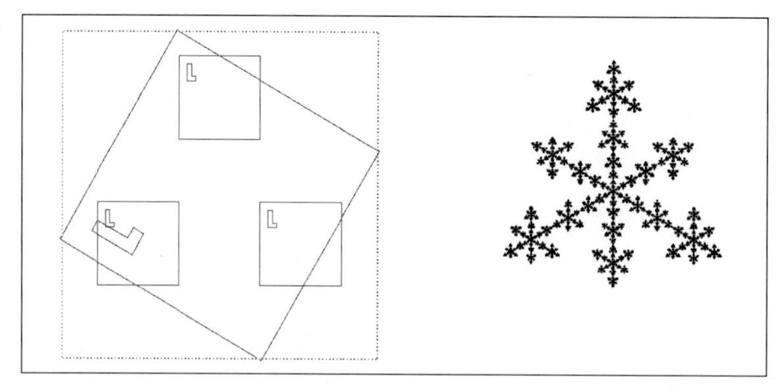

Abb. 5.14 : IFS mit vier Ähnlichkeitstransformationen.

Kristall mit fünf Transformationen

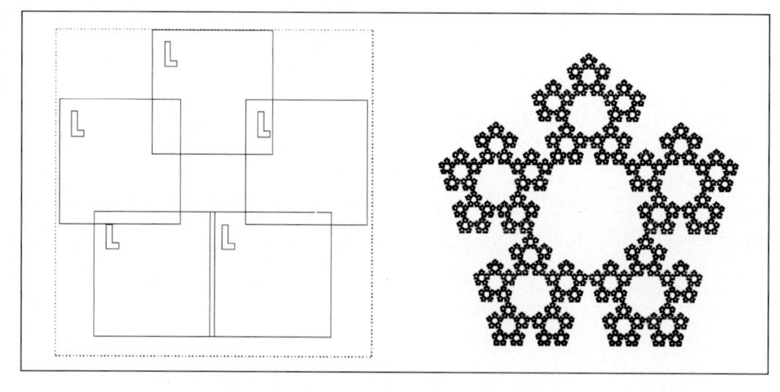

Abb. 5.15 : IFS mit fünf Ähnlichkeitstransformationen. Sind im Attraktor Koch-Kurven zu erkennen?

Schließlich wollen wir nun unsere kleine Galerie mit einer überraschend naturgetreuen Zeichnung eines Baumes abschließen (siehe Abbildung 5.16). Es klingt schier unglaublich, daß sogar dieses Bild ein einfacher IFS-Attraktor ist. Tatsächlich besteht seine Kodierung aus nur fünf affinen Transformationen. In diesem Fall gibt es keine Ähnlichkeitstransformation. Dieses Beispiel führt sehr eindrücklich die Leistungsfähigkeit der IFS für die Herstellung fraktaler Bilder vor Augen.

Fraktale Geometrie erweitert die klassische Geometrie

Stellen wir uns nun eine beliebig konzipierte MVKM vor und fragen nach dem Endbild (ihrem Attraktor), das sie erzeugen wird. Wird es immer ein Fraktal sein? Bestimmt nicht. Viele Objekte der klassischen Geometrie können genauso gut als Attraktoren von IFS gewonnen werden. Aber oftmals ist diese Art der Darstellung weder aufschlußreicher noch einfacher als die klassische Beschreibung. Wir veranschaulichen in Abbildung 5.17, wie sich die Flächen eines

Ein Baum

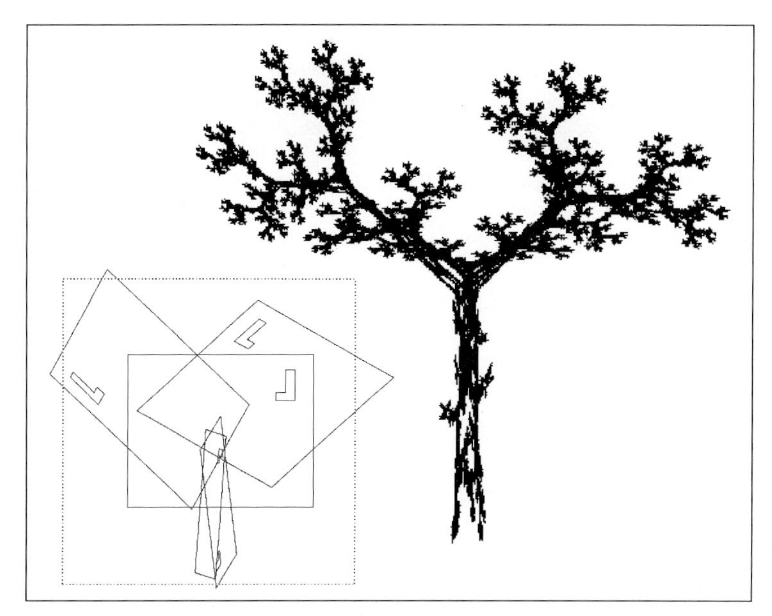

Abb. 5.16 : Der Attraktor einer MVKM mit fünf Transformationen kann sogar dem Bild eines Baumes ähnlich sein (der Attraktor ist im Vergleich zum Bauplan in doppelter Größe dargestellt).

Dreieck, Quadrat und Kreis

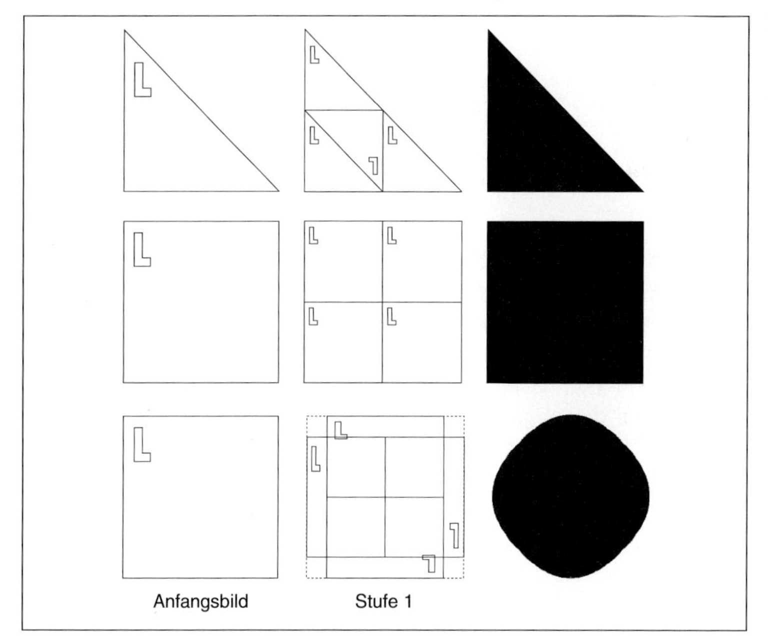

Abb. 5.17 : Die Kodierung eines Dreiecks, eines Quadrates und eines Kreises mit IFS.

Quadrates und eines Dreiecks als IFS-Attraktoren erzeugen lassen. Darstellungen eines schlichten Kreises bleiben hingegen unbefriedigend, wenn man IFS verwendet; es sind nur Annäherungen möglich.

5.3 Verwandte des Sierpinski-Dreiecks

Die Reichhaltigkeit und Vielfalt der mit MVKM erzeugbaren Muster und Strukturen sind uns bereits sehr eindrücklich vor Augen geführt worden. In diesem Abschnitt wollen wir einige nahe Verwandte des Sierpinski-Dreiecks oder vielmehr seiner schiefen Variante gemäß Abbildung 5.9 untersuchen. Was meinen wir mit *Verwandten*? Der Bauplan des Sierpinski-Dreiecks war durch drei Kontraktionen gegeben, die ein Anfangsquadrat verkleinern, wie in Abbildung 5.18 dargestellt.

Bauplan für Verwandte

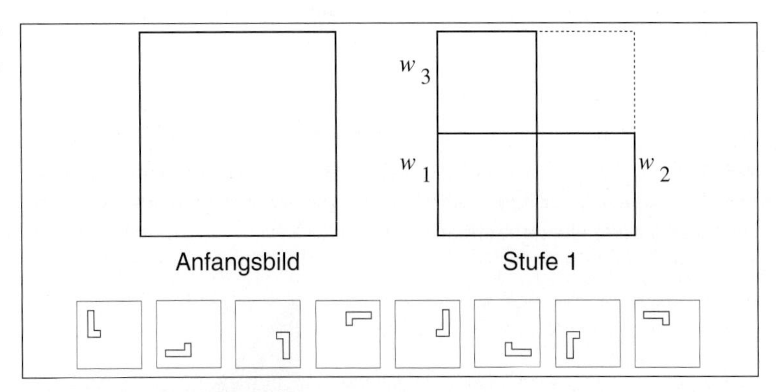

Abb. 5.18 : Der Bauplan bestimmt eine MVKM nur bis auf die 8 Symmetrietransformationen eines Quadrates.

Es gibt verschiedene Möglichkeiten, ein Quadrat mit einer linearen Transformation, die Drehungen und Spiegelungen enthält, in ein Quadrat zu transformieren. Unser Bauplan ist in dieser Beziehung nicht eindeutig. Mit anderen Worten beschreibt er eine ganze Familie von MVKM. Jede Wahl bestimmt eine MVKM aus dieser Familie. Bisher haben wir nur diejenige kennengelernt, die das Sierpinski-Dreieck erzeugt. Bevor wir die weiteren Mitglieder vorstellen, wollen wir eine Art Alphabet festlegen, das uns gestattet, die verschiedenen Familienangehörigen zu benennen. Zuerst setzen wir

$$
\begin{aligned}
v_1(x,y) &= (x/2, y/2) \ , \\
v_2(x,y) &= ((x+1)/2, y/2) \ , \\
v_3(x,y) &= (x/2, (y+1)/2) \ .
\end{aligned}
$$

Hier handelt es sich um drei Kontraktionen, die ein Anfangsquadrat mit einem Faktor $1/2$ verkleinern und das sich ergebende Quadrat

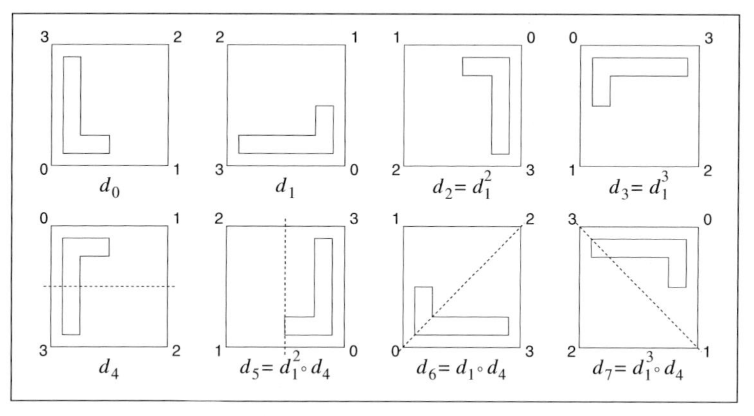

Symmetrietransformationen eines Quadrates

Abb. 5.19 : Das Ergebnis der auf ein Quadrat mit numerierten Eckpunkten und einbeschriebenem „L" angewandten Transformationen d_0 bis d_7.

entsprechend plazieren. Zu beachten gilt, daß die Wahl $w_1 = v_1$, $w_2 = v_2$ und $w_3 = v_3$ die uns bereits bekannte MVKM betrifft. Als nächstes führen wir die 8 Symmetrietransformationen eines Quadrates auf, d.h. die vier Drehungen $d_0, ..., d_3$ und die vier Spiegelungen $d_4, ..., d_7$. Zum Beispiel stellt d_1 die Drehung um 90 Grad im Gegenuhrzeigersinn, $d_2 = d_1^2$ die Drehung um 180 Grad, d_4 die Spiegelung an der horizontalen Mittellinie und d_6 die Spiegelung an einer Diagonalen dar. Abbildung 5.19 zeigt die Definitionen.

Die Symmetrien eines Quadrates

Die 8 Symmetrien eines Quadrates $d_0, ..., d_7$ bilden ein einfaches Beispiel einer *endlichen Gruppe G*. Man nennt eine Menge von Elementen eine Gruppe, wenn zwischen den Elementen eine Verknüpfung „∘" definiert ist, so daß $d_k \circ d_l \in G$ (d_k folgt d_l) für alle Paare d_k, d_l erfüllt ist, und die folgenden Eigenschaften gelten:

(1) Es gibt ein Einheitselement $e \in G$ so, daß $d_k \circ e = d_k$ und $e \circ d_k = d_k$ für alle $d_k \in G$.
(2) Für jedes $d_k \in G$ gibt es ein inverses Element $d_l \in G$ derart, daß $d_k \circ d_l = e$.

In unserem Beispiel lautet das Einheitselement $e = d_0$. Die Verknüpfung entspricht der üblichen Verknüpfung von Transformationen, d.h. $d_k \circ d_l(x) = d_k(d_l(x))$. Die Verknüpfungstabelle legt die Gruppenstruktur fest.

Es gibt eine andere nützliche Betrachtungsweise der Transformationen, die sich offenbart, wenn die Eckpunkte des Quadrates (im Gegenuhrzeigersinn) von 0 bis 3 numeriert werden. Dann wird eine Symmetrietransformation durch eine Permutation der vier Elemente (Zahlen) gegeben. Die vier Drehungen bilden eine Untergruppe der Gruppe G. Da d_2 und d_3 durch Verknüpfungen von d_1 ausgedrückt werden können, wird diese Untergruppte *zyklisch* genannt. Es ist bemerkenswert, daß die Elemente

		k							
		0	1	2	3	4	5	6	7
	0	0	1	2	3	4	5	6	7
	1	1	2	3	0	7	6	4	5
	2	2	3	0	1	5	4	7	6
l	3	3	0	1	2	6	7	5	4
	4	4	6	5	7	0	2	1	3
	5	5	7	4	6	2	0	3	1
	6	6	5	7	4	3	1	0	2
	7	7	4	6	5	1	3	2	0

Tab. 5.20 : Die Ergebnisse der Verknüpfung $d_k \circ d_l$, z.B. $d_4 \circ d_3 = d_6$.

d_5, d_6 und d_7 durch Verknüpfungen von d_1 und d_4 allein ausgedrückt werden können (siehe Abbildung 5.19).

Jetzt können wir das Alphabet für unsere Familie aufschreiben. Ein Familienmitglied wird durch ein Tupel w_1, w_2, w_3 bezeichnet, wobei jedes w_i gegeben wird durch

$$w_i = v_i d_k$$

für $k = 0, 1, ..., 7$ und $i = 1, 2, 3$. Mit anderen Worten gibt es für jedes w_i 8 mögliche d_k. Insgesamt ergibt dies $8^3 = 512$ verschiedene Tupel w_1, w_2, w_3, von denen jedes eine bestimmte MVKM beschreibt.

Betrachten wir nun das Familienbild aller 512 MVKM. Die Abbildungen 5.21 bis 5.23 zeigen 224 dieser nahen Verwandten des Sierpinski-Dreiecks. Wo sind die restlichen Bilder? Zunächst ist zu bemerken, daß keine der Anordnungen bezüglich der Diagonale symmetrisch ist. Wenn daher A_∞ eines der Bilder darstellt, müßte das Bild, welches durch Spiegelung an der Diagonalen entsteht, d.h. $d_6(A_\infty)$, ein anderes Mitglied der Familie der 512 sein. Wenn das Tupel $v_1 d_r, v_2 d_s, v_3 d_t$ das Bild A_∞ erzeugt, dann ist nämlich $v_1 d'_t, v_2 d'_s, v_3 d'_r$ (wobei $d'_k = d_6 d_k d_6$) das entsprechende Tupel von Kontraktionen, welches $d_6(A_\infty)$ erzeugt.[9] Abbildung 5.24 zeigt ein Beispiel eines solchen Zwillingspaares. Dies ergibt $2 \times 224 = 448$ nichtsymmetrische Bilder.

Wo sind die übrigen 64 Bilder? Es stellt sich heraus, daß es 8 weitere Bilder gibt, die in 8facher identischer Ausführung in Erscheinung treten und bezüglich der Diagonale symmetrisch sind. Abbildung 5.25 zeigt diese 8 Bilder zusammen mit den zugehöhrigen MVKM.

[9] Aus $A_\infty = v_1 d_r(A_\infty) \cup v_2 d_s(A_\infty) \cup v_3 d_t(A_\infty)$ folgt $d_6(A_\infty) = v_1 d_6 d_t(A_\infty) \cup v_2 d_6 d_s(A_\infty) \cup v_3 d_6 d_r(A_\infty) = v_1 d_6 d_t d_6(d_6(A_\infty)) \cup v_2 d_6 d_s d_6(d_6(A_\infty)) \cup v_3 d_6 d_r d_6(d_6(A_\infty))$.

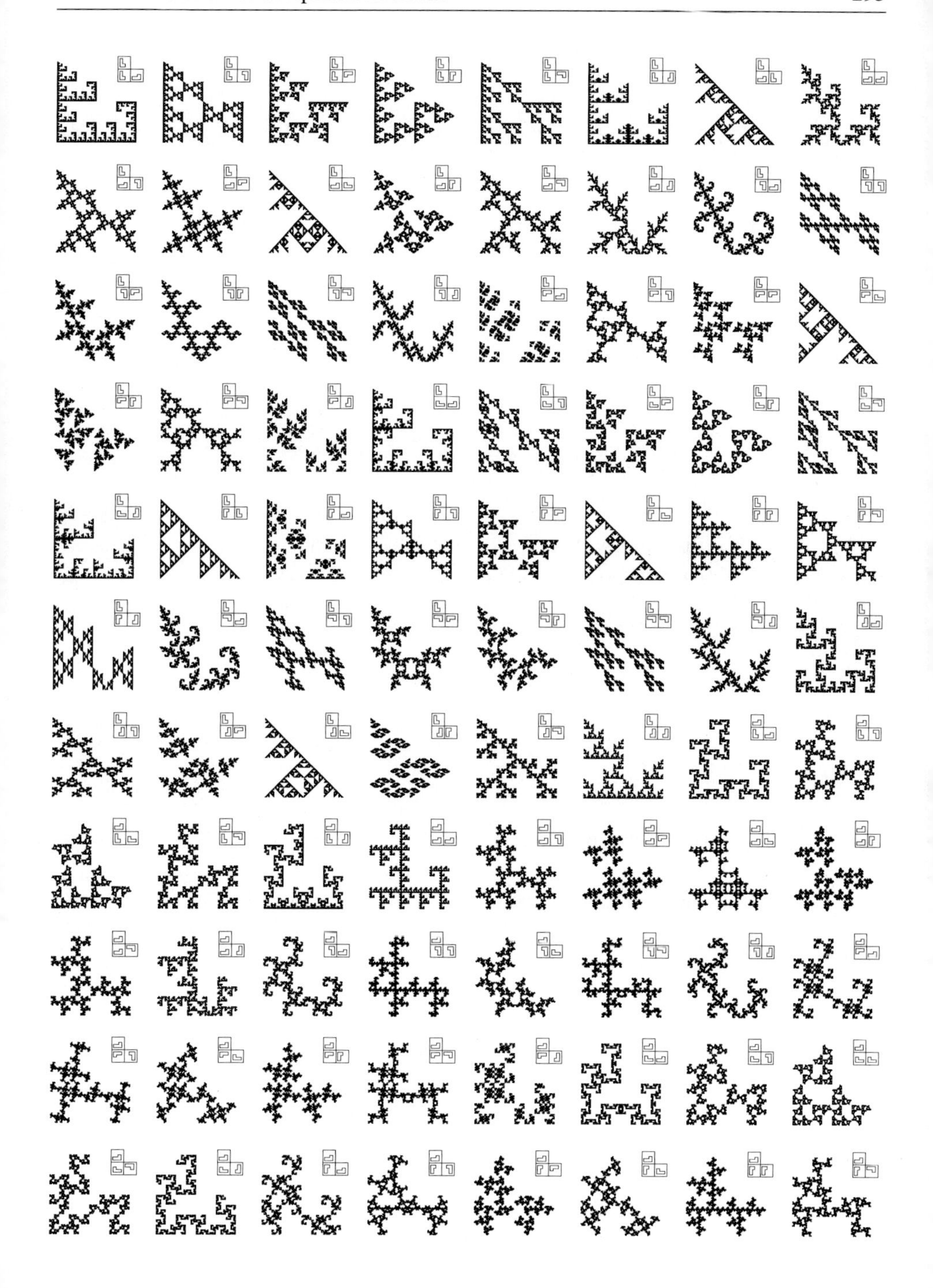

Abb. 5.21 : Die ersten 88 Spielarten für die MVKM mit Bauplan 5.18.

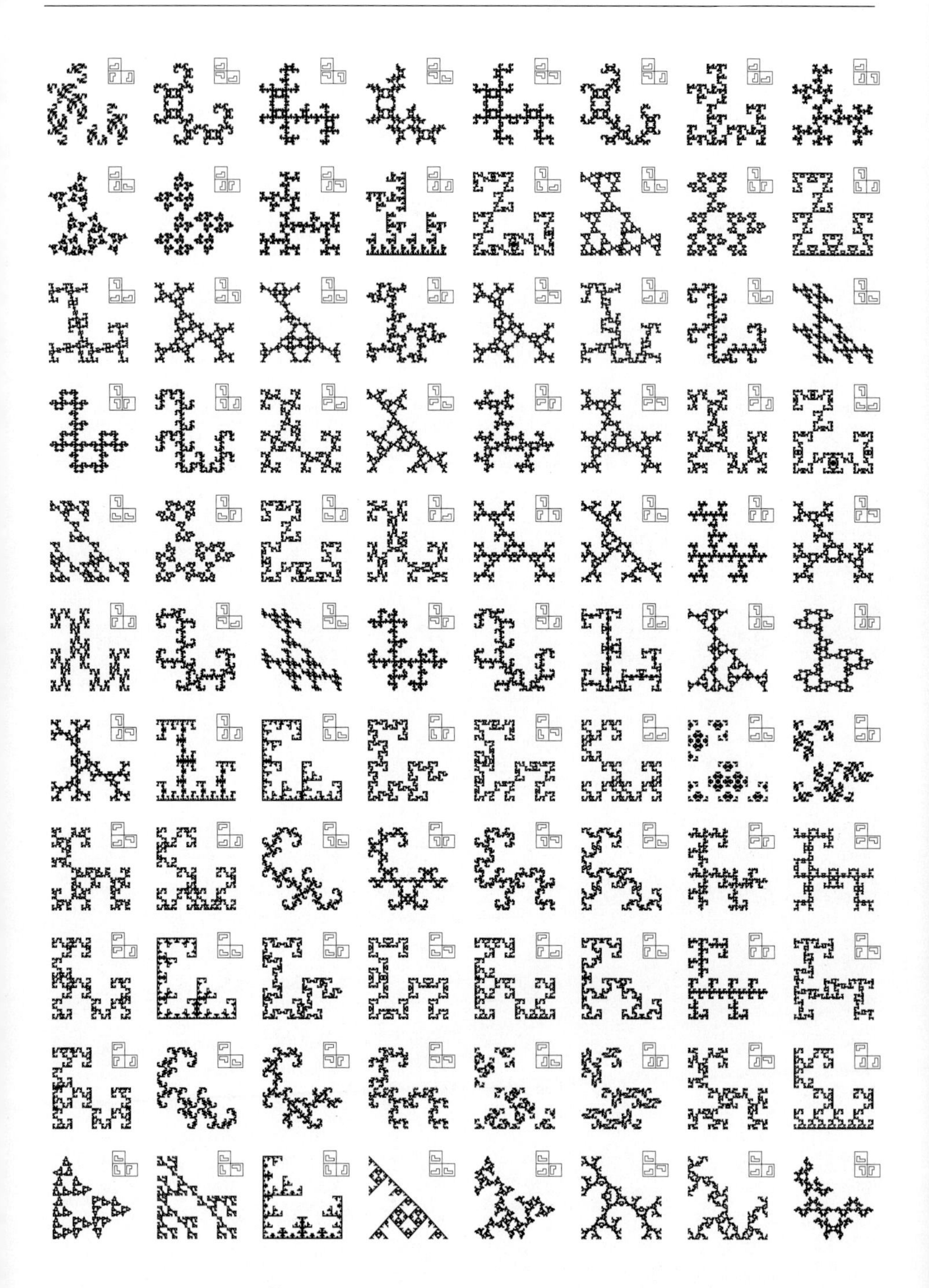

Abb. 5.22 : Die nächsten 88 Spielarten für die MVKM mit Bauplan 5.18.

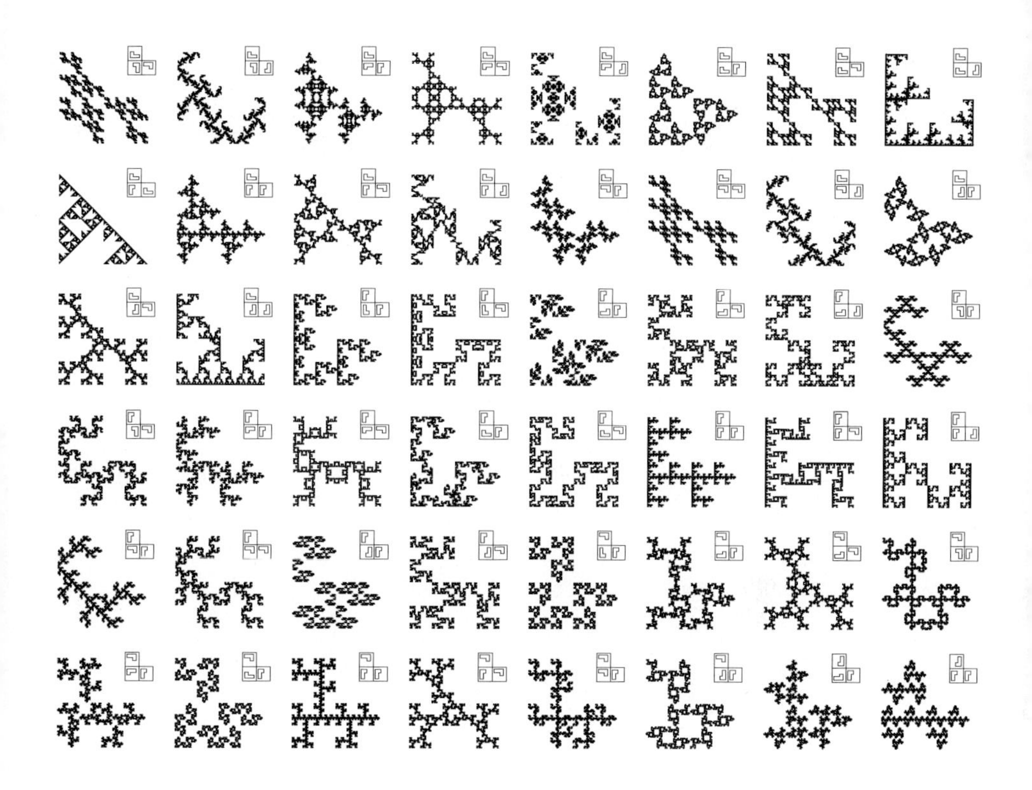

Abb. 5.23 : Die letzten 48 Spielarten für die MVKM mit Bauplan 5.18.

Wir wollen erklären, warum es gerade 8 symmetrische Bilder sind, die in 8facher Ausfertigung auftreten. Unsere erste Feststellung besteht darin, daß jedes der in Betracht fallenden Bilder bezüglich der Diagonale symmetrisch sein muß. Das heißt, falls A_∞ dazugehört, dann gilt $d_6(A_\infty) = A_\infty$. Abbildung 5.26 zeigt ein Bild (oben) mit dieser Symmetrie. Der Schlüssel zum Verständnis der Multiplizität besteht darin, das schwarze Teilquadrat in der oberen rechten Ecke bei Anwendung der Transformationen zu verfolgen.

Zunächst gilt es zu beachten, daß für w_1 nur $\{v_1d_0, v_1d_6\}$ und $\{v_1d_2, v_1d_7\}$ zugelassen sind. Andere Transformationen v_1d_k würden das schwarze Quadrat von der Diagonale entfernen und damit die Symmetrie brechen. Schließlich müssen wir uns darüber unterhalten, welche Möglichkeiten für w_2 und w_3 zulässig sind. Wenn wir einmal w_2 festgelegt haben, ist es klar, daß wir in der Wahl von w_3 nicht mehr frei sind, wenn die Symmetrie erhalten bleiben soll (siehe Abbildung 5.27). Es gibt vier verschiedene Lagen des schwarzen Quadrates, die

Symmetrische Doppelgänger

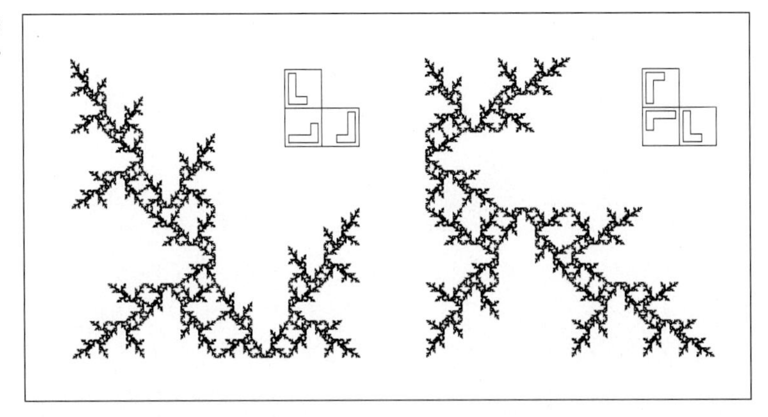

Abb. 5.24 : Ein aus den 224 Figuren der Abbildungen 5.21 bis 5.23 ausgewähltes Beispiel und sein symmetrischer Doppelgänger.

durch die folgenden Wahlen von vier Paaren von Symmetrietransformationen festgelegt werden:

$$\{d_0, d_6\},\ \{d_1, d_5\},\ \{d_2, d_7\},\ \{d_3, d_4\}\ .$$

Wenn wir somit $w_2 = v_2 d_k$ mit d_k aus einem dieser Paare, sagen wir $d_k \in \{d_r, d_s\}$, herausgreifen, dann müssen wir $w_3 = v_3 d_6 d_r$ oder $w_3 = v_3 d_6 d_s$ wählen. Mit Hilfe der Verknüpfungstabelle finden wir die zulässigen Paare für w_2 und w_3, die in Abbildung 5.27

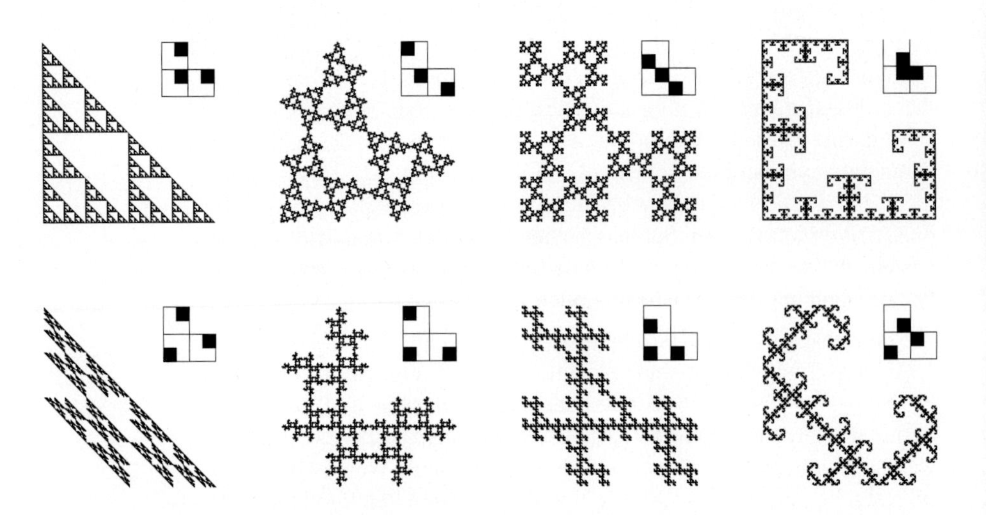

Abb. 5.25 : Es gibt 8 verschiedene symmetrische Attraktoren. Jeder kann durch 8 verschiedene Sätze von Transformationen kodiert werden.

Zulässige Transformationen

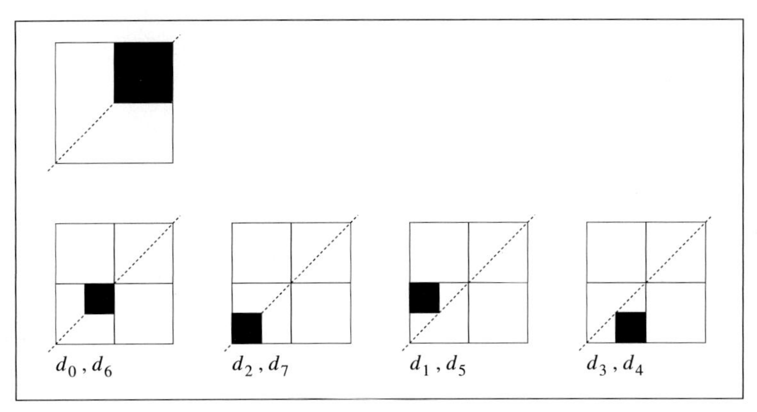

Abb. 5.26 : Ein symmetrisches Bild (oben) wird mit w_1 transformiert. Die beiden Anordnungen links stellen zwei Paare für w_1 zur Wahl, nämlich d_0v_1, d_6v_1 und d_2v_1, d_7v_1. Die beiden Fälle rechts zeigen Anordnungen, die bezüglich der Diagonale nicht symmetrisch sind.

Transformationen für symmetrische Attraktoren

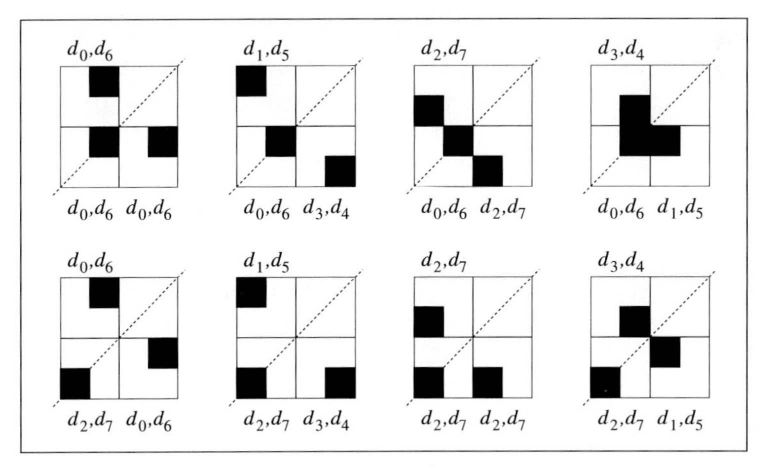

Abb. 5.27 : Diese 64 MVKM (jede Figur stellt 8 MVKM dar) erzeugen die 8 symmetrischen Bilder unserer Familie. Die Reihenfolge der Figuren entspricht derjenigen der Bilder in Abbildung 5.25.

veranschaulicht sind:

$$
\begin{aligned}
w_2 &= v_2 d_k,\ d_k \in \{d_0, d_6\},\ w_3 = v_3 d_l,\ d_l \in \{d_0, d_6\}\\
w_2 &= v_2 d_k,\ d_k \in \{d_1, d_5\},\ w_3 = v_3 d_l,\ d_l \in \{d_3, d_4\}\\
w_2 &= v_2 d_k,\ d_k \in \{d_2, d_7\},\ w_3 = v_3 d_l,\ d_l \in \{d_2, d_7\}\\
w_2 &= v_2 d_k,\ d_k \in \{d_3, d_4\},\ w_3 = v_3 d_l,\ d_l \in \{d_1, d_5\}\ .
\end{aligned}
$$

Insgesamt stehen uns $2 \times 2 \times 2$ Möglichkeiten für jede Anordnung in Abbildung 5.27 zur Verfügung, und dies ergibt $8 \times 8 = 64$ verschiedene MVKM.

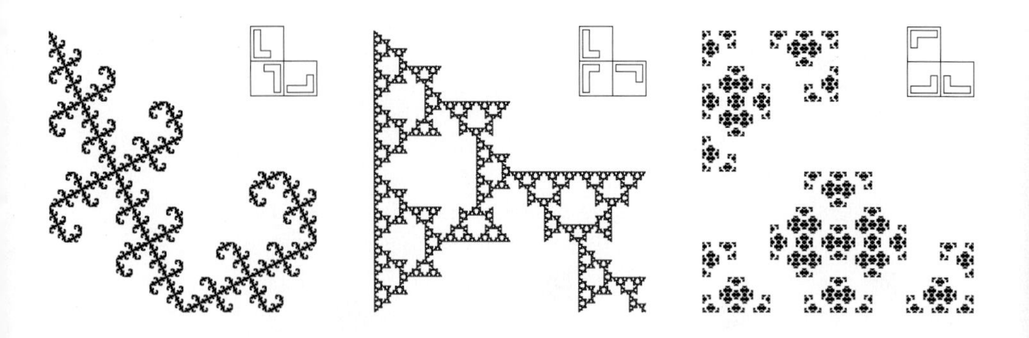

Abb. 5.28 : Unsere Familie kann in 3 Fälle aufgeteilt werden: einfach zusammenhängend, zusammenhängend (aber nicht einfach zusammenhängend) und total unzusammenhängend.

Die Untersuchung der $224+8=232$ verschiedenen Bilder fördert eine erstaunliche Vielfalt von Mustern und Formen zutage, die alle nahe Verwandte des Sierpinski-Dreiecks sind. Nicht alle sind jedoch gleich eng verwandt. Für einen Teil von ihnen ist es sogar fast nicht zu glauben, daß sie wirklich das Ergebnis einer solch einfachen MVKM oder überhaupt einer MVKM sind. Die mathematischen Eigenschaften der Familie sind außerdem höchst interessant. Gewisse Bilder sind zusammenhängend (ein Stück), andere dagegen sind es nicht. Diejenigen, die nicht zusammenhängend sind, sind wirklich total unzusammenhängend (von der Art der Cantor-Menge). Diejenigen, die zusammenhängend sind, spalten wiederum in zwei Klassen auf. Eine Klasse gehört zum Typ von einfach zusammenhängenden Mustern (ohne Löcher) und die andere zu demjenigen mit unendlich vielen Löchern wie das Sierpinski-Dreieck selbst. Abbildung 5.28 zeigt Beispiele aller dieser drei Fälle.

5.4 Klassische Fraktale mit Hilfe von IFS

Der Begriff IFS gestattet uns, die Konstruktion klassischer Fraktale wesentlich durchschaubarer zu gestalten. Sie lassen sich als Attraktoren geeigneter IFS beschreiben. Mit anderen Worten kann die in Kapitel 3 besprochene Frage ihrer Existenz (wir haben dieses Problem im einzelnen für die Koch-Kurve behandelt) jetzt endgültig geklärt werden, indem wir den Nachweis erbringen, daß es für ein gegebenes IFS einen eindeutigen Attraktor gibt. Dies wird im Laufe dieses Kapitels geschehen. Aber IFS erlauben uns auch, die zahlentheoretische Beschreibung einiger klassischer Fraktale wie der Cantor-Menge oder des Sierpinski-Dreiecks besser zu verstehen.

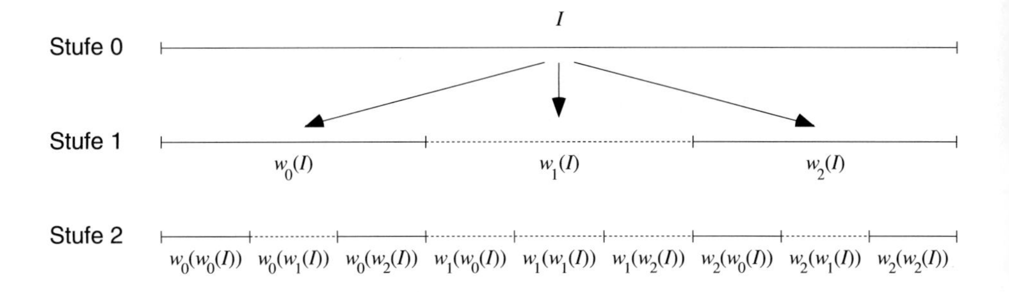

Abb. 5.29 : Die ersten Iterationsstufen des triadischen IFS. Wenn man w_1 wegläßt, wird die Cantor-Menge als Attraktor erzeugt.

Cantor-Menge

Wir rufen die Beschreibung der Cantor-Menge durch ternäre Zahlen in Erinnerung: Sie ist die Menge der Punkte des Einheitsintervalles, die eine triadische Darstellung ohne die Ziffer 1 zulassen (siehe Kapitel 2). Nun betrachten wir ein IFS mit

$$w_0(x) = \frac{1}{3}x, \quad w_1(x) = \frac{1}{3}x + \frac{1}{3}, \quad w_2(x) = \frac{1}{3}x + \frac{2}{3} \ .$$

Zu beachten ist, daß diese Maschine nur mit einer Variablen arbeitet (d.h. nicht in der Ebene).

Abbildung 5.29 zeigt die ersten Stufen ihrer Iteration (wobei als Anfangsbild das Einheitsintervall benutzt wird). Der Attraktor dieser Maschine ist zweifellos das Einheitsintervall (das Einheitsintervall wird ganz einfach immer wieder in sich selbst transformiert). Aber was würde geschehen, wenn wir nur die beiden Transformationen w_0 und w_2 benutzen würden? In diesem Fall würden wir offensichtlich als Attraktor die Cantor-Menge erhalten (die Iteration entspräche den klassischen Konstruktionsschritten der Cantor-Menge: immer wieder würden mittlere Drittel weggelassen).

Es ist nun festzuhalten, daß w_1 das Einheitsintervall ins Intervall $[\frac{1}{3}, \frac{2}{3}]$ transformiert, d.h. in Punkte mit einer triadischen Darstellung von 0.1 bis $0.1222... = 0.1\overline{2}$. Die Beteiligung von w_1 an der Iteration des IFS führt also zu Punkten mit einer Darstellung, welche die Ziffer 1 enthält. Mit anderen Worten läuft der Ausschluß von allem, was auf w_1 zurückzuführen ist, gerade auf die ternäre Beschreibung der Cantor-Menge hinaus.

Sierpinski-Dreieck

Nun wollen wir zum Sierpinski-Dreieck (oder zu dessen bereits in Abbildung 5.9 dargestellten Variante) übergehen. Wir betrachten das durch vier Ähnlichkeitstransformationen gegebene IFS, welches das Einheitsquadrat Q in seine vier gleichen Teilquadrate transformiert (siehe Abbildung 5.30).

Vier Kontraktionen

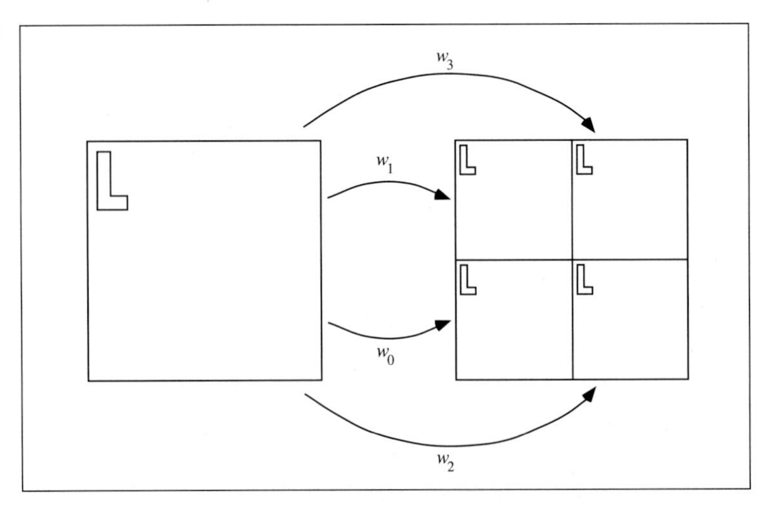

Abb. 5.30 : Kontraktionen, welche das Einheitsquadrat in seine vier gleichen Teilquadrate transformieren.

Es ist nützlich, diese Transformationen in binärer Form zu bezeichnen (d.h. 00, 01, 10 und 11 anstatt 0, 1, 2, 3):

$$w_{00}(x,y) = (\tfrac{1}{2}x, \tfrac{1}{2}y), \qquad w_{01}(x,y) = (\tfrac{1}{2}x, \tfrac{1}{2}y + \tfrac{1}{2}),$$
$$w_{10}(x,y) = (\tfrac{1}{2}x + \tfrac{1}{2}, \tfrac{1}{2}y), \quad w_{11}(x,y) = (\tfrac{1}{2}x + \tfrac{1}{2}, \tfrac{1}{2}y + \tfrac{1}{2}).$$

Die Verwendung aller vier Ähnlichkeitstransformationen in einem IFS wird als Attraktor das Einheitsquadrat erzeugen. Abbildung 5.31 zeigt die ersten Schritte der Iteration dieser Maschine. Zur Kennzeichnung der in jedem Schritt erzeugten Teilquadrate benutzen wir ein binäres Koordinatensystem. In jedem Schritt erzeugt das IFS viermal so viele kleinere Quadrate. Das binäre Koordinatensystem eignet sich sehr gut für die „Buchführung".

Beispielsweise hat w_{01} das Einheitsquadrat Q im ersten Schritt in das Teilquadrat $w_{01}(Q)$ bei (0,1) transformiert, w_{11} in das Teilquadrat bei (1,1) usw. Im zweiten Schritt finden wir zum Beispiel, daß das bei $(10, 11)$ liegende Quadrat $w_{11}(w_{01}(Q))$ ist (d.h. es wird zuerst w_{01} auf Q angewendet und dann w_{11} auf das Ergebnis). Als weiteres Beispiel würde im dritten Schritt $w_{10}(w_{00}(w_{11}(Q)))$ das Quadrat bei (101, 001) erzeugen. Ist das Zuordnungsprinzip bereits erkennbar? Aus der Verknüpfung $w_{10}(w_{00}(w_{11}(Q)))$ greife man von links nach rechts die ersten Ziffern, d.h. 101, heraus. Dies ergibt die binäre x-Koordinate des Teilquadrates. Dann bilden die zweiten Ziffern der Verknüpfung von links nach rechts (d.h. 001) die y-Koordinate.

Wir wissen bereits, daß der Attraktor des durch w_{00}, w_{01} und w_{10} gegebenen IFS das Sierpinski-Dreieck sein wird. Mit anderen Worten

Erste Schritte

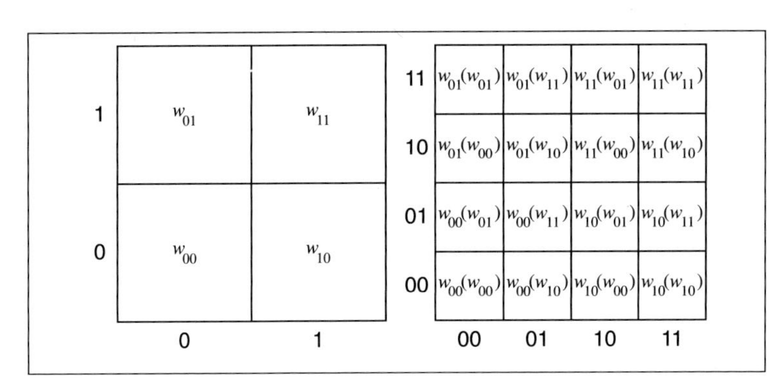

Abb. 5.31 : Die ersten beiden Schritte des IFS. Die erzeugten Teilquadrate lassen sich mit Hilfe eines binären Koordinatensystems auffinden.

erhalten wir das Sierpinski-Dreieck auch, wenn wir im IFS des Einheitsquadrats alles, was von w_{11} herrührt, ausscheiden. Nun zahlt sich die binäre „Buchführung" aus. Für einen beliebigen Schritt k lassen sich die 4^k kleinen Teilquadrate mit Hilfe von Paaren binärer Koordinaten (mit k Ziffern) bestimmen. Wie können wir herausfinden, ob w_{11} daran beteiligt war, ein Teilquadrat mit dem IFS zu erzeugen? Ganz einfach: indem wir die beiden binären Koordinaten untereinander schreiben, die das kleine Quadrat kennzeichnen, beispielsweise (100111, 010000) und (100111, 001100):

100111	100111
010000	001100
NEIN	JA .

Wenn wir die Ziffer 1 gleichzeitig an zwei Stellen finden, die einander entsprechen, dann war w_{11} beteiligt, andernfalls nicht. Somit kann das Sierpinski-Dreieck aus dem Einheitsquadrat durch schrittweises Entfernen all dieser Quadrate entwickelt werden.[10] Es handelt sich also um einen Parallelfall zur ternären Beschreibung der Cantor-Menge. Außerdem stellen wir fest, daß wir gerade den Zusammenhang mit den geometrischen Mustern im Pascalschen Dreieck hergestellt haben. Unser Ausschlußkriterium entspricht nämlich genau dem zahlentheoretischen Kriterium Kummers für gerade Binomialkoeffizienten, wie wir es im Programm des Kapitels 2 benutzt haben. Wir werden diese erstaunliche Beziehung in Kapitel 7 in *Chaos – Bausteine der Ordnung* weiter untersuchen.

[10] Dies erklärt die von uns in Kapitel 3, Seite 206, für die Besprechung der Selbstähnlichkeit benutzte binäre Beschreibung des Sierpinski-Dreiecks.

Neun Kontraktionen

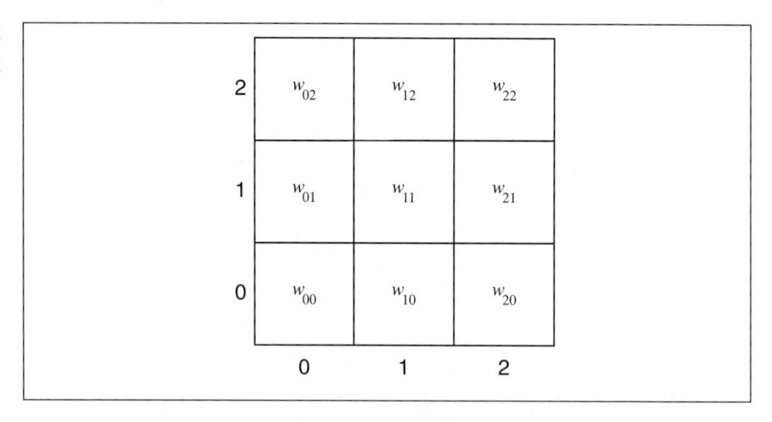

Abb. 5.32 : Die Kontraktionen transformieren das Einheitsquadrat in neun gleiche Teilquadrate, die mit Hilfe eines triadischen Koordinatensystems bequem aufgefunden werden können.

Sierpinski-Teppich

Die zahlentheoretische Beschreibung des Sierpinski-Teppichs ist sehr ähnlich. Wir beginnen wiederum mit dem Einheitsquadrat und unterteilen es diesmal in neun gleiche Quadrate. Als geeignetes IFS benutzen wir Transformationen, die das Einheitsquadrat in diese Teilquadrate überführen (siehe Abbildung 5.32; wiederum sind keine Drehungen oder Spiegelungen zugelassen).

Diesmal benutzen wir für die Kennzeichnung der Transformationen ternäre Zahlen wie $w_{00}, w_{01}, w_{02}, w_{10}, ..., w_{22}$. Folglich ist jedes Quadrat im k-ten Schritt durch ein Paar ternärer Koordinaten (mit k Ziffern) bestimmt. Im Grenzfall wird jeder Punkt des Einheitsquadrates durch ein Paar unendlicher ternärer Ziffernfolgen, wie

$$(011201..., \ 210201...),$$

beschrieben. Nun läßt sich der Sierpinski-Teppich durch Weglassen von allem gewinnen, was mit der Transformation w_{11} zutun hat. Dies bedeutet, daß wir nur solche Punkte des Einheitsquadrates berücksichtigen, deren Beschreibung durch ein ternäres Zahlenpaar entweder ganz ohne Ziffer 1 oder zumindest ohne gleichzeitiges Auftreten der Ziffer 1 an derselben Stelle in beiden Koordinaten möglich ist. Zum Beispiel berücksichtigen wir $(11\overline{0}, 00\overline{1})$. Auch $(201\overline{2}, 101\overline{0})$ gehört wegen der Gleichwertigkeit mit $(202\overline{0}, 101\overline{0})$ zum Sierpinski-Teppich. Aber $(201\overline{0}, 101\overline{0})$ usw. schließen wir aus. Es bleibt anzumerken, daß genau in diesem Sinn der Sierpinski-Teppich die folgerichtige Erweiterung der Cantor-Menge in die Ebene bedeutet.

Im vorliegenden Buch haben wir eine Galerie klassischer Fraktale vorgestellt. Diese Galerie hat bis vor kurzem keine wesentliche Erweiterung erfahren. B. Mandelbrot öffnete die Tore weit zu vielen neuen Sälen der Galerie und fügte ihr einige möglicherweise

Barnsleys Farn

Abb. 5.33 : Barnsley-Farn, erzeugt von einer MVKM mit nur vier Linsensystemen.

unvergängliche Meisterwerke hinzu — wie die Mandelbrot-Menge. Aber es gibt noch zwei weitere Schöpfungen oder Entdeckungen, die der aktuellen Forschung wesentliche Impulse verliehen haben. Eine betrifft den 1962 von E. Lorenz am MIT entdeckten ersten *seltsamen Attraktor* und die andere das, was wir gerne *Barnsleys Farn* nennen würden (siehe Abbildung 5.33). Mandelbrot-Menge, Lorenz-Attraktor und Barnsleys Farn haben je eine neue und eigene Abteilung in der Galerie der mathematischen Monster eröffnet. Von diesen

	Verschiebungen		Drehungen		Verkleinerungen	
	e	f	ϕ	ψ	r	s
1	0.0	1.6	-2.5	-2.5	0.85	0.85
2	0.0	1.6	49	49	0.3	0.34
3	0.0	0.44	120	-50	0.3	0.37
4	0.0	0.0	0	0	0.0	0.16

Tab. 5.34 : Transformationen für den Barnsley-Farn. Die Winkel sind in Grad angegeben.

Bauplan des Barnsley-Farns

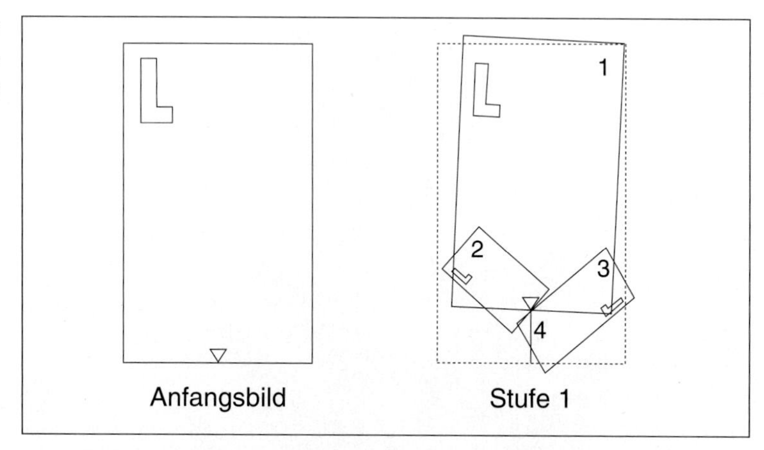

Abb. 5.35 : Bauplan des Barnsley-Farns. Das kleine Dreieck im Anfangsbild und dessen erste Kopie rechts zeigt an, wo der „Stengel" des Farns am Rest des Blattes ansetzt.

gehört Barnsleys Farn zum Gegenstand dieses Kapitels.

Barnsley war in der Lage, die Figur in Abbildung 5.33 mit nur vier Linsensystemen zu kodieren. Abbildung 5.35 zeigt das Schema seiner MVKM. Als Anfangsbild wird hierbei ein Rechteck verwendet. Man beachte, daß Transformation 3 eine Spiegelung enthält. Außerdem ist Transformation 4 offensichtlich keine Ähnlichkeitstransformation; sie zieht das Rechteck auf einen reinen Linienabschnitt zusammen. Der vom IFS erzeugte Attraktor ist in der genauen mathematischen Bedeutung des Begriffs nicht selbstähnlich. Die ursprünglichen Transformationen sind in Tabelle 5.34 wiedergegeben[11] und in anderer Schreibweise auch in Tabelle 5.60 mit zum Teil geringfügig anderen Parameterwerten für die Erzeugung des Farns von Abbildung 5.33.

[11] M. F. Barnsley, *Fractal Modelling of Real World Images,* in: The Science of Fractal Images, H.-O. Peitgen und D. Saupe (Hrsg.), Springer-Verlag, New York, 1988, Seite 241.

Übergang von der Koch-Kurve zum Farn

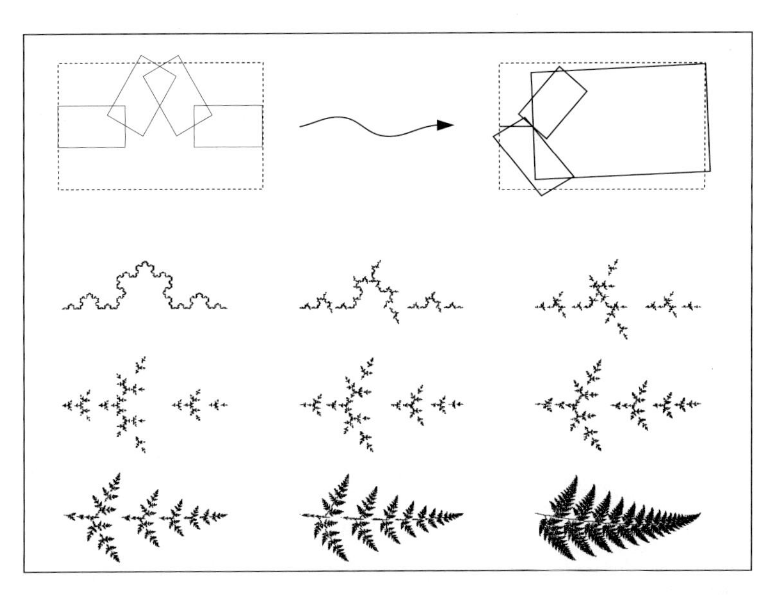

Abb. 5.36 : Durch fortlaufende Veränderung der Parameter für die Koch-Kurve hin zu denjenigen des Farns ergibt sich eine Umwandlung des einen Fraktals ins andere. Die unteren neun Figuren der Abbildung zeigen einige Zwischenstufen dieser Metamorphose.

Die Bedeutung von Barnsleys Farn für die Weiterentwicklung des Gebietes liegt darin, daß sein Bild wie ein natürlicher Farn aussieht, aber zu derselben Klasse mathematischer Strukturen wie das Sierpinski-Dreieck, die Koch-Kurve und die Cantor-Menge gehört. Mit anderen Worten umfaßt diese Klasse nicht nur extreme, eher unnatürlich erscheinende mathematische Monster, sondern auch Strukturen, die zu natürlicher Gestaltbildung in enger Beziehung stehen, und die man durch lediglich geringfügige Abänderungen der Monster erhält. In gewissem Sinne läßt sich der Farn durch „Schütteln" einer MVKM gewinnen, welche die Koch-Kurve erzeugt, wenn die Linsensysteme dabei ihre Lagen und Kontraktionsfaktoren nur entsprechend ändern (siehe Abbildung 5.36).

Wir wollen aber noch eine andere Seite unserer Idee der MVKM beleuchten. Die Botschaft, die durch das Bild des Farns ausgedrückt wird, ist recht beeindruckend. Etwas so kompliziert Gegliedertes wie ein Farn scheint doch eigentlich über einen großen Informationsgehalt zu verfügen. Aber wie Abbildung 5.35 zeigt, ist der Informationsgehalt aus der Sicht des IFS äußerst gering. Diese Feststellung legt nahe, das IFS als Instrument für die Kodierung und Kompression von Bildern zu betrachten. Im folgenden Abschnitt werden wir einige Grundgedanken besprechen. Eine weitergehende technische Diskussion kann in Fishers Anhang über die Kompression von Bildern gefunden werden.

5.5 Bildkodierung mit IFS

Jedes Bild in unserer Galerie läßt sich mit einer sehr einfachen Maschine gewinnen, deren Bauplan aus der ersten Stufe des jeweiligen Experimentes hervorgeht. Wieviele Bilder können auf diese Weise erzeugt werden? Die Antwort ist offensichtlich — unendlich viele. Jede Anzahl und besondere Auswahl der Linsen und deren Anordnung legen ein neues Bild fest. Mit anderen Worten können wir den Bauplan der MVKM (d.h. die Menge der Transformationen, die das IFS beschreiben) als die Kodierung eines Bildes betrachten. In Abbildung 5.37 haben wir diese Überlegungen am Beispiel der zweigartigen Struktur zusammengefaßt. Die Transformationen lauten:

	a	b	c	d	e	f
1	−0.467	0.02	−0.113	0.015	0.4	0.4
2	0.387	0.43	0.43	−0.387	0.256	0.522
3	0.441	−0.091	−0.009	−0.322	0.421	0.505

Bildkodierung mit hohem Kompressionsverhältnis

An diesem Beispiel können wir das hohe Kompressionsverhältnis für eine Bildkodierung erkennen. Ausgangspunkt sei ein Bild, das durch ein Feld von $n \times m$ schwarzen und weißen Bildpunkten (z.B. den Pixeln auf einem Computerbildschirm) gegeben ist. Das heißt, die für die unkodierte Darstellung der Pixelstruktur erforderliche Informationsmenge würde $n \times m$ bit betragen. Der Bauplan des Zweiges weist drei Linsensysteme auf, von denen jedes durch sechs reelle Zahlen festgelegt ist. Die Darstellung einer rellen Zahl in einem Computer erfordert s bit (typischerweise $s = 32$). Somit benötigt der Bauplan des Zweiges nur $18s$ bit. Das Kompressionsverhältnis wäre dann $nm/18s$. Nehmen wir an, daß $n = m = 1000$ und $s = 32$ sei. Dann läge das Verhältnis in der recht beträchtlichen Größenordnung von 1700.

Eine neue Sichtweise der Bildwahrnehmung

Die scheinbare Kompliziertheit unseres Zweiges wird in einen sehr einfachen Bauplan komprimiert. Anders ausgedrückt, viele komplizierte Strukturen erscheinen aus dem Blickwinkel der MVKM tatsächlich als recht einfach. Diese verblüffende Schlußfolgerung wird möglicherweise viele Grundansichten auf den Gebieten der Bildkompression und Bildwahrnehmung radikal verändern. In manchen wissenschaftlichen Schulen werden beispielsweise die visuellen Funktionen des menschlichen Gehirns mit Computern und deren algorithmischem Aufbau verglichen. Es gibt Modelle, die zu erklären versuchen, wie das Gehirn zwischen Dingen,wie einem gleichseitigen

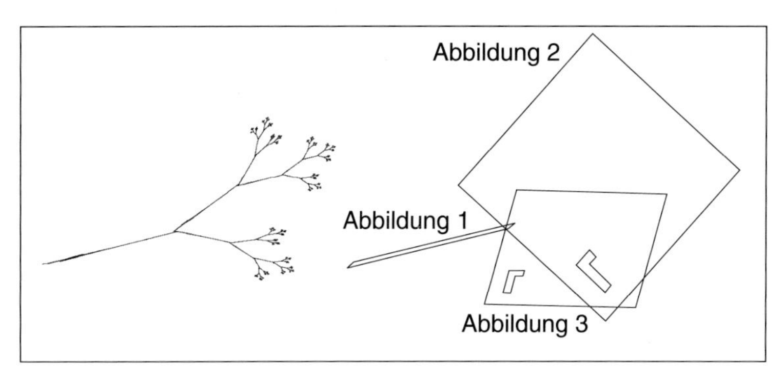

Bauplan eines Zweiges

Abb. 5.37 : Bauplan eines Zweiges: Kodierung durch drei Transformationen.

und einem nichtgleichseitigen Dreieck zu unterscheiden vermag. In diesem Zusammenhang drängt sich der Schluß auf, daß das Gehirn über außerordentliche Fähigkeiten verfügen muß, da der Mensch in der Lage ist, in Sekundenbruchteilen Objekte auseinanderzuhalten, die so kompliziert sind wie eine Eiche und eine Buche. Unsere Erfahrung mit MVKM legt allerdings nahe, daß eine Eiche vielleicht nur vom Standpunkt der klassischen Geometrie aus kompliziert erscheint. Es trifft vermutlich zu, daß das allgemeine Muster einer Eiche für das menschliche Gehirn eine sehr kompakte Kodierung aufweist. Die fraktale Geometrie bietet einen völlig neuen und sehr wirkungsvollen Rahmen für die modellhafte Bearbeitung solcher Kodierungsprobleme. Wir könnten tatsächlich auf den Gedanken kommen, daß unser Gehirn vielleicht fraktalähnliche Kodierungspläne benutzt.

Fassen wir unsere bisherigen Einsichten zusammen. Wir haben eine Maschine eingeführt, die wir MVKM genannt haben. Im wesentlichen besteht die Maschine aus einer Anordnung von Linsensystemen, die Bilder kontrahieren. Aus der Sicht der Mathematik erzeugt eine MVKM ein dynamisches System, ein IFS. Das heißt, der Betrieb der Maschine in einer Rückkopplungsschleife erzeugt eine Folge von Bildern $A_0, A_1, A_2, \ldots$, wobei A_0 ein beliebiges Anfangsbild ist. Die Bilderfolge wird zu einem Endbild A_∞ führen, das vom Anfangsbild A_0 unabhängig ist. Wenn wir A_∞ als Anfangsbild wählen, dann geschieht überhaupt nichts (d.h. das IFS läßt A_∞ invariant). Wir nennen A_∞ *Fixpunkt* des IFS oder *Attraktor* des dynamischen Systems. In diesem Sinne können wir den sich ergebenden Attraktor mit dem IFS gleichsetzen. Die mathematische Beschreibung der Linsensysteme der Maschine erfolgt durch eine Reihe von affin-linearen Transformationen, jede von ihnen durch sechs reelle Zahlen bestimmt. Wir können diese Daten als Kodierung des Endbildes A_∞ deuten. Für

Die ersten Iterationen

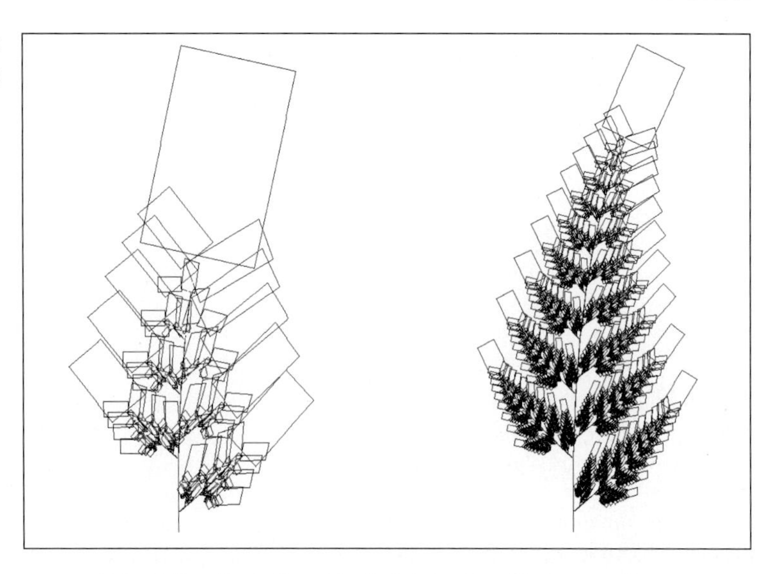

Abb. 5.38 : Stufe 5 und Stufe 10 der Farn-Kopiermaschine.

die Dekodierung müssen wir die Maschine nur mit einem beliebigen Anfangsbild betreiben. Am Ende wird das kodierte Bild A_∞ erscheinen.

Das Dekodierungsproblem

In gewissen Fällen stellt die Dekodierung mit dem IFS jedoch ein ernsthaftes Problem dar. Betrachten wir beispielsweise den Barnsley-Farn. Abbildung 5.38 zeigt die ersten Stufen des IFS. Offensichtlich ist auch nach 10 Iterationen der vollständige Farn noch in weiter Ferne. Somit sind wir bei der grundlegenden Frage angelangt: Nach wie vielen Schritten kann angenommen werden, daß das Endbild hinreichend gut angenähert ist? Zur Beantwortung dieser Frage müssen wir klarstellen, was mit *hinreichend gut* gemeint ist. Es gibt zwei Kriterien, die sinnvoll erscheinen.

Das erste würde verlangen, daß die Veränderung zwischen zwei aufeinanderfolgenden Iterationen so gering ist, daß sie unterhalb der grafischen Auflösungsgrenze liegt. Dies läßt sich sehr gut mit Rechenproblemen vergleichen. Das Ergebnis einer Quadratwurzelberechnung gilt beispielsweise als annehmbar, wenn sich die ersten 10 Stellen nicht mehr verändern. Das zweite Kriterium ist mehr auf die Praxis ausgerichtet und erlaubt eine grundsätzliche Abschätzung der Anzahl der erforderlichen Iterationen. Diese Abschätzung geht vom folgenden Szenarium des schlimmsten Falles aus: Wir rufen uns in Erinnerung, daß das Anfangsbild vollkommen beliebig sein kann. An dieser Stelle wollen wir jedoch soweit einschränken, daß es den Attraktor vollständig überdecken soll. Zum Beispiel könnte es ein Rechteck ausreichender Größe sein. Wegen der Unabhängigkeit des Endbildes vom Anfangsbild werden wir eine bestimmte Iteration erst dann als Näherung für das Endbild zulassen, wenn wir darin keine verkleinerten Varianten des Anfangsbildes mehr erkennen können. Diese Bedingung ist in Abbildung 5.38 offensichtlich nicht erfüllt. Es zeigt sich nämlich, daß das dynamische System auch nach 10 Iterationen vom Endbild (Attraktor) noch weit entfernt ist. Der Grund hierfür liegt darin, daß Kontraktion 1 (siehe Abbildung 5.35) nur mit einem Faktor von 85% verkleinert. Um das Anfangsrechteck auf eine Größe unterhalb der eines Pixels zu verkleinern — soweit, daß die Rechteckstruktur nicht mehr zu erkennen ist — müssen wir deshalb eine gewisse Mindestzahl von N Iterationen ausführen. Für die Abschätzung von N gehen wir von der Annahme aus, daß das Anfangsrechteck auf einem Schirm mit 1000×1000 Pixeln aufgezeichnet und 500×200 Pixel überdeckt. Dann finden wir aus der Gleichung

$$500 \cdot 0.85^N = 1$$

für die ganze Zahl N die untere Schranke $N = 38.2 \approx 39$. Bei einer einfachen Implementierung des IFS wie wir sie zum Beispiel im Programm des Kapitels zeigen, muß man für N Iterationen

$$M = 1 + 4 + 4^2 + 4^3 + \cdots + 4^N = \frac{4^{N+1} - 1}{3}$$

Rechtecke berechnen und aufzeichnen. Für $N = 39$ berechnen wir die unglaublich große Zahl $M \approx 4^{39} \approx 3 \cdot 10^{23}$. Selbst wenn wir annehmen, daß unser Computer die Riesenzahl von einer Million Rechtecken pro Sekunde berechnet und grafisch anzeigt, müßten wir $3 \cdot 10^{17}$ Sekunden oder ungefähr 10^{10} Jahre auf das Endbild warten, was einen Zeitraum von der Größenordnung des geschätzten Alters unseres Universums umfaßt. Dies vermittelt eine gewisse Vorstellung des Dekodierungsproblems. In Kapitel 6 werden wir jedoch eine sehr einfache und leistungsfähige Dekodierungsmethode kennenlernen, die auf dem Computerbildschirm innerhalb von Sekunden eine gute Näherung des Endbildes erzeugt! Wir werden auch den vorstehenden unrationellen Algorithmus soweit abändern, daß er den Farn (und andere Attraktoren) mit derselben Genauigkeit und innerhalb akzeptabler Zeit erzeugt.

Kodierung: Das inverse Problem

Bevor IFS für die Bildkodierung benutzt werden können, wartet ein weiteres entscheidendes Problem auf seine Lösung, nämlich die Konstruktion einer geeigneten MVKM für ein gegebenes Bild. Man nennt dies auch das inverse Problem, da Kodierung die Umkehrung der Dekodierung ist. Wir können natürlich nicht erwarten, daß wir im allgemeinen in der Lage sind, eine MVKM zu konstruieren, die ein vorgegebenes Bild ganz genau erzeugt. Näherungen sollten allerdings möglich sein. Diese können wir übrigens, wie wir als nächstes erklären werden, dem Original so genau anpassen, wie wir es nur wünschen.

Wir betrachten ein Schwarzweißbild, das mit einer Auflösung von $n \times m$ Pixeln digitalisiert wurde. Dieses Bild kann mit einer MVKM *exakt* wiedergegeben werden und zwar mit Hilfe der einfachen Annahme, daß es für jedes schwarze Pixel des Bildes eine Linse gibt, die das gesamte Bild auf dieses betreffende Pixel kontrahiert. Die Maschine wird mit irgendeinem Anfangsbild und in einem einzigen Durchgang das vorgeschriebene Schwarzweißbild erzeugen. Natürlich ist dies keine rationelle Methode, ein Bild zu kodieren, da für jeden schwarzen Bildpunkt eine affine Transformation gespeichert werden muß. Die Überlegung zeigt jedoch, daß es im Prinzip möglich ist, Näherungen jeder gewünschten Genauigkeit zu erreichen. Somit konzentriert sich das Problem auf die Entwicklung einer besseren MVKM, die nicht so viele Transformationen benötigt, aber dennoch eine gute Näherung erzeugt. Mehrere schwierige Fragen treten in diesem Zusammenhang auf:

(1) Wie kann die Qualität einer Näherung beurteilt werden? Wie lassen sich Unterschiede zwischen Bildern in Zahlen beschreiben?
(2) Wie finden wir geeignete Transformationen?
(3) Wie können wir die erforderliche Anzahl der affinen Transformationen auf ein Minimum verringern?
(4) Welche Klasse von Bildern ist für diesen Ansatz geeignet?

Diese Probleme sind vergleichbar mit den Schwierigkeiten, denen sich die Wissenschaftler bei der Entwicklung der Grundlagen der Fourier-Analyse gegenübersahen. Heute ist die Fourier-Analyse ein Standardinstrument mit unzähligen Anwendungen. Eine besondere Anwendung befaßt sich mit der Kodierung akustischer Signale, deren Analyse und Beeinflussung. Aber es dauerte etwa hundert Jahre, diese Theorie vollständig zu entwickeln, und um die Hindernisse zu überwinden waren einige der fähigsten Mathematiker gefragt. Vergleichsweise steckt die fraktale Bildkodierung noch in den Kinderschuhen. Dieser Ansatz ist noch keine zehn Jahre alt und verspricht einen völlig neuen praktischen und theoretischen Rahmen für die Analyse und Synthese von Bildern.

Die einen sprechen von einer Revolution, die anderen sind sehr skeptisch und halten Fraktale im allgemeinen und Fraktale für Bildkodierung im besonderen nur für eine Mode ohne Zukunft. Diese Meinungsverschiedenheiten sollten uns nicht überraschen. Immer wenn die großen Wissenschaftler der Vergangenheit konzeptionelle „Quantensprünge“ machten, hatten viele ihrer Zeitgenossen nichts als zynische Kommentare für sie übrig. Aber Galileo Galilei, Nikolaus Kopernikus, Johannes Kepler, Charles Darwin, Gregor Mendel, Albert Einstein und andere berühmte Wissenschaftler werden in Erinnerung bleiben, solange die Wissenschaft für die Menschheit eine Rolle spielt. Ihre blinden Kritiker sind im Lärm der Geschichte untergegangen. Wir glauben, daß die fraktale Geometrie zu den großen Errungenschaften der Wissenschaft zählen wird, ganz unabhängig davon, ob Fraktale schließlich zu den besten praktischen Methoden für das Problem der Bildkodierung führen werden. Die Ideen, die aus diesem neuen Ansatz hervorgehen, werden auf jeden Fall einen großen Einfluß darauf haben, wie wir über Bilder denken.

Kodierung und Dekodierung von Klängen

Akustische und optische Signale sind für uns die wichtigsten äußeren Orientierungshilfen in dieser Welt. In gewisser Hinsicht weisen diese Signale Gemeinsamkeiten auf, in anderer Beziehung sind sie sehr verschieden. Eine wesentliche Gemeinsamkeit besteht darin, daß für die Beschreibung sowohl von Schallausbreitung als auch von Lichtausbreitung das Wellenmodell eine zentrale Rolle spielt.

Daniel Bernoulli (1700–1792), Leonhard Euler (1707–1783), Joseph Louis de Lagrange (1736–1813) und Jean-Baptiste Joseph Baron de Fourier (1768–1830) habe mit ihren Arbeiten wesentlich zur Entwicklung einer wundervollen mathematischen Beschreibung von Wellenphänomenen beigetragen, die heute unter dem Begriff *Fourier-Reihen* bekannt ist. Der Grundgedanke bestand in der Darstellung periodischer Funktionen durch Reihen von periodischen Funktionen. Fouriers 1822 in Paris erschienenes Buch *Théorie analytique de la chaleur*[12] gilt als Bibel des mathematischen Physikers. Darin werden nicht nur die nach ihm benannten trigonometrischen Reihen und Integrale entwickelt, sondern auch das allgemeine Problem der Anfangs-Randwertaufgaben wird am Beispiel der Wärmeleitung in hervorragender Weise behandelt. In vielen Teilgebieten der Physik, Mathematik oder Technik wird heute mit Fourier-Reihen gearbeitet.

In der Akustik läßt sich die Analyse von Fourier z.B. auf Klänge anwenden. Unter einem *Klang* versteht man eine vom Ohr wahrnehmbare zeitlich periodische (aber nicht sinusförmige) Schwingung. Klänge lassen sich durch Überlagerung *einfacher Töne* (reine Sinus- oder Cosinusschwingungen) aufbauen. Dabei bestimmt der tiefste Teilton (Grundton) die subjektiv empfundene Klanghöhe. Die Frequenzen der höheren Teiltöne (genannt harmonische Töne oder Obertöne) sind ganzzahlige Vielfache der Frequenz des Grundtones. Die Klangkurve (Amplitude über der

[12] Deutsch „Analytische Theorie der Wärme"; dieses Buch, das Fourier in Teilen bereits 1807 und 1812 der Académie vorgelegt hatte, bildet den eigentlichen Kern der Grundlage für seinen wissenschaftlichen Ruhm als einer der bedeutenden Mathematiker und Physiker des 19. Jahrhunderts. Fourier war höchstbegabt und außerordentlich vielseitig. Er hat sich auch als Algebraiker, Ingenieur und historischer Schriftsteller über Ägypten ausgezeichnet. In den Revolutionsjahren betätigte er sich politisch und gehörte 1798–1801 dem wissenschaftlichen Stab der ägyptischen Expedition Napoleons an. Aus den damit verbundenen Erfahrungen leitet sich seine etwas skurrile Ansicht ab, daß Wüstenhitze ideale Bedingung für ein gesundes Leben sei. Entsprechend wickelte er sich wie eine Mumie ein und lebte in überheizten Räumen.

Frequenz aufgetragen) kann eine komplizierte Gestalt aufweisen, wie etwa die Schwingungsform einer gestrichenen Violinsaite. Das Erstaunliche an der Einsicht von Fourier besteht nun darin, daß sie ermöglicht, jede Klangkurve, d.h. jede zeitlich periodische Schwingung $S(t)$, in eine Summe reiner Sinus- und Cosinusschwingungen zu zerlegen.[13] Außerdem liefert sie die Amplituden A_n, B_n der im Klang auftretenden harmonischen Töne.

Die *Fourier-Analyse* oder *harmonische* Analyse stellt somit eine Methode dar, die es erlaubt, sowohl mathematisch als auch elektronisch jeden beliebigen Klang in harmonische Töne zu zerlegen und deren Amplituden A_n, B_n sowie Frequenzen $f_n = nf$ zu bestimmen. Wir können nun dieses Verfahren als *Kodierung eines Klanges* durch A_n, B_n und f_n auffassen.

Umgekehrt kann mit Hilfe der sogenannten *Fourier-Synthese* oder *harmonischen* Synthese durch Überlagerung von harmonischen Tönen mit vorgegebenen Amplituden und Frequenzen ein Klang aufgebaut werden, was der *Dekodierung eines Klanges* entsprechen würde. Diese Dekodierung kann beispielsweise mit einem Synthesizer, einem elektronischen Gerät zur künstlichen Erzeugung von Klängen, bewerkstelligt werden.

Es läßt sich nun eine *Analogie* zwischen der Kodierung und Dekodierung von Klängen und der besprochenen Kodierung und Dekodierung von Bildern herstellen. Was die Fourier-Reihe für einen Klang, bedeutet die MVKM für ein Bild. Harmonische Töne entsprechen Linsensystemen der MVKM, und die Überlagerung der harmonischen Töne eines Klanges entspricht der Überlagerung der Linsensysteme in einer MVKM.

5.6 Grundlage von IFS: Das Banachsche Fixpunktprinzip

Das Bildkodierungsproblem hat uns zu einer zentralen Frage geführt: wie Bilder miteinander verglichen werden können oder was der Abstand zwischen zwei Bildern bedeutet. Dies ist für das Verständnis von iterierten Funktionensystemen entscheidend. Ohne Beantwortung dieser Fragen sind wir nicht in der Lage, die Bedingungen genau überprüfen zu können, unter denen die Maschine ein Grenzbild erzeugt. Felix Hausdorff, den wir schon als Begründer des mathematischen Begriffs der fraktalen Dimension erwähnt haben, schlug eine Methode vor, um diesen nach ihm benannten Hausdorff-Abstand zu bestimmen. Die Einführung des Hausdorff-Abstands $h(A, B)$ hat zwei erstaunliche Konsequenzen. Zunächst können wir nun über die Bilderfolge A_k mit dem Grenzbild A_∞ in einem sehr präzisen Sinne sprechen: A_∞ ist das Grenz- oder Limesbild der Folge $A_0, A_1, A_2, \ldots$, vorausgesetzt, daß der Hausdorff-Abstand $h(A_\infty, A_k)$ gegen 0 strebt,

[13] Formal: $S(t) = \sum_{n=0}^{\infty}\{A_n \sin(2\pi nft) + B_n \cos(2\pi nft)\}$, wobei A_n, B_n die Amplituden, f die Frequenz des Grundtones bedeuten.

wenn k gegen ∞ strebt. Aber was noch wichtiger ist, Hutchinson zeigte, daß der Operator W, der die Collage

$$W(A) = w_1(A) \cup w_2(A) \cup ... \cup w_N(A)$$

beschreibt, eine Kontraktion bezüglich des Hausdorff-Abstands ist. Das heißt, es gibt eine Konstante c mit $0 \leq c < 1$ derart, daß

$$h(W(A), W(B)) \leq c \cdot h(A, B)$$

für alle (kompakten) Mengen A und B in der Ebene. Der Nachweis dieser grundlegenden Eigenschaft versetzte Hutchinson in die Lage, eines der wirkungsvollsten und schönsten Prinzipien der Mathematik — das Banachsche Fixpunktprinzip aufzugreifen. Dieses Prinzip hat eine lange Geschichte und verdankt seine endgültige Formulierung dem bedeutenden polnischen Mathematiker Stefan Banach (1892–1945).

Wenn die Werke und Errungenschaften der Mathematiker dem Patentschutz unterstellt werden könnten, dann würde das Banachsche Fixpunktprinzip vermutlich zu den bisher und auch künftig einträglichsten gehören. Als Banach sich selbst einen bestimmten Grad an Abstraktion zugestand, wurde ihm klar, daß viele in den Arbeiten früherer Mathematiker dahintreibende Einzel- und Spezialfälle sich einem höchst genialen Prinzip unterordnen lassen. Das Ergebnis ist heute ein Lehrsatz der *metrischen Topologie*, eines für viele Teile der modernen Mathematik grundlegenden mathematischen Zweiges. Dieses Thema ist normalerweise für Studenten fortgeschrittener Mathematikkurse auf Hochschulniveau reserviert. Wir werden den Kern von Banachs Gedanken in einem nicht allzu strengen Stil erklären.

Abstandsmessung: Der metrische Raum

Der Hausdorff-Abstand bestimmt den Abstand von Bildern. Er beruht auf dem hier zu erklärenden Begriff des Abstandes zwischen Punkten. Allgemein ausgedrückt kann der Abstand zwischen Punkten eines Raumes X durch eine Funktion $d : X \times X \to \mathbf{R}$ gemessen werden. Hierbei bezeichnet **R** die reellen Zahlen. Die Funktion d muß die Eigenschaften haben,

(1) $d(x, y) \geq 0$
(2) $d(x, y) = 0$ dann und nur dann, wenn $x = y$
(3) $d(x, y) = d(y, x)$
(4) $d(x, y) \leq d(x, z) + d(z, y)$ (Dreiecksungleichung),

für alle $x, y, z \in X$. Wir nennen eine solche Abbildung d eine *Metrik*. Ein Raum zusammen mit einer Metrik wird *metrischer Raum* genannt. Im folgenden sind einige Beispiele angeführt (siehe Abbildung 5.39):

(1) Für reelle Zahlen x und y setzen wir

$$d(x, y) = |x - y| \ .$$

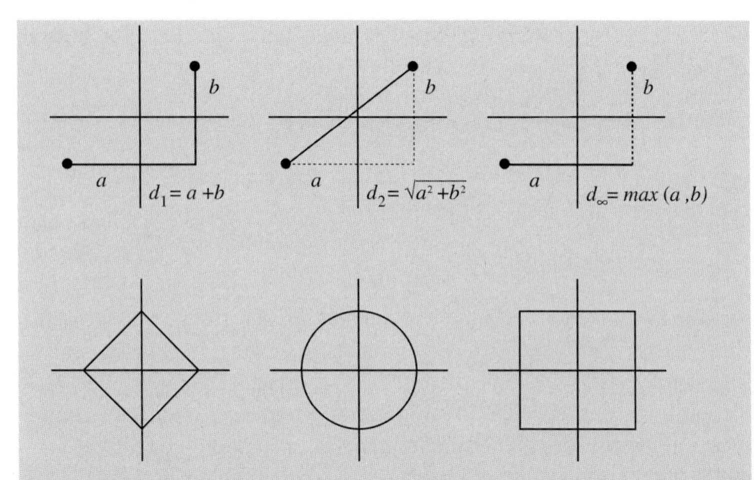

Abb. 5.39 : Drei Methoden für die Abstandsmessung in der Ebene (der Gitterabstand, der euklidische Abstand und der Maximumsnormabstand) und die entsprechenden Einheitsmengen (die Mengen der Punkte mit dem Abstand 1 vom Ursprung des Koordinatensystems).

(2) Für Punkte $P = (x, y)$, $Q = (u, v)$ in der Ebene können wir

$$d_2(P, Q) = \sqrt{(x-u)^2 + (y-v)^2}$$

definieren. Dies ist die *euklidische Metrik.*

(3) Eine weitere Metrik in der Ebene wäre

$$d_\infty(P, Q) = \max\{|x-u|, |y-v|\} .$$

Dies ist die *Maximumsmetrik.*

(4) In Abbildung 5.39 ist eine weitere Metrik dargestellt, die *Gittermetrik.* Sie ist gegeben durch

$$d_1(P, Q) = |x-u| + |y-v| .$$

Die zuletzt aufgeführte Metrik d_1 wird manchmal auch als *Manhattan-Metrik* bezeichnet, da sie die Entfernung angibt, die ein Taxifahrer in Manhattan, New York, zurücklegen müßte, um von P nach Q zu gelangen.

Sobald eine Metrik für einen Raum X vorliegt, können wir über *Grenzwerte* (oder Limiten) von Folgen sprechen. Sei $x_0, x_1, x_2, \ldots$ eine Folge von Punkten aus X und a ein Element aus X. Dann ist a Grenzwert der Folge, falls

$$\lim_{k\to\infty} d(x_k, a) = 0 .$$

Mit anderen Worten, für jedes $\varepsilon > 0$ gibt es ein Element x_n in der Folge derart, daß der Abstand von a jedes nachfolgenden Punktes in der Folge kleiner als ε ist:

$$d(x_k, a) < \epsilon, \quad k > n \,.$$

In diesem Fall sagen wir, daß die Folge gegen a konvergiert. Oft ist es sehr wünschenswert, die Konvergenz einer Folge ohne Kenntnis des Grenzwertes zu untersuchen. Dies kann allerdings nur gelingen, wenn der zugrundeliegende Raum X von besonderer Art ist (d.h., es muß sich um einen *vollständigen metrischen Raum* handeln). Dann können Grenzwertbetrachtungen durch Untersuchung der Abstände aufeinanderfolgender Punkte der Folge vorgenommen werden.

Der Raum X wird *vollständiger metrischer Raum* genannt, wenn jede Cauchy-Folge einen zu X gehörenden Grenzwert hat. Genauer bedeutet dies folgendes: Sei $x_0, x_1, x_2, \ldots$ eine gegebene Folge von Punkten in X. Es handelt sich dabei um eine Cauchy-Folge, wenn für jede gegebene Zahl $\varepsilon > 0$ ein Element x_m in der Folge existiert derart, daß der Abstand zwischen zwei beliebigen nachfolgenden Punkten in der Folge kleiner als ε ist:

$$d(x_i, x_j) < \varepsilon, \quad i, j \geq m \,.$$

Die Vollständigkeit von X bedeutet, daß jede Cauchy-Folge aus Elementen von X konvergiert und der Grenzwert zu X gehört. Zwei Beispiele dazu:

(1) Die Menge der rationalen Zahlen ist nicht vollständig. Es gibt Cauchy-Folgen rationaler Zahlen, die nichtrationale Grenzwerte aufweisen. Ein Beispiel für eine solche Folge ist durch

$$x_n = \sum_{k=1}^{n} \frac{1}{k^2}$$

gegeben. Diese Folge rationaler Zahlen konvergiert gegen den irrationalen Grenzwert $\pi^2/6$.

(2) Die Ebene $\mathbf{R}^2$ ist in bezug auf jede der Metriken d_1, d_2 oder d_∞ vollständig.

Die Voraussetzung des Banachschen Fixpunktprinzips

In Kapitel 1 haben wir festgestellt, daß viele dynamische Vorgänge und Erscheinungen aus dem Blickwinkel eines Rückkopplungssystems betrachtet werden können. Eine Folge von Ereignissen $a_0, a_1, a_2, \ldots$ wird, ausgehend von einem Anfangsereignis a_0 erzeugt, das aus einem Vorrat von zulässigen Möglichkeiten ausgewählt werden kann. Mit vorrückender Zeit (wachsendem n) kann die Folge alle möglichen Verhaltensweisen zeigen. Das Hauptproblem der Theorie dynamischer Systeme besteht in der Vorhersage des Langzeitverhaltens. Oftmals hängt dieses Verhalten nicht sehr stark von der Anfangswahl a_0 ab. Dies ist aber genau die Situation für das Banachsche Fixpunktprinzip. Es liefert uns alles, was wir uns für eine Vorhersage erhoffen können. Doch in Anbetracht der vielfältigen Möglichkeiten sowohl wilden als auch zahmen Verhaltens, das von Rückkopplungssystemen bewirkt werden kann, ist klar, daß das Prinzip nur auf eine ausgewählte Unterklasse von Rückkopplungssystemen anwendbar ist. Fassen wir die beiden diese Klasse kennzeichnenden Merkmale zusammen:

(1) **Der Raum.** Die Objekte — Zahlen, Bilder, Transformationen usw., die wir mit a_n bezeichnen — müssen zu einer Menge gehören, in der wir den Abstand zwischen zwei beliebigen ihrer Elemente messen können. Der Abstand zwischen x und y zum Beispiel ist $d(x, y)$. Außerdem muß die Menge in gewissem Sinne gesättigt sein. Das bedeutet, wenn eine beliebige Folge einem speziellen, die mögliche Existenz eines Grenzobjektes überprüfenden, Test genügt, dann gibt es ein zur Menge gehörendes Grenzobjekt. In der Fachsprache: Der Raum ist ein *vollständiger metrischer* Raum.

(2) **Die Abbildung.** Die Folge von Objekten erhält man durch eine Abbildung f. Das bedeutet, für jedes Ausgangsobjekt a_0 wird durch $a_{n+1} = f(a_n)$, $n = 0, 1, 2, ...$ eine Folge $a_0, a_1, a_2, ...$ erzeugt. Zudem ist f eine Kontraktion, was bedeutet, daß für zwei beliebige Elemente x und y des Raumes der Abstand zwischen $f(x)$ und $f(y)$ immer absolut kleiner ist als der Abstand zwischen x und y.[14]

Das Ergebnis des Banachschen Fixpunktprinzips

Für diese Klasse von Rückkopplungssystemen liefert das Banachsche Fixpunktprinzip folgendes bemerkenswerte Ergebnis:

(1) **Der Attraktor.** Das Rückkopplungssystem $a_{n+1} = f(a_n)$ wird für jedes beliebige Anfangsobjekt a_0 immer ein vorhersagbares Langzeitverhalten aufweisen. Es gibt ein Objekt a_∞ (das Grenzobjekt des Rückkopplungssystems), auf welches das System zustrebt. Dieses Grenzobjekt ist für alle Anfangsobjekte a_0 dasselbe. Wir nennen a_∞ den eindeutigen *Attraktor* des Rückkopplungssystems.

(2) **Die Invarianz.** Das Rückkopplungssystem läßt a_∞ invariant. Mit anderen Worten, wenn wir a_∞ eingeben, dann wird wiederum a_∞ ausgegeben. Das Objekt a_∞ ist ein Fixpunkt von f, d.h. $f(a_\infty) = a_\infty$.

(3) **Die Abschätzung.** Wir können voraussagen, wie schnell das Rückkopplungssystem in die Nähe von a_∞ gelangt, wenn es von a_0 seinen Ausgang nimmt. Es genügt ein einziger Durchgang

[14] Formal, $d(f(x), f(y)) \leq c \cdot d(x, y)$ mit einer von x und y unabhängigen Konstanten $0 \leq c < 1$.

mit dem Anfangsobjekt a_0 durch die Rückkopplungsschleife. Das bedeutet, wenn wir den Abstand zwischen a_0 und $a_1 = f(a_0)$ messen, können wir bereits mit Sicherheit voraussagen, wie viele Durchgänge des Systems erforderlich sind um mit einer vorgegebenen Genauigkeit in die Nähe von a_∞ zu gelangen. Zudem können wir den Abstand zwischen a_0 und a_∞ abschätzen.

Der Attraktor einer kontrahierenden Abbildung

Eine Transformation oder Abbildung f heißt eine *Kontraktion* des metrischen Raumes X, wenn es eine Konstante c, mit $0 \leq c < 1$, gibt, derart daß für alle x und y aus X gilt:

$$d(f(x), f(y)) \leq cd(x, y) \ .$$

Die Konstante c heißt *Kontraktionsfaktor* zu f. Sei $a_0, a_1, a_2, ...$ eine Folge von Elementen aus einem vollständigen metrischen Raum X, definiert durch $a_{n+1} = f(a_n)$. Dann treffen folgende Eigenschaften zu:

(1) Es gibt einen eindeutigen Attraktor $a_\infty = \lim_{n\to\infty} a_n$.
(2) Der Attraktor a_∞ ist invariant, $f(a_\infty) = a_\infty$.
(3) Es gibt eine a priori Abschätzung (oder Vorwegabschätzung) für die Entfernung von a_n zum Attraktor, $d(a_n, a_\infty) \leq c^n d(a_0, a_1)/(1-c)$.

Wir wollen die Abschätzung in Eigenschaft (3) erläutern. Aus der Kontraktionseigenschaft von f leiten wir ab,

$$d(f(a_0), a_\infty) = d(f(a_0), f(a_\infty)) \leq cd(a_0, a_\infty) \ .$$

Durch Anwendung der Dreiecksungleichung erhalten wir weiter

$$\begin{aligned} d(a_0, a_\infty) &\leq d(a_0, f(a_0)) + d(f(a_0), a_\infty) \\ &\leq d(a_0, f(a_0)) + cd(a_0, a_\infty) \ . \end{aligned}$$

Daraus folgt

$$d(a_0, a_\infty) \leq \frac{d(a_0, f(a_0))}{1-c} = \frac{d(a_0, a_1)}{1-c} \ .$$

Ähnlich finden wir

$$d(a_n, a_\infty) \leq \frac{d(a_n, a_{n+1})}{1-c}$$

für alle $n = 0, 1, 2, ...$ Schließlich gelangen wir mit

$$\begin{aligned} d(a_n, a_{n+1}) &\leq cd(a_{n-1}, a_n) \\ &\leq c^2 d(a_{n-2}, a_{n-1}) \\ &\leq \cdots \\ &\leq c^n d(a_0, a_1) \end{aligned}$$

zum Ergebnis

$$d(a_n, a_\infty) \leq \frac{c^n}{1-c} d(a_0, a_1) \ .$$

Dies erlaubt uns, n vorauszusagen, so daß a_n innerhalb eines vorgegebenen Abstandes zum Grenzwert liegt.

Wir untersuchen nun die Wirkungsweise eines IFS und ihre Beschreibung mit Hilfe des Banachschen Fixpunktprinzips. Zunächst müssen wir den Abstand zwischen zwei Bildern definieren. Der Einfachheit halber wollen wir nur Schwarzweißbilder betrachten. Rein mathematisch entspricht ein Bild einer kompakten Punktmenge in der Ebene.[15]

Der ε-Kragen

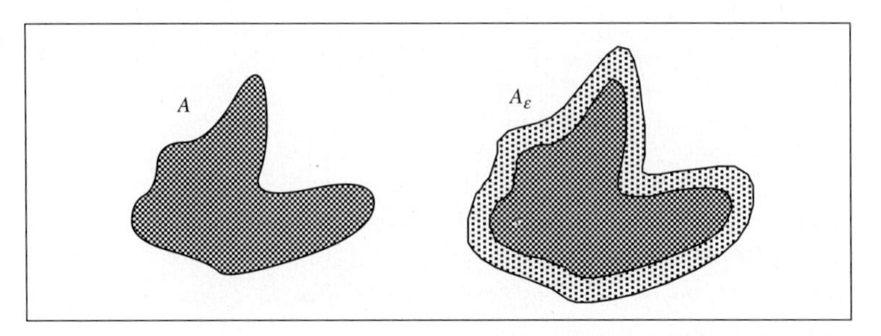

Abb. 5.40 : Der ε-Kragen einer Menge A in der Ebene.

Der Hausdorff-Abstand

Für ein gegebenes Bild A können wir den ε-Kragen von A einführen, geschrieben A_ε (siehe Abbildung 5.40). Dieser entspricht der Menge A zusammen mit allen Punkten in der Ebene, deren Abstand von A nicht mehr als ε beträgt. (Es ist zu beachten, daß der ε-Kragen A_ε, entgegen der landläufigen Bedeutung des Begriffs, nicht nur aus einem Kranz um die Menge A herum besteht, sondern daß er die ganze Menge A enthält, d.h. die Menge A_ε ist Obermenge von A.) Hausdorff hat den Abstand zwischen zwei (kompakten) Mengen A und B in der Ebene mit Hilfe des ε-Kragens gemessen. Formal schreiben wir für diesen Abstand $h(A, B)$. Um dessen Wert zu bestimmen, versuchen wir, A in einem ε-Kragen von B und B in einem ε-Kragen von A unterzubringen. Wenn wir ε groß genug wählen, wird dies möglich sein. Der Hausdorff-Abstand $h(A, B)$ entspricht dann gerade dem kleinsten ε derart, daß B im ε-Kragen A_ε und A im ε-Kragen B_ε enthalten ist.

Definition des Hausdorff-Abstandes

In präziser mathematischer Ausdrucksweise lautet die Definition des Hausdorff-Abstandes wie folgt: Sei X ein vollständiger metrischer Raum mit der Metrik d. Für jede kompakte Teilmenge A von X und $\varepsilon > 0$ ist der ε-Kragen von A definiert durch

$$A_\varepsilon = \{x \in X \mid d(x,y) \leq \varepsilon \text{ für irgendein } y \in A\} .$$

[15] Formell bedeutet Kompaktheit für eine Menge X in der Ebene, daß die Menge beschränkt ist, d.h. daß sie vollständig innerhalb eines ausreichend großen Kreises in der Ebene liegt und daß jede konvergente Folge von Punkten aus der Menge gegen einen Punkt der Menge konvergiert.

Für zwei beliebige kompakte Teilmengen A und B von X beträgt der Hausdorff-Abstand

$$h(A,B) = \inf\{\varepsilon \mid A \subset B_\varepsilon \text{ und } B \subset A_\varepsilon\} .$$

Nach Hausdorff ist der Raum aller kompakten Teilmengen von X ein weiterer vollständiger metrischer Raum wenn man ihn mit dem Hausdorff-Abstand ausstattet. Dies besagt, daß der Raum aller kompakten Teilmengen von X eine geeignete Voraussetzung für das Banachschen Fixpunktprinzip ist.

Aus dieser Definition folgt $h(A,B) = 0$ für $A = B$. Ferner beschreibt, wenn A und B gewöhnliche Punkte sind, $h(A,B)$ den Abstand zwischen A und B im üblichen Sinne. Abbildung 5.41 veranschaulicht diesen Sachverhalt und zeigt einige weitere Beispiele, die dazu dienen sollen, mit dem Begriff des Hausdorff-Abstandes vertraut zu machen.

Der Hutchinson-Operator

Wir wollen nun zum Stand der Dinge zurückkehren, den Hutchinson durch die Untersuchung des Operators W erreicht hat. Wir hatten notiert

$$W(A) = w_1(A) \cup w_2(A) \cup ... \cup w_N(A) ,$$

wobei die Transformationen $w_i, i = 1, ..., N$, Kontraktionen mit Kontraktionsfaktoren c_i sein sollen. Hutchinson war in der Lage zu zeigen, daß dann W selbst auch eine Kontraktion ist, und zwar in bezug auf den Hausdorff-Abstand. Somit kann das Banachsche Fixpunktprinzip auf die Iteration des Hutchinson-Operators W angewandt werden. Infolgedessen wird, unabhängig vom gewählten Anfangsbild A_0 für den Start der Iteration des IFS, die erzeugte Folge

$$A_{k+1} = W(A_k), \quad k = 0, 1, 2, 3, ...$$

gegen ein typisches Bild, den Attraktor A_∞ des IFS, streben. Zudem ist dieses Bild invariant:

$$W(A_\infty) = A_\infty .$$

Damit haben wir die Lösung für ein zentrales Problem, das wir in Kapitel 3 aufgeworfen haben. Die Koch-Kurve, das Sierpinski-Dreieck usw. sind anscheinend allesamt Objekte in der Ebene und es gibt konvergente Verfahren für sie, nämlich die Iteration der entsprechenden Hutchinson-Operatoren. Aber wir konnten dort nicht beweisen, daß diese Fraktale wirklich existieren und nicht lediglich unmögliche Gebilde einer auf sich selbst bezogenen Methode sind. Man denke nur an den Friseur der alle Männer rasiere, die sich nicht selbst rasieren — ein offensichtlicher Widerspruch. Nun allerdings können wir aufgrund der Ergebnisse von Hutchinson und Hausdorff sicher

Vier Beispiele für den Hausdorff-Abstand

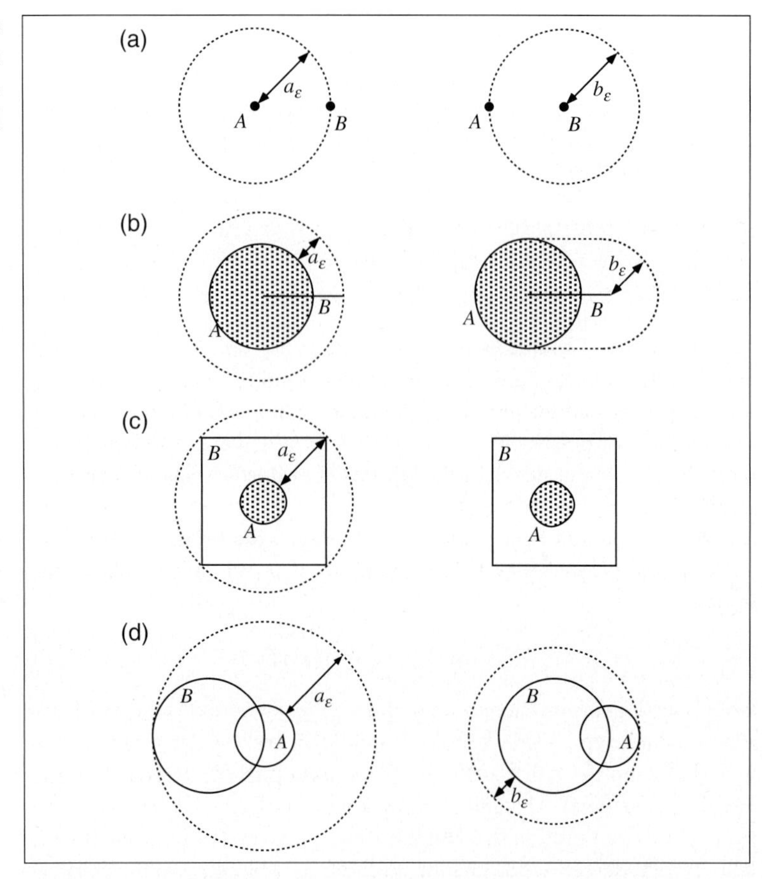

Abb. 5.41 : Um den Hausdorff-Abstand zwischen zwei Mengen A und B in der Ebene zu erhalten, berechnen wir $a_\varepsilon = \inf\{\varepsilon \mid B \subset A_\varepsilon\}$ (linke Bilder) und $b_\varepsilon = \inf\{\varepsilon \mid A \subset B_\varepsilon\}$ (rechte Bilder). B paßt gerade in den a_ε-Kragen von A, und A paßt gerade in den b_ε-Kragen von B. Der Hausdorff-Abstand entspricht dem Maximum der beiden Werte, $h(A, B) = \max\{a_\varepsilon, b_\varepsilon\}$. Die Mengen A und B sind zwei Punkte (oberste Zeile), ein Kreis und ein Linienabschnitt (zweite Zeile), ein Kreis und ein großes Quadrat (dritte Zeile, hier ist $b_\varepsilon = 0$) und zwei sich überschneidende Kreise (unterste Zeile).

sein, daß das Grenzobjekt mit der außergewöhnlichen Eigenschaft der Selbstähnlichkeit wirklich existiert.

Das Banachsche Fixpunktprinzip macht uns zusätzlich sogar noch ein Geschenk. Bei bekanntem Kontraktionsfaktor c des Hutchinson-Operators W können wir nämlich abschätzen, wie schnell das IFS das Endbild erzeugen wird, und zwar durch lediglich einmalige Anwendung des Hutchinson-Operators auf A_0. Da der Kontraktionsfaktor c

von W durch die Kontraktion w_i mit dem schlechtesten Kontraktionsfaktor c_i, d.h. $c = \max\{c_i\}$ bestimmt ist, wird die Leistungsfähigkeit des IFS durch diese einzelne Kontraktion festgelegt. Dies ist der theoretische Hintergrund unserer Experimente in Abbildung 5.1 und der Kodierung von Bildern mit IFS.

Die Kontraktivität des Hutchinson-Operators

Hutchinson wandte das Banachsche Fixpunktprinzip auf den Operator W an. Das Prinzip verlangt Vollständigkeit des Raumes, in dem W wirkt. Die Vollständigkeit dieses Raumes von kompakten Teilmengen eines seinerseits vollständigen Raumes X (z.B. die euklidische Ebene) war Hausdorff schon bekannt. Es blieb also nur zu zeigen, daß der Hutchinson-Operator W eine Kontraktion darstellt. Wir wollen hier kurz die Idee der Beweisführung anhand des Beispiels zweier Kontraktionen w_1 und w_2 mit Kontraktionsfaktoren $c_1, c_2 < 1$ veranschaulichen. Wir betrachten zwei beliebige kompakte Mengen A und B und zeigen, daß der Hausdorff-Abstand $h(W(A), W(B))$ zwischen

$$W(A) = w_1(A) \cup w_2(A)$$

und

$$W(B) = w_1(B) \cup w_2(B)$$

absolut kleiner ist als der Abstand $h(A, B)$ zwischen A und B.

Man vergleiche Abbildung 5.42 mit dem folgenden. Sei ε der Hausdorff-Abstand zwischen A und B, $h(A, B) = \varepsilon$. Dann liegt B im ε-Kragen von A, $B \subset A_\varepsilon$. Anwendung der Transformationen w_1 und w_2 ergibt

$$w_1(B) \subset w_1(A_\varepsilon) \quad \text{und} \quad w_2(B) \subset w_2(A_\varepsilon) \; .$$

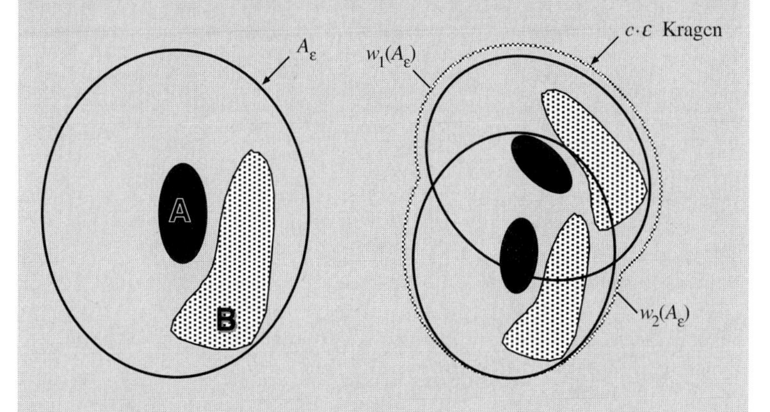

Abb. 5.42 : Zur Kontraktivität des Hutchinson-Operators.

Aus der Kontraktionseigenschaft der beiden Transformationen folgt

$$w_1(A_\varepsilon) \subset (c_1 \cdot \varepsilon)\text{-Kragen von } w_1(A) \ ,$$
$$w_2(A_\varepsilon) \subset (c_2 \cdot \varepsilon)\text{-Kragen von } w_2(A) \ .$$

Setzt man $c = \max(c_1, c_2)$, ergibt sich, daß sowohl $w_1(B)$ als auch $w_2(B)$ innerhalb des $(c \cdot \varepsilon)$-Kragens von $w_1(A) \cup w_2(A)$ liegen. Dieselbe Überlegung auf A und den ε-Kragen B_ε angewandt, ergibt aber auch, daß sowohl $w_1(A)$ als auch $w_2(A)$ innerhalb des $(c \cdot \varepsilon)$-Kragens von $w_1(B) \cup w_2(B)$ liegen. Damit folgt aus der Definition, daß der Hausdorff-Abstand $h(W(A), W(B))$ kleiner ist als $c \cdot \varepsilon$. Somit ist der Hutchinson-Operator W eine Kontraktion mit dem Kontraktionsfaktor $c < 1$. Deshalb bestimmt die schlechteste Kontraktion der Transformationen im IFS den Gesamtkontraktionsfaktor der Maschine.

Zusammenfassend können wir also sagen, daß unsere Experimente auf einer außerordentlich soliden Grundlage aufgebaut sind. Sie sind nicht einfach die Ergebnisse einiger glücklicher oder zufälliger Entscheidungen. Hutchinsons Arbeit legt das Fundament für eine völlig neue Behandlung von Bildern und deren Kodierung. Aber wie wir gesehen haben, gibt es immer noch einige offene und sehr ernsthafte Probleme, wie zum Beispiel das Dekodierungsproblem. Wir haben festgestellt, daß der Farn durch ein IFS kodiert werden kann. Aber wir haben das Geheimnis noch nicht preisgegeben, wie das Bild erzeugt wurde (d.h., wie der Farn dekodiert wurde). In gewissem Sinne bedeutet dies, daß wir Bilder in winzig kleine, sie unsichtbar machende Kästchen verschließen können; aber wir verfügen noch nicht über die nötigen Schlüssel, um sie wieder in die sichtbare Welt zurückzuholen. Wir brauchen eine Art Künstler, der unsere Kodierungen aus den Ketten befreit. Aber dies ist Gegenstand des nächsten Kapitels. Auf der anderen Seite bleibt das inverse Problem, für ein gegebenes Bild die Kodierung zu finden.

Fraktale Dimension für IFS-Attraktoren

Wir haben gesehen, daß ein mit einem einfachen IFS, dessen Kontraktionen Ähnlichkeitstransformationen sind, erzeugter Attraktor A_∞ selbstähnlich ist. In diesem Fall können wir die Selbstähnlichkeitsdimension berechnen, vorausgesetzt, die N Kontraktionen w_1, ..., w_N haben die Eigenschaft $w_i(A_\infty) \cap w_k(A_\infty) = \emptyset$, für alle i, k mit $i \neq k$. Diese Art Attraktor wird als völlig unzusammenhängend bezeichnet. Es gibt keine Überlappung der kleinen Kopien des Attraktors. Wenn es sich bei den Ähnlichkeitstransformationen außerdem um Ähnlichkeitsabbildungen mit demselben Kontraktionsfaktor c, $0 \leq c < 1$, handelt, kann die Selbstähnlichkeitsdimension $D_s = d$ des Attraktors A_∞ aus der Gleichung $Nc^d = 1$ berechnet werden. Dies ist gleichbedeutend mit

$$D_s = \frac{\log N}{\log 1/c} \ .$$

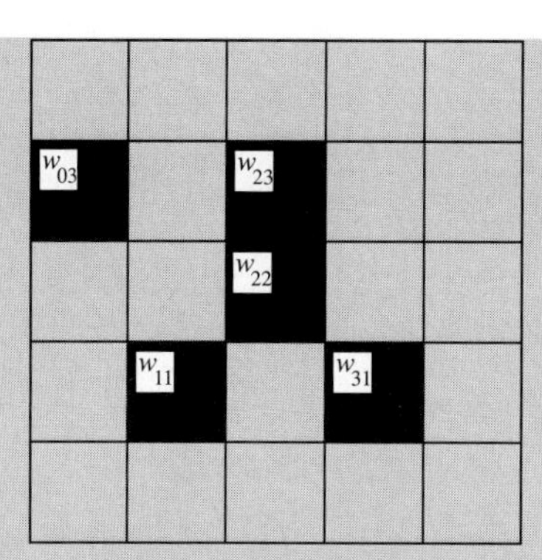

Abb. 5.43 : Schematische Darstellung eines IFS von 5 Transformationen mit Verkleinerungsfaktor $1/n = 1/5$. Die fraktale Dimension des entsprechenden Attraktors beträgt $\log 5 / \log 5 = 1$.

Außerdem können wir zeigen, daß Selbstähnlichkeitsdimension und Box-Dimension gleich sind. Zu beachten ist, daß die Formel im Falle wesentlicher Überlappung der Kontraktionen des Attraktors nutzlos sein kann. Um dies einzusehen, denken wir uns beispielsweise ein Quadrat mit vier seiner Kopien überdeckt, die alle mit einem Faktor, sagen wir, 3/4 verkleinert worden sind (was zu beträchtlicher Überlappung führt). Dafür ergibt die Formel $D_s = \log 4 / \log 4/3 > 2$!

Im Falle von N Ähnlichkeitstransformationen mit Verkleinerungsfaktoren c_1, ..., c_N hat Hutchinson gezeigt, daß die fraktale Dimension $D_s = d$ durch Lösen einer Gleichung, die den Spezialfall $c_1 = c_2 = \cdots c_N$ mit einschließt, immer noch berechnet werden kann. Diese Gleichung lautet

$$c_1^d + c_2^d + \cdots + c_N^d = 1 \; .$$

Natürlich läßt sich diese Gleichung in den meisten Fällen nicht von Hand nach der Dimension d auflösen. Vielmehr muß ein numerisches Verfahren herangezogen werden.

Die Bedingung, daß der Attraktor für die Gültigkeit der Formel völlig unzusammenhängend sein muß, kann etwas gelockert werden.[16] Die Formel ist immer noch gültig im Falle eines *gerade berührenden* Attraktors. Ein Beispiel für einen solchen Fall kann in einfacher Weise folgendermaßen konstruiert werden.: Wir betrachten das Einheitsquadrat $[0,1] \times [0,1]$ und seine gleichmäßige quadratische Unterteilung in n mal n Teilquadraten (siehe Abbildung 5.43 für $n = 5$). Wir wählen aus den n^2 Teilquadraten k aus und stellen uns eine MVKM mit k Kontraktionen

[16] Siehe J. Hutchinson, *Fractals and self-similarity,* Indiana University Journal of Mathematics 30 (1981) 713–747, und G. Edgar, *Measures, Topology and Fractal Geometry,* Springer-Verlag, New York, 1990.

vor, von denen jede das ganze Einheitsquadrat auf eines der k Teilquadrate abbildet. Somit umfaßt eine solche Kontraktion eine Verkleinerung mit einem Faktor $1/n$ und eine Verschiebung um einen Vektor der Form $(i/n, j/n)$, wobei $i, j \in \{0, 1, ..., n-1\}$. Zusätzlich können eine Drehung um $0, 90, 180$ oder 270 Grad und auch eine Spiegelung enthalten sein (was zu 8 Varianten Anlaß gibt). Daher können wir eine Kontraktion aus einer Gesamtheit von $8n^2$ Möglichkeiten auswählen. Wir haben bereits einige Beispiele dieser Art kennengelernt: die Cantor-Menge, die Sierpinski-Dreieck-Variante (Abbildung 5.9) und sein Verwandten, den Sierpinski-Teppich (Abbildung 2.55) und das Quadrat (Abbildungen 5.30 und 5.32).

Für jedes IFS dieser Form mit k Kontraktionen, die das Einheitsquadrat in eines seiner n^2 Teilquadrate transformieren, wird die Selbstähnlichkeits- oder Box-Dimension durch $\log k / \log n$ gegeben. Um die Richtigkeit dieser Formel für die Box-Dimension zu überprüfen, brauchen wir nur Gitter der Maschengröße $s = 1/n$, $s = 1/n^2$, $s = 1/n^3$, ... zu wählen. Die Anzahl der Teilquadrate $N(1/p^r)$, die einen Teil des Attraktors enthalten, beträgt dann genau k^r. Mit anderen Worten ergibt sich $D = \lim_{r\to\infty} \log(k^r)/\log(n^r) = \log k / \log n$.

5.7 Die Wahl der richtigen Metrik

Im letzten Abschnitt haben wir verschiedene mögliche Definitionen eines Abstandes zwischen Punkten in der Ebene erwähnt. Auch der Hausdorff-Abstand zwischen Bildern wird von der Wahl dieses Abstandes beeinflußt. Es ist deshalb nicht weiter verwunderlich, aber sehr wichtig festzuhalten, daß das Banachsche Fixpunktprinzip auch von der Wahl des Abstandes abhängt.

Abhängigkeit vom Abstandsbegriff

Wir rufen die im letzten Abschnitt bereits angeführten Abstandsmeßarten in der Ebene nochmals in Erinnerung. Für zwei Punkte P und Q können wir den euklidischen Abstand d_2 (Länge des Linienabschnittes zwischen P und Q), den Gitterabstand d_1 (Summe der Längen des horizontalen und vertikalen Linienabschnitts, die P und Q miteinander verbinden) oder den Maximumsnormabstand d_∞ (siehe Abbildung 5.39) messen. Dies sind nur drei Beispiele möglicher Definitionen. Es ist interessant, die verschiedenen geometrischen Formen zu betrachten, die durch die Mengen der Punkte mit Abständen kleiner oder gleich 1 vom Ursprung gegebenen sind. Diese Formen hängen natürlich von der Metrik ab. Für die euklidische Metrik erhalten wir den Einheitskreis, und für die Maximumsmetrik ergibt sich das Einheitsquadrat. Aber noch wichtiger ist für uns die Tatsache, daß es auch von der Metrik abhängt, ob eine gegebene Transformation eine Kontraktion ist oder nicht. Es scheint zunächst widersinning, daß eine Transformation in bezug auf eine Metrik eine Kontraktion ist, in bezug auf eine andere hingegen nicht.

Die Metrik entscheidet über die Kontraktion: Ein Beispiel

Die Feststellung, daß alles von der Wahl der Metrik abhängt, ist sehr wichtig. Eine gegebene Transformation kann in bezug auf eine Metrik eine Kontraktion sein, in bezug auf eine andere jedoch nicht. Wir betrachten zum Beispiel die durch die Matrix

$$\left(\begin{array}{cc|c} 0.55 & -0.55 & 0 \\ 0.55 & 0.55 & 0 \end{array}\right)$$

gegebene Abbildung w, welche eine Drehung um 45 Grad und eine Verkleinerung mit $0.55\sqrt{2} \approx 0.778$ festlegt, aber keine Verschiebung beinhaltet. Für die Metrik d_2 bedeutet w eine Kontraktion, nicht aber in bezug auf d_1 oder d_∞ (siehe Abbildung 5.44).

Für die Begründung wollen wir den Punkt $P = (0, 0)$ festhalten und für jede Metrik geeignete Punkte Q betrachten. Zu bemerken wäre noch, daß die Transformation w den Ursprung P invariant läßt ($w(P) = P$).

Für die d_1-Metrik wählen wir $Q = (1, 0)$. Q wird in $w(Q) = (0.55, 0.55)$ transformiert, und wir erhalten

$$d_1(w(P), w(Q)) = 0.55 + 0.55 = 1.1 > 1.0 = d_1(P, Q) \; .$$

Somit wird der Abstand zwischen P und Q von der Transformation w in bezug auf die Metrik d_1 nicht verkleinert; w ist keine Kontraktion bezüglich d_1.

Für die d_∞-Metrik betrachten wir den Punkt $Q = (1, 1)$. Er wird auf $w(Q) = (0, 1.1)$ abgebildet. Somit ergibt sich

$$d_\infty(w(P), w(Q)) = \max(0, 1.1) = 1.1 > 1.0 = d_\infty(P, Q) \; .$$

Auch in bezug auf d_∞ ist w keine Kontraktion.

Als letztes untersuchen wir die Verhältnisse für die euklidische Metrik. Um zu zeigen, daß w eine Kontraktion ist, müssen wir beliebige Punkte $P = (x, y)$ und $Q = (u, v)$ betrachten. Wir rufen in Erinnerung, daß

$$d_2(P, Q) = \sqrt{(x-u)^2 + (y-v)^2} \; .$$

Wir berechnen die transformierten Punkte

$$\begin{aligned} w(P) &= (0.55x - 0.55y, 0.55x + 0.55y) \\ &= 0.55(x - y, x + y) \; , \\ w(Q) &= (0.55u - 0.55v, 0.55u + 0.55v) \\ &= 0.55(u - v, u + v) \end{aligned}$$

und deren Abstand:

$$\begin{aligned} & d_2(w(P), w(Q)) = \\ &= 0.55\sqrt{((x-y)-(u-v))^2 + ((x+y)-(u+v))^2} \\ &= 0.55(\,(x-y)^2 + (x+y)^2 - 2(x-y)(u-v) \\ &\quad - 2(x+y)(u+v) + (u-v)^2 + (u+v)^2\,)^{1/2} \\ &= 0.55\sqrt{2(x^2+y^2) - 2(2xu + 2yv) + 2(u^2+v^2)} \\ &= 0.55\sqrt{2((x-u)^2 + (y-v)^2)} \\ &= 0.55\sqrt{2}d_2(P, Q) < d_2(P, Q) \; . \end{aligned}$$

Da der Kontraktionsfaktor $c = 0.55\sqrt{2} \approx 0.778 < 1$ ist, bedeutet w in bezug auf die euklidische Metrik d_2 eine Kontraktion.

Betrachten wir als Beispiel eine aus einer Drehung um 45° und einer Skalierung mit einem Faktor von ungefähr 0.778 zusammengesetzte Ähnlichkeitstransformation. Abbildung 5.44 zeigt, wie diese Transformation auf die verschiedenen Einheitsmengen wirkt.[17] In jedem Fall ist das transformierte Bild in der Größe reduziert. Aber nur das transformierte Bild des euklidischen Einheitskreises ist im ursprünglichen Einheitskreis enthalten. In allen anderen Fällen gibt es eine gewisse Überlappung, die zeigt, daß die Transformation in bezug auf die zugrundeliegende Metrik keine Kontraktion ist.

Kontraktion und Metrik

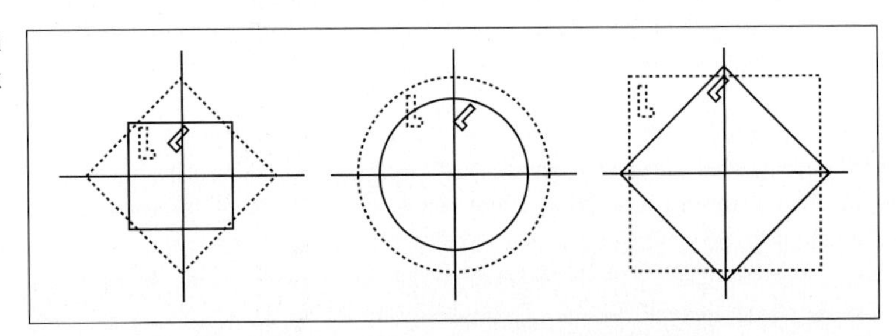

Abb. 5.44 : Eine Transformation, die um 45° dreht und mit 0.778 verkleinert, ist in bezug auf die euklidische Metrik (Mitte) eine Kontraktion, nicht aber in bezug auf die Gittermetrik (links) oder die Maximumsmetrik (rechts).

Die euklidische Metrik ist nicht immer die beste Wahl

Aufgrund der vorstehenden Feststellungen könnte man vermuten, daß die euklidische Metrik in dem Sinne einen Sonderfall darstellt, als sie die Kontraktivität einer Transformation für sich in Anspruch nimmt, wenn andere Metriken dies nicht tun. Dies ist jedoch nicht der Fall. Betrachten wir zum Beispiel eine Transformation, die zuerst um 90° dreht und dann die x-Komponente des Ergebnisses mit 0.5 verkleinert, d.h.

$$(x, y) \to (-0.5y, x) \ .$$

Unter Verwendung zweier solcher Transformationen, zusammen mit geeigneten Translationen, haben wir ein Quadrat kodiert (siehe Abbildung 5.45). Es ist leicht einzusehen, daß das Quadrat wirklich der Fixpunkt des entsprechenden Hutchinson-Operators ist. Aber die

[17] Die Einheitsmengen sind als Mengen der Punkte mit Abständen vom Usprung nicht größer als 1 definiert. Damit sind sie von der benutzten Metrik abhängig. Die Einheitsmenge für die euklidische Metrik zum Beispiel ist ein Kreis, während sie für die Maximumsmetrik ein Quadrat ist (siehe Abbildungen 5.44 und 5.46).

Quadrat-kodierung

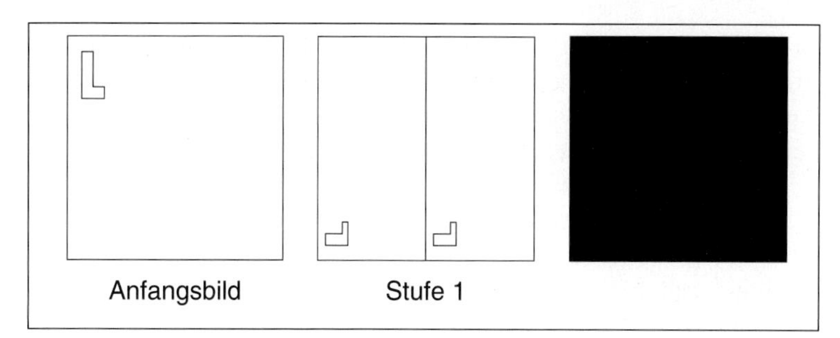

Abb. 5.45 : Die Kodierung eines Quadrates mit nur zwei Transformationen. Die Drehung um 90° ist entscheidend. Ohne sie wären die Transformationen keine Kontraktionen.

Eine spezielle Metrik

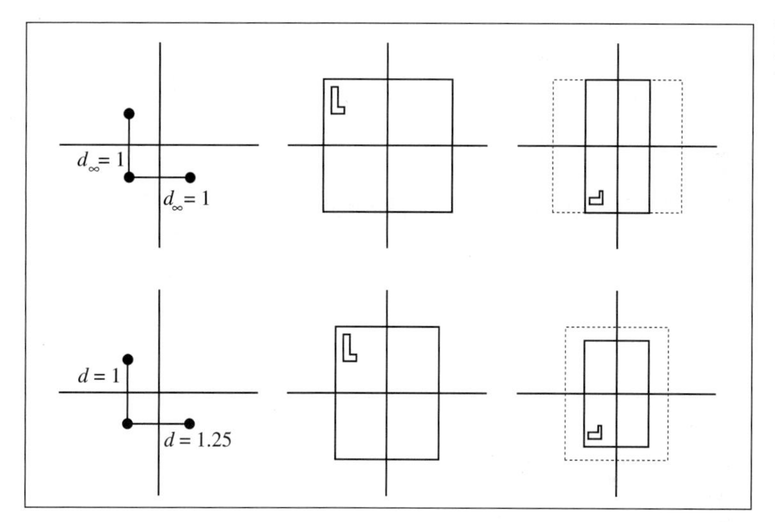

Abb. 5.46 : Die Transformation, die um 90° dreht und in x-Richtung mit einem Faktor 0.5 verkleinert, ist weder in bezug auf die Maximumsmetrik (obere Zeile) noch in bezug auf die euklidische und die Gittermetrik eine Kontraktion. Sie ist aber eine Kontraktion in bezug auf eine Metrik, die in x- und y-Richtung mit unterschiedlicher Gewichtung mißt. Ein Beispiel wird durch die Metrik $d(P, Q) = \max\{1.25|x-u|, |y-v|\}$ gegeben (untere Zeile). Wir zeigen die Einheitsmengen (mittlere Spalte) und deren Bilder unter $w(x, y) = (-0.5y, x)$ (rechte Spalte).

Transformationen sind in bezug auf die euklidische Metrik d_2 keine Kontraktionen (der Punkt (1,0) wird auf (0,1) gedreht, und die nachfolgende Verkleinerung hat darauf keine Auswirkung). Zudem sind sie auch in bezug auf die Gittermetrik d_1 oder die Maximumsmetrik d_∞ keine Kontraktionen. Daher scheint die Frage offen zu sein, ob das entsprechende IFS tatsächlich das Quadrat als Attraktor hat.

Diese Frage kann geklärt werden, da es Metriken gibt, welche die Transformationen kontrahierend machen (siehe Abbildung 5.46). Der Kunstgriff besteht darin, eine Metrik so zu entwerfen, daß die Messungen in x- und y-Richtung unterschiedlich ausfallen. Auf diese Weise wird die Einheitsmenge aller Punkte mit Abständen vom Ursprung kleiner oder gleich 1 zu einem sein transformiertes Bild einschließenden Rechteck.

Banachsches Fixpunktprinzip und IFS

Wir sehen also, daß es wichtig sein kann, für die Anwendung des Banachschen Fixpunktprinzips eine geeignete Metrik zu finden. Insbesondere wird der dritte Teil des Prinzips, der voraussagt, wie schnell sich die Iteration des IFS dem Attraktor annähert, von der Beschaffenheit der Metrik beeinflußt. Je kleiner das Kontraktionsverhältnis, desto besser ist die Abschätzung für die Konvergenzgeschwindigkeit des IFS. Das Kontraktionsverhältnis hängt natürlich stark von der Wahl der Metrik ab. Die Befähigung zu einer guten Vorhersage ist im Zusammenhang mit dem in Abschnitt 5.5 erwähnten *inversen Problem* von Bedeutung.

5.8 Zusammensetzung selbstähnlicher Bilder

Verschiedene Methoden wurden für die algorithmische Lösung des inversen Problems, d.h. für die Kodierung von Bildern, vorgeschlagen, aber keine von ihnen hat sich bisher als die einzig richtige erwiesen. Deshalb sollten wir einige Grundgedanken, die teilweise auf Barnsley in den frühen achtziger Jahren zurückgehen, erörtern. Diese Gedanken führen allerdings (noch) nicht zu einem automatischen Algorithmus. Sie sind vielmehr für interaktive Computerprogramme geeignet, die einen intelligenten menschlichen Anwender erfordern. Gewisse algorithmische Vorgehensweisen werden in Fishers Anhang über Bildkompression zur Sprache kommen.

IFS-Attraktor und MVKM-Bauplan

Wir erinnern daran, daß der Bauplan einer MVKM bereits durch die erste von ihr erzeugte Kopie festgelegt wird. Die Kopie ist eine Collage der transformierten Bilder. Bei Anwendung der MVKM auf das Originalbild, genannt *Zielbild*, erhält man auch Hinweise auf die Qualität der Näherung. Wenn Kopie und Original völlig gleich sind, kodiert das entsprechende IFS das Zielbild exakt. Wenn der Abstand zwischen Kopie und Original klein ist, dann folgern wir aus dem Banachschen Fixpunktprinzip, daß der Attraktor des IFS und das Zielbild gut übereinstimmen. Abbildung 5.47 veranschaulicht dieses Prinzip für das Sierpinski-Dreieck.

Kodierung selbstähnlicher Bilder

Diese Eigenschaften versetzen uns in die Lage, den Kode für ein gegebenes Zielbild zu finden, insbesondere für Zielbilder wie den Farn, die offensichtliche Selbstähnlichkeiten enthalten. Mit etwas Übung ist es leicht, Teile des Bildes zu erkennen, die affine Kopien

Prüfen von Collagen

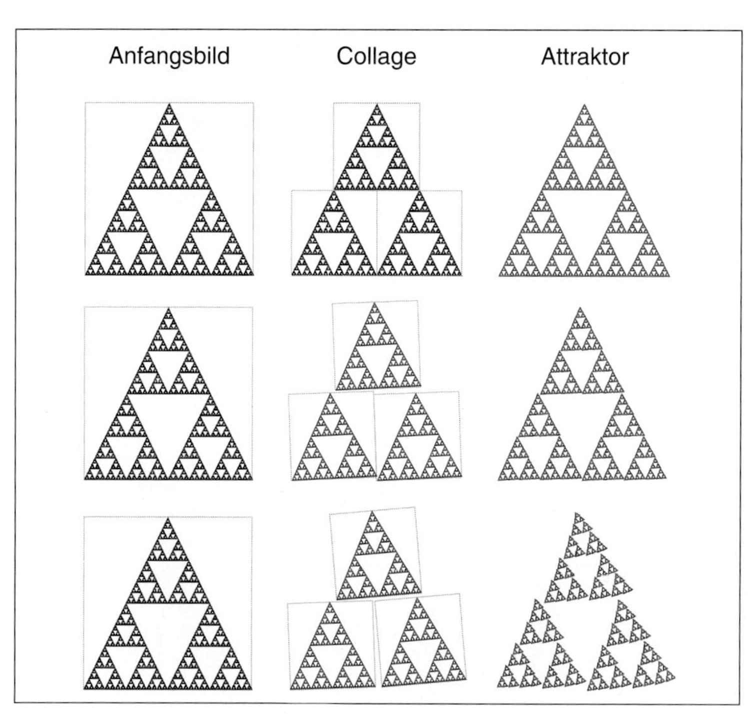

Abb. 5.47 : Anwendung dreier MVKM auf ein Sierpinski-Dreieck. Oben: Die fehlerfreie MVKM läßt das Bild invariant; Mitte: eine annehmbare Näherung; unten: eine schlechte Näherung.

des Ganzen sind. Zum Beispiel ist der Teil $R^{(1)}$ des Farns in Abbildung 5.48 eine leicht verkleinerte und gedrehte Kopie des ganzen Farns. Diese Beobachtung führt zur numerischen Berechnung der ersten affinen Transformation w_1. Dasselbe Verfahren läßt sich auf die Kopien $R^{(2)}$ und $R^{(3)}$ in der Abbildung anwenden. Selbst der untere Teil des Stengels (Teil $R^{(4)}$) ist eine Kopie des Ganzen. Diese Kopie ist allerdings in dem Sinne verzerrt, als die entsprechende Transformation in einer Richtung eine Verkleinerung mit einem Faktor 0.0 enthält, d.h. der durch w_4 transformierte Farn wird auf eine Linie zusammengezogen. Die sich ergebenden vier Transformationen machen bereits das vollständige System aus, da die Teile $R^{(1)}$ bis $R^{(4)}$ den Farn vollständig bedecken.

Interaktives Kodieren: Das Collagen-Spiel

Im allgemeinen benötigen wir einen Algorithmus, der einen Satz von Transformationen so generiert, daß die Vereinigung der transformierten Zielbilder das gegebene Zielbild so genau wie möglich abdecken. Am Beispiel eines Blattes zeigen wir, wie dies mit einem interaktiven Computerprogramm bewerkstelligt werden kann. Zu Beginn muß das Bild des Blattes mit Hilfe eines Bildabtasters in den

Farn-Collage

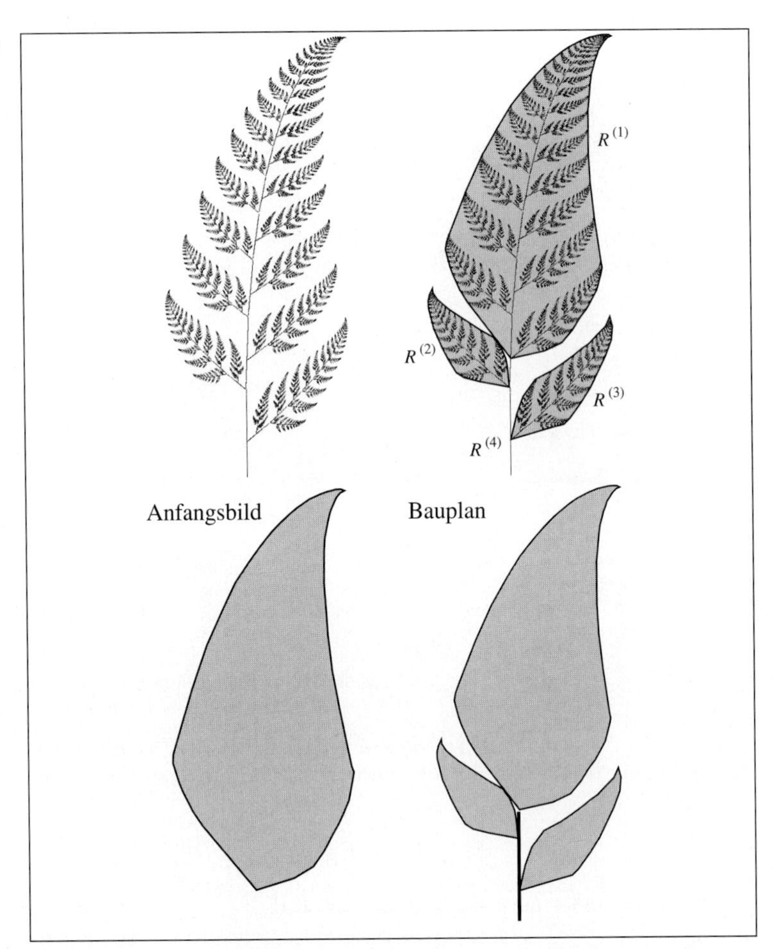

Abb. 5.48 : Dieser gegenüber dem Original leicht abgeänderte Barnsley-Farn ermöglicht eine einfachere Bestimmung seiner Zerlegung in selbstähnliche Bestandteile $R^{(1)}$ bis $R^{(4)}$.

Computer eingegeben werden. Dann kann der Umriß des Blattes unter Verwendung von Standardinstrumenten der Bildverarbeitung aus dem Bild herausgeholt werden. Das Ergebnis ist in diesem Fall ein (geschlossenes) Vieleck, das sich auf dem Computerbildschirm sehr schnell zur Anzeige bringen läßt. Überdies können auch affine Transformationen des Polygons unverzüglich berechnet und angezeigt werden. Mit Hilfe von interaktiven Eingabegeräten, wie der Maus, Drehknöpfen oder auch nur der Tastatur, kann der Benutzer des Programms die sechs Parameter zur Festlegung einer affinen Transformation mit Leichtigkeit einstellen. Gleichzeitig zeigt der Computer die transformierte Kopie des Anfangspolygons für das Blatt. Das

Blatt-Collage

Abb. 5.49 : Entwurfsstufen für ein Blatt: Bildabtastung eines echten Blattes und ein, dessen Umriß erfassendes Polygon (oben), Collage mit 7 transformierten Bildern des Polygons und Attraktor des entsprechenden IFS (unten).

Ziel besteht darin, eine Transformation so zu finden, daß die Kopie wie angegossen auf einen Teil des Originalblattes paßt. Dann wird das Verfahren wiederholt, wobei der Benutzer als nächstes versucht, eine weitere affine Kopie einem Teil des Blattes anzupassen, der noch nicht von der ersten Kopie bedeckt wird. Wenn wir in dieser Weise fortfahren, wird das ganze Blatt von kleinen und möglicherweise verzerrten Kopien seiner selbst bedeckt. Abbildung 5.49 zeigt einige Zwischenstufen, die bei der Konstruktion der Blatt-Transformationen auftreten können.

Banachsches Fixpunktprinzip und Collagen

Wir wollen das Banachsche Fixpunktprinzip von Seite 318 für die Untersuchung der Ergebnisse von Abbildung 5.47 ausnutzen. Die a priori Abschätzung für eine Folge $a_0, a_1, a_2, ...$, die von einer Kontraktion f in einem metrischen Raum mit dem Attraktor a_∞ erzeugt wird, ergibt

$$d(a_n, a_\infty) \leq \frac{c^n}{1-c} d(a_0, a_1) \; ,$$

wobei c der Kontraktionsfaktor von f und $a_{k+1} = f(a_k), k = 0, 1, 2, ...$, ist. Insbesondere bedeutet dies

$$d(a_0, a_\infty) \leq \frac{1}{1-c} d(a_0, f(a_0)) \; . \tag{5.2}$$

Somit ermöglicht uns eine einzige vom Anfangsobjekt a_0 ausgehende Iteration eine Abschätzung für den Abstand zwischen a_0 und dem Attraktor a_∞ in bezug auf die Metrik d. Nun wollen wir dieses Ergebnis für den Hutchinson-Operator W in bezug auf den Hausdorff-Abstand h auslegen. Sei c der Kontraktionsfaktor von W und P ein beliebiges Bild (formell eine kompakte Teilmenge der Ebene). Wir möchten herausfinden, wie gut ein bestimmter Hutchinson-Operator das gegebene Bild P kodiert. Dies läßt sich aus Gleichung (5.2) ableiten. Unter diesen Voraussetzungen lautet (5.2) nun

$$h(P, A_\infty) \leq \frac{1}{1-c} h(P, W(P)) \; , \tag{5.3}$$

wobei A_∞ der Attraktor des durch W gegebenen IFS ist. Mit anderen Worten, die Güte der Kodierung, gemessen durch den Hausdorff-Abstand zwischen P und A_∞, wird durch die einmalige Anwendung des Hutchinson-Operators auf P ermittelt und durch $h(P, W(P))$ in Zahlen ausgedrückt.[18]

Wiederum besagt das Banachsche Fixpunktprinzip, daß der Attraktor des IFS nahe dem Zielbild, dem Blatt, sein wird, sofern auch der Entwurf der Collage dem Blatt nahe kommt. Es gibt jedoch eine Zielsetzung, die den Versuch beeinträchtigt, eine möglichst genaue Collage herzustellen. Die Kodierung sollte nämlich auch in dem Sinne effizient sein, daß möglichst wenige Transformationen benötigt werden. Die Festlegung einer optimalen Lösung des Problems läuft somit auf einen Kompromiß zwischen Qualität der Collage und Effiziens hinaus. Die automatische Erzeugung von Collagen für gegebene Zielbilder ist eine Herausforderung für die gegenwärtige Forschung (siehe Fishers Anhang über Bildkompression).

Das Collagen-Spiel ist nur ein Beispiel für eine ganze Klasse von mathematischen Problemen, die unter dem Namen Optimierungsprobleme bekannt sind. Solche Probleme sind typischerweise sehr einfach zu formulieren, aber oft selbst mit Hochleistungsrechnern und raffinierten mathematischen Algorithmen nur schwer zu lösen.

[18] Barnsley nennt Gleichung (5.3) das „Collage-Theorem für IFS".

Optimierungsproblem für Collagen

Die a priori Abschätzung des Banachschen Fixpunktprinzips

$$h(P, A_\infty) \leq \frac{1}{1-c} h(P, W(P))$$

führt auf ein Optimierungsproblem. Nehmen wir an, wir wollen ein vorliegendes Bild P mit einem IFS kodieren. Wir entscheiden uns für eine Beschränkung auf N Kontraktionen bei dem zu bestimmenden IFS. Jedes N-Tupel $w_1, \ldots, w_N$ legt einen Hutchinson-Operator W fest. Wir wollen weiter annehmen, daß die Kontraktionsfaktoren der zu betrachtenden Transformationen alle kleiner oder gleich einem bestimmten $c < 1$ sind. Aufgrund der vorstehenden Abschätzung muß der Hausdorff-Abstand $h(P, W(P))$ unter allen zulässigen Möglichkeiten von W minimiert werden.[19]

Die Falle der numerischen Komplexität

Ein bekanntes Beispiel dieser Problemklasse ist der Handelsvertreter, der eine Anzahl Städte (zum Beispiel alle Städte der USA mit mehr als 10 000 Einwohnern) auf der kürzesten Wegstrecke bereisen soll. Man würde eigentlich glauben, daß ein so einfaches Problem wie die Berechnung der kürzesten Verbindungsstrecke zwischen all diesen Städten, Computern keine Schwierigkeiten bereiten sollte. Aber tatsächlich versagen jedoch Computer total, sobald die Anzahl der ausgewählten Städte ein paar Hundert übersteigt. Probleme dieser Art werden *numerisch komplex* genannt und nach dem gegenwärtigen Wissensstand werden sie sich schnellen Lösungen unweigerlich widersetzen, jetzt und auch in Zukunft. Aus solchen Beispielen kann die Lehre gezogen werden, daß einfache Probleme nicht unbedingt einfache Lösungen haben müssen, und es läßt sich sagen, daß es im „Meer der Mathematik von solchen Bestien nur so wimmelt.“ Leider ist noch nicht geklärt, ob das Collagen-Spiel mathematisch auf eine Weise formuliert werden kann, die extreme numerische Komplexität vermeidet. Die im Anhang über Bildkompression beschriebenen Algorithmen versuchen dieses Problem zu umgehen. Auf jeden Fall ist es sehr wahrscheinlich, daß die numerische Komplexität für gewisse Bilder erschreckend, für andere jedoch gut zu bewältigen sein wird. Vermutlich gehören von selbstähnlichen Strukturen beherrschte Bilder zur letzteren Kategorie, d.h. sie sind leicht zu handhaben. Das allein wäre schon Grund genug, das Gebiet weiterzuerforschen, und zwar deshalb, weil wir solchen Merkmalen in so vielen Formen und Mustern der Natur begegnen.

Es gibt einige andere Probleme, die direkt in die aktuelle Forschung führen und die wir zumindest erwähnen wollen.

[19] Das Problem der Berechnung des Hausdorff-Abstandes für digitalisierte Bilder wird in R. Shonkwiller, *An image algorithm for computing the Hausdorff distance efficiently in linear time,* Info. Proc. Lett. 30 (1989) 87–89, behandelt.

5.9 Brechung von Selbstähnlichkeit und Selbstaffinität oder Vernetzung von MVKM

Die Erzeugung eines Bildes mit einer MVKM führt auf recht natürliche Weise zu einer Struktur mit Wiederholungen in immer kleineren Maßstäben. Falls jede Kontraktion im betreffenden IFS eine Ähnlichkeitstransformation mit demselben Verkleinerungsfaktor ist (zum Beispiel beim Sierpinski-Dreieck), nennen wir den sich ergebenden Attraktor *exakt selbstähnlich.* Auch wenn bei den Kontraktionen unterschiedliche Verkleinerungsfaktoren auftreten, wird der sich ergebende Attraktor *selbstähnlich* genannt. Falls die Kontraktionen keine Ähnlichkeits-, sondern affine Transformationen sind (zum Beispiel bei der Teufelstreppe), nennen wir den sich ergebenden Attraktor *selbstaffin.*

In jedem Fall erzeugt ein IFS selbstähnliche oder selbstaffine Bilder. Wie wir bereits angedeutet haben, können IFS auch für die Annäherung nichtselbstähnlicher oder nichtselbstaffiner Bilder benutzt werden. Die Genauigkeit der Annäherung kann den Erfordernissen angepaßt werden. Allerdings werden die sehr kleinen Merkmale des entsprechenden Attraktors immer noch die selbstähnliche Struktur erkennen lassen. In diesem Abschnitt werden wir den Begriff der

Zwei Farne

Abb. 5.50 : Zwei Farne, die von Barnsleys Farn verschieden sind. In beiden Fällen unterscheidet sich die Anordnung der Hauptblätter am Stengel von derjenigen der Teilblätter an den Hauptblättern. Die beiden Farne sehen in diesem Maßstab gleich aus, aber die Vergrößerungen in der nächsten Abbildung decken wichtige Unterschiede auf.

Vergrößerungen des rechten unteren Hauptblattes

Abb. 5.51 : Links: Vergrößerungen des linken Farns von Abbildung 5.50 lassen den Rangordnungstyp (a) erkennen: Alle Teilblätter sind gegenständig angeordnet. Rechts: Vergrößerungen des rechten Farns bringen den Rangordnungstyp (b) zum Vorschein: Die Teilblätter zweiter Stufe zeigen wiederum eine versetzte Anordnung.

IFS verallgemeinern, so daß diese Einschränkung aufgehoben wird.[20]

Nichtselbstähnliche Farne

Abbildung 5.50 zeigt zwei Farne, die fast so aussehen wie der bekannte Barnsley-Farn. Sie sind aber verschieden. Bei näherer Betrachtung der beiden Farne entdecken wir eine Veränderung der Blattstellung. Die Anordnung der großen Blätter am Stengel ist anders als die Anordnung der kleineren Blätter an den Stielen der großen. Dies

[20] Ähnliche Konzepte finden sich in M. F. Barnsley, J. H. Elton, und D. P. Hardin, *Recurrent iterated function systems,* Constructive Approximation 5 (1989) 3–31, M. Berger, *Encoding images through transition probablities,* Math. Comp. Modelling 11 (1988) 575–577, R. D. Mauldin und S. C. Williams, *Hausdorff dimension in graph directed constructions,* Trans. Amer. Math. Soc. 309 (1988) 811–829 und G. Edgar, *Measures, Topology and Fractal Geometry,* Springer-Verlag, New York, 1990. Diesbezügliche Grundgedanken scheinen zum ersten Mal in T. Bedford, *Dynamics and dimension for fractal recurrent sets,* J. London Math. Soc. 33 (1986) 89–100, vorzuliegen.

bedeutet, daß die großen Blätter nicht mehr verkleinerte Kopien des ganzen Farns sind. Mit anderen Worten, diese Farne sind im exakten Sinne weder selbstähnlich noch selbstaffin. Nichtsdestoweniger würden wir sagen, daß sie einige Merkmale von Selbstähnlichkeit besitzen. Aber was sind das für Merkmale, und wie sind diese besonderen Farne kodiert? Die Antworten zu diesen Fragen werden uns zu *vernetzten* MVKM oder mit anderen Worten zu *hierarchischen* IFS führen.

Um etwas von der hierarchischen Struktur zu sehen, betrachten wir nun von jedem Farn eine Vergrößerung eines seiner großen Blätter (siehe Abbildung 5.51). Dies deckt die unterschiedlichen Rangfolgen in ihrer Kodierung auf. Die Anordnung der Teilblätter erster Stufe dieser großen Blätter ist unterschiedlich. Beim Farn links sind die Teilblätter aller Stufen immer gegenständig angeordnet, während beim Farn rechts diese Anordnung von Stufe zu Stufe wechselt: In der einen Stufe sind die Teilblätter ebenfalls gegenständig, in der nächsten Stufe sind sie hingegen versetzt angeordnet. Damit wir sie leichter unterscheiden können, bezeichnen wir diese Rangfolgen mit Typ (a) und Typ (b).

Wir beginnen zu verstehen, daß die Kodierung mit IFS weit über das Problem der Bildkodierung hinausgeht. So öffnet beispielsweise das Verständnis der selbstähnlichen Hierarchien von Pflanzen in Form von IFS eine neue Tür zu einer formalen mathematischen Beschreibung der Blattstellung in der Botanik. Wir werden sehen, daß selbstähnliche Strukturen sogar gemischt werden können.

Vernetzung von MVKM

Wir erweitern den Begriff der MVKM insofern, als wir nun mehrere MVKM in einem Netzwerk zusammenwirken lassen. Wir werden erläutern, wie ein nichtselbstähnlicher Farn mit Hilfe zweier vernetzter MVKM erzeugt werden kann. Um die Darstellung weitmöglich zu vereinfachen, verzichten wir darauf, den Stengel darzustellen. Abbil-

Grundmaschine für einen Farn

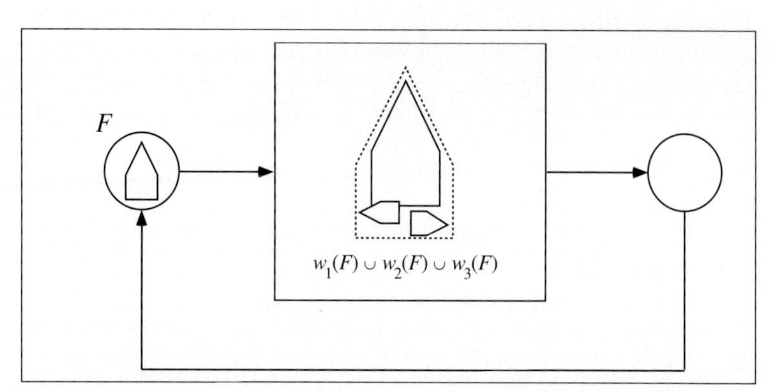

Abb. 5.52 : Rückkopplungssystem für den Barnsley-Farn (ohne Stengel).

Grundstruktur

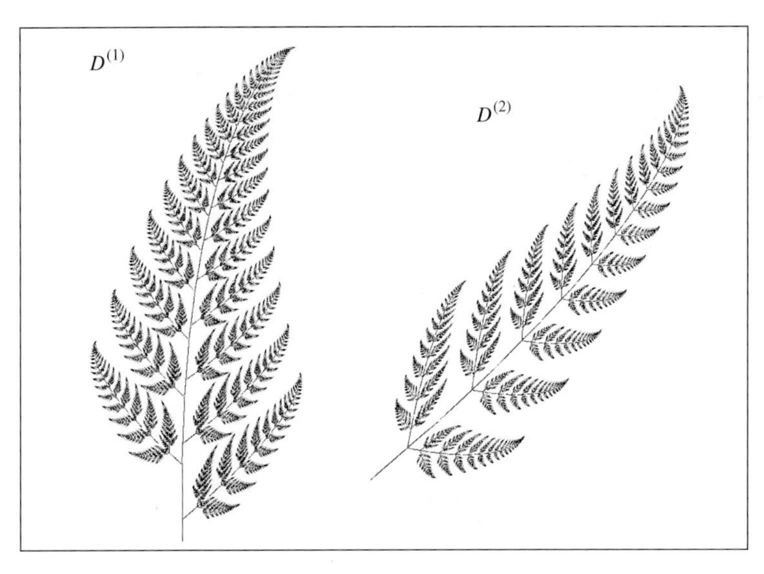

Abb. 5.53 : Zerlegung eines Farns vom Rangordnungstyp (a) in seine Grundstrukturen: ganzer Farn $D^{(1)}$ und ein Hauptblatt $D^{(2)}$.

dung 5.52 zeigt den Grundaufbau der Maschine für einen Farn ohne Stengel.

Betrachten wir zunächst den Farn mit Rangfolge vom Typ (a) aus Abbildung 5.51. Wir können zwei Grundstrukturen erkennen: den gesamten Farn $D^{(1)}$ und eines seiner großen Blätter, z.B. das große Blatt unten rechts, $D^{(2)}$ (siehe Abbildung 5.53).

In diesem Fall ist das Blatt $D^{(2)}$ eine selbstaffine Struktur. Wir sagen selbstaffin, weil wir keinen Wert darauf legen möchten, daß die Transformationen Ähnlichkeitstransformationen sind. Alle Teilblätter sind Kopien des ganzen Blattes und umgekehrt. Der ganze Farn setzt sich aus Kopien dieses Blattes zusammen, aber er stellt *nicht* einfach eine Kopie des Blattes dar. Dies rührt von der unterschiedlichen Anordnung der Blätter und Teilblätter her. Darin liegt der entscheidende Unterschied zwischen Barnsleys selbstaffinem Farn von Abbildung 5.33 und dem hier dargestellten, bei dem die Selbstaffinität durchbrochen ist. Daher kann der Farn nicht mit einer gewöhnlichen MVKM erzeugt werden. Zur Erfüllung dieser Aufgabe können wir jedoch zwei unterschiedliche Maschinen zu einer vernetzten MVKM verknüpfen (siehe Abbildung 5.54).

Die untere der beiden Maschinen wird ausschließlich für die Erzeugung des Hauptblattes $D^{(2)}$ in Abbildung 5.53 benutzt. Diese Maschine arbeitet im wesentlichen wie die für Barnsleys Farn (zur Vereinfachung wird der Stengel vernachlässigt). Somit geht es hier um drei Transformationen: Die erste Transformation bildet das ganze

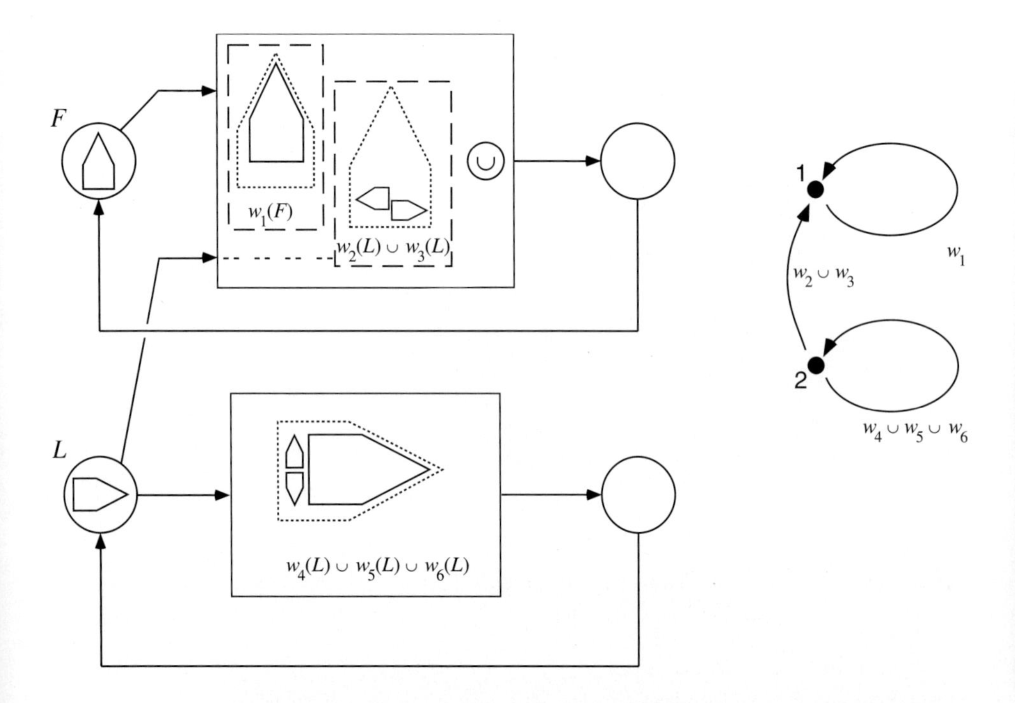

Abb. 5.54 : Dieses Netzwerk mit zwei MVKM erzeugt den Farn mit der durch die Rangfolge vom Typ (a) gegebenen Blattanordnung. Der Graph des entsprechenden IFS ist rechts dargestellt.

Blatt auf sein unteres linkes Teilblatt ab, die zweite analog auf das entsprechende obere linke Teilblatt (Abbildung 5.54), und die dritte Transformation schließlich bildet das Blatt auf alle restlichen Teilblätter zusammen ab.

Die obere Maschine erzeugt den vollständigen Farn. Sie besitzt zwei Eingänge und einen Ausgang. Ein Eingang wird mit ihrer eigenen Ausgabe verknüpft. Der andere Eingang wird von der unteren MVKM bedient. Auch diese Maschine ist mit drei Transformationen ausgestattet. Jede Transformation wird jedoch nur auf ein bestimmtes Eingangsbild angewendet. Zwei Transformationen (w_2 und w_3 in Abbildung 5.54) wirken auf die von der unteren MVKM erzeugten Ergebnisse. Sie erzeugen die linken und rechten unteren Blätter an den richtigen Stellen des Farns. Die dritte Transformation (w_1 in der Abbildung) bearbeitet die Ergebnisse der oberen MVKM. Die Ergebnisse aller Transformationen werden zur Ausgabe am Ausgang der oberen Maschine miteinander verschmolzen. Dies wird durch das Symbol „∪“ gekennzeichnet. Die Transformation w_1 bildet den vollständigen Farn auf dessen oberen Teil ab (d.h. auf den Teil ohne die beiden

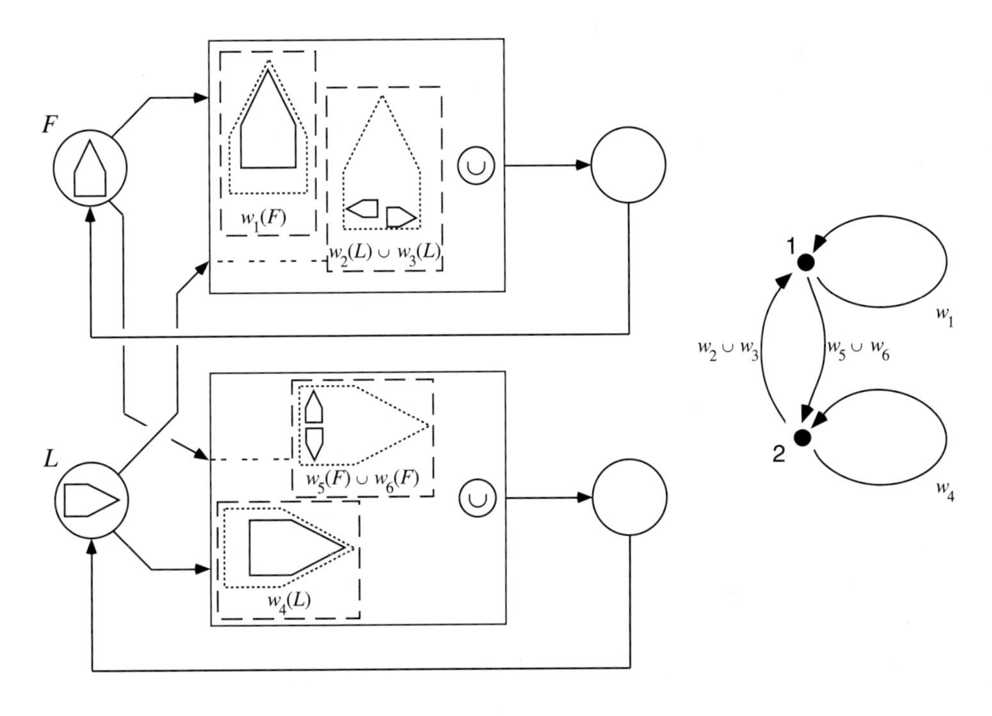

Abb. 5.55 : Dieses Netzwerk mit zwei MVKM erzeugt den anderen Farn mit der durch die Rangfolge vom Typ (b) gegebenen Blattanordnung. Der Graph des entsprechenden IFS ist rechts dargestellt.

unteren Blätter). Dies war auch schon bei der einfachen MVKM für Barnsleys Farn der Fall. Auf diese Weise wird der Farn mit dem vorgeschriebenen Blattstellung vom Rangordnungstyp (a) erzeugt.

Umstellung von Eingangsverbindungen

Um den Farn des Rangordnungstyps (b) zu erzeugen, müssen wir einen kleinen Schritt weitergehen und die beiden MVKM über Kreuz miteinander verbinden. Dieser Farn ist dadurch gekennzeichnet, daß der ganze Farn in den großen Hauptblättern als Teilblätter wieder in Erscheinung tritt, während die Hauptblätter selbst keine Kopien des ganzen Farns sind. Dies ist, wie aus Abbildung 5.55 hervorgeht, leicht zu bewerkstelligen. Die einzige Veränderung in bezug auf das Netzwerk für den Farn des Rangordnungstyps (a) besteht im zusätzlichen Eingang der unteren MVKM. Das hier eingegebene Bild (im Grenzfall ist es der ganze Farn) wird transformiert, um die beiden untersten Teilblätter des Hauptblattes zu bilden.

Aber wie betreiben wir nun diese Netzwerke? Wir legen einfach irgendein Anfangsbild, wie z.B. ein Rechteck oder hier ein Fünfeck auf die beiden Kopiermaschinen. Die Maschinen nehmen diese eingegebenen Bilder, den Verbindungen der Eingangsleitungen folgend, auf und verarbeiten sie zu zwei Ausgabebildern, eines für das Hauptblatt und eines für den vollständigen Farn. Diese Ausgabebilder werden nun, wie durch die Rückkopplungsverbindungen angedeutet, als neue Eingaben benutzt. Wenn wir dieses Verfahren wiederholen, können wir beobachten, wie die Blatt-MVKM das große, untere rechte Blatt und die Farn-MVKM den vollständigen Farn erzeugt.

Das Banachsche Fixpunktprinzip kommt wieder zum Zug

Ist die erfolgreiche Arbeitweise dieser Maschinen nur reiner Zufall? Nein, überhaupt nicht! In den vorangehenden Abschnitten haben wir das Banachsche Fixpunktprinzip behandelt. Es stellt sich heraus, daß wir auch die Netzwerkidee diesem Prinzip unterordnen können, was den Wert dieses ziemlich abstrakten, aber sehr wirkungsvollen mathematischen Instrumentes zeigt. Als Schlußfolgerung hat die Verbundmaschine genau ein Grenzbild, ihren Attraktor, und dieser Attraktor ist von den Ausgangsbildern unabhängig. Anders ausgedrückt, die Verbundmaschinen sind Kodierungen nichtselbstähnlicher Farne, und ihre Rangordnungen entschlüsseln die Selbstähnlichkeitseigenschaften dieser Farne. Tatsächlich entschlüsselt die Hierarchie des Netzwerkes die Selbstähnlichkeit einer ganzen Klasse von Attraktoren. Angenommen, wir verändern die Kontraktionseigenschaften und Anordnung der einzelnen Linsensysteme. Als Ergebnis erhalten wir eine ganze Welt von Strukturen. Dennoch hat jede von ihnen genau dieselben Selbstähnlichkeitseigenschaften. Wir sind nun bei einer neuen und sehr verheißungsvollen Theorie angelangt, welche die systematische Entschlüsselung aller möglichen Selbstähnlichkeitseigenschaften verspricht. Die mathematische Beschreibung vernetzter MVKM wird in dem nachfolgenden technischen Einschub erläutert.

Formalismus hierarchischer IFS

Es gibt eine Erweiterung des Begriffs des Hutchinson-Operators für ein MVKM-Netzwerk, die es erforderlich macht mit Matrizen zu arbeiten. Sei

$$\mathbf{A} = \begin{pmatrix} a_{11} & a_{12} & \dots & a_{1m} \\ \vdots & \vdots & & \vdots \\ a_{m1} & a_{m2} & \dots & a_{mm} \end{pmatrix}$$

eine $(m \times m)$-Matrix mit Elementen a_{ij} und sei

$$\mathbf{b} = \begin{pmatrix} b_1 \\ \vdots \\ b_m \end{pmatrix}$$

ein m-Vektor. Dann ist $\mathbf{Ab}$ der m-Vektor $\mathbf{c} = \mathbf{Ab}$ mit den Komponenten c_i, wobei

$$c_i = \sum_{j=1}^{m} a_{ij} b_j \ .$$

In Analogie zu diesem gewöhnlichen Matrizenbegriff ist ein hierarchisches IFS (einem Netzwerk von M MVKM entsprechend) durch eine $(M \times M)$-Matrix

$$\mathbf{W} = \begin{pmatrix} W_{11} & \dots & W_{1M} \\ \vdots & & \vdots \\ W_{M1} & \dots & W_{MM} \end{pmatrix}$$

gegeben, wobei jedes W_{ij} einen Hutchinson-Operator darstellt (d.h. W_{ij} ist durch eine endliche Anzahl von Kontraktionen gegeben, siehe auch Abschnitt 5.2). Dies ist der *Matrix-Hutchinson-Operator* **W**, der auf einen M-Vektor **B** von Bildern

$$\mathbf{B} = \begin{pmatrix} B_1 \\ \vdots \\ B_M \end{pmatrix}$$

wirkt, wobei jedes B_i eine kompakte Teilmenge der Ebene $\mathbf{R}^2$ ist. Das Ergebnis $\mathbf{W}(\mathbf{B})$ ist ein M-Vektor **C** mit Komponenten C_i, wobei

$$C_i = \bigcup_{j=1}^{M} W_{ij}(B_j) \ .$$

Es ist sinnvoll, bestimmte „leere" Hutchinson-Operatoren zuzulassen, $W_{ij} = \emptyset$. Hier spielt das Symbol $\emptyset$ eine ähnliche Rolle wie 0 in der gewöhnlichen Arithmetik: Der $\emptyset$-Operator transformiert jede Menge in die leere Menge (d.h., für jede Menge B gilt $\emptyset(B) = \emptyset$).

Als nächstes behandeln wir eine schematische Darstellung. Dem Netzwerk der MVKM ordnen wir einen Graphen mit Knoten und Pfeilen zu. Jeder MVKM entspricht genau ein Knoten, der ihren Ausgang kennzeichnen soll. Und jeder Ausgang-Eingang-Verbindung im Netzwerk entspricht ein Pfeil. Diese Graphen, neben unseren MVKM-Netzwerken aufgeführt, bilden eine kompakte Beschreibung der Hierarchie des IFS (siehe beispielsweise die nichtselbstähnlichen Farne in den Abbildungen 5.54 und 5.55 und den Sierpinski-Farn in Abbildung 5.56).

Ein Pfeil vom Knoten j zum Knoten i bedeutet, daß die Ausgabe von j mit Hilfe eines bestimmten Hutchinson-Operators transformiert wird (nämlich des Hutchinson-Operators, der auf die entsprechende Eingabe der MVKM wirkt) und dann dem Knoten i zugeführt wird. Die Ausgabe dieses Knotens entspricht der Vereinigung aller ihm zugeführten transformierten Bilder. Nun definieren wir W_{ij}. Wenn ein Pfeil vom Knoten j zum Knoten i vorliegt, dann bezeichnet W_{ij} den entsprechenden Hutchinson-Operator. Andernfalls setzen wir $W_{ij} = \emptyset$. Für unsere Beispiele erhalten wir somit

$$\mathbf{W} = \begin{pmatrix} w_1 & w_2 \cup w_3 \\ \emptyset & w_4 \cup w_5 \cup w_6 \end{pmatrix}$$

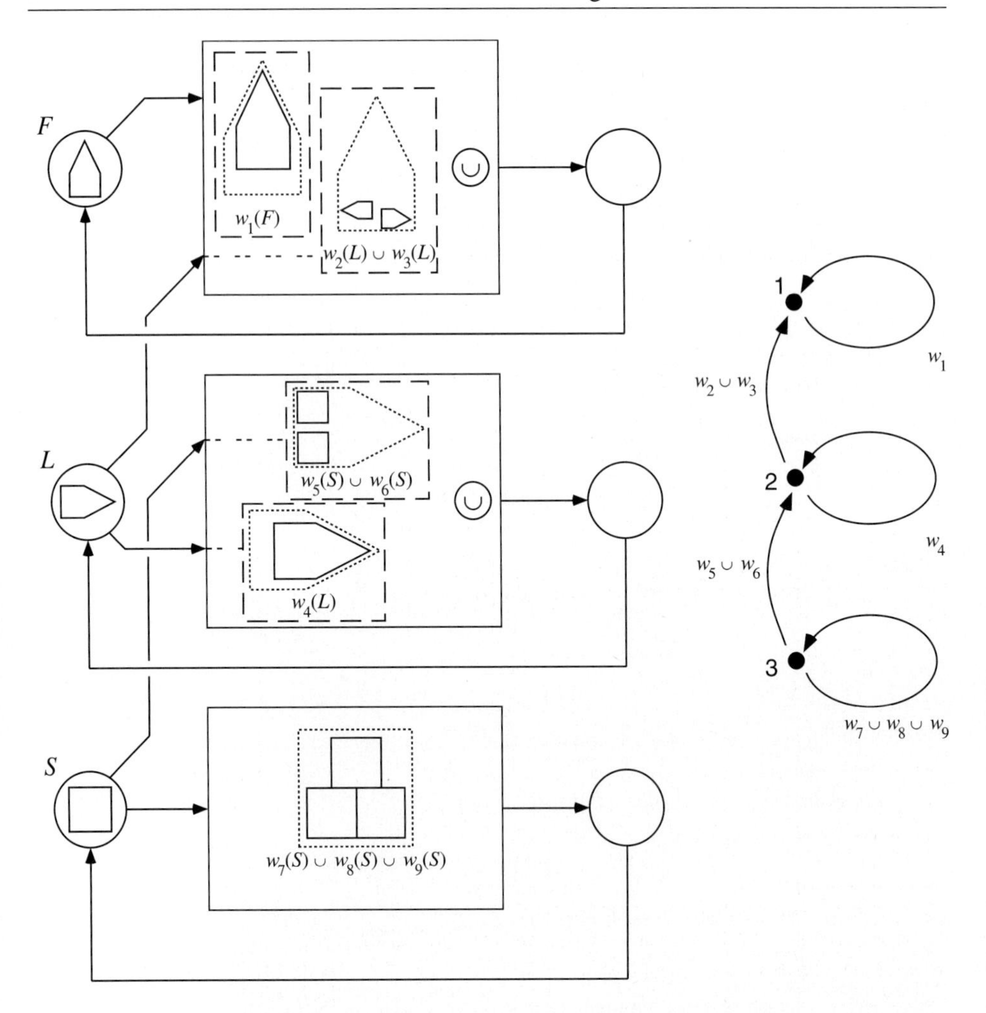

Abb. 5.56 : Ein Netzwerk mit drei MVKM, um einen aus Sierpinski-Dreiecken zusammengesetzten Farn zu erzeugen. Der Graph des entsprechenden IFS ist rechts dargestellt.

für den Farn vom Typ (a) (Abbildung 5.54),

$$\mathbf{W} = \begin{pmatrix} w_1 & w_2 \cup w_3 \\ w_5 \cup w_6 & w_4 \end{pmatrix}$$

für den Farn vom Typ (b) (Abbildung 5.55) und

$$\mathbf{W} = \begin{pmatrix} w_1 & w_2 \cup w_3 & \emptyset \\ \emptyset & w_4 & w_5 \cup w_6 \\ \emptyset & \emptyset & w_7 \cup w_8 \cup w_9 \end{pmatrix}$$

für den Sierpinski-Farn (Abbildung 5.56). Wir haben hier eine Kurzform für die Bezeichnung der Hutchinson-Operatoren verwendet. Wenn wir zum Beispiel irgendeine Menge B mit $w_2 \cup w_3$ transformieren, so schreiben wir ausführlich

$$w_2 \cup w_3(B) = w_2(B) \cup w_3(B) \ .$$

Mit diesen Definitionen können wir nun die Iteration von hierarchischen IFS formal beschreiben. Sei $\mathbf{A}_0$ ein M-Vektor von Anfangsbildern. Die Iteration definiert die Folge von M-Vektoren

$$\mathbf{A}_{k+1} = \mathbf{W}(\mathbf{A}_k), \quad k = 0, 1, 2, ...$$

Es stellt sich heraus, daß diese Folge wiederum einen Limes $\mathbf{A}_\infty$ besitzt, den wir Attraktor des hierarchischen IFS nennen.

Der Beweis erfolgt wiederum mit Hilfe des Banachschen Fixpunktprinzips. Wir beginnen mit der Ebene, die mit einer Metrik versehen ist, so daß die Ebene einen vollständigen metrischen Raum bildet. Dann stellt der Raum aller kompakten Teilmengen der Ebene mit dem Hausdorff-Abstand als Metrik ebenfalls einen vollständigen metrischen Raum dar. Nun bilden wir das M-fache kartesische Produkt dieses Raumes und nennen es H. Auf H gibt es eine natürliche Metrik $d_{\max}$, die sich aus dem Hausdorff-Abstand ableitet: Seien $\mathbf{A}$ und $\mathbf{B}$ in H, dann gilt

$$d_{\max}(\mathbf{A}, \mathbf{B}) = \max\{h(A_i, B_i) \mid i = 1, ..., M\} \ ,$$

wobei A_i und B_i die Komponenten von $\mathbf{A}$ und $\mathbf{B}$ bezeichnen und $h(A_i, B_i)$ für ihren Hausdorff-Abstand steht. Es folgt geradezu aus den Definitionen, daß

- H wiederum ein vollständiger metrischer Raum und
- $\mathbf{W} : H \to H$ eine Kontraktion ist.

Der Vollständigkeit halber müssen wir die Bedingung hinzufügen, daß die Iterierten $\mathbf{W}^n$ des Matrix-Hutchinson-Operators nicht ausschließlich aus $\emptyset$-Operatoren bestehen. Somit läßt sich das Banachsche Fixpunktprinzip mit denselben Konsequenzen wie für den gewöhnlichen Hutchinson-Operator anwenden.

Der Sierpinski-Farn

Zum Abschluß dieses Abschnittes benutzen wir den MVKM-Verbund für einen ziemlich merkwürdig aussehenden Farn, den wir *Sierpinski-Farn* nennen können. Es ist ein Farn des Rangordnungstyps (a) mit durch kleine Sierpinski-Dreiecke ersetzten Teilblättern (siehe Abbildung 5.57). Das Netzwerk vereinigt drei MVKM, wie aus Abbildung 5.56 hervorgeht. Die ersten beiden sind in gewohnter Weise für die Gesamtstruktur des Farns verantwortlich, während die dritte MVKM die Aufgabe hat, ein Sierpinski-Dreieck zu erzeugen, das einer der beiden anderen Maschinen zugeführt wird.

Das Experiment zur Erzeugung eines Sierpinski-Farns zeigt, daß der MVKM-Verbund eine geeignete Beschreibungs- und Kodierungs-Rangordnung selbstähnlicher Eigenschaften darstellt und darüber hinaus die geeignete Methode für die Verschmelzung mehrerer Fraktale ist.

Der Sierpinski-Farn

Abb. 5.57 : Der Sierpinski-Farn und eines seiner Hauptblätter.

Der Stengel in Barnsleys Farn

Als wir den Barnsley-Farn mit Hilfe einer MVKM einführten, beobachteten wir, daß dieser Farn nicht exakt selbstähnlich ist, wobei der Stengel das Hauptproblem darstellte. Damals gewannen wir den Stengel aus einer entarteten affin-linearen (d.h. auf eine Linie zusammengezogenen) Kopie des ganzen Farns. Vom Standpunkt des MVKM-Verbundes aus wird dieser Gesichtspunkt bedeutend klarer. Das Schema der Abbildung 5.58 zeigt ein Netzwerk mit zwei MVKM. Die obere Maschine erzeugt die Blätter und die untere Maschine die Stengel. Von diesem Standpunkt aus ist Barnsleys Farn im wesentlichen eine Mischung von zwei (exakt) selbstähnlichen Strukturen.[21]

Die Vielfalt an Strukturen, die mit dem MVKM-Verbund erzeugt werden können, ist unvorstellbar. Als Anwendung des MVKM-Verbundes werden wir in Kapitel 7 in *Chaos – Bausteine der Ordnung* eine elegante Lösung für einige alte offene Probleme vorstellen: die Entschlüsselung der globalen geometrischen Muster im Pascalschen Dreieck, die aus Teilbarkeitseigenschaften von Binomialkoeffizienten hevorgehen.

Der MVKM-Verbund bringt uns auch einen Schritt näher an eine Lösung des Problems algorithmischer Bildkodierung. Die Kodierung

[21] Genauer gesagt ist der Farn ohne Stengel selbstaffin, nicht selbstähnlich, da die Transformationen, welche die Blätter erzeugen, nur annähernd Ähnlichkeitstransformationen sind.

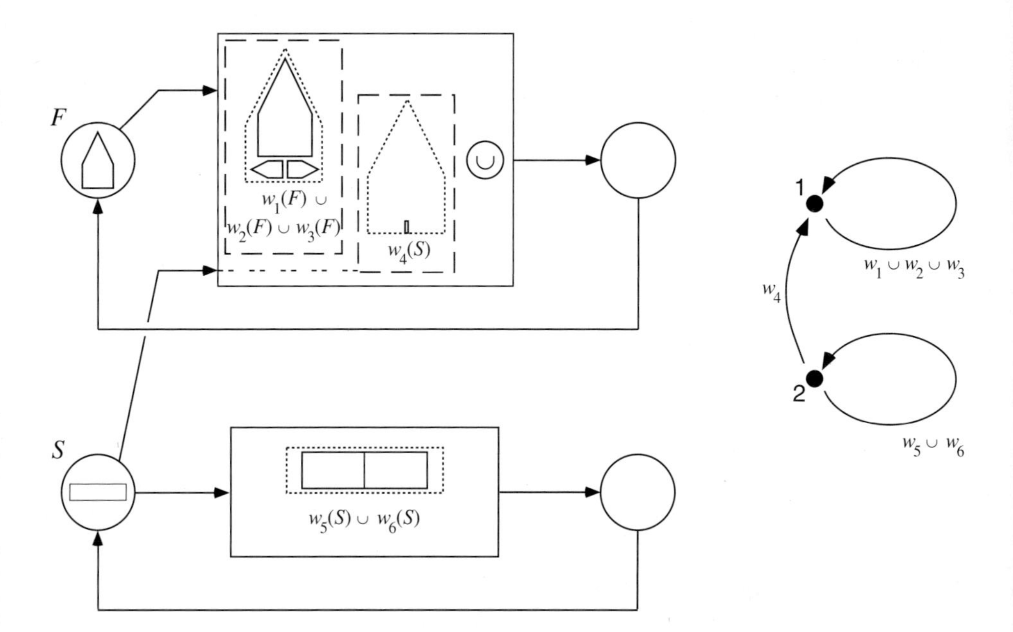

Abb. 5.58 : Die untere MVKM erzeugt eine Linie, die der oberen MVKM zugeführt wird, um den Stengel des Farns herzustellen. Der Graph des entsprechenden IFS ist rechts dargestellt.

durch iterierte Funktionensysteme führt nur zu selbstähnlichen Näherungen des Zielbildes. Mit dem MVKM-Verbund zerlegen wir das Zielbild in Teile, die mehr oder weniger unabhängig kodiert werden können. Dadurch ergibt sich eine Näherung mit gemischten selbstähnlichen Strukturen. Diese Überlegungen können durch sogenannte Unterteilungs-MVKM formal dargestellt werden (siehe Anhang über Bildkompression).

5.10 Programm des Kapitels: Iterieren der MVKM

Wir stellen uns ein interaktives Computerprogramm für den Bau von Mehrfach-Verkleinerungs-Kopier-Maschinen vor. Mit einem solchen Programm könnte man Transformationen auswählen und verändern und sofort sehen, wie die Attraktoren auf dem Computerbildschirm erscheinen. Das macht nicht nur Spaß, sondern ist auch aufschlußreich, um die Auswirkungen affin-linearer Transformationen kennenzulernen. Auch wenn dieses Programm nicht unbedingt höhere Erwartungen zu erfüllen vermag, so ist es doch kurz genug, um hierher zu passen, und raffiniert genug, um mit seiner Hilfe die meisten Bilder dieses Kapitels zu erzeugen. Auf Seite 350 befindet sich eine Tabelle

Bildschirmanzeigen des Programms

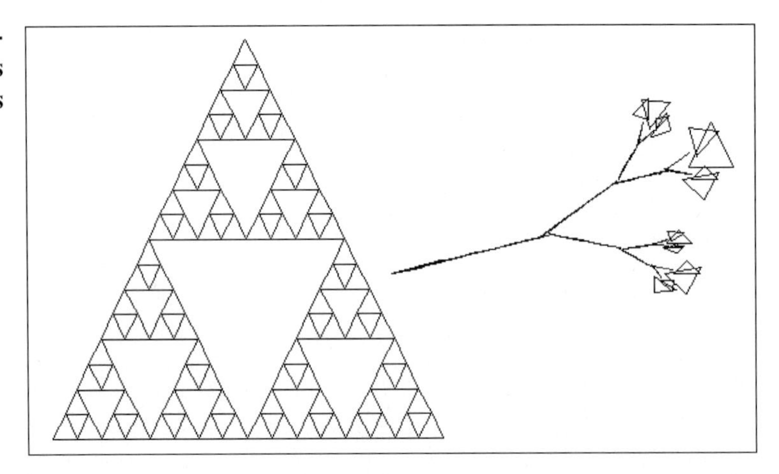

Abb. 5.59 : Ausgabe des Programms „MVKM-Iteration“ (links, Stufe = 5). Das Bild rechts erhält man durch Änderung der Parameter so wie in Abbildung 5.13 und Tabelle 5.60.

der Parametereinstellungen der affinen Transformationen.

Das vorliegende Programm ist für die Erzeugung des Sierpinski-Dreiecks oder die Stufen seiner Konstruktion durch wiederholte Anwendung der MVKM vorbereitet. Zuallererst verlangt das Programm die Eingabe der Anzahl der durchzuführenden Iterationen. Eigentlich fragt es nach der Stufe, die es zeichnen soll, da wir wiederum (wie in den früheren Kapiteln) eine rekursive Programmstruktur benutzen, um die Speicherung Tausender von Dreiecken zu vermeiden. Somit bedeutet Eingabe von „1“ `stufe` = 1 für die Rekursion (d.h. keine Iteration der MVKM), und das Anfangsbild wird erscheinen. Das Anfangsbild ist ein Dreieck. Somit ergeben sich auf allen Stufen der Iteration Bilder von Dreiecken. Weil als Anfangsbild eine recht einfache Struktur gewählt wurde, ist das Programm kurz und schnell. Es ist nicht schwierig, den Kode für ein Quadrat oder eine andere Figur als Anfangsbild abzuändern. Die Ausführung möchten wir aber dem Programmiergeschick unserer Leser überlassen.

Gehen wir näher auf das Programm ein. Als erstes finden wir Angaben über das Anfangsbild, ein Dreieck. Dann folgen genaue Angaben für die Parameter dreier Transformationen: `a(1)`, `a(2)`, `a(3)`, ..., `f(1)`, `f(2)`, `f(3)`. Es wird auffallen, daß Angaben bezüglich `b()` oder `c()` fehlen. Dies kommt einfach daher, daß sie 0 sein würden, und wir haben sie weggelassen, um das Programm zu verkürzen. Wenn man die Transformationen abändern will, muß man diese Parameter möglicherweise hinzufügen. Man beachte, daß sie in der zweiten `DIM`-Anweisung des Programms bereits enthalten sind. Wenn man die Anzahl der Transformationen erhöht, sollte man nicht ver-

BASIC Programm **MVKM Iteration**
Titel Mehrfach-Verkleinerungs-Kopierverfahren eines (Sierpinski-) Dreiecks

```
DIM xlinks(10), xrechts(10), xoben(10)
DIM ylinks(10), yrechts(10), yoben(10)
DIM a(3), b(3), c(3), d(3), e(3), f(3)
INPUT "Stufe eingeben:", stufe
links = 30
w = 300
wl = w + links
xlinks(stufe) = 0
ylinks(stufe) = 0
xrechts(stufe) = w
yrechts(stufe) = 0
xoben(stufe) = .5*w
yoben(stufe) = w
a(1) = .5 : a(2) = .5 : a(3) = .5
d(1) = .5 : d(2) = .5 : d(3) = .5
e(1) = 0 : e(2) = 0.5*w : e(3) = 0.25*w
f(1) = 0 : f(2) = 0 : f(3) = .5*w
GOSUB 100
END
REM TRANSFORMIERE DAS DREIECK
50  xlinks(stufe) = a(abb)*xlinks(stufe+1) + e(abb)
    ylinks(stufe) = d(abb)*ylinks(stufe+1) + f(abb)
    xrechts(stufe) = a(abb)*xrechts(stufe+1) + e(abb)
    yrechts(stufe) = d(abb)*yrechts(stufe+1) + f(abb)
    xoben(stufe) = a(abb)*xoben(stufe+1) + e(abb)
    yoben(stufe) = d(abb)*yoben(stufe+1) + f(abb)

REM ZEICHNE DREIECK AUF DER NIEDRIGSTEN STUFE
100 IF stufe > 1 GOTO 200
    LINE (links + xlinks(1), wl - ylinks(1)) -
        (links + xrechts(1), wl - yrechts(1))
    LINE - (links + xoben(1), wl - yoben(1))
    LINE - (links + xlinks(1), wl - ylinks(1))
    GOTO 300

REM VERZWEIGE IN NIEDRIGERE STUFEN
200 stufe = stufe - 1
    abb = 1
    GOSUB 50
    abb = 2
    GOSUB 50
    abb = 3
    GOSUB 50
stufe = stufe + 1
300 RETURN
```

Parameter-tabelle

	a	b	c	d	e	f
Abb. 5.9	0.500	0.000	0.00	0.500	0.0000	0.0000
	0.500	0.000	0.00	0.500	0.5000	0.0000
	0.500	0.000	0.00	0.500	0.0000	0.5000
Abb. 5.10	0.000	-0.500	0.500	-0.000	0.5000	0.0000
	0.000	0.500	-0.500	0.000	0.5000	0.5000
	0.500	0.000	0.000	0.500	0.2500	0.5000
Abb. 5.11	0.000	0.577	-0.577	0.000	0.0951	0.5893
	0.000	0.577	-0.577	0.000	0.4413	0.7893
	0.000	0.577	-0.577	0.000	0.0952	0.9893
Abb. 5.12	0.336	0.000	0.000	0.335	0.0662	0.1333
	0.000	0.333	1.000	0.000	0.1333	0.0000
	0.000	-0.333	1.000	0.000	0.0666	0.0000
Abb. 5.13	0.387	0.430	0.430	-0.387	0.2560	0.5220
	0.441	-0.091	-0.009	-0.322	0.4219	0.5059
	-0.468	0.020	-0.113	0.015	0.4000	0.4000
Abb. 5.14	0.255	0.000	0.000	0.255	0.3726	0.6714
	0.255	0.000	0.000	0.255	0.1146	0.2232
	0.255	0.000	0.000	0.255	0.6306	0.2232
	0.370	-0.642	0.642	0.370	0.6356	-0.0061
Abb. 5.15	0.382	0.000	0.000	0.382	0.3072	0.6190
	0.382	0.000	0.000	0.382	0.6033	0.4044
	0.382	0.000	0.000	0.382	0.0139	0.4044
	0.382	0.000	0.000	0.382	0.1253	0.0595
	0.382	0.000	0.000	0.382	0.4920	0.0595
Abb. 5.16	0.195	-0.488	0.344	0.443	0.4431	0.2452
	0.462	0.414	-0.252	0.361	0.2511	0.5692
	-0.058	-0.070	0.453	-0.111	0.5976	0.0969
	-0.035	0.070	-0.469	-0.022	0.4884	0.5069
	-0.637	0.000	0.000	0.501	0.8562	0.2513
Abb. 5.33	0.849	0.037	-0.037	0.849	0.075	0.1830
	0.197	-0.226	0.226	0.197	0.400	0.0490
	-0.150	0.283	0.260	0.237	0.575	-0.0840
	0.00	0.000	0.000	0.160	0.500	0.0000

Tab. 5.60 : Parametertabelle für die Abbildungen dieses Kapitels.

gessen, die Dimensionierung in dieser `DIM`-Anweisung entsprechend anzupassen.

Nun beginnt die Rekursion (`GOSUB 100`, wie üblich) durch Überprüfung der Stufe. Wenn wir uns auf der niedrigsten Stufe befinden, wird das transformierte Dreieck gezeichnet. Andernfalls (bei Marke 200) treten wir, mit vorausgehender Wahl der Transformation `abb = 1`, in die nächste Stufe der Rekursion ein. Wenn dieser Zweig nach dem Zeichnen aller wiederholt transformierten Dreiecke, auf die zuerst die Transformation `abb = 1` angewendet wurde, beendet ist, wird der Zweig mit `abb = 2` und schließlich der Zweig für `abb = 3` begonnen. Dies beendet den rekursiven Teil. Wenn man die Anzahl der Transformationen verändert, sollte man nicht vergessen, das Programm an dieser Stelle zu erweitern.

Zu beachten ist, daß, wenn immer wir mit der Ausführung der Rekursion für eine neue Transformation beginnen, diese Transformation zuerst auf das aktuelle Dreieck angewendet wird (bei Marke 50). Man wird wiederum feststellen, daß auch an dieser Stelle die Parameter `b()` oder `c()` zur Verkürzung des Programms fehlen. Wenn man allgemeinere Transformationen benutzen will, ist beispielsweise folgende Änderung notwendig:

```
a(abb)*xrechts(stufe+1) +
        b(abb)*yrechts(stufe+1) + e(abb)
c(abb)*xrechts(stufe+1) +
        d(abb)*yrechts(stufe+1) + f(abb)
```

Abschließend wollen wir noch darauf hinweisen, daß die Parameterwerte in Tabelle 5.60 auf Bilder im Bereich $[0, 1] \times [0, 1]$ ausgerichtet sind. Dieses Programm zeigt die Bilder im Bereich $[0, w] \times [0, w]$. Deshalb müssen die Translationsanteile $e()$ und $f()$ der Transformationen mit w skaliert werden. Dies sollte man bei Veränderung der Parameter im Auge behalten. Zum Beispiel setze man für den Farn aus Abbildung 5.33

```
e(1) = 0.075*w
f(1) = 0.183*w
```

und so weiter.

Kapitel 6

Das Chaos-Spiel: Wie Zufall deterministische Formen erzeugt

Chaos ist die Partitur, auf der die Wirklichkeit geschrieben steht.

Henry Miller

Nichts in der Natur ist zufällig... Etwas erscheint nur zufällig aufgrund der Unvollständigkeit unseres Wissens.

Spinoza

Unsere Vorstellung vom Zufall, insbesondere im Hinblick auf Bilder, beruht auf der Erfahrung, daß zufällig erzeugte Strukturen oder Muster mehr oder weniger willkürlich aussehen. Wenn eine charakteristische Struktur in Erscheinung tritt, was durchaus der Fall sein kann, ist sie in der Regel nicht sehr interessant. Man stelle sich zum Beispiel eine Schachtel mit Nägeln vor, die auf einem Tisch ausgeschüttet wird.

Brownsche Bewegung

Wir wollen uns kurz mit folgendem Beispiel befassen. In einer Flüssigkeit schwebende, kleine feste Teilchen wandern, unter einem Mikroskop betrachtet, unregelmäßig und unberechenbar umher. Hier handelt es sich um die sogenannte *Brownsche Bewegung*,[1] welche durch die zufälligen Stöße der umgebenden Flüssigkeitsmoleküle verursacht wird. Sie ist ein gutes Beispiel für das, was wir von einer durch den Zufall gesteuerten Bewegung erwarten. Wir wollen die Bewegung eines solchen Teilchens Schritt für Schritt beschreiben. Wir beginnen an irgendeinem Punkt in der Ebene, wählen eine zufällige Richtung, schreiten ein Stück voran und halten an. Dann wählen wir eine andere zufällige Richtung, schreiten wieder ein Stück voran und halten an usw. Müssen wir das Experiment durchführen, um zu einer Vorstellung von dem sich entwickelnden Muster zu gelangen? Wie würde das Muster nach hundert, tausend oder noch mehr Schritten

[1] Diese Entdeckung wurde um 1827 vom Botaniker Robert Brown gemacht.

Das Brett für das Chaos-Spiel

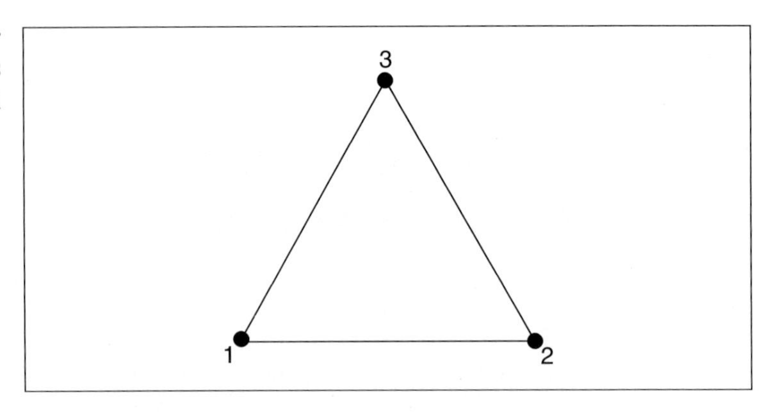

Abb. 6.1 : Das Spielbrett unseres ersten Chaos-Spiels.

aussehen? Es scheint bei der Vorhersage der grundlegenden Eigenschaften kein Problem zu geben: Wir würden sagen, daß mehr oder weniger dieselben Muster entstehen, nur von etwas größerer Dichte.

Auf jeden Fall scheint von Zufall in Verbindung mit Bilderzeugung nicht viel zu erwarten zu sein. Aber versuchen wir es mit einer Variante, die auf den ersten Blick sehr wohl zu dieser Gattung gehören könnte. Wir werden, Barnsley[2] folgend, eine Kollektion von Spielen einführen, die unsere intuitive Vorstellung vom Zufall möglicherweise ganz drastisch verändern kann.

Das Chaos-Spiel

Wenden wir uns nun dem ersten Spiel dieser Art zu. Wir benötigen dazu einen Würfel, dessen sechs Seiten mit den Zahlen 1, 2 und 3 bezeichnet sind. Ein gewöhnlicher Würfel weist natürlich Zahlen von 1 bis 6 auf. Aber das spielt keine Rolle. Wir brauchen lediglich auf einem gewöhnlichen Würfel z.B. die 6 der 1, die 5 der 2 und die 4 der 3 gleichzusetzen. Ein solcher Würfel wird unser Zufallszahlengenerator für den Zahlenvorrat 1, 2 und 3 sein. Die Zufallszahlen, die im Laufe des Spieles auftreten, zum Beispiel 2, 3, 2, 2, 1, 2, 3, 2, 3, 1, ..., werden einen Vorgang steuern. Dieser Vorgang wird durch drei einfache Regeln festgelegt. Zur Beschreibung der Regeln müssen wir das Spielbrett vorbereiten. Abbildung 6.1 zeigt den Aufbau: drei mit 1, 2 und 3 bezeichnete Punkte, die ein Dreieck bilden. Wir wollen sie *Fixpunkte* nennen.

Nun sind wir spielbereit. Wir wollen die Regeln während des Spieles einführen. Zu Beginn greifen wir einen beliebigen Punkt auf dem Brett heraus und kennzeichnen ihn mit einem feinen Punkt.

[2] M. F. Barnsley, *Fractal modelling of real world images,* in: The Science of Fractal Images, H.-O. Peitgen und D. Saupe (Hrsg.), Springer-Verlag, New York, 1988.

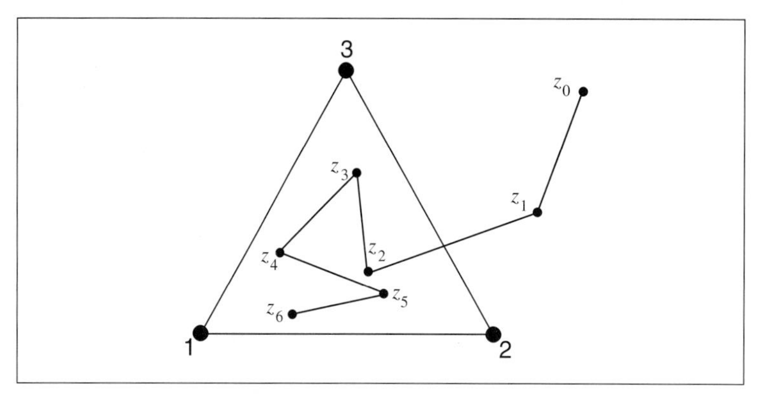

Die ersten Spielzüge ...

Abb. 6.2 : Die ersten sechs Züge des Spiels. Geradenabschnitte verbinden die Spielpunkte miteinander.

Dies ist unser erster aktueller *Spielpunkt*, den wir mit z_0 bezeichnen. Nun würfeln wir. Nehmen wir an, das Ergebnis sei 2. Damit können wir den neuen Spielpunkt z_1 konstruieren. Er liegt genau in der Mitte zwischen dem aktuellen Spielpunkt z_0 und dem Fixpunkt 2. Dies bildet den ersten Spielzug. Die anderen beiden Regeln dürften nun vermutlich leicht zu erraten sein. Nehmen wir an, es seien bereits k Spielzüge ausgeführt worden. Damit wurden die Spielpunkte $z_1, ..., z_k$ erzeugt. Wir würfeln wiederum. Ist das Ergebnis n, so konstruieren wir den neuen Punkt z_{k+1} genau in der Mitte zwischen z_k und dem Fixpunkt mit der Nummer n. Ist z_k einer der Fixpunkte, sagen wir n, und würfeln wir n, so ist natürlich z_{k+1} wieder der Fixpunkt n, was seine Bezeichnung erklärt. Abbildung 6.2 veranschaulicht das Spiel. Um die Reihenfolge der Punkte besser hervorzuheben, verbinden wir die Spielpunkte während ihrer Entwicklung durch Strecken. Es scheint sich ein Muster herauszubilden, das genauso langweilig und willkürlich ist wie die Struktur einer zufälligen Schrittfolge. Aber diese Feststellung liegt meilenweit von der Wirklichkeit entfernt. In Abbildung 6.3 zeigen wir nur die angesammelten Spielpunkte ohne Verbindungslinien. In Figur (a) haben wir $k = 100$, in (b) $k = 500$, in (c) $k = 1000$ und in (d) $k = 10\,000$ Spielzüge ausgeführt.

Zufall erzeugt deterministische Formen

Wenn man Abbildung 6.3 zum ersten Mal sieht, glaubt man seinen Augen nicht trauen zu können. Soeben haben wir die Erzeugung des Sierpinski-Dreiecks durch einen Zufallsvorgang beobachtet. Dies ist um so verblüffender, als das Sierpinski-Dreieck für uns bisher als Paradebeispiel für Struktur und Ordnung gegolten hat. Mit anderen Worten haben wir miterlebt, wie der Zufall eine absolut deterministische Gestalt erzeugen kann. Oder noch etwas anders ausgedrückt, wenn wir dem zeitlichen Vorgang Zug um Zug folgen, können wir die Lage

... und die nächsten Spielpunkte

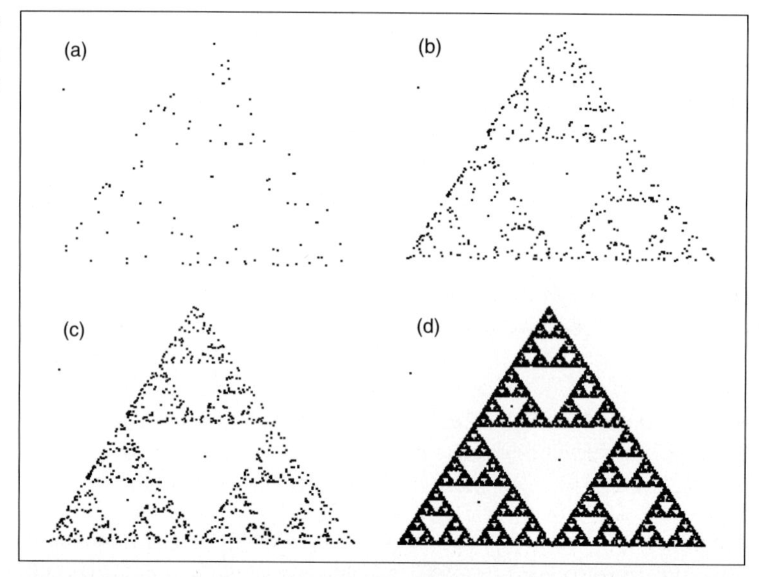

Abb. 6.3 : Das Chaos-Spiel nach 100 Spielzügen (a), 500 Spielzügen (b), 1000 Spielzügen (c) und 10 000 Spielzügen (d). Nur die Spielpunkte ohne Verbindungslinien sind eingetragen. (Es lassen sich einige verirrte Punkte erkennen, die zweifellos nicht zum Sierpinski-Dreieck gehören.)

des nächsten Spielpunktes nicht vorhersagen, da sie durch ein Würfelereignis bestimmt wird. Aber nichtsdestoweniger ist das von allen Spielpunkten zusammen hinterlassene Muster absolut vorhersagbar. Dies veranschaulicht auf sehr eindrückliche Weise ein interessantes Wechselspiel zwischen Zufall und deterministischen Fraktalen.

Aber es gibt einige — wenn nicht viele — Fragen zu dieser Wechselwirkung. Zum Beispiel, wie können wir die kleinen bei näherer Betrachtung der Figuren in Abbildung 6.3 erkennbaren Punkte, die bestimmt nicht zum Sierpinski-Dreieck gehören, erklären? Oder was geschieht, wenn wir einen anderen Würfel benutzen, vielleicht einen, der leicht oder stark fehlerhaft ist? Anders gefragt, hinterläßt der Zufallsvorgang selbst bleibende Spuren oder nicht? Oder ist dieses Gebilde das Ergebnis einer speziellen Eigenschaft des Sierpinski-Dreiecks? Mit anderen Worten, gibt es Chaos-Spiele, die ein anderes oder sogar jedes andere Fraktal ebenso gut wie das Sierpinski-Dreieck erzeugen?

6.1 Die Glücksrad-Verkleinerungs-Kopier-Maschine

Wie sich vermuten läßt, gibt es viele Varianten des Chaos-Spiels, die viele verschiedene Fraktale erzeugen. Insbesondere sind alle Bilder, die mit Hilfe einer Mehrfach-Verkleinerungs-Kopier-Maschine des letzten Kapitels erzeugt werden können, auch für das mit angemessenen Regeln gespielten Chaos-Spiel zugänglich. Davon soll in diesem Abschnitt die Rede sein.

Zufällige affine Transformationen

Die Grundregel des vorhergehenden Chaos-Spiels lautet: Man erzeuge einen neuen Spielpunkt z_{k+1} durch Wahl des Mittelpunktes zwischen dem letzten Spielpunkt z_k und dem durch Zufall bestimmten Fixpunkt, der durch eine Zahl aus der Menge $\{1, 2, 3\}$ dargestellt wird. Die drei möglichen neuen Spielpunkte können durch drei auf den letzten Spielpunkt angewandte Transformationen, w_1, w_2 und w_3, dargestellt werden. Welcher Art sind diese Transformationen? Es ist von entscheidender Bedeutung zu erkennen, daß es sich gerade um die (affinen linearen) Transformationen handelt, die wir in Kapitel 5 in Zusammenhang mit dem Sierpinski-Dreieck besprochen haben. Dort haben wir sie als mathematische Beschreibungen der Linsensysteme in einer MVKM aufgefaßt. Hier ist nun jedes w_n eine auf den Fixpunkt n ausgerichtete, mit einem Faktor 1/2 verkleinerende Ähnlichkeitstransformation. Dies bedeutet, daß w_n den Fixpunkt mit der Bezeichnung n invariant läßt. In der Sprache der oben erwähnten Regeln: Wenn ein Spielpunkt mit dem Fixpunkt n zusammenfällt und die Zahl n gewürfelt wird, dann fällt auch der nachfolgende Spielpunkt mit diesem Fixpunkt zusammen. Wie wir sehen werden, lohnt es sich, das Chaos-Spiel von einem dieser Fixpunkte aus zu beginnen.

Chaos-Spiel und IFS-Transformationen für das Sierpinski-Dreieck

Unser erstes Chaos-Spiel erzeugt ein Sierpinski-Dreieck. Wir wollen versuchen, für die bei diesem Spiel benutzten Transformationen eine formale Beschreibung herzuleiten. Zu diesem Zweck führen wir ein Koordinatensystem mit x- und y-Achse ein. Nun ordnen wir den Fixpunkten die Koordinaten

$$P_1 = (a_1, b_1), \quad P_2 = (a_2, b_2), \quad P_3 = (a_3, b_3)$$

zu. Der momentane Spielpunkt lautet $z_k = (x_k, y_k)$, und das Zufallsereignis ist die Zahl n (1, 2 oder 3). Dann lautet der nächste Spielpunkt

$$z_{k+1} = w_n(z_k) = (x_{k+1}, y_{k+1}) \ ,$$

wobei

$$\begin{aligned} x_{k+1} &= \tfrac{1}{2}x_k + \tfrac{1}{2}a_n \ , \\ y_{k+1} &= \tfrac{1}{2}y_k + \tfrac{1}{2}b_n \ . \end{aligned}$$

In Form einer Matrix (wie im letzten Kapitel eingeführt) ist die affine Transformation w_n gegeben durch

$$\left(\begin{array}{cc|c} \frac{1}{2} & 0 & \frac{1}{2}a_n \\ 0 & \frac{1}{2} & \frac{1}{2}b_n \end{array} \right) .$$

Zu beachten gilt, daß wegen $w_n(P_n) = P_n$ die Punkte P_n tatsächlich Fixpunkte sind. Nun können wir das Chaos-Spiel nach folgendem Algorithmus spielen:

Vorbereitung: Man wähle in der Ebene z_0 willkürlich.

Iteration: Für $k = 0, 1, 2, ...$ setze man $z_{k+1} = w_{s_k}(z_k)$, wobei s_k aus der Menge $\{1, 2, 3\}$ zufällig (mit gleichen Wahrscheinlichkeiten) ausgewählt wird, und trage z_{k+1} auf.

Mit anderen Worten, s_k hält die bei jedem Schritt zufällig getroffene Wahl, das Würfelergebnis, fest. Die Folge $s_0, s_1, s_2, ...$ bildet zusammen mit dem Anfangspunkt z_0 eine vollständige Beschreibung einer Runde des Chaos-Spiels. Wir kürzen die Folge mit (s_k) ab. Formaler würden wir sagen, daß (s_k) eine Zufallsfolge mit Elementen aus dem „Alphabet" $\{1, 2, 3\}$ ist.

MVKM und GVKM

Unsere Methode der MVKM (oder des IFS) ist streng deterministisch. Wir beschreiben nun eine Abänderung unserer Maschine, die dem Chaos-Spiel entspricht: Anstatt auf ganze Bilder, wenden wir die Kopiermaschine auf einzelne Punkte an. Zudem setzen wir nicht alle Linsensysteme gleichzeitig ein. Vielmehr wählen wir in jedem Schritt ein Linsensystem zufällig (mit einer bestimmten Wahrscheinlichkeit) aus und wenden es auf das vorhergehende Ergebnis an. Und schließlich zeichnet die Maschine nicht einfach einen einzelnen Punkt; sie speichert die erzeugten Punkte. All diese gespeicherten Punkte ergeben das Endbild der Maschine. Dies wäre eine Zufalls-MVKM. Entsprechend nennen wir sie *Glücksrad-Verkleinerungs-Kopier-Maschine* (GVKM). Abbildung 6.4 zeigt eine schematische Darstellung. Der Betrieb dieser Maschine ist dasselbe wie das Ausführen eines bestimmten Chaos-Spiels.

Welche Beziehung besteht zwischen einer MVKM und ihrem Gegenstück, das auf dem Zufall beruht? Für das Sierpinski-Dreieck haben wir gerade die Antwort gegeben. Die entsprechende GVKM

Das Glücksrad

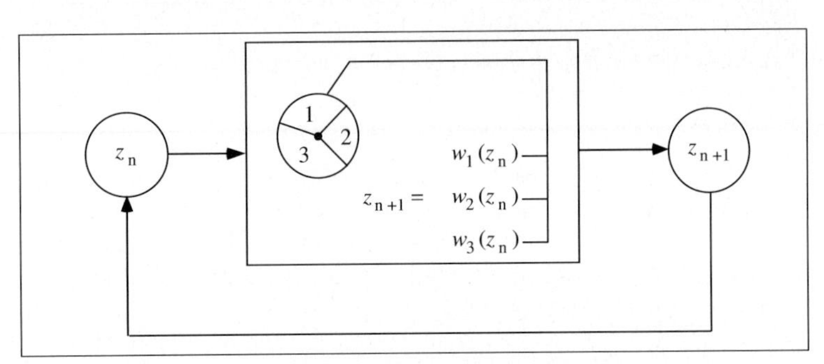

Abb. 6.4 : Rückkopplungsmaschine mit Glücksrad (GVKM).

erzeugt auch ein Sierpinski-Dreieck. Und tatsächlich stellt dies einen Spezialfall einer allgemeinen Regel dar: Das Endbild einer MVKM (ihr IFS-Attraktor) kann mit Hilfe einer entsprechenden GVKM erzeugt werden. Das läuft auf dasselbe hinaus, wie das Chaos-Spiel nach einem bestimmten Regelsatz zu spielen.

Zufällig iterierte Funktionensysteme: Formale Beschreibung der GVKM

Wir haben gezeigt, daß eine MVKM durch N affin-lineare Kontraktionen

$$w_1, w_2, ..., w_N$$

bestimmt ist. Ein Kopierschritt im Betrieb der Maschine wird durch den Hutchinson-Operator

$$W(A) = w_1(A) \cup \cdots \cup w_N(A)$$

beschrieben. Ausgehend von irgendeinem Anfangsbild A_0, konvergiert die Folge der erzeugten Bilder $A_1 = W(A_0)$, $A_2 = W(A_1)$,... gegen einen eindeutigen Attraktor A_∞, das Endbild der Maschine. Eine entsprechende GVKM ist gegeben durch dieselben Kontraktionen

$$w_1, w_2, ..., w_N$$

und (positive) Wahrscheinlichkeiten

$$p_1, p_2, ..., p_N > 0 ,$$

wobei

$$\sum_{i=1}^{N} p_i = 1 .$$

Dieses Schema wird ein *zufällig iteriertes Funktionensystem* (IFS) genannt, während die entsprechende MVKM ein *deterministisch* iteriertes Funktionensystem genannt wird. Sei $s_1, s_2, s_3, ...$ eine Folge von Zufallszahlen, die unabhängig voneinander und mit Wahrscheinlichkeit p_k für den Fall $s_i = k$ aus der Menge $\{1, 2, ..., N\}$ ausgewählt sind. Angenommen, z_0 sei ein Fixpunkt einer der Transformationen (z.B. $w_1(z_0) = z_0$), dann gilt

(1) alle Punkte der Folge $z_0, z_1 = w_{s_1}(z_0), z_2 = w_{s_2}(z_1), ...$ liegen im Attraktor A_∞,
(2) die Folge $z_0, z_1, z_2, ...$ füllt den Attraktor A_∞ fast sicher dicht aus.

Die erste Behauptung folgt unmittelbar aus der Invarianzeigenschaft des Attraktors. Die zweite werden wir im nächsten Abschnitt untersuchen. Zusammengefaßt, eine MVKM und eine entsprechende GVKM kodieren dasselbe Bild A_∞; wir können den Attraktor durch Ausführen des Chaos-Spiels mit dieser Maschine erzeugen. Die Einschränkung „fast sicher" in der zweiten Eigenschaft ist nur die sprachliche Formulierung einer technischen Feinheit. Theoretisch kann nämlich beispielsweise der Fall nicht ausgeschlossen werden, daß alle Ereignisse gleich sind, obwohl die Folge

$s_1, s_2, ...$ zufällig ist. Dies ist vergleichbar mit einem „perfekten und fairen" Würfel, der dennoch immer nur die Zahl „1" ergeben würde. In diesem Fall würde es dem Chaos-Spiel ohne Zweifel nicht gelingen, den Attraktor auszufüllen. Allerdings ist die Wahrscheinlichkeit eines solch ungewöhnlichen Ergebnisses null.

Ein neuer Ansatz für das Dekodierungsproblem

Mit anderen Worten bietet das Chaos-Spiel einen neuen Ansatz für das Problem der Dekodierung von Bildern aus einem Satz von Transformationen. Beim Versuch, Barnsleys Farn durch einfache IFS-Iteration zu erhalten, ist das Problem der numerischen Komplexität aufgetreten. In Kapitel 5 haben wir abgeschätzt, daß ein Computer, der ungefähr eine Million Rechtecke pro Sekunde berechnet und zeichnet, dafür etwa 10^{10} Jahre benötigen würde. Wenn wir zu einer Darstellung des Farns durch das Chaos-Spiel hinüberwechseln, ändert sich die Situation um einiges. Nun müssen wir nur einen einzelnen Punkt im Auge behalten. Dies läßt sich, selbst wenn wir Millionen von Iterationen durchführen, mit einem Computer leicht bewältigen. Führen wir also mit der GVKM, welche durch die vier den Farn erzeugenden Transformationen $w_1, ..., w_4$ bestimmt ist, das Chaos-Spiel aus. Wir setzen (wie in unserem ersten Chaos-Spiel) für alle Transformationen gleiche Wahrscheinlichkeiten voraus. Wir beginnen mit einem Punkt z_0, bestimmen durch Zufall eine Transformation — sagen wir w_2 — und wenden sie auf z_0 an. Dann fahren wir mit unserem neuen Spielpunkt $z_1 = w_2(z_0)$ fort und bestimmen eine weitere Transformation durch Zufall usw. Die linke Figur der Abbildung 6.5 zeigt das enttäuschende Ergebnis nach mehr als 100 000 Iterationen. In der Tat steht die Unvollständigkeit dieser Figur in unmittelbaren Zusammenhang mit den Schwierigkeiten, das Farnbild mit Hilfe der MVKM zu erhalten. Das Chaos-Spiel, selbst nach Millionen von Iterationen, würde zu keinem befriedigenden Ergebnis führen.

Nun möchte man sicherlich gerne erfahren, wie die rechte Figur der Abbildung 6.5 entstanden ist. Sie wurde ebenfalls durch Ausführung des Chaos-Spiels erzeugt, und zwar mit nur ungefähr 100 000 Iterationen. Worin besteht der Unterschied? Nun, in bezug auf dieses Bild könnten wir sagen, daß wir ein getuntes Glücksrad benutzt haben, was bedeutet, daß die Wahrscheinlichkeiten nicht für alle Transformationen gleich groß, sondern in geeigneter Weise aufeinander abgestimmt waren (vgl. Abschnitt 6.3). Die befriedigende Qualität der Figur rechts ist ein überzeugender Beweis für die Leistungsfähigkeit des Chaos-Spiels als Dekodierungsmethode für IFS-kodierte Bilder. Aber nach welchen Gesichtspunkten wählt man die Wahrscheinlichkeiten aus und warum verkürzt eine sorgfältige Wahl der Wahrscheinlichkeiten das Dekodierungsverfahren von 10^{10} Jahren auf ein paar Sekunden? Und warum funktioniert das Chaos-Spiel überhaupt?

Der Farn

Abb. 6.5 : 100 000 Spielpunkte des Chaos-Spiels. Links: GVKM mit gleicher Wahrscheinlichkeit für alle Kontraktionen. Rechts: Getunte GVKM. Hier sind die Wahrscheinlichkeiten für die verschiedenen Transformationen nicht gleich.

Chaos-Spiel für vernetzte IFS

Wir können das Chaos-Spiel auch mit vernetzten MVKM, d.h. hierarchischen IFS, ausführen. Formal ist ein hierarchisches IFS durch einen auf M Ebenen arbeitenden Matrix-Hutchinson-Operator

$$\mathbf{W} = \begin{pmatrix} W_{11} & \dots & W_{1M} \\ \vdots & & \vdots \\ W_{M1} & \dots & W_{MM} \end{pmatrix}$$

gegeben, wobei jedes W_{ik} einen Hutchinson-Operator darstellt, der Teilmengen von der k-ten auf die i-te Ebene abbildet (vgl. Seite 342). Es ist wichtig, daß für einige der W_{ik} der $\emptyset$-Operator zulässig ist, d.h. der Operator, der jede Menge in die leere Menge $\emptyset$ abbildet. Rufen wir uns in Erinnerung, wie das Chaos-Spiel für einen durch N Kontraktionen $w_1, \dots, w_N$ gegebenen gewöhnlichen Hutchinson-Operator funktioniert. Wir benötigen Wahrscheinlichkeiten $p_1, \dots, p_N$ und einen Anfangspunkt x_0. Dann erzeugen wir eine Folge $x_0, x_1, x_2, ...$ durch Berechnung von

$$x_{n+1} = w_{i_n}(x_n), \quad n = 0, 1, 2, ... ,$$

wobei $i_n = m \in \{1, ..., N\}$ zufällig mit der Wahrscheinlichkeit p_m bestimmt wird. Das Chaos-Spiel für einen Matrix-Hutchinson-Operator erzeugt eine Folge von *Vektoren* $\mathbf{X}_0, \mathbf{X}_1, \mathbf{X}_2, ...$, deren Komponenten Punkte der Ebene sind. Hier erhält man $\mathbf{X}_{n+1}$ aus $\mathbf{X}_n$ durch Anwendung von zufällig bestimmten Kontraktionen aus $\mathbf{W}$ auf die Komponenten von $\mathbf{X}_n$. Zur Abkürzung der Schreibweise mit vielen Indizes bezeichnen wir einen einzelnen Iterationsschritt mit den Symbolen $\mathbf{X} = \mathbf{X}_n$ und $\mathbf{Y} = \mathbf{X}_{n+1}$. Die Komponenten dieser zwei Vektoren lauten $x_1, ..., x_M$ und $y_1, ..., y_M$. Die Bestimmung von Kontraktionen aus $\mathbf{W}$ durch Zufall wird am besten in zwei Schritten beschrieben. Für jede Zeile i in $\mathbf{W}$ treffen wir zwei Zufallsentscheidungen:

Schritt 1: Man bestimme in der i-ten Zeile von $\mathbf{W}$ durch Zufall einen Hutchinson-Operator W_{ik} (der $\emptyset$-Operator sei ausgeschlossen.) Man nehme an, dieser Operator sei durch N Kontraktionen $w_1, ..., w_N$ gegeben.

Schritt 2: Man bestimme durch Zufall ein w_m aus diesen Kontraktionen $w_1, ..., w_N$.

Um dann die i-te Komponente y_i von $\mathbf{Y}$ zu bestimmen, wenden wir das zufallsbestimmte w_m auf die k-te Komponente x_k von $\mathbf{X}$ an (w_m ist Teil des Hutchinson-Operators W_{ik}). Das heißt, wir berechnen $y_i = w_m(x_k)$. Nochmals, um die Komponenten von $\mathbf{Y} = \mathbf{X}_{n+1}$ zu erhalten, werden die Kontraktionen gemäß dem Spaltenindex ihres Hutchinson-Operators in $\mathbf{W}$ auf die Komponenten von $\mathbf{X} = \mathbf{X}_n$ angewandt.

Die Zufallsentscheidungen werden von Wahrscheinlichkeiten beeinflußt. So wie wir die Zufalls-Iteration aufgebaut haben, ist es selbstverständlich, beiden vorstehenden Schritten Wahrscheinlichkeiten zuzuordnen. Für Schritt 1 wählen wir Wahrscheinlichkeiten P_{ik} für jeden Hutchinson-Operator in $\mathbf{W}$ so aus, daß die Summe jeder Zeile i gleich 1 ist,

$$P_{i1} + ... + P_{iM} = 1, \quad i = 1, ..., M ,$$

wobei

$$P_{ik} = 0, \text{ wenn } W_{ik} = \emptyset .$$

Damit wird sichergestellt, daß die $\emptyset$-Operatoren niemals ausgewählt werden. Nun nehmen wir an, daß W_{ik} durch die Kontraktionen $w_1, ..., w_N$ gegeben sei. Wir wählen Wahrscheinlichkeiten $p_1, ..., p_N$ für jedes w_j so, daß $p_j > 0$ und $p_1 + \cdots + p_N = 1$. Nun ist die Wahrscheinlichkeit für die Wahl von w_m gleich p_m, vorausgesetzt, der Hutchinson-Operator W_{ik} wurde schon in Schritt 1 bestimmt.

GVKM gegen MVKM

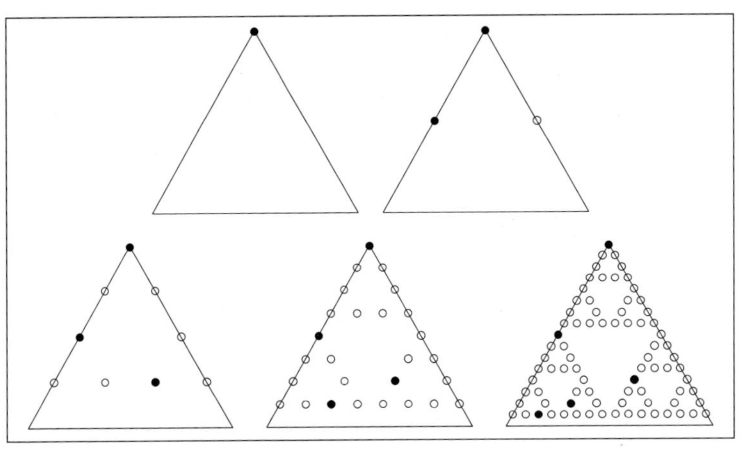

Abb. 6.6 : Die ersten fünf Iterationen der MVKM für das Sierpinski-Dreieck, ausgehend von einem einzelnen Punkt (der oberen Ecke des Dreiecks). Die vom Chaos-Spiel, das mit demselben Anfangspunkt beginnt, erzeugten Punkte sind schwarz ausgefüllt dargestellt.

Warum funktioniert das Chaos-Spiel?

Doch bevor wir uns der Frage der Leistungsfähigkeit zuwenden, müssen wir zuerst erläutern, warum das Chaos-Spiel den Attraktor eines IFS ausfüllt. In Kapitel 5 ist klargeworden, daß wir, ausgehend von irgendeinem Anfangsbild A_0, mit der IFS-Iteration eine Folge $A_1, A_2, \ldots$ von Bildern erhalten, die gegen das Attraktorbild A_∞ konvergiert. Ohne irgendwelchen Nachteil können wir aber auch nur einen einzelnen Punkt als Anfangsbild wählen, sagen wir $A_0 = \{z_0\}$. Nehmen wir nun an, das IFS sei durch N affine Transformationen gegeben. Dann ist das Ergebnis nach der ersten Iteration ein aus N Punkten bestehendes Bild, nämlich

$$A_1 = \{w_1(z_0), w_2(z_0), \ldots, w_N(z_0)\} \ .$$

Nach der zweiten Iteration ergeben sich N^2 Punkte und so weiter. Diese Punkte kommen dem Attraktor natürlich beliebig nahe und bilden schließlich eine ausgezeichnete Näherung des gesamten Attraktors (siehe Abbildung 6.6).

Die Ausführung des Chaos-Spiels mit demselben Anfangspunkt z_0 ist diesem Verfahren sehr ähnlich. Sie erzeugt eine Folge von Punkten $z_1, z_2, \ldots$, wobei der k-te Punkt z_k zu dem aus dem IFS gewonnenen k-ten Bild A_k gehört. Damit kommen die Punkte z_k im Verlaufe des Verfahrens dem Attraktor immer näher. Falls der Anfangspunkt z_0 bereits ein Punkt des Endbildes ist, dann sind es auch alle weiteren erzeugten Punkte, wie aus Abbildung 6.6 hervorgeht. Es ist sehr leicht, einige Punkte aufzuzählen, die zum Attraktor gehören müssen, nämlich die Fixpunkte der beteiligten affinen Transformationen. Es ist dabei zu beachten, daß z_0 ein solcher Fixpunkt ist, falls $z_0 = w_k(z_0)$ für irgendein $k = 1, ..., N$.[3] Dies erklärt die verirrten Punkte, die wir im Sierpinski-Dreieck der Abbildung 6.3 angetroffen haben. Dort war der Anfangspunkt noch kein Punkt, der zur Figur gehört. Daher erzeugen die ersten Iterationen des Chaos-Spiels Punkte, die dem Dreieck immer näher kommen, aber noch sichtlich von der Figur abweichen. Die sichtbare Abweichung verschwindet natürlich nach wenigen Iterationen.

Um den Erfolg des Chaos-Spiels völlig zu verstehen, müssen wir im nächsten Abschnitt zeigen, daß die Folge der erzeugten Punkte *jedem* Punkt im Attraktor beliebig nahe kommt.

6.2 Adressen: Untersuchung des Chaos-Spiels

Die Untersuchung des Chaos-Spiels erfordert einen geeigneten formalen Rahmen, der genaue Angaben sowohl der Attraktorpunkte eines IFS als auch der Lagen des wandernden Spielpunkts ermöglicht. Dieser Rahmen besteht aus einem besonderen Adressierungsschema, das wir am Beispiel des Sierpinski-Dreiecks entwickeln wollen.

Das metrische System als IFS

Die Grundidee eines solchen Adressierungssystems ist einige tausend Jahre alt. Das System der Dezimalzahlen mit dem Begriff des Stellenwertes erklärt recht gut die Art und Weise, wie wir Adressen betrachten, und die Idee, die hinter dem Chaos-Spiel steckt. Betrachten wir das Dezimalsystem in einer materialisierten Form: einen Meterstab, unterteilt in Dezimeter, Zentimeter und Millimeter. Wenn wir eine dreistellige Zahl wie 357 angeben, nehmen wir Bezug auf den 357sten von 1 000 mm. Das Lesen der Ziffern von links nach rechts läuft darauf hinaus, einem Dezimalbaum zu folgen (siehe Abbildung 6.7), und den Standort 357 in drei Schritten zu erreichen.

Es ist entscheidend für unsere Erörterung des Chaos-Spiels, daß es noch einen anderen Weg gibt, um den Standort 357 zu erreichen, nämlich durch Lesen der Ziffern *von rechts nach links*. Dies bringt uns mit der *Dezimal-MVKM* in Berührung. Die Dezimal-MVKM ist ein IFS, bestehend aus zehn Kontraktionen (Ähnlichkeitstransformationen) $w_0, w_1, ... w_9$, explizit gegeben durch

$$w_k(x) = \frac{x}{10} + \frac{k}{10}, \quad k = 0, 1, ..., 9 .$$

Mit anderen Worten reduziert w_k den Meterstab auf den k-ten Dezimeter. Setzt man die Dezimal-MVKM in Gang, entsteht auf dem Meterstab das bekannte metrische System.

[3] Man ziehe zum Vergleich den Abschnitt über affine Transformationen auf Seite 281 heran.

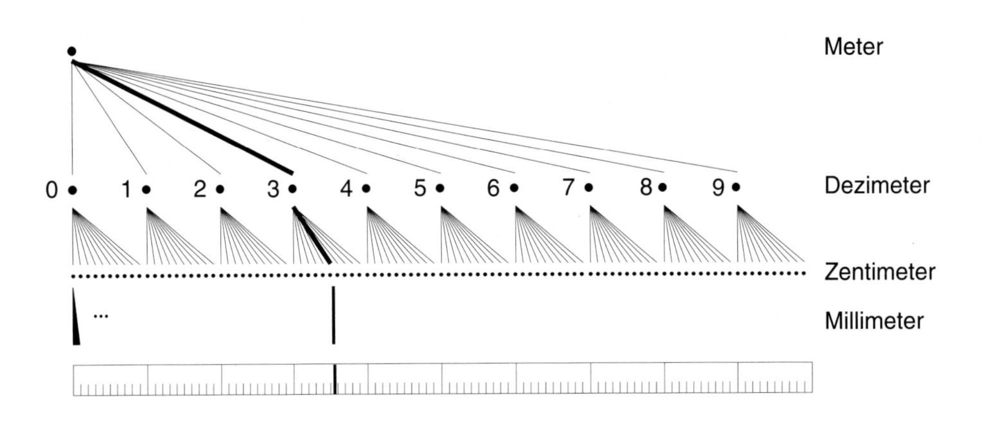

Abb. 6.7 : Auffinden von 357 auf einem Meterstab mittels Dezimalbaum.

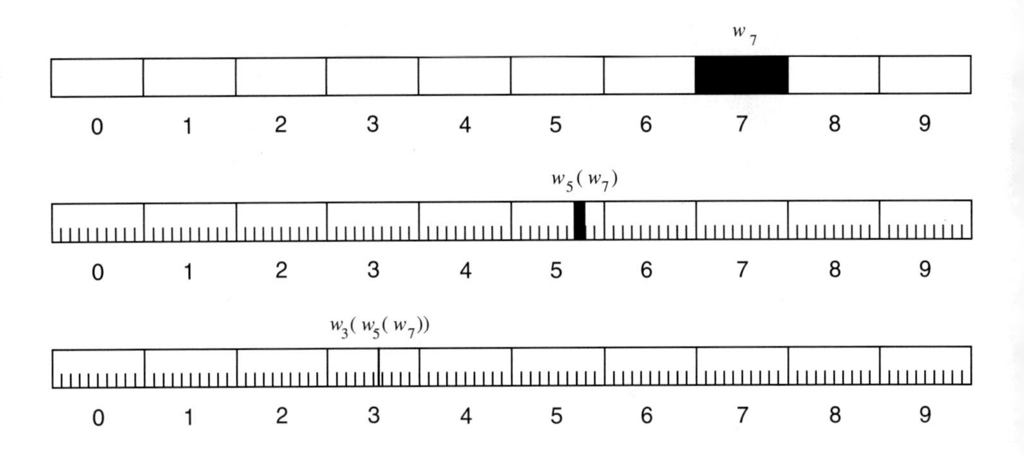

Abb. 6.8 : Auffinden von 357 durch Anwendung von Kontraktionen der Dezimal-MVKM.

Man beginne mit der Einheit 1 Meter. Im ersten Schritt erzeugt die Dezimal-MVKM alle Dezimetereinheiten auf dem Meterstab. Im zweiten Schritt werden alle Zentimeter erzeugt und so weiter. In diesem Sinne ist das Dezimalsystem — zusammen mit seinen altertümlichen Verwandten wie dem Hexagesimalsystem — vermutlich die älteste MVKM.

Lesen wir nun 357 von rechts nach links, indem wir die Ziffern als Kontraktionen interpretieren. Somit wenden wir als erstes die Transformation w_7 auf die Einheit 1 Meter an. Dies führt zur Dezimetereinheit, die bei 7 beginnt (siehe Abbildung 6.8). Als nächstes wenden wir w_5 an und erreichen den 57sten Zentimeter. Schließlich bringt uns w_3 wieder zur Position des 357sten Millimeters. Somit ist es dasselbe, ob wir von links nach rechts lesen und die Ziffern in Form von Stellenwerten interpretieren oder ob wir von rechts nach links lesen und sie in Form von Dezimalkontraktionen interpretieren.

Das Chaos-Spiel auf dem Meterstab

Wir spielen nun das Chaos-Spiel auf dem Meterstab. Wir erzeugen eine Zufallsfolge von Ziffern aus $\{0, ..., 9\}$, beginnen mit einem willkürlichen Spielpunkt (= einem Millimeter-Standort) und bewegen uns der Zufallsfolge gemäß zu einem neuen Standort. Wir würden das Chaos-Spiel als erfolgreich betrachten, wenn der Spielpunkt letztendlich alle Millimeter-Standorte aufsucht. Betrachten wir eine Zufallsfolge wie

...765016357 ,

wobei wir zweckmäßigerweise von rechts nach links schreiben. Nach dem dritten Spielzug treffen wir auf den Millimeter-Standort 357. Die nächste Zufallszahl ist 6. Welchen Millimeter-Standort erreichen wir als nächsten? Zweifellos 635! Die Anfangszahl 7 ist somit bedeutungslos geworden; ungeachtet des Wertes dieser Zahl treffen wir nach dem vierten Spielzug auf den Millimeter-Standort 635. Aus demselben Grund erreichen wir im Anschluß 163, dann 016 und so weiter. Mit anderen Worten läuft das Chaos-Spiel darauf hinaus, ein drei Ziffern breites Fenster von rechts nach links über die Zufallsfolge zu verschieben (siehe Abbildung 6.9).

Das Dezimal-Chaos-Spiel

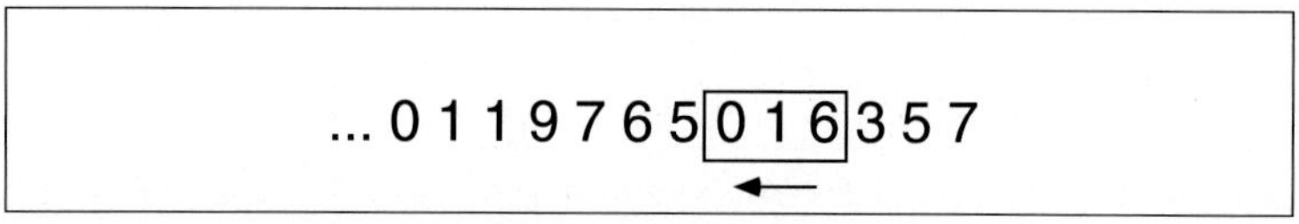

...0 1 1 9 7 6 5 [0 1 6] 3 5 7

←

Abb. 6.9 : Ein über die Folge ...0119765016357 gleitendes Drei-Ziffern-Fenster ermöglicht die Adressierung von Millimeter-Standorten.

Wann haben wir es geschaft, alle Millimeter-Standorte aufzusuchen? Dies wird offensichtlich dann der Fall sein, wenn uns das Fenster alle möglichen Drei-Ziffern-Kombinationen gezeigt hat. Ist dies überhaupt möglich, wenn wir die Ziffern mit einem Zufallszahlengenerator erzeugen? Die Antwort lautet „Ja“, da es sich dabei um eine der grundlegenden Eigenschaften handelt, die der Zufallszahlengenerator eines Computers aufweisen soll. Es ist nur eine etwas umständliche Art, alle möglichen Drei-Ziffern-Adressen zu erzeugen. Selbst ein Zufallszahlengenerator, der bei den üblichen statistischen Tests schlecht abschneiden würde, könnte diese Aufgabe erfüllen, vorausgesetzt, daß er alle Drei-Ziffern-Kombinationen erzeugt.[4]

---

[4] Barnsley erklärt den Erfolg des Chaos-Spiels unter Bezugnahme auf Ergebnisse

Wir wollen nun sehen, wie dieselbe Überlegung beim Sierpinski-Dreieck, dem Farn und ganz allgemein funktioniert. Wir wissen, daß es im Sierpinski-Dreieck eine sehr klare Hierarchie gibt. Auf der obersten Stufe (Stufe 0) finden wir das gesamte Dreieck. Auf der nächsten Stufe (Stufe 1) gibt es deren drei. Auf Stufe 2 sind es neun. Dann sind es 27, 81, 243 und so weiter. Insgesamt gibt es 3^k Dreiecke auf der k-ten Stufe. Jedes von ihnen ist ein verkleinertes Abbild des ganzen Sierpinski-Dreiecks, wobei der Verkleinerungsfaktor $1/2^k$ beträgt (wir verweisen auf Abbildung 2.16).

Adressen für Teildreiecke

Wir benötigen einen Bezeichnungs- oder Adressierungsplan für alle diese kleinen Dreiecke aller Stufen. Die für dieses Ziel geeignete Methode ist vergleichbar mit der Bildung von Namen in einigen germanischen Sprachen, wie zum Beispiel Helga und Helgason, John und Johnson oder Nils und Nilsen. Wir werden als Bezeichnungen Zahlen anstelle von Namen benutzen:

Stufe 1	Stufe 2	Stufe 3
	11	111 112 113
1	12	121 122 123
	13	131 132 133
	21	211 212 213
2	22	221 222 223
	23	231 232 233
	31	311 312 313
3	32	321 322 323
	33	331 332 333

Leider stellt sich sehr schnell Platzmangel ein, wenn man versucht, die Bezeichnungen für mehr als ein paar wenige Stufen aufzuschreiben. Das System sollte jedoch erkennbar sein. Es handelt sich um ein Bezeichnungssystem mit lexikografischer Ordnung, recht ähnlich demjenigen in einem Telefonbuch oder ähnlich dem Stellenwert in einem Zahlensystem. Die Bezeichnungen 1, 2 und 3 können im Sinne der Rangordnung von Dreiecken oder im Sinne der Rangordnung eines Baumes gedeutet werden (siehe Abbildung 6.10). Für Dreiecke bedeutet:

der Ergodentheorie (M. F. Barnsley, *Fractals Everywhere,* Academic Press, 1988). Das ist mathematisch wohl richtig, andererseits wenig hilfreich. Es gibt zwei Fragen: Die erste lautet, warum erzeugt das geeignet getunte Chaos-Spiel auf dem Computerschirm ein Bild auf derart rationelle Weise? Die zweite lautet, warum erzeugt das Chaos-Spiel Folgen, die den IFS-Attraktor dicht ausfüllen? Das sind nicht dieselben Fragen! Die Ergodentheorie erklärt nur die zweite, wobei sich nicht ausschließen läßt, daß es ungefähr 10^{10} Jahre dauern kann, bis das Bild erscheint. Dieser Fall könnte bei ausreichender Lebensdauer eines Computers tatsächlich eintreten.

Adreßbäume

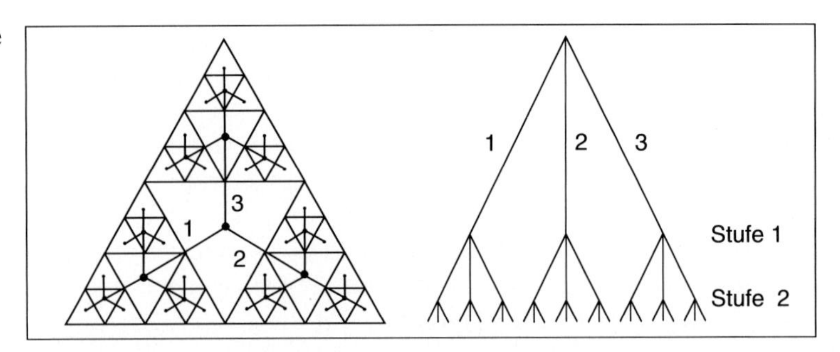

Abb. 6.10 : Sierpinski-Baum (links), symbolischer Baum (rechts).

Auffinden von Adressen

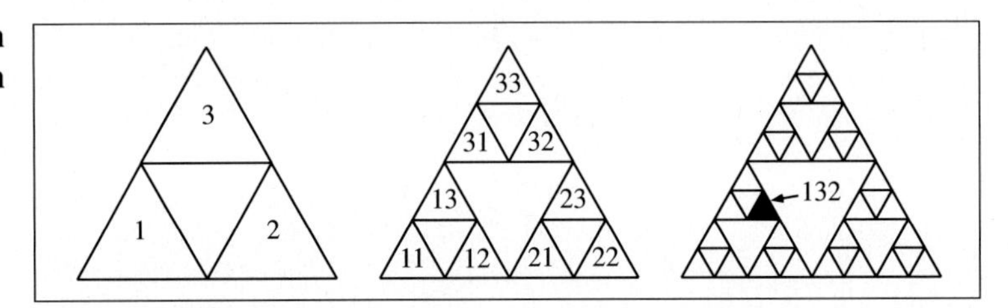

Abb. 6.11 : Auffinden des Teildreiecks mit der Adresse 132 im Sierpinski-Dreieck anhand einer Folge von verschachtelten Teildreiecken.

- 1 unteres linkes Dreieck;
- 2 unteres rechtes Dreieck;
- 3 oberes Dreieck.

Das Dreieck mit der Adresse 13213

Die Adresse 13213 bedeutet somit, daß das gesuchte Dreieck in der 5. Stufe liegt. Die Adresse 13213 sagt uns genau, wo es zu finden ist. Lesen wir nun die Adresse. Man liest sie von links nach rechts wie eine Dezimalzahl. Das heißt, die Stellen in einer Dezimalzahl entsprechen hier den Stufen des Konstruktionsverfahrens. Man beginne im unteren linken Dreieck der ersten Stufe. Darin finde man das obere Dreieck der zweiten Stufe. Dort suche man das untere rechte Dreieck der dritten Stufe. Wir befinden uns nun im Teildreieck mit der Adresse 132 (siehe Abbildung 6.11). In diesem nehmen wir das untere linke Dreieck der vierten Stufe. Schließlich gelangen wir in diesem beim oberen Dreieck der fünften Stufe ans Ziel. Mit anderen Worten, wir folgen einfach den Zweigen des Sierpinski-Baums in Abbildung 6.10 fünf Stufen abwärts.

Es soll nun zusammengefaßt und formalisiert werden. Die Adresse eines Teildreiecks ist eine Folge von Ziffern $s_1 s_2 ... s_k$, wobei jedes s_i eine Zahl aus der Menge $\{1, 2, 3\}$ ist. Der Index k kann beliebig groß sein. Er bestimmt die Stufe in der Konstruktion des Sierpinski-Dreiecks. Die Größe eines Dreiecks verringert sich von

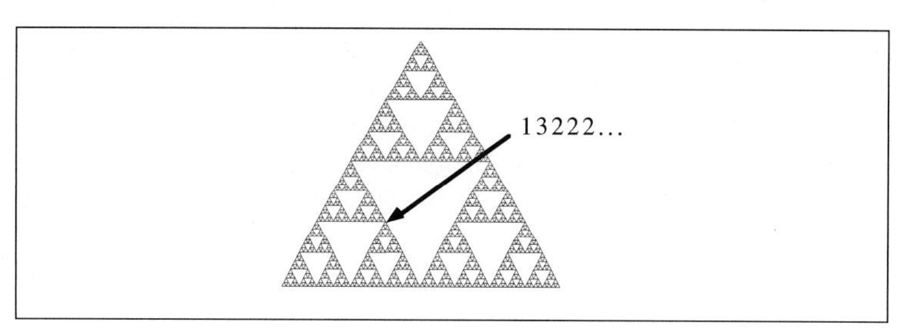

Adresse eines Punktes

Abb. 6.12 : Die Punktadresse 13222... Man beachte, daß dieser Punkt auch mit der Adresse 12333... bezeichnet werden kann.

Stufe zu Stufe mit dem Faktor 1/2, auf der k-ten Stufe also insgesamt mit $1/2^k$.

Adresse eines Punktes

Greifen wir nun einen *Punkt* aus dem Sierpinski-Dreieck heraus. Wie können wir in diesem Fall eine Adresse angeben? Die Antwort lautet, daß wir das Adressierungsschema für Teildreiecke endlos fortführen müssen durch Bezeichnung immer kleinerer Teildreiecke, die alle den gegebenen Punkt enthalten. Auf diese Weise können wir jeden gegebenen Punkt z durch eine Folge von Dreiecken $D_0, D_1, D_2, ...$, kennzeichnen. Es gibt in jeder Stufe $k = 0, 1, 2, ...$ ein Dreieck D_k so, daß D_{k+1} ein Teildreieck von D_k ist und z für alle k in D_k liegt. Diese Folge von Dreiecken bestimmt eine Folge von Ziffern $s_1 s_2 ...$ mit der Eigenschaft

$$\begin{aligned} \text{Adresse}(D_1) &= s_1 \\ \text{Adresse}(D_2) &= s_1 s_2 \\ \text{Adresse}(D_3) &= s_1 s_2 s_3 \\ &\vdots \end{aligned}$$

Berücksichtigt man immer mehr Ziffern in dieser Folge, so bedeutet dies, daß man z in immer kleinere Dreiecke eingrenzt (d.h. mit immer größerer Genauigkeit). Dies ist vergleichbar mit der Bestimmung eines Standortes auf einem Meterstab mit immer höherer Genauigkeit. Infolgedessen läßt sich z durch eine unendliche Anzahl von Ziffern exakt kennzeichnen:

$$\text{Adresse}(z) = s_1 s_2 s_3 ... \qquad (6.1)$$

Von links nach rechts lesen

Es ist wichtig, sich daran zu erinnern, daß die Adresse von links nach rechts gelesen wird und somit als Folge verschachtelter Dreiecke gedeutet werden kann. Die Stelle der Ziffer in der Folge bestimmt die Stufe in der Konstruktion.

Wir müssen allerdings darauf hinweisen, daß unser Adressierungssystem für die Punkte des Sierpinski-Dreiecks nicht immer zu eindeutigen Adressen führt. Dies bedeutet, daß es Punkte mit zwei verschiedenen möglichen Adressen gibt, vergleichbar mit $0.4\overline{9}$ und 0.5 im

Dezimalsystem. Untersuchen wir diesen Sachverhalt. Bei der Konstruktion eines Sierpinski-Dreiecks stellen wir fest, daß von den drei Dreiecken der ersten Stufe jeweils zwei in einem Punkt zusammentreffen (siehe Abbildung 6.11). In der nächsten Stufe finden wir neun Dreiecke, von denen jedes benachbarte Paar ebenfalls in einem Punkt zusammentrifft. Welches sind die Adressen der Punkte, an denen Teildreiecke zusammentreffen? Prüfen wir ein Beispiel (siehe Abbildung 6.12). Der Punkt, an dem die Dreiecke mit den Bezeichnungen 1 und 3 zusammentreffen, hat die Adressen: 1333... und auch 3111... Genauso weist der Punkt, an dem die Dreiecke mit den Bezeichnungen 13 und 12 zusammentreffen, zwei verschiedene Adressen auf: nämlich 13222... und 12333... Als allgemeine Regel müssen alle Punkte z, an denen zwei Dreiecke zusammentreffen, Adressen der Form

$$\text{Adresse}(z) = s_1 ... s_k r_1 r_2 r_2 r_2 ...$$

und

$$\text{Adresse}(z) = s_1 ... s_k r_2 r_1 r_1 r_1 ...$$

aufweisen, wobei s_i, r_1, r_2 aus der Menge $\{1, 2, 3\}$ und r_1 und r_2 voneinander verschieden sind. Punkte dieser Art werden *Berührungspunkte* genannt. Sie sind durch Doppeladressen gekennzeichnet (man vergleiche mit Abbildung 6.13).

Nicht nur Berührungspunkte

Vom Konstruktionsverfahren des Sierpinski-Dreiecks könnte man zur Vermutung verleitet werden, daß außer den drei äußeren Eckpunkten alle Punkte Berührungspunkte sind. Diese Vermutung ist falsch; und mit unserer Adressensprache können wir ein stichhaltiges Argument geben, das diesen Sachverhalt klarstellt. Wenn alle Punkte des Sierpinski-Dreiecks Berührungspunkte wären, dann könnten sie durch Doppeladressen der oben beschriebenen Form beschrieben werden. Aber offensichtlich sind die meisten Adressen, die wir uns vorstellen können, nicht von dieser besonderen Form (zum Beispiel Adresse$(z) = s_1 s_2 s_3 ...$, wobei jedes s_i durch Zufall bestimmt ist). Mit anderen Worten sind die meisten Punkte keine Berührungspunkte.

Adressenraum

Entwickeln wir nun den Adressenformalismus einen Schritt weiter. Zu diesem Zweck führen wir ein neues Objekt ein, den Adressenraum $\sum_3$. Ein Element σ aus diesem Raum ist eine unendliche Folge $\sigma = s_1 s_2 ...$, wobei jedes s_i zur Menge $\{1, 2, 3\}$ gehört. Jedes Element σ aus diesem Raum kennzeichnet einen Punkt z im Sierpinski-Dreieck. Doch können zwei verschiedene Elemente in $\sum_3$ demselben Punkt im Sierpinski-Dreieck angehören. Das ist bei allen Berührungspunkten der Fall.

Berührungspunkte

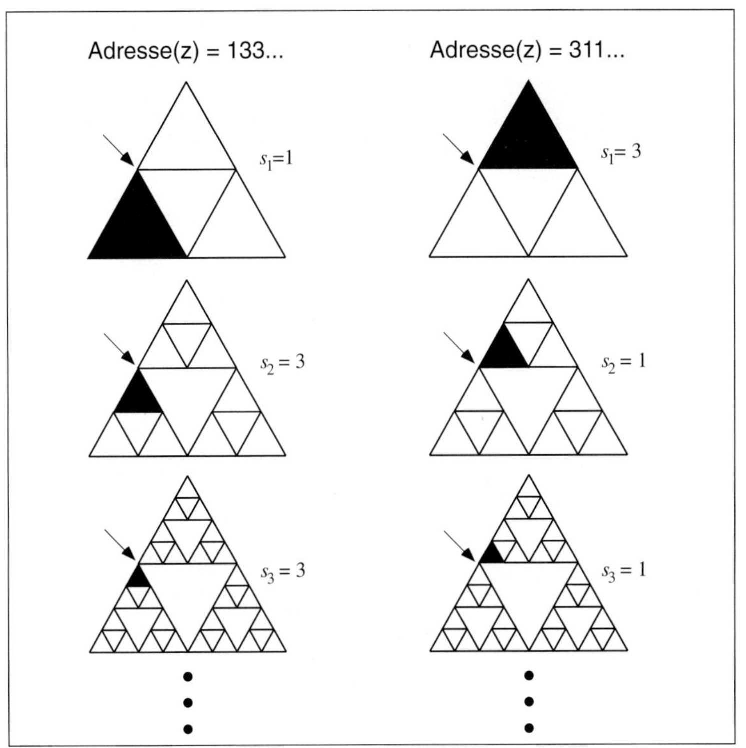

Abb. 6.13 : Der Berührungspunkt mit Doppeladresse 133... und 311...

Adressen für die Cantor-Menge

An dieser Stelle wollen wir sehen, wie die Adressenmethode in einem weiteren Beispiel für Fraktale, der Cantor-Menge C, funktioniert. In diesem Fall würden wir nur mit zwei Symbolen, 1 und 2, adressieren. Alle unendlichen Folgen von Ziffern 1 und 2 zusammen bilden den Adressenraum $\sum_2$. Es gibt einen wichtigen Unterschied, wenn wir die Cantor-Menge mit dem Sierpinski-Dreieck vergleichen. Jeder Punkt in der Cantor-Menge hat nur eine Adresse. Wir sagen, daß Adressen für die Cantor-Menge *eindeutig* sind. Somit gibt es für jede Adresse genau einen Punkt und umgekehrt. Mit anderen Worten, es besteht eine eineindeutige Zuordnung zwischen $\sum_2$ und C: Wir können $\sum_2$ und C als gleichwertig betrachten. Im Fall von $\sum_3$ und dem Sierpinski-Dreieck ist dies nicht möglich, da es Punkte mit zwei verschiedenen Adressen gibt.

Adressen für IFS-Attraktoren

Jedem Fraktal, das den Attraktor eines IFS bildet, kann ein Adressenraum zugeordnet werden. Wenn das IFS durch N Kontraktionen $w_1, ..., w_N$ gegeben ist, dann besitzt jeder Punkt z aus dem Attraktor A_∞ eine Adresse in $\sum_N$, dem Raum aller unendlichen Folgen $s_1 s_2 s_3 ...$, wobei jedes Symbol s_i aus der Menge $\{1, 2, ..., N\}$ stammt.

Cantor-Mengen-Adressen

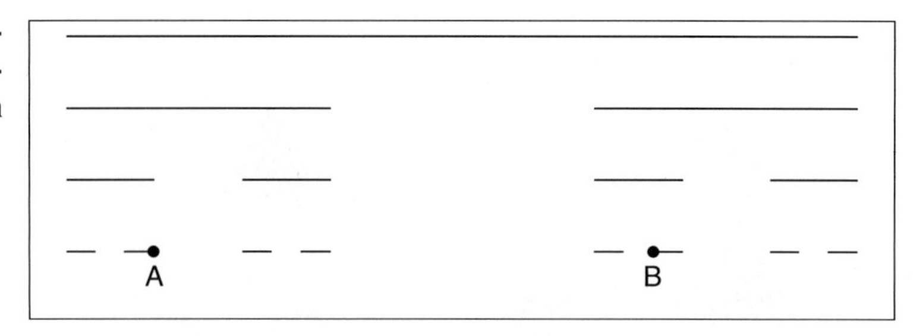

Abb. 6.14 : Adressen für die Cantor-Menge: Punkt A besitzt die Adresse 11222... und die Adresse von Punkt B lautet 212111...

Genauer gesagt, betrachten wir irgendeinen Punkt z des Attraktors A_∞ des durch die N Kontraktionen $w_1, ..., w_N$ gegebenen IFS. Diese auf A_∞ angewandten Kontraktionen führen, wie in Kapitel 5 erklärt, zu einer Überdeckung des Attraktors,

$$A_\infty = w_1(A_\infty) \cup \cdots \cup w_N(A_\infty) \ .$$

Unser gegebener Punkt z liegt sicherlich in mindestens einer dieser Mengen, sagen wir in $w_k(A_\infty)$. Dies bestimmt das erste Symbol der Adresse von z, nämlich $s_1 = k$. Die Menge $w_k(A_\infty)$ wird weiter in N (nicht notwendigerweise disjunkte) Teilmengen unterteilt,

$$\begin{aligned} w_k(A_\infty) &= w_k(w_1(A_\infty) \cup \cdots \cup w_N(A_\infty)) \\ &= w_k(w_1(A_\infty)) \cup \cdots \cup w_k(w_N(A_\infty)) \ . \end{aligned}$$

Wiederum ist unser gegebener Punkt z sicherlich in mindestens einer dieser Untermengen enthalten, sagen wir in $w_k(w_l(A_\infty))$, und dies bestimmt das zweite Symbol der Adresse von z, nämlich $s_2 = l$. Man bemerke, daß es für s_2 mehrere Möglichkeiten geben kann. In diesem Fall erhalten wir mehrere verschiedene Adressen für ein und denselben Punkt. Das Verfahren kann unbegrenzt weitergeführt werden. Die Berechnung von immer mehr Symbolen der Adresse kennzeichnet den Punkt z immer genauer, da aufgrund der Kontraktionseigenschaft der affinen Transformationen des IFS die betrachteten Teilmengen immer kleiner werden.

Wie im Fall des Sierpinski-Dreiecks erhalten wir eine Folge von ineinander verschachtelten Untermengen D_k zunehmender Stufe des Attraktors, wobei alle den gegebenen Punkt z enthalten. Wenn $\sigma = s_1 s_2 ...$ eine Adresse von z bezeichnet, dann sind diese Untermengen von der Form

$$D_k = w_{s_1}(w_{s_2}(\cdots w_{s_k}(A_\infty))) \ .$$

Zur Abkürzung der Notation werden wir die Klammern oft weglassen. Also

$$w_k(w_l(A_\infty)) = w_k w_l(A_\infty)$$

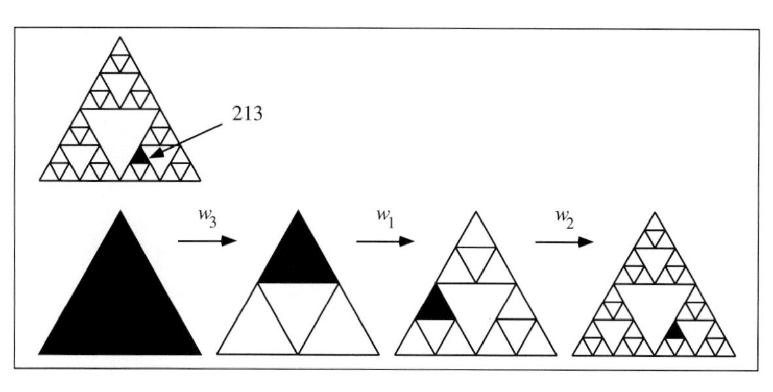

Abb. 6.15 : Rückwärtslesen der Adressen beim Anwenden der Kontraktionen.

Interpretation der Adressen

und

$$w_{s_1}(w_{s_2}(\cdots w_{s_k}(A_\infty))) = w_{s_1}w_{s_2}\cdots w_{s_k}(A_\infty) \ .$$

Von rechts nach links lesen

Es ist wichtig, hier festzuhalten, daß wir in einem gewissen Sinn die Folge $s_1 s_2 ... s_k$ von rechts nach links gelesen haben, da wir zuerst w_{s_k} auf A_∞ anwenden. Dann wenden wir auf dieses Ergebnis $w_{s_{k-1}}$ an und so weiter, bis wir schließlich w_{s_1} anwenden. Betrachten wir ein Beispiel. In Abbildung 6.15 zeigen wir, wie das Teildreieck mit der Adresse 213 durch $w_2 w_1 w_3(S)$ erzeugt wird. In Worten ist dies „das obere (3) des linken (1) des rechten (2) Teildreiecks" (man beachte die Übereinstimmung in der Reihenfolge). Diese einfache Beobachtung, daß Adressen, je nach Verfahrensart, die jedoch zum selben Standort führt, von links nach rechts oder von rechts nach links zu lesen sind, ist von entscheidender Bedeutung, um zu verstehen warum das Chaos-Spiel funktioniert.

Eindeutig oder mehrdeutig

Nehmen wir an, daß zwischen Punkten in A_∞ und dem Adressenraum $\sum_N$ eine eineindeutige Zuordnung besteht. Mit anderen Worten gibt es für jeden Punkt z im Attraktor A_∞ eine eindeutige Adresse. Dann nennen wir den Attraktor *total unzusammenhängend.* Abbildung 6.16 zeigt die Attraktoren von drei IFS: einer ist total unzusammenhängend, einer gerade berührend und der dritte weist eine Überlappung auf. Im Fall der Überlappung ist es auch bei genauem Hinsehen schwierig, eine Adresse für einen gegebenen Punkt zu erkennen. Es ist dagegen immer einfach, für eine gegebene Adresse den entsprechenden Punkt zu berechnen.

Bisher haben wir einen Adressierungsplan für Punkte eines IFS-Attraktors entwickelt. Unter Verwendung dieser Methode wollen wir nun die Frage angehen, warum das Chaos-Spiel funktioniert und wie es den Attraktor erzeugen kann. Wir werden für die Erläuterung der Grundüberlegungen einmal mehr das Sierpinski-Dreieck heranziehen

Drei Fälle

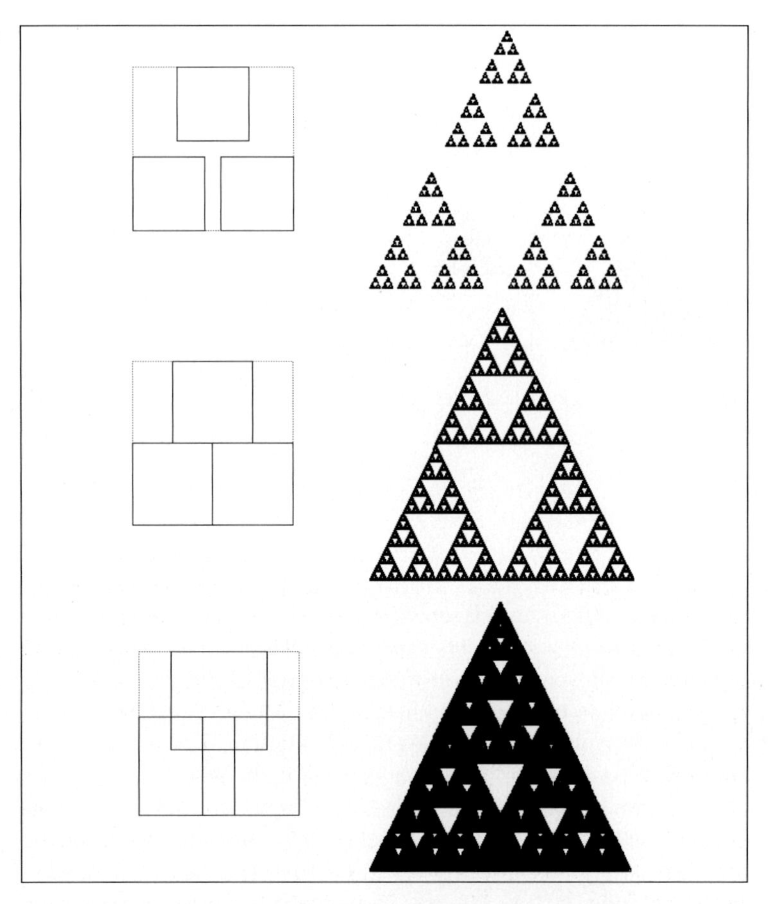

Abb. 6.16 : Drei IFS-Attraktoren, total unzusammenhängend, gerade berührend und überlappend (die Baupläne der MVKM sind verkleinert dargestellt).

und dann feststellen, was auf den allgemeinen Fall übertragen werden kann und wie das zu geschehen hat.

Chaos-Spiel mit gleichen Wahrscheinlichkeiten

Beginnen wir mit einigen einfachen Eigenschaften. Im Idealfall ist unser Würfel vollkommen. Jede der Zahlen 1, 2 oder 3 tritt mit derselben statistischen Häufigkeit auf. Wenn p_k die Wahrscheinlichkeit für das Ereignis unseres Würfelergebnisses k, $k = 1, 2, 3$, bezeichnet, dann gilt $p_1 = p_2 = p_3 = 1/3$.

Führen wir nun das Chaos-Spiel mit solch einem vollkommenen Würfel aus. Wir nehmen an, daß der aktuelle Spielpunkt z_n im Sierpinski-Dreieck liegt, ohne aber zu wissen wo. Das Sierpinski-Dreieck kann in der ersten Stufe in drei, in der zweiten in neun und in der k-ten Stufe in 3^k Mengen zerlegt werden. Wir wollen eine

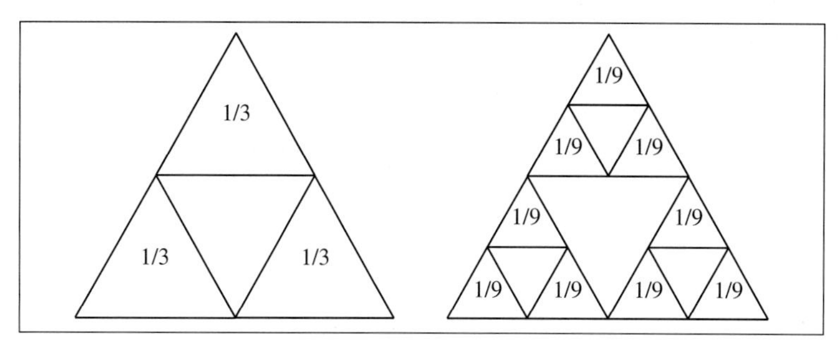

Wahrscheinlichkeiten

Abb. 6.17 : Die Wahrscheinlichkeit, daß ein Spielpunkt nach einer Iteration in einer bestimmten Menge der ersten Stufe liegt, beträgt 1/3. Für eine Menge der zweiten Stufe nach zwei Iterationen beträgt die Wahrscheinlichkeit 1/9.

dieser Mengen, zum Beispiel eine aus der ersten Stufe, herausgreifen. Wie groß ist dann die Wahrscheinlichkeit, daß der nächste Spielpunkt z_{n+1} in diesem Teildreieck liegen wird? Offensichtlich beträgt diese Wahrscheinlichkeit 1/3, unabhängig davon, wo z_n und aus demselben Grund wo $z_{n-1}, z_{n-2}, \ldots$ liegen (siehe Abbildung 6.17).

Greifen wir nun eine Menge D aus der zweiten Stufe heraus. Wiederum setzen wir nur so viel Wissen über den Standort von z_n voraus, daß er irgendwo im Sierpinski-Dreieck liegt. Wenn ein nachfolgender Spielpunkt in einer bestimmten Menge D der zweiten Stufe liegen soll, müssen wir demzufolge zwei neue Spielpunkte z_{n+1} und z_{n+2} erzeugen. Wie groß ist die Wahrscheinlichkeit, daß z_{n+2} in D fällt? Offensichtlich beträgt sie 1/9. Mit anderen Worten, wenn wir eine Menge D aus der k-ten Stufe herausgreifen, dann beträgt die Wahrscheinlichkeit, daß das Chaos-Spiel einen Spielpunkt z_{n+k} erzeugt, der nach k Iterationen in D liegt, $1/3^k$.

Mit Hilfe der Kontraktionen w_1, w_2 und w_3 läßt sich dieser Sachverhalt wie folgt ausdrücken: Jede der Kontraktionen w_1, w_2 und w_3 wird mit einer Wahrscheinlichkeit von 1/3 ausgewählt. Folglich wird jedes Paar $w_i w_k$ mit der Wahrscheinlichkeit 1/9 gezogen und im allgemeinen Fall jede der 3^k möglichen Verknüpfungen $w_{s_1} w_{s_2} \cdots w_{s_k}$, mit s_i aus der Menge $\{1, 2, 3\}$, mit der Wahrscheinlichkeit $1/3^k$.

Wir können nun erklären, warum das Chaos-Spiel eine Folge von Spielpunkten erzeugt, die schließlich für jede gewünschte Auflösung das gesamte Sierpinski-Dreieck ausfüllen. Mathematisch betrachtet, erzeugt das Chaos-Spiel eine Folge

$$
\begin{aligned}
z_0 &= \text{Startpunkt (irgendwo im Sierpinski-Dreieck)} \\
z_1 &= w_{s_1}(z_0) \\
z_2 &= w_{s_2} w_{s_1}(z_0) \\
&\vdots \\
z_k &= w_{s_k} \cdots w_{s_2} w_{s_1}(z_0) \ ,
\end{aligned}
$$

wobei die Folge von Ereignissen $s_1, s_2, ..., s_{k-1}, s_k$ zufällig erzeugt ist. Der letzte Punkt z_k liegt in einem Teildreieck D der k-ten Generation mit der Adresse $s_k s_{k-1} ... s_2 s_1$.

Die Spielpunkte nähern sich jedem Punkt des Dreiecks

Man betrachte einen Testpunkt P im Sierpinski-Dreieck. Es bleibt uns, den Nachweis zu erbringen, daß Punkte erzeugt werden, die P beliebig nahe kommen, wenn man das Chaos-Spiel nur lange genug spielt. Zu diesem Zweck ist ein Spielpunkt erforderlich, der höchstens einen kleinen Abstand ε von P aufweist. Nehmen wir an, der Durchmesser des Sierpinski-Dreiecks betrage d. Dann wissen wir, daß die Dreiecke in der m-ten Stufe des Sierpinski-Dreiecks den Durchmesser $d/2^m$ aufweisen. Wenn wir also m so groß wählen, daß $d/2^m < \varepsilon$, und ein P enthaltendes Dreieck D der m-ten Generation herausgreifen, dann hat jeder Punkt in D höchstens den Abstand ε von P. Die Adresse dieser Menge D lautet

$$\text{Adresse}(D) = t_1 t_2 ... t_m, \quad t_i \in \{1, 2, 3\} .$$

Wie gelangt nun ein Spielpunkt ins Teildreieck D? Zur Beantwortung dieser Frage betrachten wir eine Ausführung des Chaos-Spiels mit vielen Ereignissen. Wir schreiben die Folge zweckmäßigerweise in umgekehrter Reihenfolge auf, $..., s_k, s_{k-1}, ..., s_2, s_1$. Sobald wir innerhalb der Folge $..., s_k, s_{k-1}, ..., s_2, s_1$ eine Sequenz der Länge m, die mit $t_1, t_2, ..., t_m$ übereinstimmt, gefunden haben, sind wir am Ziel. Betrachten wir zum Beispiel die Spielzugfolge

$$..., s_k, ..., s_{j+m+1}, t_1, t_2, ..., t_m, s_j, ..., s_2, s_1 .$$

Nach j Zügen befindet sich unser aktueller Spielpunkt z_j irgendwo im Sierspinki-Dreieck. Dann liegt aber $w_{t_1} \cdots w_{t_m}(z_j)$ in D. Damit ist alles entschieden, falls wir uns darauf verlassen können, daß im Verlaufe des Spiels irgendwann die Sequenz $t_1, t_2, ..., t_m$ auftritt. Die Wahrscheinlichkeit, daß irgendeine Folge der Länge m mit $t_1, t_2, ..., t_m$ übereinstimmt, ist aber gleich $1/3^m$. Deshalb wird bei der Ausführung des Chaos-Spiels mit einem vollkommenen Würfel früher oder später eine solche Folge erzeugt werden und damit ein Punkt, der im Teildreieck D liegt und demzufolge dem Testpunkt P so nahe kommt, wie wir gefordert haben.

Das Chaos-Spiel erzeugt einen IFS-Attraktor

Das Chaos-Spiel erzeugt Punkte, die das Sierpinski-Dreieck dicht überdecken. Wir können diesen Sachverhalt für den Attraktor eines beliebigen IFS verallgemeinern. Stellen wir die Argumente dafür in groben Zügen dar. Sei das IFS durch N Kontraktionen $w_1, ..., w_N$ gegeben, und sei A_∞ sein Attraktor. Der Attraktor ist unter dem Hutchinson-Operator $W(X) = w_1(X) \cup \cdots \cup w_N(X)$ invariant. Ein entsprechendes Zufalls-IFS ist durch diese Kontraktionen w_i mit zugeordneten Wahrscheinlichkeiten p_i (mit $p_i > 0$ und $p_1 + \cdots + p_N = 1$) gegeben. Wir müssen zeigen, daß wir durch Ausführung des Chaos-Spiels mit diesem Aufbau jedem Punkt

P des Attraktors A_∞ beliebig nahe kommen können. Versuchen wir nun, einen Punkt zu erzeugen, der innerhalb eines Abstands ε von P liegt. Sei die Adresse von P durch

$$\text{Adresse}(P) = t_1 t_2 ...$$

mit $t_i \in \{1, ..., N\}$ gegeben. Dann ist der Punkt P in allen Mengen A_m,

$$A_m = w_{t_1} w_{t_2} \cdots w_{t_m}(A_\infty), \quad m = 1, 2, ...$$

enthalten. Es gilt

$$A_1 \supset A_2 \supset A_3 \supset \cdots$$

und mit zunehmendem m strebt der Durchmesser von A_m gegen null. Kennen wir die Kontraktionsfaktoren $c_1, ..., c_N$ der Transformationen $w_1, ..., w_N$, können diese Durchmesser abgeschätzt werden. Aus der Definition der Kontraktionsfaktoren folgt, daß der Durchmesser $\text{diam}(B)$[5] jeder Menge B nach der Transformation mit w_i um den Kontraktionsfaktor $c_i < 1$ verkleinert ist:

$$\text{diam}(w_i(B)) \leq c_i \, \text{diam}(B) \; .$$

Daher kann der Durchmesser von A_m abgeschätzt werden:

$$\begin{aligned} \text{diam}(A_m) &= \text{diam}(w_{t_1} \cdots w_{t_m}(A_\infty)) \\ &\leq c_{t_1} c_{t_2} \cdots c_{t_{m-1}} c_{t_m} \text{diam}(A_\infty) \; . \end{aligned}$$

Da die Kontraktionsfaktoren allesamt kleiner als 1 sind, können wir durch Berücksichtigung einer ausreichend großen Anzahl m von Transformationen in der Folge dafür sorgen, daß dieser Durchmesser so klein wie ε wird. Damit weisen alle Punkte, deren Adressen mit $t_1...t_m$ beginnen, einen Abstand von höchstens ε vom gegebenen Punkt P auf. Ein geeigneter Spielpunkt liegt also vor, sobald die Folge $t_1...t_m$ während des Chaos-Spiels erscheint. Die Wahrscheinlichkeit aber, daß eine gegebene Sequenz der Länge m mit dieser Folge übereinstimmt, ist gleich dem Produkt der Wahrscheinlichkeiten $p_{t_1} p_{t_2} \cdots p_{t_m}$, einer Zahl größer als null. Mit anderen Worten können wir von jedem Punkt von A_∞ durch ausreichend lange Dauer des Chaos-Spiels beliebig nahe an P herankommen.

[5] diam: Abkürzung des englischen diameter; $\text{diam}(B) = \sup\{d(x, y) | x, y \in B\}$.

Chaos-Spiel auf einem Computer-Bildschirm

Nachdem wir das Chaos-Spiel bisher von einem mathematischen Standpunkt aus behandelt haben, wollen wir nun versuchen, es in etwas konkreterer Form zu diskutieren (das heißt in einer Form, die den Verhältnissen entspricht, wie sie auf einem Computer-Bildschirm anzutreffen sind). Die Pixel auf einem Computerschirm bilden ein quadratisches oder rechteckiges Feld. Üblicherweise werden sie mit Koordinaten identifiziert (zum Beispiel Pixel Nummer 5 in Zeile Nummer 12). Wir können aber auch ein Adressensystem verwenden, wie wir es in diesem Kapitel besprochen haben.

Als erstes unterteilen wir den Bildschirm in 4 gleiche Quadrate und weisen, wie in Abbildung 6.18 gezeigt, die Adressen 0 bis 3 zu. Als nächstes unterteilen wir jedes dieser Quadrate in vier gleiche Teile, von denen dann jeder mit einer 2stelligen Adresse bezeichnet wird. Auf diese Weise können wir die Pixel eines Bildschirms mit 8×8 Pixeln mit 3stelligen Adressen und eines Bildschirms mit 16×16 Pixeln mit 4stelligen Adressen (allgemein eines Bildschirms mit $2^n \times 2^n$ Pixeln mit n-stelligen Adressen) beschreiben.

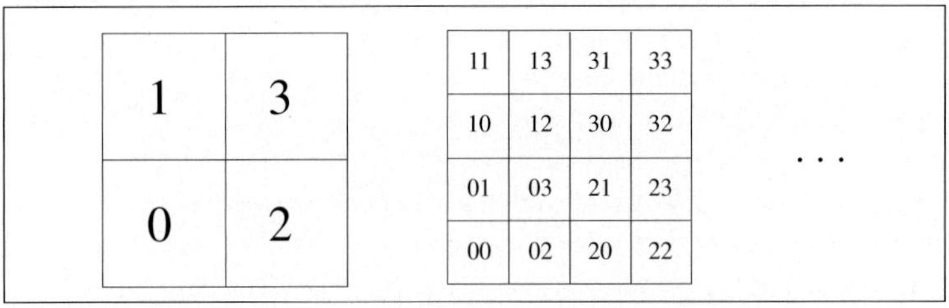

1	3
0	2

11	13	31	33
10	12	30	32
01	03	21	23
00	02	20	22

...

Abb. 6.18 : Adressen für ein quadratisches Feld.

Angenommen, wir arbeiten mit einem Bildschirm mit 8×8 Pixeln. Wie finden wir das Pixel mit der Adresse 301? Wir lesen die Adresse von links nach rechts und gehen einer Folge von verschachtelten Quadraten nach, die schließlich das Pixel bei den Bildschirmkoordinaten (4,5) bestimmt (siehe Abbildung 6.19). Nun stellen wir in Übereinstimmung mit unserem Adressensystem vier Kontraktionen w_0, w_1, w_2 und w_3 zusammen wie in Abschnitt 5.4 (das heißt, die Transformation w_i transformiert den gesamten Bildschirm in den Quadranten i).

Wenn zum Beispiel das Quadrat Q den gesamten Bildschirm darstellt, dann ist die Folge

$$w_3(Q) \supset w_3 w_0(Q) \supset w_3 w_0 w_1(Q)$$

gerade die Folge von verschachtelten Quadraten, die unser Pixel in Abbildung 6.19 einschließt.

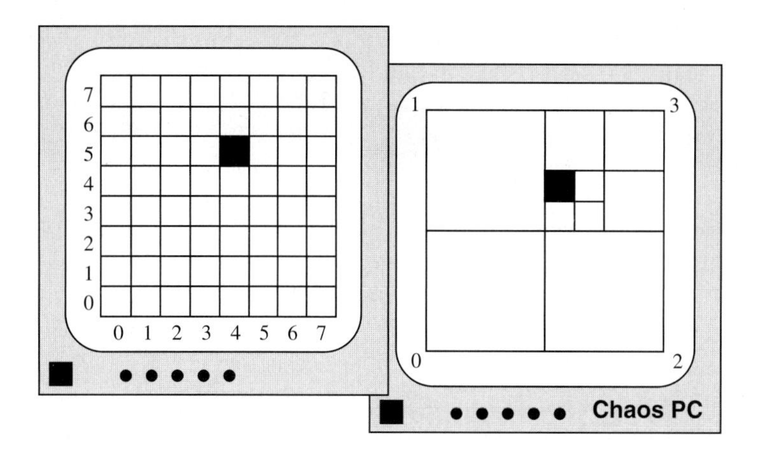

Abb. 6.19 : Adressierung von Pixeln: Das Pixel mit den Bildschirmkoordinaten (4,5) weist die Adresse 301 auf.

In Abschnitt 5.4 haben wir gezeigt, was geschieht, wenn wir die Kontraktion w_3 weglassen, die den gesamten Bildschirm in das obere rechte Quadrat transformiert. Als Ergebnis erhalten wir nur diejenigen Pixel, deren Adressen die Ziffer 3 nicht enthalten. Wir haben außerdem gezeigt, daß das w_0, w_1 und w_2 zugeordnete IFS ein Sierpinski-Dreieck erzeugt, wie in Abbildung 5.9 gezeigt (oder in diesem Fall dessen Approximation mit 8×8 Pixeln). Sehen wir nun, wie das mit den Kontraktionen w_0, w_1 und w_2 ausgeführte Chaos-Spiel auch genau diese Bildpunkte erzeugt.

Betrachten wir wiederum ein konkretes Beispiel von Zufallszahlen, sagen wir

...01211210010212.

Beginnend mit einem Spielpunkt irgendwo auf dem Bildschirm, bringt uns der erste Zug zum Quadrat 2, der zweite in das Quadrat mit der Adresse 12 und der dritte zum Pixel 212 (siehe Abbildung 6.20). Der nächste Schritt würde uns, 4stellige Adressen vorausgesetzt, zur Adresse 0212 (einem Teilquadrat des Pixels 021) führen. Da wir aber mit einer 8×8 Auflösung und entsprechenden 3stelligen Adressen arbeiten, können wir die vierte Ziffer in der Adresse vernachlässigen, also die hintere 2. Als nächstes würden wir Bildpunkt 102 aufsuchen, dann 010 und so weiter. Mit anderen Worten, wir schieben ein 3stelliges Fenster über unsere Zufallsfolge und schalten alle Bildpunkte ein, deren Adressen angegeben sind.

Anders ausgedrückt wäre das Chaos-Spiel in dieser Anordnung erfolgreich, wenn die das Spiel steuernde Zahlenfolge alle möglichen 3-Ziffern-Kombinationen der Ziffern 0, 1 und 2 enthielte. Im übrigen

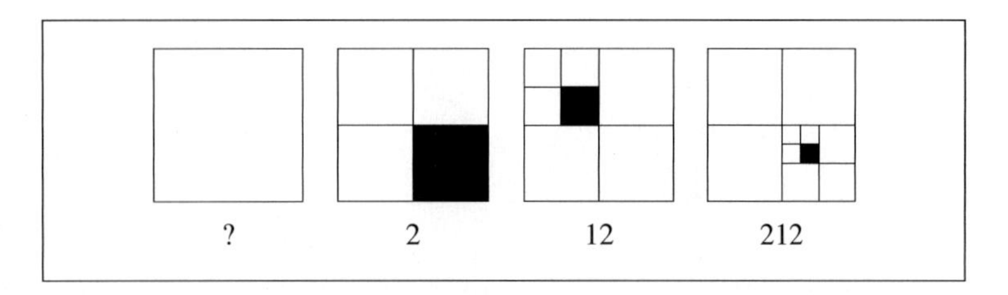

Abb. 6.20 : Die ersten Züge des Chaos-Spiels, die zu Pixel 212 führen.

müßte die Ziehung der Ziffern nicht einmal durch Zufall erfolgen. Die einzige notwendige Bedingung besteht darin, daß alle möglichen Adressen auftreten müssen. Darüber hinaus würde die Leistungsfähigkeit des Chaos-Spiels davon abhängen, wie schnell alle möglichen Kombinationen erschöpft sind. Dies ist das wahre Geheimnis des Chaos-Spiels. Es hat nichts mit tiefer gehenden mathematischen Ergebnissen wie der Ergodentheorie zu tun, wie manchmal in der Forschungsliteratur behauptet wird.[6]

6.3 Tunen des Glücksrades

Unsere Erörterung der Glücksrad-Verkleinerungs-Kopier-Maschine beruhte auf der Annahme, daß der für das Chaos-Spiel benutzte Würfel vollkommen ist. Alle Wahrscheinlichkeiten für die Transformationen sind gleich. Aber was für eine Auswirkung würde eine Veränderung dieser Wahrscheinlichkeiten auf das Ergebnis des Chaos-Spiels haben?

Wie viele Treffer fallen in ein Teildreieck?

Wir wollen dies auf eine etwas formalere Weise für die Dreiecke D in der m-ten Stufe des Sierpinski-Dreiecks behandeln. Wenn wir n-mal spielen und z_1 bis z_n die Spielpunkte sind, dann lautet die Frage: Wieviele Punkte von $z_1, ..., z_n$ fallen in D? Bezeichnen wir diese Anzahl mit $h(z_1, ..., z_n; D)$. Wenn der Würfel vollkommen ist, dann erwarten wir zu Recht, daß auf Dauer jedes der kleinen Dreiecke in der m-ten Stufe mit derselben Häufigkeit gewürfelt wird. Genauer lautet die Behauptung, daß der Anteil der Punkte aus $z_1, ..., z_n$, die in D liegen, mit zunehmender Gesamtzahl n gegen $1/3^m$ strebt. In der m-ten Generation gibt es 3^m Teildreiecke, die alle gleich wahrscheinlich

[6] Dies wurde zuerst von Gerald S. Goodman festgestellt, siehe G. S. Goodman, *A probabilist looks at the chaos game,* in: *Fractals in the Fundamental and Applied Sciences,* H.-O. Peitgen, J. M. Henriques, L. F. Penedo (Hrsg.), North-Holland, Amsterdam, 1991.

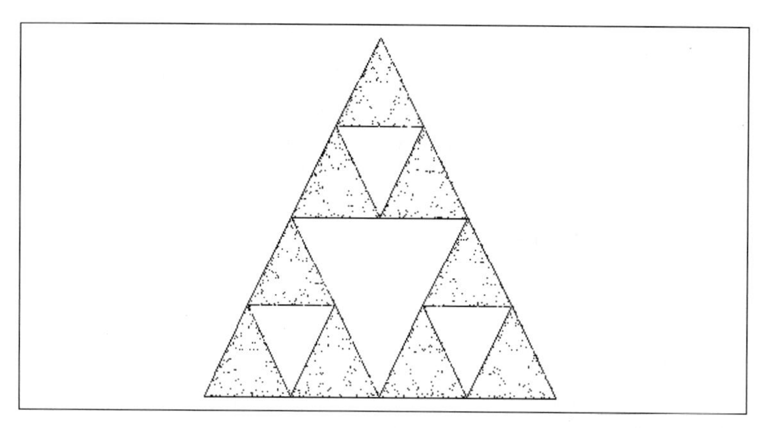

1000 Punkte mit einem vollkommenen Würfel

Abb. 6.21 : 1000 Spielpunkte für den Fall, daß alle Transformationen mit der gleichen Wahrscheinlichkeit gezogen werden.

sein sollten. Formal ausgedrückt,

$$\lim_{n\to\infty} \frac{h(z_1, ..., z_n; D)}{n} = \frac{1}{3^m} \ . \tag{6.2}$$

Mit anderen Worten ergibt das Abzählen der in D fallenden Ereignisse ein Maß $\mu(D)$, das nichts anderes darstellt als die Wahrscheinlichkeit, die wir D zugeordnet haben.

In der nachfolgenden Tabelle sind die Zahlen der Punkte wiedergegeben die in jedes Teildreieck der zweiten Generation fallen, wenn 1000 Punkte wie in Abbildung 6.21 erzeugt werden. Langfristig sollte jedes Teildreieck 11.1% aller Punkte aufweisen.

Adresse	Anzahl	in %
11	103	10.3
12	122	12.2
13	105	10.5
21	107	10.7
22	112	11.2
23	117	11.7
31	108	10.8
32	108	10.8
33	118	11.8

Nun wollen wir die Sachlage leicht verändern. Nehmen wir an, unser Würfel ist manipuliert. Dies bedeutet, daß die Wahrscheinlichkeiten p_1 für das Auftreten der Zahl 1, p_2 für die Zahl 2 oder p_3 für die Zahl 3 nicht mehr dieselben sind. Es gilt immer noch $p_1 + p_2 + p_3 = 1$, aber zum Beispiel sei $p_1 = 0.5$, $p_2 = 0.3$ und $p_3 = 0.2$. Bevor wir erläutern, was mit dem Chaos-Spiel unter diesen

Umständen geschieht, wollen wir erklären, wie ein Würfel mit genau vorgegebenen Eigenschaften hergestellt werden kann, zum Beispiel mit den erwähnten ungleichen Wahrscheinlichkeiten.

Simulation präparierter Würfel

Am besten simulieren wir das Würfeln mit einem Computer, indem wir Zufallszahlen aus einem *Zufallszahlengenerator* abrufen. Üblicherweise sind die von Programmbibliotheken zur Verfügung gestellten Zufallszahlen, ungeachtet des jeweiligen Algorithmus, normiert (das heißt, sie nehmen Werte zwischen 0 und 1 an) und sind gleichverteilt. Gleichverteilung bedeutet, daß die Wahrscheinlichkeit für die Erzeugung einer Zufallszahl aus einem kleinen Intervall $[a, b]$ mit $0 \leq a < b \leq 1$ gleich $b-a$ ist. Somit können wir, wenn das Intervall $[0, 1]$ in beispielsweise 100 Teilintervalle $[0.00, 0.01]$, $[0.01, 0.02]$ usw. unterteilt ist, langfristig erwarten, in jedem Teilintervall ungefähr 1% aller erzeugten Zufallszahlen anzutreffen.

Das Einstellen von Zufallszahlengeneratoren

Der Zufallszahlengenerator liefert eine Folge von Zahlen $r_1, r_2, \ldots$ aus dem Intervall $[0, 1]$. Wir unterteilen dieses Intervall in N Teilintervalle

$$[0, 1] = [x_0, x_1) \cup [x_1, x_2) \cup \cdots \cup [x_{N-1}, x_N] \ ,$$

wobei

$$0 = x_0 < x_1 < \cdots < x_{N-1} < x_N = 1 \ .$$

Bezeichnen wir das k-te solche Intervall mit I_k. Nach n-fachem Abrufen von Zufallszahlen haben wir $r_1, \ldots, r_n$ erhalten und zählen die Anzahl der Ergebnisse r_i, die in das Teilintervall I_k fallen. Nennen wir das Resultat dieser Zählung $h(r_1, \ldots, r_n; I_k)$. Von einem guten Zufallszahlengenerator erwarten wir, daß $h(r_1, \ldots, r_n; I_k)$ nur von der Länge von I_k abhängt und tatsächlich gleich dieser Länge ist. Formal ausgedrückt erwarten wir also, daß

$$\lim_{n\to\infty} \frac{h(r_1, \ldots, r_n; I_k)}{n} = \text{Länge } (I_k) = x_k - x_{k-1} \ .$$

Es ist interessant, festzustellen, daß wir durch Umkehrung dieser Beziehung die Länge des Intervalls durch Abzählen von Zufallszahlen berechnen können! Nebenbei bemerkt, beruht eine ganze Klasse von Methoden für die numerische Berechnung vieler verschiedener Arten von Problemen auf einer ähnlichen Nutzung von Zufallszahlen. Aus naheliegenden Gründen werden diese Methoden *Monte-Carlo-Methoden* genannt.

Zum Beispiel schlug Georges L. L. Comte de Buffon (1707–1788) im Jahre 1777 vor, die Wahrscheinlichkeit dafür zu berechnen, daß eine Nadel, wenn wir sie auf ein Blatt liniertes Papier fallen lassen eine der Linien schneidet. Er hat das Problem gelöst. Dabei stellte sich heraus, daß die Antwort zur Zahl $\pi = 3.141592...$ in Beziehung steht. Unter der Voraussetzung, daß der Abstand d der parallelen Linien größer ist als die Länge l der Nadel, läßt sich zeigen, daß die Wahrscheinlichkeit p dafür, daß die Nadel eine der Linien trifft, gleich $2l/d\pi$ ist. Später deutete Pierre

Simon de Laplace (1749–1827) diese Beziehung als völlig neue Möglichkeit für die Berechnung von π. Man lasse einfach die Nadel sehr oft fallen und zähle die Anzahl Überschneidungen. Diese Anzahl, geteilt durch die Gesamtzahl der Fälle, ist eine Näherung für die Wahrscheinlichkeit p und ermöglicht damit die Berechnung von $\pi = 2l/dp$.[7]

Aber kehren wir zum Tunen des Chaos-Spiels zurück. Wir erhalten einen willkürlich eingestellten Zufallszahlengenerator (einen Würfel mit N Seiten und N vorgegebenen entsprechenden Wahrscheinlichkeiten) auf folgende Weise: Wenn wir Wahrscheinlichkeiten $p_k, k = 1, ..., N$, wünschen, dann definieren wir

$$
\begin{aligned}
I_1 &= [0, p_1) \\
I_2 &= [p_1, p_1 + p_2) \\
&\vdots \\
I_k &= [p_1 + p_2 + \cdots + p_{k-1}, p_1 + p_2 + \cdots + p_k) \\
&\vdots \\
I_N &= [p_1 + p_2 + \cdots + p_{N-1}, 1]
\end{aligned}
$$

und wählen für den präparierten Würfel das Ereignis k, vorausgesetzt die gleichverteilte Zufallszahl r_i liegt im Intervall I_k.

Mit Hilfe eines solchen Zufallszahlengenerators ist es einfach, einen präparierten Würfel zu simulieren. Im Falle gegebener Wahrscheinlichkeiten p_1, p_2 und p_3, definiert man die drei Intervalle

$$I_1 = [0, p_1), \quad I_2 = [p_1, p_1 + p_2) \quad \text{und} \quad I_3 = [p_1 + p_2, 1] \; .$$

Es ist zu beachten, daß die Länge von I_k gleich p_k ist. Wenn wir daher die Zahl k immer dann wählen, wenn die Zufallszahl in I_k fällt, dann wird das Ereignis k mit der Wahrscheinlichkeit p_k gezogen. Zum Beispiel, wenn $p_1 = 0.5$, $p_2 = 0.3$ und $p_3 = 0.2$, dann lauten die Intervalle

$$I_1 = [0, 0.5), \quad I_2 = [0.5, 0.8) \quad \text{und} \quad I_3 = [0.8, 1] \; .$$

Ausführung des Chaos-Spiels mit einem präparierten Würfel

Wir wollen nun herausfinden, wie die gewählten Wahrscheinlichkeiten p_k die Erzeugung der Spielpunkte beeinflussen. Abbildung 6.22 zeigt das Ergebnis mit 1 000 und 10 000 aufgetragenen Punkten. Langfristig erhalten wir wieder ein Sierpinski-Dreieck. Aber wir erkennen deutlich ein zusätzliches Muster in der Verteilung der Spielpunkte. Die Dichte der Punkte variiert in den verschiedenen Teildreiecken jedoch auf sehr systematische Art. Beispielsweise läßt sich anhand des Musters des unteren linken Teildreieckes feststellen, daß

[7] Natürlich ist dieser Ansatz für die Berechnung von π ziemlich ineffizient. Man kann zum Beispiel zeigen, daß die Wahrscheinlichkeit, mit 3400 Fallereignissen π auf 5 Dezimalstellen genau zu erhalten, kleiner als 1.5% ist.

Punkte mit einem präparierten Würfel

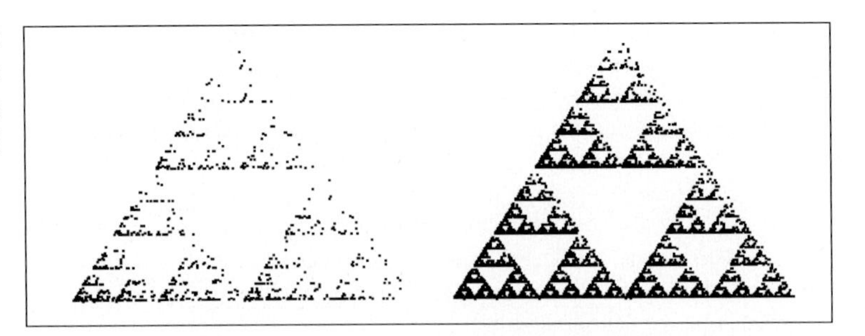

Abb. 6.22 : 1 000 Spielpunkte (links) und 10 000 (rechts), bei Wahl von w_1 mit 50%, w_2 mit 30% und w_3 mit 20% Wahrscheinlichkeit.

dessen Verteilung der Punkte derjenigen im ganzen Dreieck gleicht, obwohl dieses Teildreieck nur ungefähr 50% aller Punkte enthält. Es stellt sich also heraus, daß auch die Verteilung der Punkte selbstähnlicht ist.

Versuchen wir, die Wahrscheinlichkeiten abzuschätzen, mit denen die Ereignisse in den Dreiecken verschiedener Stufen des Sierpinski-Dreiecks auftreten. Für die drei Dreiecke der ersten Stufe ist die Antwort einfach. Abbildung 6.23 veranschaulicht das Ergebnis.

Aber schon für die neun Dreiecke der zweiten Stufe ist entscheidend, daß wir uns daran erinnern, wie jedes dieser Dreiecke aus dem gesamten Dreieck mit Hilfe der Verknüpfung von Transformationen der Form $w_{s_2}w_{s_1}$ mit s_1, s_2 aus der Menge $\{1, 2, 3\}$ hervorgeht. Darüber geben uns aber gerade die Adressen Aufschluß. Wenn D eines dieser Dreiecke mit der Adresse s_2s_1 ist, dann beträgt nämlich die Wahrscheinlichkeit, daß nach zwei Iterationen ein Ereignis in D fällt, $p_{s_2}p_{s_1}$. Abbildung 6.24 veranschaulicht die Ergebnisse.

Wahrscheinlichkeiten der 1. Stufe

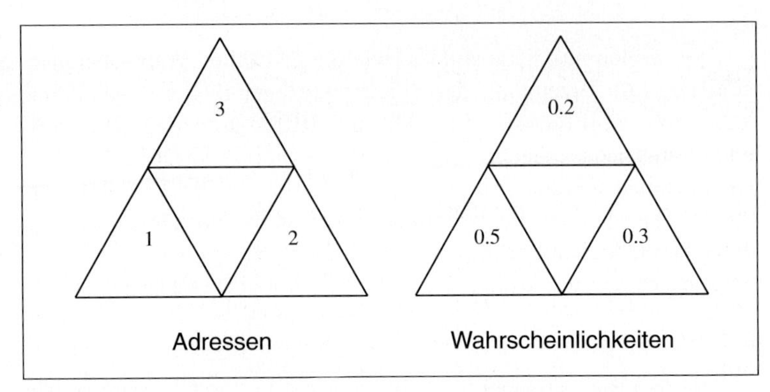

Abb. 6.23 : Dreiecke der ersten Stufe mit zugehörigen Wahrscheinlichkeiten.

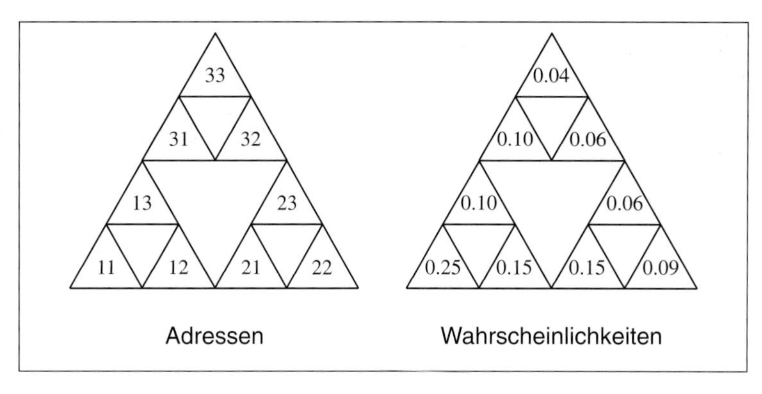

Wahrscheinlichkeiten der 2. Stufe

Abb. 6.24 : Dreiecke der zweiten Stufe mit zugehörigen Adressen und entsprechenden Wahrscheinlichkeiten.

Die Wahrscheinlichkeiten variieren zwischen 0.04 und 0.25. Das untere linke Dreieck wird ungefähr sechsmal so häufig getroffen wie das oberste Dreieck. Wir prüfen diese Schätzungen nach durch Abzählen der Punkte in den Teildreiecken der linken Figur von Abbildung 6.22. Die letzte Spalte in der folgenden Tabelle führt die erwarteten Ergebnisse in Prozenten auf.

Adresse	Anzahl	in %	erwartet
11	238	23.8%	25%
12	139	13.9%	15%
13	108	10.8%	10%
21	146	14.6%	15%
22	91	9.1%	9%
23	64	6.4%	6%
31	101	10.1%	10%
32	72	7.2%	6%
33	41	4.1%	4%

Als allgemeingültige Regel entspricht die Wahrscheinlichkeit, daß ein herausgegriffenes Dreieck D in der k-ten Stufe mit

$$\text{Adresse}(D) = s_1 s_2 ... s_k$$

nach k Iterationen getroffen wird, dem Produkt $p_{s_1} \cdots p_{s_k}$. Das läßt darauf schliessen, daß diese Konstruktion auch *Selbstähnlichkeit der Wahrscheinlichkeitsverteilung der Spielpunkte* im Sierpinski-Dreieck ergibt. Geometrische Selbstähnlichkeit bedeutet, daß Teildreiecke der Stufe $k+1$ verkleinerte Kopien der Teildreiecke der Stufe k sind (d.h. w_1 transformatiert Teildreieck $s_1 s_2 ... s_k$ in Teildreieck $1 s_1 s_2 ... s_k$). In analoger Weise erhalten wir die Wahrscheinlichkeiten für Teildreiecke der Stufe $k+1$ aus den Wahrscheinlichkeiten der entsprechenden Teildreiecke der Stufe k (d.h. die Wahrscheinlichkeit, Dreieck $1s_1s_2...s_k$ zu treffen, ist p_1 multipliziert mit der Wahrscheinlichkeit, Dreieck $s_1s_2...s_k$ zu treffen).

Wir können die Wahrscheinlichkeit, ein Dreieck D der k-ten Generation zu treffen, durch Stichproben bei den relativen Trefferzahlen überprüfen. Als Ergebnis für alle solchen Teildreiecke erwarten wir

$$\lim_{n\to\infty} \frac{h(z_1, ..., z_n; D)}{n} = p_{s_1} \cdots p_{s_k} \ . \tag{6.3}$$

Wie früher bezeichnet $h(z_1, ..., z_n; D)$ die Anzahl der Treffer unter den ersten n Spielpunkten $z_1, ..., z_n$ in D. Diese Anzahl wird in unseren Figuren des Chaos-Spiels durch die Dichte der angezeigten Punkte veranschaulicht. Unser Ergebnis führt zu zwei wichtigen Konsequenzen:

(1) zu einer Strategie für den Entwurf effizienter Dekodierungsmethoden für IFS-Kodes,
(2) zu einer Erweiterung des Konzepts der IFS von Schwarzweißbild- zu Farbbild-Kodierung. Dieser Punkt wird später behandelt (siehe Seite 389 ff.).

Nichtpräparierte Würfel sind am besten geeignet für das Sierpinski-Dreieck ...

Wie wir gesehen haben, können wir auch mit einem präparierten Würfel letztendlich das Sierpinski-Dreieck erzeugen. Je nach Wahl der Wahrscheinlichkeiten kann es allerdings sehr, sehr lange dauern, bis wir zu dessen endgültiger Gestalt vorstoßen. Nach Gleichung (6.3) kann die relative Anzahl der Treffer in gewissen Teilen des Sierpinski-Dreiecks, wenn auch stets größer als null, so doch äußerst klein sein, während sie in anderen Teilen sehr groß ist. Mit anderen Worten sollten wir aus Gründen der Effizienz für die Erzeugung des Sierpinski-Dreiecks einheitliche Wahrscheinlichkeiten wählen. Aber gilt diese Faustregel allgemein für alle IFS-Attraktoren?

... nicht aber für den Farn

Rufen wir uns die Probleme in Erinnerung, die beim ersten Versuch auftraten, den Barnsley-Farn mit dem Chaos-Spiel zu erzeugen. Wir waren insbesondere nicht in der Lage, bei gleichen Wahrscheinlichkeiten für alle Transformationen im Chaos-Spiel bis zum Endbild vorzustoßen. Zur Untersuchung des Sachverhaltes greifen wir eines der winzigen Hauptblätter an der Spitze des Farns heraus (siehe Abbildung 6.25). Wir können dieses Blatt T mit Hilfe der Kontraktionen w_1 bis w_4 beschreiben:

$$T = w_1 w_1 \cdots w_1 w_3(F) \ , \tag{6.4}$$

wobei F den ganzen Farn bezeichnet, und die Gesamtzahl der Transformationen k beträgt. Das Blatt T verkörpert somit eine der Mengen der Stufe k mit der Adresse

$$\text{Adresse}(T) = 11...13 \ ,$$

Ein winziges Blatt des Farns

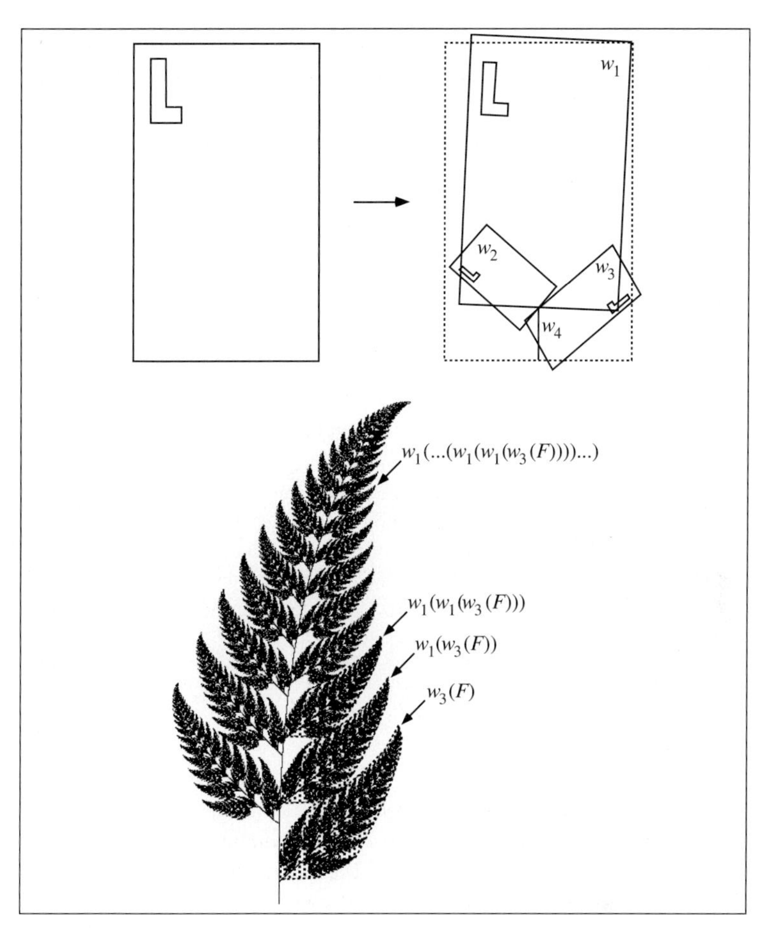

Abb. 6.25 : Beschreibung eines der winzigen Blätter des Barnsley-Farns.

wobei die Ziffer 1 genau $(k-1)$-mal auftritt. Die Wahrscheinlichkeit q, auf einen Spielpunkt nach k Iterationen in T zu treffen, beträgt demzufolge gerade $q = p_1^{k-1} p_3$.

Wählen wir nun k in der Größenordnung von 15. Somit ist T das 15. Blatt auf der rechten Seite des Farns. Die Zerlegung des Farns F bis zur 15. Stufe bedeutet, daß $4^{15} \approx 10^9$ Mengen vorliegen und T eine einzige davon ist. Bei gleichen Wahrscheinlichkeiten $p_k = 0.25, k = 1, 2, 3, 4$ beträgt die Wahrscheinlichkeit, dort einen Spielpunkt anzutreffen, $q = 0.25^{15} \approx 0.931 \cdot 10^{-9}$! Damit ist diese Wahrscheinlichkeit praktisch gleich null; und deshalb ist der Farn in der linken Figur der Abbildung 6.5 derartig unvollständig. Also ist diese Methode, mit ein paar hunderttausend Spielpunkten 10^9 Mengen bildlich darzustellen, zum Scheitern verurteilt.

Verändern der Wahrscheinlichkeiten

Wenn wir jedoch für w_1 eine relativ große Wahrscheinlichkeit und für w_2, w_3 und w_4 kleine Wahrscheinlichkeiten wählen, dann können wir $q = p_1^{14} p_3$ wesentlich günstiger gestalten. Zum Beispiel ergibt sich mit $p_1 = 0.85$ und $p_3 = 0.05$ für $q \approx 0.00514$. Wenn im Chaos-Spiel auch nur 100 000 Iterationen ausgeführt werden, erwarten wir demzufolge, in dem winzigen Blatt T bereits ungefähr 500 Punkte anzutreffen. Wir können somit durch Abstimmung der Wahrscheinlichkeiten die Chance, einen Spielpunkt nach k Iterationen in T vorzufinden, von praktisch null auf einen sehr brauchbaren Wert erhöhen. Mit anderen Worten erzeugt der stark manipulierte Würfel hier eine Verteilung der 10^5 Spielpunkte über die 10^9 Mengen, welche für die Dekodierung des Farn-Bildes genügend effizient ist, wie aus der rechten Figur der Abbildung 6.5 hervorgeht.

Rezept für die Auswahl der Wahrscheinlichkeiten

Es ist ein schwieriges und immer noch ungelöstes mathematisches Problem, die *beste* Wahl für die Wahrscheinlichkeiten p_i zu treffen. Das Problem läßt sich folgendermaßen formulieren. Sei ε eine vorgegebene Genauigkeit der Näherung in dem Sinne, daß es für jeden Punkt des Attraktors mindestens einen vom Chaos-Spiel erzeugten, in der Nähe liegenden Punkt gibt, nämlich mit einem Abstand nicht größer als ε. Mit anderen Worten ist der Hausdorff-Abstand zwischen dem Attraktor und dessen Näherung höchstens ε. Das Optimierungsproblem besteht nun darin, Wahrscheinlichkeiten p_1 bis p_N zu finden, so daß die, für das Erreichen dieser geforderten Näherung benötigte, erwartete Anzahl von Iterationen des Chaos-Spiels minimal ist.

Obwohl dieses Problem ungelöst ist, gibt es einige heuristische Verfahren für die Auswahl von „günstigen“ Wahrscheinlichkeiten. Wir stellen hier ein von Barnsley[8] vorgeschlagenes Verfahren vor. Im vorletzten Abschnitt dieses Kapitels werden wir verbesserte Verfahren behandeln.

Wir betrachten ein IFS mit N Transformationen $w_1, ..., w_N$ und nehmen an, daß sein Attraktor total unzusammenhängend ist. Wenn also A_∞ den Attraktor bezeichnet, dann bilden die transformierten Bilder $w_1(A_\infty), ..., w_N(A_\infty)$ eine elementenfremde oder disjunkte Überdeckung des Attraktors. Die kleinen affinen Kopien des Attraktors werden *Attraktorkopien* genannt. Wenn wir im Laufe des entsprechenden Chaos-Spiels insgesamt n Punkte erzeugen, dann können wir fragen, wie diese Punkte unter die N Attraktorkopien verteilt sind. Die Zuordnung der gleichen Anzahl von Punkten zu jeder Attraktorkopie, das heißt n/N Punkte, führt zu einer gleichverteilten Punktmenge über den Attraktor im Falle des Sierpinski-Dreiecks, aber nicht im Falle des Barnsley-Farns. Betrachten wir nun einen ε-Kragen A_ε des Attraktors, d.h. die Menge aller Punkte, deren Abstand vom Attraktor höchstens ε beträgt.[9] Dann gilt

$$A_\infty \subset w_1(A_\varepsilon) \cup \cdots \cup w_N(A_\varepsilon) \subset A_\varepsilon \ .$$

[8] M. F. Barnsley, *Fractals Everywhere,* Academic Press, 1988.

[9] Man vergleiche mit dem Abschnitt 5.6.

Für kleine Werte $\varepsilon > 0$ sind die Mengen $w_i(A_\varepsilon)$ gute Näherungen der Attraktorkopien. Wir wollen nun die Anzahl der Punkte, die zur i-ten Attraktorkopie gehören, entsprechend dem Anteil der Fläche der Menge $w_i(A_\varepsilon)$ an der Fläche A_ε bestimmen.[10] Um eine Gleichverteilung der Punkte zu erreichen, sollte daher die Anzahl der Punkte in jeder Attraktorkopie proportional zur entsprechenden Fläche sein, wobei wir voraussetzen, daß es keine merkliche Überlappung der Attraktorkopien gibt. Ein Satz aus der linearen Algebra besagt, daß der Faktor, mit dem sich eine Fläche durch eine affine Transformation w_i verändert, dem Absolutwert der Determinante der zugehörigen Koeffizientenmatrix C_i entspricht. Somit beträgt die Fläche des ε-Kragens der i-ten Attraktorkopie ungefähr p_i mal die Fläche des ε-Kragens des Gesamtattraktors, mit

$$p_i = \frac{|\det C_i|}{|\det C_1| + \cdots + |\det C_N|}, \quad i = 1, ..., N .$$

Unser Ziel besteht deshalb darin, $n \cdot p_i$ Punkte des Chaos-Spiels in der i-ten Attraktorkopie unterzubringen. Dies läßt sich leicht durch Wahl der Wahrscheinlichkeiten $p_1, ..., p_N$ gemäß der vorstehenden Formel erreichen.

Dieses Rezept für die Auswahl der Wahrscheinlichkeiten führt normalerweise auch in Fällen mit einigen kleinen, sich überlappenden Teilen des Attraktors zum Erfolg. Besondere Überlegungen sind jedoch in Fällen mit großer Überlappung oder mit Transformationen notwendig, deren Determinanten null ergeben. Im letzteren Fall würde das erwähnte Rezept einfach die Wahrscheinlichkeit null ergeben; und folglich kämen die betreffenden Transformationen niemals zum Zuge. Die Transformation, die den Stamm von Barnsleys Farn ergibt, ist ein Beispiel dafür. Hier setzen wir willkürlich eine kleine Wahrscheinlichkeit fest, sagen wir $\delta = 0.01$. Das ganze Verfahren läßt sich durch die folgende Formel zusammenfassen:

$$p_i = \frac{\max(\delta, |\det C_i|)}{\sum_{k=1}^{N} \max(\delta, |\det C_k|)}, \quad i = 1, ..., N ,$$

wobei $\delta > 0$ eine kleine Konstante ist.

Halbton und Farbe

Bisher haben wir nur Schwarzweißbilder und ihre Kodierung mittels IFS sowie ihre Dekodierung mit Hilfe des Chaos-Spiels behandelt. Wir haben erfahren, daß wir mit den Wahrscheinlichkeiten p_i über ein Instrument verfügen, mit dem sich die Verteilung der Spielpunkte auf die einzelnen Mengen, in die ein Attraktor zerlegt werden kann, unmittelbar steuern läßt. Mit anderen Worten begründet die Auszählung der relativen Häufigkeit der Punkte, die in die Teilmengen des Attraktors fallen, ein Maß auf dem Attraktor. Dieses sogenannte *invariante Maß* kann als Halbtonbild interpretiert werden.

[10] Wir benötigen die obige Konstruktion mit dem ε-Kragen des Attraktors, da die Fläche des Attraktors selbst unter Umständen keinen Sinn ergeben kann. Zum Beispiel ist die Fläche des Sierpinski-Dreiecks gleich null.

Als Ausgangspunkt wählen wir ein Raster von Pixeln, z.B. mit m Zeilen und n Spalten. Jedes Pixel $P_{ij}, \quad i = 1, ..., m, \quad j = 1, ..., n,$ trägt eine gewisse Halbtoninformation, der wir als Wert eine Zahl Q_{ij} zwischen 0 und 1 zuordnen. Der Wert 1 entspricht schwarz, der Wert 0 weiß. Nun bedienen wir uns eines IFS mit Kontraktionen $w_1, ..., w_N$ und Wahrscheinlichkeiten $p_1, ..., p_N$. Wir können dann die Statistik des Chaos-Spiels im Bildpunkt P_{ij} untersuchen:

$$\lim_{k \to \infty} \frac{h(z_1, ..., z_k; P_{ij})}{k} = R_{ij} \ .$$

Dies bedeutet, daß wir das Chaos-Spiel mit unseren Wahrscheinlichkeiten ausführen und die relative Trefferzahl R_{ij} im Pixel P_{ij} ermitteln. Nun können wir die relative Pixelzahl als Halbton-Information auslegen. Wir brauchen die Intensität eines Pixels nur proportional zur Trefferzahl anzusetzen (mit einem bestimmten Proportionalitätsfaktor α)

$$Q_{ij} = \alpha R_{ij}, \quad i = 1, .., m, \ j = 1, ..., n \ .$$

Mit anderen Worten haben wir ein Bild bis auf seine Gesamthelligkeit kodiert, die nachträglich eingestellt werden kann.[11] Der Bildkode besteht ganz einfach aus den erforderlichen Transformationen und den entsprechenden Wahrscheinlichkeiten

$$\{w_1, ..., w_N\}, \quad \{p_1, ..., p_N\} \ .$$

Ausführung des Chaos-Spiels und Auswertung der Pixeltreffer wandelt diese Information in ein Halbtonbild um. Nun erhebt sich die Frage, ob sich dieser Ansatz für die Kodierung eines gegebenen Bildes mit Pixelintensität Q_{ij} durch ein IFS eignet. Dies führt zum folgenden *inversen Problem*: Man finde einen Kode $\{w_1, ..., w_N\}$, $\{p_1, ..., p_N\}$, so daß

$$\lim_{k \to \infty} \frac{h(z_1, ..., z_n; P_{ij})}{k} \propto Q_{ij} \ , \qquad (6.5)$$

wobei '$\propto$' proportional bedeutet. Dies heißt, daß die Halbtonbilder in $N \times 7$ reelle Zahlen kodiert würden. Von einer Lösung dieses Problems zum Verständnis von *Farbbildern* besteht nur ein kleiner Schritt. Jedes Farbbild kann als Zusammensetzung aus drei Teilbildern, einem roten, einem grünen und einem blauen, aufgefaßt werden. Dies entspricht gerade der RGB-Technik für die Erzeugung eines Farbbildes auf einem Fernsehschirm. Jedes Teilbild kann natürlich als

[11] Ein Bild, das gleichmäßig weiß ist, besitzt somit dieselbe Kodierung wie ein Bild, das gleichmäßig grau oder schwarz ist.

Halbtonbild, ausgestattet mit der betreffenden Farbinformation Rot, Grün oder Blau aufgefaßt werden.

Wie wir gesehen haben, ist es möglich, mit Hilfe des Chaos-Spiels und der Pixeltreffer-Statistik das invariante Maß zu veranschaulichen. Es gibt jedoch noch aussichtsreichere Methoden für die Kodierung und Dekodierung von Halbtonbildern mit Hilfe von IFS. Diese werden in Fishers Anhang über Bildkompression behandelt.

Das invariante Maß

Die Kontraktionen $w_1, w_2, ..., w_N$ und die Wahrscheinlichkeiten $p_1, p_2, ..., p_N$ legen die Häufigkeit fest, mit der ein bestimmtes Pixel P_{ij} durch das Chaos-Spiel getroffen wird. Die mittlere Trefferquote

$$\lim_{k \to \infty} \frac{h(z_1, ..., z_k; P_{ij})}{k} = R_{ij}$$

ist das Ergebnis eines besonderen Maßes μ, das den Attraktor A_∞ des IFS als Träger besitzt (d.h. $\mu(A_\infty) = 1$).[12] Anders ausgedrückt,

$$\mu(P_{ij}) = R_{ij} \ .$$

Dieses Maß μ ist ein Borelmaß. Es ist invariant unter dem *Markov-Operator* $M(\nu)$, der folgendermaßen definiert ist. Sei X ein großes Quadrat in der Ebene, das A_∞, den Attraktor des IFS, enthält, und ν ein (Borel-)Maß auf X. Dann ist dieser Operator definiert durch

$$M(\nu) = p_1 \nu w_1^{-1} + p_2 \nu w_2^{-1} + \cdots + p_N \nu w_N^{-1} \ .$$

Mit anderen Worten definiert $M(\nu)$ ein neues normiertes Borelmaß auf X. Wir werten dieses Maß für eine gegebene Untermenge B in der folgenden Weise aus: Zuerst bestimmen wir die Urbilder $w_i^{-1}(B)$ in bezug auf X, dann berechnen wir ν darauf, und schließlich multiplizieren wir mit den Wahrscheinlichkeiten p_i und addieren die Ergebnisse auf.

Wir betrachten das folgende Beispiel. Sei

$$\begin{aligned} w_1(x) &= 1/2\, x, & p_1 &= 1/3 \\ w_2(x) &= 1/2\, x + 1/2, & p_2 &= 2/3 \ . \end{aligned}$$

Dies entspricht einem IFS mit dem Einheitsintervall als Attraktor $A_\infty = [0, 1]$. Nun wollen wir mit einem Maß beginnen, dessen Dichte

$$h_0(x) = \begin{cases} 1, & \text{falls } x \in [0,1] \\ 0, & \text{andernfalls} \end{cases}$$

beträgt, d.h. das anfängliche Maß lautet $\nu_0(A) = \int_A h_0(x)dx$. Für eine Teilmenge $A \subset [0, 1/2]$ der linken Hälfte des Einheitsintervalles gilt $w_2^{-1}(A) \subset [-1, 0]$ und $\nu_0(w_2^{-1}(A)) = 0$. Somit $\nu_1(A) = \nu_0(w_1^{-1}(A))$.

[12] Das folgende ist mathematisch etwas tiefgehender und erfordert Begriffe aus der Maßtheorie. Leser ohne das entsprechende mathematische Hintergrundwissen können diesen Abschnitt überspringen.

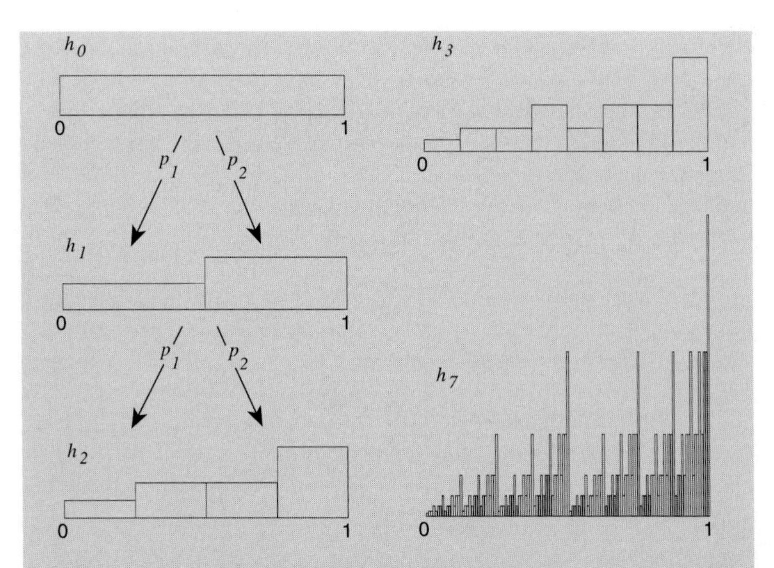

Abb. 6.26 : Die Wahrscheinlichkeiten p_1 und p_2 erzeugen auf dem Einheitsintervall ein binomiales Maß. Die Abbildung zeigt die entsprechenden, unter Iteration des Markov-Operators M sich entwickelnden Dichten.

Entsprechendes gilt für das rechte Halbintervall $[1/2, 1]$. Intuitiv argumentiert zieht w_1 das mit p_1 multiplizierte Maß ν_0 ins linke Halbintervall $[0, 1/2]$, während w_2 dieselbe Aufgabe, allerdings mit dem Faktor p_2, für das rechte Halbintervall wahrnimmt. Somit erhalten wir nach dem ersten Schritt die Dichte

$$h_1(x) = \begin{cases} p_1, & \text{falls } x \in [0, 1/2) \\ p_2, & \text{falls } x \in [1/2, 1) \\ 0, & \text{sonst} \end{cases}$$

und $\nu_1(A) = \int_A h_1(x)dx$. Wir bilden das Maß $\nu_2 = M(\nu_1)$ auf dieselbe Weise und erhalten die Dichtefunktion h_2, wie in Abbildung 6.26 dargestellt. Im Grenzfall erzeugt dieses Verfahren ein binomiales Maß, ein selbstähnliches multifraktales Maß.

Wie sich herausstellt, verkörpert der Markov-Operator eine Kontraktion im Raum der normierten Borelmaße auf X, ausgestattet mit dem Hutchinson-Abstand[13]

$$d_H(\nu_1, \nu_2) = \sup \left| \int f d\nu_1 - \int f d\nu_2 \right| ,$$

[13] J. Hutchinson, *Fractals and self-similarity*, Indiana University Journal of Mathematics 30 (1981) 713–747.

wobei das Supremum über alle Funktionen $f : X \to \mathbf{R}$ mit der Eigenschaft $|f(x) - f(y)| \leq d(x, y)$ gebildet wird. Der Ausdruck $d(x, y)$ bezeichnet den Abstand in der Ebene. Das Banachsche Fixpunktprinzip kann angewendet werden, weil der Raum der normierten (Borel-)Maße mit diesem Abstand vollständig ist. Somit gibt es einen eindeutigen Fixpunkt μ des Markov-Operators M, $M(\mu) = \mu$. Dies ist aber genau das Maß, nach dem wir auf der Suche nach einer Lösung des inversen Problems für Halbtonbilder Ausschau halten.

6.4 Fallstrick Zufallszahlengenerator

Jeder, der arithmetische Verfahren zur Erzeugung von Zufallszahlen in Betracht zieht, begeht natürlich eine Sünde.

John von Neumann (1951)

Das auf einem Computer ausgeführte Chaos-Spiel erfordert naturgemäß einen Zufallszahlengenerator. Bisher haben wir dieses Thema nicht weiter untersucht, außer daß wir erwähnt haben, wie man Zufallszahlen mit einer vorgegebenen Verteilung unter der Voraussetzung erhält, daß der Generator des Computers Zahlen mit Gleichverteilung zur Verfügung stellt. Auf einem Computer sind Zufallszahlen nicht wirklich zufällig. Sie werden vielmehr unter Verwendung von deterministischen Regeln erzeugt, die auf ein Rückkopplungssystem zurückgehen. Somit sind die erzeugten Zahlen nur scheinbar zufällig, während sie in Wirklichkeit bei einer erneuten Ausführung desselben Programms sogar vollständig reproduzierbar sind. Aus diesem Grund werden die mit Computern erzeugten Zufallszahlen auch *pseudozufällig* genannt. Es sind viele Verfahren für die Erzeugung von Zufallszahlen in Gebrauch, deren Wirkungsweise für den Programmierer oftmals nicht durchschaubar ist. Die statistischen Eigenschaften der aus der Maschine stammenden Zahlen sind somit, bis auf die behauptete Gleichverteilung, typischerweise relativ unbekannt. In diesem Abschnitt zeigen wir, daß für das Chaos-Spiel wesentlich mehr als nur die Gleichverteilung der Zufallszahlen erforderlich ist. Diese Voraussetzungen sind bei Verwendung eines vollkommenen Würfels naturgemäß erfüllt.

Zufallszahlen aus der logistischen Gleichung

Im ersten Kapitel haben wir das bei der Iteration einfacher quadratischer Funktionen zu beobachtende Chaos untersucht. Es scheint möglich zu sein, die logistische Gleichung

$$x_{k+1} = 4x_k(1 - x_k) \tag{6.6}$$

als Verfahren für die Erzeugung von Zufallszahlen verwenden zu können. Dieser Ansatz wurde tatsächlich von Stanislaw M. Ulam und John von Neumann vorgeschlagen. Sie waren am Entwurf von

Sierpinski-Dreieck mit Hilfe der logistischen Gleichung I

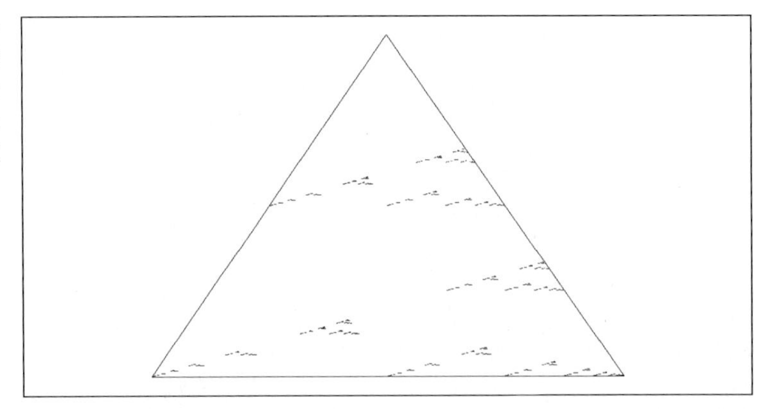

Abb. 6.27 : Der erste Versuch, das Sierpinski-Dreieck mit einem auf der logistischen Gleichung beruhenden Zufallszahlengenerator zu erzeugen.

Algorithmen für Zufallszahlen interessiert, die auf dem ersten elektronischen Computer ENIAC eingesetzt werden sollten. Die Iteration der Gleichung (6.6) erzeugt Zahlen im Bereich von 0 bis 1. Wir unterteilen diesen Bereich in drei gleiche Intervalle [0,1/3), [1/3,2/3) und [2/3,1]. Jede erzeugte Zahl wird in einem dieser drei Intervalle liegen. Nun spielen wir das Chaos-Spiel für das Sierpinski-Dreieck mit diesem „Zufallszahlengenerator". Abbildung 6.27 zeigt das Ergebnis nach 1000 Iterationen.

Scheitern der Erzeugung des Sierpinski-Dreiecks

Dieses Ergebnis sieht ziemlich merkwürdig aus, da nur einige sehr dürftige Einzelheiten des Sierpinski-Dreiecks zum Vorschein kommen.[14] Alle Punkte liegen zwar richtig innerhalb des großen Dreiecks. Die meisten Teile des Sierpinski-Dreiecks scheinen jedoch, auch bei viel länger dauernder Iteration, zu fehlen. Schaut man noch einmal in den letzten Abschnitt, ist man versucht zu glauben, daß die Wahrscheinlichkeiten vielleicht nicht richtig abgestimmt sind. Zur Überprüfung berechnen wir eine Häufigkeitsverteilung[15] für

[14] Dieses Phänomen wurde zusammen mit anderen Pseudozufallszahlengeneratoren von Ian Stewart vorgestellt in, *Order within the chaos game?* Dynamics Newsletter 3, Nr. 2 & 3, Mai 1989, 4–9. Stewart schließt seinen Artikel mit der Feststellung: „Ich habe keine Ahnung, warum diese Ergebnisse auftreten [...] Können diese Phänomene erklärt werden? [...]" Unsere Betrachtungen werden einen ersten Einblick vermitteln. Sie wurden von unseren Studenten E. Lange und B. Sucker in einem Semesterprojekt eines Einführungskurses über fraktale Geometrie ausgearbeitet.

[15] Es ist wichtig, die Häufigkeitsverteilung mit doppelter Genauigkeit zu berechnen. Andernfalls besteht große Gefahr, daß die Iteration für die logistische Gleichung in einen periodischen Zyklus mit niedriger Periode (vielleicht sogar geringer als 1000) mündet. Als Folge davon wäre eine auf einem solchen Zyklus beruhende Häufigkeitsverteilung ein numerisches Artefakt. Dieser Effekt und das Thema der

insgesamt 10 000 Zufallszahlen:

Intervall	Anzahl	Häufigkeit
[0,1/3)	3910	39%
[1/3,2/3)	2229	22%
[2/3,1)	3861	39%

Das Ergebnis weist eine beträchtliche Abweichung von den optimalen Häufigkeiten von 1/3 (33.3%) pro Intervall auf. Um das Auswahlverfahren der affinen Transformationen mit Hilfe der Zufallszahlen zu verbessern, müssen wir eine ausführlichere empirische Untersuchung durchführen. Unterteilen wir zu dem Zweck das Einheitsintervall in 20 kleinere Intervalle der gleichen Länge 0.05 und ermitteln in der folgenden Tabelle die entsprechenden Zahlen für 100 000 Iterationen.

Intervall	Anzahl	Intervall	Anzahl
[0.00, 0.05)	14403		
[0.05, 0.10)	6145		
[0.10, 0.15)	4812		
[0.15, 0.20)	4256		
[0.20, 0.25)	3809		
		[0.00, 0.25)	33425
[0.25, 0.30)	3487		
[0.30, 0.35)	3389		
[0.35, 0.40)	3303		
[0.40, 0.45)	3244		
[0.45, 0.50)	3097		
[0.50, 0.55)	3240		
[0.55, 0.60)	3251		
[0.60, 0.65)	3196		
[0.65, 0.70)	3459		
[0.70, 0.75)	3621		
		[0.25, 0.75)	33287
[0.75, 0.80)	3882		
[0.80, 0.85)	4164		
[0.85, 0.90)	4821		
[0.90, 0.95)	6012		
[0.95, 1.00)	14409		
		[0.75, 1.00]	33288

Häufigkeitsverteilungen werden in Kapitel 1 in *Chaos – Bausteine der Ordnung* weiterbehandelt.

Richtige Abstimmung der Wahrscheinlichkeiten

Aufgrund dieser Ergebnisse unterteilen wir das Einheitsintervall in die drei Teilintervalle $[0, 1/4)$, $[1/4, 3/4)$ und $[3/4, 1]$. Nun scheint die Iteration der logistischen Gleichung in jedem Teilintervall ungefähr dieselbe Anzahl von Ergebnissen zu erzeugen. Somit wird diese Anordnung einen Zufallszahlengenerator mit ungefähr gleichen Wahrscheinlichkeiten von je 1/3 für die drei Zahlen 1, 2 und 3 ergeben. Unter Verwendung dieser Methode führen wir das Chaos-Spiel erneut aus, in der Hoffnung, daß wir nun das vollständige Sierpinski-Dreieck ziemlich schnell erzeugen werden. Aber Abbildung 6.28 führt zu einer großen Enttäuschung; das Ergebnis ist noch schlechter als zuvor.

Die Vermutung, daß das Problem auf schlecht gewählte Wahrscheinlichkeiten zurückzuführen ist, hat sich offensichtlich als falsch erwiesen. Um zum Kern des Problems vorzudringen, müssen wir einen Blick auf weitere Eigenschaften werfen, die von einem Zufallszahlengenerator erfüllt werden müssen, um das Funktionieren des Chaos-Spiels sicherzustellen. Rufen wir uns in Erinnerung, daß das Adressierungssystem der Schlüssel zum Verständnis der Arbeitsweise des Spiels war. Für jeden Punkt des Attraktors gab es eine Adresse mit einer unendlichen Folge von Ziffern aus $\{1, 2, 3\}$. Das Chaos-Spiel wird einen Punkt in der Nähe jedes beliebigen Punktes des Attraktors erzeugen, vorausgesetzt, es ist in der Lage, alle möglichen endlichen Adressen mit einer geeigneten Wahrscheinlichkeit zu erzeugen. Wenn wir in dieser Hinsicht die erbärmlichen Ergebnisse der letzten beiden Experimente betrachten, stellen wir fest, daß wir offensichtlich nicht in der Lage waren, die meisten der Adressen zu erzeugen. Bei unserer Anpassung der Iteration (6.6) an die Intervalle $[0, 1/4)$, $[1/4, 3/4)$ und $[3/4, 1]$ haben wir zwar sichergestellt, daß Adressen, die mit 1, 2 oder 3 beginnen, mit derselben Wahrscheinlichkeit auftreten. Aber wie steht es mit den Adressen, die mit 11, 12, 13 usw. beginnen? Versuchen wir durch nochmaliges Ausführen des letzten Experimentes und Auftragen der Punkte auf ein mit 3stelligen Adressen beschriftetes Gitter herauszufinden, welche Adressen nicht auftreten (siehe Abbildung 6.29).

Wo verbleiben die fehlenden Adressen?

Wir entdecken, daß bestimmte Kombinationen von drei Ziffern in den Adressen niemals in Erscheinung treten, nämlich

$$222, 221, 223, 212, 231, 233, 122, 121, 123, 322, \ldots$$

Mit anderen Worten erscheinen nur die folgenden acht 3stelligen Adressen:

$$111, 113, 132, 211, 213, 232, 321, 323.$$

Nach dem Bisherigen sollten wir nun auch in der Lage sein, diese Artefakte (Abbildungen 6.27 und 6.28) direkt aus der Erzeugung der

Sierpinski-Dreieck mit Hilfe der logistischen Gleichung II

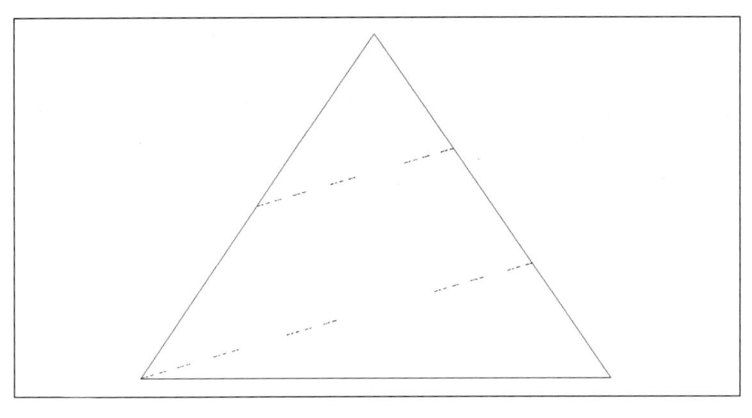

Abb. 6.28 : Ein weiterer Versuch, das Sierpinski-Dreieck zu erzeugen. Benutzt wird der „verbesserte" Zufallszahlengenerator auf der Grundlage der logistischen Gleichung.

Wiederholung mit Adressen

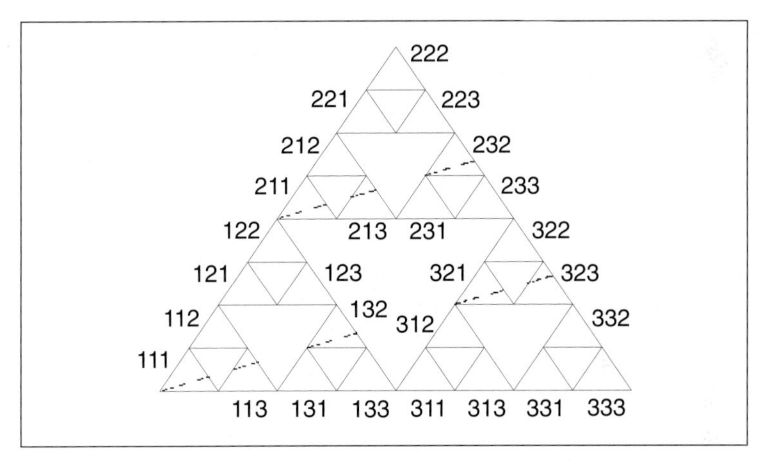

Abb. 6.29 : Wiederholung des letzten Experimentes mit eingetragenen Adressen und fett gezeichneten Punkten.

Zufallszahlen mit Hilfe der Iteration der logistischen Gleichung herzuleiten. Abbildung 6.30 zeigt die grafische Iteration für $4x(1-x)$ mit den auf beiden Achsen eingetragenen drei Intervallen [0,1/4), [1/4,3/4) und [3/4,1]. Bei näherer Betrachtung des Diagramms wird klar, daß bei der Iteration gewisse Sequenzen von Zufallszahlen niemals auftreten können. Wenn wir mit einem Punkt im ersten Intervall [0,1/4) beginnen, muß der nächste Punkt notwendigerweise entweder wieder im ersten Intervall [0,1/4) oder dann im zweiten Intervall [1/4,3/4) liegen. Daher ist die Reihenfolge 13 in diesem Schema ausgeschlossen. Im weiteren erkennen wir, daß einer Zahl aus dem zweiten Intervall

Die logistische Parabel

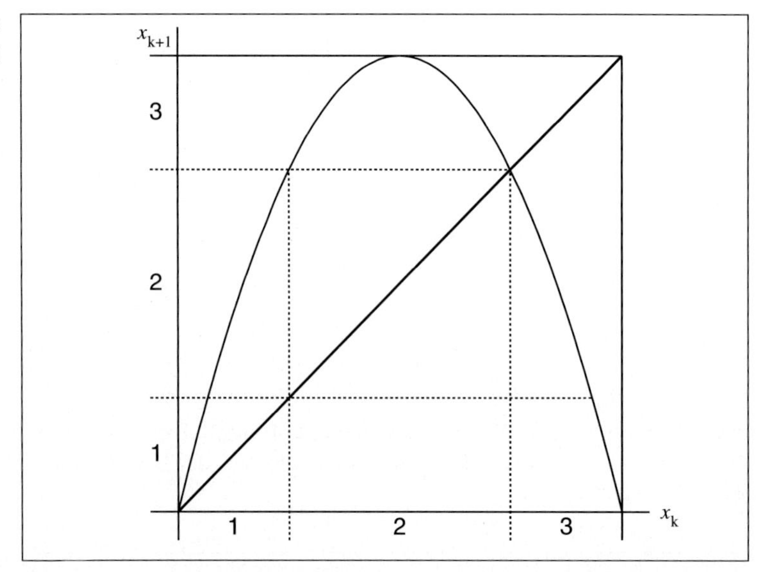

Abb. 6.30 : Grafische Iteration für $4x(1-x)$. Die eingezeichneten Bereiche werden vom Zufallszahlengenerator für das Chaos-Spiel benutzt.

[1/4,3/4) eine Zahl aus dem dritten Intervall [3/4,1] folgen wird. Allen Zahlen aus dem dritten werden nach einer Iteration Zahlen im ersten oder zweiten Intervall folgen.[16] Bedeutet dies, daß die Ziffernfolgen 13, 21, 22 und 33 nicht möglich sind? Vorsicht! Die Frage ist insofern zu bejahen, als unser digitaler Computerwürfel nach einer 1 nicht unmittelbar eine 3 würfeln kann. Aber in Adressenform läßt sich dies in die umgekehrte Reihenfolge 31 übersetzen! Wir rufen uns in Erinnerung, daß Adressen von links nach rechts und Würfelergebnisse im Chaos-Spiel von rechts nach links gelesen werden. Wir haben damit nachgewiesen, daß das mit unserem Zufallszahlengenerator ausgeführte Chaos-Spiel nicht in der Lage ist, Punkte zu erzeugen, die eines der folgenden Ziffernpaare in ihren Adressen haben: 31, 12, 22 und 33. Genau das haben wir im vorstehenden Experiment festgestellt.

Natürlich können wir nun unsere Untersuchung auf den Fall unseres ersten Versuches mit der logistischen Gleichung (mit den Intervallen [0,1/3), [1/3,2/3) und [2/3,1]) ausdehnen. Die möglichen Adressen sind wohl etwas anders, aber grundsätzlich scheitert die Wiedergabe des Sierpinski-Dreiecks an derselben Ursache: Es kann nicht jede

[16] Es gibt nur eine Ausnahme von dieser Regel, nämlich den Punkt 3/4. Dieser Punkt bleibt fest, d.h. $4 \cdot 3/4 \cdot (1 - 3/4) = 3/4$. Dies ist jedoch für unsere Diskussion ohne Belang.

Folge von Intervallindizes endlicher Länge erzeugt werden. Mit anderen Worten sind die Ereignisse (die einzelnen Indizes 1, 2 und 3) nicht unabhängig voneinander.

Modellierung des mit dem quadratischen Iterator getriebenen Chaos-Spiels durch ein hierarchisches IFS

Es gibt eine überraschende Beziehung zwischen dem durch den quadratischen Iterator $x_{k+1} = 4x_k(1 - x_k)$ getriebenen Chaos-Spiel und hierarchischen IFS. Dies unterstreicht erneut die Bedeutung des Begriffs der hierarchischen IFS als neues mathematisches Instrument.

Spielen des Chaos-Spiels durch den quadratischen Iterator und geeignet abgestimmten Wahrscheinlichkeiten, wie im Falle der Abbildung 6.28, bedeutet, daß der Transformation w_1 nicht w_3, w_2 nicht w_2 oder w_1 und w_3 nicht w_3 folgen kann. Oder anders ausgedrückt können wir die nachstehenden zulässigen Reihenfolgen von Transformationen erkennen:

w_1 gefolgt von w_1,
w_1 dann w_2,
w_2 dann w_3,
w_3 dann w_1,
w_3 dann w_2 .

Der Aufbau eines hierarchischen IFS, wie im Graphen der Abbildung 6.31 angeben, führt zum genau gleichen Ergebnis. Als erstes wollen wir die Knoten 1, 2 und 3 und ihre Verbindungen durch Pfeile betrachten. Nichtformal ausgedrückt beschreiben diese Knoten die „nächste zulässige Transformation". Es läßt sich überprüfen, daß die Transformationen w_i nur in der soeben besprochenen Reihenfolge angewendet werden können. Nun betrachten wir den Knoten 4. Er vereinigt alle zulässigen Verknüpfungen.

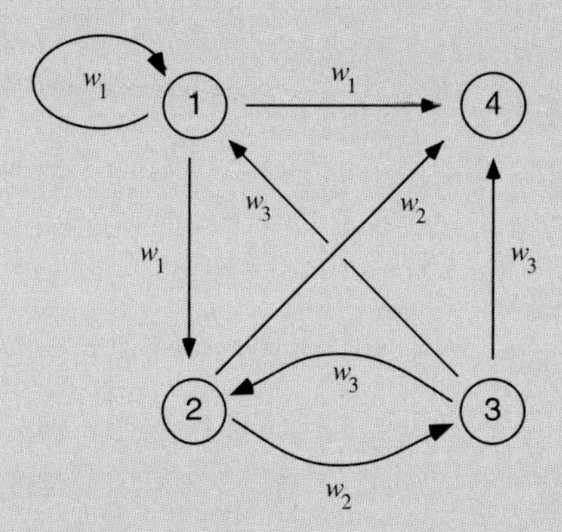

Abb. 6.31 : Graph eines hierarchischen IFS, das dem Chaos-Spiel entspricht; dies beruht auf „Zufallszahlen", die mit der logistischen Gleichung erzeugt wurden.

Der entsprechende Hutchinson-Matrix-Operator würde lauten

$$\mathbf{W} = \begin{pmatrix} w_1 & \emptyset & w_3 & \emptyset \\ w_1 & \emptyset & w_3 & \emptyset \\ \emptyset & w_2 & \emptyset & \emptyset \\ w_1 & w_2 & w_3 & \emptyset \end{pmatrix}.$$

Der betreffende Attraktor würde im Knoten 4 erscheinen (Abbildung 6.31).

Unabhängige Würfelergebnisse

Dies führt uns zu einer wichtigen Bedingung für Zufallszahlengeneratoren, die wir im Chaos-Spiel bisher stillschweigend vorausgesetzt, aber noch nicht ausdrücklich formuliert haben. Die Ergebnisse eines gewöhnlichen Würfels oder eines digitalen Computerwürfels müssen unabhängig voneinander sein. Ohne dies ist es durchaus möglich, trotz gleicher Häufigkeit der drei Ergebnisse 1, 2 und 3, eine ziemlich eingeschränkte Folge von Ereignissen zu erhalten. Die Wahrscheinlichkeit, eine „3“ zu würfeln, kann 100% sein, wenn das vorausgehende Ergebnis „2“ war, oder aber 0%, wenn zuletzt eine „1“ oder eine „3“ gewürfelt wurde. Die Voraussetzung für das richtige Chaos-Spiel besteht jedoch in einem Würfel, der eine „3“ mit einer festen Wahrscheinlichkeit erzeugt, unabhängig vom vorhergehenden Wurf (oder eigentlich von allen vorhergehenden Würfen). Ein wirklich idealer Würfel mit sechs Seiten verfügt natürlich über diese Eigenschaft. Eine „1“ und anschließend eine „2“ zu würfeln, erfolgt mit der Wahrscheinlichkeit von 1/36, unabhängig von allen vorhergehenden Ergebnissen.

Der lineare Kongruenz-Generator

Die auf heutigen Computern am häufigsten benutzten Zufallszahlengeneratoren verwenden Varianten des *linearen Kongruenzverfahrens*.[17] Mit einer Zahl m und einem Anfangswert r_0, $0 \leq r_0 < m$, werden die nachfolgenden Zahlen nach der Formel

$$r_{k+1} = (ar_k + c) \bmod m$$

berechnet, wobei der Faktor a und der Zuwachs c nichtnegative ganze Zahlen kleiner als m sind. Die Zahl m wird normalerweise als eine mit der Wortlänge der jeweiligen Maschine übereinstimmenden Potenz von 2 gewählt. Dieses Verfahren erzeugt ganze Zahlen im Bereich von 0 bis $m - 1$. Jede Zahl wird nach der oben erwähnten Formel vollständig durch ihre Vorgängerin bestimmt. Tatsächlich müssen alle auf diese Weise erzeugten Folgen von Pseudozufallszahlen periodisch sein. Faktor a und Zuwachs c können so gewählt werden, daß die Periode den Maximalwert

[17] Das Verfahren wurde 1949 eingeführt, siehe D. H. Lehmer, Proc. 2nd Symposium on Large Scale Digital Calculating Machinery, Harvard University Press, Cambridge, 1951.

m aufweist. Aufgrund dieser dem Verfahren eigenen Periodizität können die so erzeugten Folgen von Zufallszahlen natürlich nicht wirklich zufällig sein. Zufälligkeit tritt in verschiedenen Formen auf, und es gibt eine große Anzahl statistischer Tests: χ^2-Test, „Run"-Test, Kollisions-Test und Spektral-Test, um nur einige davon zu nennen.[18]

Als Schlußfolgerung ergibt sich, daß es für das mit einem Computer ausgeführte Chaos-Spiel von Bedeutung ist, daß es auf einem Zufallszahlengenerator beruht, der die Unabhängigkeit aller erzeugten Zahlen gewährleistet. Nur auf diese Weise ist es möglich, Punkte für alle notwendigen Adressen zu erzeugen. Die meisten heute mit Computern gelieferten Zufahlszahlengeneratoren scheinen diese Eigenschaft in ausreichendem Maße zu erfüllen. Aber dies trifft keineswegs auf alle in Gebrauch stehenden Generatoren zu. Wir veranschaulichen dies an zwei in den fünfziger Jahren in Betracht gezogenen Beispielen: dem Quadrat-Mitten- und dem Fibonacci-Generator.

Der erste Zufallszahlengenerator

Bevor es Computer gab, benutzte man zur Erzeugung von Zufallszahlen Würfel, Kartenspiele oder später mechanische Geräte. Es wurden auch Tabellen mit Zufallsziffern veröffentlicht. Zum Beispiel stellte L. H. C. Tippet 1927 eine Tabelle mit über 40 000 Ziffern her, die „zufällig Volkszählungsberichten entnommen worden waren". John von Neumann schlug 1946 als erster vor, Zufallszahlen auf einer Maschine unter Verwendung eines deterministischen Algorithmus, des *Quadrat-Mitten-Generators*, zu berechnen. Bei diesem Verfahren wird eine Dezimalzahl r_0 mit n Ziffern als Startwert vorgegeben. Dieser Startwert wird quadriert, die mittleren n Ziffern des Ergebnisses werden herausgezogen und ergeben die nächste Zahl r_1. Dann wird r_1 quadriert und aus den mittleren n Ziffern r_2 gebildet usw. Der Bereich der auf diese Weise erzeugten Zahlen erstreckt sich von 0 bis $10^n - 1$. Bei Division der Ergebnisse durch 10^n erhalten wir über das Einheitsintervall $[0, 1]$ verteilte Zahlen, wie dies für normierte Zufallszahlen verlangt wird. Der Quadrat-Mitten-Generator hat sich jedoch als eher schlechte Quelle für Zufallszahlen erwiesen, obwohl er, wenn er mit einer gewissen Anzahl von Ziffern und Startwerten in Gang gesetzt wird, eine lange Folge von Zahlen erzeugen kann, die alle praktischen Tests des Zufalls erfüllt. Abbildung 6.32 zeigt unseren Versuch für das Sierpinski-Dreieck.

Der Fibonacci-Generator ist vermutlich das einfachste Verfahren zweiter Ordnung für die Erzeugung von Zufallszahlen. Jede Zahl wird

[18] Für eine Einführung in das Thema der Zufallszahlenerzeugung siehe D. E. Knuth, *The Art of Computer Programming, Volume 2, Seminumerical Algorithms*, Second Edition, Addison-Wesley, Reading, Massachusetts, 1981.

Der Quadrat-Mitten-Generator

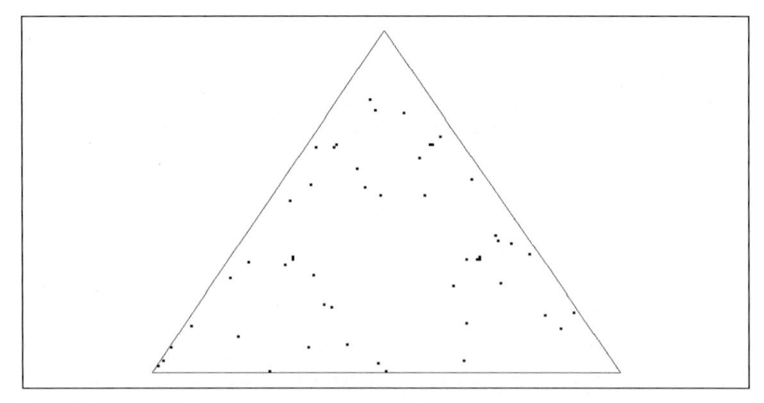

Abb. 6.32 : Das Quadrat-Mitten-Verfahren für die Zufallszahlenbildung versagt bei der Erzeugung des Sierpinski-Dreiecks (Punkte fett gezeichnet).

Der Fibonacci-Generator

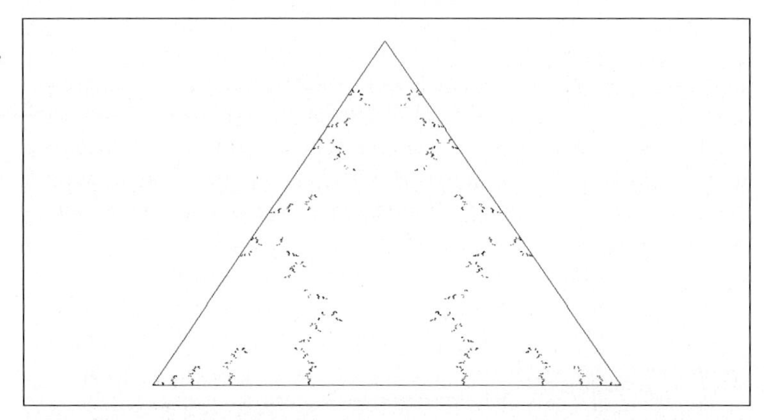

Abb. 6.33 : Auch der Fibonacci-Generator für die Zufallszahlenbildung versagt bei der Erzeugung des Sierpinski-Dreiecks.

nicht nur aus ihrer ersten, sondern auch aus ihrer zweiten Vorläuferin berechnet. Die Formel lautet

$$r_i = (r_{i-1} + r_{i-2}) \bmod m \, .$$

In Abbildung 6.33 haben wir $m = 2^{18}$ gewählt. Das Ergebnis ist ein eher überraschendes Fraktal — aber es ist weit vom eigentlich erwarteten vollständigen Sierpinski-Dreieck entfernt.

6.5 Verfahren mit adaptivem Abbruch

Wie wir in diesem und dem letzten Kapitel gezeigt haben, kann ein großer Teil der Fraktale als Attraktor eines IFS kodiert werden. Wir haben zwei Möglichkeiten für die Darstellung dieses Attraktors besprochen: einen deterministischen Algorithmus (das heißt, die Iteration der MVKM) und einen Algorithmus mit Zufall und Wahrscheinlichkeiten, das Chaos-Spiel. Allerdings haben beide Ansätze ihre Grenzen. Der deterministische Algorithmus funktioniert schlecht, wenn die Kontraktionsverhältnisse der affinen Transformationen stark variieren, wie im Fall des Barnsley-Farns. Auf der anderen Seite hängt die Leistungsfähigkeit des Chaos-Spiels stark von der Wahl der Wahrscheinlichkeiten ab; und bisher haben wir nur eine Faustregel für die Bestimmung der Wahrscheinlichkeiten kennengelernt (siehe Seite 388). Aber nun werden wir ein Verfahren für die Berechnung von verbesserten Wahrscheinlichkeiten aus einer deterministischen Näherung des Attraktors besprechen.

Der Algorithmus, den wir behandeln werden, kann für die Verwirklichung eines deterministischen Algorithmus zur Darstellung des Attraktors verwendet werden, welche die Nachteile der einfachen Iteration einer MVKM vermeidet.[19] In vielen Fällen ist dieser Algorithmus der zufälligen Iteration überlegen. Er kann insbesondere den Attraktor bis zu einer vorgegebenen Genauigkeit wiedergeben, während es beim Chaos-Spiel kein Kriterium dafür gibt, daß es genügend lange iteriert wurde, um die gewünschte Näherung zu erreichen. Andererseits ist ein wohlabgestimmtes Chaos-Spiel äußerst leistungsfähig in der schnellen Wiedergabe eines ersten Eindrucks der Gesamterscheinung des Attraktors.

Überdeckungsmengen für den Attraktor

Als erstes erörtern wir das Problem der Näherung des Attraktors A_∞ eines IFS, das durch die Kontraktionen $w_1, ..., w_N$ bestimmt wird. Zu einer vorgegebenen Genauigkeit $\varepsilon > 0$ sind wir also auf der Suche nach einer Überdeckung des Attraktors mit Mengen, deren Durchmesser kleiner als ε ist. Die Iteration des Hutchinson-Operators kann eine solche Überdeckung erzeugen. Ausgehend von irgendeiner Menge A, die den Attraktor einschließt ($A_\infty \subset A$), ergibt die erste Iteration eine Überdeckung mit N Mengen

$$A_\infty \subset w_1(A) \cup \cdots \cup w_N(A) ,$$

die zweite eine Überdeckung mit N^2 Mengen

$$A_\infty \subset w_1 w_1(A) \cup w_2 w_1(A) \cup \cdots \cup w_N w_N(A)$$

[19] Einzelheiten sind in der Arbeit *Rendering methods for iterated function systems* von D. Hepting, P. Prusinkiewicz und D. Saupe, in: *Fractals in the Fundamental and Applied Sciences,* H.-O. Peitgen, J. M. Henriques, L. F. Penedo (Hrsg.), North-Holland, Amsterdam, 1991, erschienen.

und so weiter. Alle Transformationen $w_k, k = 1, ..., N$, sind Kontraktionen. Somit weisen nach einer genügend großen Anzahl von Iterationen, sagen wir m, alle N^m Überdeckungsmengen der Form

$$w_{s_1} w_{s_2} \cdots w_{s_m}(A) \; , \text{ wobei } s_i \in \{1, ..., N\} \; ,$$

einen Durchmesser kleiner als ε auf. Aus dem Beispiel des Farns wissen wir jedoch, daß die Anzahl N^m dieser Mengen astronomisch groß sein kann, was jede praktische Auswertung durch eine Maschine ausschließt.

Ein guter Einfall

Wir stellen jedoch fest, daß die meisten der letzten N^m Überdeckungsmengen viel kleiner sind als erforderlich. Es wäre somit ein bedeutender Fortschritt, wenn wir die Iteration, abhängig von der Größe der Mengen $w_{s_1} \cdots w_{s_k}(A)$ in den Zwischenschritten $k = 1, ..., m$, passend abbrechen könnten.

Vorbereitung eines einfachen Testbeispiels

Wir wollen ein einfaches Beispiel behandeln, um das Problem klarzustellen. Dazu betrachten wir das folgende System von nur zwei Transformationen

$$w_1(x) = \frac{x}{3} \; ,$$
$$w_2(x) = \frac{2x}{3} + \frac{1}{3} \; ,$$

welche auf die Menge der reellen Zahlen wirken. Der Kontraktionsfaktor von w_1 ist $1/3$, aber der von w_2 beträgt $2/3$. Es gibt eine enge Verbindung zwischen diesen Transformationen und denjenigen der Cantor-Menge.[20] Der Attraktor dieser Menge von Transformationen ist jedoch keine Cantor-Menge; er ist nicht einmal ein Fraktal, sondern einfach das Einheitsintervall $I = [0, 1]$. Dies ist sofort klar, wenn man bedenkt, daß das Intervall I unter dem zugeordneten Hutchinson-Operator invariant ist:

$$w_1(I) = [0, 1/3] \; ,$$
$$w_2(I) = [1/3, 1] \; ,$$

somit

$$H(I) = w_1(I) \cup w_2(I) = [0, 1] = I \; .$$

Aus der Charakterisierung des Attraktors eines IFS durch seine Invarianzeigenschaft (eindeutiger Fixpunkt von H) schließen wir, daß das Einheitsintervall I wirklich den Attraktor unseres zuvor beschriebenen einfachen Systems darstellt.

[20] Wir rufen in Erinnerung, daß jene $w_1(x) = x/3$ und $w_2(x) = x/3 + 2/3$ lauten (siehe Seite 204).

Adaptive MVKM-Iteration

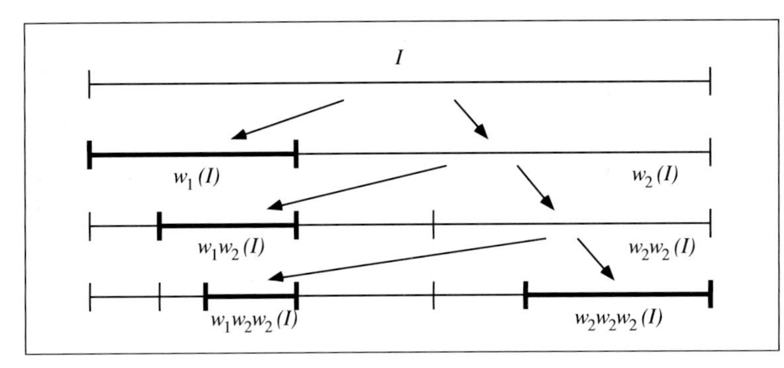

Abb. 6.34 : Die Beschränkung der Iteration des Hutchinson-Operators auf diejenigen Mengen, die eine zugelassene Toleranz überschreiten, ergibt letztlich nur Mengen von der gewünschten Größe. Diese Mengen überdecken jedoch im allgemeinen nicht den ganzen Attraktor.

Iteration mit adaptivem Abbruch

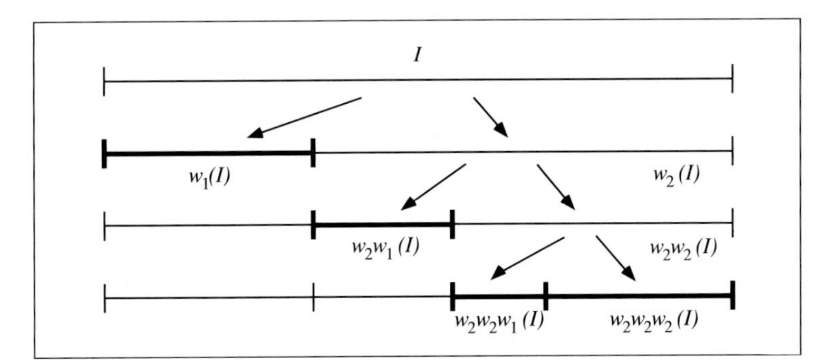

Abb. 6.35 : Die bei der Behandlung von Adressen eingeführte hierarchische Unterteilung verleiht dem Algorithmus mit adaptivem Abbruch den geeigneten Rahmen.

Erster Versuch eines adaptiven Verfahrens

Wir versuchen nun, den Attraktor mit Mengen zu überdecken, welche die Größe $\varepsilon = 1/3$ nicht überschreiten. Wenn wir mit $I = [0, 1]$ beginnen, dann liefert die erste Iteration die Mengen $w_1(I) = [0, 1/3]$ und $w_2(I) = [1/3, 1]$, die — beide zusammen — als Eingabe für den nächsten Schritt der Iteration benutzt werden sollten. Da aber die erste von ihnen, $w_1(I)$, bereits die gewünschte Größe aufweist, setzen wir die Iteration nur mit der anderen, $w_2(I)$, fort (siehe Abbildung 6.34). Dies ergibt

$$w_1 w_2(I) = w_1[1/3, 1] = [1/9, 1/3] \; ,$$
$$w_2 w_2(I) = w_2[1/3, 1] = [5/9, 1] \; .$$

Die erste dieser Mengen ist in der Größe kleiner als ε, aber die zweite übersteigt diese Toleranz noch. Somit wiederholen wir das Verfahren ein weiteres Mal für $[5/9, 1]$ und erhalten

$$w_1 w_2 w_2(I) = w_1[5/9, 1] = [5/27, 1/3] ,$$

$$w_2 w_2 w_2(I) = w_2[5/9, 1] = [19/27, 1] .$$

Die Größen dieser Intervalle sind $4/27$ und $8/27$, beide kleiner als $\varepsilon = 1/3$. Wir sind am Ziel und erwarten, daß die Vereinigung der in diesem Verfahren erhaltenen kleinen Intervalle den Attraktor überdeckt. Aber unsere Überprüfung

$$[0, 1/3] \cup [1/9, 1/3] \cup [5/27, 1/3] \cup [19/27, 1] = \\ = [0, 1/3] \cup [19/27, 1] \neq [0, 1]$$

zeigt, daß einige Teile des Einheitsintervalles noch fehlen (siehe auch Abbildung 6.34). Mit anderen Worten, wenn wir nur bestimmte Zweige der IFS-Iteration abbrechen, erhalten wir kein geeignetes Verfahren.

Das richtige adaptive Verfahren

Was wir also benötigen, ist eine raffiniertere Art hierarchischer Unterteilung. Abbildung 6.35 zeigt die ideale Strategie der Unterteilung für unser Beispiel. Letztere endet mit den Mengen $w_1(I)$, $w_2 w_1(I)$, $w_2 w_2 w_1(I)$ und $w_2 w_2 w_2(I)$. Jede von ihnen unterschreitet die gesetzte Toleranz und alle zusammen überdecken das Einheitsintervall I. (Die Überprüfung dieser Ergebnisse sei dem Leser überlassen.) Aber wie können wir zu dieser Art von Unterteilung gelangen? Bei näherer Betrachtung der Abbildung 6.35 erkennen wir die für den Adressierungsplan des Attraktors benutzte hierarchische Unterteilung. Abbildung 6.36 zeigt einen entsprechenden Adreßbaum. Die Zweige des Baumes weisen unterschiedliche Längen auf; die Knoten einer Stufe befinden sich nicht auf derselben Höhe. Vielmehr stellt die Höhenkoordinate die Größe dar, auf die das Einheitsintervall bei Anwendung der entsprechend zusammengesetzten Kontraktionen verkleinert wird. Somit besteht der Grundgedanke des Verfahrens darin, genau die Zweige des Adreßbaumes zu beschneiden, welche die Höhe 1/3 unterschreiten.

Formaler ausgedrückt, unterteilen wir im ersten Schritt

$$A_\infty = w_1(A_\infty) \cup \cdots \cup w_N(A_\infty) . \tag{6.7}$$

Im nächsten Schritt unterteilen wir jede der Mengen $w_k(A_\infty), k = 1, ..., N$, gemäß

$$w_k(A_\infty) = w_k w_1(A_\infty) \cup \cdots \cup w_k w_N(A_\infty) .$$

Im dritten Schritt unterteilen wir jede der Mengen $w_k(w_l(A_\infty)), k = 1, ..., N$ und $l = 1, ..., N$, entsprechend

$$w_k w_l(A_\infty) = w_k w_l w_1(A_\infty) \cup \cdots \cup w_k w_l w_N(A_\infty) .$$

Adaptiver Adreßbaum

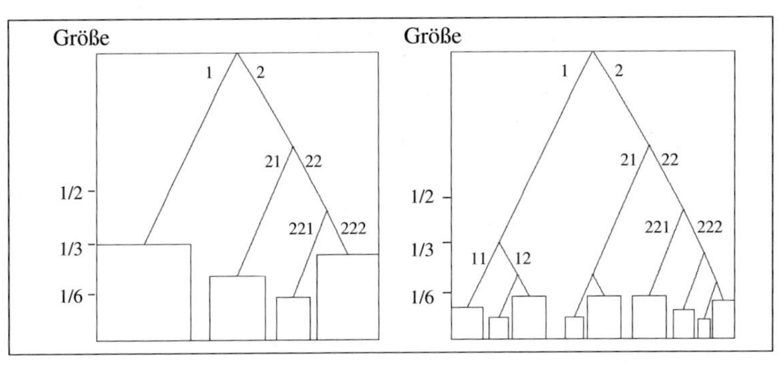

Abb. 6.36 : Der linke Adreßbaum entspricht Abbildung 6.35. Er ist an denjenigen Zweigen beschnitten, bei denen die betreffenden verknüpften Kontraktionen den Verkleinerungsfaktor 1/3 erreichen. Der rechte Baum hat Zweige, die beim Kontraktionsfaktor 1/6 beschnitten sind, was eine Überdeckung des Einheitsintervalls bei einer höheren Auflösung ergibt. (Die Breiten der Blöcke in der Abbildung sind ohne Bedeutung; sie stimmen nicht mit der Grösse der entsprechenden Attraktorkopien überein.)

Mit anderen Worten wird in Stufe n jede Teilmenge des Attraktors mit Adresse $s_1 ... s_{n-1}$ in diejenigen Teilmengen mit den Adressen

$$s_1 ... s_{n-1}1, \quad s_1 ... s_{n-1}2, \quad ..., \quad s_1 ... s_{n-1}N$$

unterteilt. Diese Teilmengen von A_∞ sind nichts anderes als die schon auf Seiten 388 ff. beschriebenen *Attraktorkopien*. Immer wenn wir eine Attraktorkopie mit kleinerem Durchmesser als ε erreichen, so greifen wir sie heraus. Alle anderen Attraktorkopien müssen weiter unterteilt werden. In unserem Beispiel hat dieses Verfahren die Attraktorkopien mit den Adressen 1, 21, 221 und 222 erzeugt.

Auf der Grundlage dieser Überlegungen können wir auf rationelle Weise Näherungen des Attraktors A_∞ berechnen. Dazu wählen wir ganz einfach aus jeder der letzten Attraktorkopien einen Punkt aus. Auf diese Weise erhalten wir eine repräsentative Punktmenge. In der Folge führt diese Konstruktion dazu, daß es für jeden Punkt des Attraktors in unserer Punktmenge eine Näherung geben wird, deren Abstand zum betreffenden Punkt höchstens ε beträgt.

Verdeutlichen wir dies anhand unseres Beispiels. Wir wissen, daß $y_0 = 0$ ein Punkt in A_∞ ist (0 ist der Fixpunkt von w_1). Dies erlaubt uns, Punkte der Attraktorkopien zu berechnen:

$$y_1 = w_1(0) = 0 \ ,$$

$$y_2 = w_2 w_1(0) = w_2(0) = 1/3 \ ,$$

$$y_3 = w_2 w_2 w_1(0) = w_2(1/3) = 5/9 \ ,$$

$$y_4 = w_2 w_2 w_2(0) = w_2 w_2(1/3) = w_2(5/9) = 19/27 \ .$$

Da die Größe der entsprechenden Attraktorkopien nicht die Toleranz ε überschreitet, finden wir die Näherung

$$A_\varepsilon = \left\{0, \frac{1}{3}, \frac{5}{9}, \frac{19}{27}\right\} \subset A_\infty \ ,$$

und mit Sicherheit gibt es zu jedem Punkt in A_∞ einen Punkt in A_ε der einen Abstand nicht größer als $\varepsilon = 1/3$ hat.

Vergleichen wir dies mit der einfachen IFS-Iteration, ausgehend vom Fixpunkt 0. Das Erreichen der gewünschten Genauigkeit würde drei vollständige Schritte erfordern. Damit würden wir im Gegensatz zu den vier Punkten von A_ε acht Punkte erzeugen, was dem doppelten Arbeitsaufwand entspricht. Bleibt anzumerken, daß im allgemeinen ein noch wesentlich schlechterer Wirkungsgrad typisch ist.

IFS-Iteration gegen Verfahren mit adaptivem Abbruch

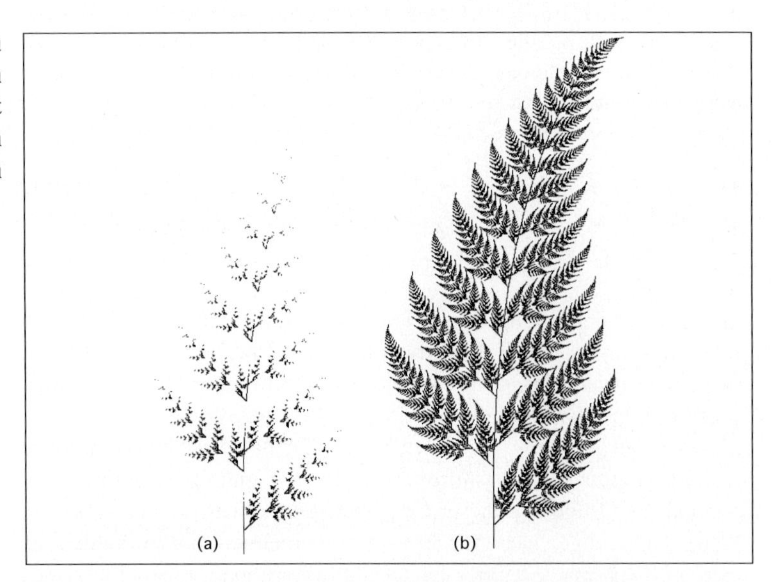

Abb. 6.37 : Vergleich von zwei Verfahren für die Wiedergabe des Attraktors eines IFS. (a) Iteration des Hutchinson-Operators (ausgehend von einem Punkt) für insgesamt $m = 9$ Durchgänge, was zu $N_1 = 4^9 = 262\,144$ Punkten führt. (b) Der Algorithmus mit adaptivem Abbruch bei Verwendung von $N_2 = 198\,541$ Punkten.

Algorithmenvergleich: Das Beispiel des Farns

Zusammengefaßt unterteilt der adaptive Algorithmus eine Attraktorkopie rekursiv, bis der Durchmesser mit Sicherheit kleiner oder höchstens gleich der gesetzten Toleranz ε ist. Aus jeder der schließlich vorliegenden Attraktorkopien greifen wir einen Punkt als deren Vertreter heraus. Diese Punkte überdecken den Attraktor mit der Genauigkeit ε. In Abbildung 6.37 werden die verschiedenen Verfahren für die Wiedergabe den Barnsley-Farns miteinander verglichen. Da die Kontraktionsverhältnisse der an der Erzeugung des Farns beteiligten Transformationen stark voneinander abweichen, führt eine gewisse Anzahl von Interationen der MVKM zu einer sehr ungleichmäßigen Verteilung der Punkte im Attraktor. Der Algorithmus mit adaptivem Abbruch beseitigt diesen Nachteil, wie in der Abbildung eindrucksvoll zu erkennen ist.

Das Verfahren mit adaptivem Abbruch

Das Verfahren mit adaptivem Abbruch ermöglicht uns, Näherungen A_ε von A_∞ mit einer vorgegebenen Genauigkeit ε zu berechnen, so daß der Hausdorff-Abstand[21] $d_H(A_\varepsilon, A_\infty)$ kleiner oder gleich ε ist. Somit liegen alle Punkte von A_ε innerhalb der Entfernung ε zu Punkten von A_∞ und umgekehrt. Nun betrachten wir w_1, w_2, ..., w_N und berechnen die Verkleinerungsfaktoren dieser Transformationen. Wir führen für diese Faktoren das Symbol $\rho(w_k)$ ein. Alle Transformationen w_k, welche die Bedingung $\rho(w_k) \leq \varepsilon/\text{diam}(A_\infty)$ erfüllen, scheiden aus dem weiteren Unterteilungsverfahren aus, da die Durchmesser der entsprechenden Attraktorkopien $w_k(A_\infty)$ kleiner als ε sind. Für alle anderen Transformationen w_k setzen wir das Verfahren fort und berechnen die Verkleinerungsfaktoren der zusammengesetzten Transformationen

$$\rho(w_k w_1), \rho(w_k w_2), \ldots, \rho(w_k w_N) .$$

Das Verfahren wird wiederholt, das heißt, wir sondern diejenigen Zusammensetzungen aus, deren Kontraktionsverhältnis kleiner oder gleich $\varepsilon/\text{diam}(A_\infty)$ ist, und machen mit den anderen weiter, wobei wir jetzt Zusammensetzungen von drei Transformationen betrachten, und so weiter.

Das allgemeine Verfahren lautet somit folgendermaßen: Wenn wir eine Zusammensetzung erreicht haben, die einen ausreichend kleinen Kontraktionsfaktor besitzt,

$$\rho(w_{s_1} w_{s_2} \cdots w_{s_m}) \leq \frac{\varepsilon}{\text{diam}(A_\infty)} ,$$

haben wir eine von uns gesuchte Attraktorkopie mit Adresse $s_1 s_2 \cdots s_m$ und Größe

$$\text{diam}(w_{s_1} w_{s_2} \cdots w_{s_m}(A_\infty)) \leq \varepsilon$$

gefunden. Wenn eine Verknüpfung $w_{s_1} \cdots w_{s_m}$ einen immer noch zu großen Kontraktionsfaktor aufweist, das heißt größer als $\varepsilon/\text{diam}(A_\infty)$, dann wenden wir uns den N Zusammensetzungen der nächsten Stufe zu

$$\begin{array}{l} w_{s_1} w_{s_2} \cdots w_{s_m} w_1 \\ w_{s_1} w_{s_2} \cdots w_{s_m} w_2 \\ \quad\quad\vdots \\ w_{s_1} w_{s_2} \cdots w_{s_m} w_N \, . \end{array}$$

[21] Für die Definition des Hausdorff-Abstands siehe Kapitel 5.

Auf diese Weise bilden wir alle Verknüpfungen, die

$$\rho(w_{s_1} \cdots w_{s_m}) \leq \frac{\varepsilon}{\text{diam}(A_\infty)} \leq \rho(w_{s_1} \cdots w_{s_{m-1}})$$

erfüllen. Sei S die Menge der Adressen $s_1 ... s_m$ entsprechender Attraktorkopien. Für jeden Punkt $x_0 \in A_\infty$ (zum Beispiel den Fixpunkt von w_1) ist der Hausdorff-Abstand zwischen dem Attraktor und der Menge

$$A_\varepsilon = \{x \; : \; x = w_{s_1} \cdots w_{s_m}(x_0), \; (s_1, ..., s_m) \in S\}$$

durch ε beschränkt, das heißt $d_H(A_\varepsilon, A_\infty) \leq \varepsilon$. Damit ist das Verfahren mit adaptivem Abbruch grundsätzlich beschrieben.

Für praktische Zwecke kann dieses Verfahren unter Berücksichtigung der Tatsache, daß der Attraktor nur mit einer endlichen Bildschirmauflösung angezeigt werden kann, sogar noch weiter beschleunigt werden. Die Idee besteht darin, Bilder, von denen mehrere Punkte in dasselbe Pixel fallen, von der weiteren Betrachtung auszuschließen.[22] Dies ist von besonderer Bedeutung in Fällen von sich überlappenden Attraktorkopien, da der adaptive Algorithmus solche Überlappung nicht berücksichtigt.

Das verbleibende Problem betrifft die Berechnung oder Abschätzung der Kontraktionsfaktoren $\rho(w_{s_1} \cdots w_{s_m})$. Wir schlagen hier drei Verfahren vor, die sich im Schwierigkeitsgrad der Berechnung und in der Qualität der Ergebnisse unterscheiden. In allen Fällen werden Abstände unter Verwendung der euklidischen Metrik berechnet.

Das erste und einfachste Verfahren beruht auf der Eigenschaft $\rho(w_1 w_2) \leq \rho(w_1)\rho(w_2)$ und liefert als Schätzwert für den Kontraktionsfaktor einer zusammengesetzten affinen Transformation $w_{s_1} \cdots w_{s_n}$ das Produkt der einzelnen Kontraktionsfaktoren. Also,

$$\rho(w_{s_1} \cdots w_{s_m}) \leq \rho(w_{s_1}) \cdots \rho(w_{s_m}) \; .$$

Leider ist es möglich, daß mit dieser Formel der wirkliche Wert des Kontraktionsverhältnisses der zusammengesetzten Transformation viel zu ungünstig abgeschätzt wird. Dies zeigt das folgende Beispiel mit den beiden affinen Abbildungen:

$$w_1(x, y) = (0.01x, 0.99y), w_2(x, y) = (0.99x, 0.01y).$$

Da $\rho(w_1) = \rho(w_2) = 0.99$, erhalten wir $\rho(w_1)\rho(w_2) = 99^2/10\,000$. Andererseits gilt

$$w_1 w_2(x, y) = (0.0099x, 0.0099y)$$

und $\rho(w_1 w_2) = 0.0099$. Somit wird mit Verwendung des Produkts $\rho(w_1)\rho(w_2)$ der wirkliche Wert von $\rho(w_1 w_2)$ um einen Faktor 99 zu groß geschätzt.

[22] Siehe S. Dubuc und A. Elqortobi, *Approximations of fractal sets*, Journal of Computational and Applied Mathematics 29 (1990) 79–89.

Wir können ein alternatives Verfahren für die Abschätzung des Kontraktionsverhältnisses unter Verwendung der folgenden Eigenschaft benutzen.[23] Das Kontraktionsverhältnis $\rho(w)$ einer affinen Transformation

$$w(x, y) = (ax + by + e, cx + dy + f)$$

genügt der Ungleichung

$$\rho(w) \leq 2 \max\{|a|, |b|, |c|, |d|\} .$$

Im genannten Beispiel liefert dieses Ergebnis eine obere Schranke von 0.0198, was im Vergleich zu $99^2/10\,000$ stark verbessert ist, aber immer noch um einen Faktor 2 zu hoch liegt.

Das dritte Verfahren erfordert größeren Rechenaufwand als die beiden vorhergehenden, aber es liefert exakte Werte. Es beruht darauf, daß das Kontraktionsverhältnis $\rho(w)$ der affinen Transformation $w(z) = Az + B$ (A bezeichnet eine Matrix und B einen Spaltenvektor) als Quadratwurzel des maximalen Eigenwertes von $A^T A$ (A^T bezeichnet die Transponierte der Matrix A) ausgedrückt werden kann:

$$\rho(w) = \sqrt{\max\{|\lambda_i| \;:\; \lambda_i \text{ Eigenwert von } A^T A\}} .$$

Diese Formel gilt für die affinen Transformationen in Räumen von beliebiger Dimension n. Im zweidimensionalen Fall ($n = 2$) mit

$$A = \begin{pmatrix} a & b \\ c & d \end{pmatrix}$$

erfordert die Auswertung von $\rho(w)$ die Berechnung von zwei Quadratwurzeln. Explizit lautet das Ergebnis

$$\rho(w) = \sqrt{\frac{p + \sqrt{p^2 - 4q}}{2}} ,$$

wobei

$$p = a^2 + b^2 + c^2 + d^2 \; , q = (ad - bc)^2 .$$

Da wir nicht am genauen Kontraktionsverhältnis, sondern nur an einer guten Abschätzung interessiert sind, könnten wir die Quadratwurzelberechnung durch eine geeignet angefertigte Tabelle ersetzen, was das Verfahren erheblich beschleunigen würde.

Wie wir zu Beginn erwähnt haben, werden die Abstände in dieser Erörterung mit Hilfe der euklidischen Metrik gemessen. Als weitere Möglichkeit könnten wir zu einer anderen Metrik übergehen. Zum Beispiel kann für die Maximumsmetrik d_∞ (siehe Seite 315) das Kontraktionsverhältnis effizient mit der Formel

$$\rho_\infty(w) = \max\{|a| + |b|, |c| + |d|\}$$

berechnet werden, wobei die Koeffizienten $a, ..., d$, wie vorstehend, die Elemente der Matrix A bedeuten.

Überdeckungsmengen für den Farn

Abb. 6.38 : Der Algorithmus mit adaptivem Abbruch kann Wiedergaben von unterschiedlicher Auflösung erzeugen, je nach getroffener Wahl der Toleranz ε für den Hausdorff-Abstand. Für diese Darstellungen wurden drei verschiedene Werte $\varepsilon = 0.5, 0.1, 0.015$ benutzt. Jeder Punkt wurde als kleine Kreisscheibe mit geeignetem Radius gezeichnet, so daß der Attraktor vom Bild mit Sicherheit überdeckt wird.

Das Verfahren mit adaptivem Abbruch erzeugt eine Liste von Punkten, die den Attraktor A_∞ mit vorgegebener Genauigkeit annähern. Wenn diese Punkte als Mittelpunkte von kleinen Kreisscheiben gedeutet werden, dann bilden sie eine Überdeckung von A_∞. Sei

$$D_\varepsilon(y) = \{x \in \mathbf{R}^2 : |x - y| \leq \varepsilon\}$$

die Menge von Punkten in der Ebene, die innerhalb des Abstandes ε vom Punkt y liegen. Dann würde in unserem einfachen eindimensionalen Beispiel die Menge

$$C_\varepsilon = D_\varepsilon(0) \cup D_\varepsilon(1/3) \cup D_\varepsilon(5/9) \cup D_\varepsilon(19/27)$$

den Attraktor überdecken (das heißt, $A_\infty \subset C_\varepsilon$), und alle Punkte von C_ε würden von A_∞ einen Abstand von höchstens $\varepsilon = 1/3$ aufweisen. Abbildung 6.38 zeigt solche Überdeckungsmengen für den Farn.

[23] Siehe G. H. Golub und C. F. van Loan, *Matrix Computations*, Second Edition, Johns Hopkins, Baltimore, 1989, Seite 57.

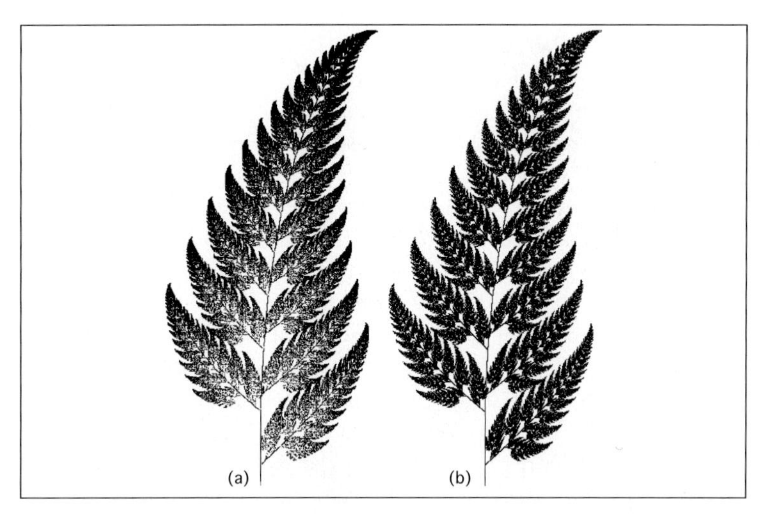

Chaos-Spiel — Verbesserte Wahl der Wahrscheinlichkeiten

Abb. 6.39 : Das Chaos-Spiel mit 198 541 gezeichneten Punkten. (a) Die verwendeten Wahrscheinlichkeiten sind 0.85, 0.07, 0.07 und 0.01. (b) Die verbesserten Wahrscheinlichkeiten sind 0.73, 0.13, 0.11 und 0.03.

Abschätzen von Wahrscheinlichkeiten für das Chaos-Spiel

Das Chaos-Spiel erfordert einen Satz von Wahrscheinlichkeiten $p_k, k = 1, ..., N$, die bestimmen, mit welcher relativen Häufigkeit die Transformationen $w_1, ..., w_N$ in jedem Schritt des Algorithmus zum Zuge kommen sollen. Wie wir erläutert haben, ist die Auswahl dieser Wahrscheinlichkeiten nicht evident. Das Verfahren mit adaptivem Abbruch vermag einen weiteren Weg für das Auffinden geeigneter Werte für die Wahrscheinlichkeiten zu weisen. Zu einer vorgegebenen Rasterung (Bildauflösung) zerlegen wir die vom adaptiven Verfahren erzeugten Bildpunkte (Pixel) in N Teilmengen, nach den entsprechenden Attraktorkopien $w_k(A_\infty)$.[24] Die relative Anzahl von Pixeln in jeder Teilmenge bestimmt die betreffende Wahrscheinlichkeit. Für den Farn erhalten wir zum Beispiel die Zahlen 0.73, 0.13, 0.11, 0.03.[25] Diese Werte als Wahrscheinlichkeiten im Chaos-Spiel führen zu einem Bild mit gleichmäßiger verteilten Punkten als die mit der früheren Formel von Seite 388 nahegelegten Wahrscheinlichkeiten (siehe Abbildung 6.39).

[24] Diese Aufteilung ist nicht genau (d.h. nicht disjunkt), da sich die Attraktorkopien $w_k(A_\infty)$ der ersten Stufe überlappen können. Der Algorithmus weist einen die Attraktorkopie $w_{s_1} w_{s_2} \cdots w_{s_m}(A_\infty)$ darstellenden Punkt einfach der Attraktorkopie $w_{s_1}(A_\infty)$ zu.

[25] Diese Zahlen sollten nicht für einzig richtig gehalten werden, da sie bis zu einem gewissen Grad von der Auflösung des Bildes abhängig sind. Andere Gewichtungsfaktoren mögen für andere Auflösungen besser sein.

6.6 Programm des Kapitels: Chaos-Spiel für den Farn

Wir haben gezeigt, daß das Chaos-Spiel eine elegante Methode für die Berechnung des Attraktors einer gegebenen Mehrfach-Verkleinerungs-Kopier-Maschine ist. Das Programm beruht auf der Auswertung dieser Idee. Es bildet den Rahmen für Experimente mit allen IFS aus Kapitel 5. Man verwendet einfach die Parameter aus Tabelle 5.60 (Seite 350), und verändert die Transformationen des Programms gemäß den gegebenen Werten. Und schon bald sollte ein weiteres Fraktal auf dem Computerbildschirm entstehen.

Das Programm ist für die Erzeugung eines Farns wie in Abbildung 6.40 vorbereitet. Zu beachten ist, daß seine Parameter nicht in Tabelle 5.60 aufgeführt sind. Wir haben die Wahrscheinlichkeiten unter Verwendung der Determinanten hergeleitet, wie im Rezept auf Seite 388 beschrieben. Für das Erproben anderer Transformationen sollte man zur Berechnung der benötigten Wahrscheinlichkeiten ebenfalls dieses Rezept benutzen.

Bildschirmanzeige des Chaos-Farns

Abb. 6.40 : Ausgabe des Programms „Chaos-Spiel".

Betrachten wir nun das Programm näher. Zu Beginn wird die Frage nach der Anzahl der Iterationen im Chaos-Spiel gestellt. Es folgen die Angaben der Bildschirmbreite (wie üblich) und die Einstellung der Translationsanteile der Transformationen. Zu beachten ist, daß diese wie im Programm von Kapitel 5 mit `w` skaliert werden müssen. Wir müssen nicht alle Parameter der Transformationen gleich zu Beginn vorgeben. In diesem Programm werden sie als Konstanten der Transformationen aufgeführt (direkt an der Stelle, an der die Transformationen auf den Spielpunkt angewendet werden).

BASIC Programm **Chaos-Spiel**
Titel Chaos-Spiel für ein Farnblatt

```
INPUT "Anzahl der Iterationen (5000):",imax
links = 30
w = 300
wl = w + links
e1 = .5*w : e2 = .57*w : e3 = .408*w : e4 = .1075*w
f1 = 0*w : f2 = -.036*w : f3 = .0893*w : f4 = .27*w
REM FIXPUNKT ABBILDUNG 1
x = e1
y = 0
FOR i = 1 TO imax
    z = RND
    REM Abbildung 1 (Stengel)
50  IF z > .02 GOTO 100
        xn = 0 * x + 0 * y + e1
        yn = 0 * x + .27 * y + f1
        GOTO 400
    REM Abbildung 2 (rechtes Blatt)
100 IF z > .17 GOTO 200
        xn = -.139 * x + .263 * y + e2
        yn = .246 * x + .224 * y +f2
        GOTO 400
    REM Abbildung 3 (linkes Blatt)
200 IF z > .3 GOTO 300
        xn = .17 * x - .215 * y + e3
        yn = .222 * x + .176 * y + f3
        GOTO 400
    REM Abbildung 4 (Spitze des Farns)
300 xn = .781 * x + .034 * y + e4
    yn = -.032 * x + .739 * y + f4
    REM ZEICHNE SPIELPUNKT
400 PSET (xn+links,wl-yn)
    x = xn
    y = yn
NEXT i
END
```

Als nächstes berechnen wir den Fixpunkt der ersten Transformation, `Abbildung 1`. Dieser Punkt ist Teil des Attraktors, und wir benutzen ihn als Anfangsspielpunkt im Chaos-Spiel. Seine Berechnung ist ziemlich einfach, `x = e1`, `y = 0`. Wenn man die Transformationen ändert, muß man auch diese zwei Anweisungen abändern. Die allgemeine Regel ist auf Seite 284 angegeben. Wenn dies nicht richtig ausgeführt wird, dann werden auf dem Bildschirm lediglich einige zusätzliche Punkte erscheinen, die nicht zum Attraktor gehören. Das ist alles, was geschehen wird, es ist also nicht weiter schlimm.

Nun beginnt der iterative Teil des Programms (`FOR i = 1 TO imax`). Zuerst wird eine Zufallszahl `z` zwischen 0 und 1 berechnet. Wenn `z` kleiner (oder gleich) 0.02 ist, wird die Transformation `Abbildung 1` (mit einer Wahrscheinlichkeit von 2%) auf den Spielpunkt angewendet. Dann wird der neue Spielpunkt gezeichnet (bei Marke 40), und es beginnt die nächste Iteration. Andernfalls wird die Zufallszahl nochmals überprüft. Wenn sie kleiner (oder gleich) 0.17 ist, dann wird die Transformation `Abbildung 2` (mit einer Wahrscheinlichkeit von $0.17 - 0.02 = 15\%$) angewendet. Wenn nicht, so wird die Transformation `Abbildung 3` (mit 13% Wahrscheinlichkeit) oder `Abbildung 4` (mit 70% Wahrscheinlichkeit) angewendet.

Wenn man die Transformationen gemäß Tabelle 5.60 verändern (oder seine eigenen schöpferischen Ideen erproben) will, kann man die Konstanten, welche die Parameter `a`, `b`, `c` und `d` darstellen, direkt in den Anweisungen ersetzen, welche die Transformation des Spielpunktes beschreiben. Führen wir als Beispiel den „Drachen“ aus Abbildung 5.11 (Seite 288) durch. Wir rufen in Erinnerung, daß

```
xn = a * x + b * y + e
yn = c * x + d * y + f
```

Somit ist die erste Transformation (man vergleiche mit Tabelle 5.60)

```
xn = 0.000 * x + 0.577 * y + e1
yn = -0.577 * x + 0.000 * y + f1
```

und am Anfang des Programmes würden wir

```
e1 = 0.0951*w
f1 = 0.5893*w
```

setzen, da die Parameter `e` und `f` mit `w` multipliziert werden müssen. Hat man die Wahrscheinlichkeiten p_1 bis p_4 für die Transformationen `Abbildung 1` bis `Abbildung 4` berechnet, so setze man $z_1 = p_1$, $z_2 = p_2 + z_1$ und $z_3 = p_3 + z_2$. Dies sind die Zahlen, die in den `IF`-Anweisungen ersetzt werden müssen, welche die Transformation auswählen (z_1 bei Marke 50, z_2 bei Marke 100 und z_3 bei Marke 200).

Kapitel 7

Unregelmäßige Formen: Zufall in fraktalen Konstruktionen

Warum wird die Geometrie oft als „nüchtern" und „trocken" bezeichnet? Nun, einer der Gründe besteht in ihrer Unfähigkeit, solche Formen zu beschreiben, wie etwa eine Wolke, einen Berg, eine Küstenlinie oder einen Baum. Wolken sind keine Kugeln, Berge keine Kegel, Küstenlinien keine Kreise. Die Rinde ist nicht glatt — und auch der Blitz bahnt sich seinen Weg nicht gerade. [...] Die Existenz solcher Formen fordert uns zum Studium dessen heraus, was Euklid als „formlos" beiseite läßt, eben die Morphologie des „Amorphen" zu studieren.

Benoît B. Mandelbrot[1]

Selbstähnlichkeit scheint eines der grundlegenden geometrischen Konstruktionsprinzipien in der Natur zu sein. Seit Jahrmillionen hat die Evolution Lebewesen nach dem Grundsatz „Überleben des Tüchtigsten oder am besten Angepaßten" geschaffen. In vielen Pflanzen und auch Organen von Tieren bildeten sich dabei fraktale Verzweigungsstrukturen heraus. Zum Beispiel erlaubt die Verzweigungsstruktur bei einem Baum den Blättern die Aufnahme eines Höchstmaßes an Sonnenlicht; das Blutgefäßsystem einer Lunge ist ähnlich verzweigt, so daß eine Höchstmenge an Sauerstoff aufgenommen werden kann. Obwohl bei diesen Objekten keine exakte Selbstähnlichkeit vorliegt, können wir die Grundbausteine der Struktur erkennen — die Verzweigungen auf verschiedenen Stufen.

In vielen Fällen weist auch die unbelebte Natur fraktale Merkmale auf. Ein einzelner Berg kann beispielsweise wie der ganze Gebirgszug, in den er eingebettet ist, aussehen. Die Verteilung der Mondkrater folgt, ähnlich wie ein Fraktal, gewissen Skalierungsgesetzen. Flüsse, Küstenlinien und Wolken sind andere Beispiele. Im

[1] In: Benoît B. Mandelbrot, *Die fraktale Geometrie der Natur,* Birkhäuser Verlag, Basel, 1987, Seite 13.

allgemeinen ist es jedoch nicht möglich, für diese Objekte hierarchische Grundbausteine zu finden, wie so oft bei lebender organischer Materie. Es gibt keine offensichtliche Selbstähnlichkeit, aber trotzdem sehen die Objekte in einem statistischen Sinne — der noch zu erläutern sein wird — unter Vergrößerung gleich aus.

Zusammengefaßt besitzen viele natürliche Formen die Eigenschaft der Unregelmäßigkeit, aber dennoch gehorchen sie einem Skalierungsgesetz. Eine der Konsequenzen ist — wie in Kapitel 4 besprochen — die Unmöglichkeit, diesen natürlichen Formen Größen wie Länge oder Oberflächeninhalt zuzuordnen. Auf die Frage „Wie lang ist die Küstenlinie von Großbritannien?“ kann es keine einfache numerische Antwort geben. Wenn jemand 8000 Kilometer als Länge der Küstenlinie messen würde, dann würde jemand anders mit besserer (genauerer) Meßtechnik ein Ergebnis von mehr als 8000 Kilometern vorlegen. Die passendere Frage würde lauten: Wie unregelmäßig, wie gewunden ist eine Küstenlinie, oder wie groß ist ihre fraktale Dimension? Im vorliegenden Kapitel wird diese Frage umgekehrt. Es werden Methoden für die Erzeugung von Modellen für Küstenlinien (und andere Formen) mit *vorgegebener* fraktaler Dimension beschrieben. Nun, man könnte beispielsweise die Koch-Schneeflockenkurve bereits als gutes Modell für die Küstenlinie einer Insel vorschlagen. Wenn auch solche exakt selbstähnlichen Kurven die gewünschte Skaleninvarianz und fraktale Dimension besitzen, werden sie doch nicht als realistische Modelle einer Küstenlinie empfunden. Der Grund liegt darin, daß keine Zufälligkeit vorliegt. Um Küstenlinien zu modellieren, benötigen wir Kurven, die bei Vergrößerung unterschiedlich aussehen, aber trotzdem denselben typischen Eindruck erwecken. Mit anderen Worten, beim Betrachten einer vergrößerten Version der Küstenlinie sollte man nicht in der Lage sein, tatsächlich eine Vergrößerung des Originals zu erkennen. Vielmehr sollte man sie einfach für einen, in demselben Maßstab gezeichneten, anderen Teil der Küstenlinie halten.

Wir beginnen unsere Erörterung genau an diesem Punkt — mit der Einführung einiger Elemente des Zufalls in die sonst streng geordneten klassischen Fraktale.[2] Dies führt zu physikalischen, sogenannten Perkolations-Modellen mit Anwendungen, die von der Zertrümmerung von Atomkernen bis zur Bildung von Galaxienhaufen reichen. Ein Experiment, das zufällige fraktale dendritische (baumähnliche) Strukturen ergibt — geeignet für praktische Demonstrationen in der Schule — bezieht sich auf einen in Abschnitt 7.3 besprochenen elektrochemischen Ablagerungsprozeß. Ein mathematisches Modell die-

[2] Die Randomisierung von mit MVKM erhaltenen Verzweigungsstrukturen wird im nächsten Kapitel, wo es besser in den inhaltlichen Zusammenhang paßt, besprochen.

ses Prozesses beruht auf der Brownschen Teilchenbewegung. Entsprechende Simulationen können ohne große Schwierigkeiten auf einem Computer durchgeführt werden. Die zugrundeliegenden Skalierungsgesetze der Brownschen Bewegung und eine wichtige Verallgemeinerung (gebrochene Brownsche Bewegung) bilden das Thema des fünften Abschnitts. Mit Hilfe dieser Instrumente können fraktale Landschaften und Küstenlinien auf einem Computer simuliert werden, wie im letzten Abschnitt und auf den Farbtafeln 6 bis 13 demonstriert wird.

7.1 Randomisierung von deterministischen Fraktalen

Die Randomisierung[3] deterministischer klassischer Fraktale verkörpert den ersten und einfachsten Ansatz für die Erzeugung wirklichkeitstreuer „natürlicher" Formen. Wir betrachten die Koch-Kurve, die Koch-Schneeflocke und das Sierpinski-Dreieck.

Einführung des Zufalls in die Koch-Schneeflockenkurve

Die Methode, Elemente des Zufalls in die Konstruktion der Koch-Schneeflocke einzubauen, erfordert nur eine sehr kleine Abänderung der klassischen Konstruktion. Ein gerader Linienabschnitt wird wie früher durch einen Polygonzug, bestehend aus vier Abschnitten, je von einem Drittel der Länge des ursprünglichen Abschnittes, ersetzt. Auch die Form des Generators bleibt gleich. Es gibt jedoch zwei mögliche Orientierungen für die Ausbuchtung jedes Linienzuges im Ersetzungsschritt: Der Linienzug kann nach der einen oder nach der anderen Seite abgewinkelt werden (siehe Abbildung 7.1).

Eine Alternative für den Ersetzungsschritt

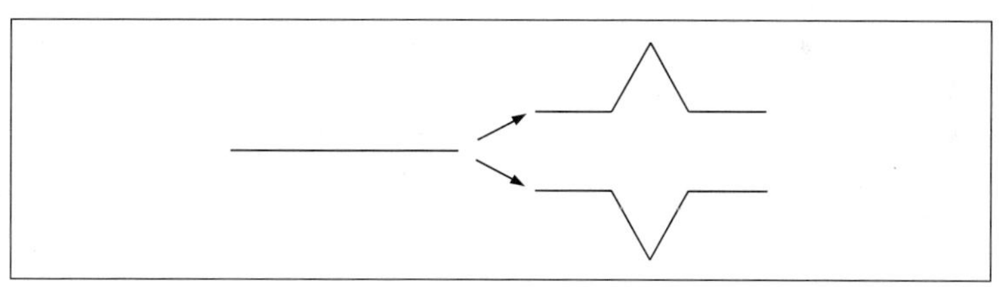

Abb. 7.1 : Zwei mögliche Ersetzungsschritte in der Koch-Konstruktion.

Bestimmen wir nun in jedem Ersetzungsschritt eine dieser beiden Orientierungen durch Zufall und nennen das Ergebnis die *Zufalls-Koch-Kurve*. Drei Zufalls-Koch-Kurven so zusammengesetzt, daß je zwei Endpunkte zusammenfallen, ergeben die *Zufalls-Koch-Schneeflocke*. Bei diesem Verfahren bleiben einige Merkmale der

[3] Englisch: „randomizing"; Randomisierung, zufällige Anordnung, Chaotisierung.

Zufalls-Koch-Kurve

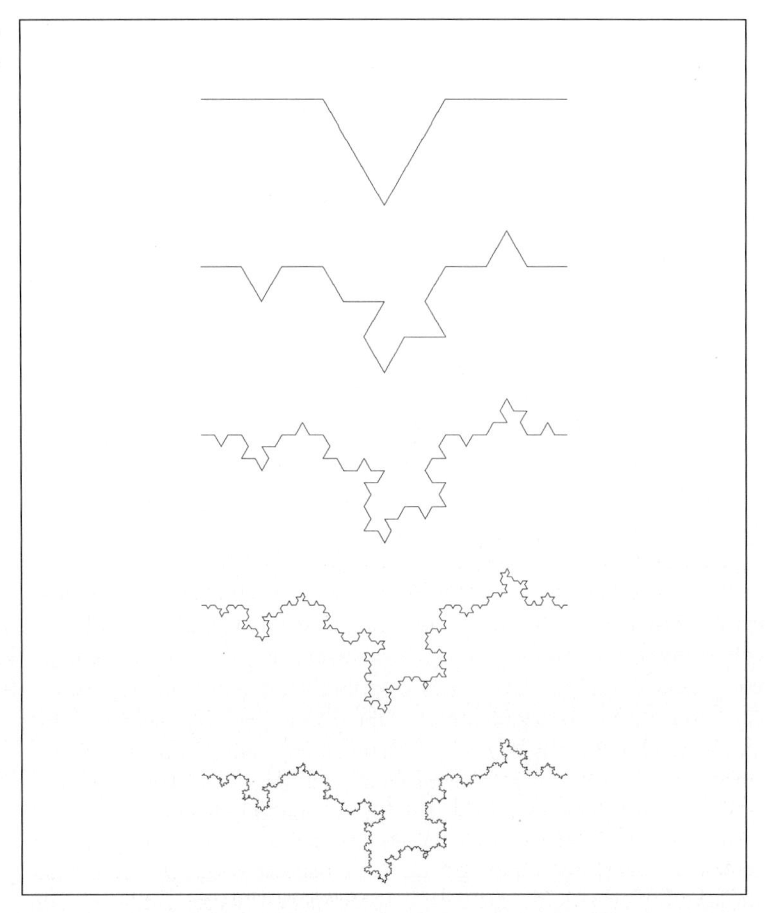

Abb. 7.2 : Ein Beispiel der Zufalls-Koch-Kurve. Die Ersetzungsschritte sind identisch mit der Original-Koch-Kurve mit der Ausnahme, daß die Orientierung des Generators bei jedem Schritt durch Zufall bestimmt ist.

Koch-Schneeflocke erhalten. Zum Beispiel bleibt die fraktale Dimension der Kurve gleich (ungefähr 1.26). Aber die bildliche Erscheinung unterscheidet sich sehr deutlich; sie sieht vielmehr dem Umriß einer Insel ähnlich als die ursprüngliche Schneeflocken-Kurve (siehe Abbildungen 7.2 und 7.3). Eine weitere Insel kann durch die Anwendung derselben Methode auf die in Kapitel 4 eingeführte 3/2-Kurve konstruiert werden (siehe die Abbildungen 7.4 und 7.5). Hier ist die Dimension der Kurve größer, nämlich genau 1.5.

Zufalls-Koch-Insel

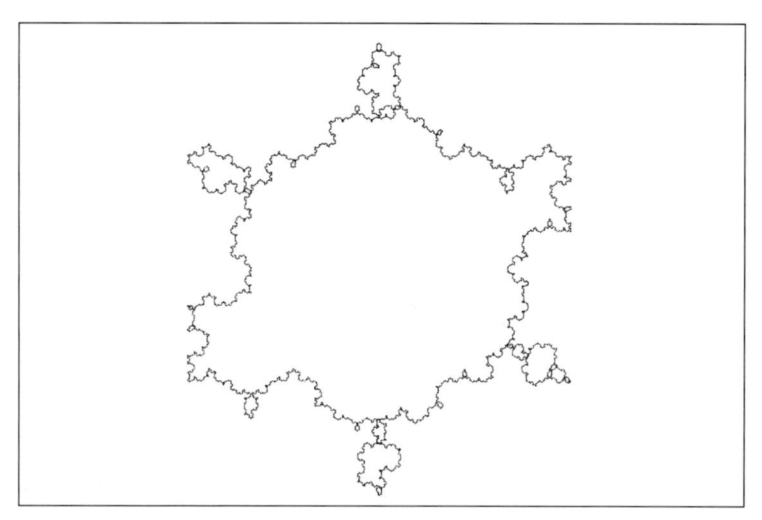

Abb. 7.3 : Die Zufalls-Koch-Insel ist aus drei Zufalls-Koch-Kurven so zusammengesetzt, daß je zwei Endpunkte zusammenfallen.

Zwei Arten der Randomisierung des Sierpinski-Dreiecks

Bei den oben dargestellten ersten zwei Beispielen von Zufalls-Fraktalen mußten im Konstruktionsverfahren Zufalls-Entscheidungen getroffen werden. Jede Entscheidung beruhte auf einer zufälligen Auswahl aus einer von zwei Möglichkeiten. Betrachten wir nun als Beispiel das Zufalls-Sierpinski-Dreieck, bei dem eine Zufallszahl aus einem ganzen Intervall ausgewählt und benutzt wird. Das Konstruktionsverfahren stimmt mit dem ursprünglichen überein, d.h. es wird in jedem Schritt ein Dreieck in vier Teildreiecke zerlegt, wobei das mittlere entfernt wird. Bei der Zerlegung können wir nun aber Teildreiecke zulassen, die nicht gleichseitig sind. Auf jeder Seite eines Dreiecks, das zerlegt werden soll, greifen wir durch Zufall einen Punkt heraus und verbinden dann diese drei herausgegriffenen Punkte, womit wir die vier Teildreiecke erhalten. Das mittlere Teildreieck wird entfernt und das Verfahren wiederholt (siehe Abbildung 7.6).

Wir wollen nun eine weitere modifizierte Form des Sierpinski-Dreiecks behandeln. Dies wird uns direkt zum Thema des nächsten Abschnitts, einer physikalischen Erscheinung mit vielen Anwendungen, der sogenannten *Perkolation*, führen. Wir benutzen wiederum die übliche Zerlegung in gleichseitige Dreiecke. Eine leichte Abwandlung besteht dann darin, das jeweils zu entfernende der vier Teildreiecke durch Zufall zu bestimmen. Somit kann nicht nur das mittlere Teildreieck wie bisher, sondern genausogut irgendein anderes Teildreieck für die Entfernung bestimmt werden (siehe Abbildung 7.7).

Randomisierung der 3/2-Kurve

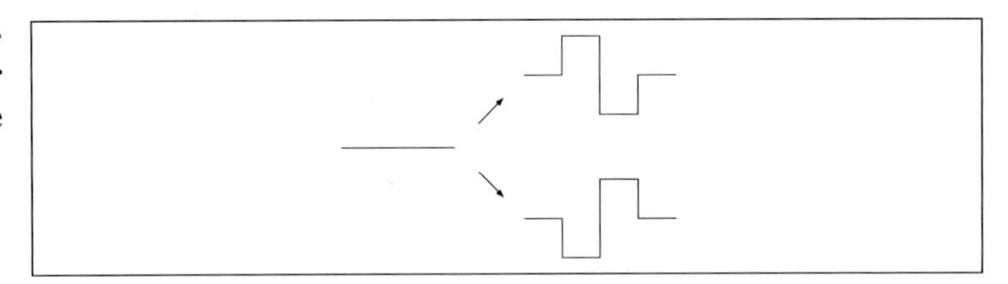

Abb. 7.4 : Initiator und Generator für die Zufalls-3/2-Kurve.

Zufalls-3/2-Insel

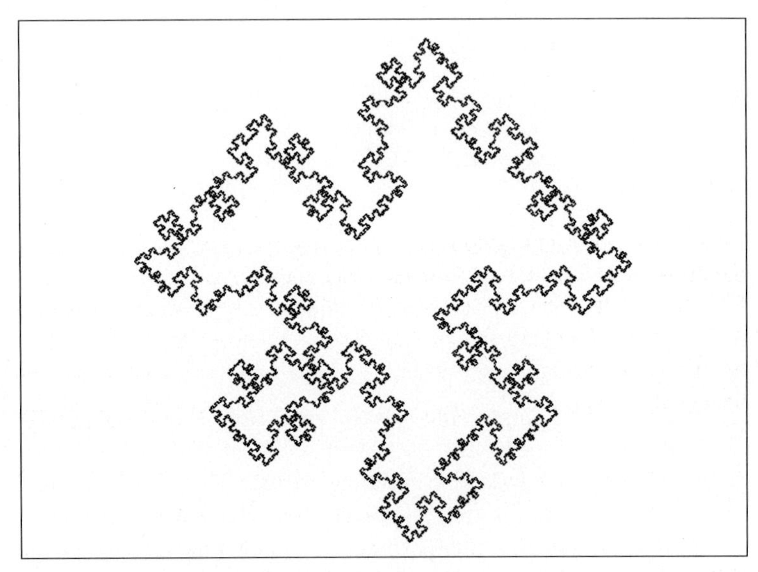

Abb. 7.5 : Zusammensetzen von vier Zufalls-3/2-Kurven ergibt eine Insel mit einer Küstenlinie der Dimension 1.5.

Abgewandeltes Sierpinski-Dreieck 1

Abb. 7.6 : Die Punkte, welche die Seiten unterteilen, wurden durch Zufall bestimmt. Dargestellt ist Stufe 4 des Konstruktionsverfahrens.

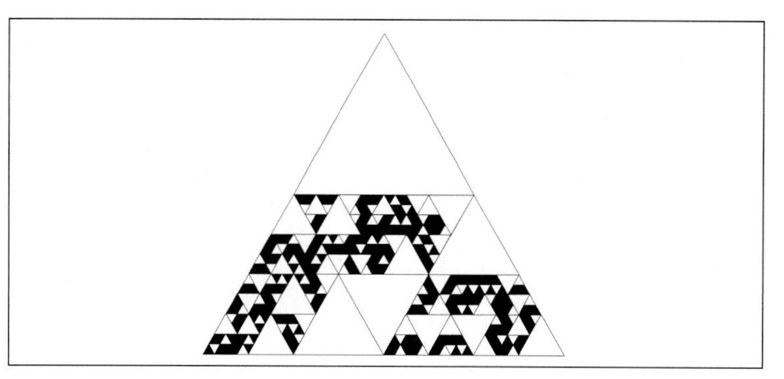

Abgewandeltes Sierpinski-Dreieck 2

Abb. 7.7 : Bei jedem Ersetzungsschritt wird das Teildreieck, das entfernt werden soll, durch Zufall bestimmt. Die schwarzen Dreiecke gehören zur Stufe 5 des Konstruktionsverfahrens.

In dieser Abbildung können wir kleine und große Cluster zusammenhängender Dreiecke erkennen. Ein Cluster ist definiert als eine Kollektion von schwarzen Dreiecken, die über ihre Seiten miteinander zusammenhängen und vollständig von weißen Dreiecken umgeben sind.[4] Gibt es einen Cluster, der alle drei Seiten des zugrundeliegenden großen Dreiecks miteinander verbindet? Wie groß ist die Wahrscheinlichkeit dafür? Welches ist die zu erwartende Größe des größten Clusters? Solche Fragen sind in der Perkolationstheorie von Bedeutung, die im nächsten Abschnitt besprochen wird.

7.2 Perkolation: Fraktale und Brände in Zufallswäldern

Gehen wir in unseren Überlegungen einen Schritt weiter. Wir betrachten ein dreieckiges Gitter einer bestimmten Auflösung und behandeln jedes Teildreieck einzeln. Ein solches Teildreieck wird nach einem Zufallsereignis, das mit einer vorgegebenen Wahrscheinlichkeit $0.0 \leq p \leq 1.0$ auftritt, entweder schwarz gefärbt oder weiß gelassen. Das Gesamtergebnis hängt entscheidend von der gewählten Wahrscheinlichkeit p ab. Offensichtlich erhalten wir für $p = 0$ nichts, d.h. das Gitter enthält nur weiße Teildreiecke, während sich für $p = 1$ ein schwarzes Dreieck voller Größe ergibt. Die Dichte des Objektes, d.h. das Verhältnis der geschwärzten Fläche zur Gesamtfläche des Dreiecks oder das Verhältnis der Anzahl schwarzer Teildreiecke zur

[4] Zwei Dreiecke, die sich nur in einem Eckpunkt berühren, werden nicht als Cluster betrachtet.

Dreieckgitter mit Zufallsbesetzung

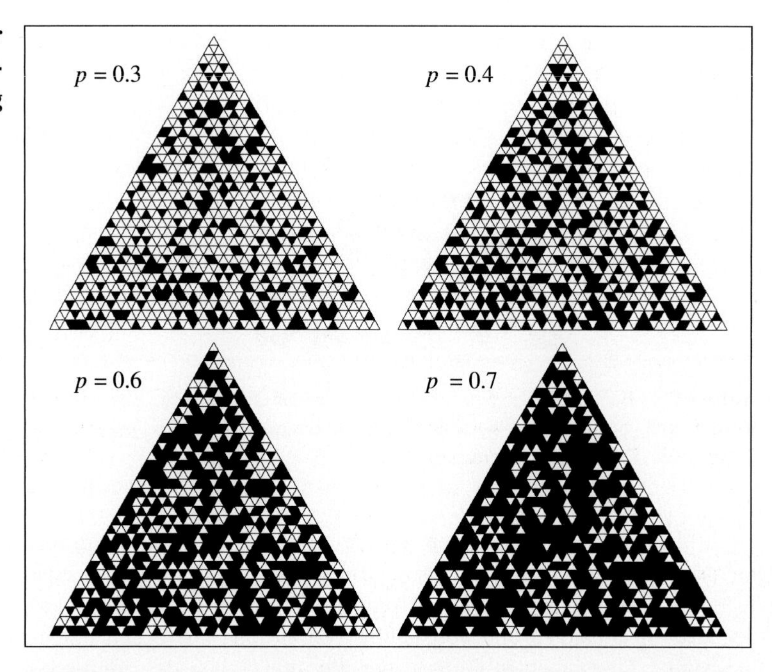

Abb. 7.8 : Teildreiecke der Stufe 5 sind mit einer Wahrscheinlichkeit p ausgewählt. Die vier in dieser Abbildung benutzten Werte für p sind (von oben links nach unten rechts): 0.3, 0.4, 0.6, 0.7. In den ersten beiden Grafiken existieren viele kleine Cluster nebeneinander ($p = 0.3, 0.4$). In der Grafik für $p = 0.7$ existiert ein großer Hauptcluster, der nur sehr wenige weitere kleine Cluster zuläßt.

Gesamtzahl der Teildreiecke, nimmt mit wachsender Wahrscheinlichkeit p zu[5] (siehe Abbildung 7.8). Für kleine Werte von p erhalten wir nur da und dort ein paar schwarze Flecken. Für höhere Wahrscheinlichkeitswerte werden die schwarzen Cluster größer, bis sie bei einem kritischen Wert $p = p_c$ zu einem großen unregelmäßigen Bereich oder Cluster zusammenzuwachsen scheinen. Eine weitere Erhöhung der Wahrscheinlichkeit vergrößert den Cluster natürlich noch mehr.

Perkolation

Wenn eine Struktur sich von einer Vielzahl unzusammenhängender Teile im wesentlichen zu einer einzelnen großen Zusammenballung verändert, sagen wir, daß *Perkolation*[6] eintritt. Der Begriff entstammt einer Deutung in der die ausgefüllten Teile der Struktur als

[5] Formal können wir p als Maß für die mittlere Dichte betrachten, d.h. bei Durchführung einer sehr großen Anzahl von Experimenten (ein einzelnes Experiment umfaßt das ganze große Dreieck) mit dem gleichen Wert p, wäre die über alle Experimente gemittelte Dichte gerade gleich p.

[6] „Perkolation“ geht auf die lateinischen Wörter „per“ (durch) und „colare“ (fließen) zurück.

offene Poren interpretiert werden. Nun nehmen wir an, daß die gesamte zweidimensionale Ebene eine regelmäßige Anordnung solcher Poren aufweist, die entweder offen (mit Wahrscheinlichkeit p) oder geschlossen sind (mit Wahrscheinlichkeit $1 - p$). Schließlich greifen wir eine der offenen Poren zufällig heraus und versuchen, an dieser Stelle eine Flüssigkeit einzuspritzen. Was geschieht? Wenn die Ausgestaltung der Anordnung „unter der Perkolationsschwelle" liegt, d.h. wenn die Wahrscheinlichkeit p kleiner als p_c ist, erwarten wir, daß die Pore Teil eines relativ kleinen Clusters offener Poren ist. Unter einem Cluster verstehen wir ein Gebilde zusammenhängender offener Poren, das vollständig von geschlossenen Poren umgeben ist. Mit anderen Worten, unterhalb der Schwelle werden wir nur eine beschränkte Menge Flüssigkeit einspritzen können, bis der Cluster gefüllt ist. Wenn die Wahrscheinlichkeit über dem Schwellenwert liegt, bestehen gute Aussichten, daß der entsprechende Cluster unendlich groß ist. Wir können dann beliebig viel Flüssigkeit einspritzen. Dies erinnert uns an Wasser, das durch gemahlenen Kaffee perkoliert. Im Amerikanischen bezeichnet man Kaffeemaschinen mitunter als *percolatos*. Die interessantesten Erscheinungen treten bei Erhöhung der Wahrscheinlichkeit von Werten unterhalb zu solchen oberhalb der Perkolationsschwelle p_c auf. Zum Beispiel verändert sich die Wahrscheinlichkeit dafür, daß eine zufällig herausgegriffene Pore mit Sicherheit zum Cluster maximaler Größe gehört, bei $p = p_c$ von null zu einem positiven Wert. Außerdem ist dieser größtmögliche Cluster genau an der Perkolationsschwelle p_c ein Fraktal! Er hat eine Dimension, die experimentell und in einigen Fällen auch analytisch ermittelt werden kann.[7]

Gefährliche Waldbrände oberhalb der Perkolationsschwelle

Ein oft benutztes Musterbeispiel für Perkolation wird durch einen Waldbrand gegeben. Punkte, vorher Poren in den Clustern, entsprechen jetzt Bäumen im Wald. Das Feuer kann sich nicht über Lücken zwischen den Bäumen hinweg ausbreiten. Die Frage, ob der Wald unterhalb oder oberhalb der Perkolationsschwelle liegt, ist somit entscheidend. Im ersten Fall stehen die Bäume verhältnismäßig weit auseinander, und nur ein kleiner Teil aller Bäume wird niederbrennen, während der zweite Fall verheerend ist: Fast der gesamte Wald wird zerstört werden. Entwickeln wir das Modell etwas weiter. Der Einfachheit halber nehmen wir an, daß der Wald kein natürlicher ist. Vielmehr sind die Bäume in einem quadratischen Gitter in Reihen und Kolonnen gepflanzt. Wenn alle Plätze dieser Anordnung von

[7] Eine sehr schöne und unterhaltsame Einführung in dieses Thema für Nicht-Spezialisten wird in Dietrich Stauffer, *Introduction to Percolation Theory,* Taylor & Francis, London, 1985, gegeben. Neue, erweiterte Ausgabe von D. Stauffer unf A. Aharony, Taylor & Francis, London, 1992.

Bäumen besetzt sind, ist die Situation klar — ein irgendwo entzündetes Feuer wird sich über den gesamten Wald ausbreiten (außer es wird von starken Winden oder der Feuerwehr daran gehindert, was aber in diesem Modell nicht berücksichtigt werden soll). So wollen wir den interessanteren Fall betrachten, bei dem jeder Platz im Gitter mit einer festen Wahrscheinlichkeit $p < 1$ von einem Baum besetzt ist. Ein brennender Baum kann seine unmittelbaren Nachbarn in Brand stecken. Im quadratischen Gitter sind dies die Bäume an den vier Positionen neben, über und unter dem brennenden Baum. In der Sprache der Physiker werden diese Plätze „nächste Nachbarn" genannt. Auf ein gegebenes Quadrat mit L^2 Plätzen verteilen wir Bäume mit der gewählten Wahrscheinlichkeit p und entzünden ein Feuer. Und zwar wollen wir all jene Bäume, die in der ersten, linken Kolonne des Quadrates stehen, in Brand setzen. In diesem einfachen Modell können wir nun simulieren, wie sich das Feuer ausbreitet (vergleiche Abbildung 7.9). Wir gehen in diskreten Zeitschritten vor. In jedem Schritt steckt ein brennender Baum all seine noch nicht brennenden Nachbarbäume in Brand. Ein niedergebrannter Baum hinterläßt einen Stumpf, der dann keine weitere Bedeutung mehr hat. Es ist offensichtlich, daß diese Art Perkolationsmodell für die Bekämpfung oder Analyse von wirklichen Waldbränden wenig oder keine Hilfe bietet. Der springende Punkt ist jedoch, daß dieses Musterbeispiel für eine Erklärung und Einführung des Themas sehr gut geeignet ist.

Wälder an der Perkolationsschwelle brennen am längsten

Wie lange wird ein solcher Brand dauern? Wenn die Bäume sehr weit auseinander stehen — aufgrund einer kleinen Wahrscheinlichkeit p —, steht dem Feuer wenig Nahrung zur Verfügung, und es erlöscht sehr schnell, wobei der größte Teil des Waldes unversehrt bleibt. Wenn die Bäume hingegen sehr dicht stehen (p groß), dann hat der Wald keine große Überlebenschance. In diesem Fall wird mehr oder weniger der ganze Wald zerstört. Außerdem wird dies ziemlich schnell geschehen; in nicht viel mehr als L Zeitschritten wird das Feuer über das ganze Quadrat hinweggefegt sein und im wesentlichen nur geschwärzte Stümpfe zurücklassen. Es muß eine dazwischenliegende Wahrscheinlichkeit geben, die zu einer maximalen Dauer des Waldbrandes führt. Abbildung 7.10 zeigt die Abhängigkeit der Branddauer von der Dichte des Waldes.

Das Diagramm zeigt eine scharfe Spitze in der Nähe der Wahrscheinlichkeit 0.6: Dies ist die Perkolationsschwelle. Die Spitze ist in der Tat sehr scharf. Wenn wir die Größe des Waldes, d.h. die Anzahl L der Reihen und Kolonnen, anwachsen lassen, dann wächst die Höhe der Spitze immer weiter über alle Grenzen.[8] Mathematisch aus-

[8] Die Höhe der Spitze wird schneller als die Seitenlänge L des Waldes, aber nicht so schnell wie die Fläche L^2, anwachsen.

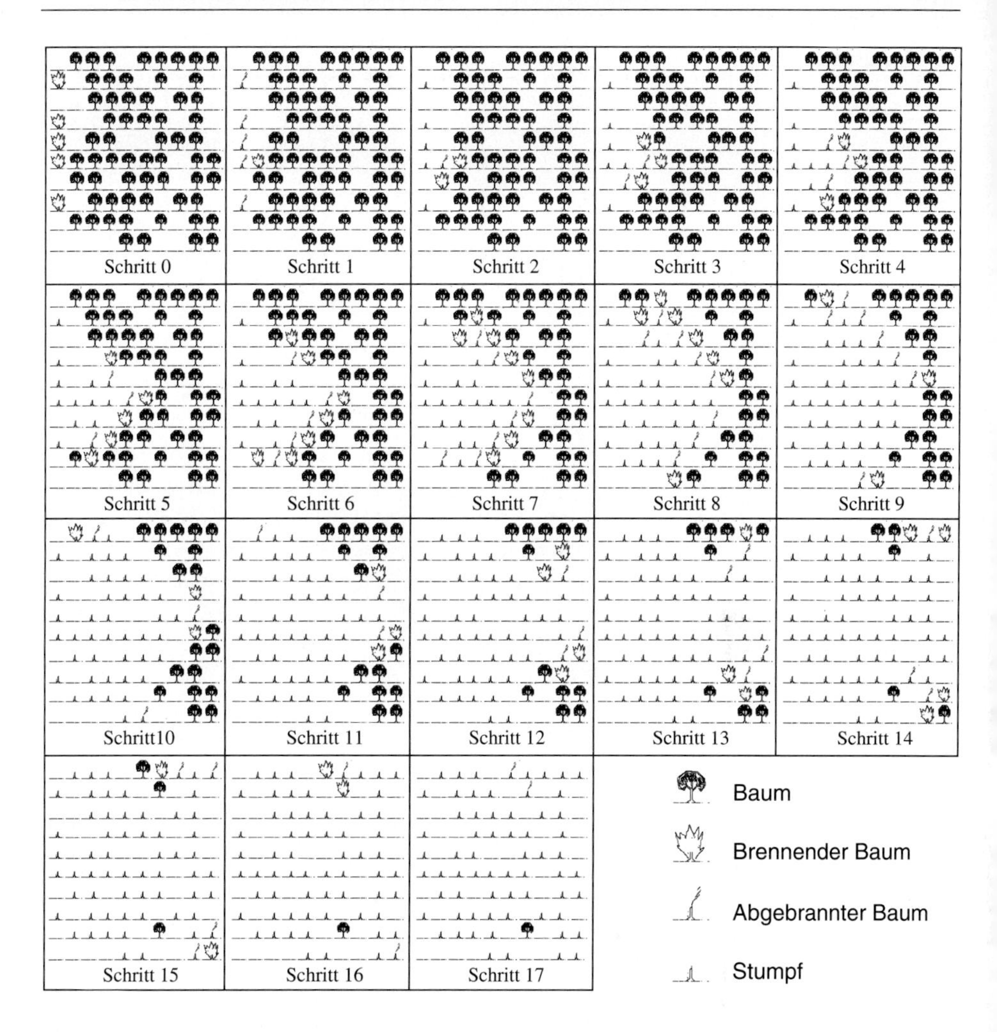

Abb. 7.9 : Diese Bildfolge zeigt die simulierte Ausbreitung eines Waldbrandes auf einem quadratischen Gitter ($L = 10$). Zu Beginn werden Bäume mit einer Wahrscheinlichkeit von 0.6 auf die Gitterplätze gesetzt. Nach 17 Schritten ist das Feuer erloschen; nur ein einziger Baum überlebt.

gedrückt, beschreibt die Perkolationsschwelle eine *Singularität*. Die der Perkolationsschwelle entsprechende Wahrscheinlichkeit wurde experimentell sehr sorgfältig gemessen. Der allgemein anerkannte Wert beträgt $p_c \approx 0.5928$.

Es wäre folgerichtig, an dieser Stelle die Skalierungsgesetze der Waldbranddauer zu analysieren. Wie lange brennt das Feuer wenn die Größe des zugrundeliegenden Gitters anwächst? Es gibt drei sehr unterschiedliche Fälle, entsprechend $p < p_c$, $p = p_c$ und $p > p_c$,

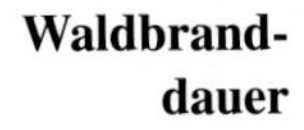

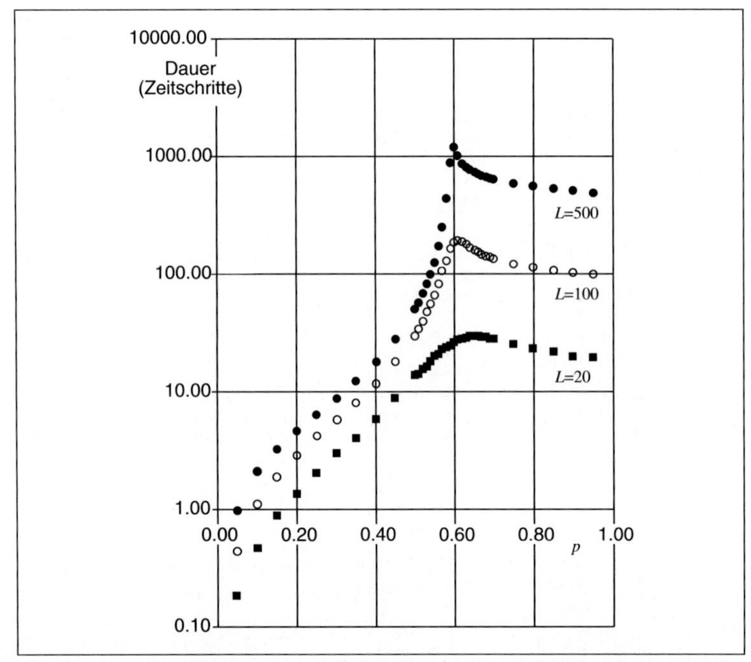

Abb. 7.10 : Mittlere Dauer von Waldbränden, auf quadratischen Gittern mit 20 Reihen (unten), 100 Reihen (Mitte) und 500 Reihen (oben) simuliert. Jeder Punkt im Diagramm wurde als Mittelwert von 1000 ausgeführten Durchgängen bestimmt. Je größer das gewählte Gitter, desto ausgeprägter die Spitze der Waldbranddauer in der Nähe der Perkolationsschwelle bei ungefähr $p = 0.60$.

wobei der Spezialfall direkt bei der Perkolationsschwelle ein Potenzgesetz mit einem nichtganzzahligen Exponenten aufweist — dies ist ein Hinweis auf eine fraktale Struktur.

Die maximale Baumclustergröße

Eine eingehender untersuchte Charakteristik ist die maximale Clustergröße, die in enger Beziehung zur Branddauer steht. Bezeichnen wir die Anzahl der Bäume im größten Cluster in einem Gitter der Seitenlänge L mit $M(L)$. Wie angedeutet, verändert sich die Clustergröße mit L. Ein normiertes Maß für die maximale Clustergröße dürfte allerdings zweckmässiger sein. Ein solches Maß ist durch die Wahrscheinlichkeit gegeben, daß ein zufällig herausgegriffener Gitterplatz zum maximalen Cluster gehört. Die Bezeichnung hierfür ist $P_L(p)$. Das Maß hängt von der Wahrscheinlichkeit p und (in geringerem Grad) von der Gittergröße L ab. Um $P_L(p)$ abzuschätzen, können wir den Mittelwert der relativen Clustergröße $M(L)/L^2$ über viele Stichproben des Zufallswaldes bilden. Mit größer werdenden Gittern verringert sich die Abhängigkeit von L. Mit anderen Worten gelangen wir zu einem Grenzwert

$$P_\infty(p) = \lim_{L\to\infty} P_L(p) \ .$$

Für kleine Werte von p sind die Wahrscheinlichkeiten $P_L(p)$ vernachlässigbar, und im Grenzfall $L \to \infty$ streben sie gegen null. Es gibt jedoch einen kritischen Wert — nämlich die Perkolationsschwelle p_c —, jenseits dem $P_\infty(p)$ sehr rasch ansteigt. Mit anderen Worten, wenn p über der Schwelle liegt, wird der maximale Cluster beliebig groß, wenn sich die Gesamtzahl der betrachteten Gitterplätze erhöht, während für $p < p_c$ die Wahrscheinlichkeit, daß ein zufällig herausgegriffener Platz zum maximalen Cluster gehört, vernachläßigbar ist.

Der Phasenübergang an der Perkolationsschwelle

Bei der Perkolationsschwelle erhöht sich die Wahrscheinlichkeit $P_\infty(p)$ abrupt. Für $p > p_c$ und p in der Nähe von p_c ist sie durch ein Potenzgesetz[9]

$$P_\infty(p) \propto (p - p_c)^\beta$$

mit dem Exponenten $\beta = 5/36$ gegeben. Was unsere Waldbrand-Simulation anbetrifft, könnten wir entsprechend den Anteil der Bäume betrachten, die nach Erlöschen des Feuers abgebrannt sind (siehe Abbildung 7.11). Es gibt einen steilen Anstieg in der Nähe des kritischen Wertes p_c, der bei Gittern mit mehr Reihen noch ausgeprägter wird. Wie verwandte Erscheinungen in der Physik, wird dieser Effekt oft auch als *Phasenübergang* bezeichnet. Zum Beispiel gibt es für erhitztes Wasser einen Phasenübergang vom flüssigen zum gasförmigen Zustand bei 100° C.[10]

Ein Fraktal, genannt kritischer Perkolations-Cluster

Aus dieser Feststellung können wir einige Schlüsse über die Größe des maximalen Clusters ziehen: Falls $p > p_c$, so bedeutet die Wahrscheinlichkeit $P_\infty(p) > 0$, daß sich die Clustergröße proportional zu L^2 verhält. Für $p \leq p_c$ andererseits könnten wir vermuten, daß ein Potenzgesetz gilt, so daß die Größe proportional zu L^D mit $D < 2$ ist. Dies würde auf eine fraktale Struktur des maximalen Clusters hinweisen. Dies ist allerdings nur für einen speziellen Wert von p, nämlich genau für $p = p_c$ an der Perkolationsschwelle der Fall. Der fraktale Perkolations-Cluster an der Schwelle wird oft *kritischer* Perkolations-Cluster genannt. Seine Dimension wurde gemessen; sie beträgt $D \approx 1.89$. Für Werte unterhalb p_c variiert die maximale Clustergröße nur wie $\log(L)$.

Andere Aspekte der Perkolation

Diese Darlegung umfaßt natürlich nicht die ganze Wahrheit über die Perkolation. Es gibt zum Beispiel andere Gitter. Wir können drei- oder gar höher-dimensionale Gitter betrachten. Wir können

[9] Das Zeichen „$\propto$“ bedeutet „proportional“.

[10] Unter Normaldruck.

Phasenübergang an der Perkolationsschwelle

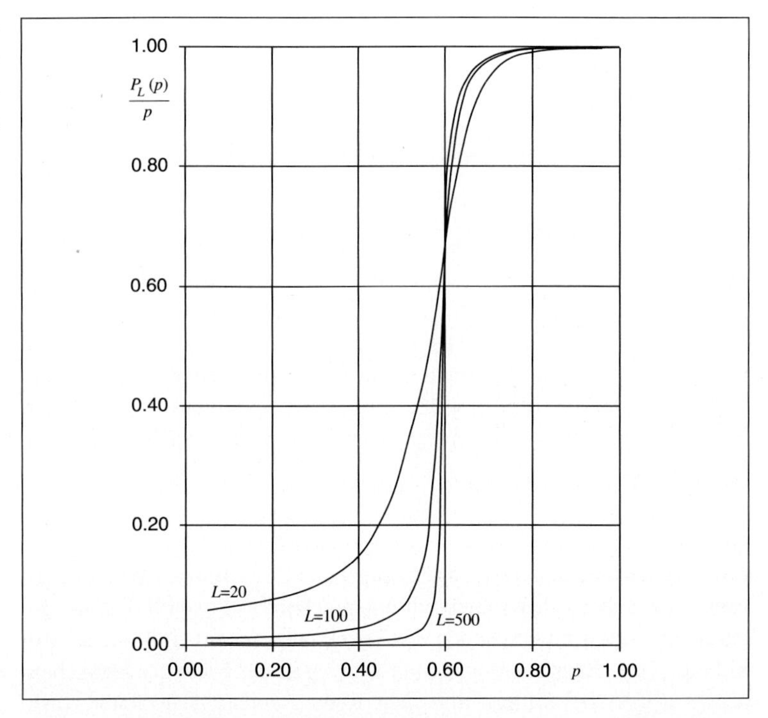

Abb. 7.11 : Das Diagramm zeigt die Wahrscheinlichkeit, daß eine zufällig herausgegriffene, von einem Baum belegte Zelle bei der Simulation vom Waldbrand erfaßt wird. Die Daten entsprechen denjenigen der Abbildung 7.10. Die Gittergrößen (Anzahl der Reihen) betragen 20, 100 und 500. Die Wahrscheinlichkeit, daß ein bestimmter Baum niederbrennt, strebt unterhalb der Perkolationsschwelle mit zunehmender Gittergröße gegen Null. Oberhalb der Perkolationsschwelle wächst der Anteil der niedergebrannten Bäume näherungsweise entsprechend einem Potenzgesetz an.

auch andere Nachbarschaftsbeziehungen betrachten. Neben p_c, D und $P_\infty(p)$ gibt es noch viele andere Größen, die von Interesse sind. Beispielsweise ist die *Korrelationslänge* ξ eine wichtige charakteristische Zahl. Sie ist als mittlerer Abstand zwischen zwei zum selben Cluster gehörenden Zellen definiert. Wenn p sich p_c von unten nähert, wächst die Korrelationslänge ξ über alle Grenzen. Dieses Wachstum wird wiederum durch ein Potenzgesetz

$$\xi \propto |p - p_c|^{-\nu}$$

mit einem Exponenten ν beschrieben, der für zweidimensionale Gitter den Wert $4/3$ aufweist. Die Korrelationslänge ist für numerische Simulationen von Bedeutung. Wenn die Gittergröße L kleiner ist als die Korrelationslänge ξ, haben alle Cluster fraktale Gestalt mit derselben Dimension. Nur für genügend hohe Auflösung des Gitters ($L \gg \xi$) ist die Feststellung möglich, daß Cluster für $p < p_c$ wirklich endlich sind und die Dimension 0 besitzen.

Einige Konstanten sind universell

Es ist wichtig zu bemerken, daß die Perkolationsschwelle p_c von den in den verschiedenen Modellen getroffenen Festlegungen abhängt, z.B. von der Art des Gitters und den Nachbarschaftsbeziehungen einer Zelle. Die Art jedoch, wie Größen, etwa die Korrelationslänge, in der Nähe der Perkolationsschwelle variieren, hängt nicht von diesen Festlegungen ab. Somit werden Zahlen, die dieses Verhalten charakterisieren, wie die Exponenten ν und β und die fraktale Dimension des Perkolations-Clusters, *universell* genannt. Die Werte vieler Konstanten, beispielsweise $p_c \approx 0.5928$ und $D \approx 1.89$, sind jedoch nur Näherungen, die mit Hilfe von aufwendigen Computeruntersuchungen gewonnen wurden. Methoden für die genaue Berechnung dieser Konstanten zu finden, ist eine aktuelle Herausforderung. Aber wir können hier nicht auf weitere Einzelheiten eingehen — viele Probleme sind noch ungelöst und gehören in den Bereich aktiver Forschung.

Von quadratischen zu dreieckigen Gittern zurück

Zum Abschluß dieses Abschnittes kehren wir zum dreieckigen Gitter zurück, mit dem wir begonnen haben und das durch das Sierpinski-Dreieck angeregt wurde. Die Größen $M(L)$, $P_L(p)$ und $P_\infty(p)$ können analog auch für diesen Fall definiert werden. Die ersten numerischen Schätzungen im Jahre 1960 ergaben, daß die Perkolationsschwelle ungefähr bei 0.5 liegt. Von den ersten ungenauen Beweisführungen bis zu einem vollständigen mathematischen Beweis dauerte es dann 20 Jahre, um zu zeigen, daß p_c tatsächlich genau 0.5 beträgt. Ferner wurde gezeigt, daß die fraktale Dimension des kritischen Perkolations-Clusters

$$D = \frac{91}{48} \approx 1.896$$

beträgt (man vergleiche mit Abbildung 7.12). Das ist ungefähr derselbe Wert, wie er für das quadratische Gitter numerisch bestimmt wurde. Deshalb wurde vermutet, daß dies in allen zweidimensionalen Gittern die richtige Dimension des kritischen Perkolations-Clusters ist.

Die Renormierungs-Technik

Anstatt den Beweis für das Ergebnis $p_c = 0.5$ zu prüfen, können wir eine andere interessante Betrachtungsweise anführen, die uns eine zusätzliche Möglichkeit für die Untersuchung von Fraktalen eröffnet: *Renormierung*. Einer der Schlüssel zum Verständnis der Fraktale ist deren Selbstähnlichkeit, die sich bei Anwendung einer geeigneten Skalierung des vorliegenden Objektes selbst enthüllt. Gibt es eine entsprechende Möglichkeit, den kritischen fraktalen Perkolations-Cluster zu verstehen? Die Antwort ist ja; und die Untersuchung ist zumindest für das Dreieckgitter nicht schwierig. Die Behauptung lautet, daß von einem statistischen Standpunkt aus eine verkleinerte Kopie des

Fraktale Dimension des kritischen Perkolations-Clusters

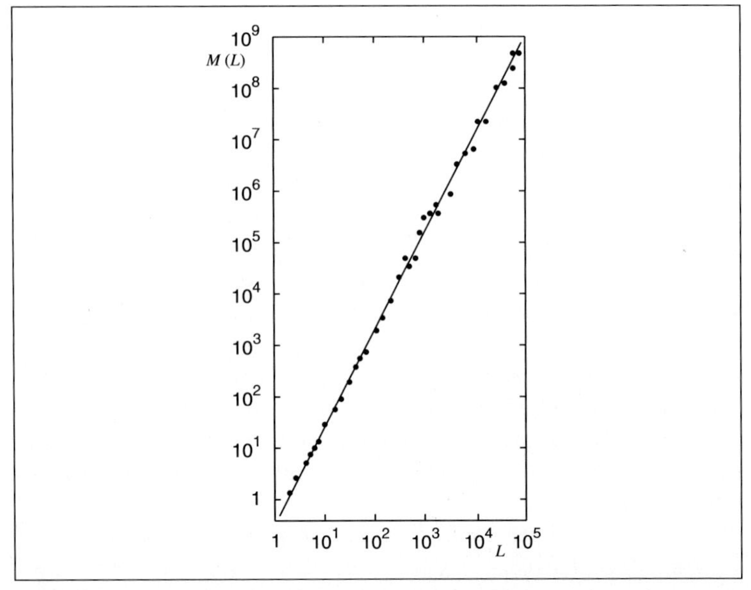

Abb. 7.12 : Die fraktale Dimension D des kritischen Perkolations-Clusters in einem Dreieckgitter wird hier in einem doppeltlogarithmischen Diagramm bestimmt. Die Clustergröße $M(L)$ ist über der Gittergröße L aufgetragen. Die Perkolationsschwelle beträgt $p_c = 0.5$. Die Steigung der Ausgleichsgeraden bestätigt den theoretischen Wert $D = 91/48$. (Bearbeitete Abbildung aus D. Stauffer, *Introduction to Percolation Theory,* Taylor & Francis, 1985.)

Clusters wie das Original aussieht. Aber wie können wir die beiden miteinander vergleichen? Zu diesem Zweck ersetzen wir Gruppen von Gitterzellen systematisch durch sogenannte Superzellen. In einem Dreieckgitter ist es naheliegend, drei Zellen zu einer Superzelle zusammenzufassen. Diese Superzelle erbt Information von ihren drei Vorgängerinnen. Die nächstliegende Regel für dieses Verfahren ist die Mehrheitsregel: Wenn zwei oder mehr der drei ursprünglichen Zellen belegt sind, dann — und nur in diesem Fall — ist die Superzelle auch belegt.

Abbildung 7.13 zeigt dieses Verfahren zusammen mit der geometrischen Anordnung der Zellen. Die Superzellen selbst bilden ein neues Dreieckgitter, das nun zum Vergleich in seiner Größe auf die des Originalgitters reduziert werden kann. Die Dichte belegter Zellen im renormierten Gitter — nennen wir sie p' — wird im allgemeinen nicht dieselbe sein wie im ursprünglichen Gitter. Wenn zum Beispiel p klein ist, dann gibt es nur wenige isolierte belegte Zellen, von denen die meisten beim Renormierungsverfahren verschwinden werden, somit ist $p' < p$. Für große Werte von p, am anderen Ende der Skala, werden viel mehr Superzellen gebildet, die die Lücken im

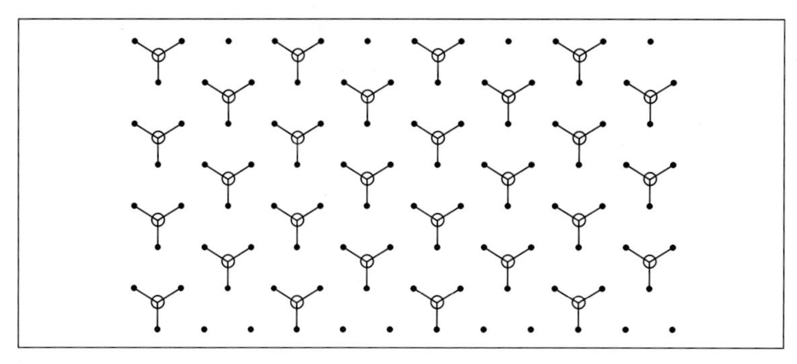

Renormierung der Zellen in einem Dreieckgitter

Abb. 7.13 : Drei benachbarte Zellen sind zu einer Superzelle vereinigt. Die Superzelle ist belegt, wenn zwei oder alle drei der ursprünglichen Zellen belegt sind. Die Superzellen bilden ein weiteres Dreieckgitter, allerdings um 30 oder 90 Grad gedreht. Die Verkleinerung dieses Gitters der Superzellen vollendet einen Zyklus des Renormierungsverfahrens (siehe Beispiele in Abbildung 7.15).

ursprünglichen Gitter schließen, was zu $p' > p$ führt. Nur an der Perkolationsschwelle können wir Ähnlichkeit erwarten. Dort sollte der renormierte Supercluster praktisch derselbe sein wie vorher. Mit anderen Worten,

$$p' = p \ .$$

In diesem Fall haben wir Glück; wir können die Wahrscheinlichkeit p berechnen, für welche die vorstehende Gleichung gilt! Eine Superzelle wird belegt sein, wenn alle drei ursprünglichen Zellen belegt sind oder wenn genau eine Zelle nicht belegt ist. Die Wahrscheinlichkeit für eine belegte Zelle ist p. Somit tritt der erste Fall mit der Wahrscheinlichkeit p^3 ein. Im zweiten Fall ist die Wahrscheinlichkeit dafür, daß irgendeine einzelne Zelle nicht belegt ist, während die anderen beiden belegt sind, $p^2(1-p)$. Es gibt drei solche Möglichkeiten. Zusammengefaßt erhalten wir für die Wahrscheinlichkeit, daß die Superzelle belegt ist,

$$p' = p^3 + 3p^2(1-p) \ .$$

Nun sind wir schon fast am Ziel. Für welches p ist $p' = p$? Zur Beantwortung dieser Frage müssen wir die Gleichung

$$p = p^3 + 3p^2(1-p)$$

oder, was damit gleichbedeutend ist,

$$p^3 + 3p^2(1-p) - p = 0$$

lösen. Es ist leicht zu überprüfen, daß

$$p^3 + 3p^2(1-p) - p = -2p(p-0.5)(p-1) \ .$$

Die Renormierungs-Transformation

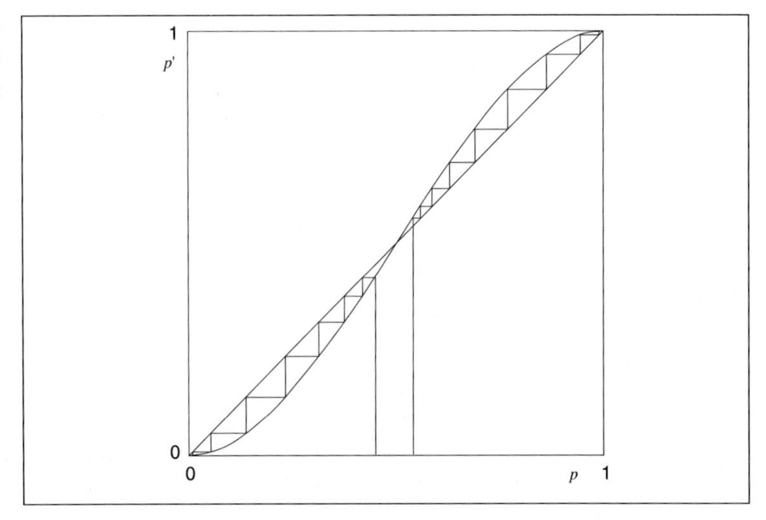

Abb. 7.14 : Grafische Iteration für die Renormierungs-Transformation $p \to p^3 + 3p^2(1-p)$ des Dreieckgitters.

Somit gibt es drei Lösungen: $p = 0$, $p = 0.5$ und $p = 1$. Davon sind zwei nicht von Interesse, nämlich $p = 0$ und $p = 1$. Ein Wald ohne Bäume ($p = 0$) bleibt nach der Renormierung ein Wald ohne Bäume, was weiter nicht überraschend ist. Desgleichen verändert sich ein gesättigter Wald ($p = 1$) bei der Renormierung auch nicht. Aber auf die dritte Lösung, $p = 0.5$, ist unser Augenmerk gerichtet. Sie entspricht einer nichttrivialen Anordnung, d.h. der Wald hat eine Struktur, die nach der Renormierung statistisch noch dieselbe ist. Die Superzellen haben dieselbe Belegungswahrscheinlichkeit 0.5 wie die Zellen des ursprünglichen Gitters. Dies ist die an der Perkolationsschwelle erwartete statistische Selbstähnlichkeit.[11] Somit liefert uns eine einfache Renormierungsüberlegung $p_c = 0.5$, in Übereinstimmung mit dem vorliegenden Ergebnis.

An der Perkolationsschwelle verändert die Renormierung nichts — sogar bei mehrfacher Anwendung. Das ist für alle anderen Wahrscheinlichkeiten $0 < p < 1$ nicht der Fall. Um die Auswirkung wiederholter Renormierung zu untersuchen, müssen wir auf etwas

[11] Hier sehen wir eine bemerkenswerte Interpretation der Selbstähnlichkeit in Form eines Fixpunktes des Renormierungsverfahrens. Diese Ideen aus der Renormierungs-Theorie hatten sich in der Theorie der Phasenübergänge in der statistischen Physik als äußerst fruchtbar herausgestellt. Sie wurden 1982 mit dem Nobelpreis für Physik geehrt. Für eine allgemeinverständliche Übersicht verweisen wir auf H.-O. Peitgen und P. H. Richter, *The Beauty of Fractals,* Springer-Verlag, Berlin, 1986.

uns sehr Vertrautes zurückgreifen, ein Rückkopplungssystem, das die Belegungswahrscheinlichkeiten einer Zelle vor und nach einer Renormierung zueinander in Beziehung setzt. Somit müssen wir die Iteration des kubischen Polynoms

$$p \to p^3 + 3p^2(1-p)$$

betrachten. Diese wird am zweckmäßigsten anhand der grafischen Darstellung in einem entsprechenden Diagramm untersucht (siehe Abbildung 7.14). Die Verhältnisse sind völlig klar. Für eine Anfangswahrscheinlichkeit $p_0 < 0.5$ konvergieren die Iterationen gegen 0, während ein anfängliches $p_0 > 0.5$ zum Grenzwert 1 führt. Nur genau an der Perkolationsschwelle $p_c = 0.5$ zeigt sich ein vom vorherigen verschiedenes dynamisches Verhalten, nämlich ein Fixpunkt.

Renormierung als Forschungsinstrument

Als Anwendung dieser Renormierungs-Transformation könnten wir nun überprüfen, ob ein gegebenes Gitter ober- oder unterhalb der Perkolationsschwelle liegt. Dazu würden wir das Renormierungsverfahren mehrfach durchführen. Wenn das Bild dann gegen eine entleerte Anordnung konvergiert (keine belegten Zellen), dann liegt der zum betreffenden Gitter gehörende Parameter p unterhalb der Perkolationsschwelle; wenn hingegen auf lange Sicht alle Zellen belegt zu werden scheinen, dann liegt die ursprüngliche Anordnung oberhalb der Perkolationsschwelle. Diese Überlegungen wurden in Abbildung 7.15 ausgeführt. Bei den drei Ausgangsanordnungen in der obersten Reihe ist durch visuelle Prüfung nicht ohne weiteres feststellbar, ob sie ober- oder unterhalb der Perkolationsschwelle liegen, aber die wiederholte Renormierung verschafft über diese Frage schon nach drei Schritten Klarheit.

Das Dreieckgitter ist ein ziemlich spezieller Fall. Bei Anwendung der Methode auf andere Gitter können nur Näherungen für p_c erwartet werden. Aber es ist bemerkenswert, wie dieser neue Gedanke eine Methode hervorgebracht hat, sich dem sehr schwierigen Problem der Bestimmung von Perkolations-Parametern zu nähern. Der Grundgedanke der Renormierung stammt aus dem Jahre 1966 und geht auf den Physiker Leo P. Kadanoff zurück, der diese Methode in Verbindung mit sogenannten kritischen Phänomenen in einem anderen Gebiet der theoretischen Physik eingeführt hatte. Die Idee führte schließlich zu erstaunlichen quantitativen Ergebnissen und erklärte die Physik der Phasenübergänge auf befriedigende Weise. Immerhin war der Weg von der Idee der Renormierung bis zu ihrer konkreten, endgültigen Form so schwer erkennbar, daß Kadanoff ihn nicht fand. Vielmehr überwand Ken G. Wilson 1970 an der Cornell-Universität die Schwierigkeiten und entwickelte die Methode der Renormierung zu einem technischen Instrument, das seinen Wert in unzähligen Anwendungen bewiesen hat. Ungefähr ein Jahrzehnt später wurde er für seine Arbeit mit dem Nobelpreis geehrt.

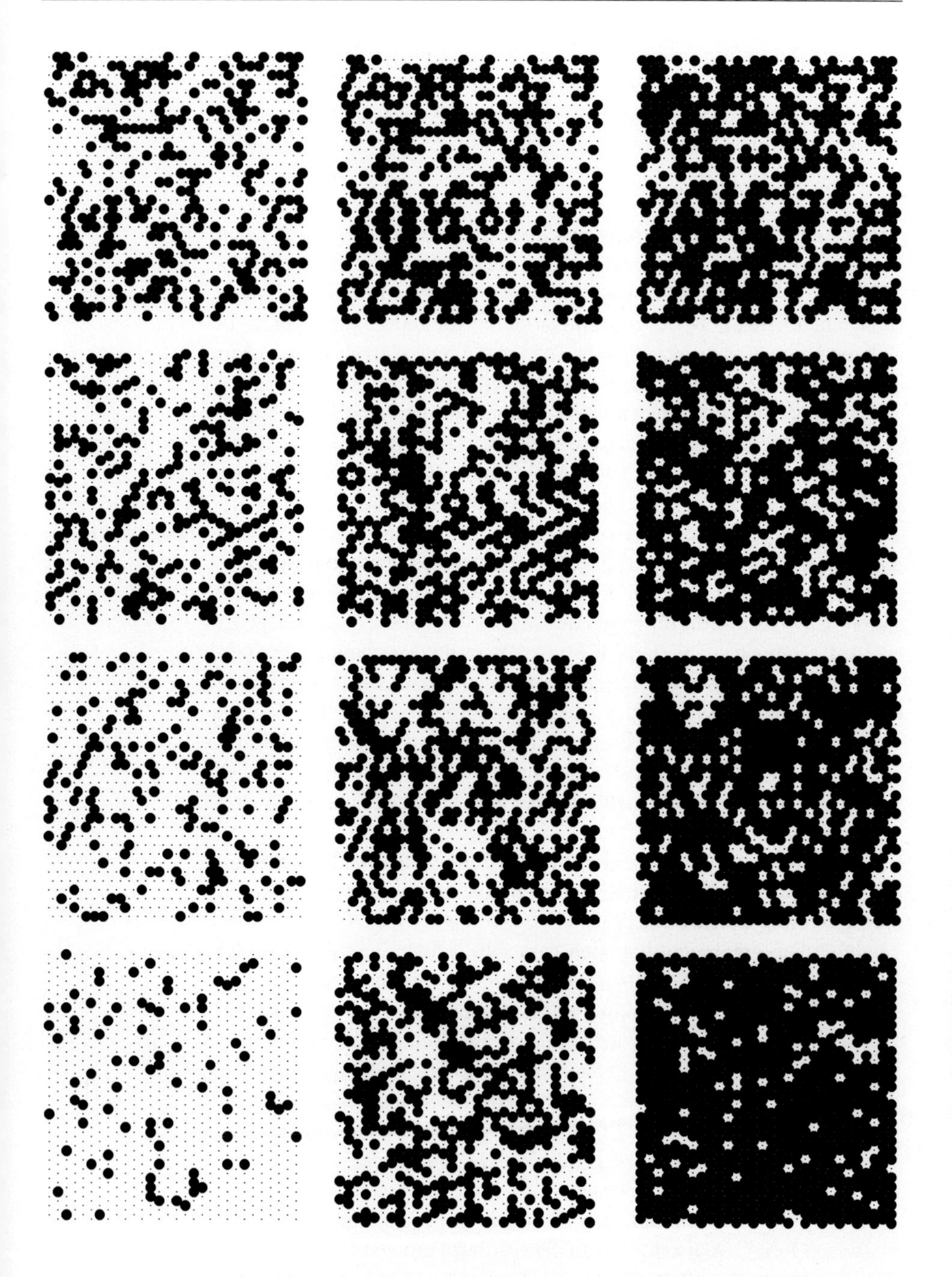

Abb. 7.15 : Drei Renormierungsstufen (von oben nach unten) für drei gegebene Anordnungen (oben), die den Fällen $p = 0.35 < p_c$, $p = 0.5 = p_c$ und $p = 0.65 > p_c$ entsprechen (von links nach rechts).

Zur Situation an der Perkolationsschwelle oder allgemeiner am Renormierungs-Fixpunkt gibt es eine Analogie bei fraktalen Konstruktionen. Denken wir zum Beispiel an die Konstruktion der Koch-Kurve zurück, bei der das Objekt in jedem Konstruktionsschritt mit dem Faktor $s = 1/3$ verkleinert werden mußte. Wenn wir mit einem Faktor $s < 1/3$ verkleinern, dann gelangen wir im Grenzfall gerade zu einem Punkt. Andererseits läßt die Verkleinerung mit $s > 1/3$ in jedem Schritt die Konstruktion über alle Grenzen hinaus wachsen. Nur wenn wir Schritt für Schritt genau mit 1/3 verkleinern, erhalten wir einen interessanten Grenzfall mit Selbstähnlichkeit. In den meisten anderen Fällen, abgesehen von der Koch-Konstruktion, ist es gar nicht so offensichtlich, wie die „richtige“ Verkleinerung zu wählen ist.[12]

Die Perkolation ist ein weit verbreitetes Modell und läßt sich auf viele Erscheinungen anwenden, die in der Natur und den technischen Wissenschaften beobachtet werden können. Ein Beispiel ist die Bildung dünner Goldschichten auf einer amorphen Unterlage, bei welcher der fragliche Parameter der erforderlichen Goldmenge entspricht.[13] An der Perkolationsschwelle wird das Metall elektrisch leitend. Perkolation spielt nicht nur in Systemen mit mikroskopischen Dimensionen eine Rolle, sondern auch in astronomischen Größenbereichen, wie sie bei der Bildung von Galaxien und Galaxienhaufen vorkommen.[14]

7.3 Zufalls-Fraktale in einem Laborexperiment

In Natur und Laborexperimenten ist eine Fülle von fraktalen Strukturen zu beobachten.[15] In diesem Abschnitt konzentrieren wir uns auf ein besonders interessantes Beispiel: Aggregation.

Cluster durch Aggregation

Die Zusammenballung kleiner Teilchen zu großen Clustern ist unter anderem in der Polymer-, Material-Wissenschaft und der Immunologie seit langer Zeit untersucht. Die Forschung erfuhr jedoch kürzlich durch Erkenntnisse aus der fraktalen Geometrie eine außer-

[12] Siehe F. M. Dekking, *Recurrent Sets,* Advances in Mathematics 44, 1 (1982), S. 78–104.

[13] Siehe R. Voss, *Fractals in Nature,* in: *The Science of Fractal Images,* H.-O. Peitgen und D. Saupe (Hrsg.), Springer-Verlag, New York, 1988, S. 36–37.

[14] Für eine Übersicht des neusten Standes der Perkolationstheorie siehe A. Bunde und S. Havlin (Hrsg.), *Fractals and Disordered Systems,* Springer-Verlag, Heidelberg, 1991.

[15] E. Guyon und H. E. Stanley (Hrsg.), *Fractal Forms,* Elsevier/North-Holland und Palais de la Découverte, 1991.

Experimenteller Aufbau

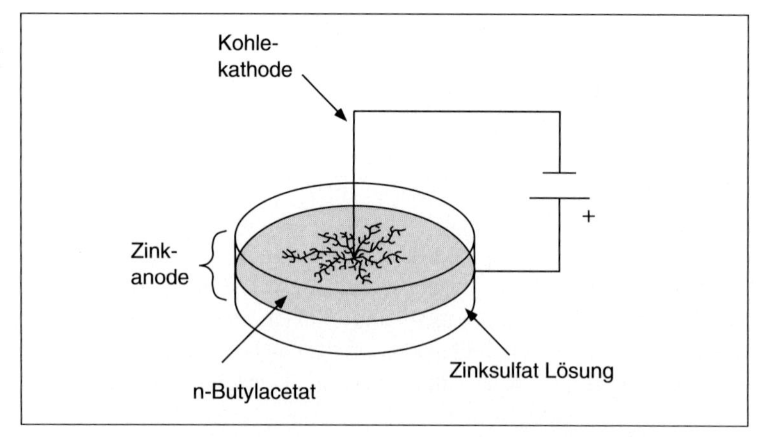

Abb. 7.16 : In der Petrischale wird eine Zinksulfatlösung von einer dünnen Schicht n-Butylacetat bedeckt.

ordentlich starke Neubelebung.[16] Aus dieser Quelle beschreiben wir im vorliegenden Abschnitt nur ein besonderes von Mitsugu Matsushita berichtetes Experiment, das sich mit dendritischen Strukturen beschäftigt die durch elektrochemische Ablagerungen entstehen. Es hat den Vorteil, daß sein Aufbau klein und einfach in der Handhabung ist. Die erforderlichen chemischen Substanzen sind leicht erhältlich und ungefährlich.[17] Das ganze Experiment dauert nur ungefähr 20 Minuten. Somit kann es leicht in der Schule durchgeführt werden. Das Instrumentarium kann für die Vorführung vor einem größeren Publikum mit einer Videoausrüstung gefilmt und projiziert oder gar direkt auf einen Tageslichtprojektor gelegt werden.[18]

---

[16] Siehe *The Fractal Approach to Heterogeneous Chemistry: Surfaces, Colloids, Polymers,* herausgegeben von D. Avnir, Wiley, Chichester, 1989 und *Aggregation and Gelation,* herausgegeben von F. Family und D. P. Landau, North-Holland, Amsterdam, 1984.

[17] Natürlich müssen die benutzen Flüssigkeiten nach dem Experiment richtig entsorgt werden (nicht in den Ausguß). Zudem wird eine gute Belüftung des Raumes empfohlen.

[18] Allerdings beeinträchtigt die Hitze der Projektionslampe das Experiment, das am besten bei konstanter Temperatur abläuft, sonst bilden sich große feste Zinkblätter. Es ist daher ratsam, den Tageslichtprojektor die meiste Zeit ausgeschaltet zu lassen. Am besten überträgt man das Experiment für die direkte Vorführung mit Video auf einen Projektionsmonitor.

Das Experiment

Wir zitieren die Beschreibung des Experimentes direkt aus Matsushitas Artikel:[19]

„Elektrochemische Ablagerungen waren in der Chemie für lange Zeit eine der bekanntesten Aggregationserscheinungen. Erst vor kurzem fand sie von dem vollkommen neuen Standpunkt der fraktalen Geometrie aus Beachtung. In der Praxis mögen elektrochemische Ablagerungsprozesse kompliziert sein und die sich ergebenden Ablagerungen eine Vielfalt von komplexen Strukturen aufweisen. Wenn jedoch die Metallabscheidung hauptsächlich von einem einzelnen Prozeß, z.B. Diffusion, gesteuert wird, dann zeigen die Ablagerungen normalerweise statistisch einfache, selbstähnliche, d.h. fraktale Strukturen.

In diesem Experiment war metallisches Zink in der als Zinkmetallblätter bekannten Form zweidimensional gezüchtet worden. Das experimentelle Verfahren, das für die Züchtung von Zinkmetallblättern benutzt wurde, kann folgendermaßen beschrieben werden: Eine Petrischale von ungefähr 20 cm Durchmesser und ungefähr 10 cm Höhe wird mit 2 M $ZnSO_4$ wässeriger Lösung (Höhe ungefähr 4 mm) gefüllt, und zur Bildung einer Grenzfläche wird eine Schicht n-Butylacetat [$CH_3COO(CH_2)_3CH_3$] hinzugefügt (Abbildung 7.16). Die Spitze einer Kohlekathode (Bleistiftkern von ungefähr 0.5 mm Durchmesser) wird senkrecht zu deren Achse sorgfältig flach geschliffen. Die Kathode wird dann in die Mitte der Petrischale gesetzt, so daß das flache Ende gerade auf die Grenzfläche zu liegen kommt (Abbildung 7.16). Die elektrochemische Ablagerung wird dadurch eingeleitet, daß eine Gleichspannung zwischen der Kohlekathode und einer in die Petrischale gelegten Zinkblech-Ringanode von ungefähr 17 cm Durchmesser, ungefähr 2.5 cm Breite und ungefähr 3 mm Dicke angelegt wird. Ein Zinkmetallblatt wächst zweidimensional in der Grenzfläche zwischen den beiden Flüssigkeiten vom Rand des flachen Kathodenendes zur äußeren Anode mit einem kompliziert verzweigten Zufallsmuster (Abbildung 7.17). Wenn das Kathodenende abgerundet oder in die $ZnSO_4$-Lösung eingetaucht ist, wächst die Ablagerung dreidimensional in die Lösung hinein. Normalerweise wachsen die Zinkmetallblätter bis zu einer Größe von ungefähr 10 cm in ungefähr 10 min bei Anlegen einer konstanten Gleichspannung von ungefähr 5 V. Die Temperatur des Systems wird konstant gehalten, z.B. in der Nähe der Raumtemperatur.

Die Untersuchung der fraktalen Strukturen elektrochemischer Ablagerungen und deren morphologischen Veränderungen ist auch von praktischer Bedeutung. Die hier vorgestellten elektrochemischen Ablagerungs-Experimente sind zweifellos wichtig für solche Vorgänge wie die Metallwanderung auf Keramik- oder Glassubstraten und Zinkablagerungen auf Kathoden in verschiedenen Batterien. In beiden Fällen ist das Wachstum der Ablagerungen der Hauptfaktor für die endliche Lebensdauer vieler elektronischer Bauteile und Batterien."

[19] M. Matsushita, *Experimental Observation of Aggregations*, in: *The Fractal Approach to Heterogeneous Chemistry: Surfaces, Colloids, Polymers*, D. Avnir (Hrsg.), Wiley, Chichester, 1989.

Zinkdendrit aus elektrochemischer Ablagerung

Abb. 7.17 : Das dendritische Wachstumsmuster wurde von Peter Plath, Universität Bremen, in nur ungefähr 15 Minuten erzeugt. Die hier dargestellte Wiedergabe entspricht ungefähr der Originalgröße. Der echte Zinkdendrit wirkt wegen seiner metallisch glänzenden Eigenart sehr reizvoll.

Die mathematische Modellierung der elektrochemischen Ablagerung von Zinkmetallblättern beruht auf dem grundlegenden Begriff der Brownschen Bewegung. Brownsche Bewegung betrifft die unregelmäßigen Bewegungen kleiner Teilchen von in Flüssigkeit schwebender fester Materie. Diese Bewegungen sind allerdings nur unter einem Mikroskop sichtbar. Nach der Entdeckung solcher Bewegung von Blütenstaub glaubte man zunächst, daß die Ursache dafür biologischer Art sei. Um 1828 erkannte der Botaniker Robert Brown jedoch, daß anstelle der biologischen vielmehr eine physikalische Erklärung richtig war. Der Effekt beruht auf der Einwirkung von sehr schwachen Zusammenstößen mit den benachbarten Molekülen. Im elektrochemischen Experiment wandern Zink-Ionen zufällig in der Lösung umher, bis sie von der Anziehungskraft der Kohlekathode eingefangen werden. Die Anlagerung eines Zink-Ions ist dort am wahrscheinlichsten, wo die Feldliniendichte am größten ist. Dies ist an der Grenzfläche zwischen der Lösung und dem Acetat der Fall, insbesondere an den Spitzen des Dendriten. Wir werden eine einfache Methode für die Computersimulation einer solchen Brownschen Bewegung herleiten. Diese wird uns auch ermöglichen, die Ergebnisse des elektrochemischen Experimentes zu simulieren.

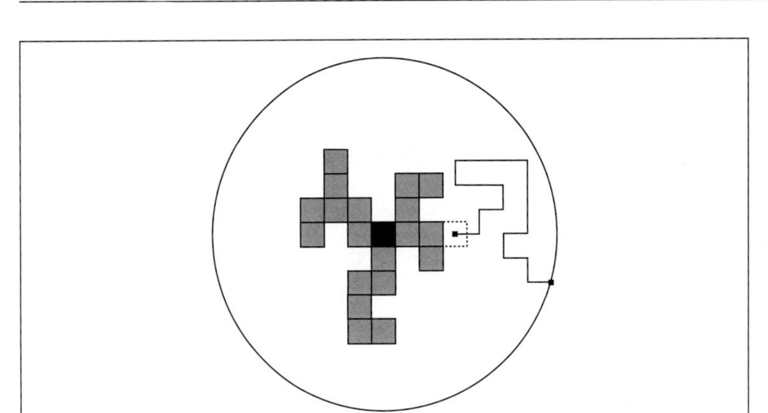

Simulation des elektrochemischen Aggregations-Experimentes

Abb. 7.18 : Die Simulation Brownscher Bewegung in zwei Dimensionen wird für die Wege der Zink-Ionen in der Flüssigkeit benutzt. Teilchen wandern von Pixel zu Pixel, bis sie sich an den bestehenden Dendriten „angliedern".

Simulation von DLA

Es ist nicht schwierig, diffusionsbedingtes Wachstum (engl., diffusion limited aggregation, DLA) zu simulieren, das auf der Brownschen Bewegung von Teilchen beruht.[20] Wir befestigen irgendwo, sagen wir im Ursprung eines zweidimensionalen Koordinatensystems, ein einzelnes „klebriges" Teilchen. Dieses Teilchen darf sich nicht bewegen. Als nächstes legen wir um das klebrige Ausgangsteilchen einen zentrierten Einflußbereich fest, sagen wir eine Kreisfläche von gewissem Radius, der als 100 oder vielleicht 500 Teilchendurchmesser gewählt werden könnte. Nun bringen wir vom Rand des Bereiches ein freies Teilchen ins Spiel und lassen es sich zufällig hin und her bewegen. Zwei Dinge können im Laufe dieser Bewegung passieren. Entweder verläßt das Teilchen den Einflußbereich und verliert damit unser Interesse; in diesem Falle beginnen wir mit einem neuen Teilchen an einer Zufallsstelle auf dem Rand des Bereiches, oder es bleibt im Bereich und nähert sich dem klebrigen Teilchen. Im letzteren Fall haftet es und wird auch ein klebriges Teilchen (mit einer gewissen Wahrscheinlichkeit). Nun wird das Vorgehen wiederholt, wobei im wesentlichen ein Cluster von aneinanderhaftenden Teilchen heranwächst, der den Dendriten sehr stark gleicht, die durch die DLA in elektrochemischer Ablagerung auftreten (siehe Abbildung 7.19).

Die praktische Berechung stützt sich üblicherweise auf ein quadratisches Gitter von Pixeln (siehe Abbildung 7.18), und das freie

[20] Das hier dargestellte Modell geht auf T. A. Witten und L. M. Sander, Phys. Rev. Lett. 47 (1981) 1400–1403 und Phys. Rev. B27 (1983) 5686–5697, zurück.

Simulationsergebnisse

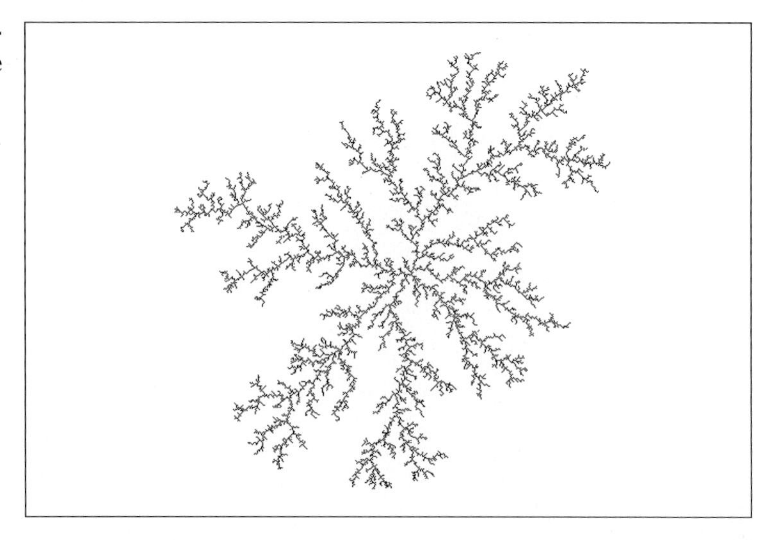

Abb. 7.19 : Ergebnis der auf Brownscher Bewegung einzelner Teilchen beruhenden numerischen Simulation von DLA.

Teilchen kann sich in einem Zeitschritt zu einem seiner vier Nachbarpixel bewegen. Für einen großen Cluster kann dieses Verfahren *sehr* viel Zeit in Anspruch nehmen, so daß verschiedene Kunstgriffe für die Beschleunigung des Verfahrens eingesetzt werden sollten. Beispielsweise kann man dem Teilchen in jedem Schritt einen größeren Weg als gerade die Entfernung zwischen zwei benachbarten Pixeln zugestehen. Dies ist möglich, wenn das betreffende Teilchen verhältnismäßig weit vom Cluster entfernt ist. Genauer gesagt, die Entfernung, die es in einem Schritt zurücklegen kann, ist durch den Abstand des Teilchens vom Cluster beschränkt.

Probleme

Im Zusammenhang mit Zeitaufnahmen sowohl des wirklichen elektrochemischen Experiments als auch der Computersimulation sind mehrere Fragen von Interesse.

1. Welches ist die fraktale Dimension des Gebildes?
2. Offensichtlich verringert sich die Teilchendichte mit zunehmendem Abstand vom Mittelpunkt des Dendriten. Gibt es eine mathematische Beziehung (Potenzgesetz) zwischen Dichte und Abstand?
3. Hat die elektrische Spannung zwischen der Ring-Anode und der Kohle-Kathode im Experiment einen Einfluß auf die fraktale Dimension des Gebildes? Wenn ja, wie können wir die Simulation modifizieren, um dies zu berücksichtigen?
4. In welcher Beziehung steht der elektrische Strom zur Größe des Gebildes?

Zu einigen dieser Fragen wurden Antworten gefunden, aber die Erfor-

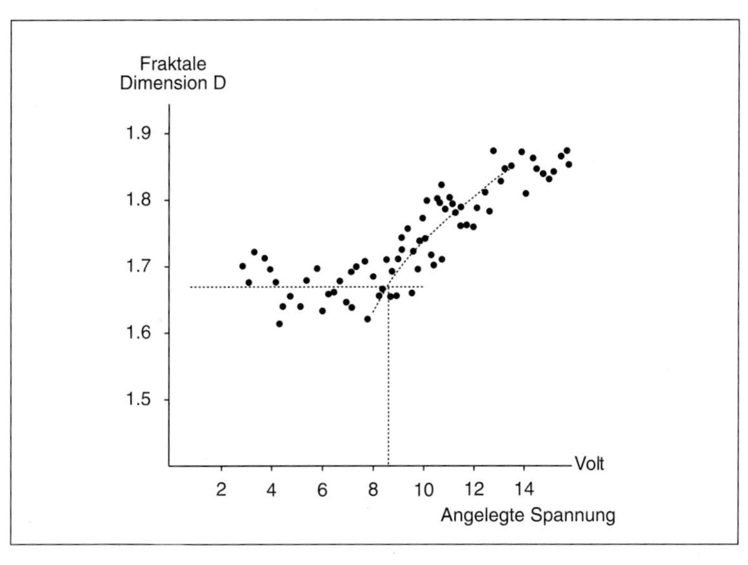

Fraktale Dimension in Abhängigkeit der Spannung

Abb. 7.20 : Dieses Diagramm zeigt die experimentellen Ergebnisse des Zusammenhangs zwischen der fraktalen Dimension des DLA-Gebildes und der angelegten Spannung. Für niedrige Spannungen scheint die Dimension ungefähr konstant zu sein. Dann gibt es eine kritische Spannung, nach der die Dimension unvermittelt ansteigt.

schung der Aggregation ist noch weit von ihrem Abschluß entfernt.[21] Beispielsweise wurde die fraktale Dimension in Experimenten und Simulationen eingehend gemessen, wobei sich in beiden Fällen derselbe Wert von 1.7 ergab. Wenn die Dendriten in drei statt in zwei Dimensionen wachsen, ist die Dimension ungefähr 2.4 bis 2.5. Die Abhängigkeit der Dimension von der Spannung wurde auch untersucht (siehe Abbildung 7.20).

Das mathematische Modell für diffusionsbedingtes Wachstum kann erweitert und verbessert werden. Zum Beispiel ist die vorstehend erwähnte Haftwahrscheinlichkeit, die bestimmt, ob ein in der Nähe des Dendriten befindliches Ion sich an diesen anlagert oder weiter umherwandert, ein interessanter Parameter. Sie erlaubt Veränderungen der Feinstrukturen. Je kleiner die Haftwahrscheinlichkeit, desto tiefer können Teilchen in die Fjorde des Dendriten eindringen und ihn zu einer moosartigen Struktur verdicken.[22]

---

[21] Siehe den Übersichtsartikel von H. Eugene Stanley und Paul Meakin, *Multifractal phenomena in physics and chemistry,* Nature 335 (1988) 405–409 und die Übersicht von A. Aharony, *Fractal growth,* in: *Fractals and Disordered Systems,* A. Bunde und S. Havlin (Hrsg.), Springer-Verlag, Heidelberg, 1991.

[22] Bei großem Maßstab jedoch sieht die durch Benutzung von kleinen Haftwahr-

Erweiterungen des DLA-Modells

Es wurden einige interessante Erweiterungen des einfachen DLA-Modells untersucht. Anstatt ein einzelnes Teilchen zu verfolgen, können viele Teilchen gleichzeitig betrachtet werden.[23] Überdies könnte als andere Möglichkeit dem dendritischen Cluster eine gewisse Mobilität zugestanden werden, um in der Nähe befindliche Teilchen einzufangen. Es gibt ein weiteres, scheinbar nicht verwandtes, ganz anderes Modell für DLA. Anstatt einzelne Teilchen zu verfolgen, wird eine Gleichung gelöst, die unendlich viele gleichzeitig umherwandernde Teilchen simuliert. Somit wird anstelle von individuellen Teilchen eine stetige Dichtefunktion betrachtet. Die Gleichung, die für das elektrostatische Potential maßgeblich ist, ist eine, als *Laplace-Gleichung* bekannte, partielle Differentialgleichung. Die Anlagerung erfolgt entlang dem Rand des Dendriten, dort wo der Gradient des Potentials am größten ist. Manchmal werden Fraktale wie DLA-Cluster deshalb auch *Laplacesche Fraktale* genannt. Es ist einfach, in das Laplacesche Modell einen die Dimension kontrollierenden Parameter einzuführen.[24]

Erscheinungen von der Art der hier besprochenen Aggregation treten in allen Größenbereichen auf, bei der Verteilung von Galaxien ebenso wie im Mikrokosmos. Eine Liste, die zusätzlich zu den von uns bereits behandelten Themen über diffusionsbedingtes Wachstum und Perkolation Erscheinungen enthält, die von molekularen fraktalen Oberflächen über viskoses Verästeln in porösen Medien bis zu Wolken und Niederschlagsgebieten reichen,[25] wäre immer noch unvollständig.

7.4 Simulation der Brownschen Bewegung

Die Brownsche Bewegung ist nicht nur wichtiger Bestandteil des Modells für diffusionsbedingtes Wachstum, sondern dient auch als Grundlage vieler anderer Modelle für natürliche fraktale Formen wie Landschaften. Um diese Modelle untersuchen zu können, ist es erforderlich, die Brownsche Bewegung und ihre Verallgemeinerungen besser zu verstehen. In diesem und dem folgenden Abschnitt werden

---

scheinlichkeiten erhaltene dendritische Struktur nicht „dick“ aus. Die bei großem Maßstab gemessene fraktale Dimension ist von der Haftwahrscheinlichkeit unabhängig.

[23] Siehe R. F. Voss und M. Tomkiewicz, *Computer Simulation of Dendritic Electrodeposition,* Journal Electrochemical Society 132, 2 (1985) 371–375.

[24] Zu den Einzelheiten siehe L. Pietronero, C. Evertsz, A. P. Siebesma, *Fractal and multifractal structures in kinetic critical phenomena,* in: *Stochastic Processes in Physics and Engineering,* S. Albeverio, P. Blanchard, M. Hazewinkel, L. Streit (Hrsg.), D. Reidel Publishing Company (1988) 253–278.

[25] Für eine Diskussion dieser und anderer Erscheinungen von einem physikalischen Standpunkt aus siehe das Buch *Fractals* von J. Feder, Plenum Press, New York, 1988.

wir die Brownsche Bewegung und die Methoden für ihre Simulation näher betrachten.

Ewige Molekularbewegung

Bei Zimmertemperatur bewegen sich Gasmoleküle mit Geschwindigkeiten von einigen hundert Metern pro Sekunde. Warum verteilen sich dann zum Beispiel die Rauchteilchen von Zigarettenrauch nicht sofort gleichmäßig in einem Zimmer? Oder warum erfolgt die Diffusion von Gasen im allgemeinen bedeutend langsamer, als die hohen Molekülgeschwindigkeiten erwarten ließen? Diese Fragen hat Rudolf Clausius um die Mitte des letzten Jahrhunderts beantwortet. Albert Einstein hat seine Überlegungen aufgegriffen, was schließlich zu einem direkten Nachweis der thermischen Molekularbewegung geführt hat, der für den Sieg der Anhänger des Atomismus zu Beginn unseres Jahrhunderts ausschlaggebend war.

Diese ungeordnete thermische Molekularbewegung bildet nun unmittelbar die Grundlage der Brownschen Bewegung. Kleine Teilchen, z.B. Rußpartikel, bewegen sich in Flüssigkeiten oder Gasen unter dem Einfluß von Molekülstößen. Läßt sich über die Bewegung dieser Teilchen mehr aussagen, als daß sie unregelmäßig erfolgt? Zur Beantwortung dieser Frage betrachten wir ein Modell der Brownschen Bewegung.

Ein einfaches Modell für Brownsche Bewegung

Der Einfachheit halber wollen wir annehmen, daß die Brownsche Bewegung in nur einer Raumrichtung erfolgt. Somit ist die Bewegung der Teilchen auf eine Gerade beschränkt. Die winzigen molekularen Stöße treffen das Teilchen nur von links oder rechts und bewirken eine Verschiebung um eine gewisse Länge l, die wir *mittlere freie Weglänge* nennen, in eine der beiden Richtungen. Natürlich werden die Teilchen infolge unterschiedlich starker Molekülstöße in Wirklichkeit bald längere und bald kürzere Strecken zurücklegen. Unsere vereinfachte Annahme gleicher Verschiebungen genügt jedoch für eine Modellüberlegung. Können wir irgendeine Voraussage über die Gesamtverschiebung nach einer gewissen Anzahl n solcher Stöße oder Zeitschritte machen? Wenn ja, dann könnten wir Brownsche Bewegung auch für größere Zeitspannen simulieren und damit die Kosten der Simulation senken.

Das mittlere Verschiebungsquadrat

Versuchen wir, dieses Problem zu lösen. Es ist nicht überaus schwierig. Zunächst erkennen wir, daß es nicht sehr sinnvoll ist, nach der insgesamt zu erwartenden Verschiebung, d.h. der über viele Stichproben gemittelten Verschiebung eines Teilchens zu fragen. Diese wäre *null*, da alle einzelnen Verschiebungen nur $+l$ oder $-l$ betragen, beide mit gleicher Wahrscheinlichkeit 0.5. Anstelle der durchschnittlichen Gesamtverschiebung wollen wir das *Quadrat* der Verschiebung, eine nichtnegative Zahl, betrachten. Der Mittelwert der Verschiebungsquadrate, genannt *mittleres Verschiebungsquadrat*, sagt uns, wie weit ein Teilchen in einer gegebenen Anzahl von Zeitschritten streut.

Das Ergebnis seiner Berechnung beträgt nl^2, eine Aussage, die sich experimentell überprüfen läßt. Je mehr Schritte wir somit zulassen, desto weiter streut das Teilchen. Überdies haben wir diese Beziehung quantifiziert: *Im Durchschnitt* ist das Verschiebungsquadrat gleich der Anzahl der Zeitschritte n, multipliziert mit l^2, dem Quadrat der mittleren freien Weglänge l.

Berechnung des mittleren Verschiebungsquadrates

Um das mittlere Verschiebungsquadrat zu berechnen, wollen wir die n Verschiebungen um die mittlere freie Weglänge l mit $l_1, l_2, ..., l_n$ bezeichnen. Wir betrachten den Wert des Quadrats

$$(l_1 + l_2 + \cdots + l_n)^2 = \sum_{i=1}^{n} \sum_{j=1}^{n} l_i l_j \; .$$

Die einzelnen Ausdrücke $l_i l_j$ in der Summe auf der rechten Seite sind leicht zu untersuchen. Jeder Faktor beträgt entweder $+l$ oder $-l$ mit derselben Wahrscheinlichkeit 0.5. Überdies sind die Faktoren im Fall $i \neq j$ unabhängig voneinander. Daraus folgt, daß es für das Produkt vier gleich wahrscheinliche Fälle gibt, wie aus der nachstehenden Tabelle hervorgeht.

l_i	l_j	$l_i l_j$	Wahrscheinlichkeit
$+l$	$+l$	$+l^2$	0.25
$+l$	$-l$	$-l^2$	0.25
$-l$	$+l$	$-l^2$	0.25
$-l$	$-l$	$+l^2$	0.25

Damit beläuft sich das Produkt $l_i l_j$ für $i \neq j$ auf $+l^2$ oder $-l^2$ mit derselben Wahrscheinlichkeit 0.5, was den Erwartungswert $\overline{l_i l_j} = 0$ zur Folge hat. Die Werte der Glieder $l_i l_i$ betragen natürlich $+l^2$ für alle $i = 1, ..., n$. Das Ergebnis lautet somit: Das mittlere Verschiebungsquadrat beträgt nl^2 (Anzahl Schritte n, multipliziert mit dem Quadrat der mittleren freien Weglänge l).

Einsteins Vorhersage ...

Da die Anzahl der Schritte n, die ja der Zahl der Stöße auf unser Teilchen entspricht, einer Messung nicht unmittelbar zugänglich ist, müssen wir versuchen, sie auf eine meßbare Größe zurückzuführen, um zu weiteren Aussagen zu gelangen. Dafür bietet sich die Bewegungsdauer t des Teilchens an. Erfolgen in dieser Zeitspanne n Stöße, so legt das Teilchen die Strecke nl zurück. Beträgt seine mittlere Geschwindigkeit $\bar{v}$, dann gilt die Beziehung $\bar{v}t = nl$. Damit folgt für das mittlere Verschiebungsquadrat $nl^2 = \bar{v}lt$. Es nimmt also *proportional* zur Zeit zu, wobei der Proportionalitätsfaktor von der mittleren Geschwindigkeit $\bar{v}$ des Teilchens und dessen mittleren freien Weglänge l abhängt.

... und Perrins Bestätigung

Diese theoretische Vorhersage Albert Einsteins — sie ist die grundlegende Eigenschaft der Brownschen Bewegung und gilt auch

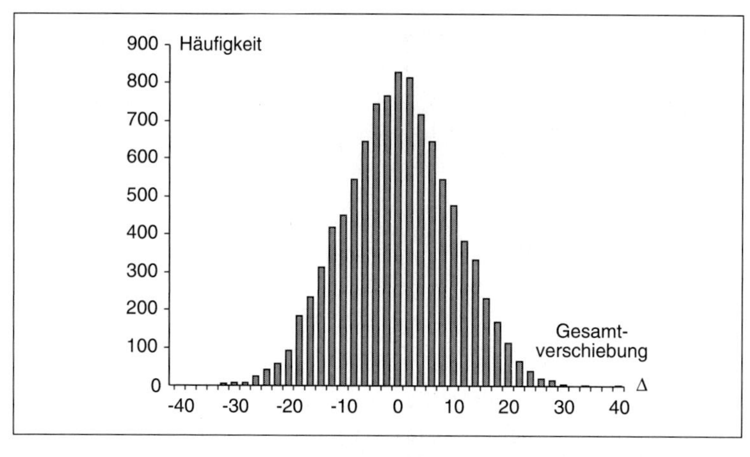

Statistik für simulierte eindimensionale Brownsche Bewegung

Abb. 7.21 : Die Daten der 10 000 Stichproben in regelmäßigen Zeitabständen von Verschiebungen der Brownschen Bewegung aus Tabelle 7.22 sind in einem Diagramm dargestellt. Sie zeigen annähernd eine Gauß-Verteilung.

in zwei- oder mehrdimensionalen Räumen — wurde im Jahre 1908 vom französischen Physiker Jean Perrin in einer berühmten Versuchsreihe überprüft. Das Ergebnis seiner Experimente stimmte vollständig mit Einsteins Berechnungen überein, was der Hypothese, daß tatsächlich Molekülstöße die Brownsche Bewegung verursachen, zum Durchbruch verhalf. Das war zur damaligen Zeit noch keine allgemein anerkannte Tatsache, schien doch eine ewige, unaufhörliche Temperaturbewegung der Moleküle einfach unfaßbar. Erst allmählich setzte sich die Überzeugung durch, daß keine alltäglichen Effekte die Beobachtungen zu erklären vermochten, woran insbesondere Perrins genaue Ergebnisse wesentlichen Anteil hatten.

Simulierte Brownsche Bewegung

Bis jetzt wissen wir, daß die Gesamtverschiebung nach einer gewissen Zeit t im Durchschnitt null ist und daß der Erwartungswert des Verschiebungsquadrates proportional zu t ist. Was können wir noch über die Verteilung der Verschiebung nach der Zeit t sagen? Mit anderen Worten, wenn wir Stichproben der Brownschen Bewegung in regelmäßigen Zeitintervallen der Länge t betrachten, was ist dann die Verteilung der sich daraus ergebenden und gemessenen Verschiebungen der Brownschen Bewegung (oder auf einem Computer simulierten Brownschen Bewegung)? In Tabelle 7.22 und Abbildung 7.21 zeigen wir das Ergebnis eines solchen Experiments. Hier wurden der Einfachheit halber Einheitslängen-Verschiebungen eingeführt, d.h. die mittlere freie Weglänge l wurde 1 gesetzt.

Die Form der Kurve des Diagrammes ist den meisten von uns sehr bekannt. Es ist der zu einer Verteilung gehörende Graph, die gemeinhin als *Gaußsche* Verteilung oder *Glockenkurve* bekannt ist.

Brownsche Bewegung in einer Dimension

Δ	Häufig-keit	Δ	Häufig-keit	Δ	Häufig-keit	Δ	Häufig-keit
0	828			26	21	−26	28
2	815	−2	767	28	17	−28	9
4	718	−4	746	30	6	−30	10
6	648	−6	648	32	1	−32	7
8	547	−8	547	34	2	−34	1
10	478	−10	453	36	0	−36	0
12	383	−12	421	38	0	−38	0
14	335	−14	315	40	2	−40	1
16	233	−16	234	42	1	−42	0
18	171	−18	185	44	0	−44	0
20	116	−20	94	46	0	−46	0
22	66	−22	60	48	0	−48	0
24	42	−24	44	50	0	−50	0

Tab. 7.22 : 10 000 Stichproben in regelmäßigen Zeitabständen von Verschiebungen einer Brownschen Bewegung. Für jede Stichprobe wurden 100 Einheitslängen-Verschiebungen ausgeführt und aufaddiert. Die Summe ist als Gesamtverschiebung Δ während einer den $n = 100$ Schritten entsprechenden Zeitperiode t aufgeführt. Zu beachten ist, daß diese Summen gerade Zahlen sein müssen, da $\Delta = a - b$, wobei $a + b = 100$ und a und b die Häufigkeiten, mit der eine positive bzw. negative Einheitslängen-Verschiebung auftritt, bezeichnen. Somit ist $b = 100 - a$ und $\Delta = 2a - 100$, d.h. eine gerade Zahl. Das mittlere Verschiebungsquadrat beträgt 99.82, was sehr nahe beim theoretisch erwarteten Wert 100 liegt.

Man betrachte zum Beispiel die Abweichungen der Körpergrößen einer großen Gruppe von Menschen oder die Schwankungen mehrerer Längenmessungen eines (nichtfraktalen) Objektes. Manchmal wird die Gaußsche Verteilung als Modell für eine statistisch „gesunde" Stichprobe herangezogen — was nicht immer erwünschte praktische Folgen haben kann. Zum Beispiel werden Noten in einer Klasse oft so vergeben, daß die Schwankungen der Noten um den Durchschnitt der vorgeschriebenen glockenförmigen Kurve entsprechen. Im Extremfall bedeutet dies, daß es in jeder Klasse — gleichgültig, wie hervorragend die Studenten auch sein mögen — einige Studenten geben muß, die den Kurs nicht bestehen, weil es die Gaußsche Verteilung so verlangt.

Wenn wir nun wieder auf die Ergebnisse des oben erwähnten Experimentes über die Brownsche Bewegung in einer Dimension zurückkommen, bemerken wir, daß sie in diesem Fall weder zufällig ist noch die willkürliche Entscheidung eines fiktiven statistikbewußten Individuums ist, das eine gute Anpassung des Resultats an die Gaußsche Verteilung herbeigeführt hat. Tatsächlich tritt die Gaußverteilung in all den Fällen auf, in denen unabhängige und ähnliche (d.h. gleich verteilte) Zufallsereignisse aufsummiert oder gemittelt werden. Das ist der Inhalt eines wichtigen mathematischen Fakts, des sogenannten *zentralen Grenzwertsatzes*.[26] Damit ist nun die Beschreibung der Brownschen Bewegung in einer Variablen vollständig. Die Verschiebung nach der Zeit t ist eine sogenannte Zufallsvariable mit einer Gaußverteilung, die durch ihren Mittelwert null und das zur Zeitdifferenz t proportionale mittlere Verschiebungsquadrat gekennzeichnet ist. Stichproben einer solchen Gaußverteilung mit zu 1 normiertem mittlerem Verschiebungsquadrat werden (normierte) Gaußsche Zufallszahlen genannt.

Gaußsche Zufallszahlen

Aufgrund dieser Beobachtungen ist es nun klar, daß sich eine Simulation der Brownschen Bewegung auf solche Gaußschen Zufallszahlen stützen läßt. Diese entsprechen den Verschiebungen in einem gewissen Zeitinterval. Wenn eine Verschiebung für ein anderes Zeitintervall gewünscht wird, beispielsweise für die doppelte Zeit, dann ist die Gaußsche Zufallszahl einfach mit dem entsprechenden Faktor zu multiplizieren — hier mit $\sqrt{2}$. Zur Erzeugung Gaußscher Zufallszahlen stehen effiziente und genaue Methoden zur Verfügung.[27] Für unsere Zwecke genügt es jedoch, nur eine einfache Methode zu betrachten, die auf dem oben erwähnten zentralen Grenzwertsatz beruht. Wir können eine Gaußsche Zufallszahl sogar mit Hilfe eines Würfels erzeugen. Man würde hierfür zunächst Zufallszahlen aus der Menge 1, 2, 3, 4, 5, 6, allesamt mit derselben Wahrscheinlichkeit von 1/6, ziehen. Die so entstehenden Zufallszahlen werden *gleichverteilt* genannt.

Zufallszahlen von Computern

Bei den meisten Computern stehen solche Zufallszahlen mit einem bedeutend größeren Ergebnisbereich zur Verfügung, üblicherweise $0, 1, 2, ..., A$ mit $A = 2^{15} - 1$ oder gar $A = 2^{31} - 1$. Wenn wir das Ergebnis durch A dividieren, erhalten wir eine Zahl zwischen 0 und 1; und die Wahrscheinlichkeit, daß das Ergebnis einer solchen Berechnung beispielsweise zwischen 0.25 und 0.75 liegt, beträgt 50% oder 0.50.[28] Allgemeiner ist die Wahrscheinlichkeit, daß die Zufallszahl zwischen a und b liegt, gleich $b - a$, falls a und b so gewählt werden, daß $0 \leq a \leq b \leq 1$ gilt.

Gaußsche Zufallszahlen mit Würfeln

Um Gaußsche Zufallszahlen zu simulieren, nehmen wir einfach irgendeine Anzahl Würfel, z.B. 6, und würfeln. Das Ergebnis wird hier als Summe aller Würfelaugen definiert. Dabei handelt es sich um eine Zahl zwischen 6 und 36. Wir wiederholen das Würfelspiel

[26] Nachzulesen in jedem Lehrbuch über Wahrscheinlichkeitstheorie oder Statistik.

[27] Zum Beispiel die Box-Muller-Methode, siehe W. H. Press, B. P. Flannery, S. A. Teukolski, W. T. Vetterling, *Numerical Recipes,* Cambridge University Press, 1986, Seite 202.

[28] In vielen Programmbibliotheken für Zufallszahlen wird diese Division intern durchgeführt, so daß solche Zufallszahlen bereits gleichmäßig im Einheitsintervall verteilt sind.

100 000 Würfe mit sechs Würfeln

Pkte	H	Pkte	H	Pkte	H	Pkte	H
1	0	10	249	19	8503	28	2449
2	0	11	538	20	8961	29	1608
3	0	12	1033	21	9268	30	960
4	0	13	1573	22	9127	31	549
5	0	14	2541	23	8238	32	255
6	4	15	3574	24	7314	33	110
7	15	16	4836	25	5985	34	39
8	48	17	6051	26	4894	35	17
9	110	18	7527	27	3621	36	3

Tab. 7.23 : Sechs Würfel wurden 100 000 Mal geworfen. Die Punkte aller sechs Würfel wurden aufsummiert; eine Statistik dieser Summen ist in der Tabelle dargestellt (H = Häufigkeit).

Angenäherte Gaußsche Verteilung beim Würfelspiel

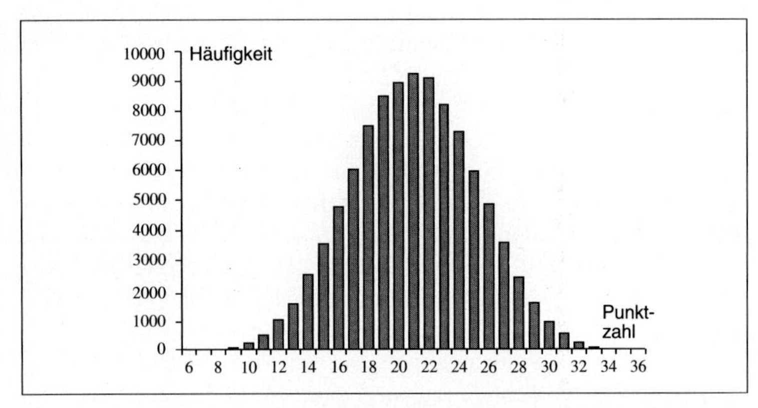

Abb. 7.24 : Die Daten aus Tabelle 7.23 der sechs 100 000 Mal geworfenen Würfel sind in einem Diagramm dargestellt. Die Verteilung ist annähernd vom Gaußschen Typ.

viele Male (in einer Computersimulation) und halten fest, wie oft jede Zahl zwischen 6 und 36 erscheint (siehe Tabelle 7.23 und Abbildung 7.24).

Die Verteilung hat die typische Glockenform. Wiederum stellt der zentrale Grenzwertsatz sicher, daß die Gaußverteilung aus dem oben erwähnten Experiment angenähert wird, und zudem wird die Qualität der Annäherung durch eine Erhöhung der Anzahl Würfe und der beim Würfelspiel benutzten Würfelzahl gesteigert.

Für praktische Zwecke ist es empfehlenswert, die Ergebnisse vor einer Verwendung in fraktalen Konstruktionen zu normieren. Ein Grund dafür besteht darin, daß die Gaußverteilung nicht um 0 zentriert ist. Die Ergebnisse sind immer positiv, und der Erwartungswert, welcher der Mittelwert aller Zahlen ist, hängt von der Anzahl der benutzten Würfel ab. Das Rezept für die Normierung kann leicht aus der elementaren Wahrscheinlichkeitstheorie abgeleitet werden. Aber wir führen hier nur die endgültigen Formeln an. Die folgenden Bezeichnungen bedeuten

A obere Grenze unseres Zufallszahlengenerators, der (wie oben) Zahlen von $0, 1, ..., A$ liefert,
n Anzahl der benutzten „Würfel",
$Y_1, ..., Y_n$ Ergebnisse eines Wurfes aller n „Würfel".

Dann ist für große Werte von A und n eine angenäherte Gaußsche Zufallsvariable gegeben durch

$$D = \frac{1}{A}\sqrt{\frac{12}{n}}\,(Y_1 + Y_2 + \cdots + Y_n) - \sqrt{3n}\ .$$

Sie ist normiert, so daß der Erwartungswert null und die Streuung oder Varianz[29] eins betragen.[30] Diese Formel ist einem Computer leicht einzugeben. Für unsere Zwecke reicht es aus, für n eine kleine Zahl, z.B. $n = 3$, zu benutzen. Dann vereinfacht sich die Formel zu

$$D = \frac{2}{A}(Y_1 + Y_2 + Y_3) - 3\ .$$

Im oben erwähnten, speziellen Fall mit sechs Würfeln müssen wir berücksichtigen, daß die Würfelaugen von 1 (und nicht 0) bis zu einem ziemlich kleinen Höchstwert, nämlich 6, reichen. Unter Verwendung der genauen Varianz erhalten wir für diesen Fall

$$D = \sqrt{\frac{2}{35}}\,(Y_1 + \cdots + Y_6 - 21)\ .$$

Tabelle 7.25 beruht auf dieser Formel.

Der nächste Schritt: Aufsummieren unabhängiger Gaußscher Zufallszahlen

Die vorstehenden Gaußschen Zufallszahlen können nun in einer Simulation der Brownschen Bewegung in einer Raumdimension verwendet werden. Wir wollen die Zeit t in gleichen Schritten δt laufen lassen. Innerhalb jedes Zeitintervalles der Länge δt akkumulieren wir die Stöße aller Moleküle, die unser Teilchen treffen, zu einer Gesamtverschiebung, die richtigerweise als Gaußsche Zufallszahl modelliert wird. Wir bezeichnen die Lage des Teilchens zur Anfangszeit mit 0, kurz als $X(0) = 0$ geschrieben. Nach einem Zeitschritt der Länge δt bestimmen wir unsere (normierte) Gaußsche Zufallszahl, nennen

[29] Die Varianz ist die mittlere quadratische Abweichung vom Erwartungswert. In unserem Fall bedeutet eine Varianz von 1, daß ungefähr 68.27% aller Resultate D kleiner als 1, 95.45% kleiner als 2 und 99.73% kleiner als 3 sind.

[30] Genau betrachtet müßte man bei Verwendung der exakten Varianz der Variablen $Y_1, ..., Y_n$ anstelle von A den Ausdruck $\sqrt{A^2 + 2A}$ schreiben, der jedoch für große Werte von A fast dasselbe Ergebnis produziert.

Normierung des Wurfes von sechs Würfeln

Pkte	D	Pkte	D	Pkte	D	Pkte	D
1		10	−2.63	19	−0.48	28	1.67
2		11	−2.39	20	−0.24	29	1.91
3		12	−2.15	21	0.00	30	2.15
4		13	−1.91	22	0.24	31	2.39
5		14	−1.67	23	0.48	32	2.63
6	−3.59	15	−1.43	24	0.72	33	2.87
7	−3.35	16	−1.20	25	0.96	34	3.11
8	−3.11	17	−0.96	26	1.20	35	3.35
9	−2.87	18	−0.72	27	1.43	36	3.59

Tab. 7.25 : Die Tabelle gibt die Umrechnung der aufsummierten Würfelaugen von 6 bis 36 in eine angenäherte normierte Gaußsche Zufallszahl wieder.

die Ausgabe D_1, womit sich die Lage auf $X(\delta t) = D_1$ ändert. Nach zwei Zeitschritten erhalten wir eine weitere Verschiebung, eine Zahl D_2, die bei unserem zweiten Aufruf des Zufallszahlengenerators ausgegeben wird. Die Lage entspricht nun der Summe

$$X(2\delta t) = X(\delta t) + D_2 = D_1 + D_2.$$

Wir fahren auf diese Weise fort und summieren unsere Gaußschen Zufallszahlen auf. Als Formel erhalten wir

$$X(k\delta t) = D_1 + D_2 + \cdots + D_k, \quad k = 1, 2, 3, \ldots .$$

Das Resultat ist in Abbildung 7.26 dargestellt.

Wenn eine Näherung nur zu jedem zweiten Zeitpunkt gewünscht wird, können wir die Berechnung abkürzen, da wir ja wissen, daß das mittlere Verschiebungsquadrat sich für die doppelte Zeitdifferenz ebenfalls verdoppelt. Somit reicht eine Multiplikation der Gaußschen Zufallszahlen mit $\sqrt{2}$ aus. Mit anderen Worten,

$$X(2k\delta t) = \sqrt{2}(D_1 + D_2 + \cdots + D_k), \quad k = 1, 2, 3, \ldots .$$

Alternative: Die zufällige Mittelpunktverschiebungs-Methode

Eine andere sehr einfache und weit verbreitete Methode zur Erzeugung der Brownschen Bewegung wird *zufällige Mittelpunktverschiebung* genannt.[31] Sie weist gegenüber der Methode der Aufsummierung weissen Rauschens mehrere Vorteile auf. Der wichtigste besteht darin, daß sie einfach auf mehrere Raumdimensionen verallgemeinert

[31] Die Methode wurde in der Arbeit von A. Fournier, D. Fussell und L. Carpenter, *Computer rendering of stochastic models,* Comm. of the ACM 25 (1982) 371–384, eingeführt.

Brownsche Bewegung durch Aufsummierung Gaußscher Zufallsvariablen

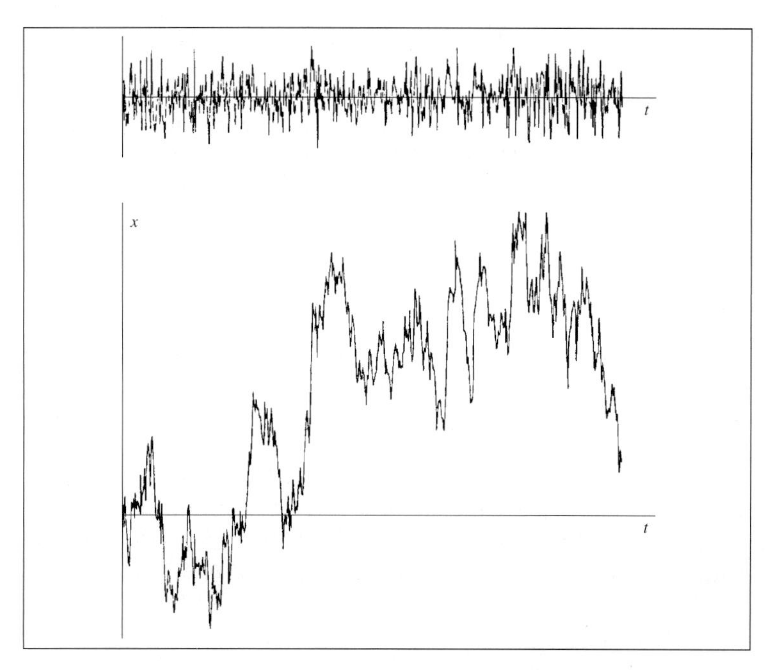

Abb. 7.26 : Unabhängige Gaußsche Zufallszahlen (obere Kurve) ergeben aufsummiert ein grobes Modell der Brownschen Bewegung in einer Variablen (untere Kurve). Die Lage $X(t)$ des Teilchens ist vertikal, die Zeit t horizontal aufgetragen. Das Teilchen bewegt sich völlig unkorreliert auf und ab, d.h., wenn das Teilchen in einem Zeitschritt an Höhe gewinnt, sind die Chancen für eine Beibehaltung und die Chancen für eine Änderung dieser Tendenz genau gleich (50 : 50).

werden kann, was z.B. nützlich für die Modellierung der Höhenfelder von Landschaften ist.[32]

Wenn der Prozeß $X(t)$ für Zeiten t zwischen 0 und 1 zu berechnen ist, dann beginnen wir, indem wir $X(0) = 0$ setzen und $X(1)$ als Stichprobe einer Gaußschen Zufallszahl auswählen. Als nächstes wird $X(\frac{1}{2})$ gebildet als Mittelwert von $X(0)$ und $X(1)$, d.h. $\frac{1}{2}(X(0) + X(1))$, plus eine Verschiebung D_1. Dieser und der nächste Schritt sind in Abbildung 7.27 veranschaulicht. Die Verschiebung D_1 ist eine Gaußsche Zufallszahl, die mit einem Faktor $\frac{1}{2}$ skaliert werden sollte. Dann verkleinern wir diesen Faktor mit $\sqrt{2}$, d.h. er beträgt nun $1/\sqrt{8}$, und die beiden Intervalle von 0 bis $\frac{1}{2}$ und

[32] Ein weiterer Vorteil besteht darin, daß wir die Werte von $X(t)$ für verschiedene Zeiten t vorschreiben und mit Hilfe der zufälligen Mittelpunktverschiebung die Zwischenwerte berechnen können. In diesem Sinne könnte die Methode als fraktale Interpolation gedeutet werden.

Mittelpunktverschiebung

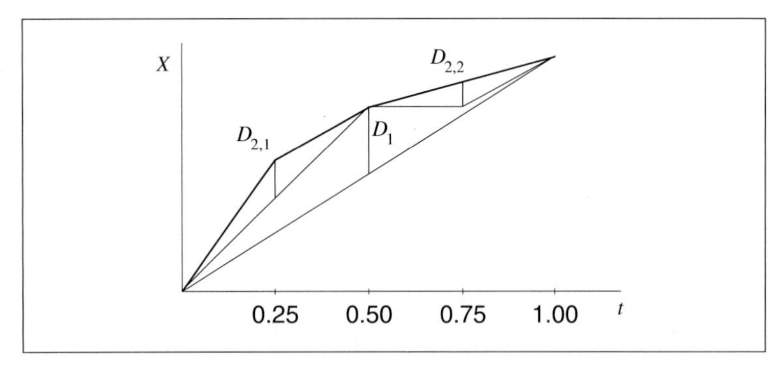

Abb. 7.27 : Die ersten beiden Stufen des Mittelpunktverschiebungsverfahrens, wie im Text erklärt.

von $\frac{1}{2}$ bis 1 werden wiederum unterteilt. Für $X(\frac{1}{4})$ wird der Mittelwert $\frac{1}{2}(X(0) + X(\frac{1}{2}))$ plus einer Verschiebung $D_{2,1}$ eingesetzt die eine mit dem letzten Skalierungsfaktor $1/\sqrt{8}$ multiplizierte Gaußsche Zufallszahl ist. Eine entsprechende Formel gilt für $X(\frac{3}{4})$, d.h.

$$X(\tfrac{3}{4}) = \frac{X(\frac{1}{2}) + X(1)}{2} + D_{2,2} \ ,$$

wobei $D_{2,2}$ eine wie zuvor berechnete zufällige Verschiebung ist.

Im dritten Schritt verfahren wir in derselben Weise: Reduktion des Skalierungsfaktors mit $\sqrt{2}$, was nun $1/\sqrt{16}$ ergibt. Dann setzen wir

$$\begin{aligned}
X(\tfrac{1}{8}) &= \tfrac{1}{2}(X(0) + X(\tfrac{1}{4})) + D_{3,1} \\
X(\tfrac{3}{8}) &= \tfrac{1}{2}(X(\tfrac{1}{4}) + X(\tfrac{1}{2})) + D_{3,2} \\
X(\tfrac{5}{8}) &= \tfrac{1}{2}(X(\tfrac{1}{2}) + X(\tfrac{3}{4})) + D_{3,3} \\
X(\tfrac{7}{8}) &= \tfrac{1}{2}(X(\tfrac{3}{4}) + X(1)) + D_{3,4} \ .
\end{aligned}$$

In jeder Formel wird $D_{3,i}$, $i = 1, ..., 4$, als eine (neue) Gaußsche Zufallszahl berechnet und mit dem momentanen Skalierungsfaktor $1/\sqrt{16}$ multipliziert. Im folgenden Schritt wird $X(t)$ für $t = 1/16, 3/16, ..., 15/16$ unter Verwendung eines wiederum mit $\sqrt{2}$ reduzierten Skalierungsfaktors berechnet. Im übrigen wird analog verfahren wie vorher und wie in Abbildung 7.28 veranschaulicht.

Untersuchung der zufälligen Mittelpunktverschiebungs-Methode

Wenn die Brownsche Bewegung für Zeiten t zwischen 0 und 1 zu berechnen ist, beginnt man mit der Festsetzung $X(0) = 0$ und wählt $X(1)$ als Stichprobe einer Gaußschen Zufallsvariablen mit Mittelwert 0 und Varianz (mittleres Abweichungsquadrat) var $(X(1)) = \sigma^2$. Dann gilt auch var $(X(1) - X(0)) = \sigma^2$, und wir erwarten

$$\text{var}\,(X(t_2) - X(t_1)) = |t_2 - t_1|\sigma^2 \qquad (7.1)$$

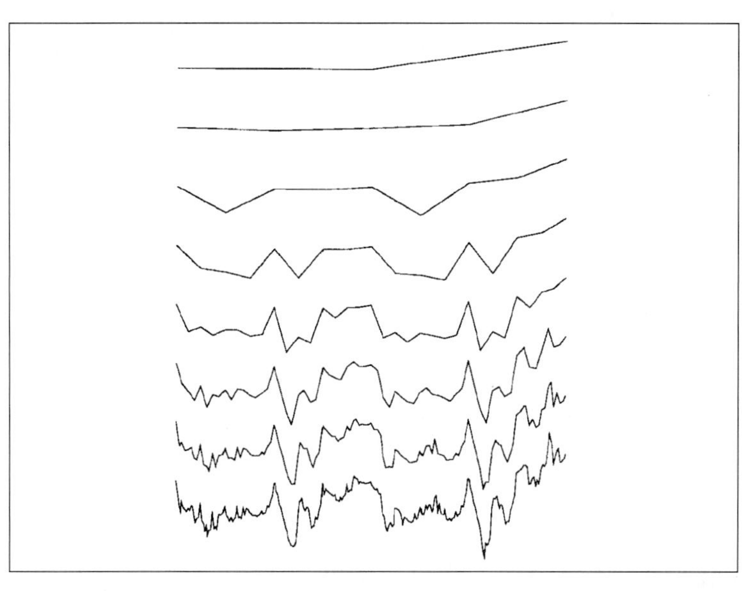

Acht Stufen von Mittelpunkt-verschiebung

Abb. 7.28 : Brownsche Bewegung mit Hilfe der Mittelpunktverschiebung. Ersichtlich sind acht Stufen, die Näherungen der Brownschen Bewegung unter Verwendung von $3, 5, 9, ..., 257$ Punkten darstellen.

für $0 \leq t_1 \leq t_2 \leq 1$. Wir setzen für $X(\frac{1}{2})$ den Mittelwert von $X(0)$ und $X(1)$ plus eine Gaußsche Zufallsverschiebung D_1 mit Mittelwert 0 und Varianz Δ_1^2. Dann gilt

$$X(\tfrac{1}{2}) - X(0) = \frac{1}{2}(X(1) - X(0)) + D_1 \ ,$$

und somit hat $X(\frac{1}{2}) - X(0)$ den Mittelwert 0. Dasselbe gilt für $X(1) - X(\frac{1}{2})$. Ferner müssen wir aufgrund von Gleichung (7.1) verlangen, daß

$$\text{var}\ (X(\tfrac{1}{2}) - X(0)) = \frac{1}{4}\text{var}\ (X(1) - X(0)) + \Delta_1^2 = \frac{1}{2}\sigma^2.$$

Deshalb gilt

$$\Delta_1^2 = \frac{1}{4}\sigma^2.$$

Im nächsten Schritt verfahren wir in derselben Weise und setzen

$$X(\tfrac{1}{4}) - X(0) = \frac{1}{2}(X(0) + X(\tfrac{1}{2})) + D_2 \ .$$

Wir stellen fest, daß die Differenzen in X, hier $X(\frac{1}{2}) - X(\frac{1}{4})$ und $X(\frac{1}{4}) - X(0)$, wiederum vom Gaußschen Typ sind und den Mittelwert 0 haben. Somit müssen wir die Varianz Δ_2^2 von D_2 so wählen, daß

$$\text{var}\ (X(\tfrac{1}{4}) - X(0)) = \frac{1}{4}\text{var}\ (X(\tfrac{1}{2}) - X(0)) + \Delta_2^2 = \frac{1}{4}\sigma^2$$

gilt, d.h.

$$\Delta_2^2 = \frac{1}{8}\sigma^2 .$$

Wir wenden dieselbe Methode auf $X(\frac{3}{4})$ an, gehen zu feineren Auflösungen über und erhalten

$$\Delta_n^2 = \frac{1}{2^{n+1}}\sigma^2$$

als Varianz der Verschiebung D_n. Somit addieren wir, in Übereinstimmung mit Zeitdifferenzen $\Delta t = 2^{-n}$, ein zufälliges Varianzelement $2^{-(n+1)}\sigma^2$, das wie erwartet proportional zu Δt ist.

Aufsteigen zum nächsten Freiheitsgrad

Nachdem wir die Brownsche Bewegung in einer Dimension behandelt haben, ist die Verallgemeinerung auf den zweidimensionalen Fall leicht zu bewerkstelligen. Die kleinen Stöße auf ein Teilchen sind nicht mehr auf nur zwei mögliche Richtungen, entweder von links oder von rechts, beschränkt. Vielmehr kann die Richtung beliebig ausgewählt werden aus einem Winkelbereich zwischen null und 180 Grad, im Bogenmaß zwischen 0 und π.[33] Da alle Winkel gleich wahrscheinlich sind, ist in einer Simulation eine entsprechende Zufallsvariable mit einer Gleichverteilung ausreichend. Fassen wir zusammen: Die Verschiebung des Teilchens wird durch Auswahl der Richtung in der angegebenen Weise berechnet und der Verschiebungsbetrag wie vorher mit Hilfe einer normierten Gaußschen Zufallsvariablen festgelegt.[34]

Die grafische Aufzeichnung der Brownschen Bewegung eines Teilchens zeigt erwartungsgemäß eine sehr unregelmäßige Spur (Abbildung 7.29). Das Teilchen irrt planlos umher. Gewisse Bereiche der Ebene sind durch die Spur dicht gefüllt. Die fraktale Dimension einer solchen Spur beträgt zwei. Die Vergrößerung eines Ausschnitts der Kurve, welche der ganzen Kurve sehr ähnlich sieht, läßt die Selbstähnlichkeit der Bewegung erkennen. Diese Ähnlichkeit ist aber natürlich nur in einem statistischen Sinne gültig.

---

[33] Es ist nicht nötig, größere Winkel zu betrachten, da die Verschiebung positiv oder negativ sein kann.

[34] Dies ist nicht die Verallgemeinerung der Brownschen Bewegung, die zu den früher erwähnten Höhenfeldermodellen von Landschaften führt (näheres dazu siehe Abschnitt 7.6).

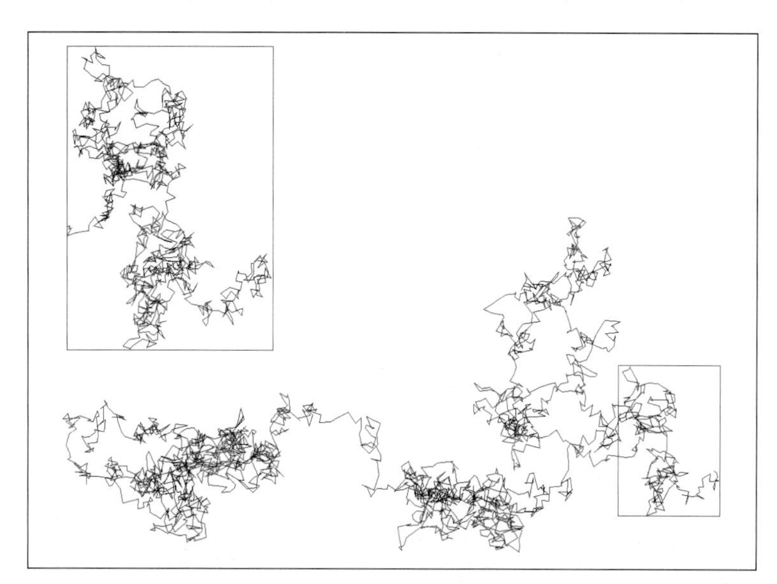

Spur einer Brownschen Bewegung in der Ebene

Abb. 7.29 : Dargestellt ist die Spur der Brownschen Bewegung eines Teilchens. Der eingerahmte Ausschnitt der Spur (im oberen linken Teil der Abbildung in Vergrößerung) deutet Skaleninvarianz oder Selbstähnlichkeit an: Der Ausschnitt sieht dem Ganzen ähnlich.

7.5 Skalierungsgesetze und gebrochene Brownsche Bewegung

Was ist die Skaleninvarianz im Graphen der eindimensionalen Brownschen Bewegung?

Wir wollen nun zur eindimensionalen Brownschen Bewegung zurückkehren und ihre Selbstähnlichkeitseigenschaften betrachten, die sie als Fraktal definieren. Auf Grund der Konstruktion und auch beim Blick auf den Graphen in Abbildung 7.26 wird klar, daß wir keine Selbstähnlichkeit im üblichen Sinne erwarten können, bei der eine Vergrößerung oder Verkleinerung des Graphen der Brownschen Bewegung in der Zeitrichtung und der Amplitude (mit möglicherweise unterschiedlichen Faktoren) den ursprünglichen Graphen ergibt. Solch eine exakte affine Selbstähnlichkeit ist wegen des Zufalls im Erzeugungsverfahren offensichtlich nicht möglich. In Abbildung 7.30 haben wir trotzdem einmal die Konstruktion von im Maßstab geänderten Kopien des Originals versucht. Hierbei haben wir für die horizontale Richtung einen Vergrößerungsfaktor von 2 benutzt und die Amplituden unverändert gelassen. Wir stellen fest, daß die Kurven nicht sehr ähnlich sind; in den unteren Kurven, bei denen wir die Zeit mit den Faktoren 2, 4, 8, ... und 64 gestreckt haben, gibt es viel weniger Schwankungen.

In der nächsten Abbildung wiederholen wir das Experiment mit demselben Faktor von 2 aber jetzt in der horizontalen (Zeit) und auch

Falsch reskalierte Brownsche Bewegung

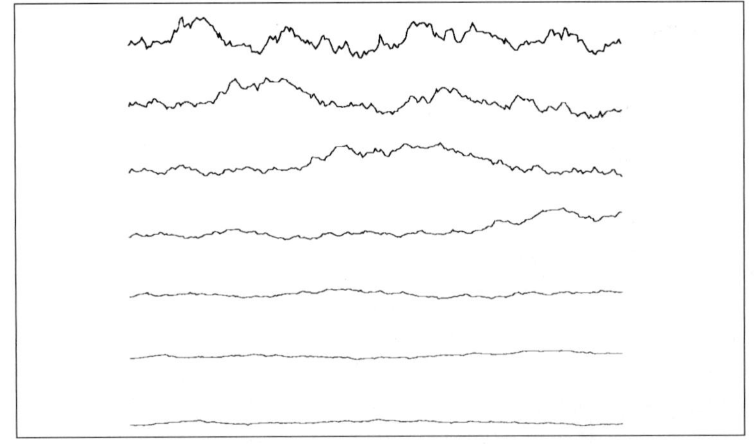

Abb. 7.30 : In diesem Experiment skalieren wir eine Stichprobe Brownscher Bewegung in einer Variablen in horizontaler Richtung mit Faktoren von 2 bei unveränderten Amplituden. Das Ergebnis von sechs solchen Schritten ist hier zusammen mit der ursprünglichen Kurve dargestellt. Man beachte, wie die Gipfel der „Berge" beim Übergang auf die unteren Kurven nach rechts verschoben werden. Bei jeder Kurve geht die Hälfte der Daten der vorhergehenden Kurve wegen des Abschneidens am rechten Rand verloren.

in der vertikalen (Amplitude) Richtung. So wie wir die Größen in horizontaler Richtung verdoppeln, multiplizieren wir auch die Amplituden mit zwei. Dies verändert die Kurven erheblich, wie in Abbildung 7.31 ersichtlich. Die unteren Kurven weisen nun stark vergrößerte Amplitudenschwankungen auf und sehen dadurch viel unregelmäßiger aus.

Aus diesen Beobachtungen können wir schließen, daß es zwischen den beiden vertikalen Skalierungsfaktoren 1 (Abbildung 7.30) und 2 (Abbildung 7.31) einen Skalierungsfaktor r geben sollte, der zu gleich aussehenden Kurven führt. Das heißt bei Skalierung der Brownschen Bewegung in der Zeit mit einem Faktor 2 und in der Amplitude mit einem Faktor r sehen wir keine auffallenden grundsätzlichen Unterschiede, auch wenn wir den Skalierungsvorgang mehrmals wiederholen. Wir könnten versucht sein, diese Zahl r durch systematisches Probieren zu finden. Man weiß jedoch, daß das Ergebnis $r = \sqrt{2}$ lautet. Dies folgt unmittelbar aus unserer Untersuchung der mittleren Verschiebungsquadrate Δ^2 der Brownschen Bewegung $X(t)$, die proportional zu den Zeitdifferenzen t waren, $\Delta^2 \propto t$.

Wir betrachten die reskalierte Zufallsfunktion

$$Y(t) = rX\left(\frac{t}{a}\right) ,$$

d.h. der Graph von X ist in der Zeitrichtung um einem Faktor a

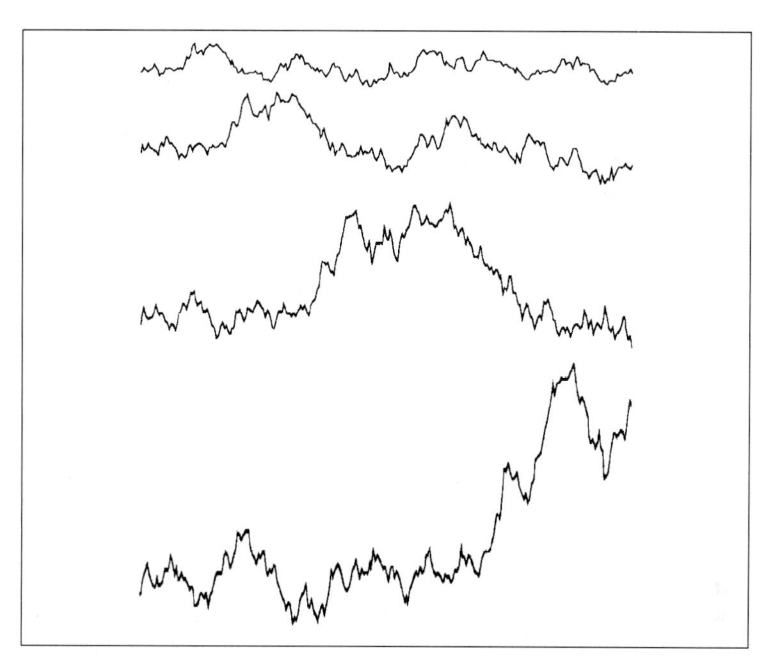

Wiederum falsch reskalierte Brownsche Bewegung

Abb. 7.31 : Dasselbe Experiment wie in Abbildung 7.30, aber diesmal mit denselben Skalierungsfaktoren 2 in horizontaler und vertikaler Richtung.

und in der Amplitude mit r gestreckt. Die Verschiebungen in Y für Zeitdifferenzen t sind dieselben wie die in X multipliziert mit r für entsprechende Zeitdifferenzen t/a. Somit sind die Verschiebungsquadrate proportional zu $r^2 t/a$. Um dieselbe Proportionalitätskonstante wie bei der ursprünglichen Brownschen Bewegung sicherzustellen, müssen wir nur $r^2/a = 1$ verlangen oder, was gleichbedeutend ist, $r = \sqrt{a}$. Wenn wir t durch $t/2$ ersetzen, d.h. den Graphen wie in den Abbildungen 7.30 und 7.31 mit einem Faktor 2 strecken, ergibt sich $a = 2$ und damit $r = \sqrt{2}$, wie angegeben.

Abbildung 7.32, die letzte in dieser Reihe, zeigt das Ergebnis. Tatsächlich sehen die Kurven ungefähr gleich aus. Statistisch gesprochen sind sie tatsächlich gleich. Eine Untersuchung der Mittelwerte, der Streuungen, der Momente und so weiter würde für die reskalierten Kurven dieselben statistischen Eigenschaften ergeben. Dies ist die Skaleninvarianz des Graphen der Brownschen Bewegung.

Sind andere Skalierungsfaktoren möglich?

Bei der Behandlung der Skaleninvarianz haben wir gezeigt, daß für die gewöhnliche Brownsche Bewegung die Amplituden mit $\sqrt{2}$ skaliert werden müssen, wenn die Zeit (horizontale Richtung) mit einem Faktor 2 gestreckt wird. Die Skalierung der Amplituden mit anderen Faktoren, wie 1 oder 2, verändert die statistischen Eigenschaften der Graphen wie die Abbildungen 7.30 und 7.31 zeigen.

Richtig reskalierte Brownsche Bewegung

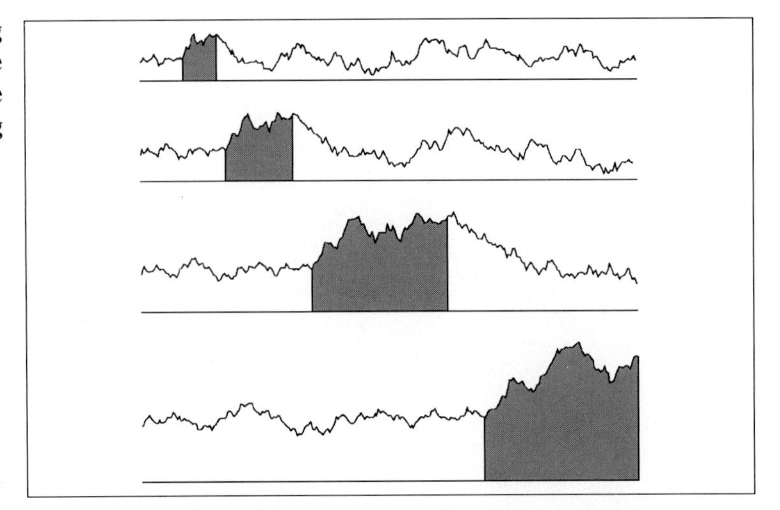

Abb. 7.32 : Dasselbe Experiment wie in Abbildung 7.30, aber hier nun mit einem Skalierungsfaktor 2 in horizontaler und dem richtigen Skalierungsfaktor $r = \sqrt{2}$ in vertikaler Richtung. Die Kurven sind statistisch äquivalent und lassen damit die Skaleninvarianz der Brownschen Bewegung erkennen. Die schraffierten Bereiche weisen, richtig reskaliert, für die verschiedenen Stufen dieselbe Gestalt auf. Vom Bereich der untersten Kurve wird durch den rechten Rand ungefähr die Hälfte abgeschnitten.

Wir können nun die nächste folgerichtige Frage stellen: Wie müßte eine Kurve aussehen, die für einen beliebig vorgegebenen Skalierungsfaktor zwischen 1 und 2 in vertikaler Richtung Skaleninvarianz aufweist? Solche Kurven gibt es tatsächlich; was sie darstellen, wird *gebrochene Brownsche Bewegung* genannt. Die Abbildungen 7.33 und 7.34 zeigen Beispiele für Skalierungsfaktoren $2^{0.2} = 1.148...$ und $2^{0.8} = 1.741...$ Im allgemeinen wird gebrochene Brownsche Bewegung durch den im Skalierungsfaktor auftretenden Exponenten (0.2 oder 0.8 in den oben erwähnten Abbildungen, 0.5 für die gewöhnliche Brownsche Bewegung) gekennzeichnet. Dieser Exponent wird üblicherweise mit H bezeichnet und manchmal *Hurst-Exponent* genannt, nach Hurst, einem Hydrologen. Dieser hat zusammen mit Mandelbrot einige frühe Arbeiten über skaleninvariante Eigenschaften von Wasserstandsschwankungen in Flüssen durchgeführt. Der maßgebende Bereich für den Exponenten reicht von 0, was stark zerklüfteten fraktalen Zufallskurven entspricht, bis 1, was ziemlich glatt verlaufenden Zufallsfraktalen entspricht. Es gibt eine direkte Beziehung zwischen H und der fraktalen Dimension des Graphen eines zufälligen Fraktals. Diese Beziehung wird in einem der folgenden Absätze erläutert.

Gebrochene Brownsche Bewegung 1

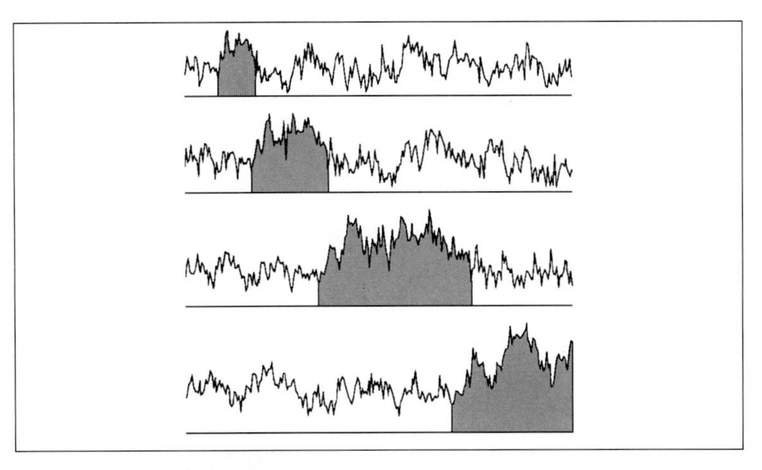

Abb. 7.33 : Richtig reskalierte gebrochene Brownsche Bewegung mit einem Reskalierungsfaktor $2^{0.2} = 1.148...$ in vertikaler Richtung. Die Kurven sind im Vergleich zur gewöhnlichen Brownschen Bewegung stärker zerklüftet (siehe Abbildung 7.32). Wiederum ist vom schraffierten Bereich bei der untersten Kurve etwa die Hälfte abgeschnitten.

Die gebrochene Brownsche Bewegung und statistische Selbstähnlichkeit

Die gewöhnliche Brownsche Bewegung ist ein zufälliger Prozeß $X(t)$ mit Gaußschen Differenzen und

$$\text{var}\,(X(t_2) - X(t_1)) \propto |t_2 - t_1|^{2H} ,$$

wobei $H = \frac{1}{2}$. Die Verallgemeinerung auf Parameter $0 < H < 1$ wird *gebrochene Brownsche Bewegung* genannt. Wir sagen, die Differenzen von X seien *statistisch selbstähnlich mit dem Parameter* H. Mit anderen Worten,

$$X(t) - X(t_0) \quad \text{und} \quad \frac{X(rt) - X(t_0)}{r^H}$$

sind statistisch ununterscheidbar, d.h. sie haben dieselben endlichdimensionalen (gemeinsamen) Verteilungsfunktionen für jedes t_0 und $r > 0$. Der Einfachheit halber wollen wir $t_0 = 0$ und $X(t_0) = 0$ setzen. Dann sind die beiden Zufallsfunktionen

$$X(t) \quad \text{und} \quad \frac{X(rt)}{r^H}$$

klar als statistisch ununterscheidbar zu erkennen. Somit wird die „beschleunigte" gebrochene Brownsche Bewegung $X(rt)$ mit Hilfe der Division der Amplituden durch r^H *richtig reskaliert.*

Wenn Kurven unterschiedlicher fraktaler Dimension auch möglich sind, so lassen sie sich durch Modifikation der zuerst auf Seite 451 beschriebenen und in Abbildung 7.26 dargestellten Methode des Aufsummierens weißen Rauschens nicht leicht erzeugen. Aber

Gebrochene Brownsche Bewegung 2

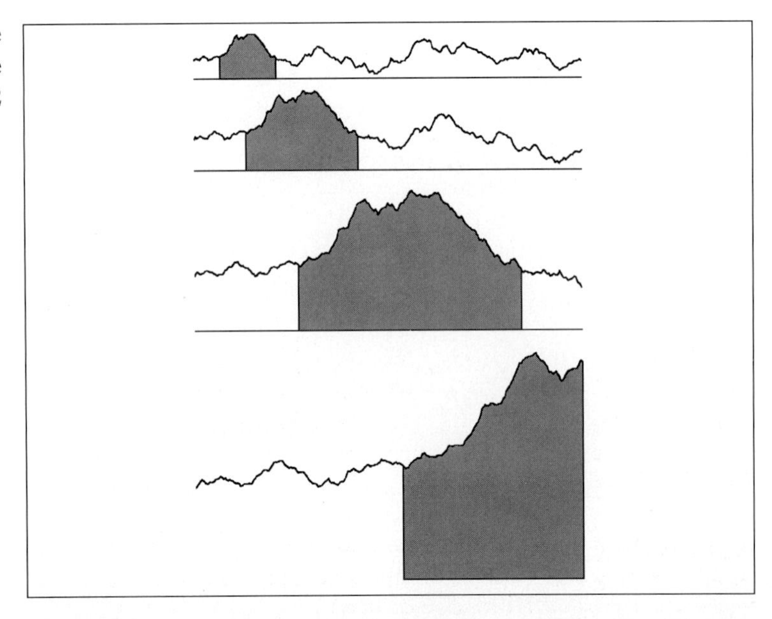

Abb. 7.34 : Richtig reskalierte gebrochene Brownsche Bewegung mit einem Reskalierungsfaktor $2^{0.8} = 1.741...$ in vertikaler Richtung. Die Kurven sind im Vergleich zur gewöhnlichen Brownschen Bewegung viel glatter (siehe Abbildung 7.32). Auch hier fehlt vom schraffierten Bereich bei der untersten Kurve etwa die Hälfte.

eine kleine Abänderung in der zufälligen Mittelpunktverschiebungs-Methode führt tatsächlich zu Näherungen der gebrochenen Brownschen Bewegung. Für ein Zufallsfraktal mit einem vorgegebenen Hurst-Exponenten $0 \leq H \leq 1$ müssen wir nur für den ersten Reskalierungsfaktor $\sqrt{1 - 2^{2H-2}}$ für die Zufallsverschiebungen wählen; und in den weiteren Schritten muß der Faktor jeweils um $1/2^H$ verkleinert werden.

Die Beziehung zwischen H und der Dimension D

In diesem Absatz geben wir eine einfache Formel für die fraktale Dimension des Graphen eines zufälligen Fraktals an. Der Graph ist eine in der Ebene gezeichnete Linie. Damit sollte die Dimension mindestens 1 sein, aber sie darf 2 nicht überschreiten. Die genaue Formel für die fraktale Dimension des Graphen eines zufälligen Fraktals mit dem Hurst-Exponenten H lautet

$$D = 2 - H .$$

Damit erhalten wir den gesamten möglichen Bereich fraktaler Dimensionen, wenn wir den Exponenten H von 0 bis 1 variieren lassen. Dies ergibt Dimensionen D, die von 2 bis 1 abnehmen.

Maschenzählen bei Graphen der gebrochenen Brownschen Bewegung

Wir wollen die Box-Methode für die Abschätzung der fraktalen Dimension des Graphen eines zufälligen Fraktals $X(t)$ anwenden. Wir rufen in Erinnerung, daß alle statistischen Eigenschaften des Graphen erhalten bleiben, wenn wir $X(t)$ durch $X(2t)/2^H$ ersetzen. Wir nehmen an, daß der Graph von $X(t)$ für t zwischen 0 und 1 mit N kleinen Maschen der Größe r überdeckt sei. Nun betrachten wir Maschen der halben Größe $r/2$. Aus der Skaleninvarianz des Fraktals folgt, daß der Wertebereich von $X(t)$ im ersten Halbintervall von 0 bis 1/2 als das $1/2^H$-fache des Wertebereichs von $X(t)$ über das gesamte Intervall zu erwarten ist. Natürlich gilt dasselbe für das zweite Halbintervall von 1/2 bis 1. Für jedes Halbintervall würden wir erwarten, daß $2N/2^H$ Maschen der kleineren Größe $r/2$ erforderlich sind. Für beide Halbintervalle zusammen würden wir daher $2^{2-H}N$ kleinere Maschen benötigen. Wenn wir dieselbe Überlegung für jedes Viertelintervall durchführen, finden wir wieder, daß die Anzahl der Maschen mit 2^{2-H} multipliziert werden muß, d.h. wir benötigen $(2^{2-H})^2N$ Maschen der Größe $r/4$. Damit folgt das allgemeine Ergebnis

$$(2^{2-H})^k N \quad \text{Maschen der Größe} \quad \frac{r}{2^k}\,.$$

Wir verwenden die Grenzwertformel für die Box-Dimension und berechnen mit Hilfe von Methoden der Differentialrechnung

$$D = \lim_{k\to\infty} \frac{\log[(2^{2-H})^k N]}{\log \frac{2^k}{r}} = 2 - H\,.$$

Dieses Ergebnis stimmt mit dem in Kapitel 4 (Seite 257) überein. Hier wurde gezeigt, daß die fraktale Dimension gleich D ist, wenn die Anzahl der Maschen bei Halbierung ihrer Größe mit einem Faktor 2^D zunimmt.

An dieser Stelle muß jedoch zur Vorsicht gemahnt werden. Es ist wichtig, sich darüber klarzuwerden, daß die erwähnte Ableitung der Amplituden und der Zeitvariablen, die wirklich in keiner natürlichen Beziehung zueinander stehen, implizit eine Skalenverknüpfung festlegt. Deshalb kann das Ergebnis der Berechnung, die fraktale Dimension, von der Wahl dieser Verknüpfung der Skalen abhängig sein. Dies wird besonders deutlich, wenn man versucht, die Dimension auf der Grundlage von Längenmessungen abzuschätzen.[35]

Die gebrochene Brownsche Bewegung kann in drei ziemlich verschiedene Klassen unterteilt werden: $H < \frac{1}{2}$, $H = \frac{1}{2}$ und $H > \frac{1}{2}$. Der Fall $H = \frac{1}{2}$ entspricht der gewöhnlichen Brownschen Bewegung mit voneinander unabhängigen Differenzen, d.h. $X(t_2) - X(t_1)$ und

[35] Zu den Einzelheiten verweisen wir auf R. Voss, *Fractals in Nature,* in: *The Science of Fractal Images,* H.-O. Peitgen und D. Saupe (Hrsg.), Springer-Verlag, New York, 1988, Seiten 63–64 und B. B. Mandelbrot, *Self-affine fractals and fractal dimension,* Physica Scripta 32 (1985) 257–260.

$X(t_3) - X(t_2)$ mit $t_1 < t_2 < t_3$ sind im Sinne der Wahrscheinlichkeitstheorie unabhängig voneinander; ihre Korrelation ist 0. Für $H > \frac{1}{2}$ gibt es eine positive Korrelation zwischen diesen Differenzen, d.h. wenn der Graph von X für ein gewisses t_0 ansteigt, dann neigt er dazu, für $t > t_0$ weiterhin anzusteigen. Für $H < \frac{1}{2}$ trifft das Gegenteil zu. Es gibt eine negative Korrelation zwischen den Differenzen, und die Kurven scheinen unregelmäßiger zu oszillieren.

7.6 Fraktale Landschaften

Als nächsten großen Schritt wollen wir nun den eindimensionalen Rahmen verlassen und Graphen erzeugen, die nicht Kurven, sondern Flächen sind. Bei einer der ersten Methoden zu diesem Zweck wird eine Dreieckskonstruktion benutzt. Die Oberfläche wird im Endeffekt durch Höhen über den Knotenpunkten eines Dreiecksnetzes festgelegt (siehe Abbildung 7.35).

Dreiecksnetz

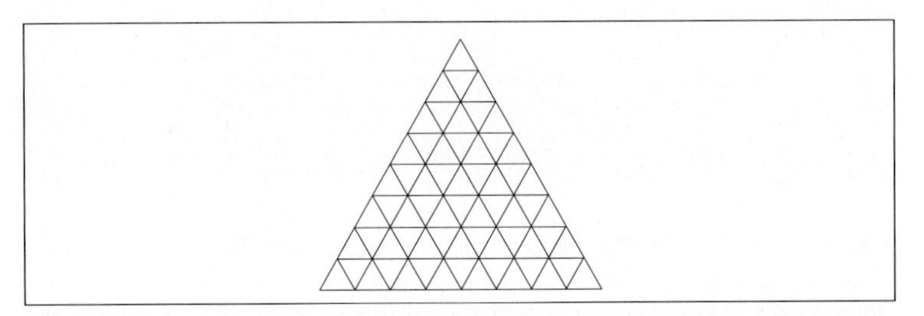

Abb. 7.35 : Die fraktale Oberfläche wird über dem Netz mit an jedem Knotenpunkt angegebenen Oberflächenhöhen gebildet.

Erweiterung auf zwei Dimensionen mit Hilfe von Dreiecken

Der Algorithmus orientiert sich weitgehend an der Mittelpunktverschiebungs-Methode des eindimensionalen Falles. Wir beginnen mit einem beliebigen großen Grunddreieck und zufällig gewählten Höhen an den drei Eckpunkten. Das Dreieck wird durch Verbinden der Seitenmitten des Grunddreiecks in vier Teildreiecke unterteilt. Dabei entstehen drei neue Knotenpunkte, bei denen die Höhe der Oberfläche zuerst aus den Höhen ihrer zwei Nachbarpunkte (zwei Eckpunkte des ursprünglichen großen Dreiecks) interpoliert und dann auf die übliche Weise verschoben wird. In der nächsten Stufe erhalten wir insgesamt sechzehn kleinere Dreiecke, und die Höhen für neun neue Punkte müssen durch Interpolation und Verschiebung bestimmt werden. Die in jeder Stufe nötigen zufälligen Verschiebungen müssen nach der Vorschrift des üblichen Mittelpunktverschiebungsalgorithmus durchgeführt werden, d.h. in jeder Stufe müssen wir den Skalierungsfaktor für die Gaußsche Zufallszahl mit $1/2^H$ herabsetzen. Abbildung 7.36

Fraktale Oberfläche auf der Grundlage von Dreiecken

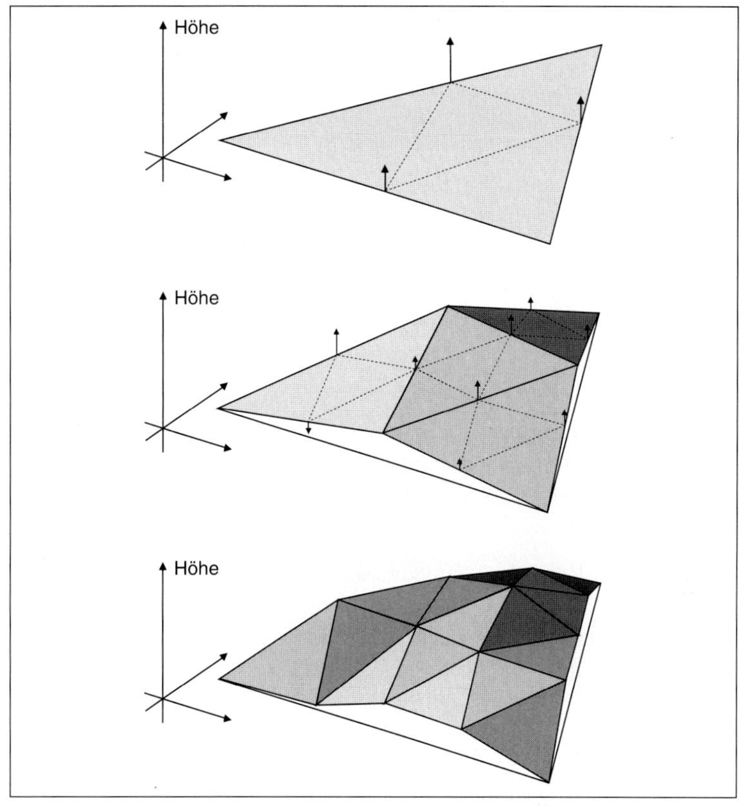

Abb. 7.36 : Fraktale Konstruktion einer Oberfläche mit Hilfe der Dreieckszerlegung.

zeigt das Verfahren und eine perspektivische Ansicht der ersten Approximationen der sich ergebenden Oberfläche.

Die Methode mit Hilfe von Quadraten

Die Konstruktion fraktaler Oberflächen schließlich zu programmieren, wird etwas einfacher, wenn anstelle von Dreiecken Quadrate verwendet werden. Der Übergang von einem Quadratgitter zum nächsten mit halber Maschenweite geschieht in zwei Schritten (siehe Abbildung 7.37). Als erstes werden die Oberflächenhöhen über den Mittelpunkten aller Quadrate durch Interpolation aus den Höhen ihrer vier Nachbarpunkte und einer geeigneten zufälligen Verschiebung berechnet. Im zweiten Schritt werden die Höhen über den verbleibenden neuen Punkten berechnet. Man beachte, daß diese Punkte auch vier Nachbarpunkte (außer am Rand des Quadrates) aufweisen mit Höhen, die nach Ausführung des ersten Schrittes bereits bekannt sind. Wiederum wird die Interpolation der Höhen dieser vier Nachbarn benutzt und das Ergebnis um eine zufällige Verschiebung versetzt. Man muß

Quadratisches Netz

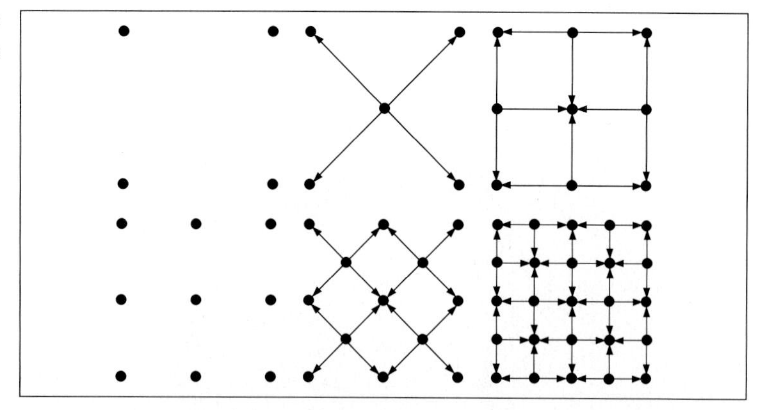

Abb. 7.37 : Die beiden Verfeinerungsschritte für die ersten beiden Stufen des Algorithmus für fraktale Oberflächen über einem Quadratgitter mit Mittelpunktverschiebung.

allerdings am Rand des Grundquadrates vorsichtig sein, weil hier für die Interpolation nur die Höhen dreier Nachbarpunkte zur Verfügung stehen. Verwendet man Quadrate, so muß die Reduktion der Skalierungsfaktoren auch leicht verändert werden. Da für die Halbierung der Maschenweite zwei Schritte nötig sind, sollten wir den Skalierungsfaktor in jedem Schritt nicht um $1/2^H$, sondern vielmehr um die Quadratwurzel $\sqrt{1/2^H}$ reduzieren. Ein Beispiel eines Ergebnisses für diesen Algorithmus ist in Abbildung 7.38 dargestellt.

Bemerken wir hier, daß die fraktale Dimension der Graphen unserer Funktionen, genau wie im Fall der Kurven, durch den Parameter H bestimmt ist. Die Graphen sind Flächen, die in einem dreidimensionalen Raum liegen. Somit ist die fraktale Dimension mindestens 2, aber nicht größer als 3. Sie beträgt $D = 3 - H$.

Verfeinerungen und Erweiterungen

Es gibt viele Verfeinerungen des Algorithmus. Die Näherung einer echten sogenannten Brownschen Oberfläche kann durch Hinzufügen zusätzlichen „Rauschens" verbessert werden, nicht nur an den in jedem Schritt neu erzeugten Knoten, sondern an allen Knoten des betreffenden Gitters. Ein weiterer Algorithmus beruht auf der spektralen Beschreibung des Fraktals. Dabei zerlegt man die Funktion in viele Sinus- und Cosinus-Wellen von ansteigenden Frequenzen und abnehmenden Amplituden.[36] Die gegenwärtige Forschung konzentriert sich auf die lokale Kontrolle des Fraktals. Zum Beispiel ist es wünschenswert, die fraktale Dimension der Oberfläche vom Ort

[36] Einige weitere Algorithmen, einschließlich Pseudokode, werden in den ersten beiden Kapiteln von *The Science of Fractal Images,* H.-O. Peitgen und D. Saupe (Hrsg.), Springer-Verlag, New York, 1988, besprochen.

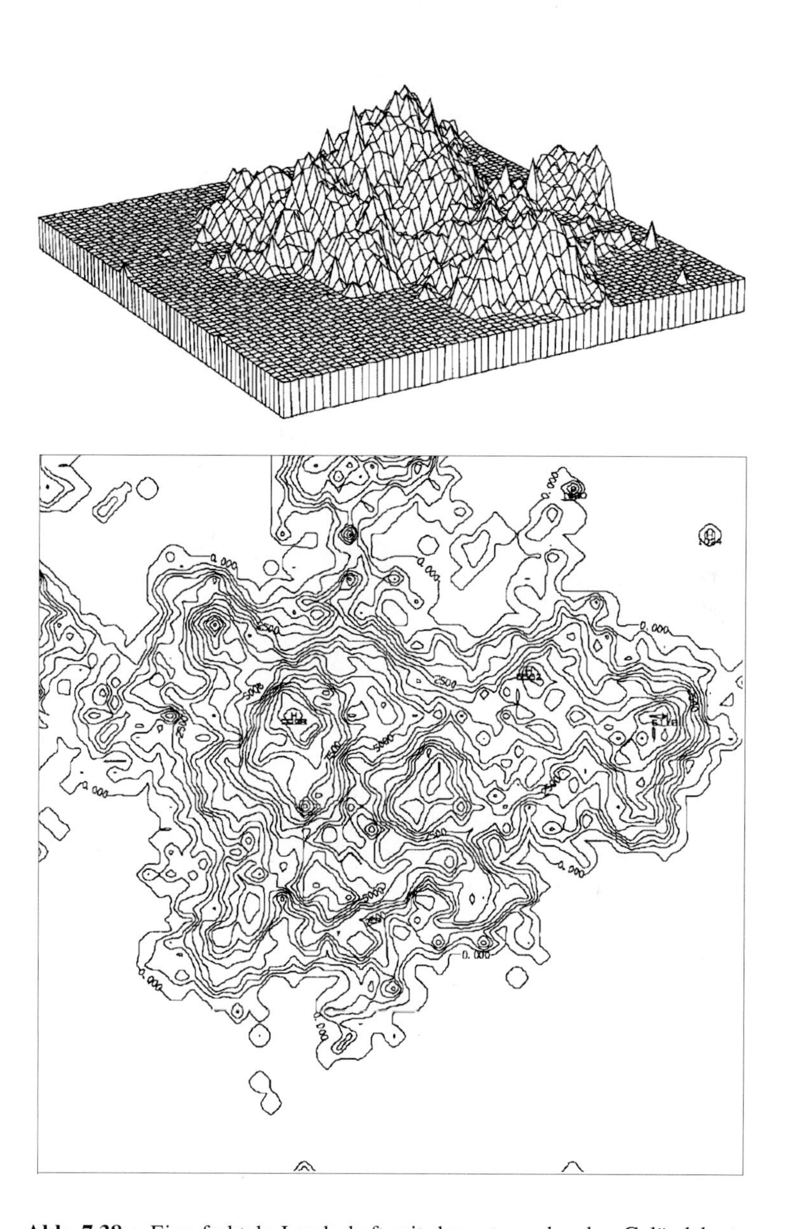

Abb. 7.38 : Eine fraktale Landschaft mit der entsprechenden Geländekarte. Die Mittelpunktverschiebungsmethode wurde auf ein Netz von 64 × 64 Quadraten angewendet. Negative Höhenwerte wurden unbeachtet gelassen, so daß die sich ergebende Landschaft wie eine zerklüftete Insel mit Gebirge aussieht.

abhängig zu machen. Die „Täler“ einer fraktalen Landschaft sollten beispielweise glatter sein als die hohen Berggipfel. Natürlich kann die computergrafische Darstellung der sich ergebenden Landschaften einschließlich der Entfernung von verdeckten Flächen sehr kompliziert sein; und richtige Beleuchtungs- und Schattierungsmodelle würden die Thematik für ein weiteres Buch liefern.[37]

Einfache Erzeugung einer fraktalen Küste

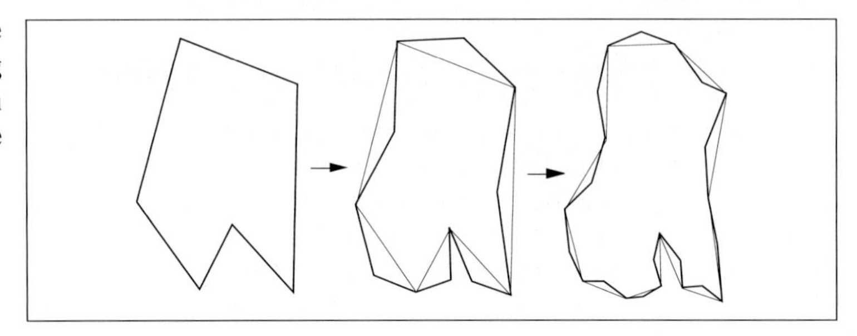

Abb. 7.39 : Erzeugung einer fraktalen Küstenlinie mittels aufeinanderfolgender zufälliger Mittelpunktsverschiebungen.

Gewinnung von fraktalen Küstenlinien aus fraktalen Landschaften

In diesem letzten Abschnitt kehren wir zu einer der Hauptfragen zurück, nämlich wie man Imitationen von Küstenlinien erzeugt. Es gibt verschiedene Möglichkeiten. Zuerst beschreiben wir eine simple Version. Es handelt sich dabei um eine direkte Verallgemeinerung der Mittelpunktverschiebungsmethode in einer Dimension. Man vergleiche mit Abbildung 7.39. Wir beginnen mit einer groben Näherung für die Küstenlinie einer Insel. Die Näherung könnte beispielsweise von Hand ausgeführt werden, indem man ein einfaches Vieleck mit wenigen Eckpunkten skizziert. Jede Seite des Polygons wird dann einfach nach dem üblichen Mittelpunktverschiebungsalgorithmus unterteilt, d.h. man verschiebt ihren Mittelpunkt in der zu ihr senkrechten Richtung um einen Betrag, der durch den Gaußschen Zufallszahlengenerator bestimmt und mit einem Skalierungsfaktor multipliziert wird. Somit wird in diesem Schritt die Anzahl der Ecken des Polygons verdoppelt. Wir können dann den Schritt mit den neuen Seiten des verfeinerten Vielecks wiederholen und dabei einen um $1/2^H$ reduzierten Skalierungsfaktor für die Zufallszahlen verwenden. Der Parameter H zwischen 0 und 1 bestimmt wiederum die Zerklüftung, d.h. die fraktale Dimension D der resultierenden fraktalen Kurve; je größer H, desto glatter ist die Kurve. Dieses Verfahren weist drei Mängel auf.

[37] Siehe zum Beispiel *Illumination and Color in Computer Generated Imagery,* R. Hall, Springer-Verlag, New York, 1988.

1. Die Grenzkurve kann Selbstüberschneidungen aufweisen.
2. Es sind keine Inseln in der Nähe der Küste möglich.
3. Die statistischen Eigenschaften des Algorithmus sind nicht die, die wir für mathematisch „reine“ zufällige Fraktale erwarten, d.h. die Kurven sind im statistischen Sinn nicht überall gleich.

Zumindest die ersten beiden Probleme der beschriebenen Methode lassen sich mit einem ausgeklügelteren Ansatz bewältigen. Dessen Grundlage ist eine *vollständige* fraktale Landschaft, die z.B. nach der oben beschriebenen Methode mit Hilfe von Quadraten berechnet werden kann. Nun wählt man einen Zwischenhöhenwert als „Meeresspiegel“ wie in Abbildung 7.38. Die Aufgabe besteht dann darin, die entsprechende Küstenlinie des gegebenen Fraktals zu gewinnen. Am einfachsten läßt sich dies dadurch erreichen, daß die Unterteilung des zugrundeliegenden Dreiecks oder Quadrats so weit vorangetrieben wird, bis so viele Punkte berechnet sind, wie man in einem Bild darstellen möchte, z.B. 513×513 für die Anzeige auf einem Computergrafikschirm. Die Zahl 513 ist eine günstige Zahl, da $513 = 2^9 + 1$ und sie somit in dem Unterteilungsverfahren des Quadrates auf natürliche Weise auftritt. Alle Höhenwerte, in diesem Fall ungefähr eine viertel Million, werden abgetastet, und es wird für einen Wert, der den gewählten Meeresspiegel übersteigt, am zugehörigen Bildpunkt ein schwarzes Pixel erzeugt. Die fraktale Dimension der Küstenlinie wird durch den Parameter H bestimmt, der bei der Erzeugung der Landschaft benutzt wurde. Für sie gilt $D = 2 - H$; dies ist dieselbe Formel wie die für die fraktale Dimension der Graphen der gebrochenen Brownschen Bewegung.

Imitation von Wolken in zwei Dimensionen

Auf einem Computerfarbbildschirm können aber auch sehr schnell mit Hilfe der fraktalen Landschaften täuschend echte Wolken erzeugt werden. Man betrachte eine solche Landschaft, die mit einer Auflösung der oben erwähnten Größenordnung von ungefähr 513×513 Netzpunkten erzeugt wurde. Jedem Pixel ist ein Höhenwert zugeordnet, den wir nun aber als Farbe deuten. Die sehr hohen Berggipfel in der Landschaft entsprechen weiß, mittlere Höhenwerte einem bläulichen Weiß und das Flachland einem reinen Blau. Dies ist mit einer sogenannten Farbtabelle, die bei der meisten Computergrafikhardware als Hilfsmittel eingebaut ist, sehr leicht einzustellen. Die Anzeige einer Sicht dieser Daten aus der Vogelperspektive mit einer eineindeutigen Zuordnung zwischen den Netzpunkten des Fraktals und den Pixeln des Schirms läßt eine sehr schöne Wolke erkennen. Der Parameter H des Fraktals, der die fraktale Dimension bestimmt, kann nach dem persönlichen Geschmack des Betrachters eingestellt werden. Der einzige Nachteil einer solchen Darstellung besteht darin, daß das Modell der Wolke zweidimensional ist. Die Wolke hat keine Dicke; eine Seitenansicht desselben Objektes ist demnach nicht möglich.

Künstliche Bewegung echter 3-D-Wolken

Der Begriff des Fraktals kann erweitert werden. Wir können zufällige fraktale Funktionen nicht nur auf der Grundlage einer Linie oder eines Quadrates, sondern auch auf der Grundlage eines Würfels erzeugen. Die Funktion ordnet dann jedem Punkt innerhalb eines Würfels einen numerischen Wert zu. Dieser Wert kann als physikalische Größe wie Temperatur, Druck oder Wasserdampfdichte gedeutet werden. Der räumliche Bereich, der alle Punkte des Würfels mit einer Wasserdampfdichte über einem bestimmten Schwellenwert enthält, kann als Wolke angesehen werden. Man kann sogar noch einen Schritt weitergehen. Wolken sind nicht nur in ihrer Geometrie fraktal, sondern auch in der Zeit. Das heißt, wir können eine vierte Dimension einführen und zufällige Fraktale in vier Variablen als Wolken interpretieren, die sich in der Zeit verändern. Das erlaubt uns, Bewegungsabläufe von Wolken und ähnlichen Formen durchzuführen.[38]

7.7 Programm des Kapitels: Zufällige Mittelpunktverschiebung

In diesem Kapitel wird eine Auswahl zufälliger Fraktale behandelt, die in der Natur vorkommende Strukturen oder Formen simulieren. Von diesen Beispielen beeindrucken die fraktalen Landschaften visuell sicherlich am meisten. Unter Computergrafikern ist es sehr beliebt geworden, solche Simulationen durchzuführen. Dieses Thema ist nun wichtiger Bestandteil der meisten neueren Lehrbücher der Computergrafik. Es liegt außerhalb des Rahmens dieses Buches, die recht technischen Einzelheiten solcher Instrumente aufzuführen. Etwas bescheidener in unseren Ansprüchen beschränken wir uns auf den Kode für den Querschnitt einer Landschaft, der einen Horizont als Graphen einer Brownschen Bewegung in einer Variablen ergibt.

Die zentrale Annahme dieses Modells besteht darin, daß die Höhenunterschiede proportional zur Quadratwurzel des Abstandes zwischen zwei Punkten in horizontaler Richtung sind. Der Proportionalitätsfaktor steht unter der Kontrolle des Benutzers und läßt eine Gesamtskalierung der vertikalen Höhe des Horizonts zu.

Das Programm beginnt mit zwei Linienabschnitten, die den Graphen einer Hutfunktion bilden. Die Linienabschnitte werden rekursiv

---

[38] Diese Methode wurde verwendet in der Eröffnungsszene des Videos *Fraktale in Filmen und Gesprächen,* von H.-O. Peitgen, H. Jürgens, D. Saupe, C. Zahlten, Spektrum der Wissenschaften Videothek, Heidelberg, 1990. Auch in Englisch erschienen als *Fractals — An Animated Discussion,* Video film, Freeman, New York, 1990. Siehe auch D. Saupe, *Simulation und Animation von Wolken mit Fraktalen,* in: GI – 19. Jahrestagung I, Computerunterstützter Arbeitsplatz, M. Paul (ed.), Informatik Fachberichte 222, Springer-Verlag, Heidelberg, 1989.

BASIC Programm **Brownscher Horizont**

Titel Brownscher Horizont mit Hilfe zufälliger Mittelpunktverschiebung

```
DIM xlinks(10), xrechts(10),ylinks(10), yrechts(10)
INPUT "Skalierung (0-1):",s
stufe = 7
links = 30
w = 300

REM ANFANGSKURVE IST EIN HUT
xlinks(stufe) = links
xrechts(stufe) = .5*w+links
ylinks(stufe) = w+links
yrechts(stufe) = (1-s)*w+links
GOSUB 100
xlinks(stufe) = xrechts(stufe)
xrechts(stufe) = w+links
ylinks(stufe) = yrechts(stufe)
yrechts(stufe) = w+links
GOSUB 100
END

REM ZEICHNE EINE LINIE AUF DER NIEDRIGSTEN STUFE
100 IF stufe > 1 GOTO 200
    LINE (xlinks(1),ylinks(1)) - (xrechts(1),yrechts(1))
    GOTO 300

REM VERZWEIGE IN NIEDRIGERE STUFEN
200 stufe = stufe - 1
REM LINKER ZWEIG, Z*V IST DIE VERSCHIEBUNG
    xlinks(stufe) = xlinks(stufe+1)
    ylinks(stufe) = ylinks(stufe+1)
    xrechts(stufe) = .5*xrechts(stufe+1) + .5*xlinks(stufe+1)
    v = s*20*SQR(xrechts(stufe) - xlinks(stufe))
    z = RND + RND + RND - 1.5
    yrechts(stufe) = .5*yrechts(stufe+1)+.5*ylinks(stufe+1)+z*v
    GOSUB 100
REM RECHTER ZWEIG
    xlinks(stufe) = xrechts(stufe)
    ylinks(stufe) = yrechts(stufe)
    xrechts(stufe) = xrechts(stufe+1)
    yrechts(stufe) = yrechts(stufe+1)
    GOSUB 100
stufe = stufe + 1
300 RETURN
```

unterteilt mit in den Mittelpunkten hinzugefügten Verschiebungen. Nach dem Starten des Programms wird der Skalierungsfaktor s ein-

Bildschirm-darstellung einer Mittelpunkt-verschiebung

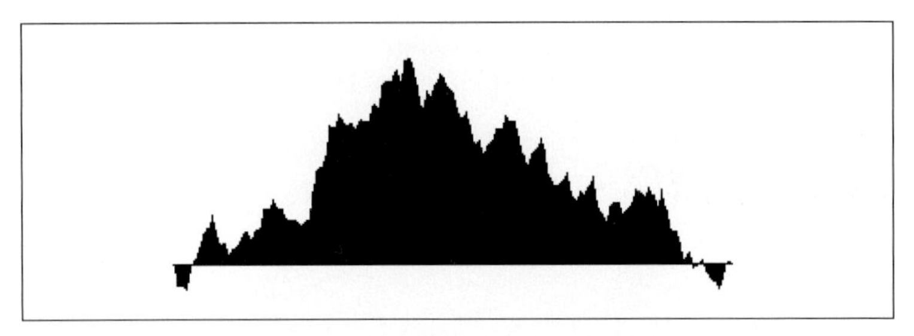

Abb. 7.40 : Ausgabe des Programmes „Brownscher Horizont“.

gegeben. Diese Zahl sollte zwischen 0 und 1 liegen. Ein kleiner Skalierungsfaktor führt zu einer Kurve mit nur kleinen Höhenschwankungen. Nach Festlegung der Anzahl rekursiver Ersetzungen (`stufe = 7`) und der Fensterposition (Variablen `links` und `w`) wird der linke Teil der Hutfunktion berechnet, und die entsprechenden Endpunkte des Linienabschnittes werden in den Feldern gespeichert. Dann wird das rekursive Unterprogramm ausgeführt (von Marke 100 bis 300), zuerst für den linken Teil und dann für den rechten Teil der Hutfunktion. Die Berechnung der y-Koordinate des Mittelpunkts stellt den Kern dieses Programms dar. Die Verschiebung ist als Produkt von drei Größen gegeben:

- einer Zufallszahl `z` (berechnet als `RND + RND + RND - 1.5`, eine grobe Näherung einer um Null zentrierten Gaußschen Zufallsvariablen),
- dem Skalierungsfaktor `s` (multipliziert mit 20, um der Gesamtfenstergröße auf dem Schirm zu entsprechen; bei Veränderung der Fenstergröße `w` muß der Faktor 20 entsprechend angepaßt werden),
- der Quadratwurzel der Differenz zwischen den x-Werten der Endpunkte des betreffenden Linienabschnittes (was die charakteristische Brownsche Eigenschaft des Verfahrens sicherstellt).

Das beschriebene Programm zeigt den Horizont ohne die schwarze Schattierung in Abbildung 7.40. Man kann die Schattierung zusätzlich erzeugen durch Ersetzen der Zeile

```
LINE (xlinks(1),ylinks(1))-(xrechts(1),yrechts(1))
```

durch die folgenden Zeilen

```
FOR i = xlinks(1) TO xrechts(1) STEP .999
    y = (yrechts(1)*(i-xlinks(1))+ylinks(1)*
        (xrechts(1)-i))/(xrechts(1)-xlinks(1))
    LINE (i,links+w) - (i,y)
NEXT i
```

Anhang A

Fraktale Bildkompression

Yuval Fisher

Die Wahrheit ist viel zu komplex, als daß sie irgend etwas anderes als Approximationen erlauben würde.

John von Neumann

In jüngster Zeit hat die fraktale Kompression von Bildern — eine Methode zur Kodierung allgemeiner Bilder mit Hilfe fraktaler Transformationen — beachtliches Aufsehen erregt. Dieses Interesse ist hauptsächlich von Michael Barnsley geweckt worden, der für sich in Anspruch nimmt, eine solche Methode kommerziell nutzbar gemacht zu haben. Trotz der Popularität der Idee waren wissenschaftliche Publikationen zu diesem Thema jedoch spärlich; die meisten Artikel enthielten keine Beschreibung der Ergebnisse oder Algorithmen. Selbst Barnsleys Buch, in dem die fraktale Kompression von Bildern ausführlich behandelt wird, war spartanisch, wenn es um Einzelheiten der Bildkompression ging.

Die erste veröffentlichte Methode geht auf die Doktorarbeit von A. Jacquin zurück, einem Studenten Barnsleys. Dieser hatte vorher mit Barnsley zusammen verwandte Arbeiten veröffentlicht, ohne jedoch deren Hauptalgorithmen preiszugeben. Davon unabhängig wurden Untersuchungen vom Autor in Zusammenarbeit mit R. D. Boss und E. W. Jacobs (des Naval Ocean Systems Center, San Diego) und auch mit B. Bielefeld (der State University of New York, Stony Brook) durchgeführt. In diesem Kapitel behandeln wir verschiedene, auf den oben erwähnten Arbeiten beruhende Methoden, mit deren Hilfe allgemeine Bilder als fraktale Transformationen kodiert werden können.

Warum heißt es „fraktale“ Bildkompression?

Diese Methode der Bildkompression kann in verschiedener Hinsicht als fraktal bezeichnet werden. Zunächst wird ein Bild als eine Anzahl Transformationen gespeichert, die der MVKM-Metapher sehr ähnlich sind. Dies führt zu verschiedenen Folgerungen. So, wie der Barnsley-Farn eine Menge darstellt, die bei jeder Vergrößerung noch Details aufweist, zeigt zum Beispiel ein dekodiertes Bild bei jeder Vergrößerung Details. Ebenso wird, wenn man die Transformationen

Abb. A.1 : Ein Ausschnitt von Lennas Hut, dekodiert in 4facher Kodierungsgröße (links), und das Originalbild in 4facher Vergrößerung mit Pixelstruktur (rechts).

im IFS des Barnsley-Farns skaliert (beispielsweise mit einem Faktor 2), der resultierende Attraktor skaliert (auch mit einem Faktor 2). In gleicher Weise hat das dekodierte Bild keine natürliche Größe, es kann in jeder Größe dekodiert werden. Die für die Dekodierung in größeren Formaten benötigten zusätzlichen Details werden durch die Transformationen der Kodierung automatisch erzeugt. Man mag sich wundern (aber hoffentlich nicht lange), ob diese Details „wirklichkeitsgetreu" sind; das heißt, falls wir das Bild einer Person bei immer weiter zunehmender Größe dekodieren, werden wir dann schließlich Hautzellen oder gar Atome wahrnehmen? Die Antwort lautet natürlich nein. Die Details stehen in keinerlei Beziehung zu den wirklichen, vor der Digitalisierung des Bildes vorliegenden Details; sie sind lediglich ein Artefakt der Transformationen, die die Kodierung definieren, und die meistens nur die groben Bestandteile des Bildes gut kodieren. In gewissen Fällen sind die Details jedoch bei geringer Vergrößerung wirklichkeitsgetreu, was eine nützliche Eigenschaft der Methode sein kann. Beispielsweise zeigt die Abbildung A.1 einen Ausschnitt einer fraktalen Kodierung des Bildes einer jungen Frau namens Lenna, zusammen mit einer Vergrößerung des Originals. Das vollständige Originalbild kann der Abbildung A.4 entnommen werden; es handelt sich um das inzwischen bekannte Bild, das in der Literatur über Bildverarbeitung oft verwendet wird. Die Vergrößerung des Originals zeigt Pixelstruktur. Die Punkte, die das Bild aufbauen, sind deutlich erkennbar. Das hängt mit der 4fachen Vergrößerung zusammen. Hin-

Sierpinski-Dreieck

Abb. A.2 : Eine Grautonversion des Sierpinski-Dreiecks.

gegen weist das dekodierte Bild keine Pixelstruktur auf, da Details auf allen Größenstufen erzeugt werden.

Warum heißt es fraktale Bild-„Kompression"?

Ein Bild wird auf einem Computer gewöhnlich in Form einer Anzahl Werte gespeichert, die jedem Bildpunkt (Pixel) eine Graustufe oder Farbe zuordnen. Typischerweise werden für Grauton-Bilder 8 Bit pro Pixel verwendet. Das ergibt in jedem Pixel $2^8 = 256$ verschiedene mögliche Graustufen. Dies führt auf eine Abstufung von Grautönen, die für eine gute Wiedergabe von einfarbigen, in dieser Weise gespeicherten Bildern ausreicht. Zudem muß die Pixeldichte genügend hoch sein, so daß die Pixel nicht einzeln in Erscheinung treten. Dies hat selbst für kleine Bilder eine große Anzahl von Pixeln zur Folge, was wiederum einen großen Speicher erfordert. Da jedoch das menschliche Auge auf gewisse Arten von Informationsverlust nicht besonders empfindlich reagiert, ist es im allgemeinen möglich, eine Näherung eines Bildes in Form einer Anzahl von Transformationen mit bedeutend weniger Information zu speichern, als das Originalbild erfordern würde.

Zum Beispiel kann die Grauton-Version des Sierpinski-Dreiecks gemäß Abbildung A.2 aus nur 132 Bit an Information erzeugt werden, wobei derselbe Dekodierungs-Algorithmus wie für die Herstellung der übrigen kodierten Bilder dieses Abschnittes verwendet wird. Da dieses Bild Selbstähnlichkeit aufweist, kann es durch Transformationen sehr kompakt gespeichert werden. Darauf beruht der Grundgedanke der Methode fraktaler Bildkompression.

Lenna als Graph

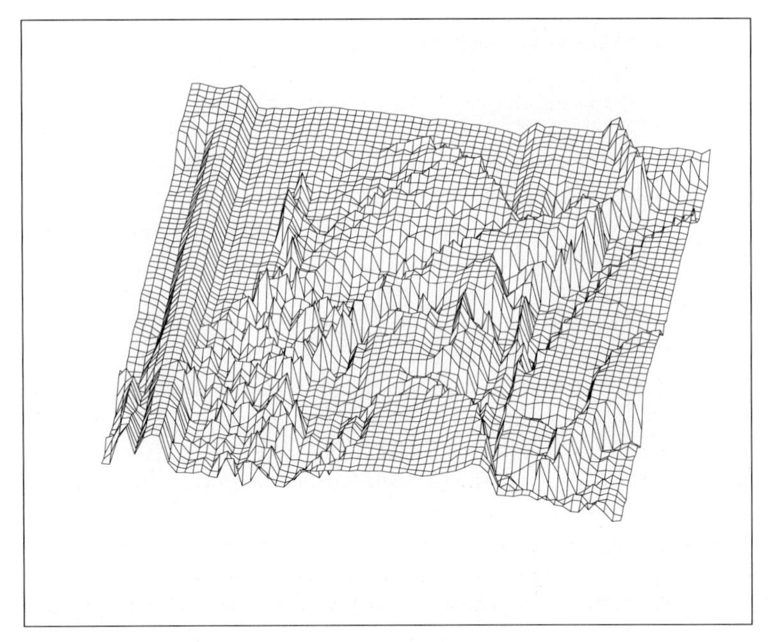

Abb. A.3 : Graph einer Funktion, die das Bild von Lenna repräsentiert.

Standardmethoden zur Bildkompression können mit Hilfe ihres Kompressionsverhältnisses bewertet werden; es handelt sich dabei um das Verhältnis zwischen dem für die Speicherung eines Bildes in Form einer Anzahl von Pixeln erforderlichen Speicher und dem für die Speicherung einer Darstellung des Bildes in komprimierter Form benötigten Speicher. Das Kompressionsverhältnis für die fraktale Methode ist einer Bestimmung schwer zugänglich, da das Bild in beliebigem Maßstab dekodiert werden kann. Wenn wir das Grauton Sierpinski-Dreieck in beispielsweise doppelter Größe dekodieren wollten, könnten wir das vierfache Kompressionsverhältnis in Anspruch nehmen, da für die Speicherung des nicht komprimierten Bildes die vierfache Zahl von Pixeln erforderlich wäre. Zum Beispiel ist das in Abbildung A.1 dekodierte Bild ein Teil einer 5.7:1 Kompression des ganzen Lenna-Bildes. Es ist in seiner vierfachen Originalgröße dekodiert, so daß das vollständig dekodierte Bild die 16fache Zahl von Pixeln enthält und daher sein Kompressionsverhältnis 91.2:1 beträgt. Das mag als Schwindel erscheinen. Da jedoch das viermal so große Bild überall die richtigen Einzelheiten aufweist, ist dies wirklich nicht der Fall.

A.1 Selbstähnlichkeit in Bildern

Die Bilder, die wir kodieren werden, unterscheiden sich von den sonst in diesem Buch behandelten Bildern. Bei den früheren Bildern handelte es sich um Objekte, die schwarz auf weiß in einer Ebene gezeichnet werden konnten, wobei schwarz die Punkte der gegebenen Menge repräsentierte. In diesem Kapitel bezieht sich ein Bild auf etwas, das wie eine Schwarzweißfotografie aussieht, also Graustufen enthält.

Bilder als Graphen von Funktionen

Um die Kompression von Bildern beschreiben zu können, bedarf es eines mathematischen Modells für solche Bilder. Abbildung A.3 zeigt die grafische Darstellung einer besonderen Funktion $z = f(x, y)$. Dieser Graph wird mit Hilfe des Bildes von Lenna erzeugt (siehe Abbildung A.4). Die Graustufe des Pixels an der Stelle (x, y) wird als Höhe aufgetragen. Weiß bedeutet große Höhe, schwarz bedeutet geringe Höhe. Dies stellt bereits unser Modell für ein Bild dar, bis auf folgende Verallgemeinerung. Bei der Erzeugung des Graphen in Abbildung A.3 durch Verbindung der Höhen auf einem Gitter mit 64 mal 64 Pixeln gestehen wir jeder Stelle (x, y) eine eigene Höhe zu. Das heißt, unser Modell eines Bildes hat unendliche Auflösung.

Wenn wir uns also auf ein Bild beziehen, nehmen wir Bezug auf die Funktion $f(x, y)$, welche die Graustufe an jeder Stelle (x, y) angibt. Handelt es sich um ein Bild mit endlicher Auflösung, wie die digitalisierten und auf Computern gespeicherten Bilder, so muß entweder $f(x, y)$ über die einzelnen Pixel des Bildes gemittelt oder es muß verlangt werden, daß $f(x, y)$ über jedem Pixel konstant zu halten ist.

Normierung der Graphen von Bildern

Der Einfachheit halber setzen wir quadratische Bilder der Seitenlänge 1 voraus. Wir verlangen $(x, y) \in I^2 = \{(u, v) \ : \ 0 \leq u, v \leq 1\}$ und $f(x, y) \in I = [0, 1]$. Da wir das Banachsche Fixpunktprinzip anwenden wollen, wollen wir in einem vollständigen metrischen Raum von Bildern arbeiten und demzufolge wollen wir auch verlangen, daß f meßbar ist. Dies ist eine technische Bedingung, und keine sehr wichtige, schließen doch die meßbaren Funktionen die stückweise stetigen Funktionen mit ein, und man könnte sagen, daß jedes natürliche Bild einer solchen Funktion entspricht.

Eine Metrik auf Bildern

Wir wollen auch in der Lage sein, Unterschiede zwischen Bildern zu messen. Zu diesem Zweck führen wir auf der Menge der Bilder eine Metrik ein. Es stehen viele Metriken zur Auswahl, aber die einfachste für unseren Zweck ist die Sup(remum)-Metrik

$$\delta(f, g) = \sup_{(x,y) \in I^2} |f(x, y) - g(x, y)| \ .$$

Mit dieser Metrik läßt sich die Stelle (x, y) finden, an der zwei Bilder

Abb. A.4 : Originalbild Lennas mit 256 × 256 Pixeln (links) und einige selbstähnliche Teile des Bildes (rechts).

f und g am stärksten voneinander abweichen. Der entsprechende Wert bedeutet den Abstand zwischen f und g.

Es wäre möglich, andere Modelle für Bilder und andere Metriken zu verwenden. Aber so wie früher bestimmt die Wahl der Metrik, ob die verwendeten Transformationen kontrahierend sind oder nicht. Obwohl diese Einzelheiten von Bedeutung sind, würde ihre Behandlung den Rahmen dieses Kapitels sprengen.

Natürliche Bilder sind nicht exakt selbstähnlich

Ein typisches Bild eines Gesichtes, wie zum Beispiel dasjenige in Abbildung A.4, enthält nicht die Art von Selbstähnlichkeit wie das Sierpinski-Dreieck. Das Bild scheint keine affinen Transformationen seiner selbst zu enthalten. Es enthält jedoch eine andere Art von Selbstähnlichkeit. Abbildung A.4 (rechts) zeigt ausgewählte Bereiche von Lenna, die in unterschiedlichen Größenbereichen ähnlich sind: Ein Teil ihrer Schulter deckt sich mit einem Bereich, der nahezu gleich ist, und ein Teil des Spiegelbildes ihres Hutes ist (nach Transformation) ähnlich einem Teil des Hutes. Der Unterschied zu der Art von Selbstähnlichkeit, wie wir sie bei Farnen und Sierpinski-Dreiecken kennengelernt haben, besteht vielmehr darin, daß im Gegensatz zu dort, wo das Bild aus Kopien des *Ganzen* (unter geeigneten affinen Transformationen) gebildet wurde, das Bild hier aus Kopien von (geeignet transformierter) *Teilen* seiner selbst aufgebaut wird. Diese Teile sind allerdings keine genauen Kopien ihrer selbst unter affinen Transformationen, so daß wir in unserer Darstellung eines Bildes in Form eines Satzes von Transformationen gewisse Abweichungen zulassen müssen. Dies bedeutet, daß das Bild, welches wir als Satz von Transformationen kodieren, keine genaue Kopie des Originalbildes, sondern vielmehr eine Näherung davon sein wird.

In welcher Art von Bildern können wir schließlich die Präsenz dieses Types *lokaler* Selbstähnlichkeit erwarten? Experimentelle Ergebnisse legen nahe, daß die meisten gebräuchlichen Bilder komprimiert werden können, indem man sich diesen Typ von Selbstähnlichkeit zunutze macht (zum Beispiel Bilder von Bäumen, Gesichtern, Häusern, Bergen, Wolken usw.). Die Existenz dieser lokalen Selbstähnlichkeit und die Fähigkeit eines Algorithmus, sie ausfindig zu machen, sind jedoch verschiedene Gesichtspunkte, und es ist der letztere, der uns hier interessiert.

A.2 Eine Spezial-MVKM

Unterteilungs-MVKM

In diesem Abschnitt beschreiben wir eine Erweiterung der Metapher der Mehrfach-Verkleinerungs-Kopier-Maschine zum Zwecke der Kodierung und Dekodierung von Graustufen-Bildern. Wie früher besitzt die Maschine verschiedene Regler oder variable Teile:

Regler 1: Anzahl der Linsensysteme,
Regler 2: Einstellung des Verkleinerungsfaktors individuell für jedes Linsensystem,
Regler 3: Anordnung (Collage) der Linsensysteme für die Zusammenstellung der Kopien.

Diese Regler bilden Bestandteil der Definition der MVKM in Kapitel 5. Wir fügen noch zwei weitere Funktionen hinzu:

Regler 4: Kontrast- und Helligkeitseinstellung für jede Linse,
Regler 5: Maske für jede Linse, die der Auswahl eines bestimmten Teils des Originals für die Kopie dient.

Diese zusätzlichen Eigenschaften sind für die Kodierung von Graustufenbildern ausreichend. Der letzte Regler betrifft die neue wesentliche Eigenschaft. Dadurch wird ein Bild in Ausschnitte unterteilt, die alle einzeln transformiert werden. Aus diesem Grunde nennen wir diese MVKM Unterteilungs-Mehrfach-Verkleinerungs-Kopier-Maschine (UMVKM). Durch Unterteilung des Bildes in verschiedene Ausschnitte wird die Kodierung vieler Bildstrukturen ermöglicht, die auf einer gewöhnlichen MVKM oder mit Hilfe eines gewöhnlichen IFS schwierig zu kodieren sind.

Wir wollen uns nochmals vor Augen führen, was geschieht, wenn wir ein Originalbild auf das Kopierfenster der Maschine legen. Jede Linse wählt einen Ausschnitt des Originals, den wir mit D_i bezeichnen, und kopiert diesen Ausschnitt (mit einer Helligkeits- und Kontrast-Transformation) auf einen Teil der zu erzeugenden Kopie,

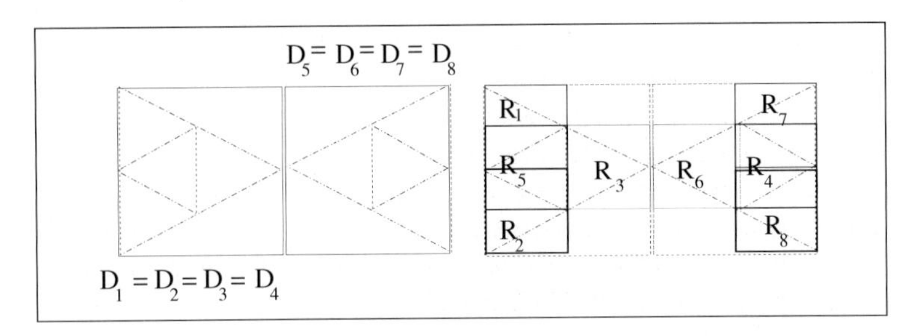

Abb. A.5 : Eine 8-Linsen-UMVKM für die Kodierung einer Fliege.

Abb. A.6 : Drei Iterationen einer UMVKM mit drei verschiedenen Anfangsbildern.

den wir mit R_i bezeichnen. Wir nennen die D_i Urbildbereiche und die R_i Bildbereiche. Die Transformation bezeichnen wir mit w_i. Die Unterteilung steckt implizit in der Bezeichnung, so daß wir im wesentlichen dieselbe Bezeichnung wie früher verwenden können. Für ein gegebenes Bild f kann demzufolge ein Kopierschritt in einer Maschine mit N Linsen durch $W(f) = w_1(f) \cup w_2(f) \cup \cdots \cup w_N(f)$ beschrieben werden. Wie früher läuft die Maschine in einer Rückkopplungsschleife; ihre eigene Ausgabe wird immer wieder als neue Eingabe zurückgeführt.

Eine UMVKM für eine Fliege

Wir betrachten die 8-Linsen-UMVKM von Abbildung A.5. Die Figur besteht aus zwei Teilen. Der erste trägt die Bezeichnung $D_1 = D_2 = D_3 = D_4$ und der zweite $D_5 = D_6 = D_7 = D_8$. Dies sind die beiden Ausschnitte des Originals, die von den 8 Linsen kopiert werden. Diese Linsen bilden mit dem Verkleinerungsfaktor $1/2$ jeden Urbildbereich D_i auf einen entsprechenden Bildbereich R_i ab. Der Einfachheit halber wollen wir in diesem Beispiel von einer Änderung des Kontrastes und der Helligkeit absehen. Abbildung A.6 zeigt drei Iterationen der UMVKM mit drei verschiedenen Anfangsbildern. Der Attraktor dieses Systems ist die Figur einer Fliege gemäß (c).

Dieses Beispiel zeigt die Nützlichkeit der UMVKM. Durch Unterteilung des zu kopierenden Originals ist die Kodierung des Bildes sehr einfach (auch wenn der scharfsinnige Leser bemerken wird, daß dieses Bild auch mit Hilfe eines IFS kodiert werden kann).

UMVKM = IUFS

Wir nennen das mathematische Analogon der UMVKM iteriertes Unterteilungs-Funktionensystem (IUFS). Ein IUFS, die Verbund-MVKM und Barnsleys rekurrente iterierte Funktionensysteme haben gewisse gemeinsame Eigenschaften, aber sie sind keineswegs gleich.

Wir haben bis jetzt nicht näher ausgeführt, welche Transformationen zulässig sind. Tatsächlich könnte man eine UMVKM oder ein IUFS mit beliebigen Transformationen aufbauen. Aber zur Vereinfachung der Situation und auch zugunsten einer kompakten Beschreibung des endgültigen IUFS (um hohe Kompression zu gewährleisten) beschränken wir uns auf Transformationen w_i der Form

$$w_i \begin{bmatrix} x \\ y \\ z \end{bmatrix} = \begin{bmatrix} a_i & b_i & 0 \\ c_i & d_i & 0 \\ 0 & 0 & s_i \end{bmatrix} \begin{bmatrix} x \\ y \\ z \end{bmatrix} + \begin{bmatrix} e_i \\ f_i \\ o_i \end{bmatrix} . \tag{A.1}$$

Es ist zweckmäßig zu schreiben

$$v_i(x, y) = \begin{bmatrix} a_i & b_i \\ c_i & d_i \end{bmatrix} \begin{bmatrix} x \\ y \end{bmatrix} + \begin{bmatrix} e_i \\ f_i \end{bmatrix} .$$

Da ein Bild als eine Funktion $f(x, y)$ modelliert wird, können wir w_i auf ein Bild f anwenden, indem wir definieren $w_i(f) \equiv w_i(x, y, f(x, y))$. Dabei bestimmt v_i, wie die unterteilten Gebiete eines Originals auf die Kopie abgebildet werden, während s_i und o_i Kontrast und Helligkeit der Transformation bestimmen. Implizit nehmen wir stets an, und dies ist sehr wichtig, daß jedes w_i auf $D_i \times I$ beschränkt ist. Das heißt, w_i läßt sich nur auf den Teil des Bildes über dem Urbildbereich D_i anwenden. Dies wiederum bedeutet, daß $v_i(D_i) = R_i$.

Da $W(f)$ ein Bild sein soll, müssen wir ausdrücklich verlangen, daß $\cup R_i = I^2$ und $R_i \cap R_j = \emptyset$ für $i \neq j$. Das heißt, wenn wir W auf ein Bild anwenden, erhalten wir über den Punkten des Quadrates I^2 irgendeine einwertige Funktion. Lassen wir die Kopiermaschine in einer Schleife arbeiten, so bedeutet dies Iteration des Hutchinson-Operators W. Wir beginnen mit einem Anfangsbild f_0 und iterieren $f_1 = W(f_0), f_2 = W(f_1) = W(W(f_0))$ usw. Wir bezeichnen die n-te Iterierte mit $f_n = W^n(f_0)$.

Fixpunkte für IUFS

Wann hat nun W einen anziehenden Fixpunkt? Aufgrund des Banachschen Fixpunktprinzips genügt es, W kontrahierend zu haben. Da wir eine Metrik gewählt haben, die nur auf Ereignisse in z-Richtung reagiert, ist es nicht nötig, Kontraktivitäts-Bedingungen in x- oder y-Richtung zu verlangen. Die Transformation W ist kontrahierend, falls alle $s_i < 1$ sind. Da man auch das Banachsche Fixpunktprinzip auf irgendeine Iterierte W^m anwenden könnte, würde es tatsächlich genügen zu fordern, daß W^m (für irgendein m) kontrahierend ist. Dies führt zu dem etwas überraschenden Ergebnis, daß es für die s_i auch keine besondere Bedingung gibt. Tatsächlich ist es am sichersten, $s_i < 1$ zu wählen, um Kontraktivität zu gewährleisten. Aber wir haben die Erfahrung in Experimenten gemacht, daß $s_i < 1.2$ schon ausreichend ist, und daß sich daraus geringfühig bessere Kodierungen ergeben.

Irgendwann-kontrahierende Abbildungen

Falls W nicht kontrahierend ist, aber W^m kontrahierend ist, nennen wir W *irgendwann-kontrahierend*. Eine kurze Erklärung, wie eine Transformation W, ohne kontrahierend zu sein, irgendwann-kontrahierend sein kann, ist angebracht. Die Abbildung W setzt sich zusammen aus einer Vereinigung von Abbildungen w_i, die auf nicht zusammenhängende Teile eines Bildes wirken. Der iterierte Operator W^m setzt sich zusammen aus einer Vereinigung von Verknüpfungen der Form

$$w_{i_1} w_{i_2} \cdots w_{i_m} \ .$$

Die Kontraktivität der verknüpften Abbildungen läßt sich aus einer einfachen Abschätzung beurteilen. Nehmen wir dazu an, daß es (Lipschitz-)Konstanten $c_{i_1}, ..., c_{i_m}$ gibt, so daß für alle f und g gilt

$$\delta(w_{i_k}(f), w_{i_k}(g)) \leq c_{i_k} \cdot \delta(f, g) \ .$$

Dann folgt, daß

$$\delta(w_{i_1} w_{i_2} \cdots w_{i_m}(f), w_{i_1} w_{i_2} \cdots w_{i_m}(g)) \leq \\ c_{i_1} c_{i_2} \cdots c_{i_m} \cdot \delta(f, g)$$

ist. Mit anderen Worten, wenn das Produkt $c_{i_1} c_{i_2} \cdots c_{i_m}$ kleiner als 1 ausfällt, wird die Verknüpfung $w_{i_1} w_{i_2} \cdots w_{i_m}$ eine Kontraktion sein. Damit können die Verknüpfungen kontrahierend sein, falls jede einige genügend stark kontrahierende w_{i_k} enthält, d.h. für einige i_k sind die c_{i_k} sehr viel kleiner als 1. Somit wird W irgendwann-kontrahierend sein (in der Sup-Metrik), falls es genügend „Mischung" in dem Sinne enthält, daß die kontrahierenden w_i die expandierenden (mit $c_{i_k} > 1$) beherrschen. Für ein gegebenes IUFS ist diese Bedingung leicht zu überprüfen.

Wir setzen nun der Einfachheit halber alle $s_i < 1$ voraus, was bedeutet, daß im Betrieb der UMVKM der Kontrast ständig vermindert wird. Dies scheint nahezulegen, daß beim Betrieb der Maschine in einer Rückkopplungsschleife der resultierende Attraktor ein fades, kontrastloses Grau sein wird. Das ist aber nicht der Fall, denn Kontrast wird zwischen Bereichen mit unterschiedlichen Helligkeitsstufen o_i erzeugt. Besteht demzufolge der Kontrast im Attraktor nur zwischen den R_i? Nein, wenn wir von den v_i Kontraktivität verlangen, dann werden sich die Orte mit Kontrast zwischen den R_i im Bild in immer kleinere Größenbereiche ausbreiten, und auf diese Weise werden im Attraktor Details erzeugt. Dies erklärt einen Grund, warum wir von den v_i Kontraktivität verlangen.

Wir wissen nun, wie ein als IUFS oder UMVKM kodiertes Bild zu dekodieren ist. Man beginnt mit einem beliebigen Anfangsbild und durchläuft wiederholt die Kopiermaschine oder wendet wiederholt W an, bis der Fixpunkt f_∞ erreicht ist. Die Dekodierung ist also einfach, und von Interesse bleibt die Kodierung. Um ein Bild zu kodieren, müssen wir R_i, D_i und w_i sowie auch N, die Anzahl der Transformationen w_i, die wir verwenden wollen, geeignet wählen.

Dekodierung durch Matrix-Inversion

Zur Dekodierung durch Iteration betrachten wir ein Anfangsbild f_0 und berechnen $f_n = W(f_{n-1})$. Dies kann auch in der Form

$$f_n(x,y) = s_i f_{n-1}(v_i^{-1}(x,y)) + o_i$$

geschrieben werden, wobei i durch die Bedingung $(x,y) \in R_i$ bestimmt ist. Wir nehmen an, es liege ein Bild mit der Aufllösung $M \times M$ vor. Das Bild läßt sich als Spaltenvektor schreiben, und damit lautet diese Gleichung

$$f_n = S f_{n-1} + O \ ,$$

wobei S eine $M^2 \times M^2$ Matrix mit Einträgen s_i, welche die v_i kodieren, und O einen Spaltenvektor, der die Helligkeitswerte o_i enthält, bedeuten. Dann gilt

$$f_n = S^n f_0 + \sum_{j=1}^{n} S^{j-1} O \ ,$$

und falls jedes $s_i < c < 1$, dann strebt der erste Term gegen 0. (Die Bedingung $s_i < c < 1$ kann gelockert werden, wenn W irgendwann-kontrahierend ist). Falls $Id - S$ invertierbar ist, folgt

$$f_\infty = \sum_{j=0}^{\infty} S^j O = (Id - S)^{-1} O,$$

wobei Id die Einheitsmatrix bedeutet. Ben Bielefeld wies nach, daß diese Matrix sehr dünn besetzt ist und leicht invertiert werden kann, falls jeder Pixelwert $f_n(x,y)$ von nur einem (oder einigen wenigen) anderen Pixelwerten $f_{n-1}(v_i^{-1}(x,y))$ abhängt.

A.3 Kodierung von Bildern

Wir wollen ein gegebenes Bild f kodieren. Das bedeutet, wir suchen eine Anzahl Transformationen $w_1, w_2 \ldots, w_N$ mit $W = \cup_{i=1}^N w_i$ und $W(f) = f$. Mit anderen Worten, f soll Fixpunkt des Hutchinson-Operators W sein. Wie im Falle des IFS legt die Fixpunktgleichung

$$f = W(f) = w_1(f) \cup w_2(f) \cup \cdots w_N(f)$$

nahe, wie dies zu erreichen ist. Wir suchen eine Unterteilung von f in Ausschnitte, auf die wir die Transformationen w_i anwenden, um wiederum f zu erhalten. Das ist im allgemeinen zu viel verlangt, denn Bilder sind nicht aus Ausschnitten zusammengesetzt, die auf nichttriviale Weise transformiert werden können, um an anderer Stelle genau ins Bild zu passen. Wir können aber hoffen, ein Bild f' mit $W(f') = f'$ so zu finden, daß $\delta(f', f)$ klein ist. Das heißt, wir suchen eine Transformation W, deren Fixpunkt f' nahe bei f liegt oder f ähnlich sieht. In diesem Fall gilt

$$f \approx f' = W(f') \approx W(f) = w_1(f) \cup w_2(f) \cup \cdots w_N(f) \ .$$

Somit genügt es, die Teile des Bildes mit transformierten Ausschnitten anzunähern. Dazu minimieren wir die folgenden Größen

$$\delta(f \cap (R_i \times I), w_i(f)) \quad i = 1, \ldots, N \ . \tag{A.2}$$

Das Auffinden der Bildbereiche R_i (und der entsprechenden Urbildbereiche D_i) ist der Kern des Problems.

Ein einfaches Beispiel zur Erläuterung

Das folgende Beispiel legt nahe, wie dies bewerkstelligt werden kann. Wir geben ein Bild mit 256×256 Pixeln bei 8 Bit pro Pixel vor. Seien $R_1, R_2, \ldots, R_{1024}$ die nichtüberlappenden Teilquadrate mit 8×8 Pixeln aus $[0, 255] \times [0, 255]$, und sei $\mathbf{D}$ die Kollektion aller möglichen Teilquadrate mit 16×16 Pixeln. Man beachte, daß sich diese Teilquadrate überlappen können. Die Kollektion $\mathbf{D}$ enthält $241 \cdot 241 = 58\,081$ Quadrate. Für jedes R_i durchsuche man das ganze $\mathbf{D}$ nach einem $D_i \in \mathbf{D}$, welches Gleichung (A.2) minimiert. Wir sagen dann, daß dieser Urbildbereich D_i den Bildbereich R_i *überdeckt*. Es gibt 8 Möglichkeiten, ein Quadrat auf ein anderes abzubilden, was einem Vergleich von $8 \cdot 58\,081 = 464\,648$ Quadraten entspricht. Außerdem weist ein Quadrat aus $\mathbf{D}$ viermal so viele Pixel auf wie ein R_i, so daß wir entweder eines von den 4 Teilquadraten von D_i mit je 8×8 Pixeln auswählen oder über die jedem Pixel von R_i entsprechenden 4 Pixel in D_i mitteln müssen, wenn wir Gleichung (A.2) minimieren.

Minimierung der Gleichung (A.2) bedeutet zweierlei: erstens, eine gute Wahl für D_i (das ist derjenige Teil des Bildes, der dem Bild über R_i am ähnlichsten sieht) zu treffen, zweitens, gute Einstellungen des Kontrastes s_i und der Helligkeit o_i für w_i zu finden. Für jedes $D \in \mathbf{D}$ können wir s_i und o_i mit der Methode der kleinsten Quadrate berechnen, die auch die mittlere quadratische Abweichung liefert. Wir greifen dann als D_i dasjenige $D \in \mathbf{D}$ mit der kleinsten mittleren quadratischen Abweichung heraus.

Zum Thema Metrik

Zwei Ballonfahrer werden durch starke Windböen von ihrem Kurs abgetrieben. Ohne zu wissen, wo sie sich befinden, nähern sie sich einem Hügel, auf dem sich ein Spaziergänger niedergelassen hat. Sie lassen den Ballon sinken und rufen dem Mann auf dem Hügel zu: „Wo sind wir?" Der Mann zögert lange und ruft dann zurück, gerade als der Ballon sich anschickt, außer Hörweite zu geraten: „Sie sind in einem Ballon." Daraufhin dreht sich der eine Ballonfahrer zum andern und sagt: „Dieser Mann war ein Mathematiker." Völlig überrascht fragt der zweite Ballonfahrer: „Wie kannst du so etwas sagen?" Darauf antwortet der erste Fahrer: „Wir haben ihm eine Frage gestellt, er hat lange darüber nachgedacht, seine Antwort war richtig, aber völlig nutzlos." Genau das haben wir mit den Metriken gemacht. Als es um eine einfache theoretische Begründung ging, benutzten wir die Sup-Metrik, die sich dafür sehr gut eignet. Aber in der Praxis fahren wir besser mit der Metrik, die uns die Anwendung der Methode der kleinsten Quadrate erlaubt.

Methode der kleinsten Quadrate

Es seien zwei Quadrate gegeben, die je n Pixel-Intensitäten $a_1, \ldots, a_n$ und $b_1, \ldots, b_n$, enthalten. Wir wollen s und o so bestimmen, daß die Größe

$$\rho = \sum_{i=1}^{n} (s \cdot a_i + o - b_i)^2$$

minimal wird. Dies führt zu einer Kontrast- und Helligkeits-Einstellung, die für die affin transformierten a_i-Werte den geringsten quadratischen Abstand von den b_i-Werten ergibt. ρ wird minimal, wenn die partiellen Ableitungen nach s und o null sind, d.h. für

$$s = \frac{n^2 \left(\sum_{i=1}^{n} a_i b_i\right) - \left(\sum_{i=1}^{n} a_i\right)\left(\sum_{i=1}^{n} b_i\right)}{n^2 \sum_{i=1}^{n} a_i^2 - \left(\sum_{i=1}^{n} a_i\right)^2}$$

und

$$o = \frac{1}{n^2}\left(\sum_{i=1}^{n} b_i - s \sum_{i=1}^{n} a_i\right).$$

In diesem Fall gilt

$$\begin{aligned}\rho = \frac{1}{n^2}\Bigg[&\sum_{i=1}^{n} b_i^2 + s\left(s\sum_{i=1}^{n} a_i^2 - 2\sum_{i=1}^{n} a_i b_i + 2o\sum_{i=1}^{n} a_i\right) \\ &+ o\left(on^2 - 2\sum_{i=1}^{n} b_i\right)\Bigg].\end{aligned} \tag{A.3}$$

Falls $n^2 \sum_{i=1}^{n} a_i^2 - \left(\sum_{i=1}^{n} a_i\right)^2 = 0$, dann folgt $s = 0$ und $o = \sum_{i=1}^{n} b_i / n^2$.

Die Auswahl eines D_i, zusammen mit einem entsprechenden s_i und o_i, bestimmt eine Abbildung w_i von der Form der Gleichung (A.1). Bei Vorliegen des Satzes $w_1, \ldots, w_{1024}$ können wir das Bild durch Schätzen des Fixpunktes von W dekodieren. Abbildung A.7 zeigt vier Bilder: ein beliebiges Anfangsbild f_0, das eine Textur erkennen läßt, die erste Iteration $W(f_0)$, die noch etwas von der Textur von f_0 zeigt, sowie $W^2(f_0)$ und $W^{10}(f_0)$.

Das Ergebnis ist in Anbetracht der einfachen Art des Kodierungs-Algorithmus verblüffend gut. Für die Speicherung des Originalsbildes waren 65 536 Byte erforderlich, die Transformationen benötigten hingegen nur 3968 Byte[1], was einem Kompressionsverhältnis von 16.5:1 entspricht. Mit dieser Kodierung beträgt $\rho = 10.4$, und jedes Pixel weicht im Durchschnitt nur 6.2 Graustufen vom richtigen Wert ab. Diese Bilder veranschaulichen, wie bei jeder Iteration Einzelheiten hinzugefügt werden. Die erste Iteration enthält Details der Größe 8×8, die nächste der Größe 4×4 usw.

A.4 Verschiedene Unterteilungsstrategien

Das Beispiel des letzten Abschnittes ist schlicht und einfach, aber es enthält die wesentlichen Gedanken einer fraktalen Bildkodierungsmethode. Zuerst unterteile man das Bild in eine gewisse Anzahl Bildbereiche R_i. Dann suche man aus einer gewissen Anzahl von Bildausschnitten für jedes R_i einen Urbildbereich D_i mit kleiner mittlerer quadratischer Abweichung. Die Mengen R_i und D_i legen in Gleichung (A.1) die Größen s_i und o_i sowie a_i, b_i, c_i, d_i, e_i und f_i fest. Schließlich erhalten wir eine Transformation $W = \cup w_i$, die eine Näherung des Originalbildes kodiert.

Quadtree-Unterteilung

Eine Schwäche des Beispiels besteht in der Verwendung von Bildbereichen R_i fester Größe, da es Bildausschnitte gibt, für die eine gute Überdeckung auf diese schwierig zu verwirklichen ist (z.B. Lennas Augen). Daneben finden sich Ausschnitte, die mit größeren R_i gut überdeckt werden könnten, was die Gesamtzahl erforderlicher Abbildungen w_i verringern (und die Kompression des Bildes verbessern) würde. Eine Verallgemeinerung der R_i fester Größe besteht in der Quadtree-Unterteilung (Quadtree = Viererbaum) des Bildes. Bei der Quadtree-Unterteilung wird ein quadratisches Bild in 4 gleich große Teilquadrate zerlegt. In Abhängigkeit gewisser Kriterien des Algorithmus werden diese Teilquadrate dann rekursiv weiterzerlegt.

[1] Jede Transformation erforderte 8 Bit in x- und y-Richtung zur Lagebestimmung von D_i, 7 Bit für o_i, 5 Bit für s_i und 3 Bit zur Festlegung einer Drehung und Spiegelung für die Abbildung von D_i auf R_i.

Abb. A.7 : Ein Originalbild, die erste, zweite und zehnte Iterierte der Kodierungstransformation.

Ein auf diesen Überlegungen beruhender Algorithmus für die Kodierung von Bildern mit 256×256 Pixeln kann folgendermaßen verwirklicht werden. Zunächst wähle man für die Kollektion **D** der zulässigen Urbildbereiche alle Teilquadrate des Bildes mit den Größen $8 \times 8, 12 \times 12, 16 \times 16, 24 \times 24, 32 \times 32, 48 \times 48$ und 64×64. Für die Bestimmung der R_i unterteile man das Bild rekursiv mit einer Quadtree-Methode zunächst bis zu Quadraten der Größe 32×32. Man versuche, jedes Quadrat der Quadtree-Unterteilung mit einem größeren Urbildbereich zu überdecken. Wenn eine vorbestimmte zulässige mittlere quadratische Abweichung als Toleranz erreicht ist, nenne man das

Ein schottischer Schäferhund

Abb. A.8 : Ein schottischer Schäferhund (256 × 256 Pixel), komprimiert mit der Quadtree-Methode auf 28.95:1 mit einer mittleren quadratischen Abweichung von 8.5.

Quadrat R_i und den überdeckenden Urbildbereich D_i. Andernfalls setze man die Zerlegung des Quadrates fort und wiederhole. Dieser Algorithmus funktioniert gut. Er funktioniert sogar noch besser, wenn in **D** auch diagonal-orientierte Quadrate berücksichtigt werden. Abbildung A.8 zeigt ein mit dieser Methode komprimiertes Bild eines schottischen Schäferhundes. In Abschnitt A.5 werden wir auf einige Einzelheiten dieser sowie der beiden anderen nachstehend zur Sprache kommenden Methoden eingehen.

HV-Unterteilung

Ein Nachteil der auf Quadtree beruhenden Unterteilung besteht darin, daß die Wahl der Urbildbereiche für **D** nicht in einer inhaltsabhängigen Weise erfolgen kann. Die Kollektion von Urbildbereichen muß sehr groß gewählt werden, um eine gute Anpassung an einen vorliegenden Bildbereich R_i zu ermöglichen. Diesem Mangel kann unter anderem mit einer HV-Unterteilung (HV = horizontal-vertikal) abgeholfen werden, wobei gleichzeitig die Anspassungsfähigkeit der Bildbereichs-Unterteilung erhöht wird. Bei einer HV-Unterteilung wird ein rechteckiges Bild rekursiv entweder horizontal oder vertikal in zwei neue Rechtecke unterteilt. Die Unterteilung wird rekursiv wiederholt bis zum Erreichen eines gewissen Kriteriums wie früher. Dieses Verfahren ist anpassungsfähiger, da der Ort der Unterteilung variabel bleibt. Wir können im weiteren versuchen, die Unterteilungen so vorzunehmen, daß die Teile gewisse gemeinsame

San Francisco

Abb. A.9 : San Francisco (256×256 Pixel) komprimiert mit der HV-Methode auf 7.6:1 mit einer mittleren quadratischen Abweichung von 7.1.

selbstähnliche Strukturen aufweisen. Zum Beispiel können wir versuchen, die Unterteilungen so anzuordnen, daß Bildkanten möglichst diagonal durch sie laufen. Dadurch wird es möglich, die gröberen Unterteilungen zur Überdeckung der feineren Unterteilungen mit guten Aussichten auf annehmbare Übereinstimmung zu verwenden. Abbildung A.10 veranschaulicht diese Idee. Die Abbildung zeigt einen Teil eines Bildes (a); in (b) erzeugt die erste Unterteilung zwei Rechtecke: R_1 mit einer diagonal durchlaufenden Linie und R_2 ohne Linie; schließlich führen in (c) die nächsten drei Unterteilungen von R_1 zu 4 Rechtecken, von denen zwei durch R_1 gut überdeckt werden können (da sie eine diagonal verlaufende Linie aufweisen), während die beiden übrigen durch R_2 überdeckt werden können (da sie keine Linie enthalten). Abbildung A.9 zeigt ein mit Hilfe dieser Methode kodiertes Bild von San Francisco.

Dreieck-Unterteilung

Eine weitere Methode der Bild-Unterteilung beruht auf Dreiecken. Bei dieser Methode wird ein rechteckiges Bild diagonal in zwei Dreiecke zerlegt. Jedes dieser beiden Dreiecke wird rekursiv in 4 kleinere Dreiecke durch Strecken zerlegt, die drei Unterteilungspunkte auf den drei Seiten des Dreiecks miteinander verbinden. Diese Methode hat gegenüber der HV-Unterteilungsmethode einige mögliche Vorteile. Wie jene ist sie anpassungsfähig, so daß Dreiecke mit gemeinsamen Selbstähnlichkeitseigenschaften ausgewählt werden können. Die von mangelhafter Überdeckung herrührenden Fehlstellen verlaufen jedoch

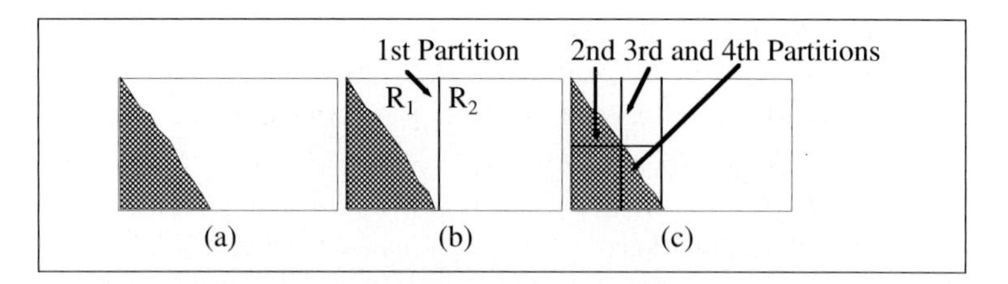

Abb. A.10 : Bei der HV-Methode wird der Versuch unternommen, auf verschiedenen Stufen selbstähnliche Rechtecke zu erzeugen.

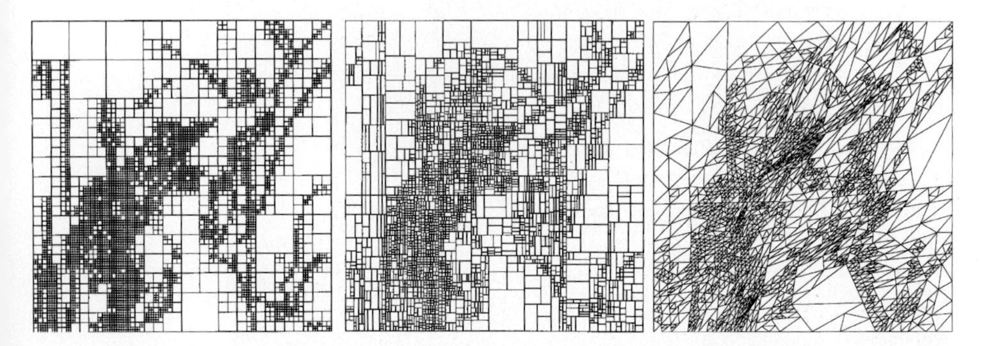

Abb. A.11 : Eine Quadtree-Unterteilung (5008 Quadrate), eine HV-Unterteilung (2910 Rechtecke) und eine Dreieck-Unterteilung (2954 Dreiecke).

nicht horizontal und vertikal, was sich insgesamt weniger störend auswirkt. Außerdem können die Dreiecke beliebige Orientierung aufweisen, was eine Loslösung von den starren Drehungen um 90 Grad der Quadtree- und HV-Unterteilungsmethoden ermöglicht. Diese Methode ist jedoch noch nicht vollständig entwickelt und erforscht.

Abbildung A.11 zeigt Beispiele von Unterteilungen der drei Unterteilungsmethoden für das Bild von Lenna.

A.5 Hinweise für die Implementierung

Kompakte Speicherung der Kodierung

Für eine kompakte Speicherung der Kodierung speichern wir nicht alle Koeffizienten in Gleichung (A.1). Die Kontrast- und Helligkeitseinstellungen werden mit einer festgelegten Anzahl von Bits gespeichert. Man könnte die optimalen s_i und o_i berechnen und dann für die Speicherung diskretisieren. Eine *wesentliche* Verbesserung der Genauigkeit wird jedoch ermöglicht, wenn nur diskretisierte Werte s_i und o_i für die Berechnung des Fehlers während der Kodierung verwendet werden (und Gleichung (A.3) ermöglicht dies). Verwendung von 5 Bit für die Speicherung von s_i und 7 Bit für diejenige von o_i haben sich erfahrungsgemäß als im allgemeinen optimal erwiesen. Die Verteilung von s_i und o_i zeigt eine gewisse Struktur, so daß weitere Kompression durch Entropie-Kodierung gewonnen werden kann.

Die übrigen Koeffizienten werden berechnet, wenn das Bild dekodiert wird. An ihrer Stelle speichern wir R_i und D_i. Im Falle einer Quadtree-Unterteilung kann R_i mit dem Speicherbefehl der Transformationen kodiert werden, falls die Größe von R_i bekannt ist. Von den Urbildbereichen D_i muß Lage und Größe (und Orientierung, falls ein diagonales Gebiet verwendet wird) gespeichert werden. Dies reicht indessen nicht aus, da für die Abbildung der vier Ecken von D_i auf die Ecken von R_i ja 8 Möglichkeiten zur Verfügung stehen. Somit müssen noch 3 Bit für die Festlegung dieser Information (Drehung und Spiegelung) eingesetzt werden.

Im Falle der HV- und der Dreieck-Unterteilung besteht die Speicherung der Unterteilung in einer Anzahl von Versatzwerten. Bei den in der Unterteilung kleiner werdenden Rechtecken (oder Dreiecken) sind für die Speicherung der Versatzwerte weniger Bits erforderlich. Die Unterteilung kann durch die Dekodierungs-Routine vollständig wiederhergestellt werden. Ein Bit muß für die Festlegung verwendet werden, ob ein Bereich weiter unterteilt oder als R_i verwendet werden soll, und eine veränderliche Anzahl von Bits ist für die Angabe des Index jedes D_i in einer Liste aller Unterteilungen erforderlich. Für alle drei Methoden ist es ohne allzu großen Aufwand möglich, eine Kompression von durchschnittlich ungefähr 31 Bits pro w_i zu erreichen.

Im Beispiel des Abschnittes A.3 ist die Anzahl der Transformationen vorherbestimmt. Im Gegensatz dazu sind die beschriebenen Unterteilungsalgorithmen anpassungsfähig in dem Sinne, daß sie eine Größe für Bildbereiche R_i verwenden, die in Abhängigkeit von der örtlichen Komplexität des Bildes veränderlich ist. Für ein festes Bild führen mehr Transformationen zu erhöhter Genauigkeit, aber geringerer Kompression. Diese Abhängigkeit zwischen Kompression und Genauigkeit führt zu zwei verschiedenen Näherungen für die Kodierung eines Bildes f — die eine mit dem Ziel hohe Genauigkeit, die andere mit dem Ziel hohe Kompression. Diese Näherungen werden im nachfolgenden Pseudo-Kode skizziert. In diesem Kode bezieht sich Größe(R_i) auf die Größe des Bildbereiches; im Falle der Rechtecke betrifft Größe(R_i) die Länge der längsten Seite.

Optimierung der Kodierungszeit

Ein anderer wichtiger Punkt betrifft die Kodierungszeit. Diese kann durch Verwendung eines Ordnungsschemas über die Urbildbereiche und Bildbereiche beträchtlich vermindert werden. Sowohl Urbildbereiche als auch Bildbereiche werden nach gewissen Merkmalen, wie ihre linienartige Beschaffenheit oder die Ausrichtung von hellen Stellen usw., eingeteilt. Beachtliche Zeitersparnis ergibt sich durch die Verwendung von Urbildbereichen aus derselben Klasse wie ein gegebener Bildbereich bei der Suche nach einer Überdeckung, aufgrund der Überlegung, daß Urbildbereiche aus derselben Klasse wie ein Bildbereich diesen am besten überdecken sollten.

Pseudo-Kode

a. Pseudo-Kode mit dem Ziel einer Genauigkeit e_c.
- Man wähle eine zulässige Toleranz e_c.
- Man setze $R_1 = I^2$ und markiere es als nicht überdeckt.
- Solange es nicht überdeckte Bereiche R_i gibt, führe man aus {
  - Aus den möglichen Urbildbereichen in **D** finde man den Urbildbereich D_i und das entsprechende w_i, das R_i am besten überdeckt (d.h., welches den Ausdruck (A.2) minimiert).
  - Falls $\delta(f \cap (R_i \times I), w_i(f)) < e_c$ oder Größe$(R_i) \leq r_{min}$, dann
    - Bezeichne man R_i als überdeckt und schreibe die Transformation w_i aus;
  - andernfalls
    - Unterteile man R_i in kleinere Bildbereiche, markiere sie als nicht überdeckt und entferne R_i aus der Liste der nicht überdeckten Bildbereiche.

  }

b. Pseudo-Kode mit dem Ziel einer Kompression mit N Transformationen.
- Man wähle eine Anzahl N_r von Bildbereichen als Zielzahl.
- Erstelle eine Liste für die Erfassung von $R_1 = I^2$ mit der Markierung nicht überdeckt.
- Solange es nicht überdeckte Bildbereiche in der Liste gibt, führe man aus {
  - Für jeden nicht überdeckten Bildbereich in der Liste finde und speichere man den Urbildbereich $D_i \in \mathbf{D}$ und die Abbildung w_i für die beste Überdeckung und markiere den Bildbereich als überdeckt.
  - Aus der Liste der Bildbereiche finde man den Bildbereich R_j mit Größe$(R_j) > r_{min}$, der das größte

    $$\delta(f \cap (R_j \times I), w_j(f))$$

    aufweist (d.h. am schlechtesten überdeckt ist).
  - Falls die Anzahl der Bildbereiche in der Liste kleiner ist als N_r, dann {
    - Unterteile man R_j in kleinere Bildbereiche, die in der Liste hinzugefügt und mit nicht überdeckt markiert werden.
    - Entferne man R_j, w_j und D_j aus der Liste.

    }

  }
- Man schreibe alle w_i der Liste aus.

Diese Arbeit wurde teilweise unterstützt durch ONR contract N00014-91-C-0177. Weitere Unterstützung wurde von dem San Diego Supercomputing Center und dem Institute for Non-Linear Science at the University of California, San Diego, gewährt.

Literaturverzeichnis

1. Bücher

[1] Abraham, R. H., Shaw, C. D., *Dynamics, The Geometry of Behavior,* Part One:*Periodic Behavior* (1982), Part Two: *Chaotic Behavior* (1983), Part Three: *Global Behavior* (1984), Aerial Press, Santa Cruz. Second edition Addison-Wesley, 1992.

[2] Aharony, A. und Feder, J. (Hrsg.), *Fractals in Physics*, Physica D 38 (1989); auch von North Holland (1989) veröffentlicht.

[3] Allgower, E., Georg, K., *Numerical Continuation Methods — An Introduction,* Springer-Verlag, New York, 1990.

[4] Arnold, V. I., *Ordinary Differential Equations,* MIT Press, Cambridge, 1973.

[5] Avnir, D. (Hrsg.), *The Fractal Approach to Heterogeneous Chemistry: Surfaces, Colloids, Polymers,* Wiley, Chichester, 1989.

[6] Banchoff, T. F., *Beyond the Third Dimension,* Scientific American Library, 1990.

[7] Barnsley, M., *Fractals Everywhere,* Academic Press, San Diego, 1988.

[8] Beardon, A. F., *Iteration of Rational Functions,* Springer-Verlag, New York, 1991.

[9] Becker K.-H., Dörfler, M., *Computergraphische Experimente mit Pascal*, Vieweg, Braunschweig, 1986.

[10] Beckmann, P., *A History of Pi,* Second Edition, The Golem Press, Boulder, 1971.

[11] Bélair, J., Dubuc, S., (Hrsg.), *Fractal Geometry and Analysis,* Kluwer Academic Publishers, Dordrecht, Holland, 1991.

[12] Billingsley, P., *Ergodic Theory and Information,* J. Wiley, New York (1967). Nachdruck bei Robert E. Krieger Publ. Comp., Huntington, New York (1978).

[13] Billingsley, P., *Probability and Measure,* John Wiley & Sons, New York, Chichester (1979).

[14] Bondarenko, B., *Generalized Pascal Triangles and Pyramids, Their Fractals, Graphs and Applications,* Tashkent, Fan, 1990, in Russisch.

[15] Borwein, J. M., Borwein, P. B., *Pi and the AGM — A Study in Analytic Number Theory,* Wiley, New York, 1987.

[16] Briggs, J., Peat, F. D., *Turbulent Mirror,* Harper & Row, New York, 1989.

[17] Bunde, A., Havlin, S. (Hrsg.), *Fractals and Disordered Systems,* Springer-Verlag, Heidelberg, 1991.

[18] Campbell, D., Rose, H. (Hrsg.), *Order in Chaos,* North-Holland, Amsterdam, 1983.

[19] Chaitin, G. J., *Algorithmic Information Theory,* Cambridge University Press, 1987.

[20] Cherbit, G. (Hrsg.), *Fractals, Non-integral Dimensions and Applications,* John Wiley & Sons, Chichester, 1991.

[21] Collet, P., Eckmann, J.-P., *Iterated Maps on the Interval as Dynamical Systems,* Birkhäuser, Boston, 1980.

[22] Crilly, A. J., Earnshaw, R. A., Jones, H. (Hrsg.), *Fractals and Chaos,* Springer-Verlag, New York, 1991.

[23] Cvitanović, P. (Hrsg.), *Universality in Chaos,* Second Edition, Adam Hilger, New York, 1989.

[24] Devaney, R. L., *An Introduction to Chaotic Dynamical Systems, Second Edition,* Addison-Wesley, Redwood City, 1989.

[25] Devaney, R. L., *Chaos, Fractals, and Dynamics,* Addison-Wesley, Menlo Park, 1990.

[26] Durham, T., *Computing Horizons,* Addison-Wesley, Wokingham, 1988.

[27] Dynkin, E. B., Uspenski, W., *Mathematische Unterhaltungen II,* VEB Deutscher Verlag der Wissenschaften, Berlin, 1968.

[28] Edgar, G., *Measures, Topology and Fractal Geometry,* Springer-Verlag, New York, 1990.

[29] Encarnacao, J. L., Peitgen, H.-O., Sakas, G., Englert, G., (Hrsg.), *Fractal Geometry and Computer Graphics,* Springer-Verlag, Heidelberg, 1992.

[30] Engelking, R., *Dimension Theory,* North Holland, 1978.

[31] Escher, M. C., *The World of M. C. Escher,* H. N. Abrams, New York, 1971.

[32] Falconer, K., *The Geometry of Fractal Sets,* Cambridge University Press, Cambridge, 1985.

[33] Falconer, K.,*Fractal Geometry, Mathematical Foundations and Applications,* Wiley, New York, 1990.

[34] Family, F., Landau, D. P. (Hrsg.), *Aggregation and Gelation,* North-Holland, Amsterdam, 1984.

[35] Family, F., Vicsek, T. (Hrsg.), *Dynamics of Fractal Surfaces,* World Scientific, Singapore, 1991.

[36] Feder, J., *Fractals,* Plenum Press, New York 1988.

[37] Fleischmann, M., Tildesley, D. J., Ball, R. C., *Fractals in the Natural Sciences,* Princeton University Press, Princeton, 1989.

[38] Garfunkel, S., (Project Director), Steen, L. A. (Coordinating Editor) *For All Practical Purposes, Second Edition,* W. H. Freeman and Co., New York, 1988.

[39] GEO Wissen — Chaos und Kreativität, Gruner + Jahr, Hamburg, 1990.

[40] Gleick, J., *Chaos, Making a New Science,* Viking, New York, 1987.

[41] Gnedenko, B. V., Kolmogorov, A. N., *Limit distributions for sums of independent random variables*, Addison-Wesley, Reading (Mass.) - London (1968).

[42] Golub, G. H., Loan, C. F. van, *Matrix Computations,* Second Edition, Johns Hopkins, Baltimore, 1989.

[43] Guckenheimer, J., Holmes, P., *Nonlinear Oscillations, Dynamical Systems, and Bifurcations of Vector Fields,* Springer-Verlag, New York, 1983.

[44] Guyon, E., Stanley, H. E., (Hrsg.), *Fractal Forms,* Elsevier/North-Holland and Palais de la Découverte, 1991.

[45] Haken, H., *Advanced Synergetics,* Springer-Verlag, Heidelberg, 1983.

[46] Haldane, J. B. S., *On Being the Right Size,* 1928.

[47] Hall, R., *Illumination and Color in Computer Generated Imagery,* Springer-Verlag, New York, 1988.

[48] Hao, B. L., *Chaos II,* World Scientific, Singapore, 1990.

[49] Hausdorff, F., *Grundzüge der Mengenlehre,* Verlag von Veit & Comp., 1914.

[50] Hausdorff, F., *Dimension und äußeres Maß,* Math. Ann. 79 (1918) 157–179.

[51] Hirsch, M. W., Smale, S., *Differential Equations, Dynamical Systems, and Linear Algebra,* Academic Press, New York, 1974.

[52] Hommes, C. H., *Chaotic Dynamics in Economic Models,* Wolters-Noordhoff, Groningen, 1991.

[53] Huang, K., *Statistical Mechanics,* M. Wiley, New York (1966) Chapter 8.

[54] Jackson, E. A., *Perspectives of Nonlinear Dynamics,* Band 1 und 2, Cambridge University Press, Cambridge, 1991.

[55] Knuth, D. E., *The Art of Computer Programming, Volume 2, Seminumerical Algorithms,* Addison-Wesley, Reading, Massachusetts.

[56] Kotz, S., Johnson, N. L., *Encyclopedia of Statistical Sciences,* J. Wiley, New York, 1982

[57] Kuratowski, C., *Topologie II,* PWN, Warsaw, 1961.

[58] Lauwerier, H., *Fractals,* Aramith Uitgevers, Amsterdam, 1987.

[59] Lehmer, D. H., Proc. 2nd Symposium on Large Scale Digital Calculating Machinery, Harvard University Press, Cambridge, 1951.

[60] Leven, R. W., Koch, B.-P., Pompe, B., *Chaos in Dissipativen Systemen,* Vieweg, Braunschweig, 1989.

[61] Lindenmayer, A., Rozenberg, G., (Hrsg.), *Automata, Languages, Development,* North-Holland, Amsterdam, 1975.

[62] Mandelbrot, B. B., *Fractals: Form, Chance, and Dimension,* W. H. Freeman and Co., San Francisco, 1977.

[63] Mandelbrot, B. B., *The Fractal Geometry of Nature,* W. H. Freeman and Co., New York, 1982.

[64] Mandelbrot, B. B., *Die fraktale Geometrie der Natur,* Birkhäuser Verlag, Basel, 1987.

[65] Mandelbrot, B.B., *Selecta Volume N: Multifractals & 1/f Noise: 1963-76.* Springer, New York, erscheint demnächst.

[66] Mandelbrot, B.B., *Selecta Volume N: Turbulence.* Springer, New York, erscheint demnächst.

[67] Mañé, R., *Ergodic Theory and Differentiable Dynamics,* Springer-Verlag, Heidelberg, 1987.

[68] McGuire, M., *An Eye for Fractals,* Addison-Wesley, Redwood City, 1991.

[69] Menger, K., *Dimensionstheorie,* Leipzig, 1928.

[70] Mey, J. de, *Bomen van Pythagoras,* Aramith Uitgevers, Amsterdam, 1985.

[71] Moon, F. C., *Chaotic Vibrations,* John Wiley & Sons, New York, 1987.

[72] Parchomenko, A. S., *Was ist eine Kurve,* VEB Verlag, 1957.

[73] Parker, T. S., Chua, L. O., *Practical Numerical Algorithms for Chaotic Systems,* Springer-Verlag, New York, 1989.

[74] Peitgen, H.-O., Richter, P. H., *The Beauty of Fractals,* Springer-Verlag, Heidelberg, 1986.

[75] Peitgen, H.-O., Saupe, D., (Hrsg.), *The Science of Fractal Images,* Springer-Verlag, 1988.

[76] Peitgen, H.-O. (Hrsg.), *Newton's Method and Dynamical Systems,* Kluver Academic Publishers, Dordrecht, 1989.

[77] Peitgen, H.-O., Jürgens, H., *Fraktale: Gezähmtes Chaos,* Carl Friedrich von Siemens Stiftung, München, 1990.

[78] Peitgen, H.-O., Henriques, J. M., Peneda, L. F., (Hrsg.), *Fractals in the Fundamental and Applied Sciences,* North-Holland, Amsterdam, 1991.

[79] Peitgen, H.-O., Jürgens, H., Saupe, D., *Fractals for the Classroom, Part One,* Springer-Verlag, New York, 1991.

[80] Peitgen, H.-O., Jürgens, H., Saupe, D., Maletsky, E., Perciante, T., Yunker, L., *Fractals for the Classroom, Strategic Activities, Volume One,* und *Volume Two,* Springer-Verlag, New York, 1991 und 1992.

[81] Peters, E., *Chaos and Order in the Capital Market,* John Wiley & Sons, New York, 1991.

[82] Press, W. H., Flannery, B. P., Teukolsky, S. A., Vetterling, W. T., *Numerical Recipes,* Cambridge University Press, Cambridge, 1986.

[83] Preston, K. Jr., Duff, M. J. B., *Modern Cellular Automata,* Plenum Press, New York, 1984.

[84] Prigogine, I., Stenger, I., *Order out of Chaos,* Bantam Books, New York, 1984.

[85] Prusinkiewicz, P., Lindenmayer, A., *The Algorithmic Beauty of Plants,* Springer-Verlag, New York, 1990.

[86] Rasband, S. N., *Chaotic Dynamics of Nonlinear Systems,* John Wiley & Sons, New York, 1990.

[87] Renyi, A: *Probability Theory,* North-Holland, Amsterdam (1970)

[88] Richardson, L. F., *Weather Prediction by Numerical Process,* Dover, New York, 1965.

[89] Ruelle, D., *Chaotic Evolution and Strange Attractors,* Cambridge University Press, Cambridge, 1989.

[90] Sagan, C., *Contact,* Pocket Books, Simon & Schuster, New York, 1985.

[91] Schröder, M., *Fractals, Chaos, Power Laws,* W. H. Freeman and Co., New York, 1991.

[92] Schuster, H. G., *Deterministic Chaos,* VCH Publishers, Weinheim, New York, 1988.

[93] Sparrow, C., *The Lorenz Equations: Bifurcations, Chaos, and Strange Attractors,* Springer-Verlag, New York, 1982.

[94] Stanley H. E., Ostrowsky, N. (Hrsg.), *Fluctuations and Pattern Formation,* (Cargèse, 1988) Dordrecht-Boston: Kluwer (1988).

[95] Stauffer, D., *Introduction to Percolation Theory,* Taylor & Francis, London, 1985.

[96] Stauffer, D., Stanley, H. E., *From Newton to Mandelbrot,* Springer-Verlag, New York,1989.

[97] Stewart, I., *Does God Play Dice,* Penguin Books, 1989.

[98] Stewart, I., *Game, Set, and Math,* Basil Blackwell, Oxford, 1989.

[99] Thompson, D'Arcy, *On Growth an Form,* New Edition, Cambridge University Press, 1942.

[100] Toffoli, T., Margolus, N., *Cellular Automata Machines, A New Environment For Modelling,* MIT Press, Cambridge, Mass., 1987.

[101] Vicsek, T., *Fractal Growth Phenomena,* World Scientific, London, 1989.

[102] Wade, N., *The Art and Science of Visual Illusions,* Routledge & Kegan Paul, London,1982.

[103] Wall, C. R., *Selected Topics in Elementary Number Theory,* University of South Caroline Press, Columbia, 1974.

[104] Wegner, T., Peterson, M., *Fractal Creations,* Waite Group Press, Mill Valley, 1991.

[105] Weizenbaum, J., *Computer Power and Human Reason,* Penguin, 1984.

[106] West, B., *Fractal Physiology and Chaos in Medicine,* World Scientific, Singapore, 1990.

[107] Wolfram, S., Farmer, J. D., Toffoli, T., (Hrsg.) *Cellular Automata: Proceedings of an Interdisciplinary Workshop,* in: Physica 10D, 1 and 2 (1984).

[108] Wolfram, S. (Hrsg.), *Theory and Application of Cellular Automata,* World Scientific, Singapore, 1986.

[109] Zhang Shu-yu, *Bibliography on Chaos,* World Scientific, Singapore, 1991.

2. Allgemeine Artikel

[110] Barnsley, M. F., *Fractal Modelling of Real World Images,* in: The Science of Fractal Images, H.-O. Peitgen, D. Saupe (Hrsg.), Springer-Verlag, New York, 1988.

[111] Cipra, B., A., *Computer-drawn pictures stalk the wild trajectory,* Science 241 (1988) 1162–1163.

[112] Davis, C., Knuth, D. E., *Number Representations and Dragon Curves,* Journal of Recreational Mathematics 3 (1970) 66–81 und 133–149.

[113] Dewdney, A. K., *Computer Recreations: A computer microscope zooms in for a look at the most complex object in mathematics,* Scientific American (August 1985) 16–25.

[114] Dewdney, A. K., *Computer Recreations: Beauty and profundity: the Mandelbrot set and a flock of its cousins called Julia sets,* Scientific American (November 1987) 140–144.

[115] Douady, A., *Julia sets and the Mandelbrot set,* in: The Beauty of Fractals, H.-O. Peitgen, P. H. Richter, Springer-Verlag, 1986.

[116] Dyson, F., *Characterizing Irregularity,* Science 200 (1978) 677–678.

[117] Gilbert, W. J., *Fractal geometry derived from complex bases,* Math. Intelligencer 4 (1982) 78–86.

[118] Hofstadter, D. R., *Strange attractors : Mathematical patterns delicately poised between order and chaos,* Scientific American 245 (May 1982) 16–29.

[119] Mandelbrot, B. B., *How long is the coast of Britain? Statistical self-similarity and fractional dimension,* Science 155 (1967) 636–638.

[120] Peitgen, H.-O., Richter, P. H., *Die unendliche Reise,* Geo 6 (Juni 1984) 100–124.

[121] Peitgen, H.-O., Haeseler, F. v., Saupe, D., *Cayley's problem and Julia sets,* Mathematical Intelligencer 6.2 (1984) 11–20.

[122] Peitgen, H.-O., Jürgens, H., Saupe, D., *The language of fractals,* Scientific American (August 1990) 40–47.

[123] Peitgen, H.-O., Jürgens, H., *Fraktale: Computerexperimente (ent)zaubern komplexe Strukturen,* in: *Ordnung und Chaos in der unbelebten und belebten Natur,* Verhandlungen der Gesellschaft Deutscher Naturforscher und Ärzte, 115. Versammlung, Wissenschaftliche Verlagsgesellschaft, Stuttgart, 1989.

[124] Peitgen, H.-O., Jürgens, H., Saupe, D., Zahlten, C., *Fractals — An Animated Discussion,* Video film, W. H. Freeman and Co., 1990. Auch auch Deutsch erschienen als *Fraktale in Filmen und Gesprächen,* Spektrum Videothek, Heidelberg, 1990, sowie auf Italienisch als *I Frattali,* Spektrum Videothek edizione italiana, 1991.

[125] Ruelle, D., *Strange Attractors,* Math. Intelligencer 2 (1980) 126–137.

[126] Ruelle, D., *Chaotic Evolution and Strange Attractors,* Cambridge University Press, Cambridge, 1989.

[127] Stewart, I., *Order within the chaos game?* Dynamics Newsletter 3, no. 2, 3, May 1989, 4–9.

[128] Sved, M. *Divisibility — With Visibility,* Mathematical Intelligencer 10, 2 (1988) 56–64.

[129] Voss, R., *Fractals in Nature,* in: *The Science of Fractal Images,* H.-O. Peitgen , D. Saupe (Hrsg.), Springer-Verlag, New York, 1988.

[130] Wolfram, S., *Geometry of binomial coefficients,* Amer. Math. Month. 91 (1984) 566–571.

3. Forschungsartikel

[131] Abraham, R., *Simulation of cascades by video feedback,* in: SStructural Stability, the Theory of Catastrophes, and Applications in the Sciences", P. Hilton (Hrsg.), Lecture Notes in Mathematics vol. 525, 1976, 10–14, Springer-Verlag, Berlin.

[132] Aharony, A., *Fractal growth,* in: *Fractals and Disordered Systems,* A. Bunde, S. Havlin (Hrsg.), Springer-Verlag, Heidelberg, 1991.

[133] Bak, P., *The devil's staircase,* Phys. Today 39 (1986) 38–45.

[134] Bandt, C., *Self-similar sets I. Topological Markov chains and mixed self-similar sets,* Math. Nachr. 142 (1989) 107–123.

[135] Bandt, C., *Self-similar sets III. Construction with sofic systems,* Monatsh. Math. 108 (1989) 89–102.

[136] Banks, J., Brooks, J., Cairns, G., Davis, G., Stacey, P., *On Devaney's definition of chaos,* American Math. Monthly 99.4 (1992) 332–334.

[137] Barnsley, M. F., Demko, S., *Iterated function systems and the global construction of fractals,* The Proceedings of the Royal Society of London A399 (1985) 243–275

[138] Barnsley, M. F., Ervin, V., Hardin, D., Lancaster, J., *Solution of an inverse problem for fractals and other sets,* Proceedings of the National Academy of Sciences 83 (1986) 1975–1977.

[139] Barnsley, M. F., Elton, J. H., Hardin, D. P., *Recurrent iterated function systems,* Constructive Approximation 5 (1989) 3–31.

[140] Batrouni, G. G., Hansen, A., Roux, S., *Negative moments of the current spectrum in the random-resistor network,* Phys. Rev. A 38 (1988) 3820.

[141] Bedford, T., *Dynamics and dimension for fractal recurrent sets,* J. London Math. Soc. 33 (1986) 89–100.

[142] Benedicks, M., Carleson, L., *The dynamics of the Hénon map,* Annals of Mathematics 133,1 (1991) 73–169.

[143] Benettin, G. L., Galgani,L., Giorgilli, A., Strelcyn, J.-M., *Lyapunov characteristic exponents for smooth dynamical systems and for Hamiltonian systems; a method for computing all of them. Part 1: Theory, Part 2: Numerical application,* Meccanica 15, 9 (1980) 21.

[144] Benzi, R., Paladin, G., Parisi, G., Vulpiani, A., *On the multifractal nature of fully developed turbulence and chaotic systems,* J. Phys. A 17 (1984) 3521.

[145] Berger, M., *Encoding images through transition probabilities,* Math. Comp. Modelling 11 (1988) 575–577.

[146] Berger, M., *Images generated by orbits of 2D-Markoc chains,* Chance 2 (1989) 18–28.

[147] Berry, M. V., *Regular and irregular motion,* in: Jorna S. (Hrsg.), Topics in Nonlinear Dynamics, Amer. Inst. of Phys. Conf. Proceed. 46 (1978) 16–120.

[148] Blanchard, P., *Complex analytic dynamics on the Riemann sphere,* Bull. Amer. Math. Soc. 11 (1984) 85–141.

[149] Blumenfeld, R., Meir, Y., Aharony, A., Harris, A. B., *Resistance fluctuations in random diluted networks,* Phys. Rev. B 35 (1987) 3524–3535.

[150] Blumenfeld, R., Aharony, A., *Breakdown of multifractal behavior in diffusion limited aggregates,* Phys. Rev. Lett. 62 (1989) 2977.

[151] Borwein, J. M., Borwein, P. B., Bailey, D. H., *Ramanujan, modular equations, and approximations to π, or how to compute one billion digits of π,* American Mathematical Monthly 96 (1989) 201–219.

[152] Brent, R. P., *Fast multiple-precision evaluation of elementary functions,* Journal Assoc. Comput. Mach. 23 (1976) 242–251.

[153] Brolin, H., *Invariant sets under iteration of rational functions,* Arkiv f. Mat. 6 (1965) 103–144.

[154] Cantor, G., *Über unendliche, lineare Punktmannigfaltigkeiten V,* Mathematische Annalen 21 (1883) 545–591.

[155] Carpenter, L., *Computer rendering of fractal curves and surfaces,* Computer Graphics (1980) 109ff.

[156] Caswell, W. E., Yorke, J. A., *Invisible errors in dimension calculations: geometric and systematic effects,* in: *Dimensions and Entropies in Chaotic Systems,* G. Mayer-Kress (Hrsg.), Springer-Verlag, Berlin, 1986 und 1989, S. 123–136.

[157] Cayley, A., *The Newton-Fourier Imaginary Problem,* American Journal of Mathematics 2 (1879) S. 97.

[158] Charkovsky, A. N., *Coexistence of cycles of continuous maps on the line,* Ukr. Mat. J. 16 (1964) 61–71 (in Russian).

[159] Chhabra, A., Jensen, R.V., *Direct determination of the $f(\alpha)$ singularity spectrum,* Phys. Rev. Lett. 62 (1989) 1327

[160] Coleman, P. H., Pietronero, L., *The fractal structure of the universe,* Phys. Rept. 213,6 (1992) 311– 389.

[161] Corless, R. M., *Continued fractions and chaos,* The American Math. Monthly 99, 3 (1992) 203–215.

[162] Corless, R. M., Frank, G. W., Monroe, J. G., *Chaos and continued fractions,* Physica D46 (1990) 241–253.

[163] Cremer, H., *Über die Iteration rationaler Funktionen,* Jahresberichte der Deutschen Mathematiker Vereinigung 33 (1925) 185–210.

[164] Crutchfield, J., *Space-time dynamics in video feedback,* Physica 10D (1984) 229–245.

[165] Dekking, F. M., *Recurrent Sets,* Advances in Mathematics 44, 1 (1982) 78–104.

[166] Derrida, B., Gervois, A., Pomeau, Y., *Universal metric properties of bifurcations of endomorphisms,* J. Phys. A: Math. Gen. 12, 3 (1979) 269–296.

[167] Devaney, R., Nitecki, Z., *Shift Automorphism in the Hénon Mapping,* Comm. Math. Phys. 67 (1979) 137–146.

[168] Douady, A., Hubbard, J. H., *Iteration des pôlynomes quadratiques complexes,* CRAS Paris 294 (1982) 123–126.

[169] Douady, A., Hubbard, J. H., *Étude dynamique des pôlynomes complexes,* Publications Mathematiques d'Orsay 84-02, Université de Paris-Sud, 1984.

[170] Douady, A., Hubbard, J. H., *On the dynamics of polynomial-like mappings,* Ann. Sci. Ecole Norm. Sup. 18 (1985) 287–344.

[171] Dress, A. W. M., Gerhardt, M., Jaeger, N. I., Plath, P. J, Schuster, H., *Some proposals concerning the mathematical modelling of oscillating heterogeneous catalytic reactions on metal surfaces,* in: L. Rensing, N. I. Jaeger (Hrsg.), Temporal Order, Springer-Verlag, Berlin, 1984.

[172] Dubuc, S., Elqortobi, A., *Approximations of fractal sets,* Journal of Computational and Applied Mathematics 29 (1990) 79–89.

[173] Eckmann, J.-P., Ruelle, D., *Ergodic theory of chaos and strange attractors,* Reviews of Modern Physics 57, 3 (1985) 617–656.

[174] Eckmann, J.-P., Kamphorst, S. O., Ruelle, D., Ciliberto, S., *Liapunov exponents from time series,* Phys. Rev. 34A (1986) 4971–4979.

[175] Elton, J., *An ergodic theorem for iterated maps,* Journal of Ergodic Theory and Dynamical Systems 7 (1987) 481–488.

[176] Evertsz, C.J.G., Mandelbrot, B.B., *Harmonic measure around a linearly self-similar tree* J. Phys. A 25 (1992) 1781-1797

[177] Evertsz, C. J. G., Mandelbrot, B. B., Woog, L.: *Variability of the form and of the harmonic measure for small off-off-lattice diffusion-limited aggregates,* Phys. Rev. A 45 (1992) 5798

[178] Faraday, M., *On a peculiar class of acoustical figures, and on certain forms assumed by groups of particles upon vibrating elastic surfaces,* Phil. Trans. Roy. Soc. London 121 (1831) 299–340.

[179] Farmer, D., *Chaotic attractors of an infinite-dimensional system,* Physica 4D (1982) 366–393.

[180] Farmer, J. D., Ott, E., Yorke, J. A., *The dimension of chaotic attractors,* Physica 7D (1983) 153–180.

[181] Fatou, P., *Sur les équations fonctionelles,* Bull. Soc. Math. Fr. 47 (1919) 161–271, 48 (1920) 33–94, 208–314.

[182] Feigenbaum, M. J., *Universality in complex discrete dynamical systems,* in: Los Alamos Theoretical Division Annual Report (1977) 98–102.

[183] Feigenbaum, M. J., *Quantitative universality for a class of nonlinear transformations,* J. Stat. Phys. 19 (1978) 25–52.

[184] Feigenbaum, M. J., *Universal behavior in nonlinear systems,* Physica 7D (1983) 16–39. Auch in: Campbell, D., Rose, H. (Hrsg.), *Order in Chaos,* North-Holland, Amsterdam, 1983.

[185] Feigenbaum, M. J., *Some characterizations of strange sets,* J. Stat. Phys. 46 (1987) 919–924.

[186] Feit, S. D., *Characteristic exponents and strange attractors,* Comm. Math. Phys. 61 (1978) 249–260.

[187] Fine, N. J., *Binomial coefficients modulo a prime number,* Amer. Math. Monthly 54 (1947) 589.

[188] Fisher, Y., Boss, R. D., Jacobs, E. W., *Fractal Image Compression,* erscheint in: *Data Compression,* J. Storer (Hrsg.), Kluwer Academic Publishers, Norwell, MA.

[189] Fournier, A., Fussell, D., Carpenter, L., *Computer rendering of stochastic models,* Comm. of the ACM 25 (1982) 371–384.

[190] Franceschini, V., *A Feigenbaum sequence of bifurcations in the Lorenz model,* Jour. Stat. Phys. 22 (1980) 397–406.

[191] Fraser, A. M., Swinney, H. L., *Independent coordinates for strange attractors from mutual information,* Phys. Rev. A 33 (1986) 1034–1040.

[192] Frederickson, P., Kaplan, J. L., Yorke, S. D., Yorke, J. A., *The Liapunov dimension of strange attractors,* Journal of Differential Equations 49 (1983) 185–207.

[193] Frisch, U., Parisi, G., *Fully developed turbulence and intermittency,* in *Turbulence and Predictability of Geophysical Flows and Climate Dynamics*, Proc. of the International School of Physics "Enrico Fermi,", Course LXXXVIII, Varenna 9083, edited by Ghil, M., Benzi, R., Parisi, G., North-Holland, New York (1985) 84.

[194] Frisch, U., Vergassola, M., *A prediction of the multifractal model: the intermediate dissipation range,* Europhys. Lett. 14 (1991) 439.

[195] Geist, K., Parlitz, U., Lauterborn, W., *Comparison of Different Methods for Computing Lyapunov Exponents,* Progress of Theoretical Physics 83,5 (1990) 875–893.

[196] Goodman, G. S., *A probabilist looks at the chaos game,* in: *Fractals in the Fundamental and Applied Sciences,* H.-O. Peitgen, J. M. Henriques, L. F. Peneda (Hrsg.), North-Holland, Amsterdam, 1991.

[197] Grassberger, P., *On the fractal dimension of the Hénon attractor,* Physics Letters 97A (1983) 224–226.

[198] Grassberger, P., Procaccia, I., *Measuring the strangeness of strange attractors,* Physica 9D (1983) 189–208.

[199] Grassberger, P., Procaccia, I., *Characterization of Strange Attractors,* Phys. Rev. Lett. 50 (1983) 346.

[200] Grebogi, C., Ott, E., Yorke, J. A., *Crises, sudden changes in chaotic attractors, and transient chaos,* Physica 7D (1983) 181–200.

[201] Grebogi, C., Ott, E., Yorke, J. A., *Attractors of an N-torus: quasiperiodicity versus chaos,* Physica 15D (1985) 354.

[202] Grebogi, C., Ott, E., Yorke, J. A., *Critical exponents of chaotic transients in nonlinear dynamical systems,* Physical Review Letters 37, 11 (1986) 1284–1287.

[203] Grebogi, C., Ott, E., Yorke, J. A., *Chaos, strange attractors, and fractal basin boundaries in nonlinear dynamics,* Science 238 (1987) 632–638.

[204] Großman, S., Thomae, S., *Invariant distributions and stationary correlation functions of one-dimensional discrete processes,* Z. Naturforsch. 32 (1977) 1353–1363.

[205] Haeseler, F. v., Peitgen, H.-O., Skordev, G., *Pascal's triangle, dynamical systems and attractors,* erscheint in Ergodic Theory and Dynamical Systems. Report Nr. 250, Institut für Dynamische Systeme, Universität Bremen.

[206] Haeseler, F. v., Peitgen, H.-O., Skordev, G., *Cellular Automata, Matrix Substitutions and Fractals,* erscheint in Annals of Mathematics and Artificial Intelligence. Report Nr. 270, Institut für Dynamische Systeme, Universität Bremen.

[207] Haeseler, F. v., Peitgen, H.-O., Skordev, G., *On the Fractal Structure of Limit Sets of Cellular Automata and Attractors of Dynamical Systems,* Manuskript. Report Nr. 285, Institut für Dynamische Systeme, Universität Bremen.

[208] Halsey, T. C., Jensen, M. H., Kadanoff, L. P., Procaccia, I., Shraiman, B. I., *Fractal measures and their singularities: The characterization of strange sets,* Phys. Rev. A 33 (1986) 1141.

[209] Hart, J. C., DeFanti, T., *Efficient anti-aliased rendering of 3D-linear fractals,* Computer Graphics 25, 4 (1991) 289–296.

[210] Hart, J. C., Sandin, D. J., Kauffman, L. H., *Ray tracing deterministic 3-D fractals,* Computer Graphics 23, 3 (1989) 91–100.

[211] Hénon, M., *A two-dimensional mapping with a strange attractor,* Comm. Math. Phys. 50 (1976) 69–77.

[212] Hentschel, H. G. E., Procaccia, I., *The infinite number of generalized dimensions of fractals and strange attractors,* Physica 8D (1983) 435–444.

[213] Hepting, D., Prusinkiewicz, P., Saupe, D., *Rendering methods for iterated function systems,* in: *Fractals in the Fundamental and Applied Sciences,* H.-O. Peitgen, J. M. Henriques, L. F. Peneda (Hrsg.), North-Holland, Amsterdam, 1991.

[214] Hilbert, D., *Über die stetige Abbildung einer Linie auf ein Flächenstück,* Mathematische Annalen 38 (1891) 459–460.

[215] Holte, J., *A recurrence relation approach to fractal dimension in Pascal's triangle,* International Congress of Mathematics, 1990.

[216] Hutchinson, J., *Fractals and self-similarity,* Indiana University Journal of Mathematics 30 (1981) 713–747.

[217] Jacquin, A. E., *Image coding based on a fractal theory of iterated contractive image transformations,* erscheint in: IEEE Transactions on Signal Processing, 1992.

[218] Judd, K., Mees, A. I. *Estimating dimensions with confidence,* International Journal of Bifurcation and Chaos 1,2 (1991) 467–470.

[219] Julia, G., *Mémoire sur l'iteration des fonctions rationnelles,* Journal de Math. Pure et Appl. 8 (1918) 47–245.

[220] Jürgens, H., *3D-rendering of fractal landscapes,* in: *Fractal Geometry and Computer Graphics,* J. L. Encarnacao, H.-O. Peitgen, G. Sakas, G. Englert (Hrsg.), Springer-Verlag, Heidelberg, 1992.

[221] Kaplan, J. L., Yorke, J. A., *Chaotic behavior of multidimensional difference equations,* in: *Functional Differential Equations and Approximation of Fixed Points,* H.-O. Peitgen, H. O. Walther (Hrsg.), Springer-Verlag, Heidelberg, 1979.

[222] Kawaguchi, Y., *A morphological study of the form of nature,* Computer Graphics 16,3 (1982).

[223] Koch, H. von, *Sur une courbe continue sans tangente, obtenue par une construction géometrique élémentaire,* Arkiv för Matematik 1 (1904) 681–704.

[224] Koch, H. von, *Une méthode géométrique élémentaire pour l'étude de certaines questions de la théorie des courbes planes,* Acta Mathematica 30 (1906) 145-174.

[225] Kummer, E. E., *Über Ergänzungssätze zu den allgemeinen Reziprozitätsgesetzen,* Journal für die reine und angewandte Mathematik 44 (1852) 93–146.

[226] Lauterborn, W., *Acoustic turbulence,* in: *Frontiers in Physical Acoustics,* D. Sette (Hrsg.), North-Holland, Amsterdam, 1986, S. 123–144.

[227] Lauterborn, W., Holzfuss, J., *Acoustic chaos,* International Journal of Bifurcation and Chaos 1, 1 (1991) 13–26.

[228] Li, T.-Y., Yorke, J. A., *Period three implies chaos,* American Mathematical Monthly 82 (1975) 985–992.

[229] Lindenmayer, A., *Mathematical models for cellular interaction in development, Parts I and II,* Journal of Theoretical Biology 18 (1968) 280–315.

[230] Lorenz, E. N., *Deterministic non-periodic flow,* J. Atmos. Sci. 20 (1963) 130–141.

[231] Lorenz, E. N., *The local structure of a chaotic attractor in four dimensions,* Physica 13D (1984) 90–104.

[232] Lovejoy, S., Mandelbrot, B. B., *Fractal properties of rain, and a fractal model,* Tellus 37A (1985) 209–232.

[233] Lozi, R., *Un attracteur étrange (?) du type attracteur de Hénon,* J. Phys. (Paris) 39 (Coll. C5) (1978) 9–10.

[234] Mandelbrot, B. B., Ness, J. W. van, *Fractional Brownian motion, fractional noises and applications,* SIAM Review 10,4 (1968) 422–437.

[235] Mandelbrot, B. B., *Multiplications alétoires itérées et distributions invariantes par moyenne pondérée aléatoire, I & II,* Comptes Rendus (Paris): 278A (1974) 289–292 & 355–358.

[236] Mandelbrot, B. B., *Intermittent turbulence in self-similar cascades: divergence of high moments and dimension of the carrier,* J. Fluid Mech. 62 (1974) 331.

[237] Mandelbrot, B. B., *Fractal aspects of the iteration of $z \mapsto \lambda z(1-z)$ for complex λ and z,* Annals NY Acad. Sciences 357 (1980) 249–259.

[238] Mandelbrot, B. B., *Comment on computer rendering of fractal stochastic models,* Comm. of the ACM 25,8 (1982) 581–583.

[239] Mandelbrot, B. B., *Self-affine fractals and fractal dimension,* Physica Scripta 32 (1985) 257–260.

[240] Mandelbrot, B. B., *On the dynamics of iterated maps V: conjecture that the boundary of the M-set has fractal dimension equal to 2,* in: Chaos, Fractals and Dynamics, Fischer und Smith (Hrsg.), Marcel Dekker, 1985.

[241] Mandelbrot, B. B., *An introduction to multifractal distribution functions,* in: *Fluctuations and Pattern Formation,* H. E. Stanley und N. Ostrowsky (Hrsg.), Kluwer Academic, Dordrecht, 1988.

[242] Mandelbrot, B. B., *Multifractal measures, especially for the Geophysicist,* Pure and Applied Geophysics 131 (1989) 5–42, auch in *Fluctuations and Pattern Formation,* (Cargèse, 1988). H. E. Stanley und N. Ostrowsky, Hrsg., Dordrecht-Boston: Kluwer (1988) 345–360.

[243] Mandelbrot, B. B., *Negative fractal dimensions and multifractals*, Physica A 163 (1990) 306–315.

[244] Mandelbrot, B. B., Evertsz, C. J. G., *The potential distribution around growing fractal clusters,* Nature 348 (1990) 143–145.

[245] Mandelbrot, B. B., *New "anomalous" multiplicative multifractals: left-sided $f(\alpha)$ and the modeling of DLA,* Physica A168 (1990) 95–111.

[246] Mandelbrot, B .B., Evertsz, C. J. G., Hayakawa, Y., *Exactly self-similar left-sided multifractal measures,* Phys. Rev. A 42 (1990) 4528–4536.

[247] Mandelbrot, B. B., *Random multifractals: negative dimensions and the resulting limitations of the thermodynamic formalism,* Proc. R. Soc. Lond. A 434 (1991) 97–88.

[248] Mandelbrot, B. B., Evertsz, C. J. G., *Left-sided multifractal measures,* in *Fractals and Disordered Systems,* A. Bunde, S. Havlin (Hrsg.) (1991) 322–344.

[249] Mandelbrot, B. B., Evertsz, C. J. G., *Multifractality of the harmonic measure on fractal aggregates, and extended self-similarity,* Physica A177 (1991) 386–393.

[250] Mañé, R., *On the dimension of the compact invariant set of certain nonlinear maps,* in: *Dynamical Systems and Turbulence, Warwick 1980,* Lecture Notes in Mathematics 898, Springer-Verlag (1981) 230–242.

[251] Marotto, F. R., *Chaotic behavior in the Hénon mapping,* Comm. Math. Phys. 68 (1979) 187–194.

[252] Matsushita, M., *Experimental Observation of Aggregations,* in: *The Fractal Approach to Heterogeneous Chemistry: Surfaces, Colloids, Polymers,* D. Avnir (Hrsg.), Wiley, Chichester 1989.

[253] Mauldin, R. D., Williams, S. C., *Hausdorff dimension in graph directed constructions,* Trans. Amer. Math. Soc. 309 (1988) 811–829.

[254] May, R. M., *Simple mathematical models with very complicated dynamics,* Nature 261 (1976) 459–467.

[255] Meneveau, C., Sreenivasan, K. R., *Simple multifractal cascade model for fully developed turbulence.* Phys. Rev. Lett. 59 (1987) 1424.

[256] Meneveau, C, Sreenivasan, K.R., *A method for the direct measurement of $f(\alpha)$ of multifractals, and its applications to dynamical systems and fully developed turbulence,* Phys. Lett. A 137 (1989) 103.

[257] Meneveau, C., Sreenivasan, K.R., *Multifractal nature of turbulent energy dissipation,* J. Fluid Mech. 224 (1991) 429.

[258] Menger, K., *Allgemeine Räume und charakteristische Räume, Zweite Mitteilung: Über umfassenste n-dimensionale Mengen,* Proc. Acad. Amsterdam 29 (1926) 1125–1128.

[259] Misiurewicz, M., *Strange Attractors for the Lozi Mappings,* in Nonlinear Dynamics, R. H. G. Helleman (Hrsg.), Annals of the New York Academy of Sciences 357 (1980) 348–358.

[260] Mitchison, G. J., Wilcox, M., *Rule governing cell division in Anabaena,* Nature 239 (1972) 110–111.

[261] Mullin, T., *Chaos in physical systems,* in: *Fractals and Chaos,* Crilly, A. J., Earnshaw, R. A., Jones, H. (Hrsg.), Springer-Verlag, New York, 1991.

[262] Musgrave, K., Kolb, C., Mace, R., *The synthesis and the rendering of eroded fractal terrain,* Computer Graphics 24 (1988).

[263] Norton, V. A., *Generation and display of geometric fractals in 3-D,* Computer Graphics 16, 3 (1982) 61–67.

[264] Norton, V. A., *Julia sets in the quaternions,* Computers and Graphics 13, 2 (1989) 267–278.

[265] Olsen, L. F., Degn, H., *Chaos in biological systems,* Quarterly Review of Biophysics 18 (1985) 165–225.

[266] Paladin, G., Vulpiani, A., *Anomalous scaling laws in multifractal objects,* Physics Reports 156 (1987) 145.

[267] Packard, N. H., Crutchfield, J. P., Farmer, J. D., Shaw, R. S., *Geometry from a time series,* Phys. Rev. Lett. 45 (1980) 712–716.

[268] Peano, G., *Sur une courbe, qui remplit toute une aire plane,* Mathematische Annalen 36 (1890) 157–160.

[269] Peitgen, H. O., Prüfer, M., *The Leray-Schauder continuation method is a constructive element in the numerical study of nonlinear eigenvalue and bifurcation problems,* in: *Functional Differential Equations and Approximation of Fixed Points,* H.-O. Peitgen, H.-O. Walther (Hrsg.), Springer Lecture Notes, Berlin, 1979.

[270] Pietronero, L., Evertsz, C., Siebesma, A. P., *Fractal and multifractal structures in kinetic critical phenomena,* in: *Stochastic Processes in Physics and Engineering,* S. Albeverio, P. Blanchard, M. Hazewinkel, L. Streit (Hrsg.), D. Reidel Publishing Company (1988) 253–278. (1988) 405–409.

[271] Peyriere, J., *Multifractal measures,* Proceedings of the NATO ASI "Probabilistic Stochastic Methods in Analysis, with Applications" Il Ciocco, July 14–27 (1991).

[272] Pomeau, Y., Manneville, P., *Intermittent transition to turbulence in dissipative dynamical systems,* Commun. Math. Phys. 74 (1980) 189–197.

[273] Prasad, R. R., Meneveau, C., Sreenivasan, K. R., *Multifractal nature of the dissipation field of passive scalars in full turbulent flows,* Phys. Rev. Lett. 61 (1988) 74–77.

[274] Procaccia, I., Zeitak, R., *Shape of fractal growth patterns: Exactly solvable models and stability considerations,* Phys. Rev. Lett. 60 (1988) 2511.

[275] Prusinkiewicz, P., *Graphical applications of L-systems,* Proc. of Graphics Interface 1986 – Vision Interface (1986) 247–253.

[276] Prusinkiewicz, P., Hanan, J., *Applications of L-systems to computer imagery,* in: "Graph Grammars and their Application to Computer Science; Third International Workshop", H. Ehrig, M. Nagl, A. Rosenfeld und G. Rozenberg (Hrsg.), (Springer-Verlag, New York, 1988).

[277] Prusinkiewicz, P., Lindenmayer, A., Hanan, J., *Developmental models of herbaceous plants for computer imagery purposes,* Computer Graphics 22, 4 (1988) 141–150.

[278] Prusinkiewicz, P., Hammel, M., *Automata, languages, and iterated function systems,* in: *Fractals Modeling in 3-D Computer Graphics and Imaging,* ACM SIGGRAPH '91 Course Notes C14 (J. C. Hart, K. Musgrave, Hrsg.), 1991.

[279] Rayleigh, Lord, *On convective currents in a horizontal layer of fluid when the higher temperature is on the under side,* Phil. Mag. 32 (1916) 529–546.

[280] Reuter, L. Hodges, *Rendering and magnification of fractals using iterated function systems,* Ph. D. thesis, School of Mathematics, Georgia Institute of Technology (1987).

[281] Richardson, R. L., *The problem of contiguity: an appendix of statistics of deadly quarrels,* General Systems Yearbook 6 (1961) 139–187.

[282] Rössler, O. E., *An equation for continuous chaos,* Phys. Lett. 57A (1976) 397–398.

[283] Ruelle, F., Takens, F., *On the nature of turbulence,* Comm. Math. Phys. 20 (1971) 167–192, 23 (1971) 343–344.

[284] Russell, D. A., Hanson, J. D., Ott, E., *Dimension of strange attractors,* Phys. Rev. Lett. 45 (1980) 1175–1178.

[285] Salamin, E., *Computation of π Using Arithmetic-Geometric Mean,* Mathematics of Computation 30, 135 (1976) 565–570.

[286] Saltzman, B., *Finite amplitude free convection as an initial value problem — I,* J. Atmos. Sci. 19 (1962) 329–341.

[287] Sano, M., Sawada, Y., *Measurement of the Lyapunov spectrum from a chaotic time series,* Phys. Rev. Lett. 55 (1985) 1082.

[288] Saupe, D., *Efficient computation of Julia sets and their fractal dimension,* Physica D28 (1987) 358–370.

[289] Saupe, D., *Discrete versus continuous Newton«s method : A case study,* Acta Appl. Math. 13 (1988) 59–80.

[290] Saupe, D., *Point evalutions of multi-variable random fractals,* in: *Visualisierung in Mathematik und Naturwissenschaften - Bremer Computergraphiktage 1988,* H. Jürgens, D. Saupe (Hrsg.), Springer-Verlag, Heidelberg, 1989.

[291] Sernetz, M., Gelléri, B., Hofman, F., *The Organism as a Bioreactor, Interpretation of the Reduction Law of Metabolism in terms of Heterogeneous Catalysis and Fractal Structure,* Journal Theoretical Biology 117 (1985) 209–230.

[292] Siebesma, A. P., Pietronero, P., *Multifractal properties of wave functions for one-dimensional systems with an incommensurate potential,* Europhys. Lett. 4 (1987) 597–602.

[293] Siegel, C. L., *Iteration of analytic functions,* Ann. of Math. 43 (1942) 607–616.

[294] Sierpinski, W., *Sur une courbe cantorienne dont tout point est un point de ramification,* C. R. Acad. Paris 160 (1915) 302.

[295] Sierpinski, W., *Sur une courbe cantorienne qui contient une image biunivoquet et continue detoute courbe donnée,* C. R. Acad. Paris 162 (1916) 629–632.

[296] Simó, C., *On the Hénon-Pomeau attractor,* Journal of Statistical Physics 21,4 (1979) 465–494.

[297] Shanks, D., Wrench, J. W. Jr., *Calculation of π to 100,000 Decimals,* Mathematics of Computation 16, 77 (1962) 76–99.

[298] Shaw, R., *Strange attractors, chaotic behavior, and information flow,* Z. Naturforsch. 36a (1981) 80–112.

[299] Shishikura, M., *The Hausdorff dimension of the boundary of the Mandelbrot set and Julia sets,* SUNY Stony Brook, Institute for Mathematical Sciences, Preprint #1991/7.

[300] Shonkwiller, R., *An image algorithm for computing the Hausdorff distance efficiently in linear time,* Info. Proc. Lett. 30 (1989) 87–89.

[301] Smith, A. R., *Plants, fractals, and formal languages,* Computer Graphics 18, 3 (1984) 1–10.

[302] Stanley, H. E., Meakin, P., *Multifractal phenomena in physics and chemistry,* Nature 335 (1988) 405–409.

[303] Stefan, P., *A theorem of Šarkovski on the existence of periodic orbits of continuous endomorphisms of the real line,* Comm. Math. Phys. 54 (1977) 237–248.

[304] Stevens, R. J., Lehar, A. F., Preston, F. H., *Manipulation and presentation of multidimensional image data using the Peano scan,* IEEE Transactions on Pattern Analysis and Machine Intelligence 5 (1983) 520–526.

[305] Sullivan, D., *Quasiconformal homeomorphisms and dynamics I,* Ann. Math. 122 (1985) 401–418.

[306] Sved, M., Pitman, J., *Divisibility of binomial coefficients by prime powers, a geometrical approach,* Ars Combinatoria 26A (1988) 197–222.

[307] Takens, F., *Detecting strange attractors in turbulence,* in: *Dynamical Systems and Turbulence, Warwick 1980,* Lecture Notes in Mathematics 898, Springer-Verlag (1981) 366–381.

[308] Tan Lei, *Similarity between the Mandelbrot set and Julia sets,* Report Nr 211, Institut für Dynamische Systeme, Universität Bremen, June 1989, und, Commun. Math. Phys. 134 (1990) 587–617.

[309] Tél, T., *Transient chaos,* erscheint in: *Directions in Chaos III,* Hao B.-L. (Hrsg.), World Scientific Publishing Company, Singapore.

[310] Thompson, J. M. T., Stewart, H. B., *Nonlinear Dynamics and Chaos,* Wiley, Chichester, 1986.

[311] Velho, L., de Miranda Gomes, J., *Digital halftoning with space-filling curves,* Computer Graphics 25,4 (1991) 81–90.

[312] Voss, R. F., *Random fractal forgeries,* in : Fundamental Algorithms for Computer Graphics, R. A. Earnshaw (Hrsg.), (Springer-Verlag, Berlin, 1985) 805–835.

[313] Voss, R. F., Tomkiewicz, M., *Computer Simulation of Dendritic Electrodeposition,* Journal Electrochemical Society 132, 2 (1985) 371–375.

[314] Vrscay, E. R., *Iterated function systems: Theory, applications and the inverse problem,* in: Proceedings of the NATO Advanced Study Institute on Fractal Geometry, July 1989. Kluwer Academic Publishers, 1991.

[315] Wall, C. R., *Terminating decimals in the Cantor ternary set,* Fibonacci Quart. 28, 2 (1990) 98–101.

[316] Williams, R. F., *Compositions of contractions,* Bol.Soc. Brasil. Mat. 2 (1971) 55–59.

[317] Willson, S., *Cellular automata can generate fractals,* Discrete Appl. Math. 8 (1984) 91–99.

[318] Witten, I. H., Neal, M., *Using Peano curves for bilevel display of continuous tone images,* IEEE Computer Graphics and Applications, May 1982, 47–52.

[319] Witten, T.A. und Sander, L.M., *Diffusion limited aggregation: A kinetic critical phenomena,* Phys. Rev. Lett. 47 (1981) 1400–1403 und Phys. Rev. B27 (1983) 5686–5697.

[320] Wolf, A. Swift, J. B., Swinney, H. L., Vastano, J. A., *Determining Lyapunov exponents from a time series,* Physica 16D (1985) 285–317.

[321] Yorke, J. A., Yorke, E. D., *Metastable chaos: the transition to sustained chaotic behavior in the Lorenz model,* J. Stat. Phys. 21 (1979) 263–277.

[322] Young, L.-S., *Dimension, entropy, and Lyapunov exponents,* Ergod. Th. & Dynam. Sys. 2 (1982) 109.

[323] Zahlten, C., *Piecewise linear approximation of isovalued surfaces,* in: *Advances in Scientific Visualization, Eurographics Seminar Series,* (F. H. Post, A. J. S. Hin (Hrsg.), Springer-Verlag, Berlin, 1992.

Index